U0211060

CorelDRAW X8

中文版从入门到精通

王韦帆　梁宏炜 / 主编

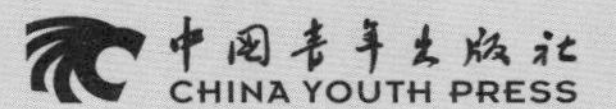

图书在版编目（CIP）数据

CorelDRAW X8中文版从入门到精通 / 王韦帆，梁宏炜主编.
—北京：中国青年出版社，2016.9
ISBN 978-7-5153-4412-6
I.①C… II.①王… ②梁… III.①图形软件 IV.①TP391.41
中国版本图书馆CIP数据核字（2016）第182369号

CorelDRAW X8中文版从入门到精通

王韦帆 梁宏炜 / 主编

出版发行：中国青年出版社
地 址：北京市东四十二条21号
邮政编码：100708
电 话：（010）50856188 / 50856199
传 真：（010）50856111
企 划：北京中青雄狮数码传媒科技有限公司
策划编辑：张 鹏
责任编辑：张 军

印 刷：北京瑞禾彩色印刷有限公司
开 本：787×1092 1/16
印 张：27
版 次：2016年9月北京第1版
印 次：2018年8月第2次印刷
书 号：ISBN 978-7-5153-4412-6
定 价：98.00元（附赠网盘下载资料，含语音视频教学与案例素材文件）

本书如有印装质量等问题，请与本社联系
电话：（010）50856188 / 50856199
读者来信：reader@cypmedia.com
投稿邮箱：author@cypmedia.com
如有其他问题请访问我们的网站：http://www.cypmedia.com

前言 Preface

CorelDRAW是一款常用的平面制图软件。本书以读者需求的角度为出发点，更适合初学者学习CorelDRAW。本书集实用性、理论性、美观性于一体。

本书以设计制图软件CorelDRAW X8为平台，向读者介绍了平面设计制图中常用的操作方法和设计要领。本书以软件语言为基础，结合了大量的理论知识作为依据，并且每章安排了大量的精彩案例。本书由兰州职业技术学院的王韦帆老师担任第一主编，编写了第一章到第七章内容，共计约36万字；兰州职业技术学院的梁宏炜老师担任第二主编，编写了第八章到第十八章内容，共计约25万字。读者不仅能对软件有全面的理解和认识，更可对设计行业的规则、要求有更深层次的理解，并且本书在后八章以全案例形式讲解了标志设计、海报设计、广告设计等各个行业的项目实例的制作流程和技巧。

软件简介

CorelDRAW是由加拿大Corel公司开发的一款矢量绘图软件，CorelDRAW是一款集矢量绘图、位图编辑、排版分色等多种功能于一身，广泛地应用于平面设计、海报设计、广告设计、服装设计等行业，以其专用的设计功能和卓越的效果深得设计师的喜爱。CorelDRAW X8是Corel公司2016年发布的最新版本，全新的自定义、字体管理、编辑工具和最新兼容性，丰富广大用户的创意旅程。

本书内容概述

章　节	内　容
Chapter 01	主要讲解了CorelDRAW X8基础操作
Chapter 02	主要讲解了多种绘图工具的使用方法
Chapter 03	主要讲解了填充与轮廓线的设置方法
Chapter 04	主要讲解了对象的编辑管理
Chapter 05	主要讲解了文字的创建以及编辑方法和技巧
Chapter 06	主要讲解了表格的使用方法
Chapter 07	主要讲解了矢量图形的特效类型
Chapter 08	主要讲解了位图的编辑技巧
Chapter 09	主要讲解了位图的多种特殊效果
Chapter 10	主要讲解了打印输出与辅助工具的使用方法
Chapter 11~18	主要讲解了标志设计、视觉识别系统设计、海报设计、创意广告、UI设计、版式设计、DM宣传单、包装设计八类行业的大型综合案例制作流程

编　者

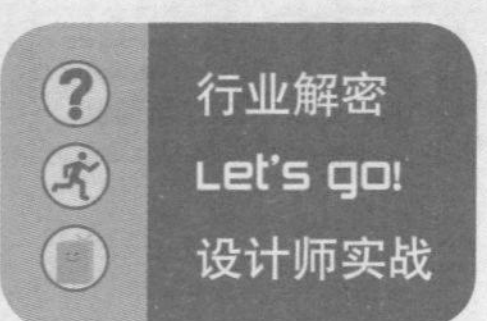

chapter 1 CorelDRAW X8基础操作

chapter 2 图形的绘制

chapter 3 填充与轮廓线

chapter 4 对象的编辑管理

chapter 5 文本的编辑操作

chapter 6 表格的使用

chapter 7 矢量图形特效

chapter 8 位图的编辑

chapter 9 位图的特殊效果

chapter 10 打印输出与辅助工具

chapter 11 多彩标志设计

chapter 12 文化艺术企业视觉识别系统设计

chapter 13 演唱会海报设计

chapter 14 鲜果牛奶创意广告

chapter 15 卡通风格UI设计

chapter 16 影视杂志内页版式设计

chapter 17 超市DM宣传单

chapter 18 绿色食品包装袋设计

CorelDRAW是一款由Corel公司开发的矢量图形编辑软件，也是平面设计师常用的软件之一。本章主要讲解CorelDRAW文档的基本操作、页面管理以及辅助工具的使用等基础知识。通过对CorelDRAW基础知识的学习，为后面绘图操作奠定良好的基础。

1 chapter CorelDRAW X8 基础操作

本章技术要点

Q 文档的基本操作都有哪些？

A 对于新手来说，软件的界面会让人眼花缭乱，此时不要心急，俗话说良好的开始等于成功的一半。我们从基础开始入手，只有掌握了文档的基本操作，才能为以后的学习和操作打下坚实的基础。文档的基础操作主要包括：创建新文档、打开文档、导入文档、导出文档、保存文档和关闭文档等。学会了这些基础知识，还有一个小案例等着大家去挑战！

Q 如何对文档尺寸进行调整？

A 在“创建新文档”对话框中可以对文档的基本属性进行设置。若要对已有的文档进行尺寸的调整，可以在使用选择工具的状态下，在属性栏中进行尺寸、页面等参数的调整。

Q 若有操作失误，如何返回到上一步？

A 操作失误是难免的，使用“撤销”命令可以撤销错误操作，将其还原到上一步操作状态。如果错误地撤销了某一个操作后，可以执行“编辑>重做”命令(快捷键Ctrl+Shift+Z），撤销的步骤将会被恢复。

CorelDRAW的工作界面

CorelDRAW 的应用范围非常广泛，无论是广告设计、画册设计、插画绘图或是版面设计、网站制作、界面设计、VI 设计等行业都可以看到 CorelDRAW 的身影。CorelDRAW 以其强大的绘图功能和简单明了的操作方式，一直以来都深得平面设计师的喜爱。下图为使用到 CorelDRAW 的设计领域。

成功安装CorelDRAW之后，可以单击桌面左下角“开始”按钮，打开程序菜单并选择CorelDRAW选项即可启动。单击界面左上角的“新建文档”按钮，如下左图所示。在弹出的对话框中单击“确认”按钮，即可创建一个新的文档，此时工作界面才完整得显示出来。CorelDRAW的工作界面包含很多部分，例如菜单栏、标准工具栏、属性栏、工具箱、绘图页面、泊坞窗（也常被称为面板）、调色板以及状态栏等等，如下右图所示。

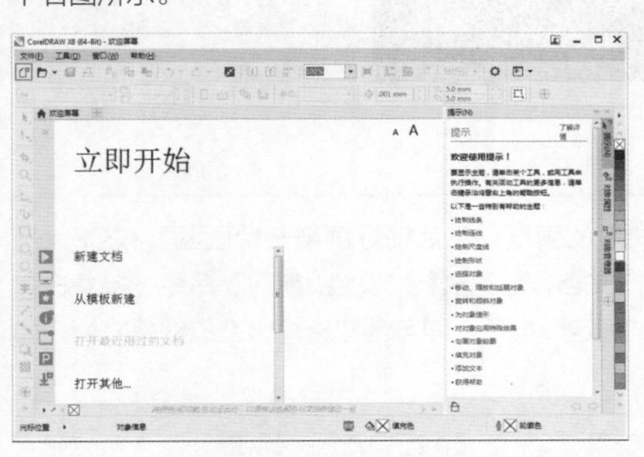

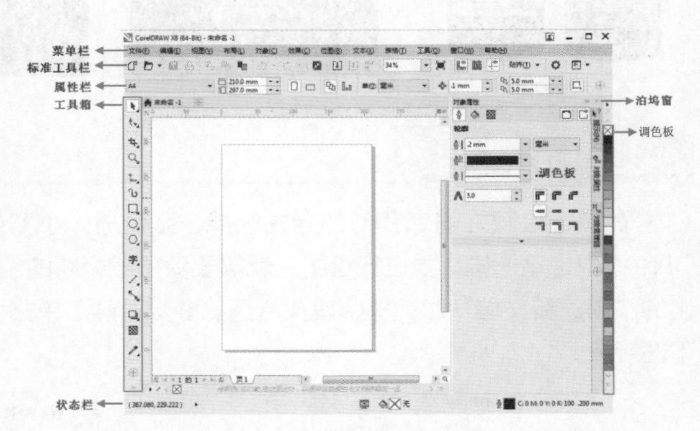

- 菜单栏：菜单栏中的各个菜单控制并管理着整个界面的状态和图像处理的要素，单击菜单栏上任一菜单，则弹出该菜单列表，菜单列表中有的命令包含扩展箭头▶，把光标移至该命令上，可以弹出该命令的子菜单。
- 标准工具栏：通过使用标准工具栏中的快捷按钮，可以简化用户的操作步骤，提高工作效率。
- 属性栏：属性栏包含了与当前用户所使用的工具或所选择对象相关的可使用的功能选项，它的内容根据所选择的工具或对象的不同而不同。
- 工具箱：工具箱中集合了CorelDRAW 的大部分工具。其中每个按钮都代表一个工具，有些工具按钮的右下角有黑色的小三角，表示该工具下包含了相关系列的隐藏工具，单击该按钮可以弹出一个子工具条，子工具条中的按钮各自代表一个独立的工具。

- 绘图页面：绘图页面用于图像的编辑，对象产生的变化会自动地同时反映到绘图窗口中。
- 泊坞窗：泊坞窗也常被称为“面板”，是在编辑对象时能应用到的一些功能命令选项设置面板。泊坞窗显示的内容并不固定，执行“窗口>泊坞窗”命令，在子菜单中可以选择需要打开的泊坞窗。
- 调色板：在调色板中可以方便地为对象设置轮廓或填充颜色。单击⏮按钮时可以显示更多的颜色，单击▲或▼按钮，可以上下滚动调色板以查询更多的颜色。
- 状态栏：状态栏是位于窗口下方的横条，显示了用户所选择对象有关的信息，如对象的轮廓线色、填充色、对象所在图层等。

UNIT 02 文档的操作方法

在 CorelDRAW 中，我们将承载画面内容的称为“文档”，新建、保存、打开、关闭、导入、导出等都是文档最基本的操作，而且 CorelDRAW 也为文档的基本操作提供了多种便捷的方法，十分人性化。下图为使用 CorelDRAW 进行设计制作的作品。

创建新文档

在进行绘画之前，我们都会先选择一张合适大小和材质的画纸，然后铺好画纸开始画画。在Corel-DRAW中也是一样，要进行绘图，就需要新建一个新的空白文档，首先执行“文件>新建”命令，接着在弹出的“创建新文档”对话框中设置合适的参数，然后单击“确定”按钮。即可创建出一个空白的新文档，如下图所示。

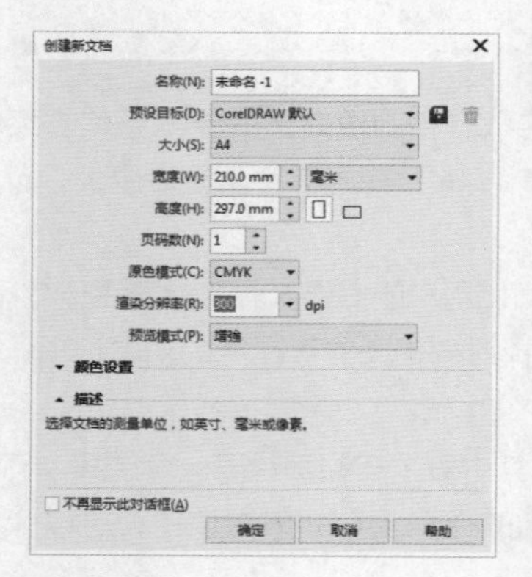

TIP 单击标准工具栏中的按钮，即可打开“创建新文档”对话框，如右图所示。

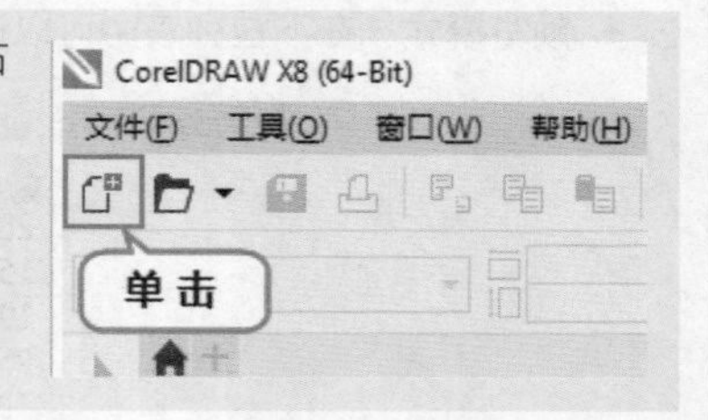

- 名称：用于设置当前文档的文件名称。
- 预设目标：可以在下拉列表中选择CorelDRAW内置的预设类型，例如Web、CorelDRAW默认、默认CMYK、默认RGB等，如下左图所示。
- 大小：在下拉列表中可以选择常用的页面尺寸，例如A4、A3等等，如下右图所示。

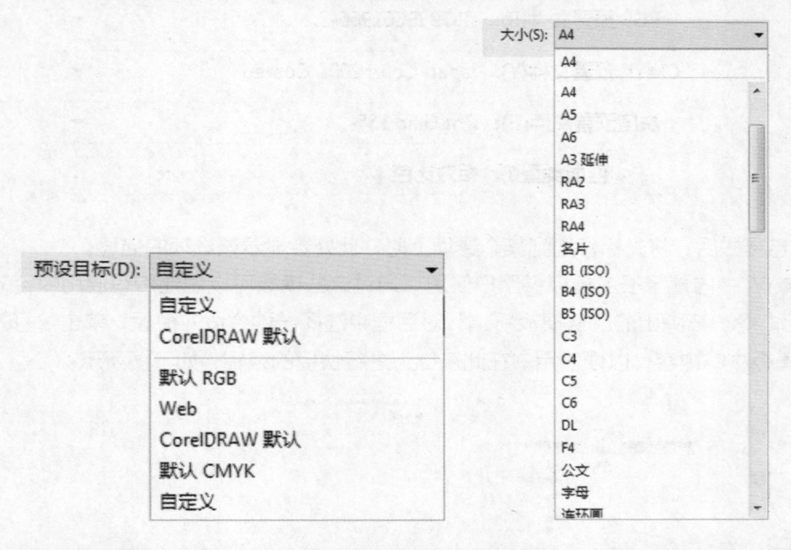

- 宽度/高度：设置文档的宽度以及高度数值，在宽度数值框后方的下拉列表中可以进行单位设置，单击高度数值框后的微调按钮可以设置页面的方向为横向或纵向，如下左图所示。
- 页码数：设置新建文档包含的页数。

原色模式：在下拉列表中可以选择文档的原色模式，默认的颜色模式会影响一些效果中的颜色的混合方式，例如填充、混合和透明，如下右图所示。

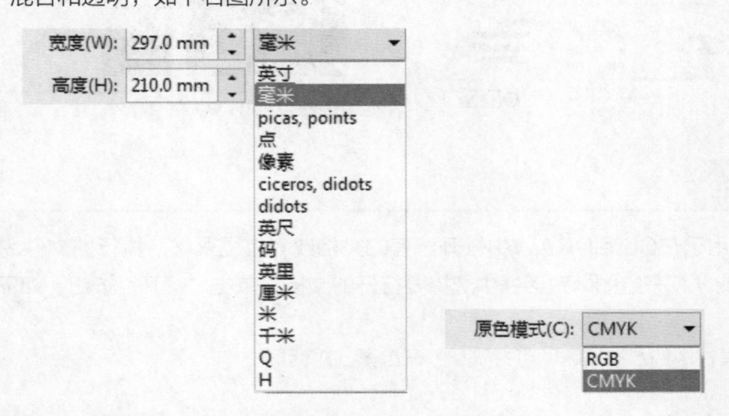

- 渲染分辨率：设置在文档中将会出现的栅格化部分（位图部分）的分辨率，例如透明、阴影等。在下拉列表中包含有一些常用的分辨率，如下左图所示。

- 预览模式：在下拉列表中可以选择在CorelDRAW中预览到的效果模式，如下右图所示。

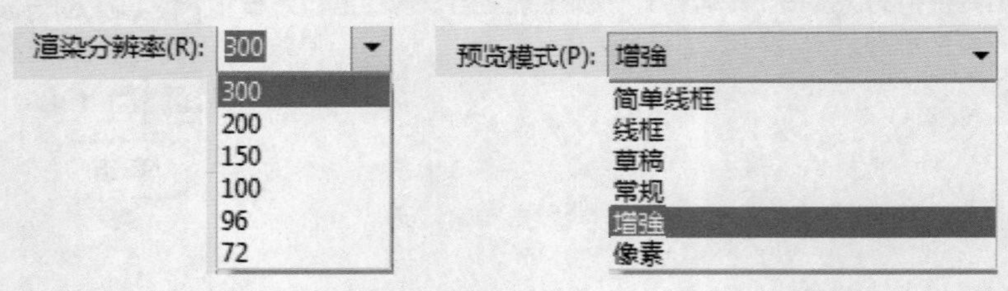

- 颜色设置：展开卷展栏后可以进行“RGB预置文件”、“CMYK预置文件”、“灰度预置文件”和“匹配类型”的设置，如下图所示。

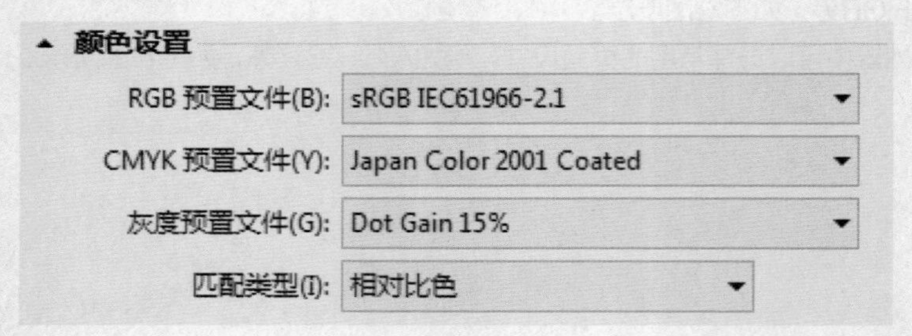

- 描述：展开卷展栏后，将光标移动到某个选项上时，此处会显示该选项的描述。

在CorelDRAW中内置了很多模板供用户使用，通过这些模板可以创建带有通用内容的文档。执行“文件>从模板新建”命令，在弹出的“从模板新建”对话框中选择一种合适的模板，单击“打开”按钮。此时新建的文档中带有模板中的内容，以便于用户在此基础上进行快捷的编辑，如下图所示。

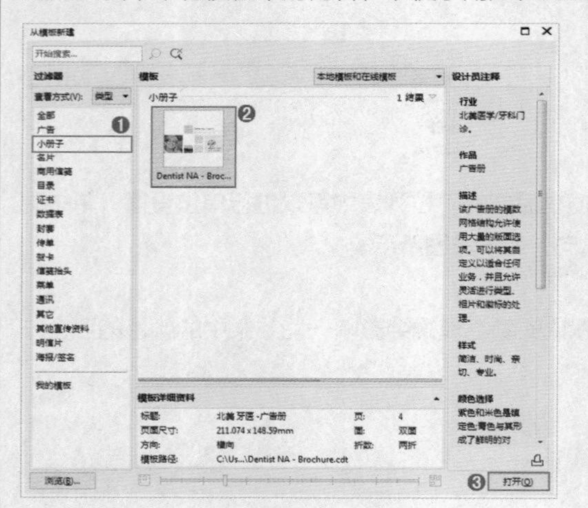

打开文档

“打开”命令用于在CorelDRAW中打开已有的文档或者位图素材。执行“文件>打开”命令（快捷键Ctrl+O），在弹出的“打开绘图”对话框中选择要打开的文档，单击“打开”按钮，如下图所示。

TIP 单击标准工具栏中的按钮，即可打开“打开绘图”对话框。

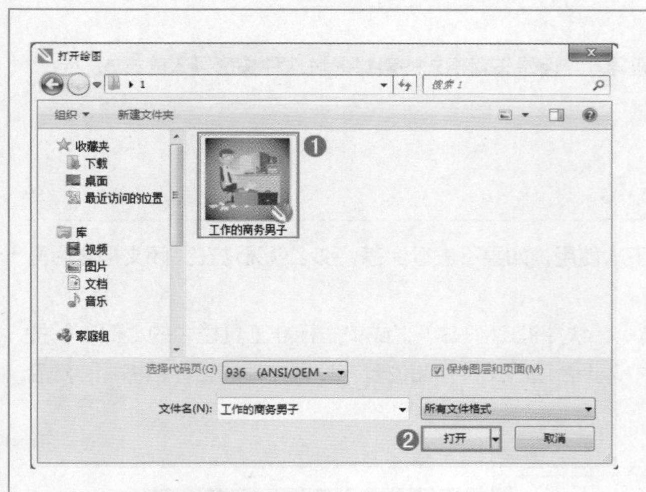

导入文档

“导入”是将外部文件添加到已有的文档中，是很常用的操作之一。执行“文件>导入”命令（快捷键Ctrl+I），或单击标准工具栏中的“导入”按钮。在弹出的“导入”对话框中选择所要导入的素材图片，单击“导入”按钮，然后在文档内单击鼠标左键即可将其导入，如下图所示。

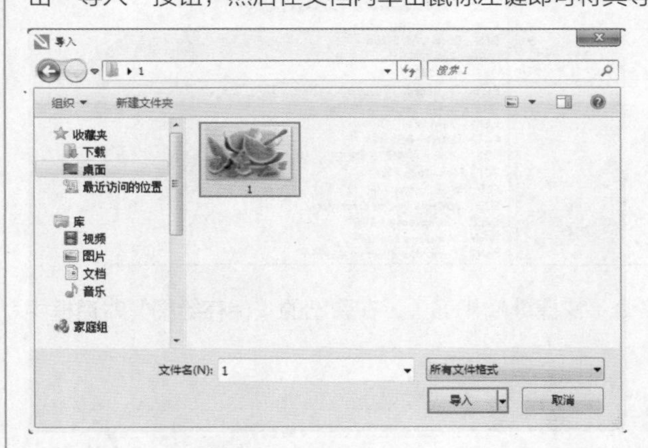

也可以回到文档内按住鼠标左键并拖动，绘制一个文档置入的区域，如下左图所示。松开鼠标后导入的文档会出现在绘制的区域内，如下右图所示。

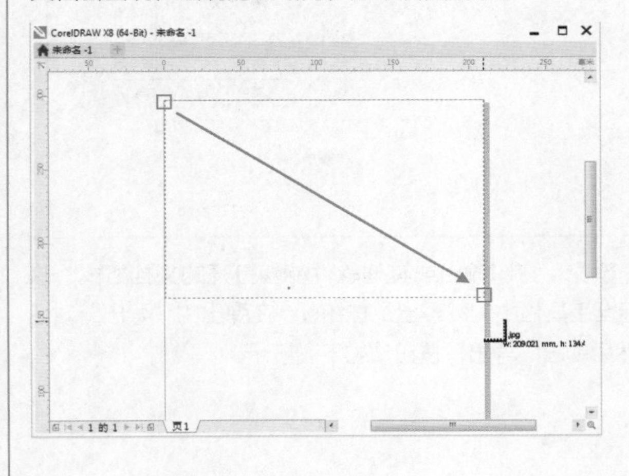

位图素材可以直接拖曳到新建文档中进行快速导入。但是矢量格式的素材通过这种快捷导入的方式则会导致素材变为位图。

保存文档

“保存文档”是指将文档存储到某个地方以便下次使用，如果不进行保存，那么就无法在关闭文档之后再次对其进行编辑。

选择所要保存的文档，执行“文件>保存”命令（快捷键Ctrl+S），或单击标准工具栏中的“保存”按钮，随即打开“保存绘图”对话框，在该对话框中选择合适的文件存储位置，设置文件的名称和格式，然后单击“保存”按钮，即可进行保存。

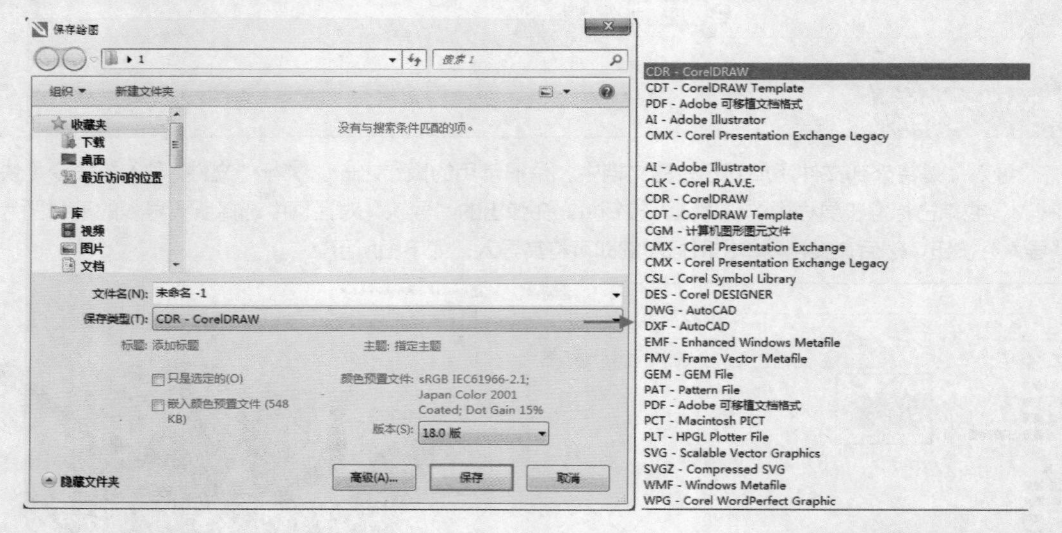

对于已经保存过的文档执行“文件>另存为”命令（快捷键Ctrl+S），在弹出的“保存绘图”对话框中可以重新设置文档位置及名称等信息。

TIP 随着软件的不断更新CorelDRAW升级了很多版本，该软件高版本可以打开低版本的文档，但低版本的软件打不开高版本的文件。我们可以在存储时通过更改“版本”选项设置文档存储的软件版本，如右图所示。

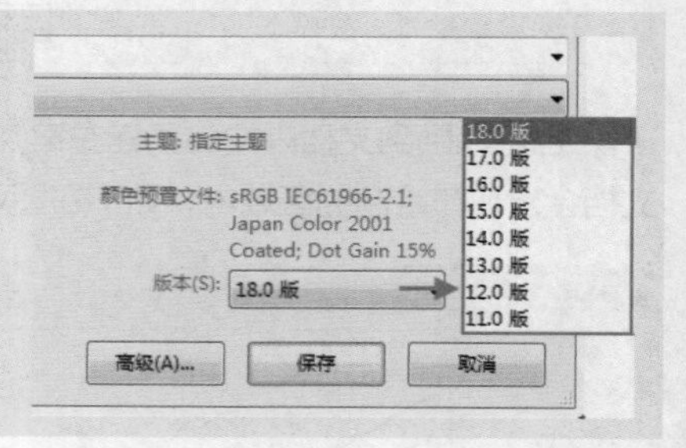

导出文档

“导出”命令可以将CorelDRAW文档导出用于预览、打印输出或其他软件能够打开的文档格式。执行“文件>导出”命令（快捷键Ctrl+E），或者单击标准工具栏中的“导出”按钮，在弹出的“导出”对话框中设置导出文档的位置，并选择一种合适的格式，然后单击“导出”按钮，如下图所示。

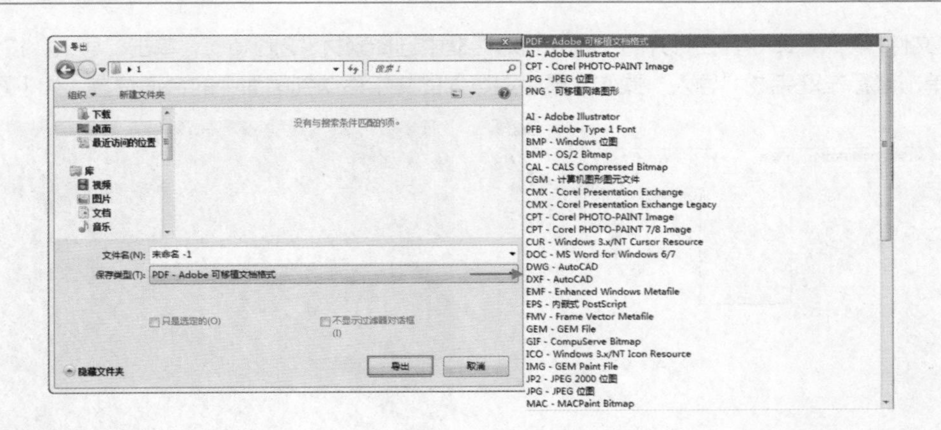

关闭文档

文档编辑完并保存完成后可以执行“文件>关闭”命令，也可以单击该文档名称后侧的☒按钮，关闭当前的工作文档。执行“文件>全部关闭”命令可以关闭CorelDRAW中打开的全部文档，如下图所示。

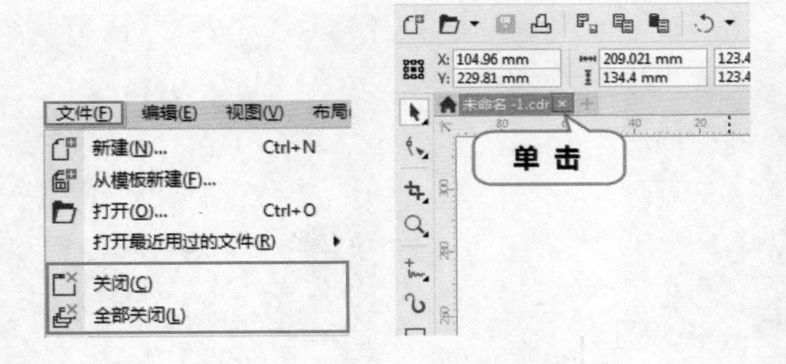

Let's go! 完成文件操作的整个流程

原始文件 Chapter 01\完成文件操作的整个流程.cdr

视频文件 Chapter 01\完成文件操作的整个流程.flv

1 首先打开背景素材。执行“文件>打开”命令，在“打开绘图”对话框中找到素材“1.cdr”文件所在位置，选择该素材，然后单击“打开”按钮，打开文件，如下图所示。

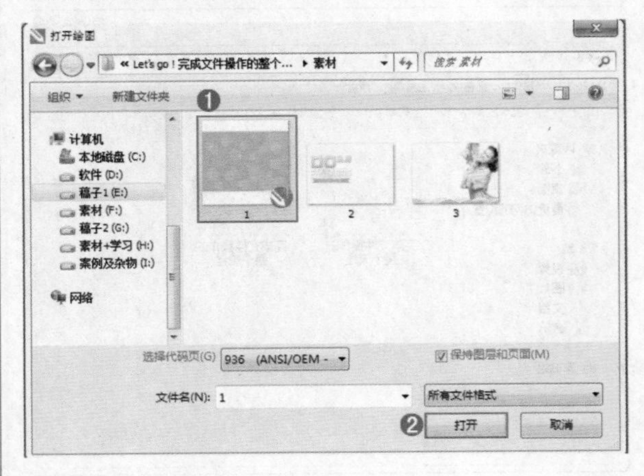

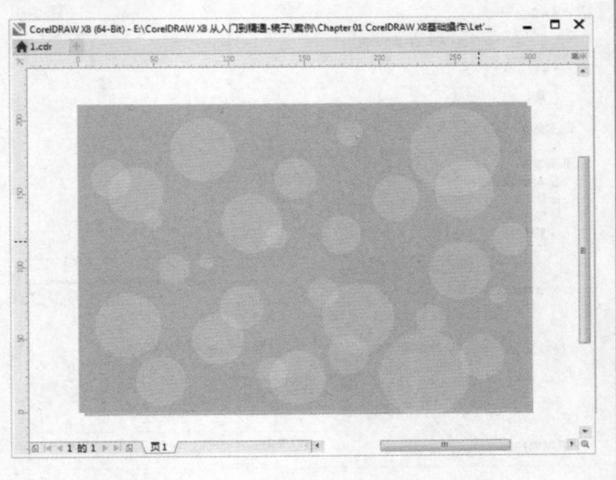

2 执行“文件>导入”命令，在打开的“导入”对话框中选择素材“2.png”，单击“导入”按钮，接着在文档内单击鼠标左键完成“导入”操作。最后将导入的文字移动到画面中的合适位置，如下图所示。

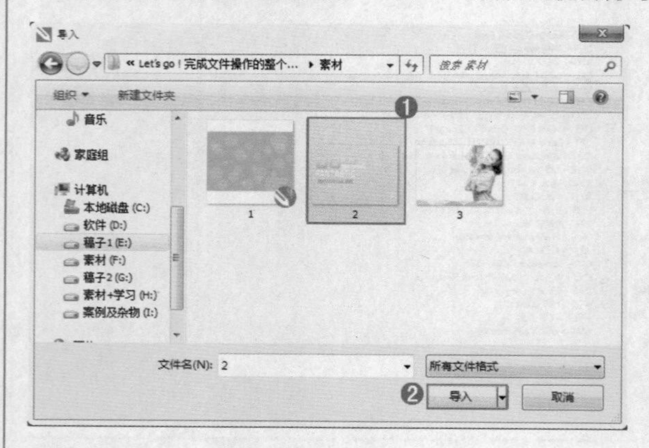

3 再次打开“导入”对话框选择素材“3.png”，然后单击“导入”按钮，接着在画面中按住鼠标左键拖曳进行绘制，松开鼠标完成“导入”操作，如下图所示。

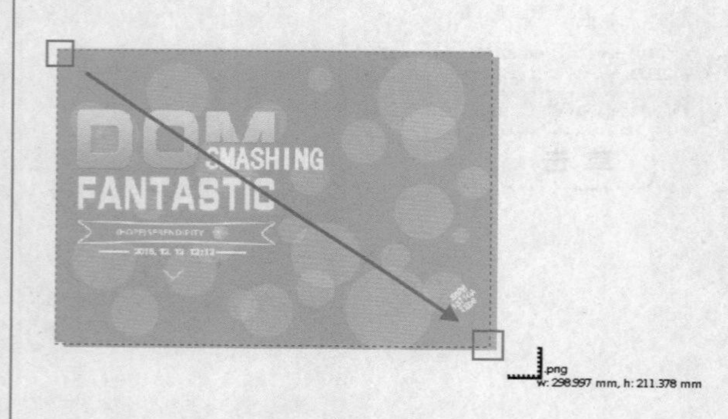

4 执行“文件>另存为”命令，在“保存绘图”对话框中输入文件名，在“保存类型”下拉列表中选择“CDR-CorelDRAW”格式，然后单击“保存”按钮完成保存，如下左图所示。执行“文件>导出”命令，在“保存绘图”对话框中设置合适的文件名，在“保存类型”列表中选择“JPG-JPEG位图”格式，单击“导出”按钮完成导出操作。接着可以在存储的文件夹中找到相应的文件，如下右图所示。

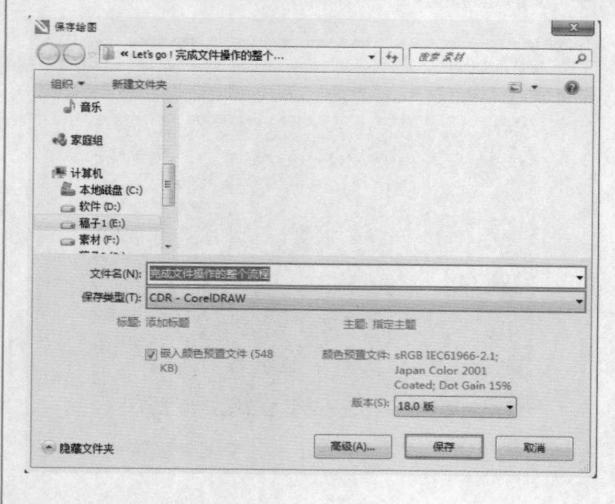

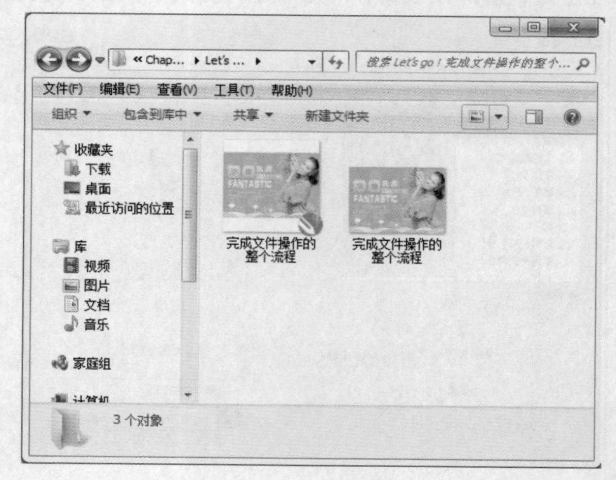

UNIT 03 文档页面的设置

CorelDRAW中的绘画区域是默认可以打印输出的区域，在新建文档窗口中可以对该区域的尺寸进行设置。不仅如此，对现有文档也可以进行页面属性的更改。在选择“选择工具”的状态下，属性栏中会显示当前文档页面的尺寸、方向等信息。当然在属性栏中可以快速地对页面进行简单的设置，如下图所示。

- 页面大小：单击“页面大小”下拉箭头，在列表中可以看到很多的标准规格纸张尺寸可供选择。
- 页面度量：显示当前所选页面的尺寸，也可以在此处自定义页面大小。
- 方向：切换页面方向，为纵向，为横向。
- 所有页面：将当前设置的页面大小应用与文档中的所有页面（当文档包含多个页面时）。
- 当前页面：单击该按钮，修改页面的属性时只影响当前页面，其他页面的属性不会发生变化。

如果想要对页面的渲染分辨率、出血等选项进行设置，可以执行“布局>页面设置”命令，打开“选项”对话框，在左侧的列表中选择“文档”列表中的“页面尺寸”选项，在右侧可以设置与页面相关的参数，如右图所示。

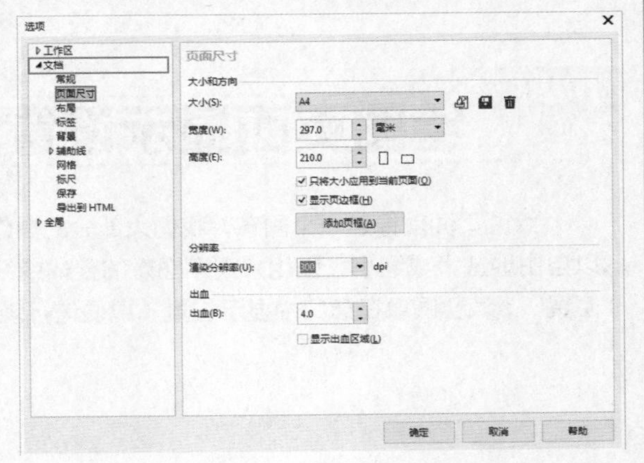

- 宽度、高度：在宽度和高度数值框中输入值，指定自定义页面尺寸。
- 只将大小应用到当前页面：勾选该复选框，当前页面设置只应用于当前页面。
- 显示页边框：勾选该复选框可以显示页边框。
- 渲染分辨率：从渲染分辨率列表框中选择一种分辨率作为文档的分辨率，该选项仅在测量单位设置为像素时才可用。
- 出血：勾选“显示出血区域”复选框，并在“出血”数值框中输入一个值即可设置出血区域的尺寸。

增加文档页面

在新建文档时可以通过“页码数”选项去设置页面的数量，若后期发现页面不够可以继续添加页面。执行“布局>插入页面”命令，在弹出的“插入页面”对话框中可以设置插入页面的数量、位置以及尺寸等信息，如下左图所示。文档中包含多个页面时，单击页码即可切换到该页面中。还可以单击“前一页”按钮◀或“后一页”按钮▶，可以跳转页面。单击“第一页”按钮⏮或“最后一页”按钮⏭，可以跳转到第一页或最后一页，如下中图、下右图所示。

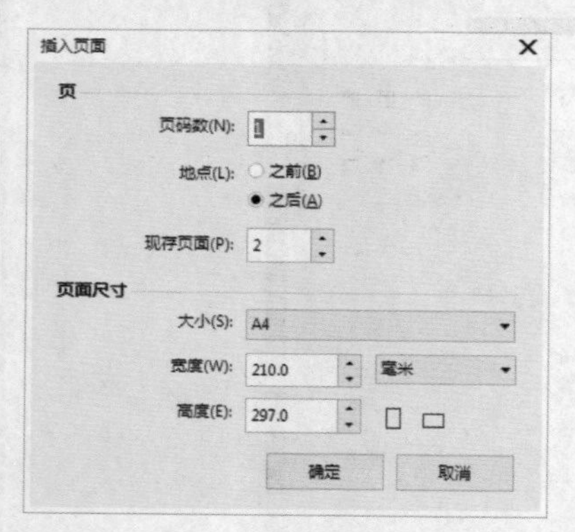

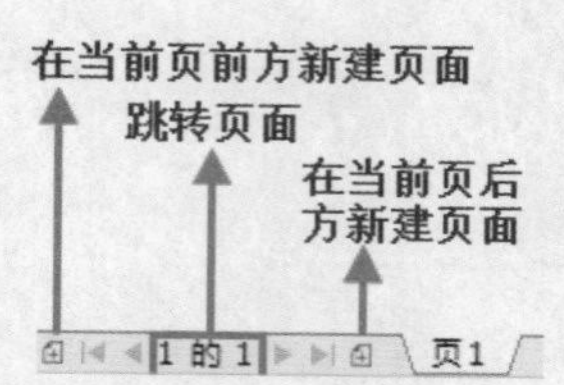

TIP 想要删除某一个页面时，在页面控制栏中需要删除的页面上单击鼠标右键，执行“删除页面”命令即可，如右图所示。

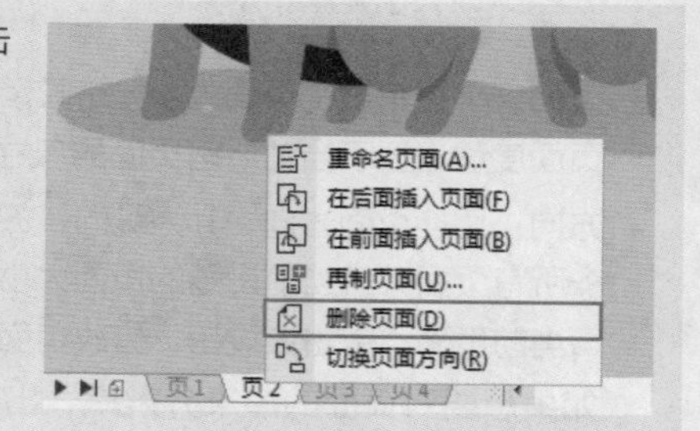

UNIT 04 绘图页面显示设置

绘图页面就像是一个画布，我们大部分的操作都是在绘图页面中进行的。绘图页面在窗口中可以自由地放大或缩小，以用来观察图像的整体或细节。在对放大图像显示比例以后，可使用“平移工具”调整图像在窗口中显示位置，以便进行观察。下图为佳作欣赏。

缩放工具与平移工具

工具箱中的缩放工具是用来缩放图像显示比例的。选择工具箱中的缩放工具，将光标移动到画面中，可以看到光标变为，在画面中单击即可放大图像的显示比例，如下左图所示。单击属性栏中的按钮，然后在画面中单击即可缩放画面显示比例，如下右图所示。

TIP 在工具箱中，有一些工具在图标的右下角会有一个黑色的三角形标志，例如缩放工具，这就代表它是一个工具组。长按该工具随即会显示隐藏的工具，然后在保持按住鼠标的状态下将光标移动至需要的工具处，松开鼠标左键即可选中该工具，如右图所示。

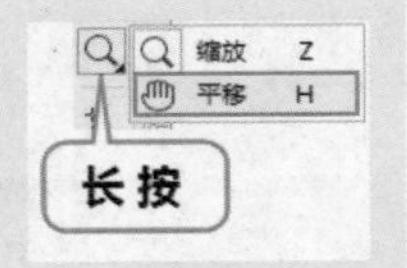

选择工具箱中的平移工具（快捷键H），在画面中按住鼠标左键并向其他位置移动，如下左图所示。释放鼠标即可平移画面，如下右图所示。

文档的排列方式

在CorelDRAW中可以同时打开多个文档，默认情况下打开的文档窗口都是合并在一起的，只显示最后打开的文档。如果想要找到其他文档，可以单击文档窗口上方的名称栏，单击某一个名称即可切换到该文档，如右图所示。

在“窗口”菜单中提供了多种文档的排列方法，例如可以执行“窗口>层叠”命令，可以将窗口进行层叠排列，如下左图所示。执行“窗口>垂直平铺”命令，将窗口纵向排列，方便对比观察，如下右图所示。

显示页边框/出血/可打印区域

页边框的使用可以让用户更加方便的观察页面大小，执行“视图>页>页边框”命令可以切换页边框的显示与隐藏。

印刷品在设计过程中需要预留出血，这部分区域需要包含画面的背景内容，但主体文字或图形不可绘制在这个区域，因为这个区域在印刷后会被剪切掉。执行“视图>页>出血”命令，使绘制区显示出血线。

执行“视图>页>可打印区域”命令，方便用户在打印区域内绘制图形，避免在打印时产生差错。

UNIT 05 撤销与重做

在出现错误操作时，可以通过“撤销”与“重做”进行修改。执行“编辑 > 撤销”命令（快捷键 Ctrl+Z），可以撤销错误操作，将其还原到上一步操作状态。如果错误地撤销了某一个操作后，可以执行“编辑 > 重做”命令（快捷键 Ctrl+Shift+Z），撤销的步骤将会被恢复。

在属性工具栏中可以看到“撤销”和“重做”的按钮，单击该按钮也可以快捷的进行撤销。单击撤销下拉按钮，即可在弹出的列表中选择需要撤销到的步骤，如右图所示。

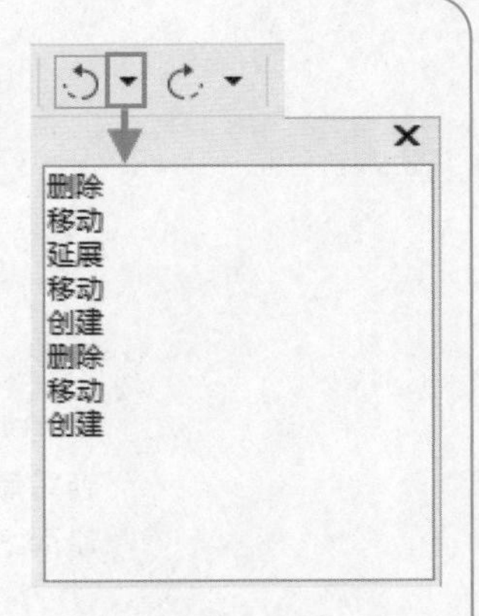

TIP 执行“工具>选项”命令，在“工作区”列表中选择“常规”选项。在常规区域中可以对“撤销级别”进行设置，设置“普通”选项参数可以指定在针对矢量对象使用撤消命令时可以撤消的操作数。设置“位图效果”参数可以指定在使用位图效果时可以撤消的操作数，如右图所示。

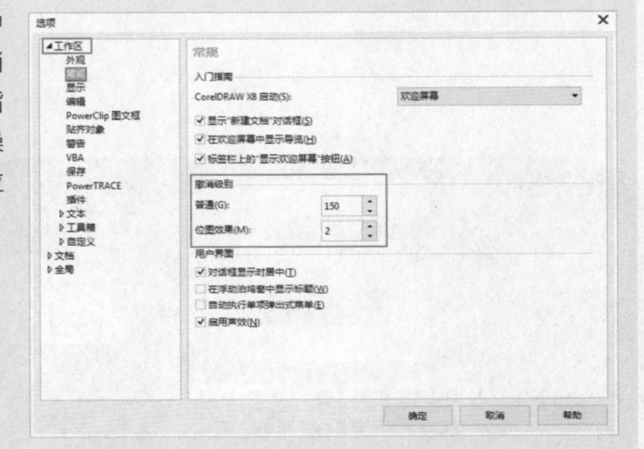

行业解密 平面设计的分类

目前常见的平面设计项目，可以归纳为十大类：网页设计、包装设计、DM广告设计、海报设计、平面媒体广告设计、POP广告设计、样本设计、书籍设计、刊物设计、VI设计。下图为不同行业的作品欣赏。

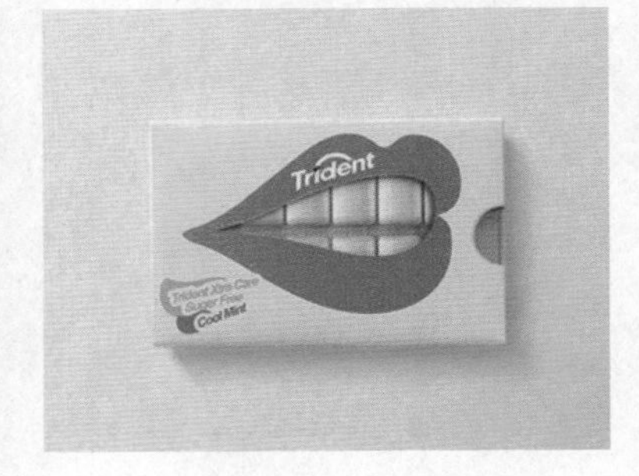

CorelDRAW的工具箱中包含多种绘图工具，使用这些绘图工具可以通过简单的操作绘制出多种多样的常见几何图形，除此之外，工具箱中还提供了多种可以绘制复杂而细致图形的工具。

2 chapter 图形的绘制

本章技术要点

Q 如何快速地绘制常见的几何图形?

A 在工具箱中可以看到多种用于绘制几何图形的工具，例如使用矩形工具可以绘制长方形、正方形；使用椭圆形工具可以绘制椭圆和正圆，使用多边形工具可以绘制五边形、六边形等等的图形；除此之外，星形工具、复杂星形工具、图纸工具、螺纹工具、基本形状工具、标题形状工具等等的绘图工具也可以用于绘制常见的简单图形。

Q 如何绘制不规则的图形和线条?

A 不规则图形或线条的绘制主要可以使用贝塞尔工具或钢笔工具，绘制完成后还可以使用形状工具对图形进行形态的调整。

直线与曲线的绘制

工具箱中有一组专用于绘制直线、折线、曲线，或由折线、曲线构成的矢量形状的工具，我们称之为线形绘图工具，按住工具箱中的手绘工具按钮1-2秒，在弹出的工具列表中可以看到多种工具，如下图所示。

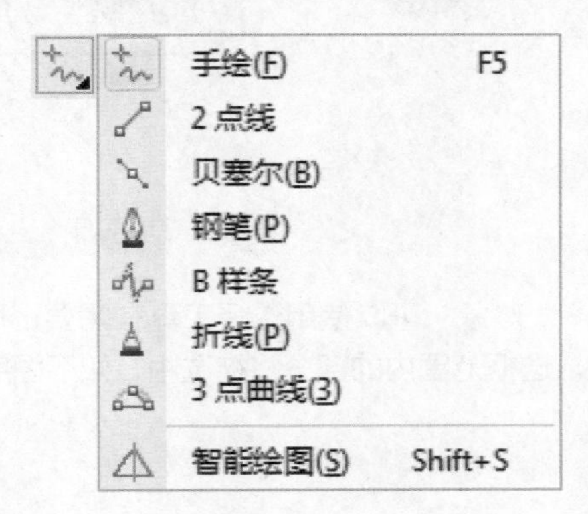

选择对象

在编辑对象之前都是需要先将其选中的，在CorelDRAW中提供了两种用于选择的工具，分别是选择工具与手绘选择，如右图所示。

1 选择工具箱中的选择工具，将光标移动至需要选择的对象上方，单击鼠标左键即可将其选中。此时选中的对象周围会出现八个黑色正方形控制点，如下图所示。

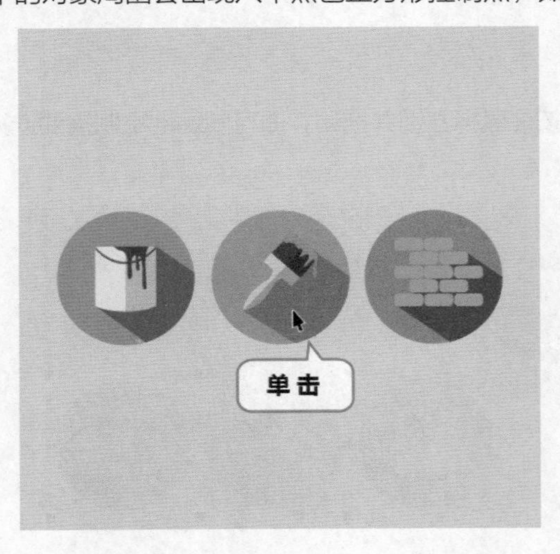

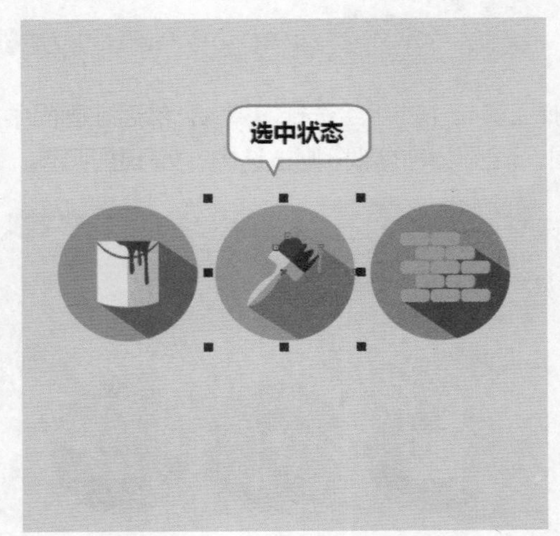

2 如果想要加选画面中的其他对象，可以按住 Shift 键并单击要选择的对象，如下图所示。

TIP 对象四周的控制点可以用于调制对象的缩放比例，具体操作将在后面的章节进行讲解。

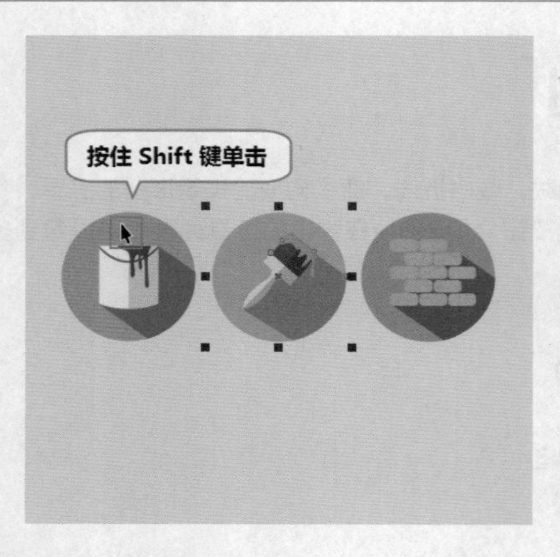

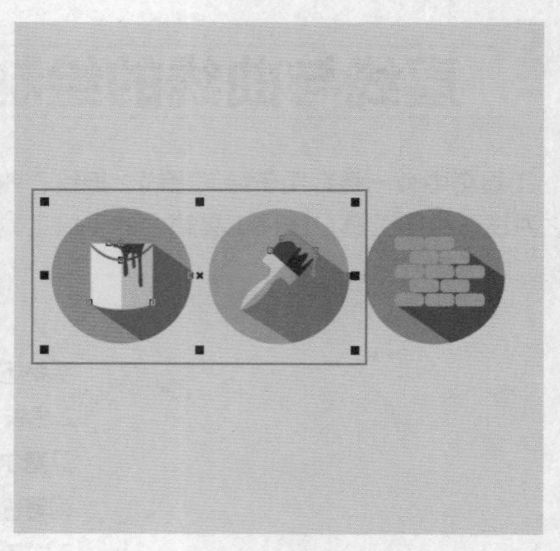

3 还可以通过框选的方式选中多个对象。可以使用选择工具在需要选取的对象周围按住鼠标左键并拖动光标，绘制出一个选框的区域，选框范围内的部分将被选中，如下图所示。

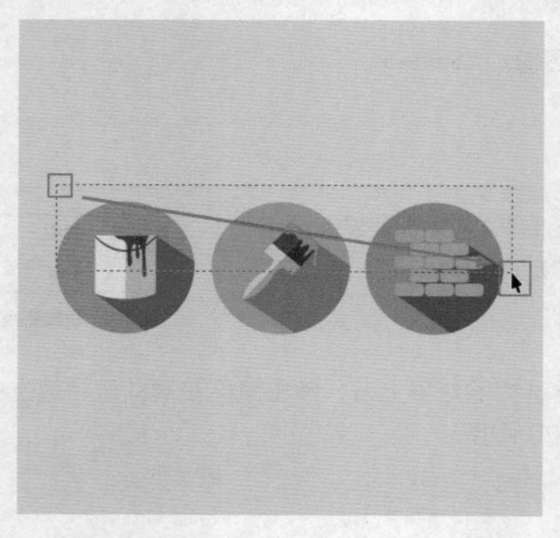

4 选择工具箱中的手绘选择工具，然后在画面中按住鼠标左键并拖动，即可随意地绘制需要选择对象的范围，范围以内的部分则被选中，如下图所示。

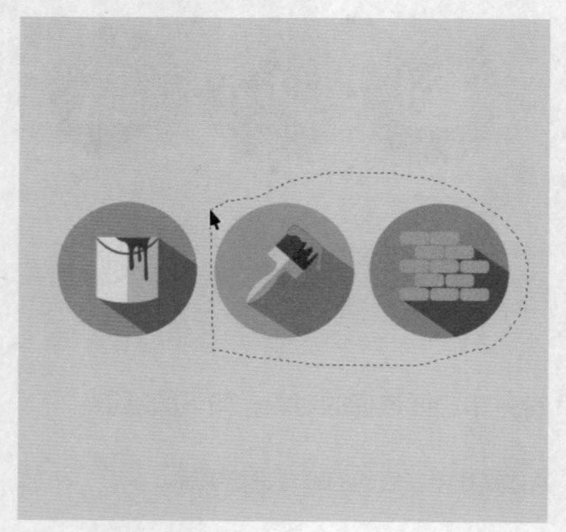

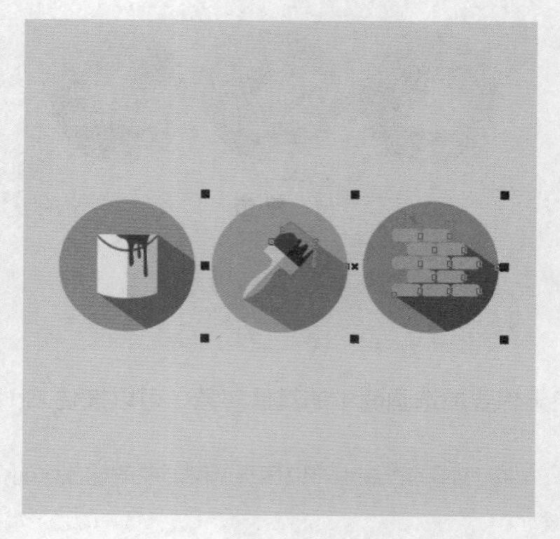

5 想要选择全部对象，可以执行“编辑>全选”命令，在子菜单中有四种可供选择的类型，执行其中某项命令即可选中文档中全部该类型的对象。也可以使用快捷键Ctrl+A选择文档中所有未锁定以及未隐藏的对象，如下图所示。

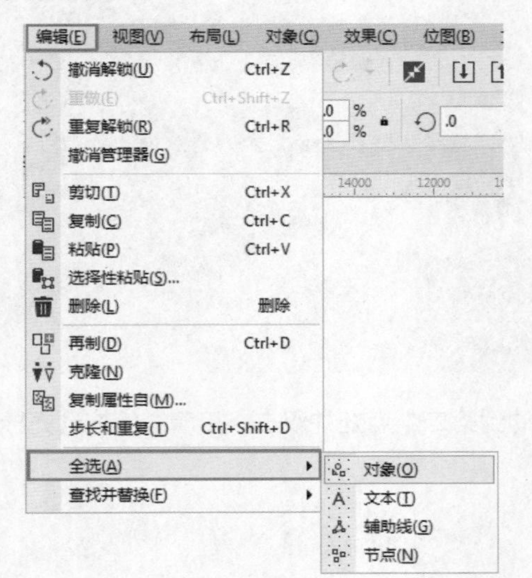

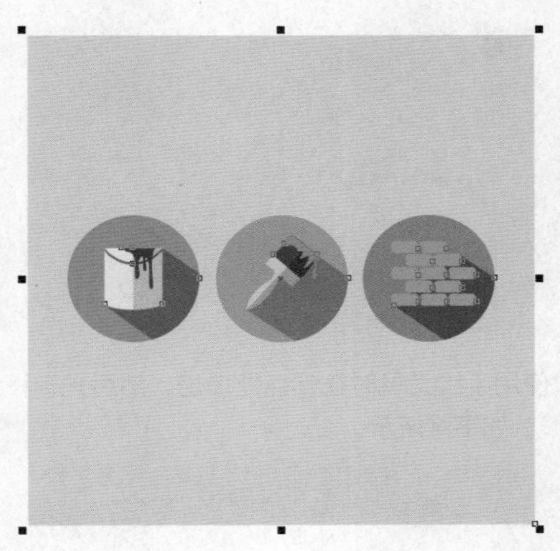

手绘工具

手绘工具可以用于绘制随意的曲线、直线以及折线。手绘工具位于工具箱中的线形绘图工具组中，如下图所示。

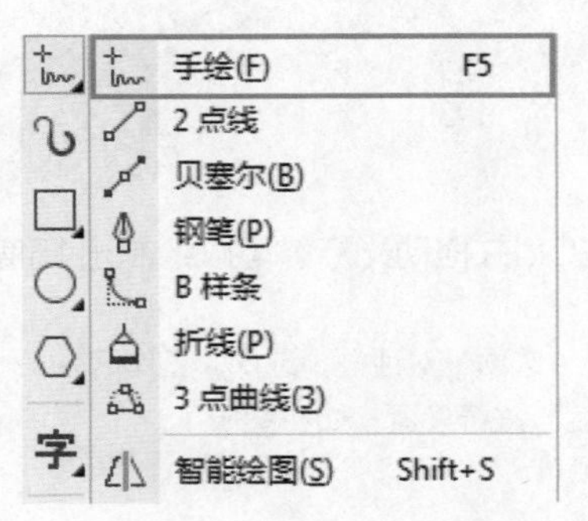

1 使用工具箱中线形绘图工具组中的手绘工具，在画面中按住鼠标左键并拖动，松开鼠标后即可绘制出与鼠标移动路径相同的矢量线条，如下图所示。

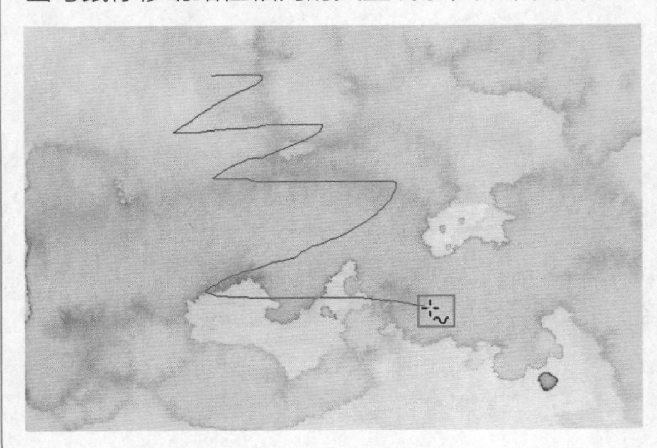

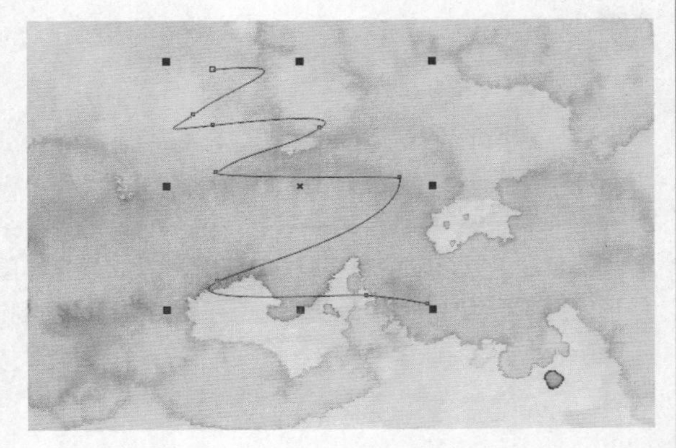

2 如果在使用“手绘”工具时在起点处单击，此时光标会变为形状，然后光标移动到下一个位置时，再次单击，两点之间会连接成一条直线路径，如下图所示。

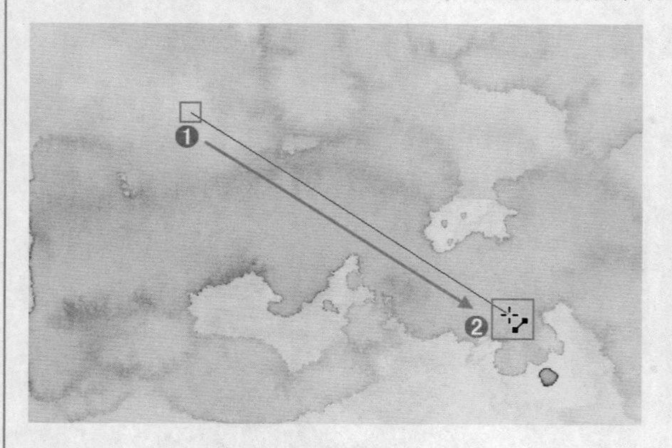

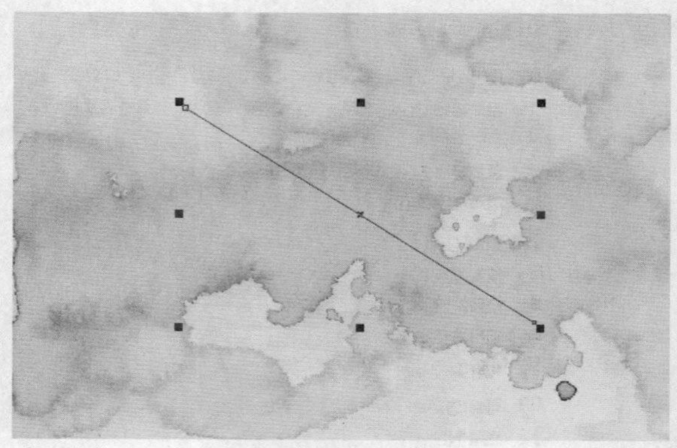

3 如果使用手绘工具时在起点处单击，然后光标移动到第二个点处并双击，接着继续拖动光标即可绘制出折线，如下图所示。

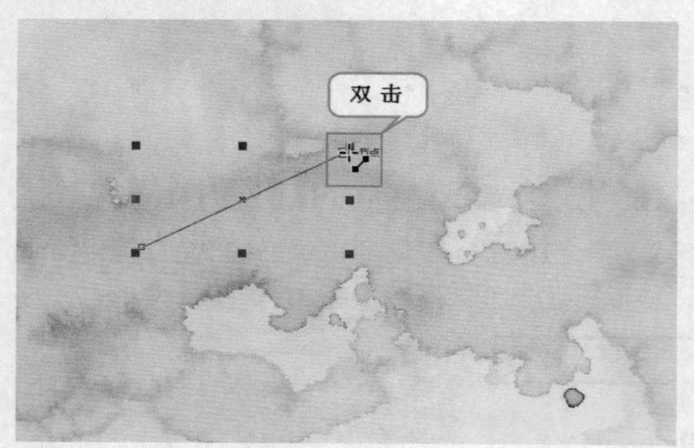

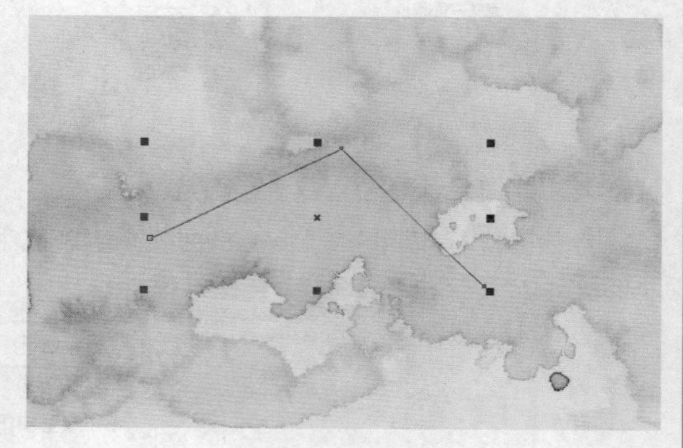

4 单击起点光标变为形状，按住Ctrl并拖动光标，可以绘制出15度增减的直线。

TIP 执行“工具>选项”命令，打开“选项”对话框，选择“工作区>编辑”选项，然后对“限制角度”进行设置，如右图所示。

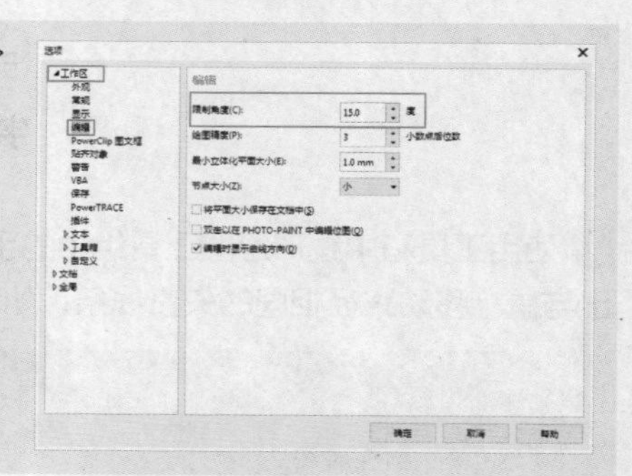

2点线工具

2点线工具可以绘制任意角度的直线段、垂直于图形的垂直线以及与图形相切的切线段。使用工具箱中线形绘图工具组中的2点线工具，在属性栏可以看到这三种模式，单击相应的按钮即可进行切换，如下图所示。

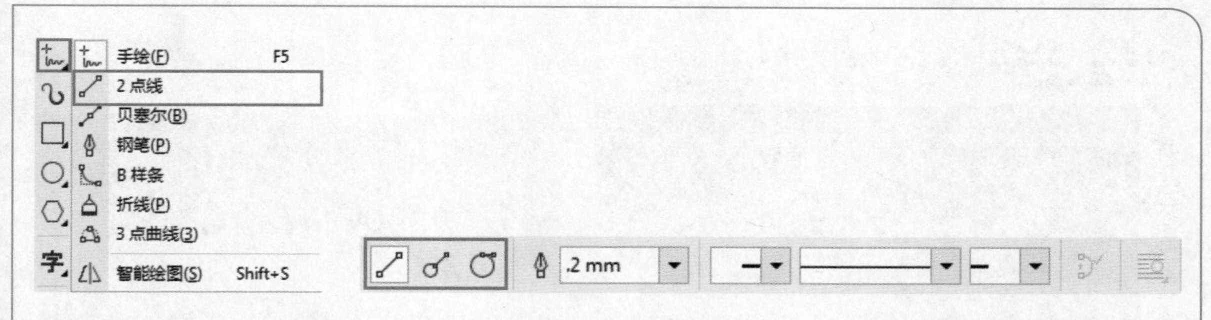

1 选择工具箱中的2点线工具，然后在画面中按住鼠标左键拖曳进行绘制，松开鼠标即可绘制一条线段，如下图所示。

2 接着在选项栏中单击“垂直2点线”按钮，此时光标变为状。然后将光标移动至已有的直线上，按住鼠标左键拖曳进行绘制，可以得到垂直于原有线段的一条直线，如下图所示。

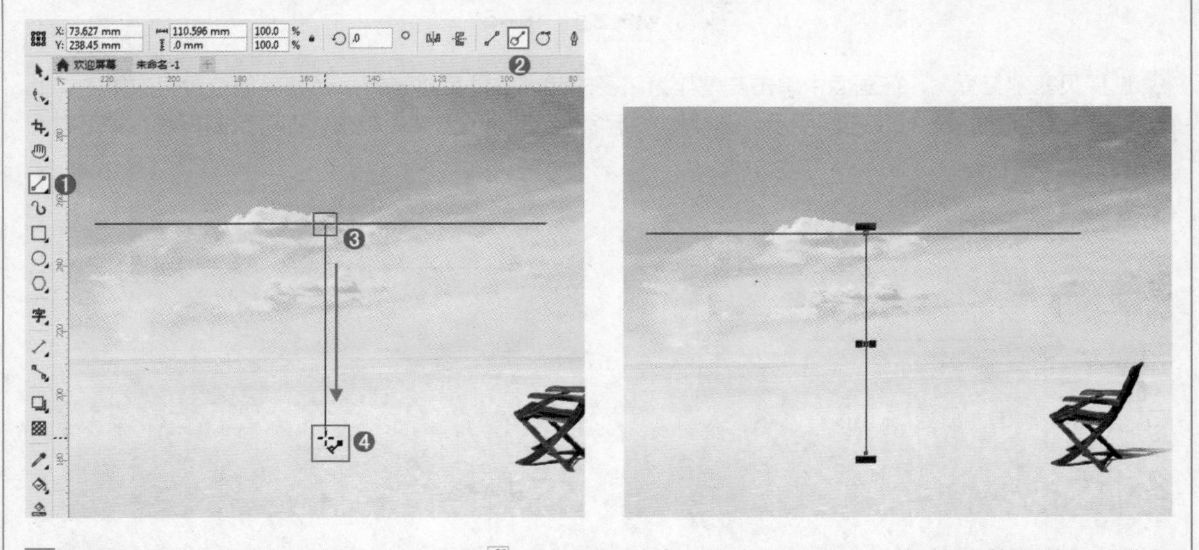

3 在属性栏上单击“相切的2点线”按钮，此时光标变为状。接着将光标移动到对象边缘处按住鼠标左键拖曳，松开鼠标后即可绘制一条与对象相切的线段，如下图所示。

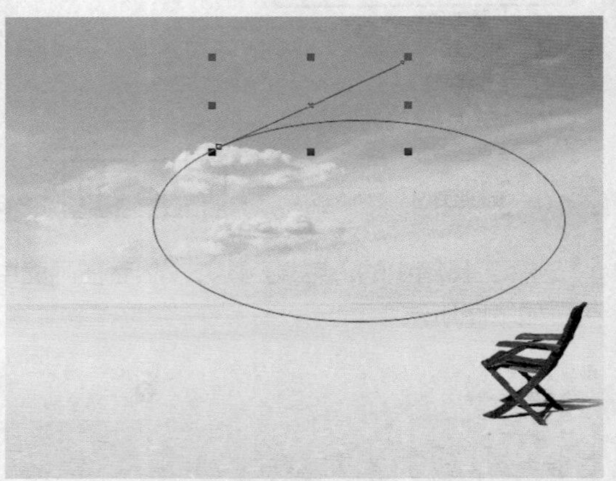

贝塞尔工具

贝塞尔工具是创建复杂而精确的图形最常用的工具之一，它可以绘制包含折线、曲线的各种各样复杂矢量形状。选择工具箱中线形绘图工具组中的贝塞尔工具，如下图所示。

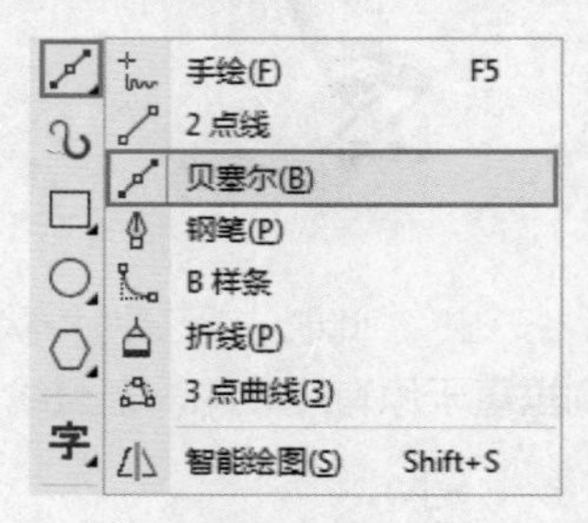

1 选择贝塞尔工具，在画面中单击左键作为路径的起点。然后将光标移动到其他位置再次单击，此时绘制出的是直线段，如下左图所示。继续将光标移动到其他位置然后单击，即可绘制折线，如下右图所示。

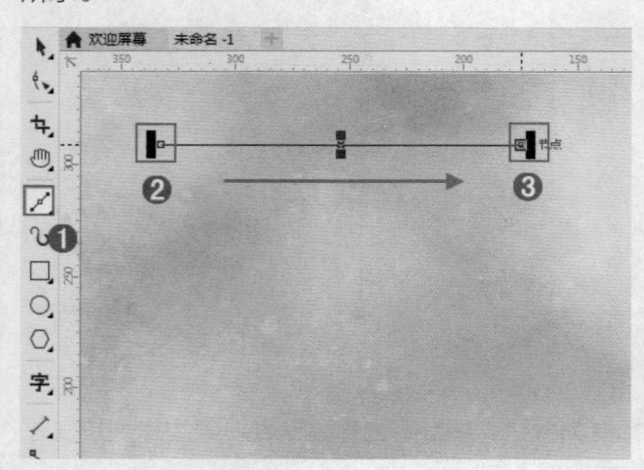
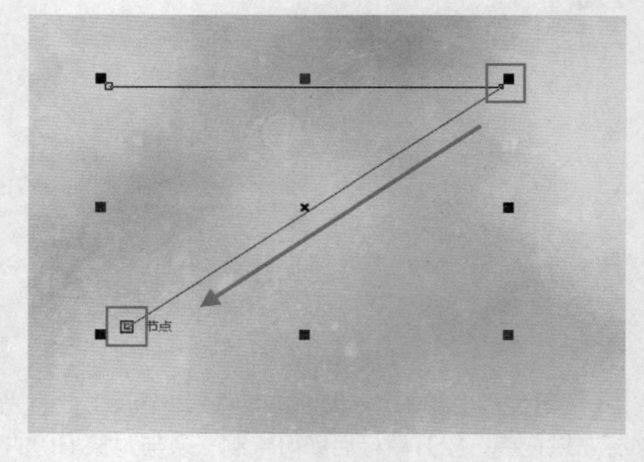

2 使用贝塞尔工具还可以绘制曲线。选择贝塞尔工具，首先在起点处单击，然后将鼠标移动到第二个点的位置，按住鼠标左键并拖动调整曲线的弧度，松开鼠标后即可得到一段曲线，按Enter键可以结束路径的绘制，如下图所示。

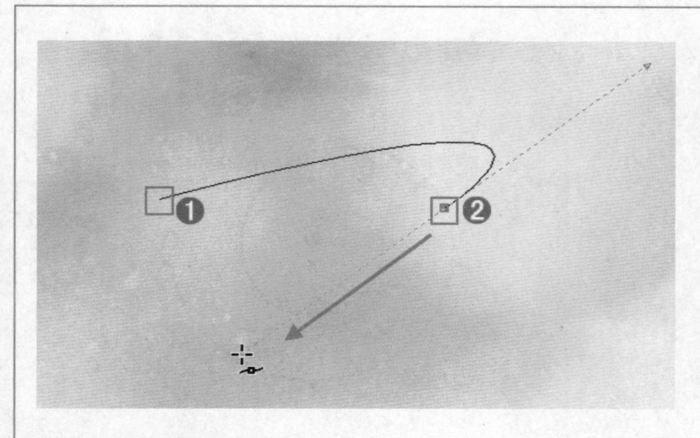

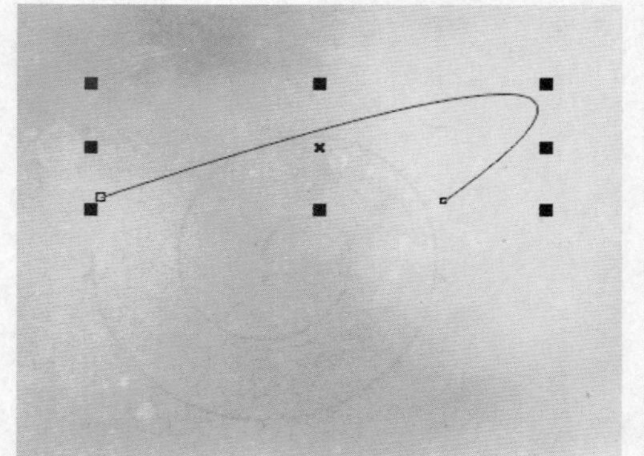

钢笔工具

钢笔工具也是一款功能强大的绘图工具，使用钢笔工具配合形状工具可以制作出复杂而精准的矢量图形。选择工具箱中线形绘图工具组中的钢笔工具，接着会显示其属性栏，如下图所示。

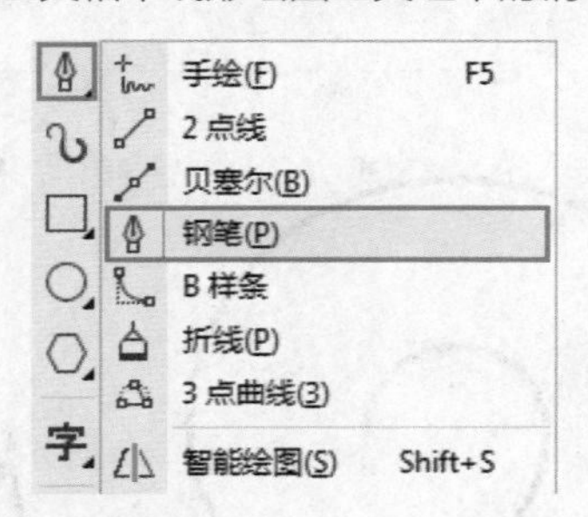

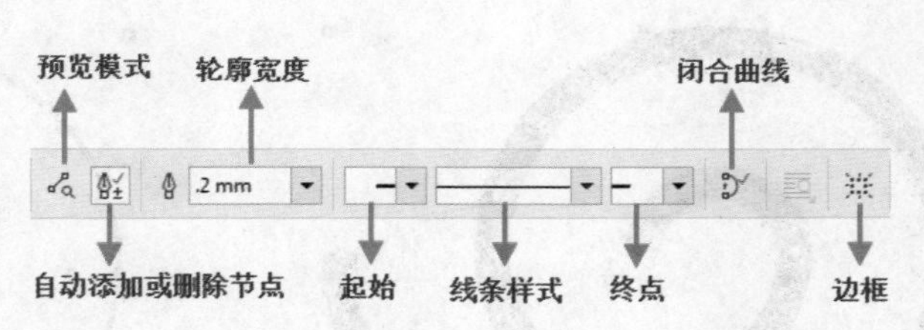

钢笔工具的绘图操作方法与贝塞尔工具非常相似，在画面中单击可以创建尖角的点以及直线，然后按住鼠标左键并拖动即可得到圆角的点以及弧线，如下图所示。

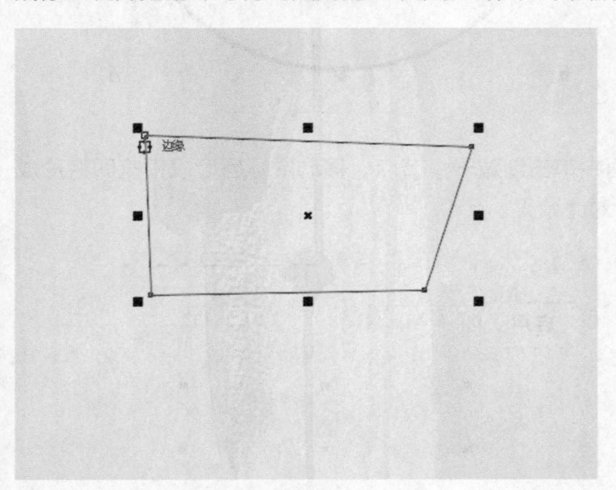

TIP 在使用折线工具绘制曲线时，同样受“手绘平滑”参数的影响。如果需要使绘制出的曲线与手绘路径更好地吻合，可以设置“手绘平滑”参数为0，使绘制的曲线不产生平滑效果。如果想要绘制平滑的曲线则需要设置较大的数值。

- 在“起始”、“线条样式”、“终止”列表中进行选择可以改变线条的样式，如下图所示。

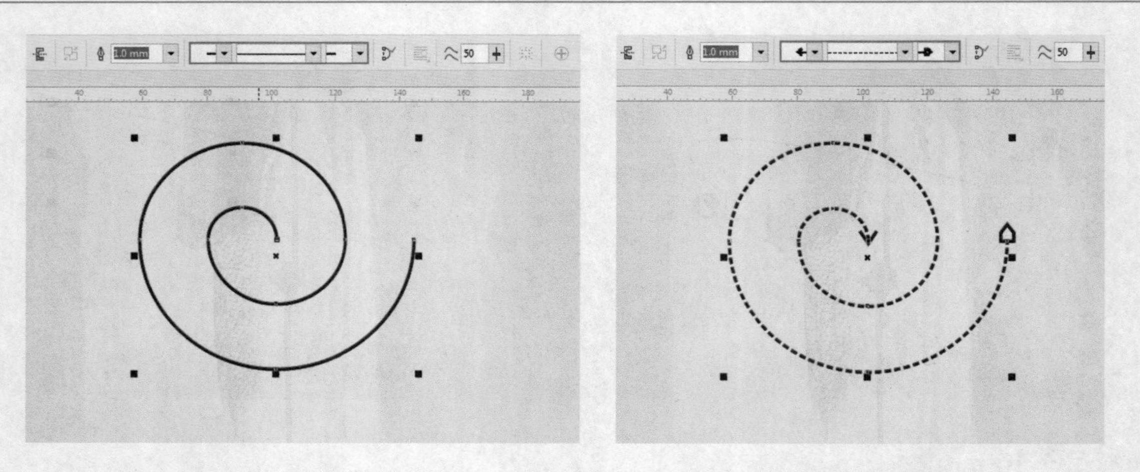

• 在“轮廓宽度”中可以在列表中进行选择，也可以在数值框中输入适合的数值，如下图所示。

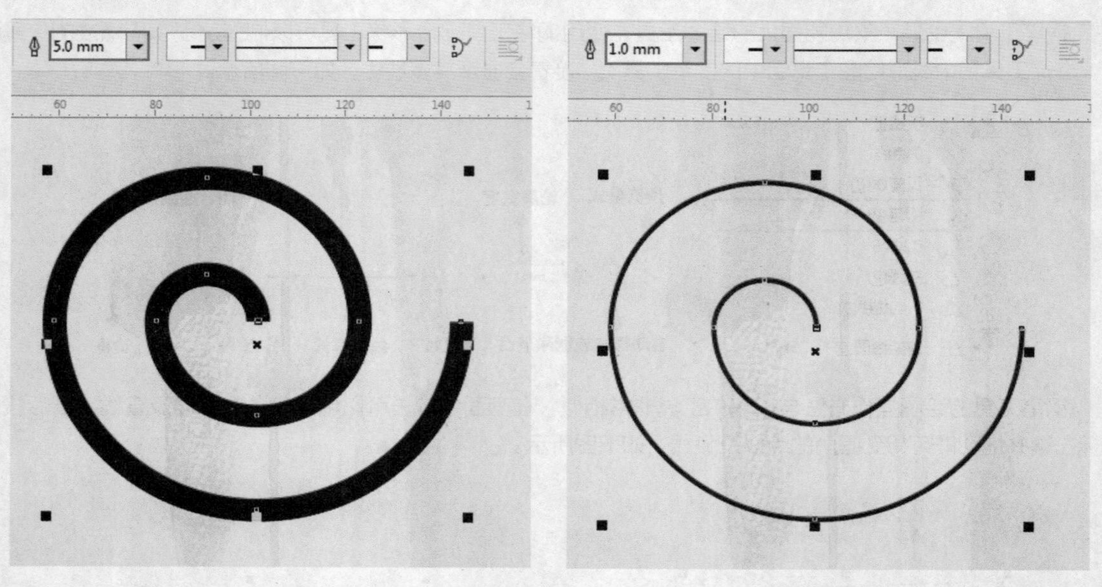

• 单击属性栏上的“预览模式”按钮，在绘图页面中单击创建一个节点，移动鼠标后可以预览即将形成的路径。下图为未启用预览模式和启用预览模式的对比效果。

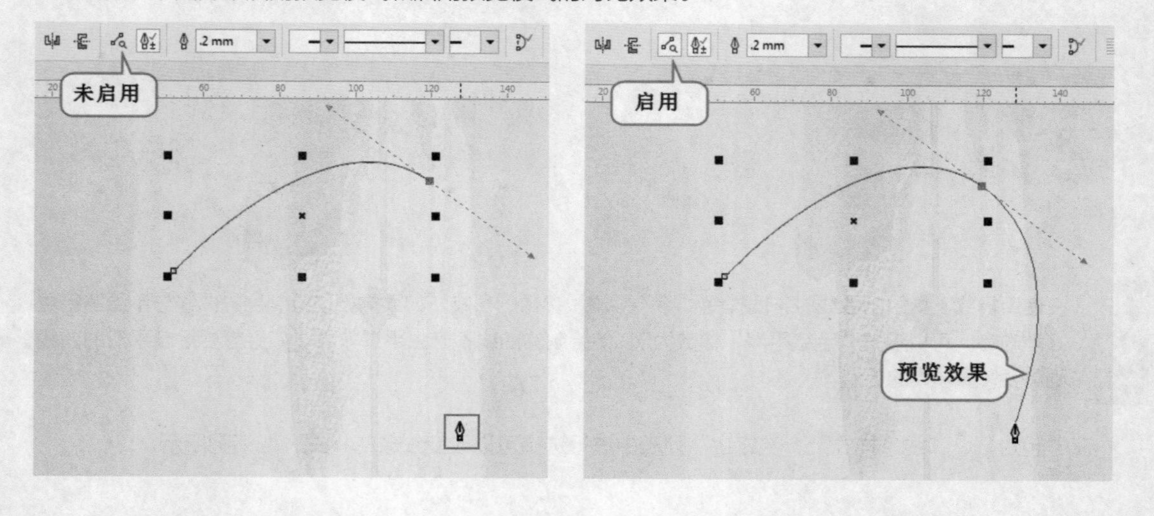

- 单击“自动添加/删除”按钮，将光标移动到路径上光标会自动切换为添加节点或删除节点的形式。如果未启用该功能，将光标移动到路径上则可以创建新路径，如下图所示。

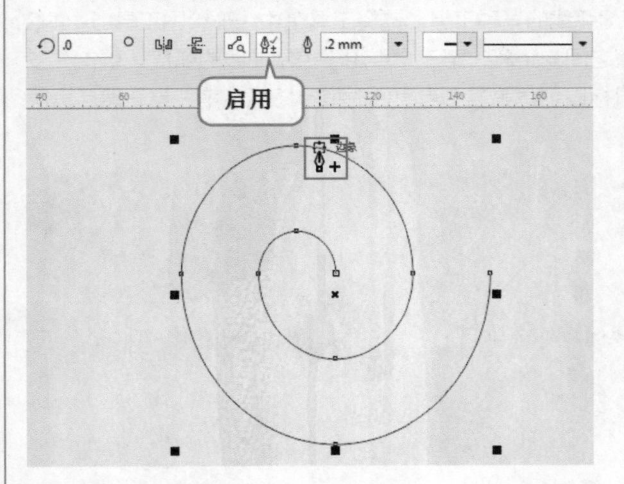

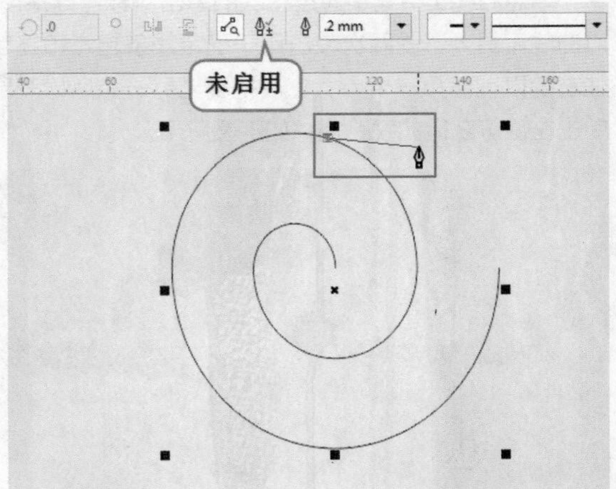

B样条工具

使用B样条工具可以通过调整“控制点”的方式绘制曲线路径，控制点和控制点间形成的夹角度数会影响曲线的弧度。选择工具箱中线形绘图工具组中的B样条工具。将光标移至绘图区域，单击鼠标左键创建控制点，多次移动鼠标创建多个控制点。每三个控制点之间会呈现出弧线。按下Enetr键结束绘制，如下中图所示。想要调整弧线的形态时，只需调整控制点的位置即可，如下右图所示。

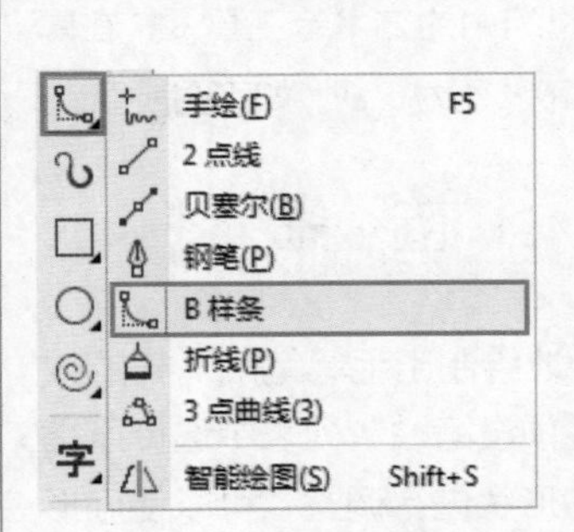

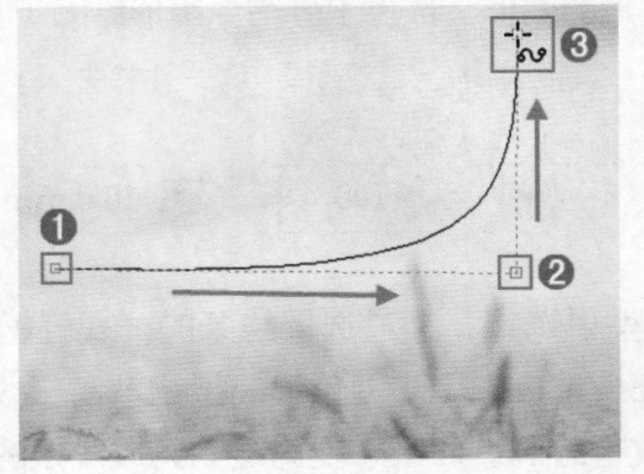

折线工具

折线工具可以绘制折线，也可以绘制曲线。选择工具箱中线形绘图工具组中的折线工具，然后在画面中通过单击的方式绘制折线。折线工具还可以作为手绘曲线工具，在属性栏中设置合适的“手绘平滑度”，然后按住鼠标左键拖曳即可绘制手绘曲线效果，如下图所示。

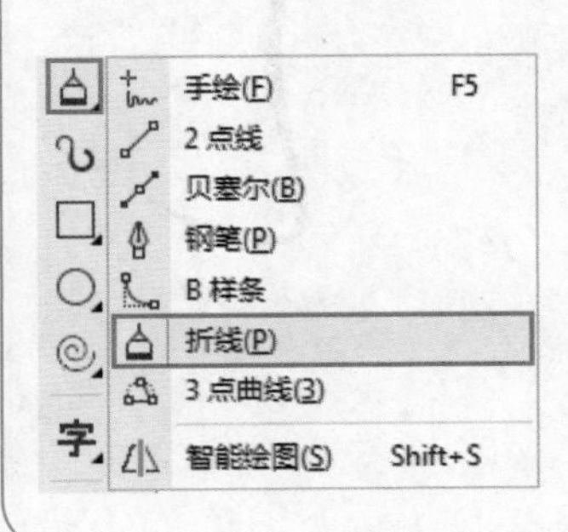

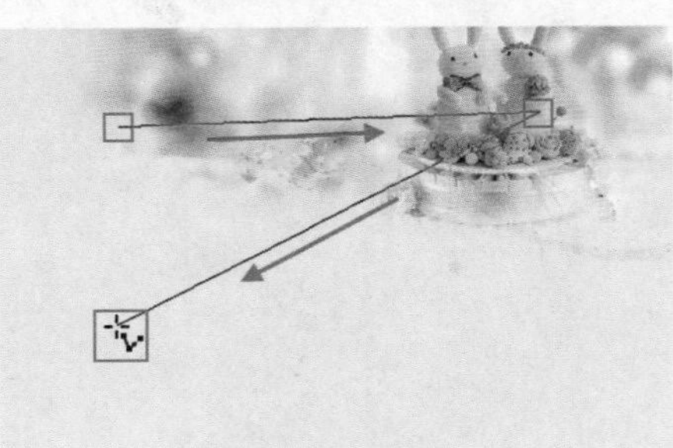

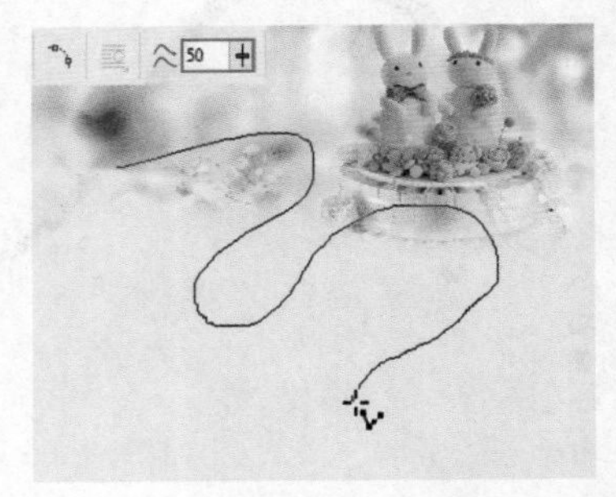

3点曲线工具

3点曲线工具是通过三次的单击鼠标左键来创建弧线的一种工具。选择工具箱中线形绘图工具组中的3点曲线工具，前两次单击用于确定线条起点和终点之间的距离，第三个点用于控制曲线的弧度。单击并按住左键以创建第一个点，然后拖曳至另一点后松开鼠标以创建第二个点，此时拖曳鼠标至第三点，然后再次单击左键可获得曲线路径，如下图所示。

TIP 使用3点曲线工具绘制曲线时，创建起始点后按住Shift键拖动光标可以以5度角为倍数调整两点区间的角度。

艺术笔工具

艺术笔工具是一种可以绘制出多种多样笔触效果的工具，而且这些笔触不仅可以模拟现实中的毛笔、钢笔，还可以沿路径绘制出各种各样有趣的图形。选择工具箱中线形绘图工具组中的艺术笔工具，在属性栏中有五种模式，分别是“预设”、“笔刷”、“喷涂”、“书法”和“压力”，如下图所示。

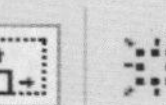

1 “预设”模式提供了多种线条类型供选择，通过选择线条的样式轻松地绘制出毛笔笔触一样的效果。选择工具箱中的艺术笔工具，在属性栏中单击“预设”按钮，在“预设笔触”列表中选择所需笔触的线条模式，然后在画面中拖曳进行绘制。如果想要对绘制完成线条的形状进行调整，可以使用形状工具对节点进行调整即可。如下图所示。

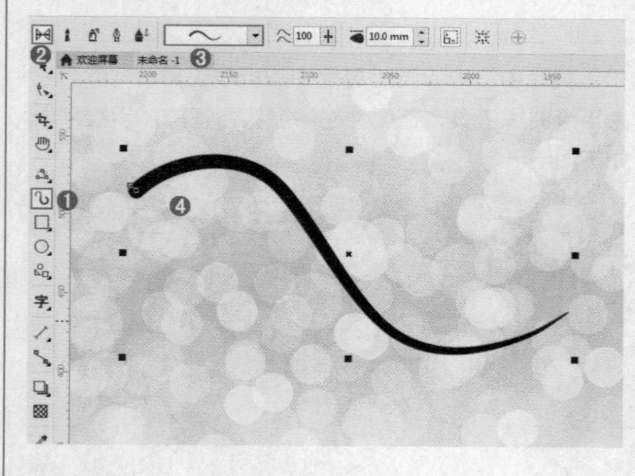

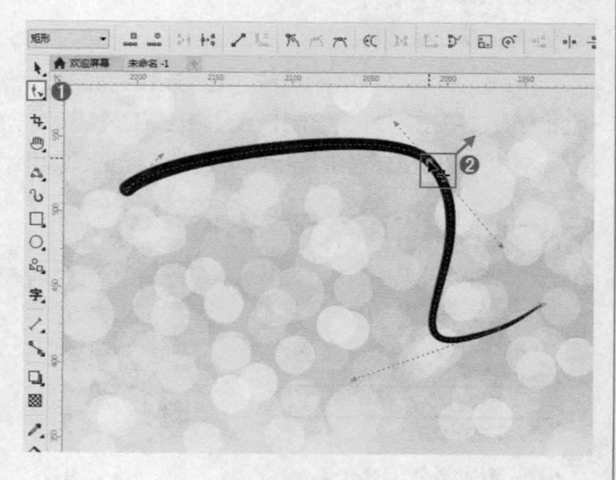

- 手绘平滑：在创建手绘曲线时，调整其平滑程度。
- 笔触宽度：输入数值以设置绘制出线条的宽度。

2 "笔刷"模式的艺术笔触主要用于模拟笔刷绘制的效果。单击"艺术笔"工具按钮，在属性栏中单击"笔刷"模式。如下图所示。

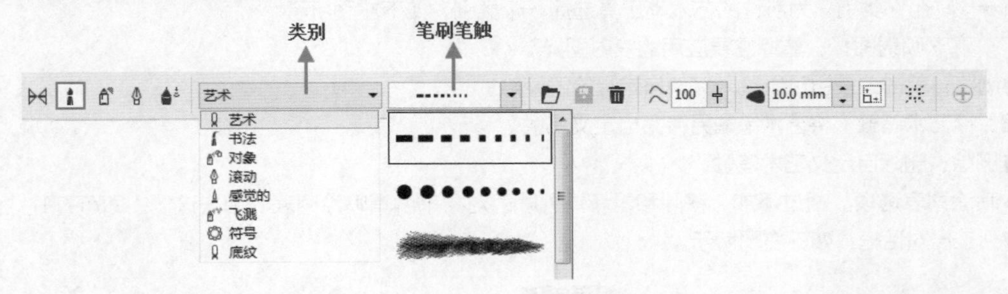

- 类别：在列表中选择笔刷模式艺术笔绘制出的图形的类别。在此处选择不同的类别会直接影响到"笔刷笔触"列表中的内容，如右1图所示。
- 笔刷笔触：从列表中选择一种笔触，如右2图所示。
- 浏览：单击该按钮可以载入其他自定义笔刷笔触。
- 保存艺术笔触：将艺术笔触另存为自定义笔触。
- 删除：删除自定义艺术笔触。
- 手绘平滑：在创建手绘曲线时，在数值框中输入数值调整其平滑程度。
- 笔触宽度：在数值框中输入数值以设置绘制出线条的宽度。

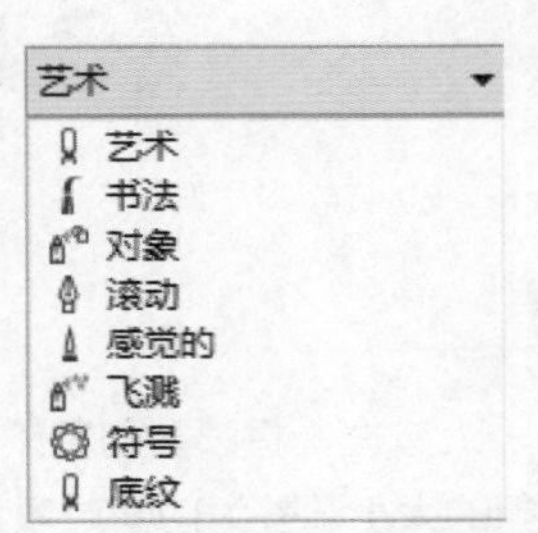

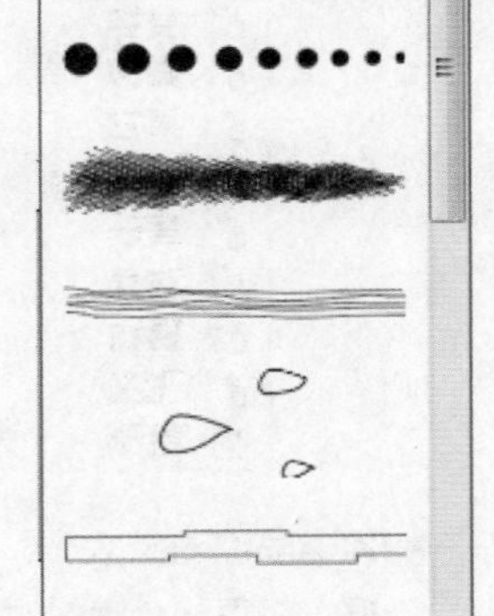

3 接着在属性栏中设置合适的"类别"和"笔刷笔触"，然后在画面中按住鼠标左键拖动即可绘制出线条。当改变笔刷笔触的类型时，画出的艺术线条也随即改变，如下图所示。

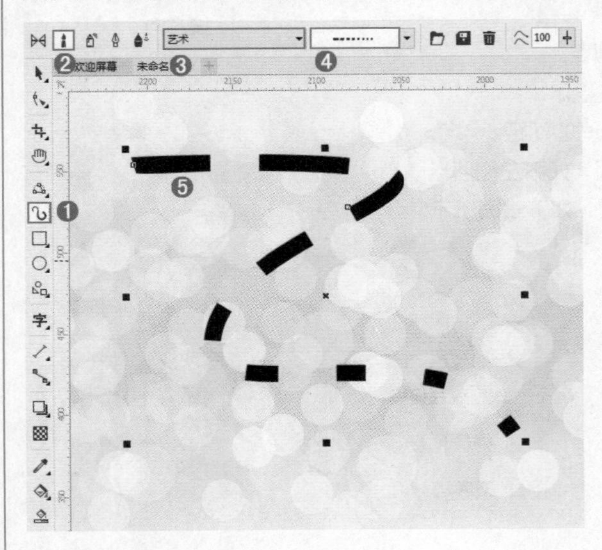

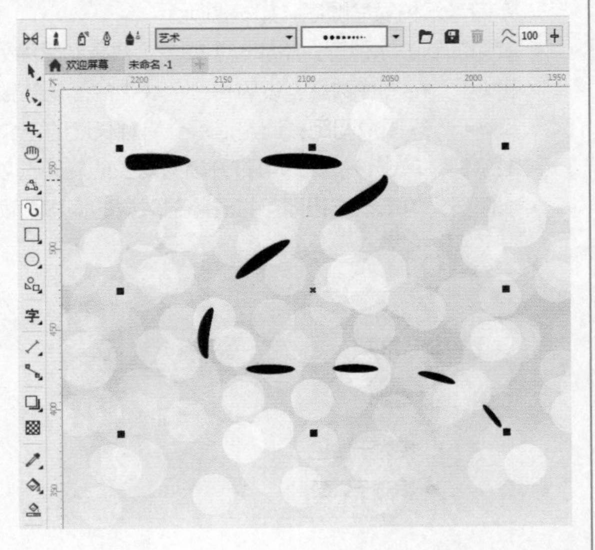

4 “喷涂”模式艺术笔能够以图案为绘制的路径描边，而且图案的选择非常多，还可以对图案进行大小、间距、旋转进行设置。下图为“喷涂”模式的属性栏。

- 类别：为所选的艺术笔工具选择一个类别，如下左图所示。
- 喷射图样：选择需要应用的喷射图样。
- 浏览：单击该按钮可以载入其他自定义笔刷笔触。
- 保存艺术笔触：将艺术笔触另存为自定义笔触。
- 删除：删除自定义艺术笔触。
- 喷涂列表选项：通过添加、移除和重新排列喷射对象来编辑喷涂列表。单击该按钮即可打开“创建播放列表”对话框，如下右图所示。

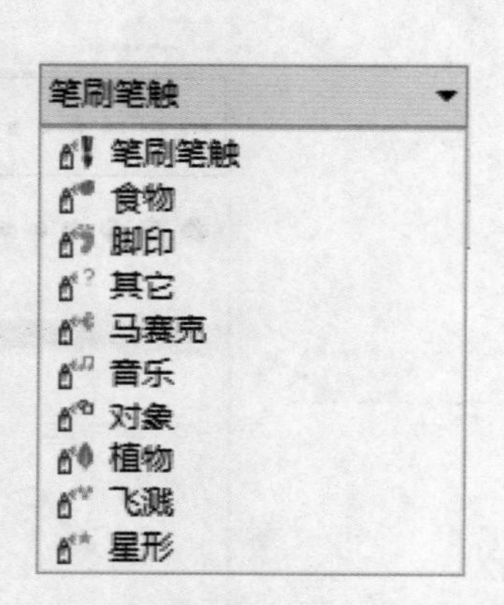

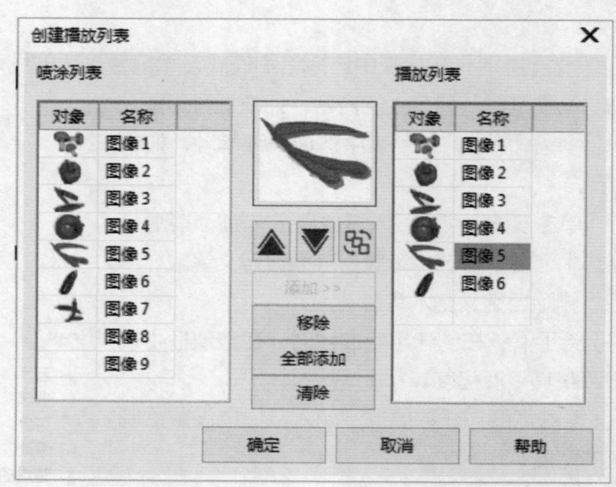

- 喷涂对象大小：（上方框）将喷射对象的大小统一调整为其原始大小的某一特定的百分比。（下方框）将每一个喷射对象的大小调整为前面对象大小的某一特定的百分比。
- 递增按比例缩放：允许喷射对象在沿笔触移动过程中放大或缩小。
- 喷涂顺序：选择喷射对象沿笔触显示的顺序，有“随机”、“顺序”和“按方向”三种喷涂顺序，如右图所示。
- 添加到喷涂列表：添加一个或多个对象到喷涂列表。
- 图像数量：设置每个色块中的图像的数量。
- 图像间距：调整沿每个笔触长度的色块间的间距。
- 旋转：单击该按钮即可打开喷射对象的旋转选项，如下左图所示。
- 偏移：单击该按钮即可打开喷射对象的偏移选项，如下右图所示。

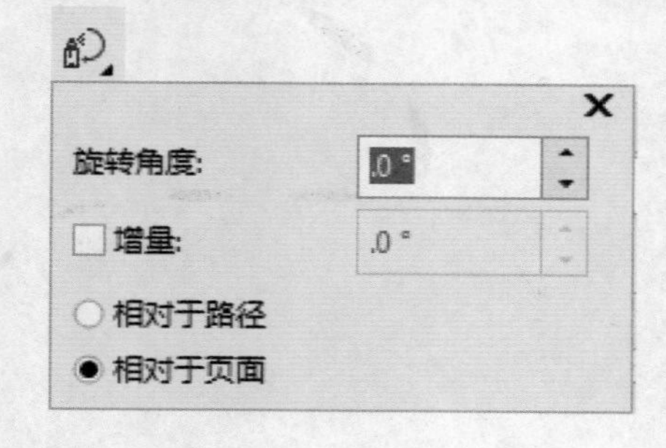

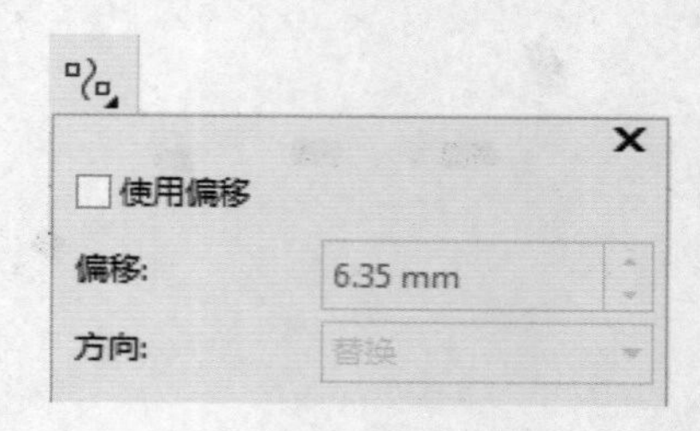

5 选择艺术笔工具，单击属性栏中的“喷涂”按钮，在属性栏的“类别”列表中选择需要的类别，在“喷射图样”列表中选择笔触的形状，设置合适的“喷涂对象大小”。设置完毕后按住鼠标左键并拖动即可绘制，如下图所示。当改变笔刷笔触的类型时，画出的艺术线条也随即改变，如下图所示。

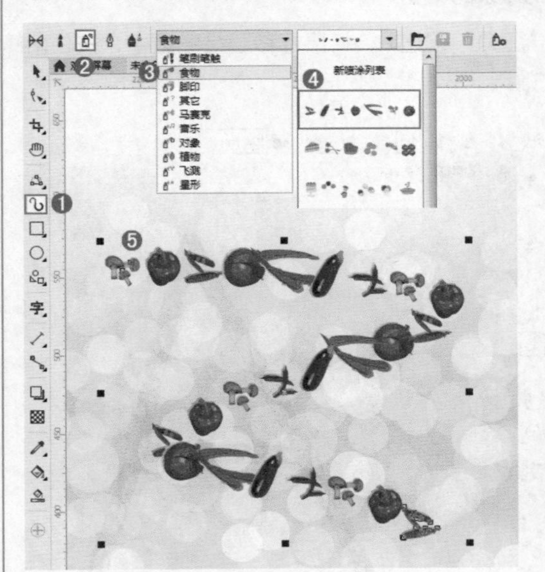

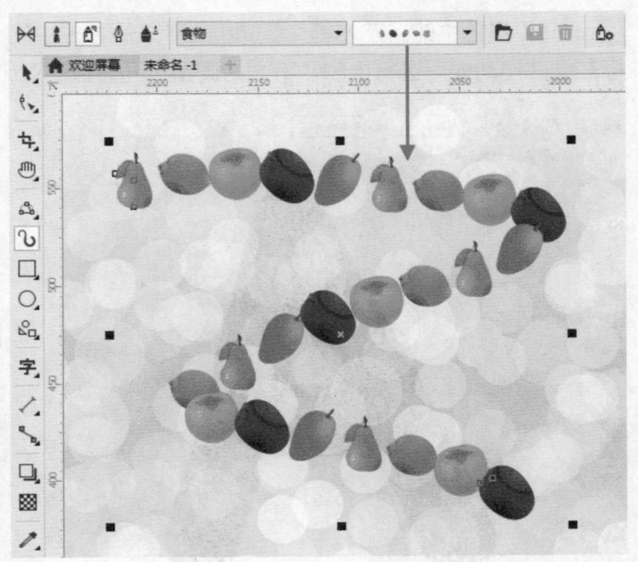

6 “书法”模式是通过计算曲线的方向和笔头的角度来更改笔触的粗细，从而模拟出书法的艺术效果。在艺术笔工具属性栏中单击“书法”按钮，如下图所示。

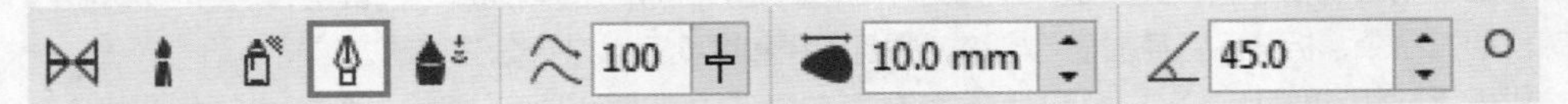

- 手绘平滑：在创建手绘曲线时，调整其平滑程度。
- 笔触宽度：在数值框中输入数值以设置绘制出的线条的宽度。
- 书法角度：在数值框中输入数值以设置书法画笔绘制出的笔触角度。

7 选择工具箱中的“艺术笔”工具，单击属性栏中的“书法”按钮，设置合适参数然后在画面中按住鼠标左键并拖动进行绘制。下图为调整不同参数的对比效果。

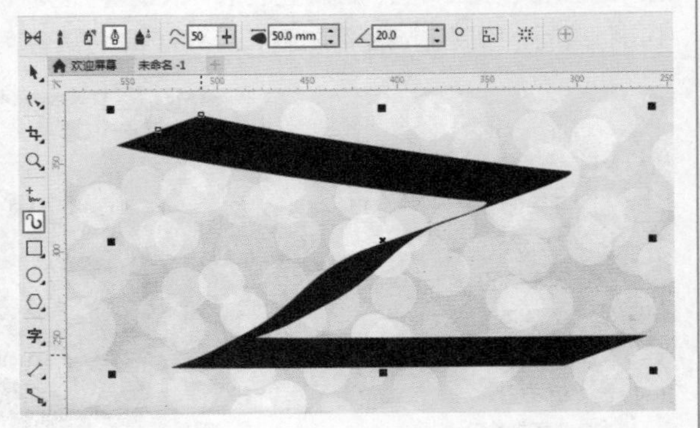

8 “压力”模式是模拟实验压感笔绘画的效果。在艺术笔工具属性栏中单击“压力”按钮，如下图所示。

- 10.0 mm 笔触宽度：在数值框中输入数值以设置绘制出的线条的宽度。

9 选择工具箱中的“艺术笔”工具，单击属性栏中的“压力”按钮，将鼠标移至绘图区中，按住鼠标左键并拖动即可进行绘制。下图为调整不同参数的对比效果。

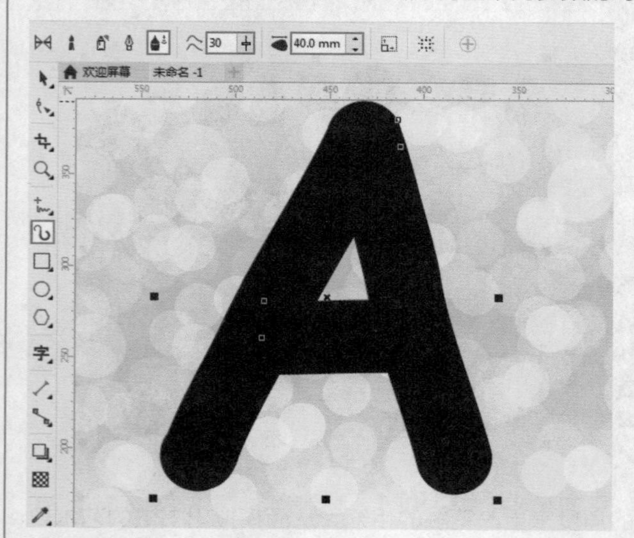

TIP 使用艺术笔绘制出的图案其实是一个包含“隐藏的路径”和“图案描边”的群组，执行“排列>拆分艺术笔群组”命令，拆分后路径被显示出来，并且路径和图案可以进行分开移动。
选中图案描边的群组，单击鼠标右键在快捷菜单中选中“取消群组”命令，图案中的各个部分可以进行分别地移动和编辑。

智能绘图工具

智能绘图工具是一种能够修整用户手动绘制出的不规则、不准确的图形。选择工具箱中线形绘图工具组中的智能绘图工具，在属性栏中可以设置“形状识别等级”以及“智能平滑等级”。设置完毕后在画面中进行绘制，绘制完毕后释放鼠标，系统自动将其转换为基本形状或平滑曲线，如下图所示。

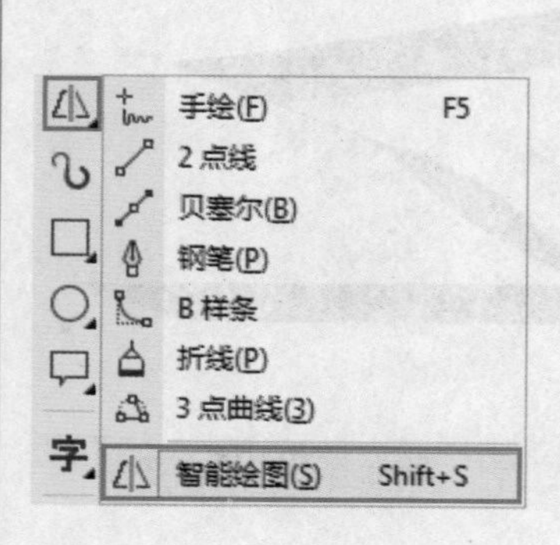

- 形状识别等级：设置检测形状并将其转换为对象的等级，该选项有“无”、“最低”、“低”、“中”、“高”和“最高”6个选项。
- 智能平滑等级：设置使用智能绘图工具创建形状的轮廓平滑等级。该选项有“无”、“最低”、“低”、“中”、“高”和“最高”6个选项。

TIP 要在绘制时按住Shift键，并按住左键进行反方向的拖曳，即可擦除已绘制的线条。

UNIT 07 使用形状工具调整矢量图形

形状工具是用来调整矢量图形外形的工具，它是通过调整节点的位置、尖突或平滑、断开或连接以及对称使图形发生相应的变化。使用形状工具在图像上单击即可显示节点，然后将光标移动到节点上按住鼠标左键拖曳移动节点，然后松开鼠标我们可以发现更改节点后图形也发生了变化，如下图所示。

单击工具箱中的形状工具按钮，可以看到属性栏中包含很多个按钮，通过这些按钮可以对节点进行添加，删除、转换等操作，如下图所示。

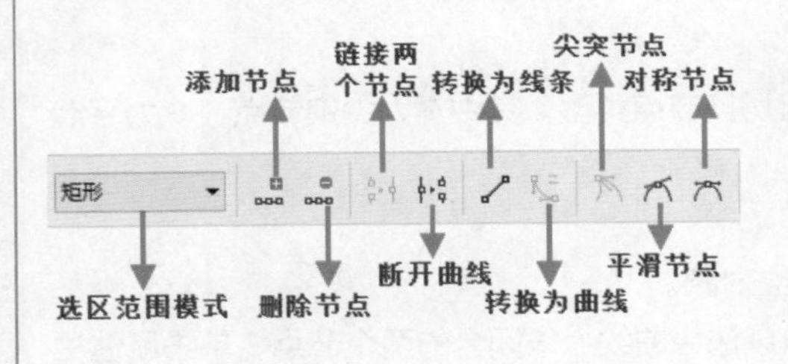

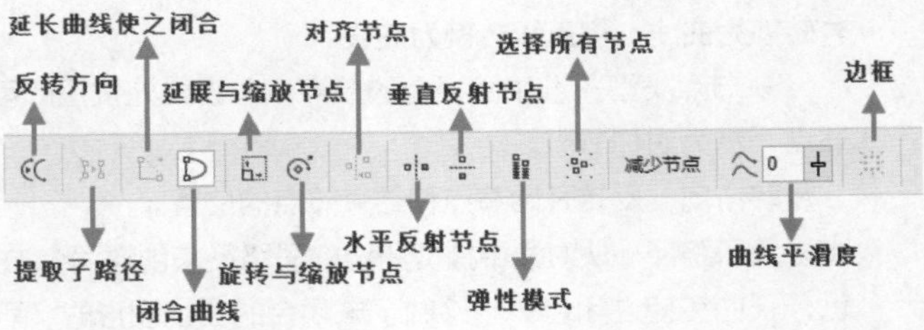

- 连接两个节点：选中两个未封闭的节点，单击属性栏中的“连接两个节点”按钮，两个节点自动向两点中间的位置移动并进行闭合，如下图所示。

- 断开节点：选择路径上的一个闭合的点，单击属性栏中的“断开节点”按钮，该节点变为两个重合的节点，如下图所示。

- 转换为线条：将曲线转换为直线。
- 转换为曲线：将直线转换为曲线。
- 节点类型：选中路径上的节点，单击此处按钮即可切换节点类型。其中为尖突节点，为平滑节点，为对称节点。
- 反转方向：反转开始节点和结束节点的位置。
- 提取子路径：从对象中提取所选的子路径来创建两个独立对象。
- 延长曲线使之闭合：当绘制了未闭合的曲线图形时，可以选中曲线上未闭合的两个节点，单击属性栏中的“延长曲线使之闭合”按钮，即可使曲线闭合，如下图所示。

- 闭合曲线：选择未闭合的曲线，单击属性栏中的“闭合曲线”按钮能够快速在未闭合曲线上的起点和终点之间生成一段路径，使曲线闭合，如下图所示。

- 延展与缩放节点：对选中节点之间的路径进行比例缩放。
- 旋转与倾斜节点：通过旋转倾斜节点调整曲线段的形态。
- 对齐节点：选择多个节点时，单击该按钮，在弹出的对话框中设置节点水平、垂直的对齐方式。
- 水平/垂直反射节点：编辑对象中水平/垂直镜像的相应节点。
- 选中所有节点：单击该按钮，快速选中该路径的所有节点。
- 减少节点减少节点：自动删除选定内容中的节点来提高曲线的平滑度。
- 曲线平滑度：通过更改节点数量调整曲线的平滑程度。

UNIT 08 几何图形的绘制

任何复杂的图形都是由简单的基本图形构成的，椭圆形、矩形、多边形、曲线以及直线等简单形状就构成CorelDRAW绘图的基础。本节介绍的工具位于工具箱的三个工具组中，如下图所示。

本节所学习工具的使用方法非常相似，大致的操作步骤为：选择相应的工具，然后在属性栏中对其参数进行调整，然后在画面中按住鼠标左键并拖动即可创建出相应的图形。绘制完成后，选中绘制的图形还可在属性栏中进行参数的更改。下面我们来了解一下各种工具的使用方法。

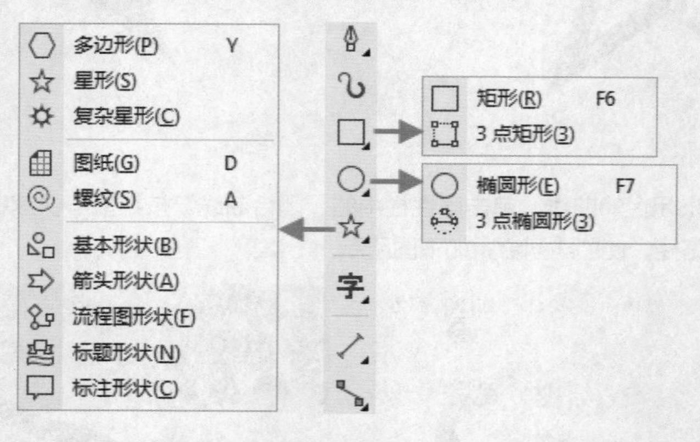

TIP 绘制这些基本图形时，有一些通用的快捷操作。

1. 在使用某种形状绘制工具时按住Ctrl键并绘制可以得到一个“正”的图形，例如正方形、正圆形。
2. 按住Shift键进行绘制能够以起点作为对象的中心点绘制图形。
3. 按Shift+Ctrl组合键进行绘制，可以绘制出从中心向外扩展的正图形。
4. 图形绘制完成后，选中该图形，在属性栏中仍然可以更改图形的属性。

矩形工具

矩形工具组中包含矩形□和3点矩形□两种工具，使用这两种工具可以绘制长方形、正方形、圆角矩形、扇形角矩形以及倒菱角矩形。下图为使用矩形工具的设计作品。

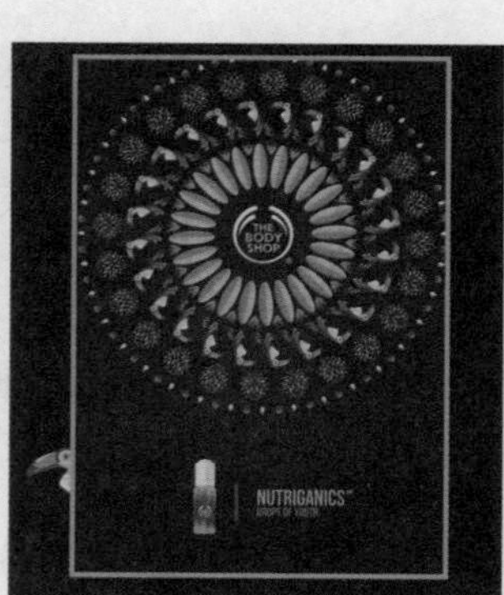

选择工具箱中矩形工具组中的矩形工具□，在画面中按住鼠标左键并向右下角进行拖曳，释放鼠标即可得到一个矩形。按住Ctrl键并绘制可以得到一个正方形，如下图所示。

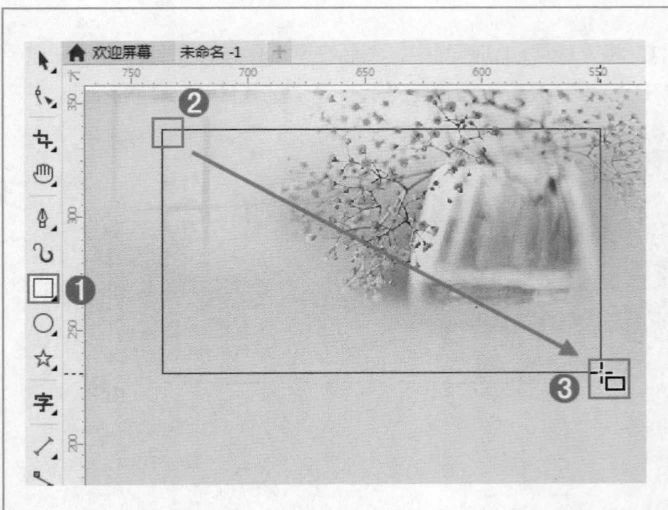

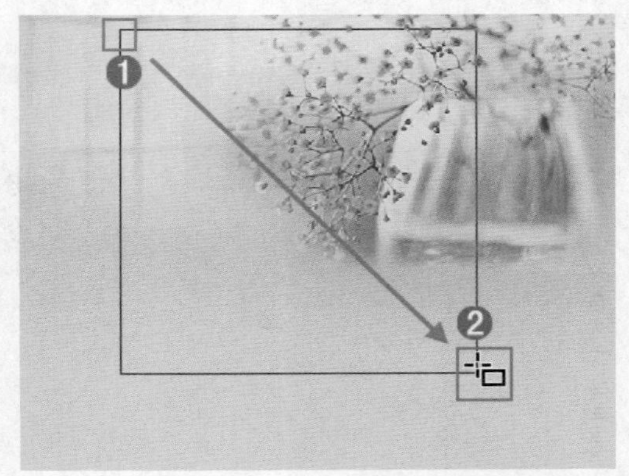

使用矩形工具绘制矩形后，还可以在属性栏中设置其转角形态。在这里提供了："圆角"，"扇形角"和"倒棱角"三种。在属性栏中设置一定的"转角半径"可以改变角的大小。下图为三种不同的转角效果。

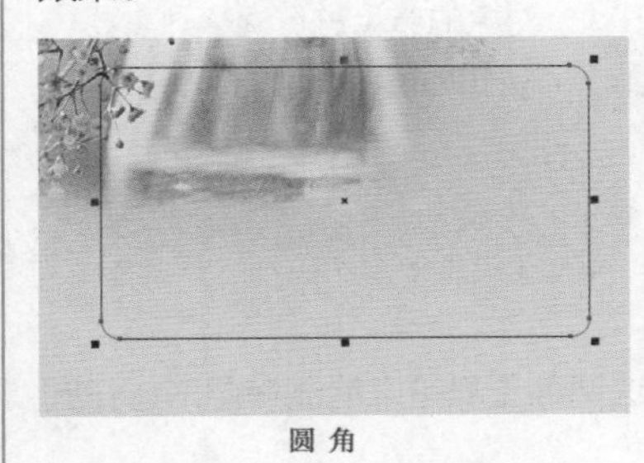

圆 角

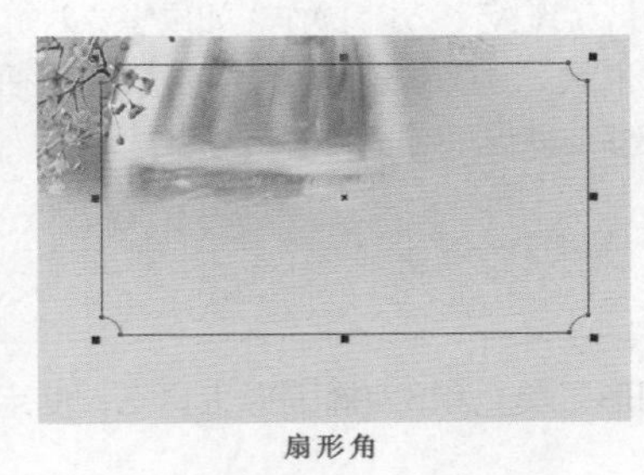

扇形角

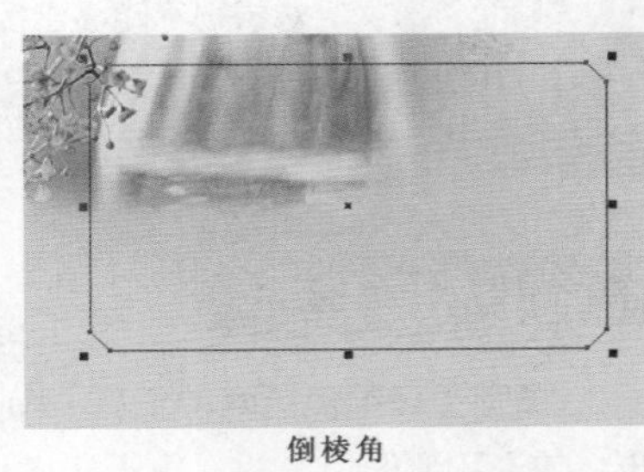

倒棱角

其使用方法如下：选择矩形工具后，在属性栏中选择一种合适的转角类型，在这里单击"圆角"按钮，然后设置"角半径数"值为5mm，然后在画面中按住鼠标左键拖曳进行绘制。绘制完成后，在选中状态下，还可对其效果进行更改，如下图所示。

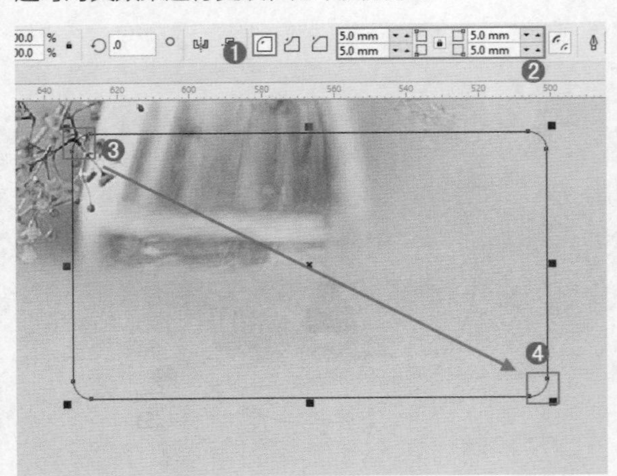

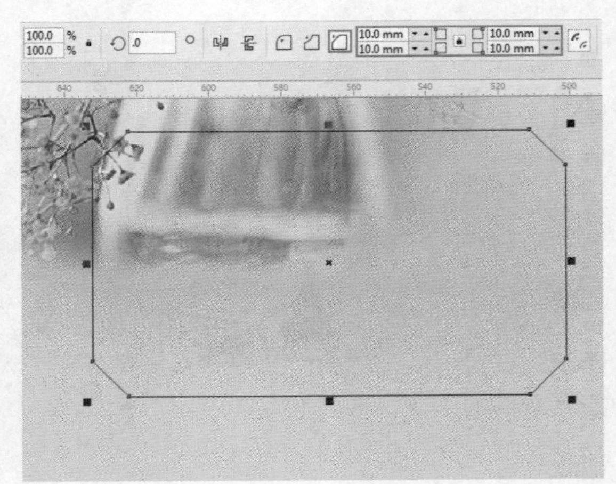

TIP 当属性栏中的"同时编辑所有角"按钮处于启用状态时，四个角的参数不能够分开调整。而单击该按钮使之处于未启用状态。选定矩形，单击某个角的节点，然后在该节点上按住左键并进行拖动，此时可以看到只有所选角发生了变化。

选择工具箱中矩形工具组中的3点矩形工具，将光标移动到画面中，然后在画面中按住鼠标左键从一点移动到另一点，绘制矩形的一个边。接着向另外的方向移动光标，设置矩形另一个边的长度，如下图所示。

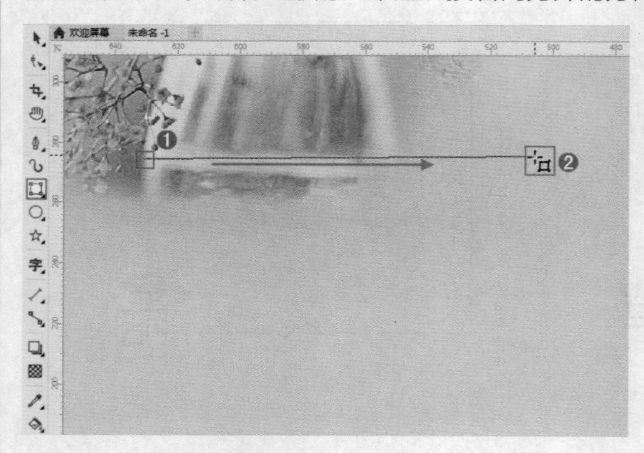

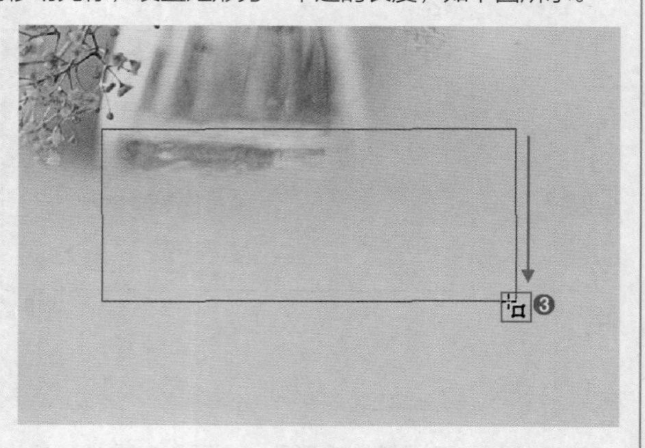

TIP 在CorelDRAW中矢量对象也分为两类：使用钢笔、贝塞尔等线形绘图工具绘制的“曲线”对象，以及使用矩形、椭圆、星形等工具绘制的“形状”对象。“曲线”对象是可以直接对节点进行编辑调整的，而“形状”对象则不能够直接对节点进行移动等操作，如果想要对“形状”对象的节点进行调整则需要转换为曲线后进行操作。选中“形状”对象单击属性栏中的“转换为曲线”按钮即可将几何图形转换为曲线。转换为曲线的形状就不能够在进行原始形状的特定属性调整。

椭圆形工具

椭圆工具组包括两种工具：椭圆形工具和3点椭圆形工具，使用这两种工具可以绘制椭圆形、正圆形、饼形和弧形。

1 选择椭圆形工具，然后单击属性栏中的“椭圆形”按钮，然后在画面中按住鼠标左键进行绘制，释放鼠标即可完成绘制，如下左图所示。如果想要绘制正圆，可以按住Ctrl键进行绘制，如下右图所示。

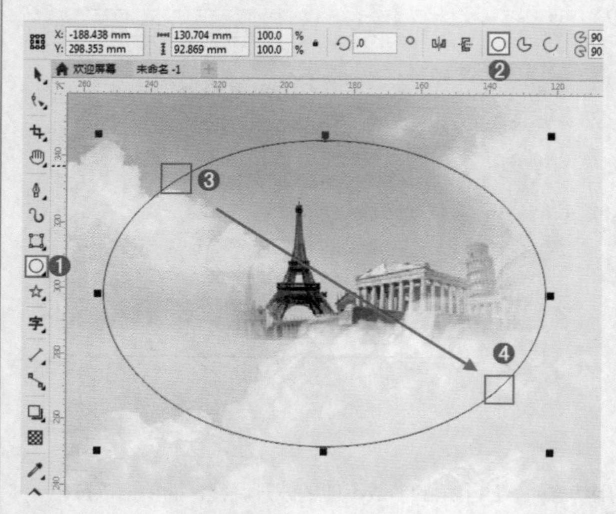

2 在属性栏中单击“饼形”按钮，在画面中拖曳绘制即可绘制饼形形状，如下左图所示。单击“弧线”按钮，可以绘制弧线，如下右图所示。

- 起始和结束角度：通过设置新的起始和结束角度来移动椭圆形的起点和终点。
- 更改方向：在顺时针和逆时针之间切换弧形或饼形的方向。

3 选择3点椭圆形工具，在绘制区按住鼠标左键绘制一条直线，释放鼠标后此线条作为椭圆的一个直径，然后向另一个方向拖曳以确定椭圆的另一个轴向直径大小，如下图所示。

多边形工具

使用多边形工具可以绘制三个边及以上的不同边数的多边形。选择工具箱中形状工具组中的多边形工具，在属性栏中的“点数或边数”数值框中输入所需的边数，然后在绘制区中按住鼠标左键并拖曳，即可绘制出多边形，如右图所示。

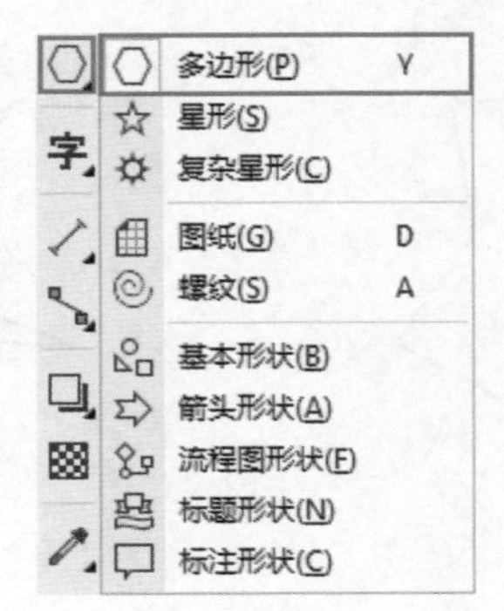

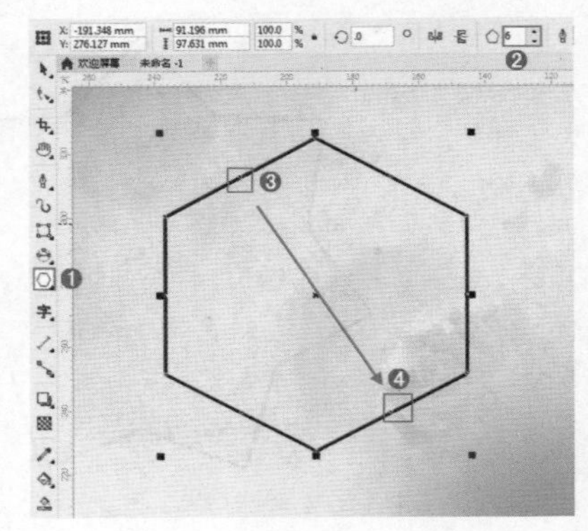

星形工具

星形工具☆可以绘制不同边数、不同锐度的星形。选择工具箱中形状工具组中的星形工具☆，在属性栏中设置合适的“点数或边数”以及“锐度”，然后在绘制区按住左键并拖曳，确定星形的大小后释放鼠标，如下图所示。

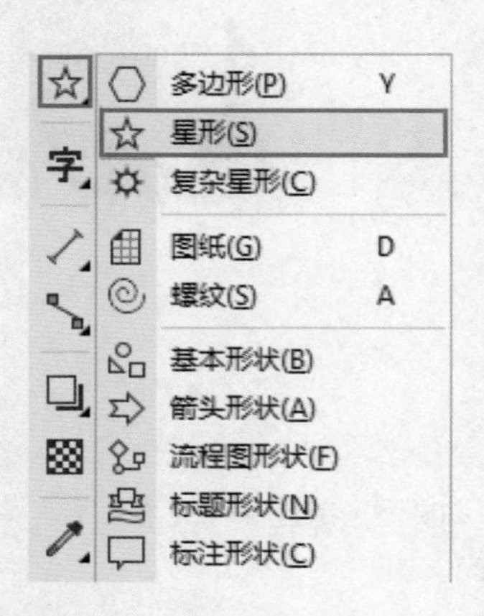

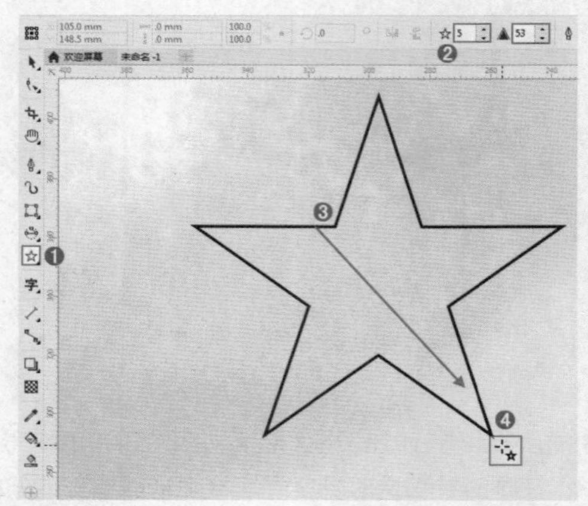

- ☆5 点数或边数：属性栏中设置星形“点数或边数”的数值越大星形的角越多，如下图所示。

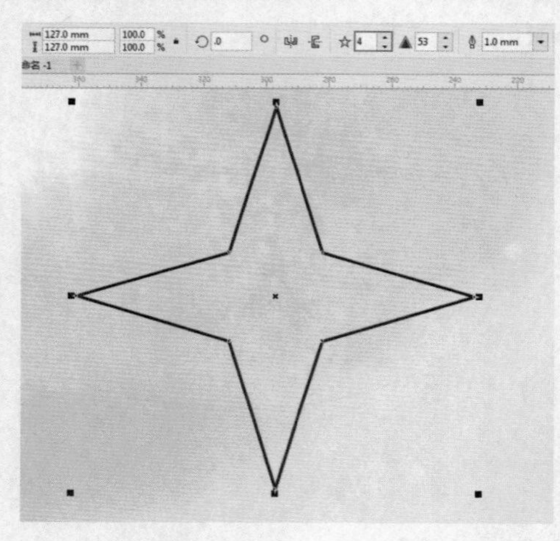

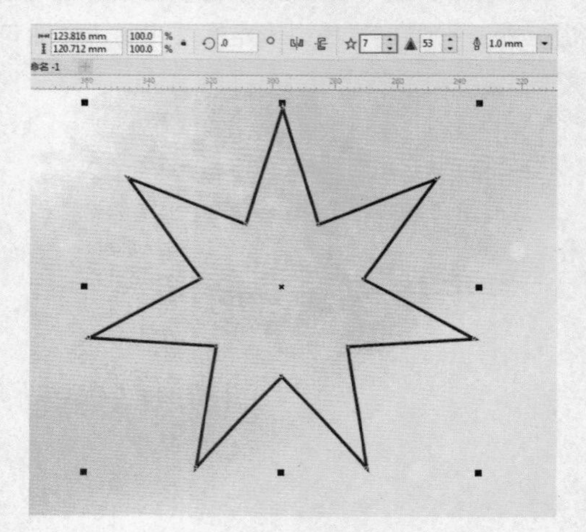

- ▲53 锐度：设置星形上每个角的“锐度”，数值越大每个角也就越尖，如下图所示。

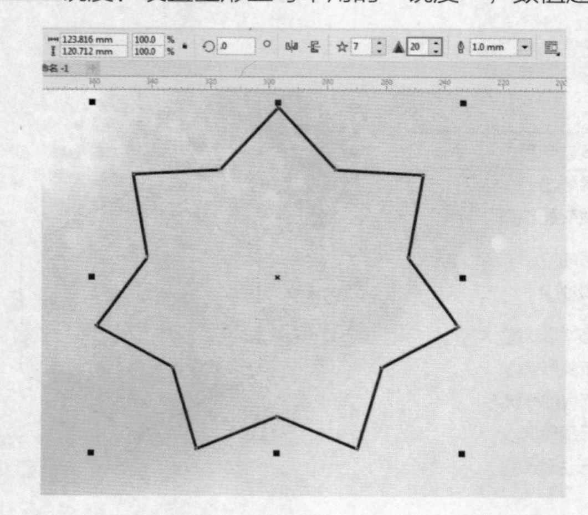

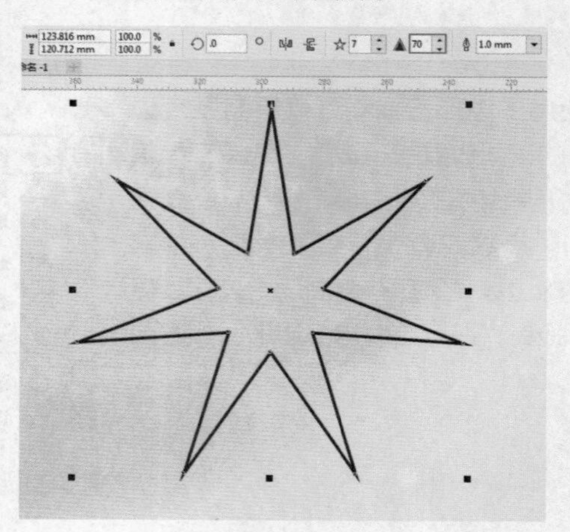

复杂星形工具

复杂星形工具与星形工具的用法与参数相同，选择形状工具组中的复杂星形工具，在属性栏中设置“点数或边数工具”和“锐度工具”数值。然后在画面中按住鼠标左键并拖曳，释放鼠标后即可得到复杂星形，如下图所示。

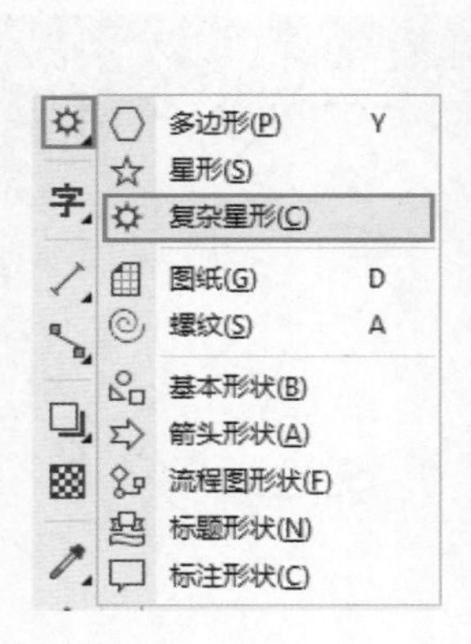

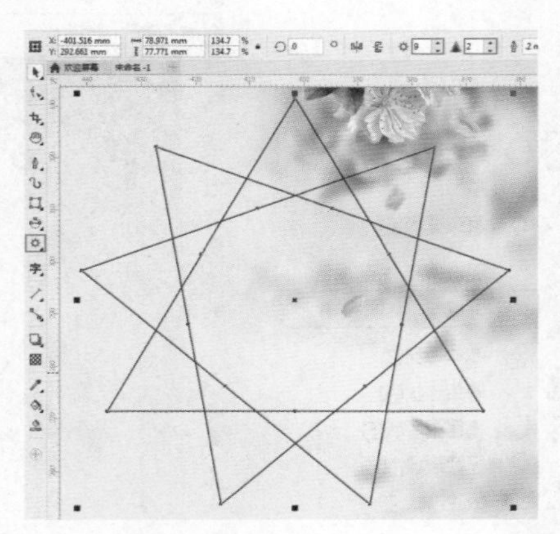

图纸工具

使用图纸工具可以绘制出不同行/列数的网格对象。选择形状工具组中的图纸工具，在属性栏中的“行数和列数”数值框中输入数值，设置图纸的行数和列数。设置完毕后在画面中按住左键并进行拖曳，释放鼠标后得到图纸对象，如下图所示。

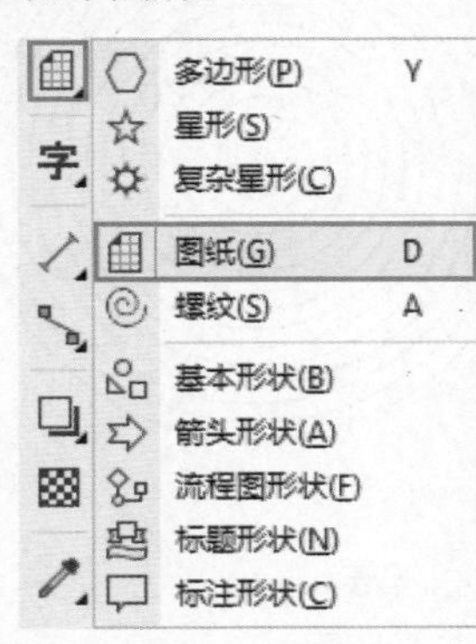

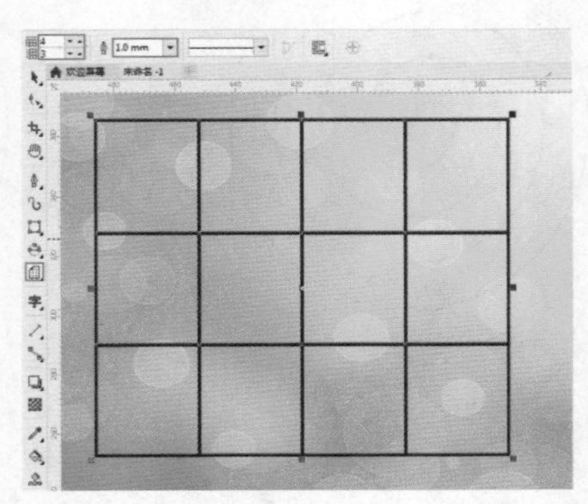

- 列数和行数：设置新网格中要显示的列数和行数。

TIP 图纸对象是一个群组对象，在图纸对象上单击鼠标右键执行“取消组合对象”命令，即可将图纸对象中的每个矩形独立出来，如下图所示。

螺纹工具

螺纹工具可绘制螺旋线。选择形状工具组中的螺纹工具◎，在属性栏中设置合适的参数后，在画面中按住鼠标左键拖曳，松开鼠标后即可完成绘制，如下图所示。

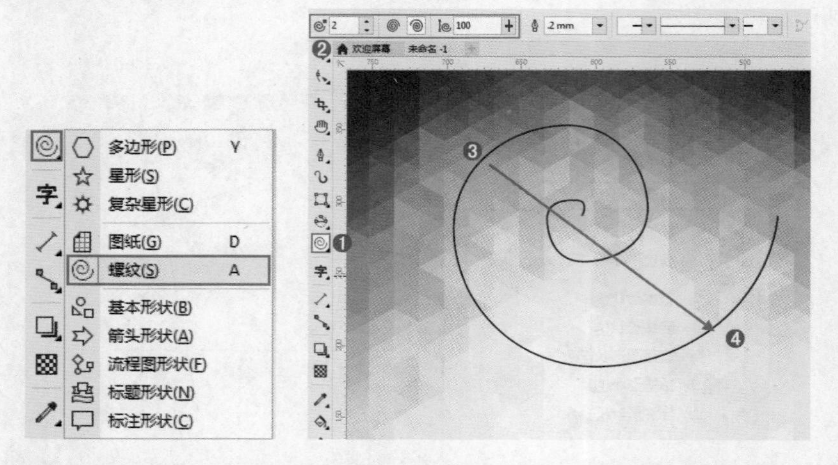

- 螺纹回圈：设置新的螺纹对象中要显示完整的圆形回圈，如下图所示。

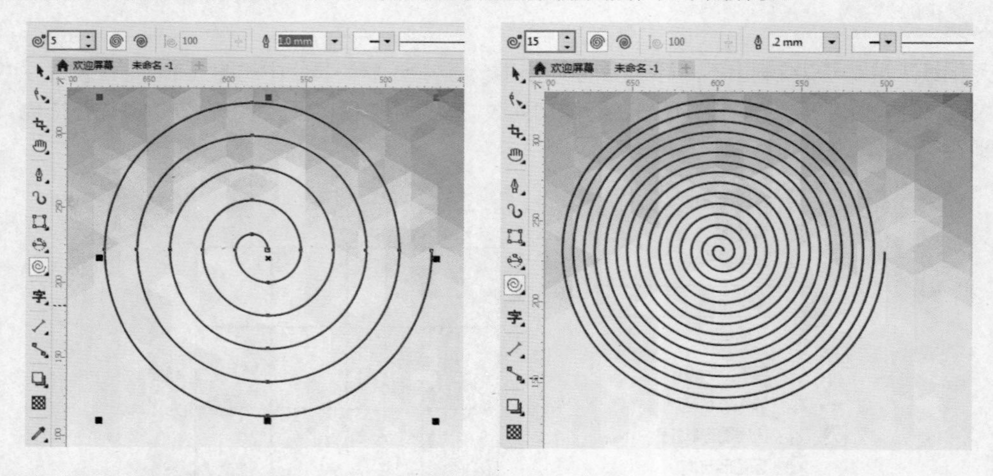

- ◎对称式螺纹：对新的螺纹对象应用均匀回圈间距，如下左图所示。
- ◎对数螺纹：对新的螺纹对象应用更紧凑的回圈间距，如下右图所示。

对称式螺纹

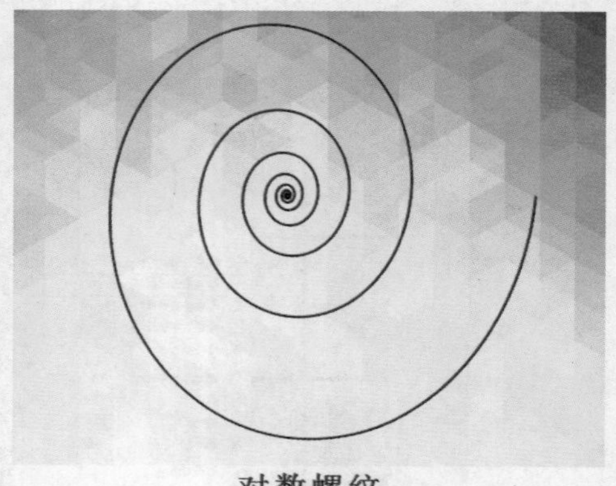

对数螺纹

- 100 螺纹扩展参数：更改新的螺纹向外扩展的速率，如下图所示。

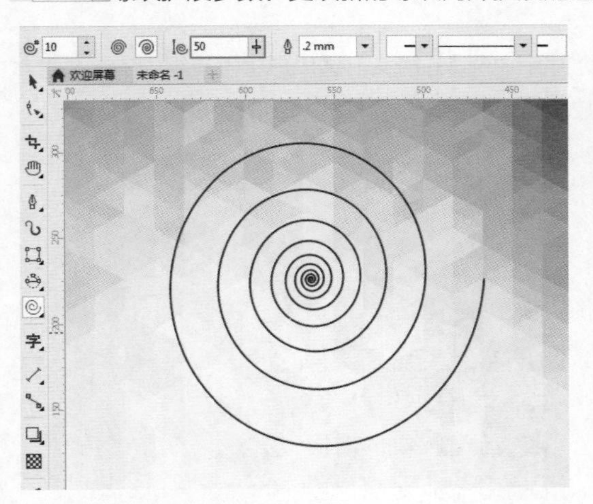
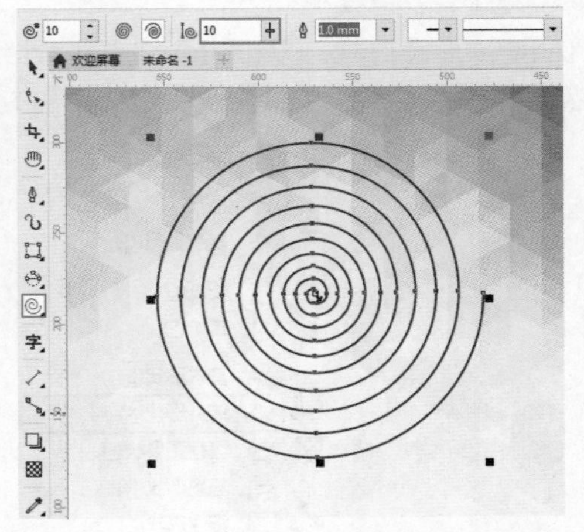

基本形状工具

基本形状工具包含多种内置的图形效果，选择形状工具组中的基本形状工具，然后单击属性栏中的“完美形状”按钮，在下拉面板中选择一个合适的图形，如下图所示。

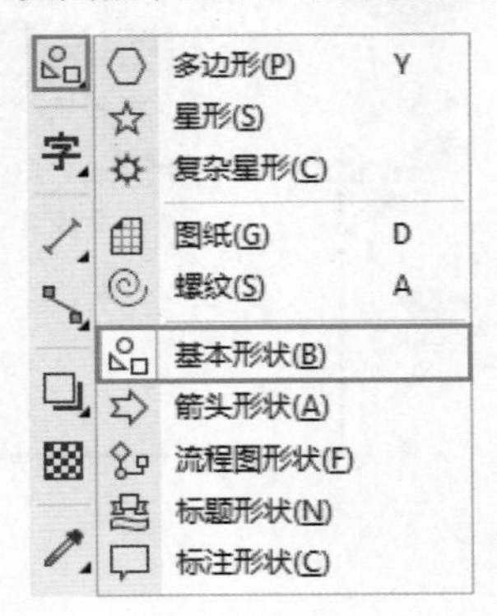

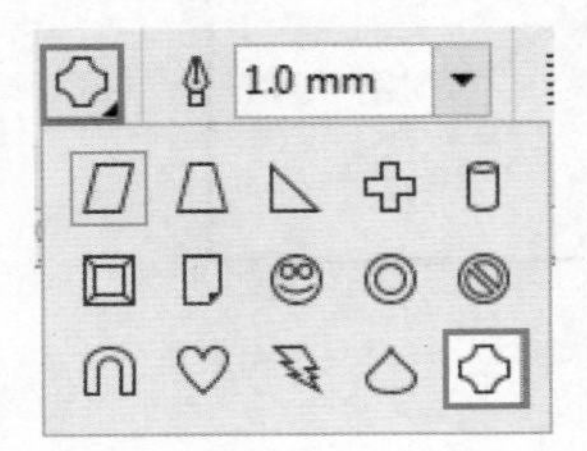

接着在画面中按住鼠标左键拖曳绘制图形。此时图形上方有一个红色的控制点，拖曳控制点即可调整图形样式，如下图所示。

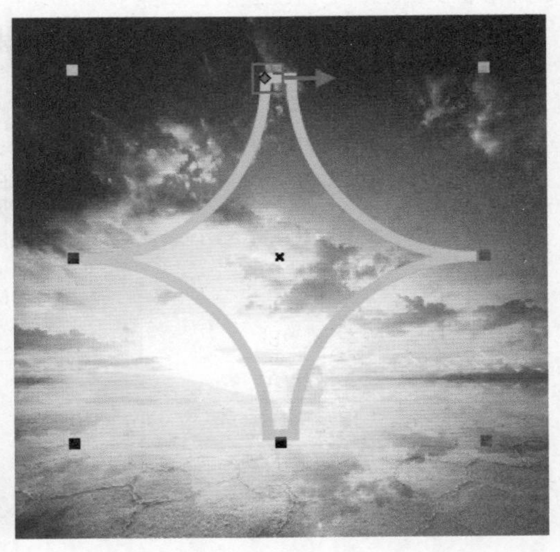

箭头形状工具

使用箭头形状工具可以利用预设的箭头类型绘制各种不同的箭头。选择形状工具组中的箭头形状工具，然后单击属性栏中的“完美形状”按钮，在下拉面板中选择一个合适的箭头形状，如下图所示。

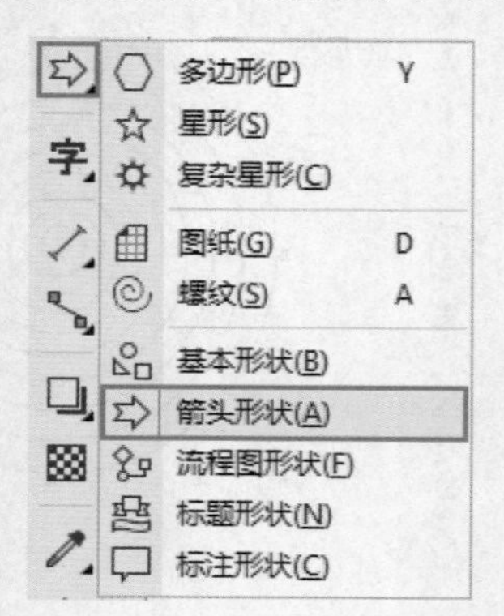

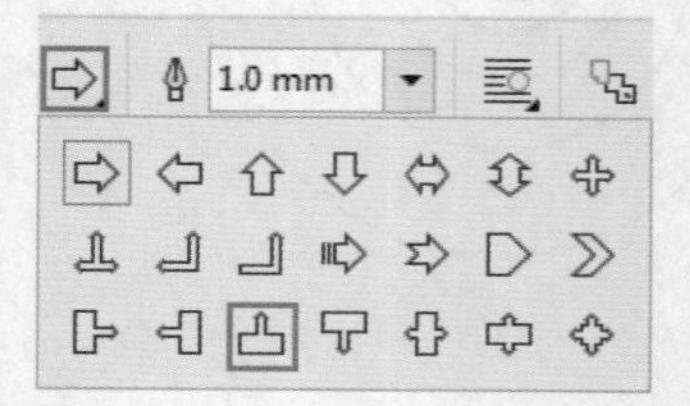

接着在画面中按住鼠标左键拖曳，释放鼠标得到箭头形状。按住鼠标左键拖曳形状上的红色/黄色控制点可以调整箭头的效果，如下图所示。

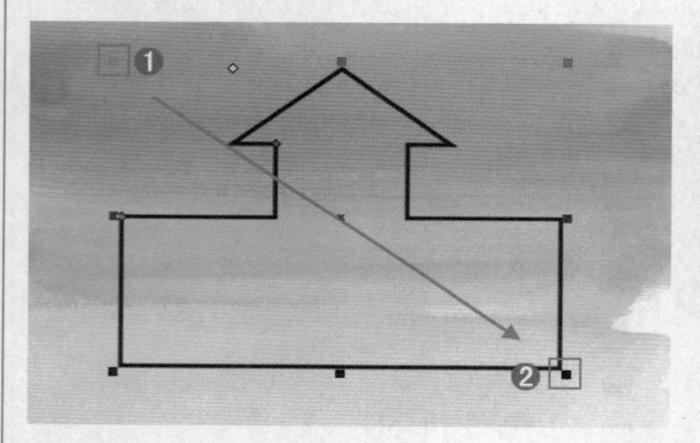

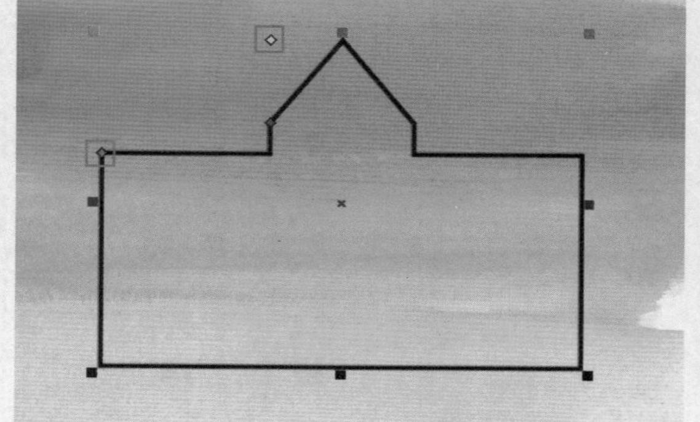

流程图形状工具

选择形状工具组中的流程图形状工具，然后单击属性栏中的“完美形状”按钮，在下拉面板中选择一个合适的图形。接着在画面中按住鼠标左键拖曳绘制图形，释放鼠标得到形状，如下图所示。

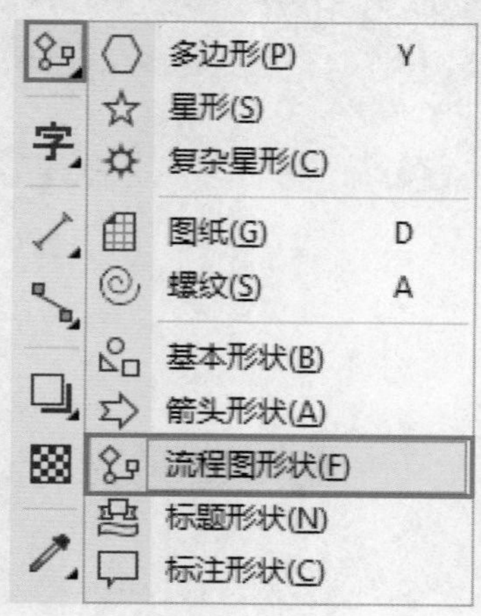

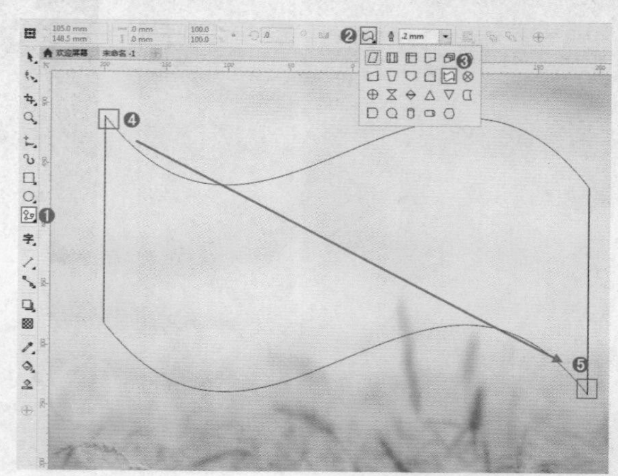

标题形状工具

选择形状工具组中的标题形状工具，在属性栏中的“完美形状”列表中选择适当图形，在画面中按住鼠标左键并拖曳，释放鼠标得到形状，如下图所示。

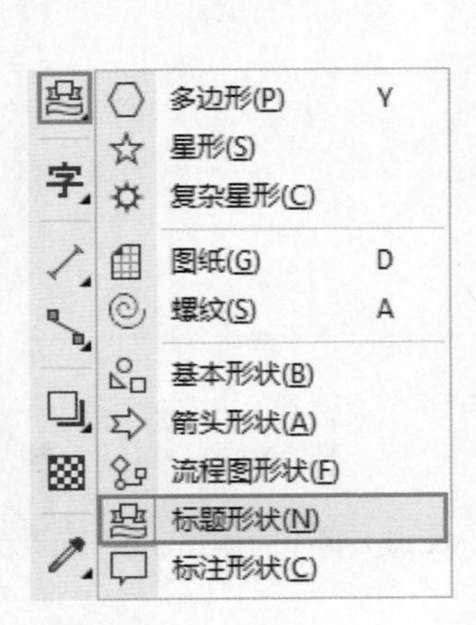

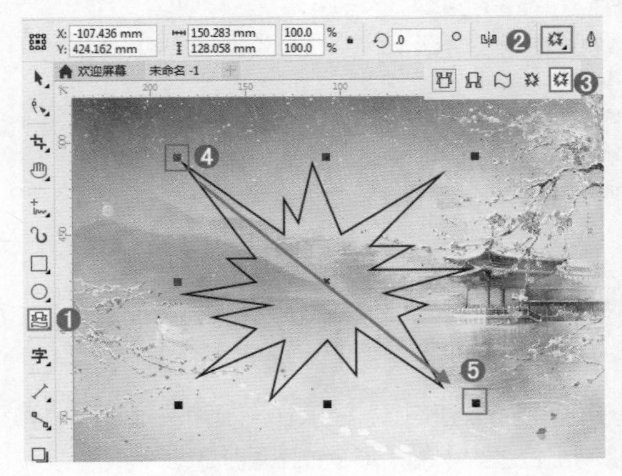

标注形状工具

使用标注形状工具可以绘制多种“气泡”效果的文本框。选择形状工具组中的标注形状工具，在属性栏中的“完美形状”列表中选择适当图形，在画面中按住鼠标左键并拖曳，释放鼠标得到形状。按住鼠标左键拖曳形状上的红色控制点可以调整尖角的位置，如下图所示。

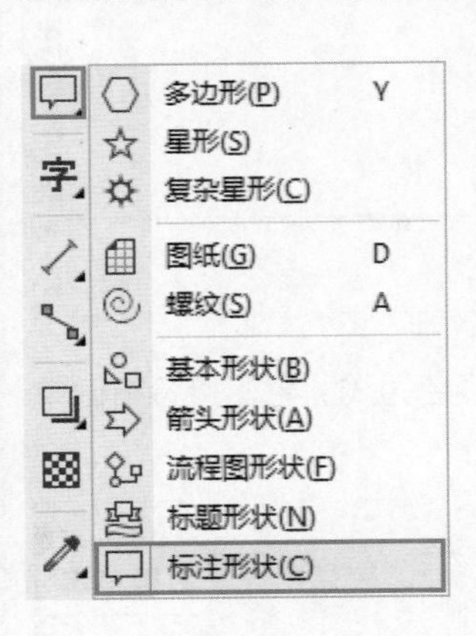

Let's go! 使用绘图工具制作统计图

原始文件	Chapter 02\使用绘图工具制作统计图.cdr
视频文件	Chapter 02\使用绘图工具制作统计图.cdr.flv

1 执行“文件>新建”命令，在弹出的“创建新文档”对话框中设置“大小”为A4，然后单击“横向”按钮，设置“原色模式”为CMYK，“渲染分辨率”为300，单击“确定”按钮，新建空白文档，如下图所示。

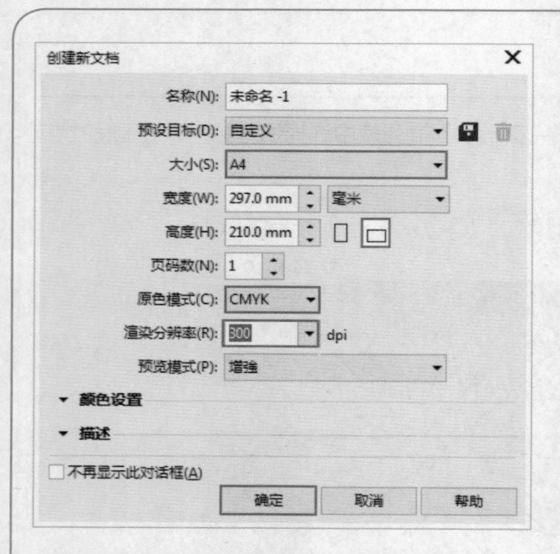

2 首先单击工具箱中的矩形工具按钮□，在画布左上角按住鼠标左键并向右下角拖动，拖动到合适位置松开鼠标，绘制出合适大小的矩形，如下图所示。

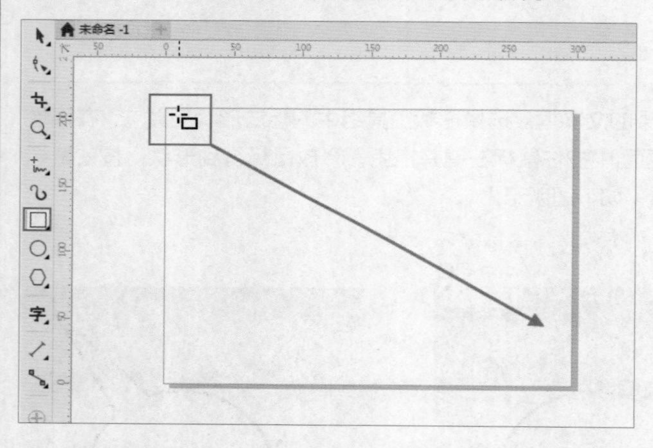

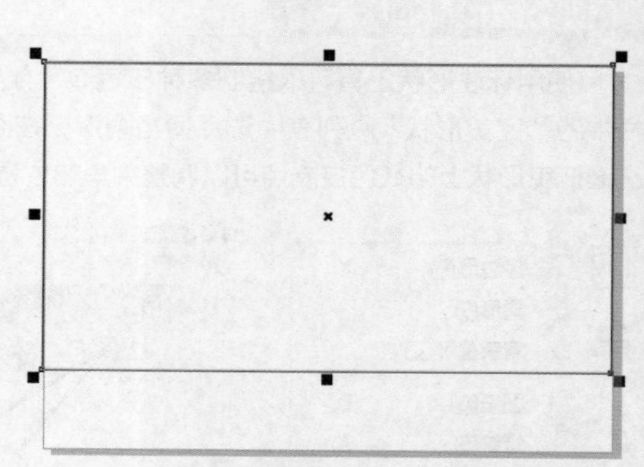

3 使用选择工具选中矩形，在调色板中左键单击浅蓝色色块，设置填充颜色为浅蓝色。接着右键单击“无”按钮☒，去除轮廓线，如下图所示。

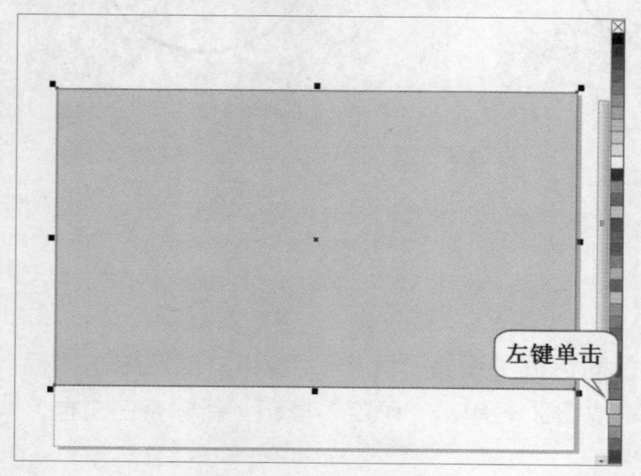

4 继续使用矩形工具绘制合适大小的矩形摆放在画面左上角。在调色板中单击白色色块，设置填充颜色为白色。接着右键单击“无”按钮☒，去除轮廓线，如下图所示。

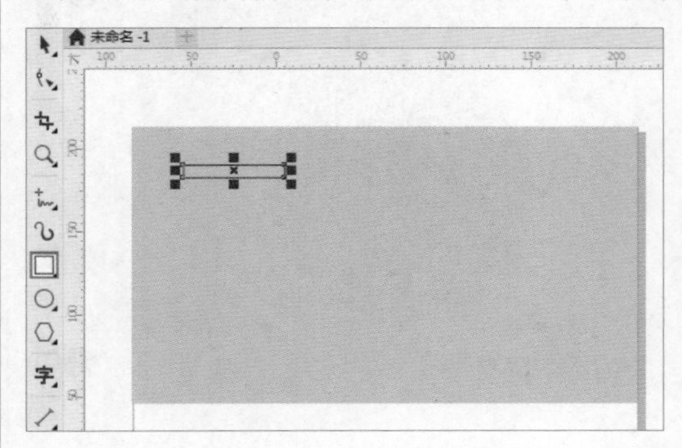

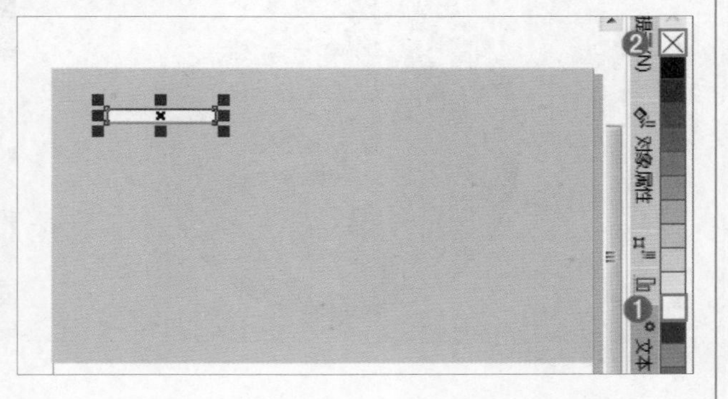

5 继续在白色矩形下方使用矩形工具绘制出合适大小的矩形，在调色板中单击洋红色色块，设置填充颜色为洋红色，右键单击“无”按钮☒，去除轮廓线。接下来使用同样的方法绘制其他矩形，如下图所示。

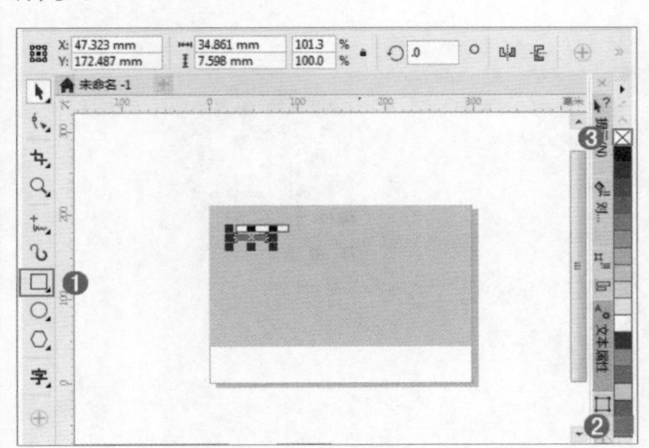

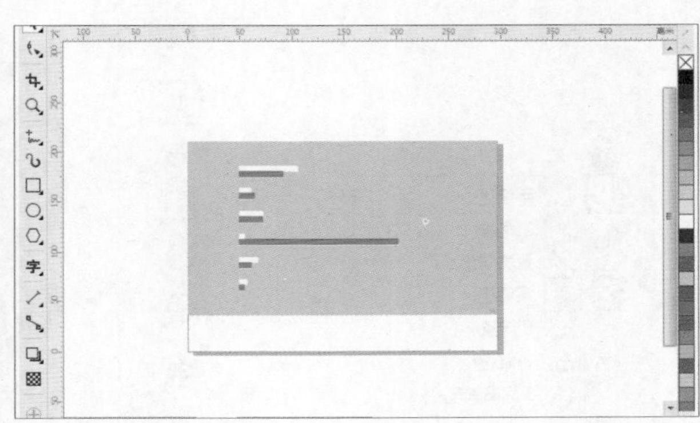

6 选择工具箱中的椭圆形工具○，在画布上按住Ctrl键进行拖曳，拖动到合适位置后松开鼠标，完成正圆的绘制，如下图所示。

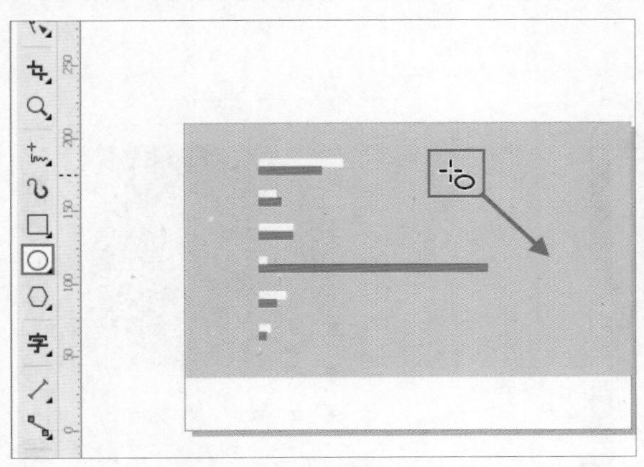

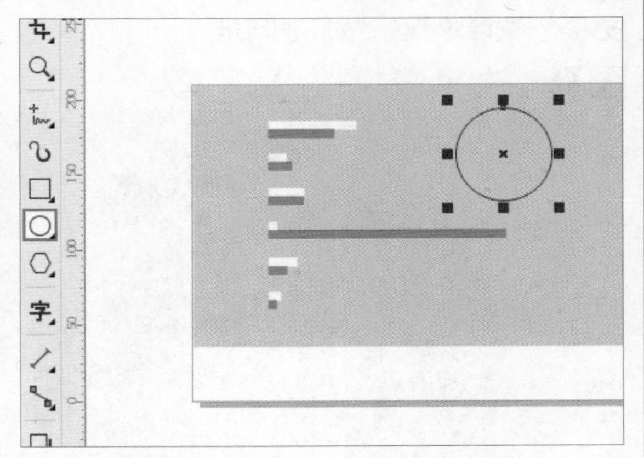

7 使用选择工具选中圆形，在调色板中单击洋红色色块，设置填充颜色为洋红色。接着右键单击“无”按钮☒，去除轮廓线，如下图所示。

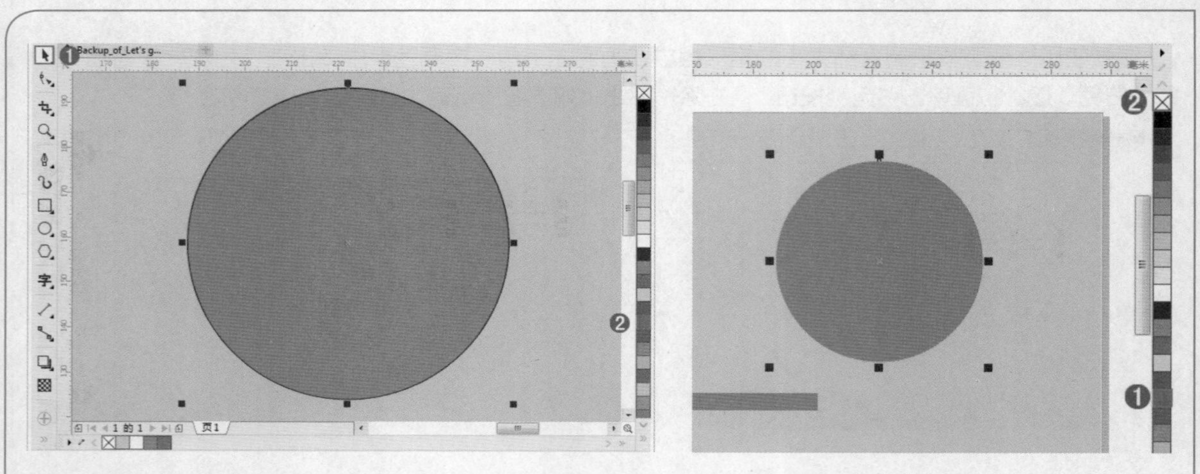

8 单击工具箱中线形绘图工具组中的钢笔工具按钮，然后在圆形的左下角绘制出三角形，如下图所示。

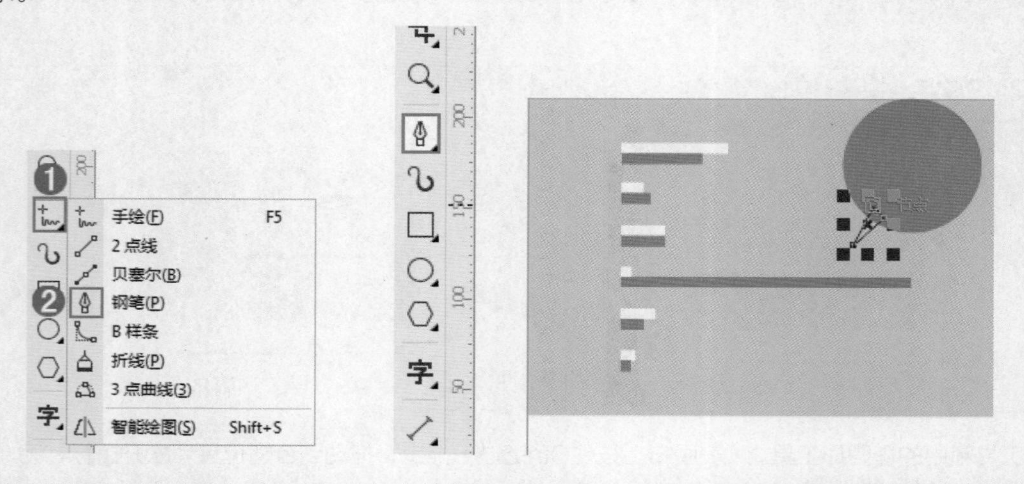

9 使用选择工具选中三角形，在调色板中单击洋红色色块，设置填充颜色为洋红色。接着右键单击“无”按钮☒，去除轮廓线，如下图所示。

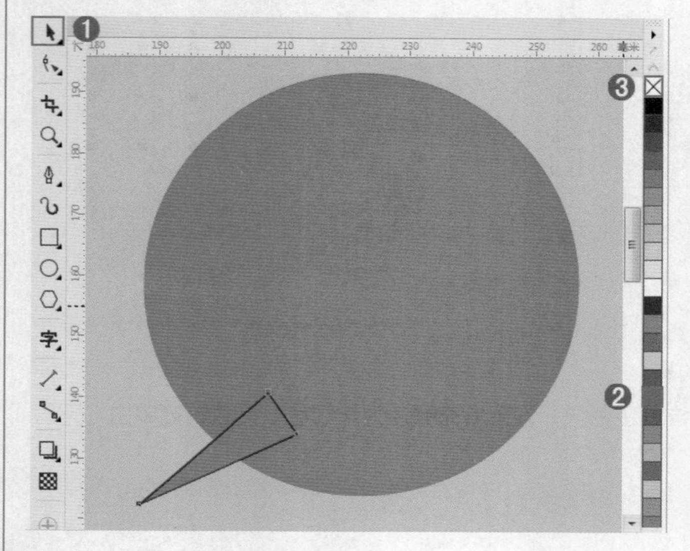

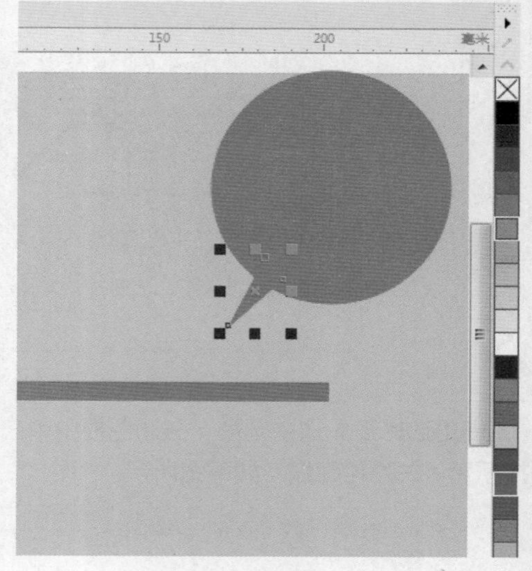

10 在工具箱中单击"文本"工具按钮，在属性栏中单击"字体"下拉按钮，在下拉列表中选择合适的字体，接着设置合适的字体大小，在画面中单击并输入文字。最后使用同样的方法输入其他文字。最终效果如下图所示。

UNIT 09 度量工具

在进行精确绘图时，经常会需要对画面中的尺寸进行标注，这就需要使用度量工具。在CorelDRAW中有五种度量和标注工具：平行度量工具、水平或垂直度量工具、角度量工具、线段度量工具、三点标注工具。

平行度量工具

平行度量工具能够度量任何角度的对象。选择工具箱中度量工具组中的平行度量工具，接着就可以看到其属性栏中的参数选项，如下图所示。

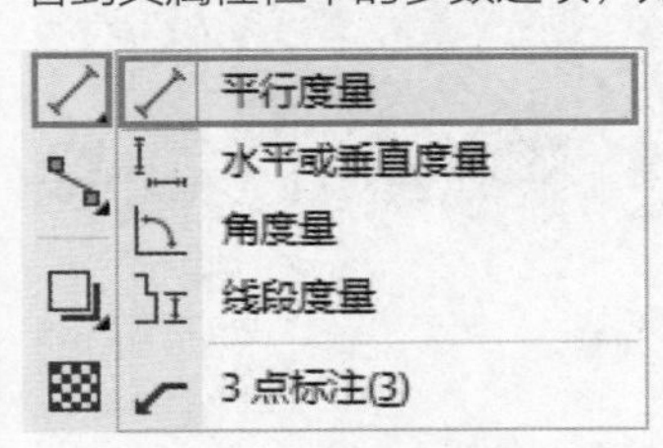

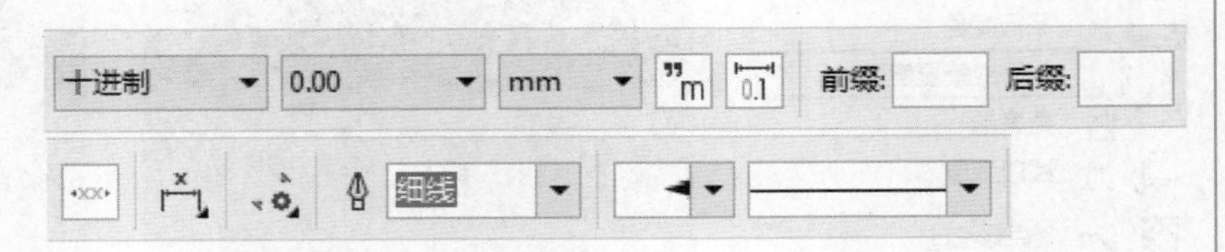

- 度量样式：选择度量线的样式。
- 度量精度：选择度量线测量的精确度。
- 度量单位：选择度量线的测量单位。
- 显示单位：在度量线文本中显示测量单位。
- 显示前导零：当值小于1时在度量线测量中显示前导零。
- 度量前缀：输入度量线文本的前缀。
- 度量后缀：输入度量线文本的后缀。
- 动态度量：当度量线重新调整大小时自动更新度量线测量。
- 文本位置：依照度量线定位度量线文本。
- 延伸线选项：自定义度量线上得延伸线。

- 轮廓宽度 5.0 mm：设置对象的轮廓宽度。
- 双箭头：在线条两端添加箭头。
- 线条样式：选择线条或轮廓样式。

使用平行度量工具测量对象时，首先将平行度量工具移动到需要测量的对象边缘，然后在需要测量对象的一端按住鼠标左键向另一端移动。接着释放鼠标并向侧面拖动光标，再次单击完成度量，尺寸将会显示在度量线条的中央，如下图所示。

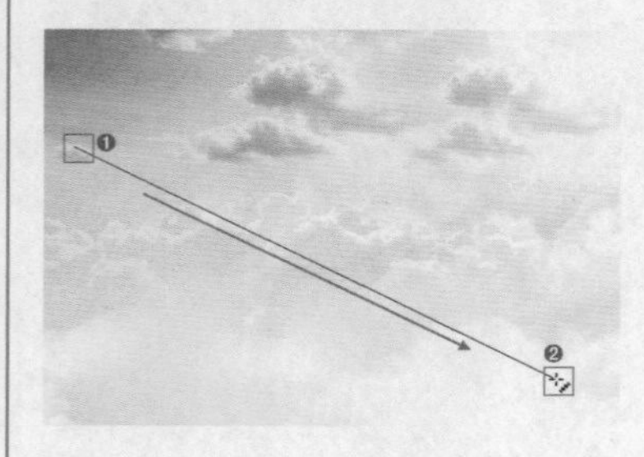

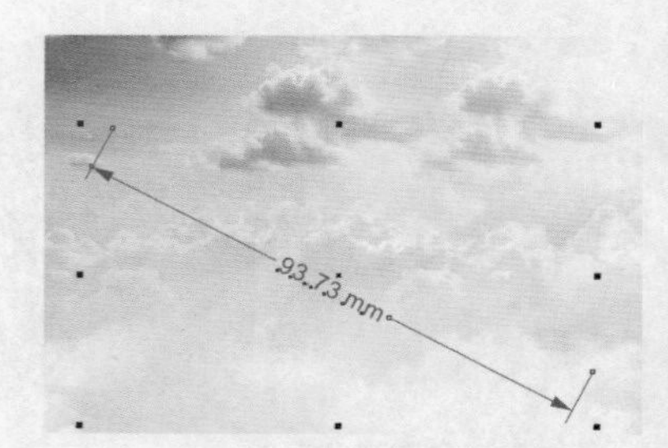

水平或垂直度量工具

选择工具箱中度量工具组中的水平或垂直度量工具，该工具只能进行水平方向或垂直方向的度量。其使用方法与平行度量工具一样，如下图所示。

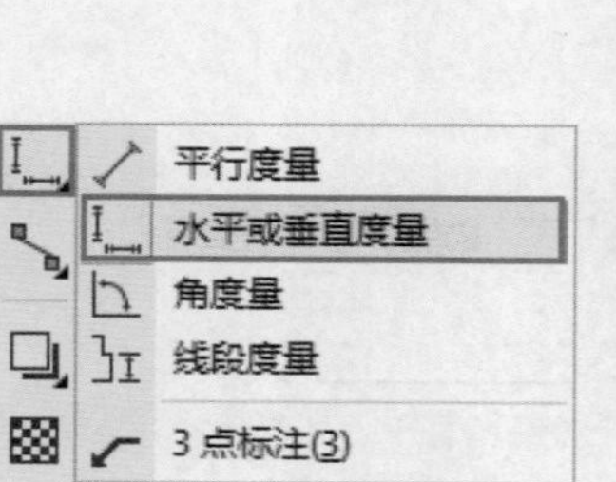

角度量工具

角度量工具可以度量对象的角度。

1 选择工具箱中度量工具组中的角度量工具，将光标移动至画面中按住鼠标左键拖曳。释放鼠标后移动到另一位置，确定要度量的角度，如下图所示。

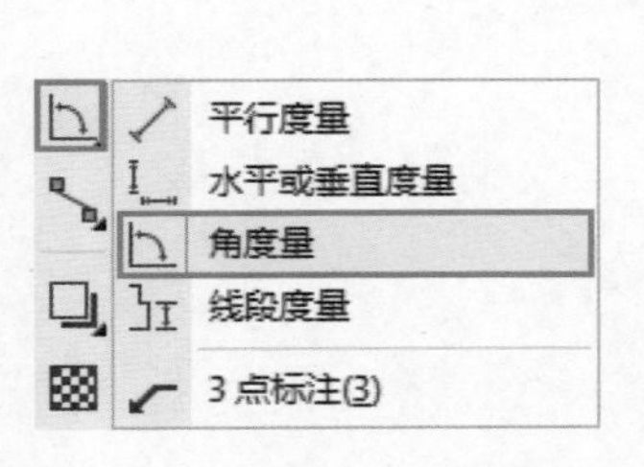

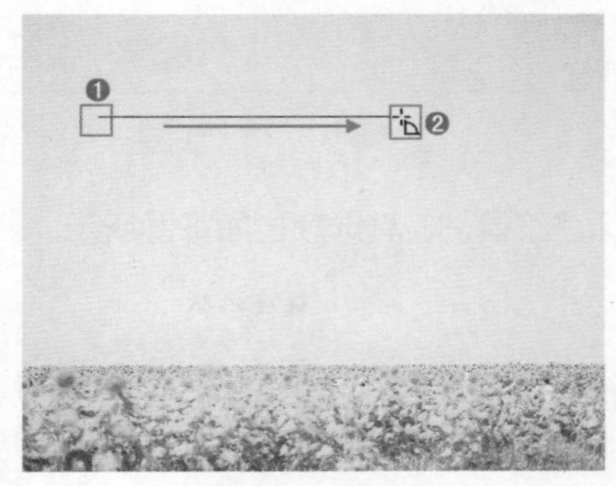

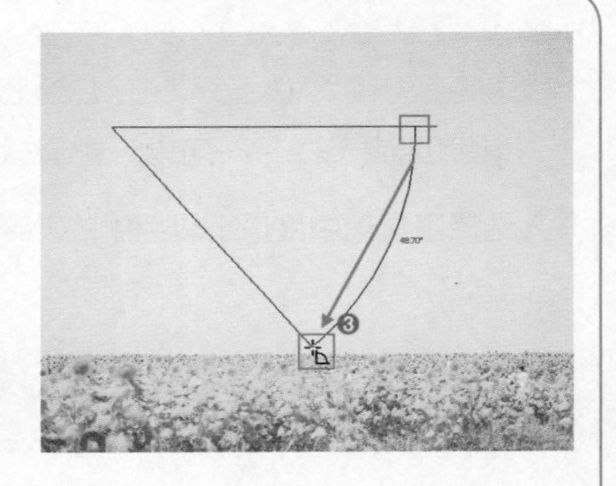

2 此时已经确定好测量的角度，接着移动光标调整饼形直径的位置，调整完成后再次单击，即可得到度量的角度数值，效果如下图所示。

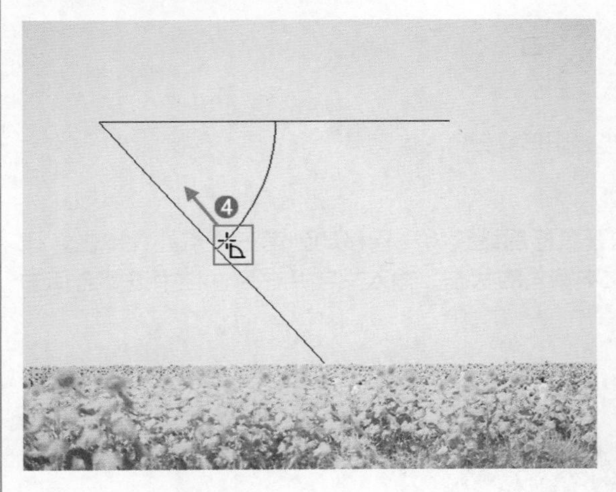

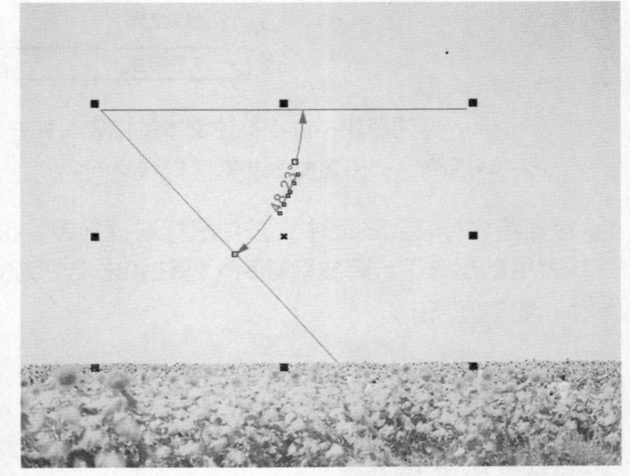

线段度量工具

线段度量工具是用于度量单个线段或多个线段上结束节点间的距离。选择工具箱中度量工具组中的线段度量工具，按住鼠标左键拖曳出能够覆盖要测量对象的虚线框，松开光标后向侧面拖曳，再次释放鼠标，单击左键得到度量结果，如下图所示。

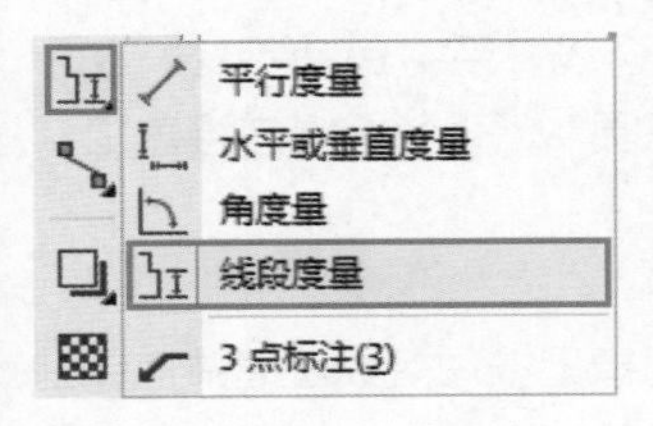

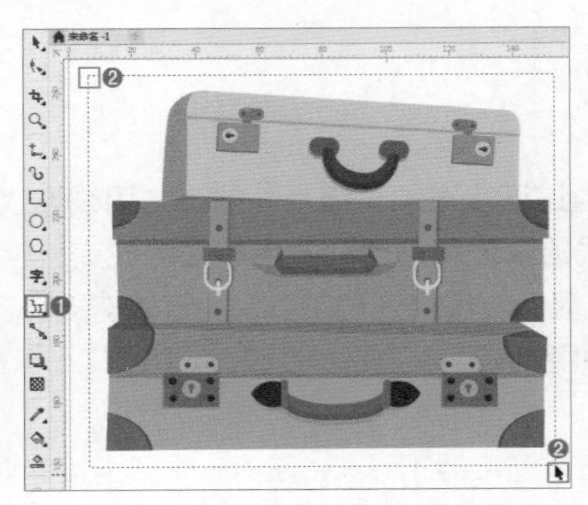

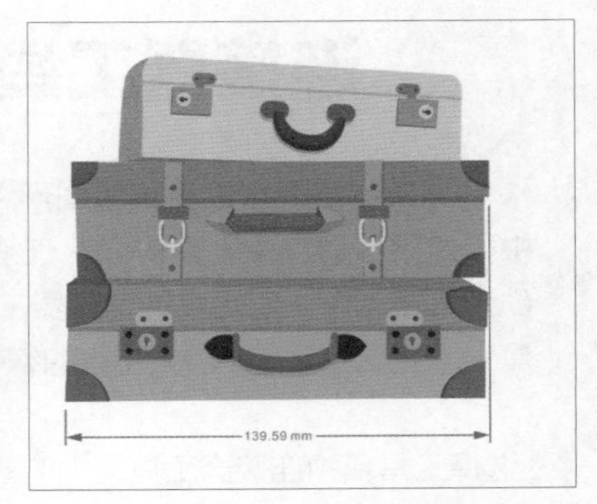

3点标注工具

使用3点标注工具可以绘制标注线。

1 选择工具箱中度量工具组中的3点标注工具，其选项栏如下图所示。

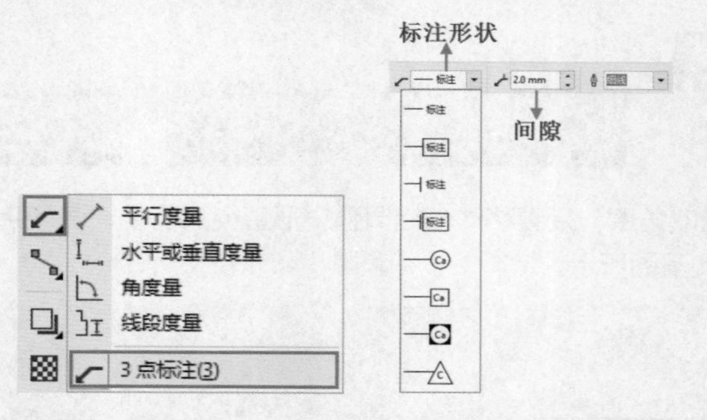

- 标注形状：选择标注文本的形态，如方形、圆形或三角形。
- 间隙：设置文本和标注形状之间的间距。

2 接着将光标移到画面中，按住鼠标左键拖曳，松开鼠标后继续将光标移动到第三个点处并单击，标注线就绘制出来了。释放鼠标后，标注线末端变为文本输入的状态，输入文字并在属性栏中设置合适的字体，如下图所示。

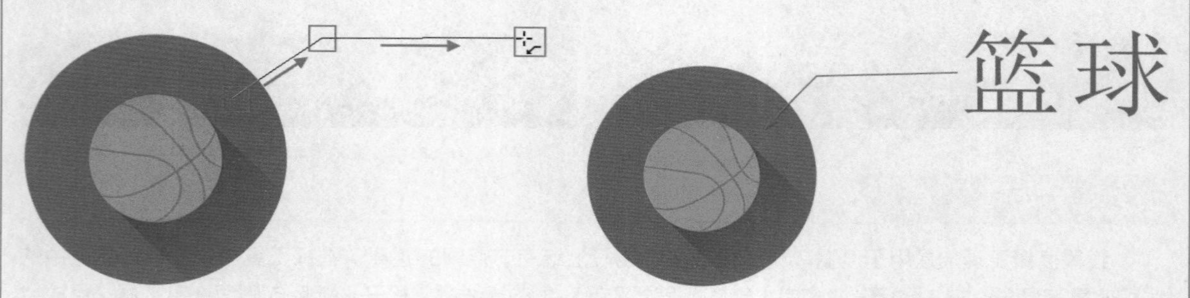

UNIT 10 连接器工具

连接器工具可以将矢量图形通过连接对象"锚点"的方式用线连接起来。连接后的两个对象中，如果移动其中一个对象，连线的长度和角度会发生相应的改变，但连线关系将保持不变。在CorelDRAW中包括多钟连接器工具：直线接连器工具、直角连接器工具、直角圆形连接器工具，以及用于调整锚点位置的编辑锚点工具。

1 选择工具箱中连接器工具组中的直线连接器工具，在第一个要连接的对象上按住鼠标左键并拖曳到另一个对象上。松开鼠标后两个对象之间出现了一条连接线，此时两个对象就被连接在一起了。如果想要调整连接线在对象上连接的位置，可以使用形状工具选中线段节点，按住左键然后将节点进行拖曳至合适位置。如果需要删除连接线，按下Delete键即可。

2 直角连接器工具在连接对象时会生成转折处为直角的连接线，拖动连线上的节点可以移动连线的位置和形状。选择工具箱中连接器工具组中的直角连接器工具，在其中一个对象上按住鼠标左键并向垂直方向或水平方向移动，拖曳出连接线，当光标偏离原有方向时就会产生带有直角转角的连接线，如下图所示。最后将光标移到要连接的第二个对象上，单击即可完成两个对象的连接，如下图所示。

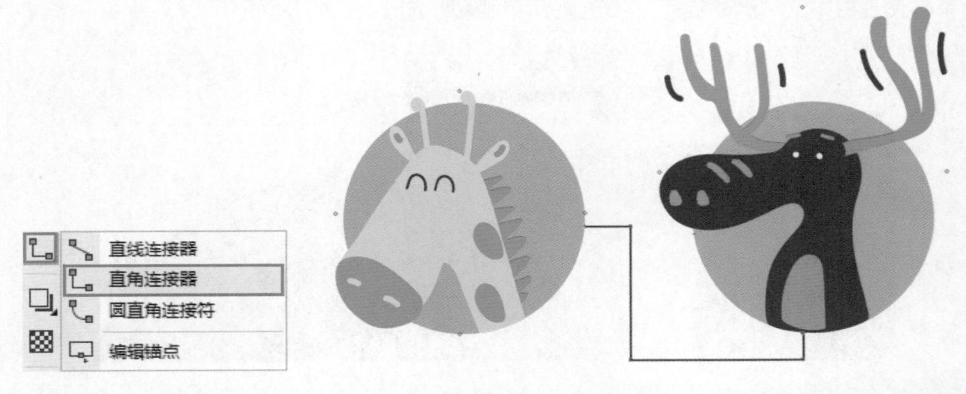

3 直角连接器工具与直角圆形连接器工具的使用方法相似，差别在于直角圆形连接器绘制的连线转角是柔和的圆角。选择工具箱中连接器工具组中的直角圆形连接器工具，在第一个对象上按住鼠标左键，然后移动光标到另一个对象上，释放鼠标后两个对象以圆角连接线进行连接，如下图所示。

4 在使用连接器工具时，对象周围会显示"锚点"◇，这些"锚点"使用连接器工具进行连接。而编辑锚点工具就是用于移动、旋转、删除这些锚点的。选择工具箱中连接器工具组中的编辑锚点工具，在对象周围的锚点上单击，被选中的锚点变为◆。按住左键并移动可以调整锚点的位置，如下图所示。

5 如果锚点的数量不够可以在所选位置上双击即可增加锚点。如果要删除某个锚点，可以选中该锚点，然后单击属性栏中的“删除锚点”按钮即可删除所选锚点，如下图所示。

行业解密 度量工具在设计行业中的应用

度量工具主要用于图形各个部分准确尺寸数值的标注，在设计行业中使用比较广泛。例如室内设计师绘制平面图时需要对室内结构各部分的长度、宽度进行标注；导视系统设计中对各种导视牌尺寸的标注等等。

设计师实战 时装网站首页设计

实例描述

通过对本章相关知识的学习，我们了解多种绘图工具的使用方法。本案例利用多种绘图工具制作出时装网站的首页效果。

完成文件

Chapter 2 \ 时装网站首页设计 .cdr

视频文件

Chapter 2 \ 时装网站首页设计 .flv

1 执行“文件>新建”命令，在弹出的“创建新文档”对话框中设置“大小”为A4，然后单击“横向”按钮，设置“原色模式”为RGB，“渲染分辨率”为300，单击“确定”按钮，即可新建空白文档，如下图所示。

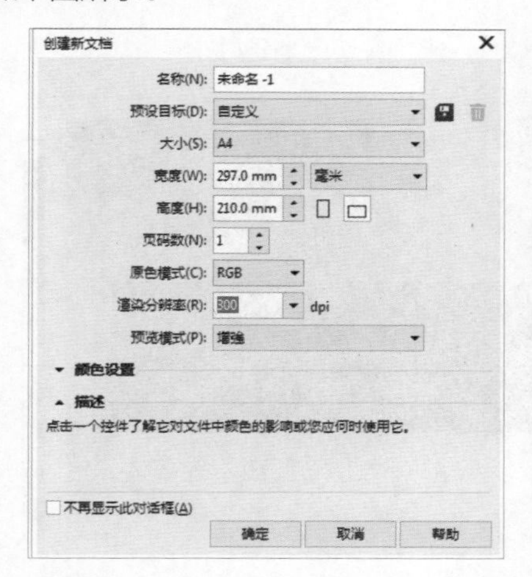

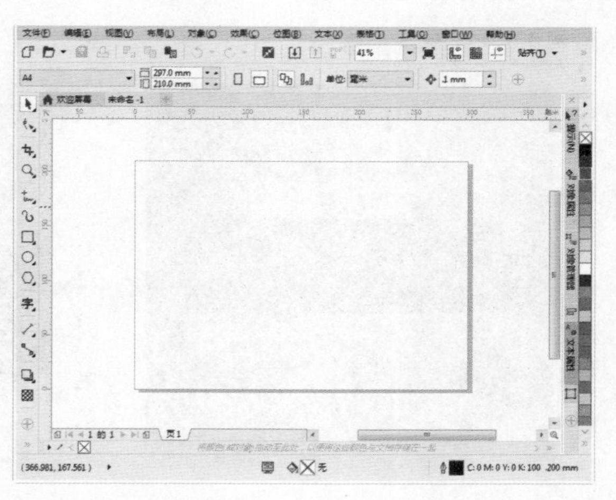

2 首先执行“文件>导入”命令，在弹出的“导入”对话框中找到素材位置，选择素材“1.jpg”，然后单击“导入”按钮。接着在画面中按住鼠标左键并拖动，松开鼠标后完成导入操作，如下图所示。

3 在工具箱中单击文本工具按钮字，在属性栏中设置合适的字体、字号，然后在画面中输入文字。选中文字后在调色板中单击白色块设置文字的填充颜色为白色，右键单击“无”按钮⊠，去除轮廓线。接着在工具箱中选择矩形工具□，在画布左上角按住鼠标左键拖曳绘制出合适大小的矩形，如下图所示。

4 使用选择工具选中矩形，单击工具箱中的交换式填充工具按钮，在属性栏中单击“均匀填充”按钮，接着单击右侧的“填充色”下三角按钮，在弹出的选项面板中设置合适的颜色。接着在调色板中右键单击“无”按钮☒，去除轮廓线，如下图所示。

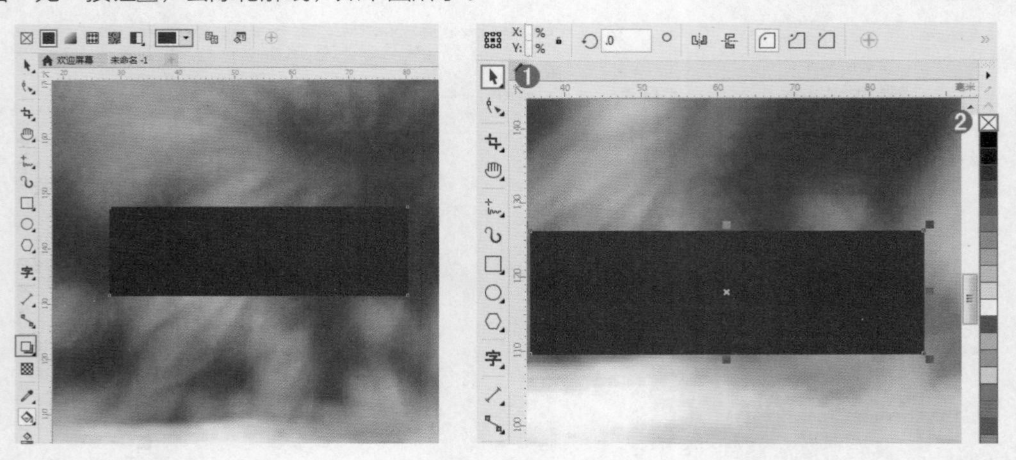

5 继续在相应位置绘制一个矩形，并设置其填充色为黑色，轮廓色为无。然后在其上方输入文字，如下图所示。

6 继续在图片的下方使用矩形工具绘制出合适大小的矩形，设置合适的填充颜色，在调色板中右键单击“无”按钮☒，去除轮廓线。使用同样的方法绘制其他矩形。在工具箱中长按多边形工具按钮，在工具组里选择星形工具，然后在相应位置绘制一个五角星。在“调色板”中填充白色，并右键单击“无”按钮☒，去除轮廓线，如下图所示。

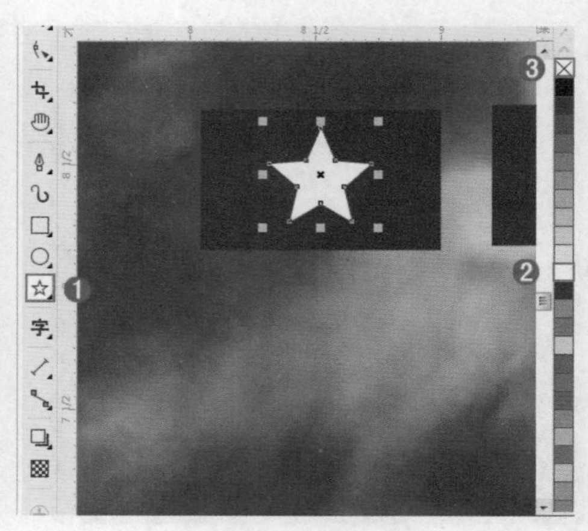

7 继续使用矩形工具，在属性栏中单击“圆角”按钮，设置“转角半径”为“0.147cm”，在底部矩形上方绘制出合适大小的圆角矩形。在“调色板”中左键单击“浅蓝绿”色块，设置填充颜色为浅蓝绿色，接着右键单击“无”按钮☒，去除轮廓线。后面的矩形按同样的方法依次绘制，如下图所示。

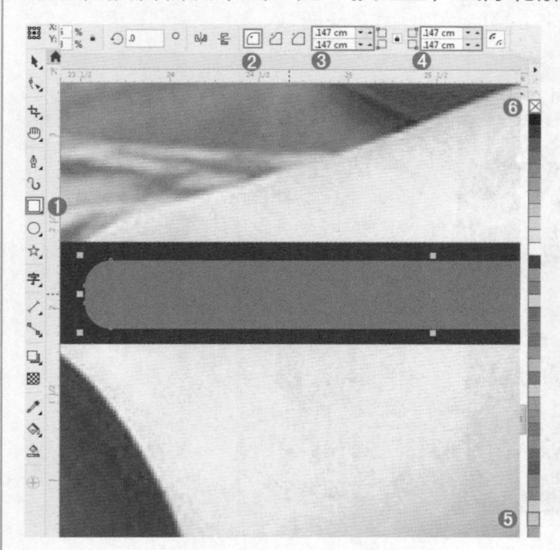

8 继续使用“星形工具”绘制出五角星。在“调色板”中填充白色，并右键单击“无”按钮☒去除轮廓线。接着在工具箱中使用矩形工具按照同样的方法依次绘制出后面的矩形，如下图所示。

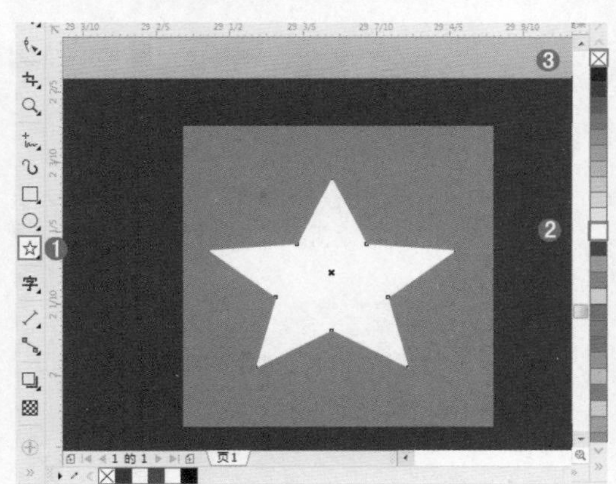

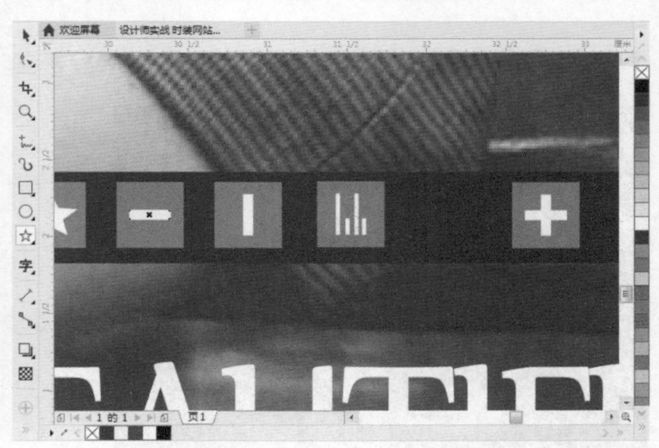

9 最后在工具箱中单击文本工具按钮，在属性栏中单击“字体”下拉按钮，在下拉列表中选择合适的字体，接着设置合适的字体大小，在画面中合适的位置输入文字。在“调色板”中填充白色，并单击“无”按钮☒去除轮廓线。按照同样的方法依次输入所有文字，最终效果如下图所示。

行业解密 版式设计的知识

版式设计是将图片与文字根据主题排列在设定好的版面内。作为信息传递的重要手段，版式设计的目的一方面是方便读者阅读，另一方面能给读者美的享受。下图为不同领域的版式设计欣赏。

DO IT Yourself 设计师作业

1. 使用钢笔工具制作网页广告设计

限定时间：30分钟

Step By Step（步骤提示）

1. 绘制矩形并填充渐变制作背景。
2. 使用文本工具输入文字，然后使用钢笔工具绘制文字边缘的装饰。
3. 最后置入装饰素材。

光盘路径

Chapter 2\使用钢笔工具制作网页广告设计.cdr

2. 使用圆形工具制作信息图

限定时间：10分钟

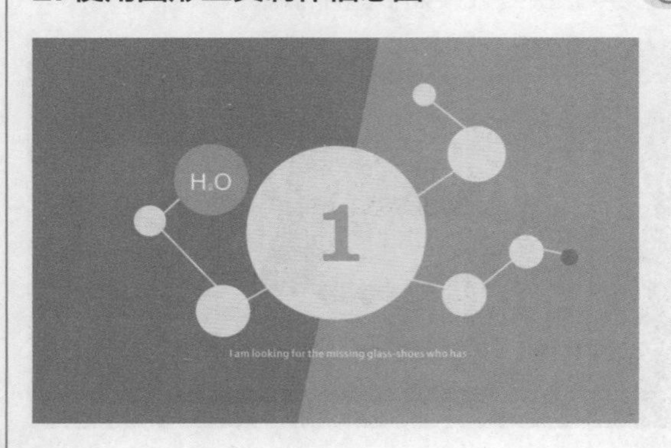

Step By Step（步骤提示）

1. 使用钢笔工具绘制背景图形。
2. 使用椭圆形工具绘制正圆形状，并使用矩形工具绘制线条进行连接。
3. 最后使用文本工具输入文字。

光盘路径

Chapter 2\使用圆形工具制作信息图.cdr

在上一章中学习了如何绘制图形，在本章中将着重讲解如何为矢量图形赋予漂亮的颜色。矢量图形有两个部分，分别是填充和轮廓线。填充是指路径以内的区域，填充可以是纯色、渐变或者图案。而轮廓线则是路径或图形的边缘线，也常被称为描边，轮廓线可以具备颜色、粗细以及样式的属性。

填充与轮廓线

本章技术要点

Q 矢量图形可以有几种填充方法?

A 使用交互式填充工具可以对矢量图形进行均匀填充、渐变填充、向量图样填充、位图图样填充、双色图样填充、底纹填充和PostScript填充共计7种填充方法。

Q 轮廓线是什么?

A 轮廓线又称之为“描边”，是矢量图形边缘线条，可通过轮廓笔的相关选项，调整对象轮廓的颜色和状态，调整对象的轮廓精细，以丰富对象的轮廓效果。

Q 如何复制轮廓与填充?

A 在CorelDRAW中可以将已有对象的填充或轮廓属性复制给其他对象，从而节约操作时间提高工作效率。使用“编辑>复制属性自” 命令，即可复制轮廓与填充属性。

UNIT 11 调色板

最直接的纯色均匀填充方法就是使用调色板进行填充，默认情况下调色板位于窗口的右侧。在调色板中集合了多种常用的颜色，而且在CorelDRAW中提供了多个预设的调色板。执行“窗口>调色板”命令，在子菜单中可以选择其他的调色板，如下图所示。

1 选中要填色的对象，在调色板中单击填充的颜色色块，给对象填充颜色，如下图所示。

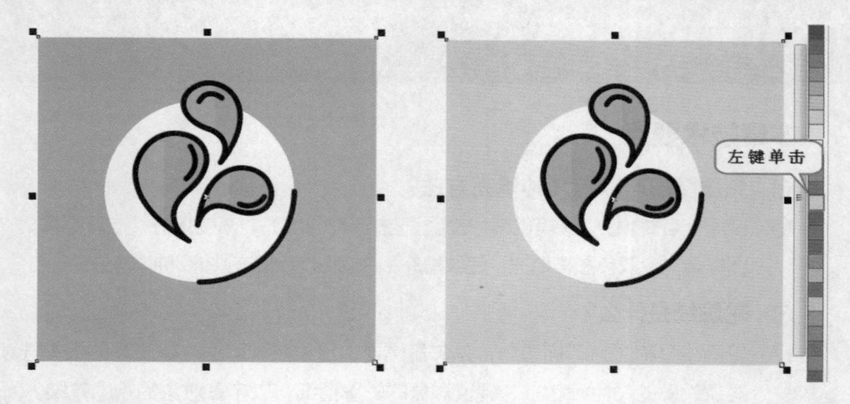

2 选中需要添加轮廓色的对象，在调色板中右键单击调色板中颜色色块既能为选中的对象设置轮廓色。轮廓色填充完成，可以在属性栏中对其“轮廓宽度”和“线条样式”等属性进行更改，如下图所示。

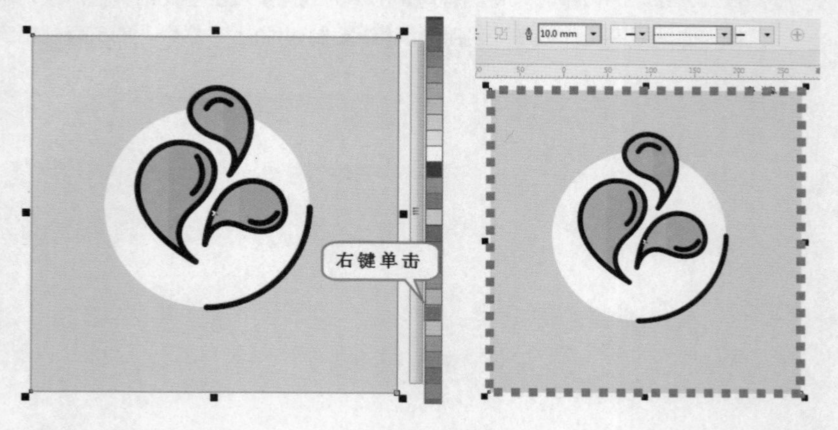

3 选中一个对象，单击调色板上方的☒按钮，即可去除当前对象的填充颜色。右键单击☒按钮，即可去除当前对象的轮廓线，如下图所示。

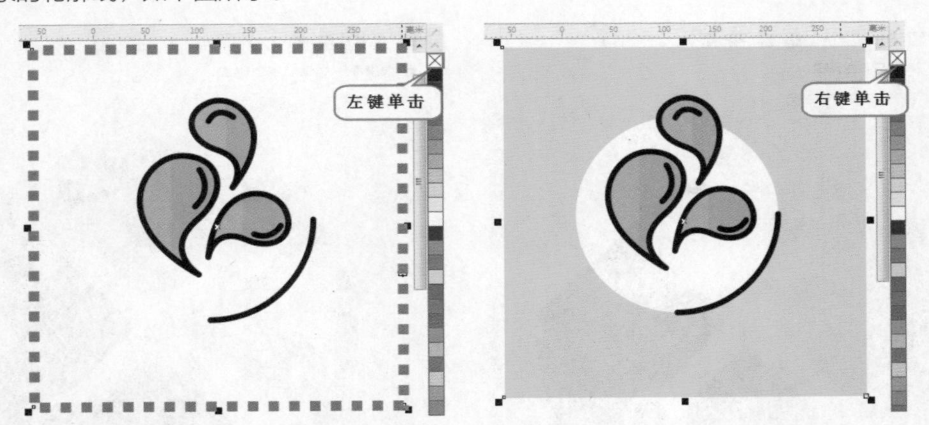

TIP 调色板样式与颜色模式相关，当更改颜色模式时调色板样式也随着变化。常见的调色板有CMYK调色板和RGB调色板等。

4 单击调色板底部展开按钮»即可展开和关闭调色板。将光标移动到右侧调色板上⋯按钮处，当光标变为✥时按住鼠标左键并拖动调色板到画布中，可以将调色板以浮动窗口的形式显示出来，如下图所示。

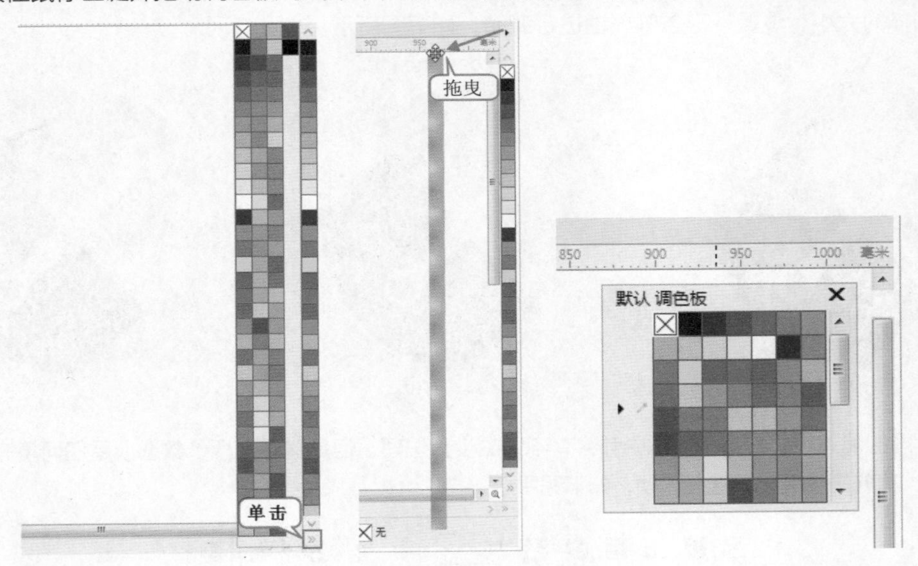

UNIT 12 交互式填充工具

交互式填充工具可以为矢量对象设置纯色、渐变、图案等等多种形式的填充。单击工具箱中的交互式填充工具按钮，在属性栏中可以看到多种类型的填充方式：☒无填充、■均匀填充、渐变填充、向量图样填充、位图图样填充、双色图样填充、底纹填充（位于工具组中）、PostScript填充（位于工具组中）。

1 选中矢量对象，然后单击属性栏中一种填充方式。除“均匀填充”■以外的其他方式都可以进行“交互式”的调整，如下图所示。

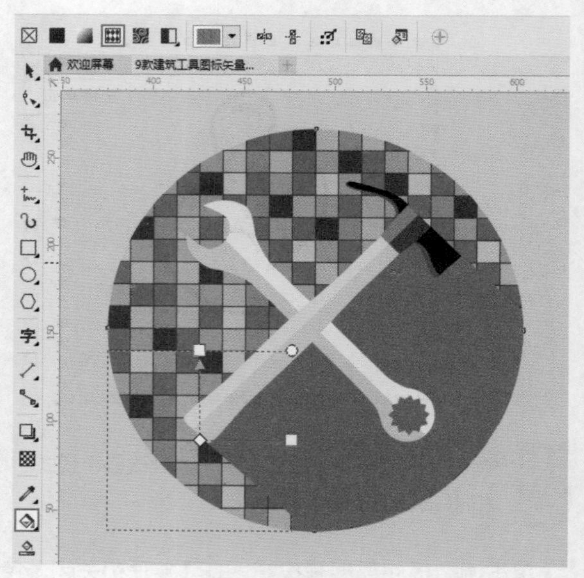

2 例如选择“向量图样填充”▦，选择一种合适的图案，对象上就会显示出图案控制点。通过调整控制点可以对图样的大小、位置、形态等属性进行调整，如下图所示。

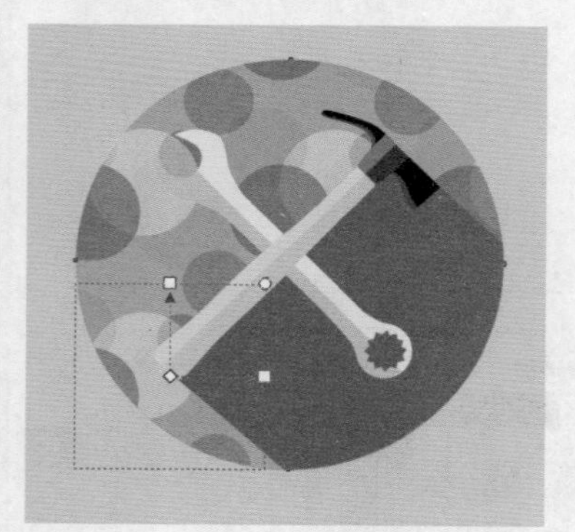

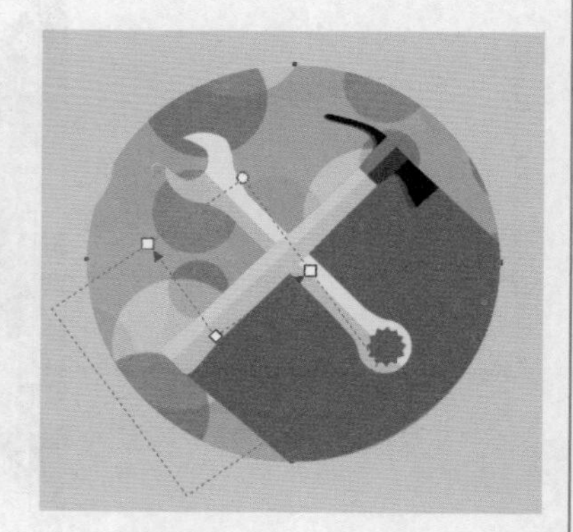

使用不同的填充方式，在属性栏中都会有不同的设置选项。但是其中几项参数选项是任何填充方式下都存在的设置，首先来了解一下这些选项，如下图所示。

- 填充挑选器：从个人或公共库中选择填充。
- 复制填充：将文档中其他对象的填充应用到选定对象。
- 编辑填充：单击该按钮可以弹出“编辑填充”对话框，在这里可以对填充的属性进行编辑。

选中带有填充的对象，单击工具箱中的交互式填充工具按钮，在属性栏中单击“无填充”按钮⊠，即可清除填充图案，如下图所示。

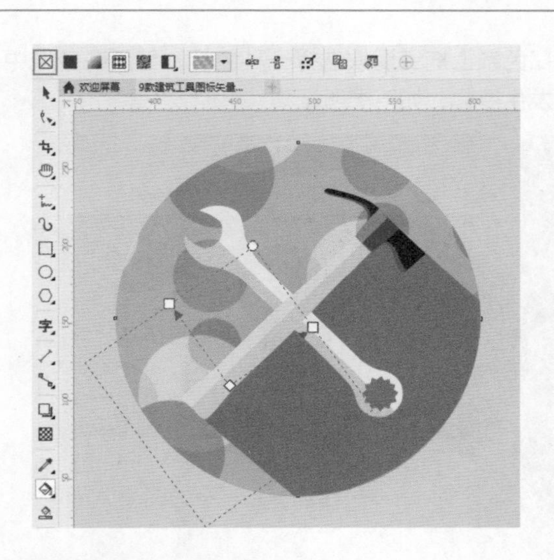

均匀填充

均匀填充就是在封闭图形对象内填充单一的颜色。下图为使用均匀填充制作的优秀设计作品。

1 选中需要填色的图形。接着单击工具箱中的交互式填充工具按钮，然后在属性栏中单击“均匀填充”按钮，接着继续单击属性栏中的“填充色”下拉按钮，随即显示“填充色”下拉面板，如下图所示。

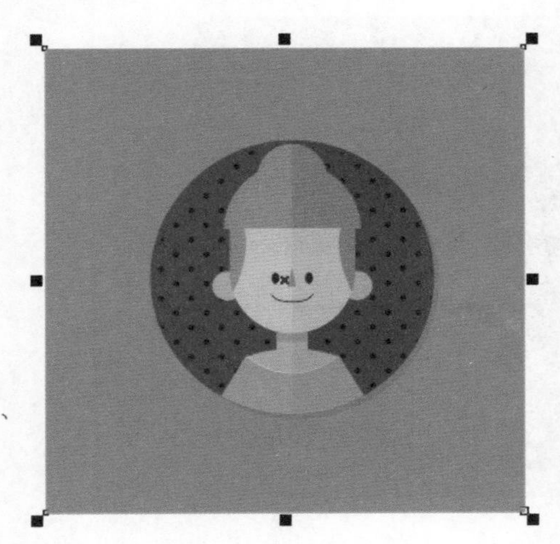

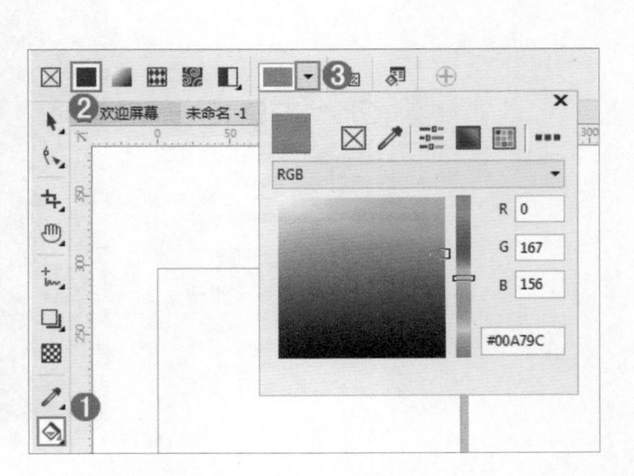

2 接下来在“填充色”下拉面板中编辑颜色。首先在色条上拖曳滑块选择一种色相，然后在色域中拖曳选择一种合适的颜色，此时选中的对象的颜色就会发生变化，如下图所示。

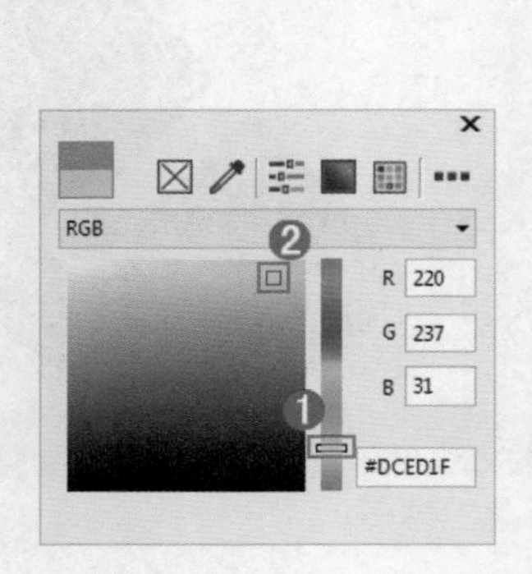

3 也可以在该面板RGB选项中直接输入颜色的数值，以设置准确的填充颜色，如下图所示。

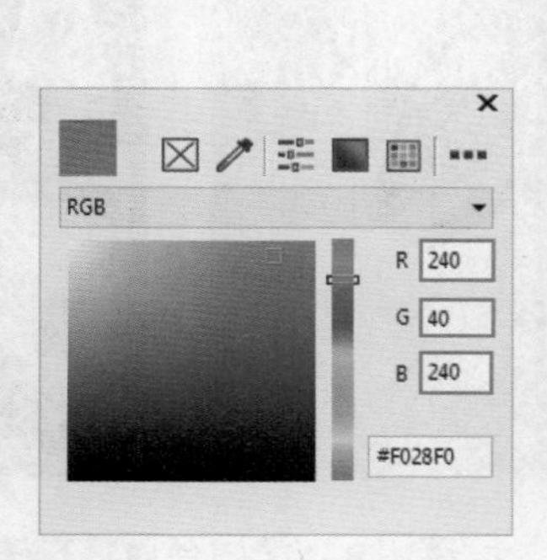

4 单击该面板中的“显示颜色滑块”按钮，然后拖曳滑块调整颜色也可以调整填充的颜色，如下图所示。

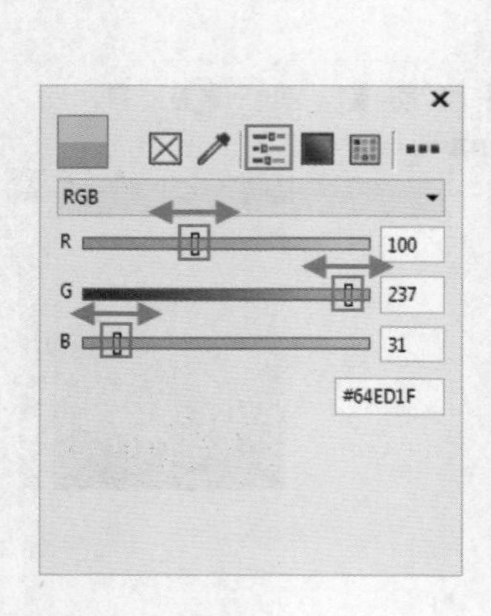

5 使用“填充色”面板可以为选中的对象添加“专色”。首先选中需要填充颜色的对象，打开“填充色”面板，接着单击该面板中的“显示调色板”按钮▦，然后在色条上拖曳滑块选择一种色相，然后在左侧单击选择一种颜色即可为选中的对象填充预设的颜色，如下图所示。

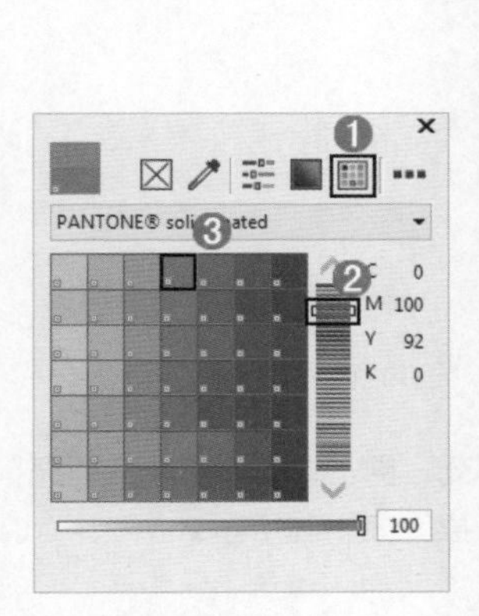

渐变填充

“渐变填充”是两种或两种以上颜色过渡的效果。在CorelDRAW中提供了“线性渐变填充”▩、“椭圆形渐变填充”▩、“圆锥形渐变填充”▩和“矩形渐变填充”▩四种不同的渐变填充效果。下图为设计作品背景都是采用了渐变填充的方式进行填充。

单击工具箱中的交互式填充工具按钮◈，其属性栏如下图所示。

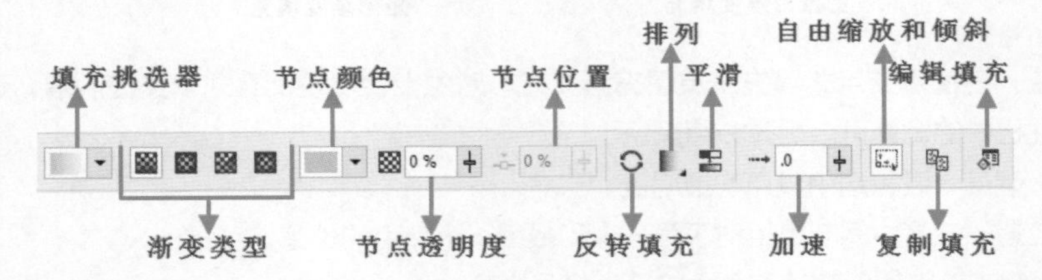

- ▭▾填充挑选器：单击该下拉按钮在下拉列表中从个人或公共库中选择一种已有的渐变填充，如下图所示。

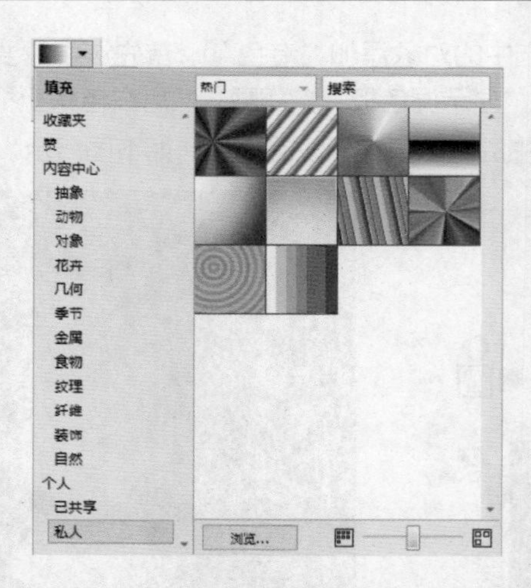

- 类型：在这里可以设置渐变的类型："线性渐变填充"、"椭圆形渐变填充"、"圆锥形渐变填充"和"矩形渐变填充"，四种不同的渐变填充效果，如下图所示。

线性渐变填充

椭圆形渐变填充

圆锥形渐变填充

矩形渐变填充

- 节点颜色：在使用交互式填充工具填充渐变时，对象上会出现交互式填充控制器，选中控制器上的节点，在属性栏中的此处可以更改节点颜色。
- 节点透明度：设置选中节点的透明度。
- 节点位置：设置中间节点相对于第一个和最后一个节点的位置。
- 翻转填充：单击该按钮渐变填充颜色的节点将互换。
- 排列：设置渐变的排列方式，可以从子列表中选择"默认渐变填充"、"重复和镜像"和"重复"。下图为不同的渐变效果。

默认渐变填充

重复和镜像

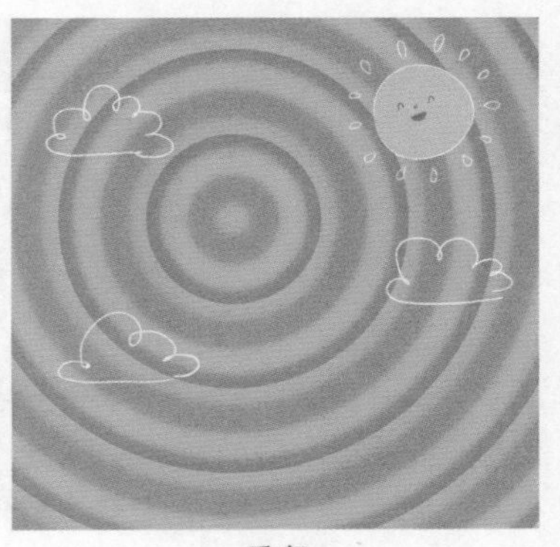

重复

- 平滑：在渐变填充节点间创建更加平滑的颜色过渡。下图为选择“平滑”选项前后的对比效果。

- .0 加速：设置渐变填充从一个颜色调和到另一个颜色的速度。下图为不同“加速”数值的渐变效果。

50.0

-100.0

- 自由缩放和倾斜：启用该功能可以填充不按比例倾斜或延展的渐变。
- 复制填充：将文档中其他对象的填充应用到选定对象。
- 编辑填充：单击该按钮可以打开“编辑填充”对话框，从而编辑填充属性，如下图所示。

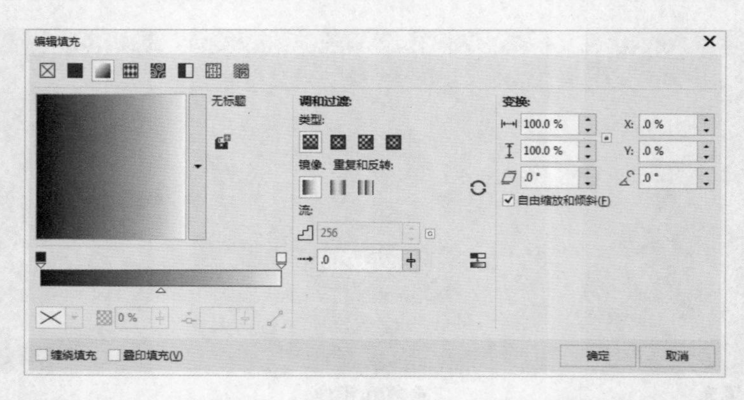

1 选择一个图形对象，然后单击工具箱中的交互式填充工具按钮，单击属性栏中的“渐变填充”按钮，继续单击“线性渐变填充”按钮设置渐变类型为线性渐变，接着在图形上会显示渐变控制杆，如下图所示。

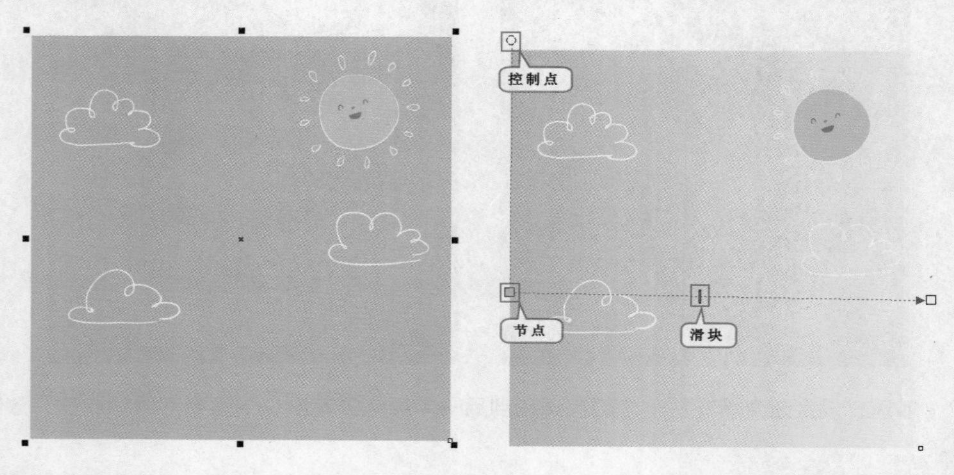

2 在节点处单击，在节点下方会显示隐藏的选项，然后单击“节点颜色”按钮，随即会显示“填充色”面板，可以进行此节点颜色的设置。还可以选中该节点，然后单击属性栏中的“节点颜色”按钮也可以打开“填充色”面板。然后在“填充色”面板设置合适的颜色，如下图所示。

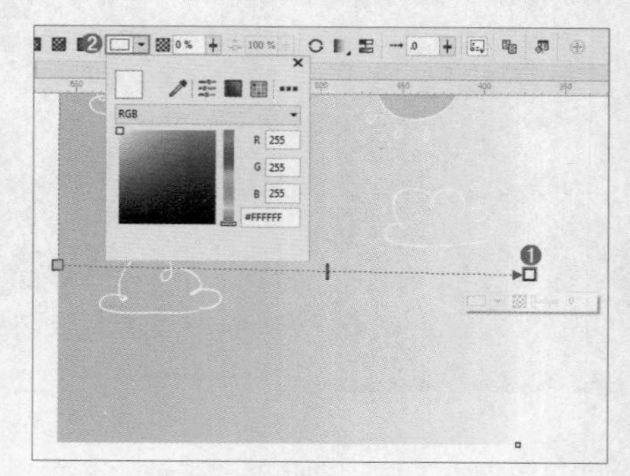

3 拖曳“滑块”可以更改渐变颜色的效果。也可以结合属性栏中的“加速”选项去调整两种颜色的过渡效果，如下图所示。

4 将光标移动到控制杆上，光标变为✛状后，按住鼠标左键拖曳可以移动控制杆的位置。拖曳或旋转两端的节点可以调整颜色的位置，从而更改渐变颜色的效果，如下图所示。

5 拖曳圆形控制点○可以更改颜色的渐变角度，如下图所示。

6 将光标移动至控制杆上，光标变为形状后双击鼠标左键即可添加节点，然后将添加的节点选中，可以更改为其颜色，此时之前的双色渐变变为多种颜色的渐变。若要删除节点先选中节点，然后按Delete键即可删除节点，如下图所示。

向量图样填充

“向量图样填充”是将大量重复的图案以拼贴的方式填入到对象中。

1 首先选择要填充的对象，单击工具箱中的交互式填充工具按钮，在属性栏中单击“向量图样填充”按钮，然后单击“填充挑选器”下拉按钮，在弹出的面板中选择左侧列表中的“私人”选项，然后在右侧图样缩览图中单击一个合适的图样，接着在弹出面板中单击“应用”按钮，如下中图所示。此时对象上出现了选择的图案，如下右图所示。

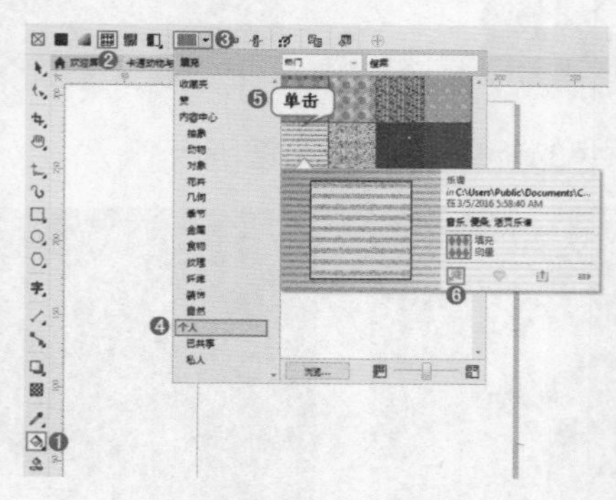

2 在填充图样的对象上方有一个控制杆，拖曳圆形控制点可以将图样的显示比例进行缩放，如下左图所示。将圆形控制点进行旋转拖曳可以旋转图样，如下右图所示。

3 拖曳两个方形控制点□可以不等比缩放图样，如下图所示。

4 拖曳菱形控制点◇可以移动图样在图形中的位置，如右图所示。

5 如果内置的这些图样无法满足实际的设计需要，此时可以使用其他的CDR格式文件作为填充图案。选中要填充的对象，单击属性栏中的“编辑填充”按钮，在弹出的“编辑填充”对话框中单击底部的“来自文件的新源”按钮，如下左图所示。接着在弹出的“导入”对话框中选择要使用的图样文件，单击“导入”按钮，如下右图所示。

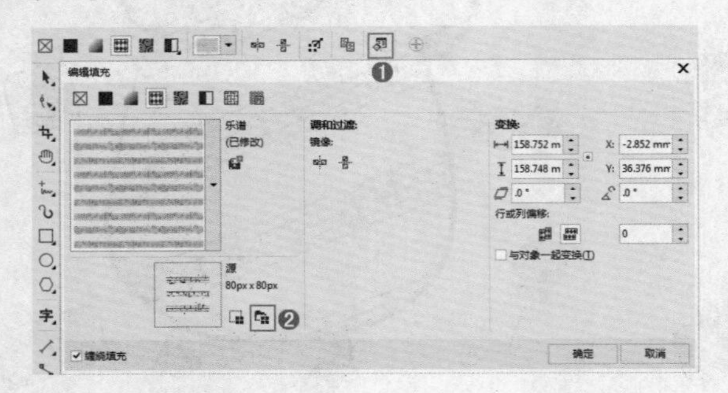

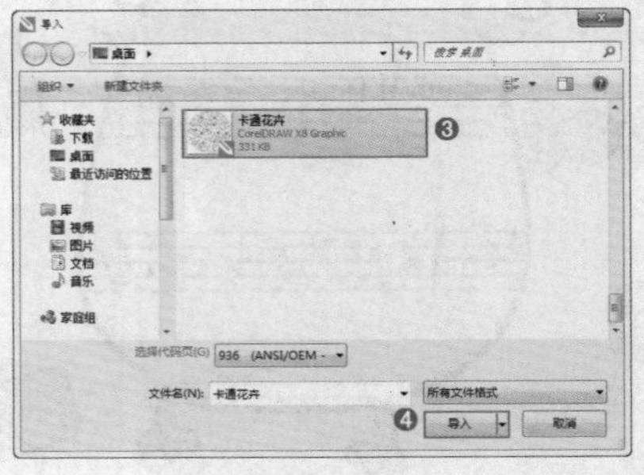

6 导入完成后，在“编辑填充”对话框中单击“确定”按钮，此时可以看到选定的图形的填充效果发生了改变，如下图所示。

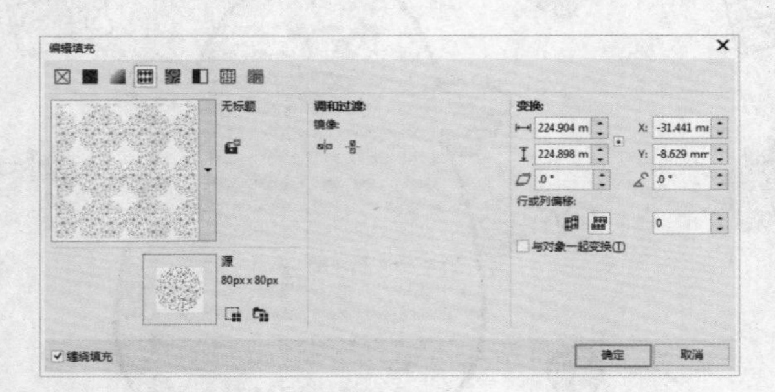

位图图样填充

“位图图样填充”可以将位图对象作为图样填充在矢量图形中。

1 选择需要填充的对象，单击工具箱中的交互式填充工具按钮，在属性栏中单击“位图图样填充”按钮，然后单击“填充挑选器”下拉按钮，然后在右侧图样缩览图中单击一个合适的图样，接着在弹出面板中单击“应用”按钮，如下图所示。

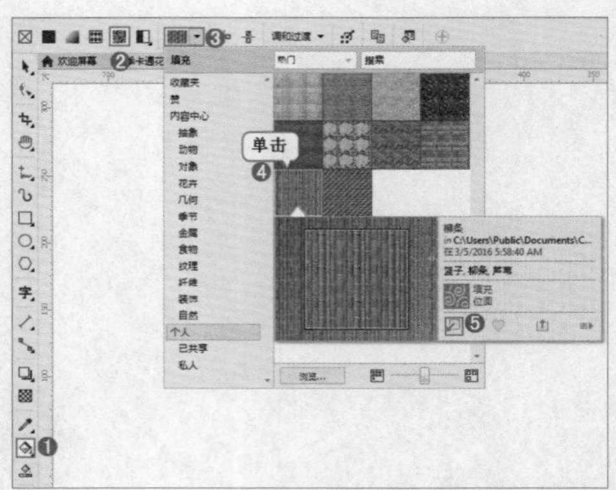

2 此时选中的对象被填充了位图图样。调整控制点还可以对位图图样进行调整，控制杆的调整方法与调整向量图样的方法相同，如下图所示。

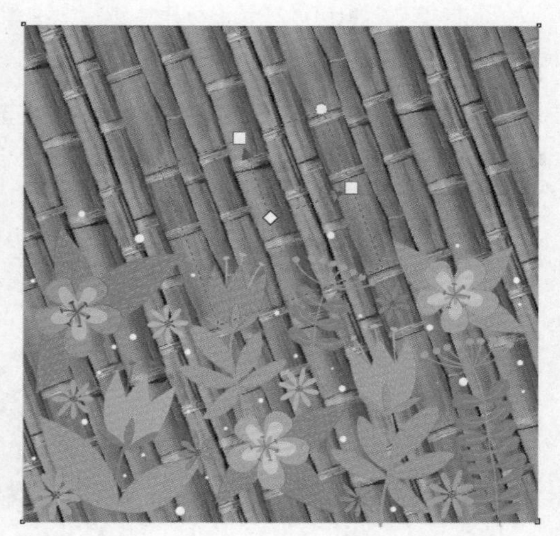

3 在CorelDRAW中还可以将图像素材作为位图图样进行填充。单击属性栏中的“编辑填充”按钮，在弹出的“编辑填充”对话框中单击底部的“来自文件的新源”按钮。接着在弹出的“导入”对话框中选择要使用的位图图样文件，单击“导入”按钮，如下图所示。

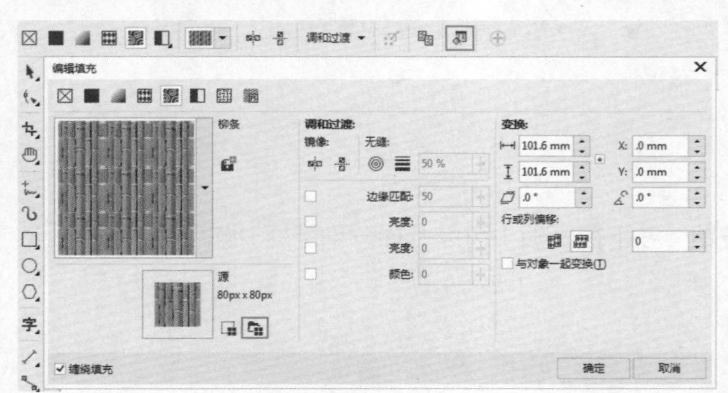

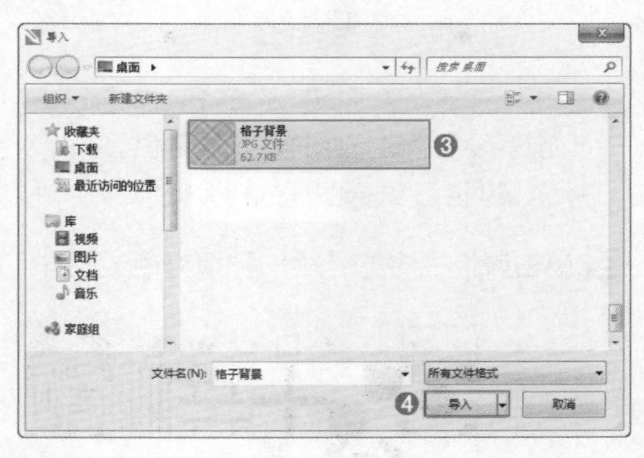

4 接着单击“编辑填充”对话框中的“确定”按钮，该位图被作为位图图样进行填充了，如下图所示。

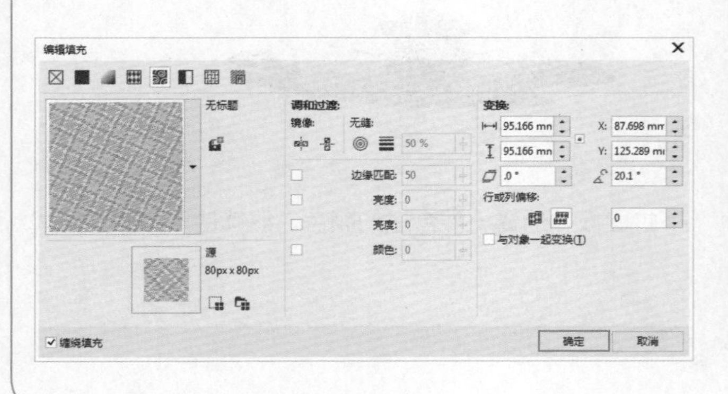

双色图样

“双色图样填充”可以在预设列表中选择一种黑白双色图样，然后通过分别设置前景色区域和背景色区域的颜色来改变图样效果。

1 首先选择要填充的对象，单击工具箱中的交互式填充工具按钮，在属性栏中单击“双色图样填充”按钮，在属性栏中会显现“双色图样填充”的相关选项，此时选中的图形也发生了变化，如下图所示。

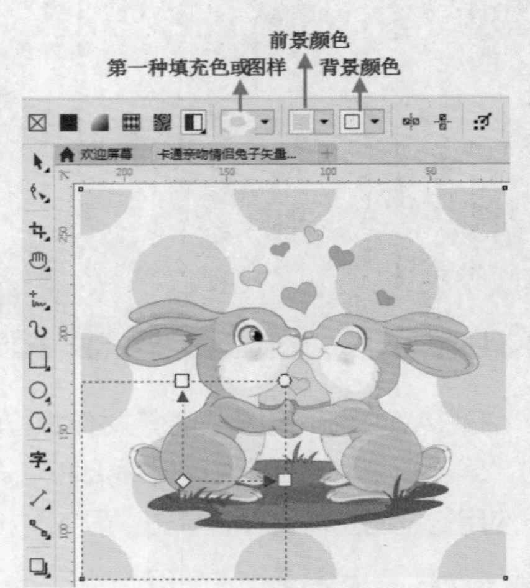

- 第一种填充色或图样：选择一种填充图样。
- 前景颜色：选择图样的前景颜色。
- 背景颜色：选择图样的背景颜色。

2 单击属性栏中的“第一种填充色或图样”按钮，在下拉面板中可以选择一种图样，如下图所示。

3 单击“前景颜色”按钮可以显示“填充色”下拉面板，选择一种合适的颜色。继续使用同样的方式设置“背景颜色”，如下图所示。

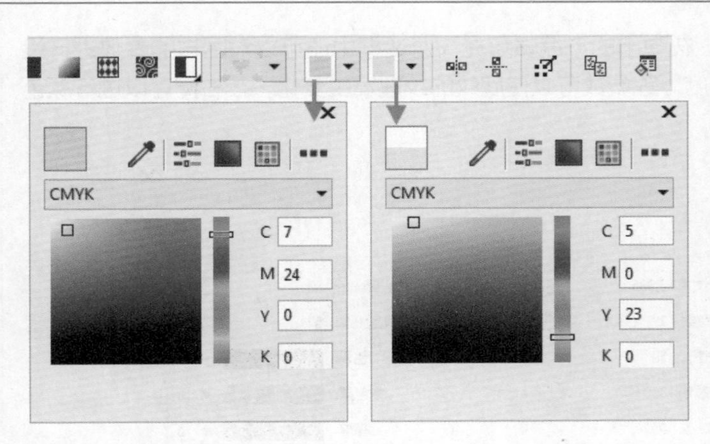

底纹填充

“底纹填充”是应用预设底纹填充一创建各种自然界中的纹理效果。

1 选择要填充的对象，单击工具箱中的交互式填充工具按钮，在属性栏中按住“双色图样填充”按钮，等待1-2秒钟后在下拉列表中选择“底纹填充”选项，如下图所示。

2 接着单击“底纹库”按钮，在下拉列表中选择合适的底纹库，接着单击“填充挑选器”按钮，在下拉面板中选择合适的底纹，如下图所示。

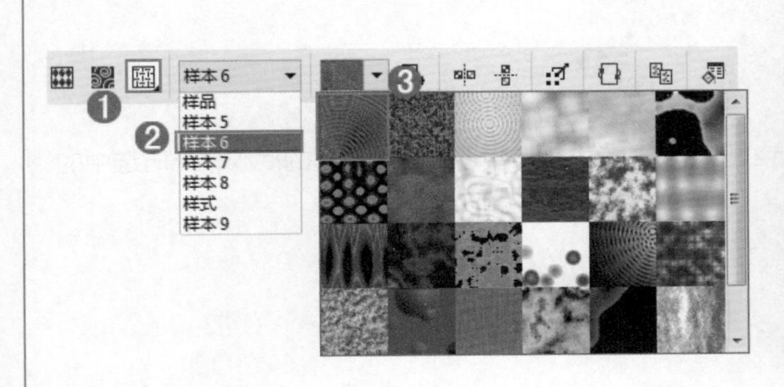

3 单击属性栏中的“编辑填充”按钮，在弹出的“编辑填充”对话框中还可以对图样的参数进行设置。通过更改“底纹”、“软度”、“密度”等参数可以使底纹的纹理发生变化，在右侧可以进行颜色的设置，如下图所示。

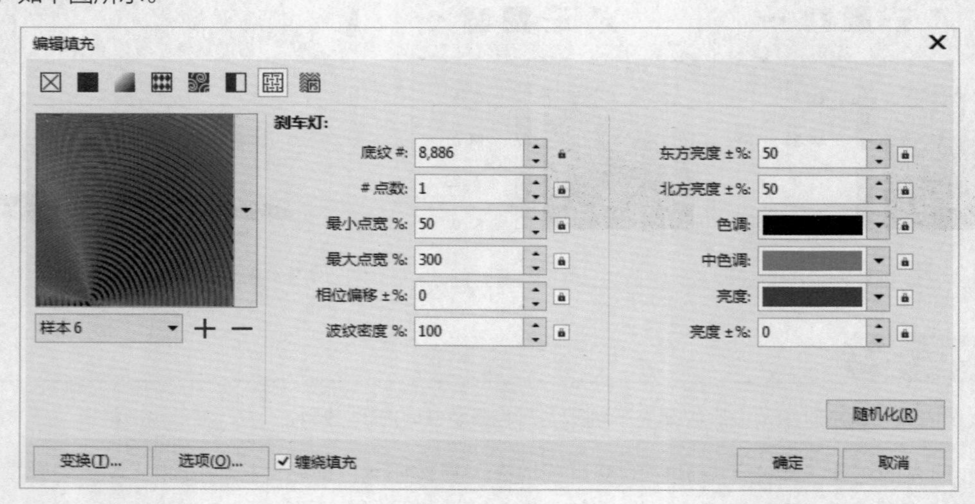

PostScript填充

“PostScript填充”是一种由PostScript语言计算出来的花纹填充，这种填充不但纹路细腻而且占用的空间也不大，适合用于较大面积的花纹设计。

1 首先选择要填充的对象，单击工具箱中的交互式填充工具按钮，在属性栏中按住“双色图样填充”按钮，等待1-2秒钟后在下拉列表中选择“PostScript填充”选项，如下图所示。

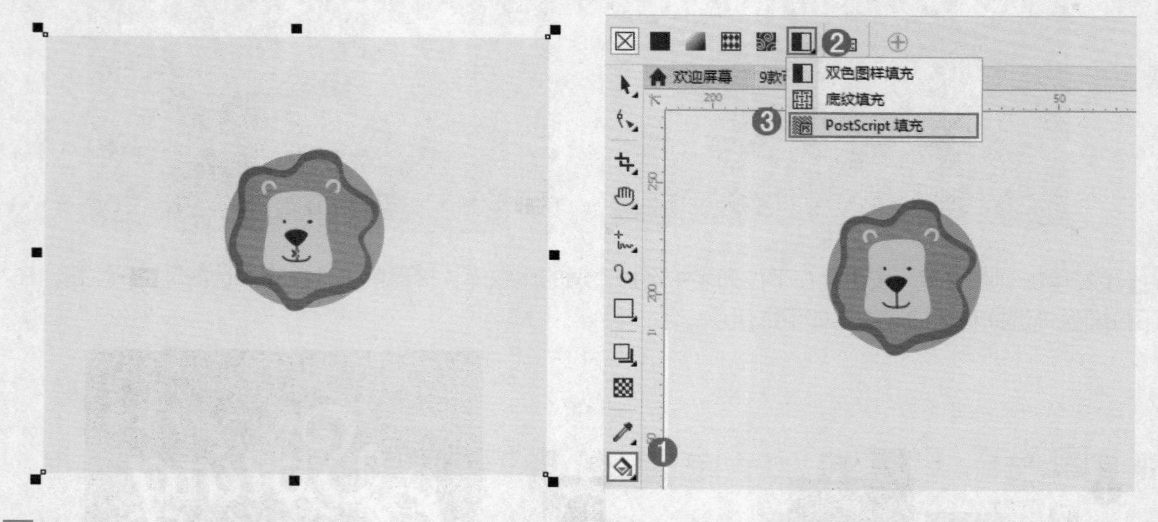

2 接着单击属性栏中的“PostScript填充底纹”按钮在下拉列表中选择一种合适的底纹，此时选中的图形被填充了所选的对象，如下图所示。

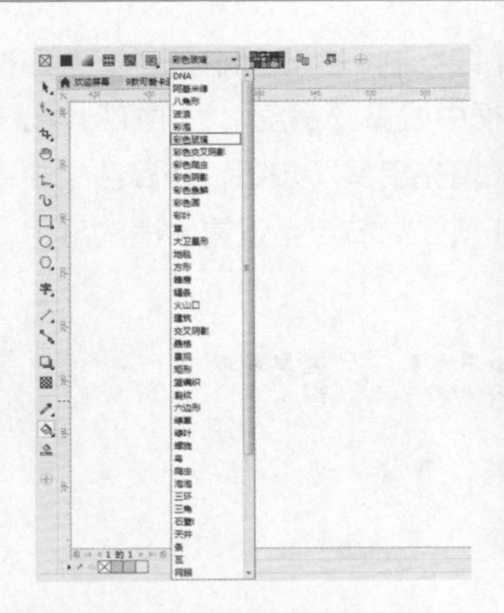

3 如果想要对图样的大小和密度等参数进行设置，可以单击属性栏中的编辑填充”按钮，在弹出的“编辑填充”对话框中可以选择图样类型，右侧可以进行参数设置，如下图所示。

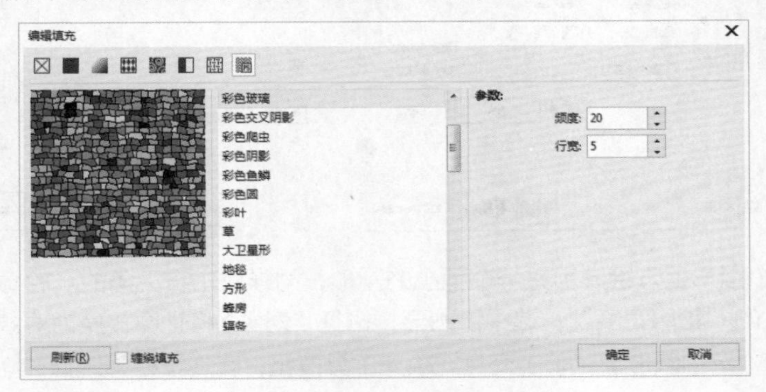

Let's go! 使用渐变填充制作唯美卡片

原始文件	Chapter 03\使用渐变填充制作唯美卡片.cdr
视频文件	Chapter 03\使用渐变填充制作唯美卡片.flv

1 执行“文件>新建”命令，新建一个空白文档。首先单击工具箱中的矩形工具按钮，在画布合适位置按住Ctrl键绘制一个正方形。单击工具箱中的交互式填充工具按钮，在属性栏中单击“渐变填充”按钮，设置“渐变类型”为“椭圆形渐变填充”，分别在渐变的节点上设置合适的颜色。如下图所示。

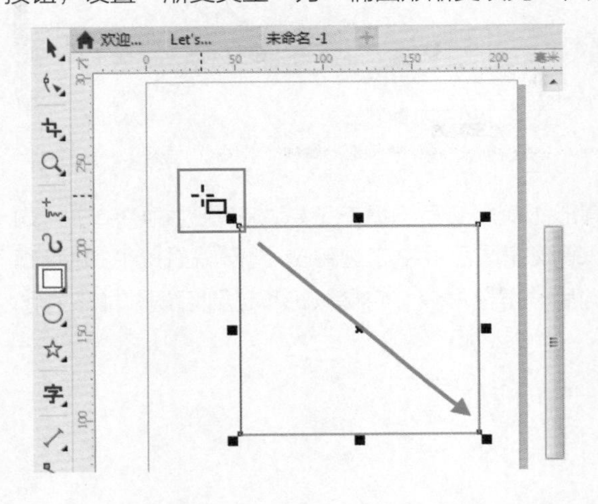

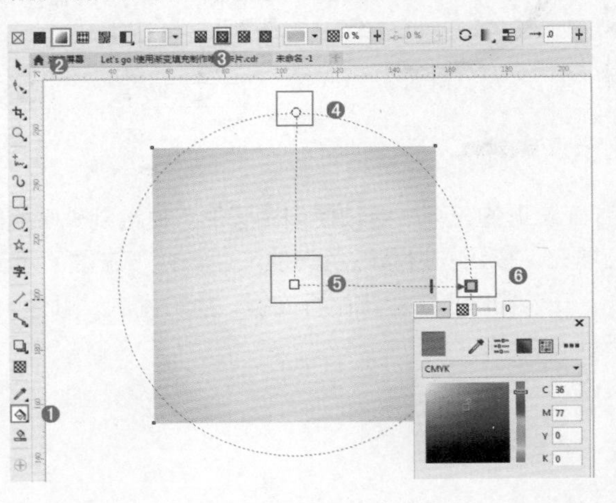

2 单击工具箱中的椭圆形工具按钮◯，在画布合适位置按住Ctrl键绘制一个正圆。选中这个圆形，接着双击窗口右下角的“轮廓笔”按钮，在弹出的“轮廓笔”对话框中设置“宽度”为“0.2mm”，“颜色”为紫色，单击“确定”按钮。继续单击工具箱中的“交互式填充工具”按钮，在属性栏中单击“渐变填充”按钮，设置“渐变类型”为“线性渐变填充”，分别在渐变的节点上设置合适的颜色，如下图所示。

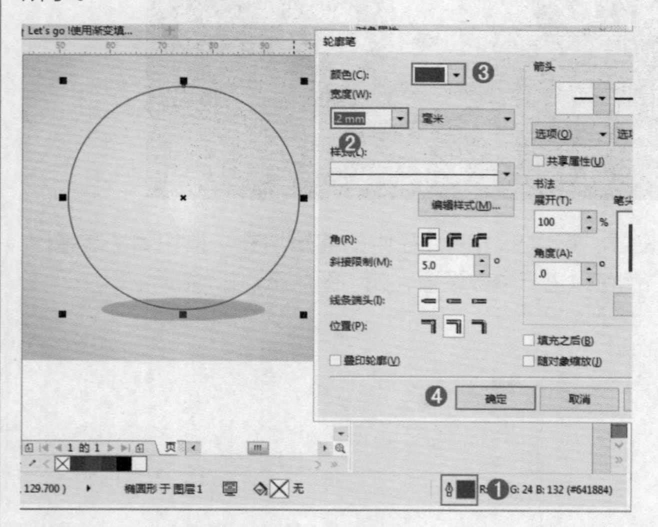

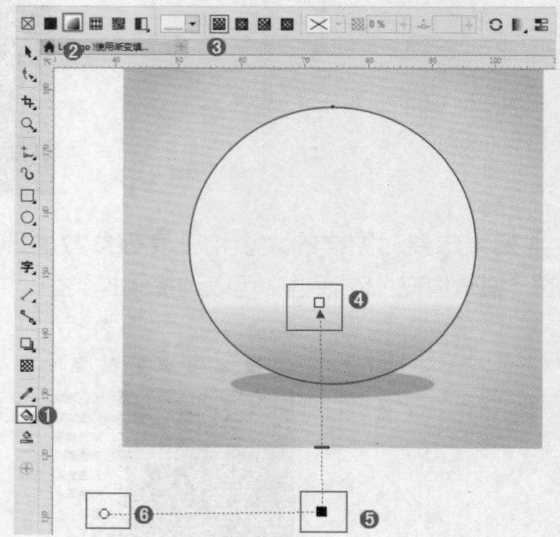

3 同样的方法在这个圆形上方绘制出另一个稍小的圆形，同样双击右下角的“轮廓笔”按钮，在弹出的对话框中设置合适的“轮廓宽度”。选中该圆形，执行“对象>将轮廓转换为对象”命令，此时轮廓变为了一个圆环形状。选中该形状，单击交互式填充工具按钮，在属性栏中选择“渐变填充工具”，设置“渐变类型”为“线性渐变填充”，分别在渐变的节点上设置合适的颜色，如下图所示。

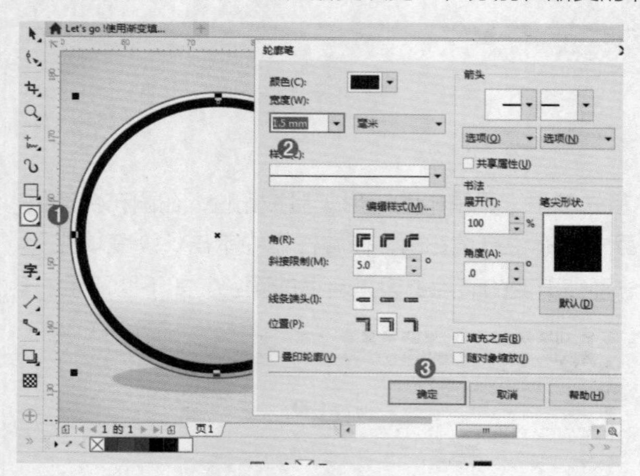

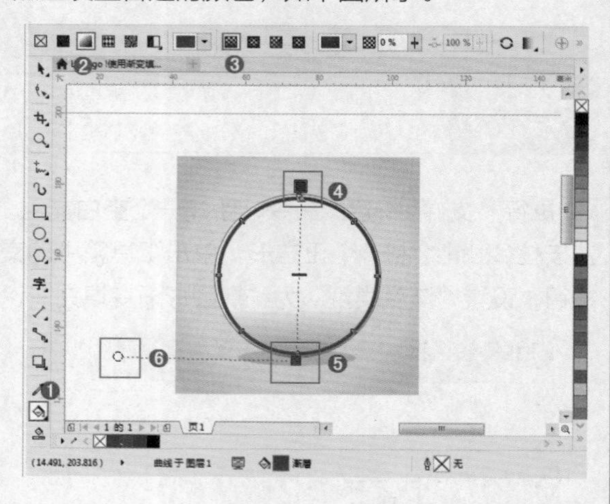

4 在圆形的正下方继续使用椭圆形工具绘制一个椭圆形，使用交互式填充工具，在属性栏中单击“均匀填充”按钮，设置颜色为淡灰色。如下左图所示。继续在调色板中右键单击“无”按钮☒去除轮廓线。在该椭圆形上单击鼠标右键，执行两次“顺序>向后一层”命令，将椭圆形移动到后层，如下右图所示。

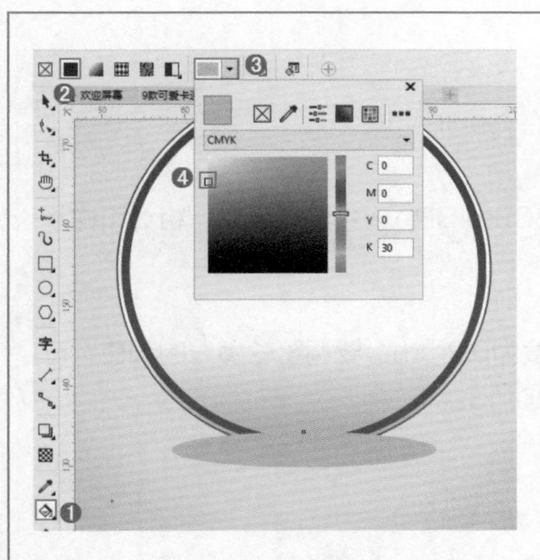

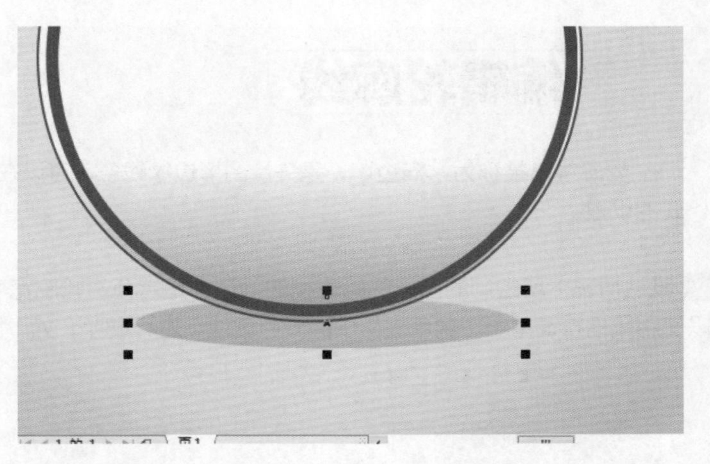

5 执行“文件>导入”命令，在“导入”对话框中找到素材位置，选择素材“1.png”，单击“导入”按钮。接着在画面中按住鼠标左键并拖动，松开鼠标后素材就导入进来了，如下图所示。

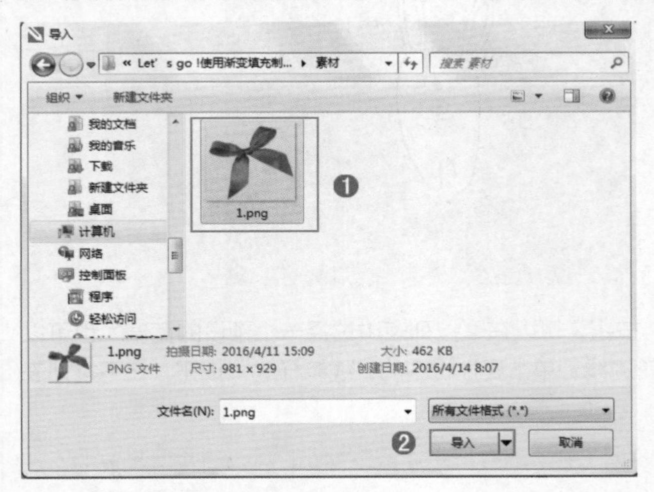

6 在工具箱中单击“文本工具”字按钮，在属性栏中设置合适的字体、字体大小，在画面中输入文字。执行“窗口>泊坞窗>文本>文本属性”命令，打开“文本属性”泊坞窗，依次更改合适“文本颜色”和“轮廓宽度”，最终效果如下图所示。

编辑轮廓线

轮廓线常被称为“描边”，是矢量图形边缘线条，可以在CorelDRAW中进行颜色、粗细和样式的设置。

1 默认情况下所绘制的图形的轮廓线的颜色都是黑色，轮廓宽度为0.2mm。要调整轮廓线的颜色，可以使用鼠标右键单击“调色板”中的颜色色块，进行调整，如下图所示。

2 选择轮廓线，单击属性栏中的“轮廓宽度”按钮，可以在下拉列表中选择一个预设的宽度，也可以直接在数值框中输入数值设置轮廓宽度。选择轮廓线，单击属性栏中的“线条样式”按钮，在下拉列表中选择一个合适的线条样式，如下图所示。

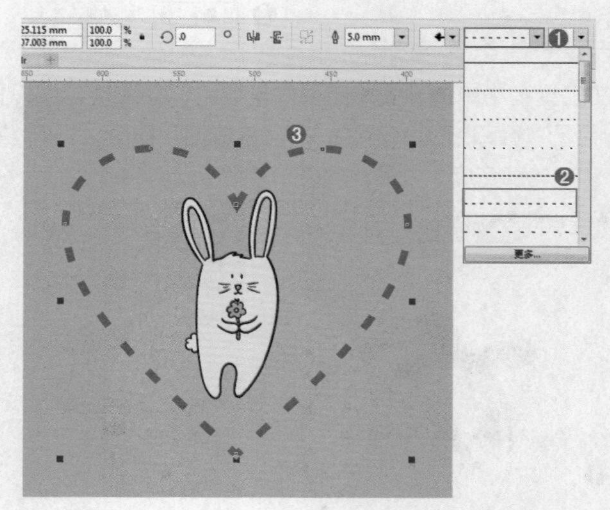

3 属性栏中的“起始箭头”和“终止箭头”选项是用来设置线条两端的箭头效果。选择一条开放的轮廓线，单击“起始箭头”按钮在下拉窗口中选择合适的箭头，继续设置“终止箭头”的样式，如下图所示。

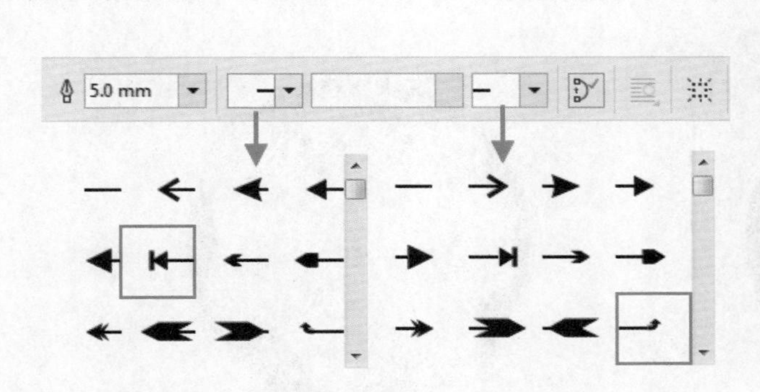

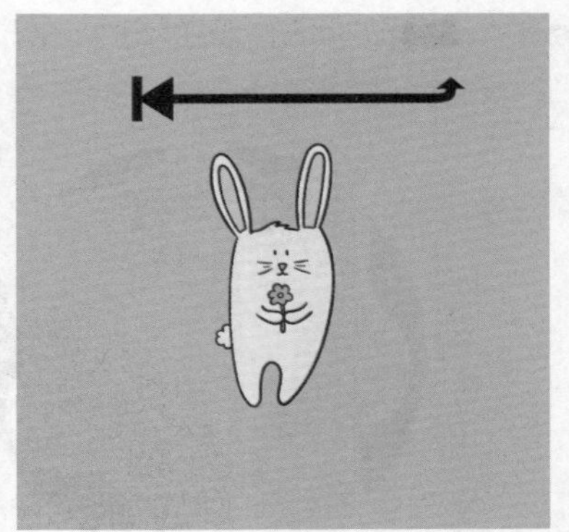

设置轮廓属性

在属性栏中可以对“轮廓宽度”以及“样式”进行一些简单的设置，如果想要进行更多的轮廓属性的设置还可以使用“轮廓笔”对话框。

1 选中需要编辑的对象，双击“轮廓笔”按钮，打开“轮廓笔”对话框，如下图所示。

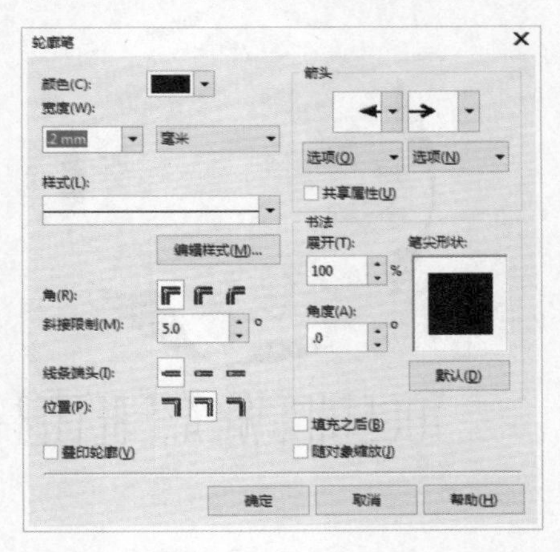

2 如果选中的对象没有轮廓线，那么在打开的“轮廓线”对话框中很多选项是不可用的。在这里需要先设置“宽度”数值，然后才能继续设置其它选项，如下图所示。

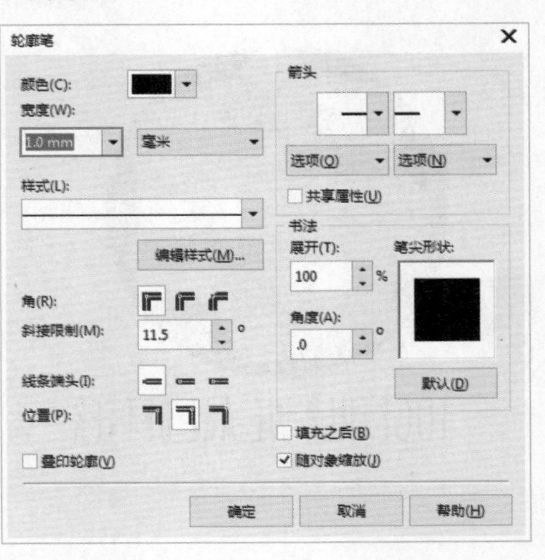

- 颜色(C): ：单击“颜色”下拉按钮，选择一种颜色作为轮廓线的颜色。下图为不同颜色的对比效果。

- ：设置路径的粗细程度。下图为不同宽度的对比效果。

- ：单击“样式”下拉按钮，设置轮廓线是连续的线或是带有不同大小空隙的虚线。下图为不同样式的对比效果。

- 角(R)：设置路径转角处的形态。下图为三种类型的角。

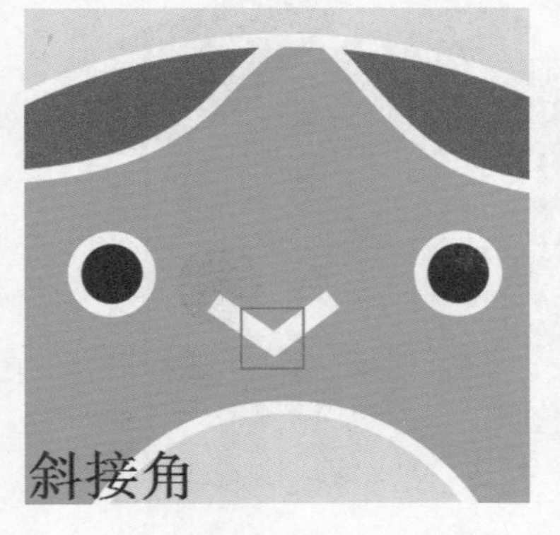

- 斜接限制(M): 11.5 °：用于设置以锐角相交的两条线何时从点化（斜接）接合点向方格化（斜角修饰）接合点切换的值。
- 线条端头(I)：设置路径上起点和终点的外观。下图为三种线条端头效果。

- 位置(P)：设置描边位于路径的相对位置。包括外部轮廓、居中和内部三种位置。下图为三种位置对比效果。

- 箭头选项组：在此选项组中可以设置线条起始点与结束点的箭头样式，如下图所示。

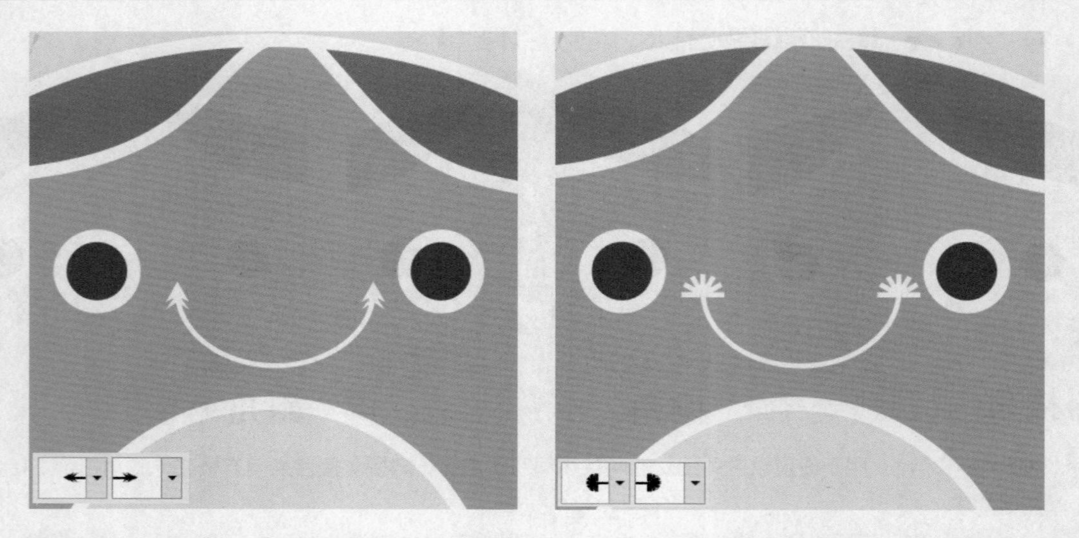

- 书法选项组：在“书法”区域中可以通过“展开”、“角度”的设置以及“笔尖形状”的选择模拟曲线的书法效果，如下图所示。

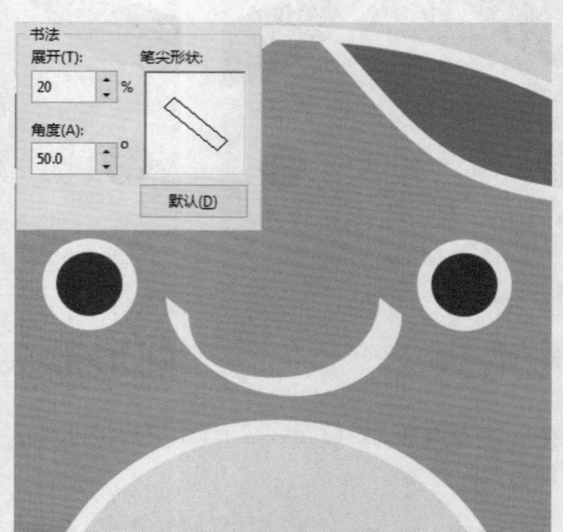

清除轮廓线

清除轮廓线的方法有很多种，可以在调色板中右键单击☒按钮，也可以将轮廓线宽度设置为0，如下图所示。

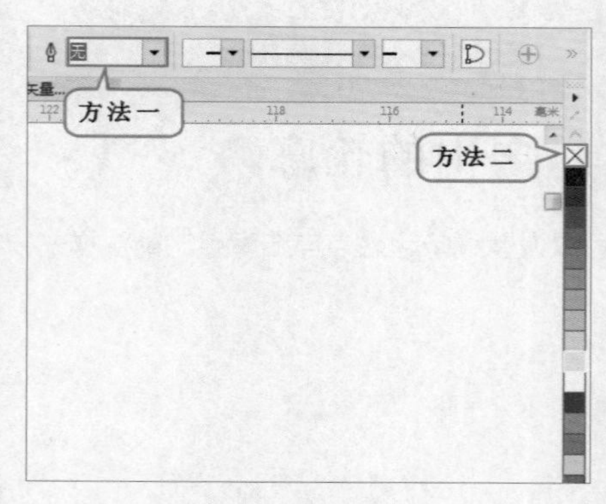

将轮廓转换为对象

“将轮廓转换为对象”就是将轮廓线转换为图形形状，这样就可以填充纯色以外的效果，例如渐变颜色、图案，从而能够打造更丰富的描边效果。

选中相应的轮廓对象，执行“对象>将轮廓转换为对象”命令即可将轮廓线的部分转换为独立的轮廓图形，然后就可以进行形态编辑以及各种效果的使用，如下图所示。

Let's go! 设置描边制作图文结合的标志设计

原始文件 Chapter 03\设置描边制作图文结合的标志设计.cdr

视频文件 Chapter 03\设置描边制作图文结合的标志设计.flv

1 执行“文件>新建”命令，新建空白文档。首先单击工具箱中的矩形工具按钮□，绘制一个合适大小的矩形，如下图所示。

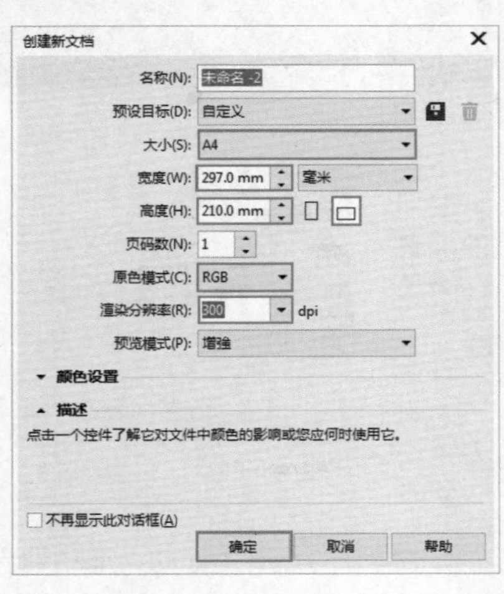

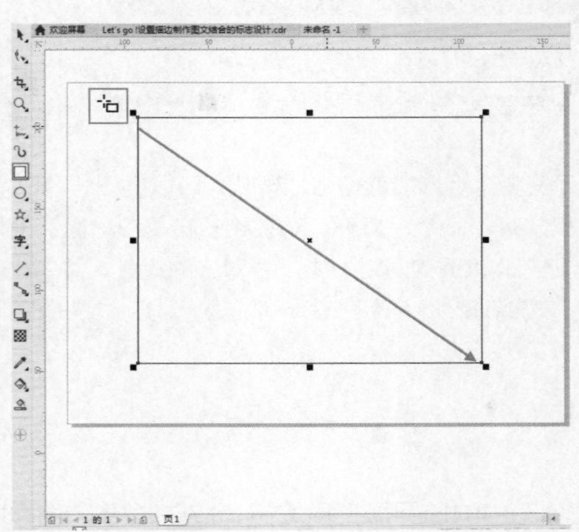

2 使用“选择工具”选中矩形，单击工具箱中的交互式填充工具按钮，在属性栏中单击“均匀填充”按钮，接着单击右侧的“填充色”下三角按钮，在弹出的面板中设置合适的颜色。使用“选择工具”单击矩形，然后在调色板中右键单击“无”按钮☒，去除轮廓线，如下图所示。

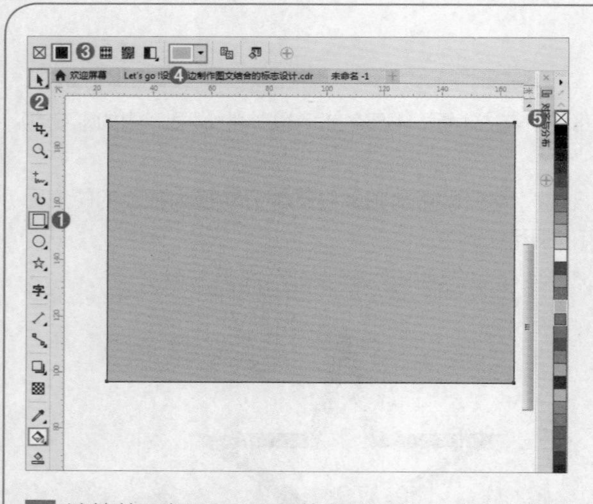

3 继续使用矩形工具在黄色矩形的左上角绘制高度和黄色矩形一样的矩形。接着使用交互式填充工具在属性栏上设置合适的颜色，并去掉轮廓线。使用选择工具选中这个矩形，按住鼠标左键拖曳至右侧，然后单击鼠标右键，复制出相同的矩形。按照同样的方法依次复制出多个矩形，如下图所示。

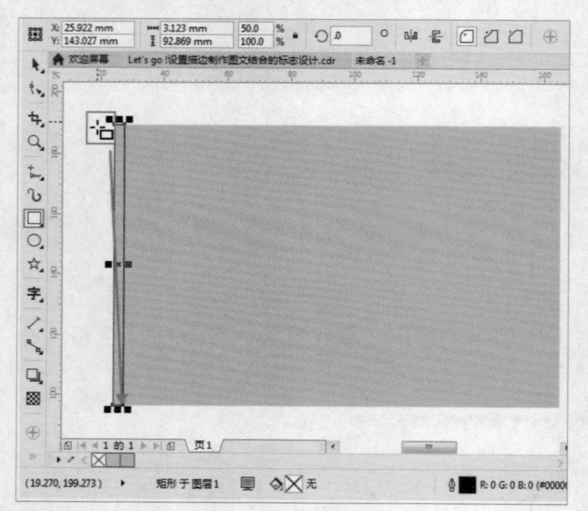
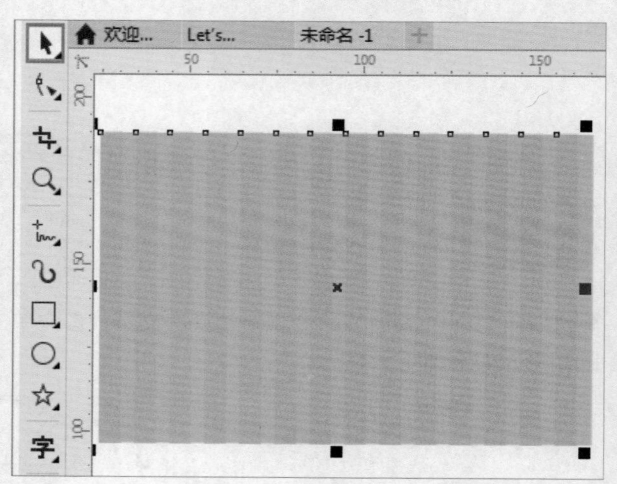

TIP 为了使多个矩形能够均匀地排列，可以执行“窗口>泊坞窗>对齐和分布”命令，打开“对齐和分布”泊坞窗。使用选择工具在按住Shift键的同时选中需要对齐的矩形，并单击“顶对齐”和“左分散排列”按钮，使所有的矩形对齐，如右图所示。

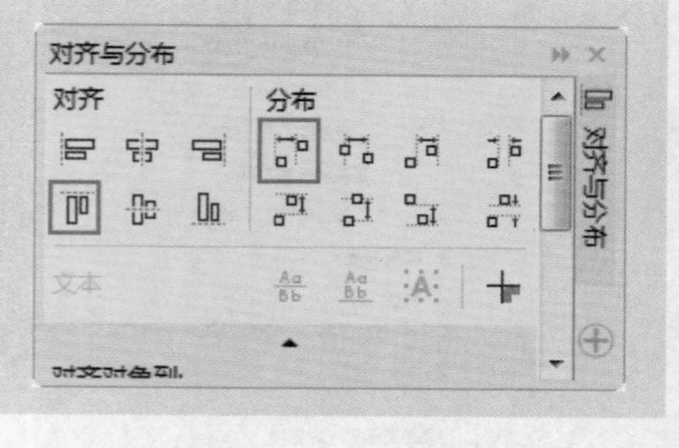

4 单击工具箱中的椭圆形工具按钮，按住鼠标左键同时按住Ctrl键并向右下角拖动，拖动到合适位置时松开鼠标，绘制出合适大小的圆形。在“调色板”中左键单击白色色块，填充白色。接着双击右下角的“轮廓笔”按钮，在弹出的对话框中单击“颜色”下拉按钮，输入合适的数值。设置“轮廓宽度”为“5.0mm”，单击“确定”按钮，如下图所示。

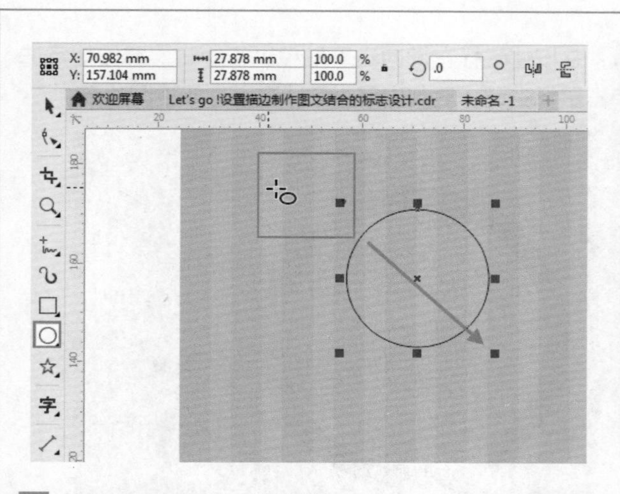

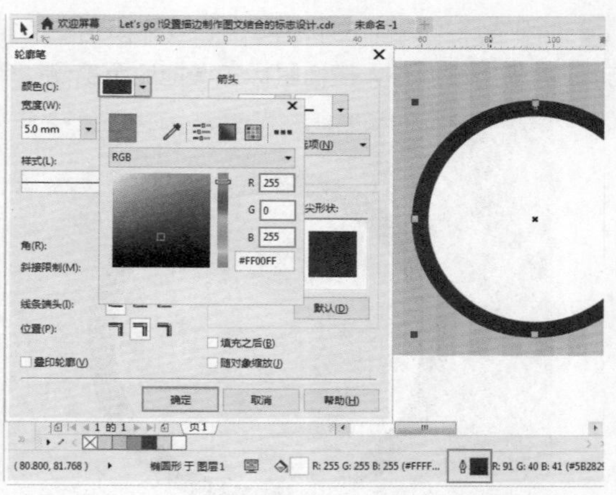

5 同样的方法在这个圆形上方绘制出另一个稍小的圆形。继续单击工具箱中的交互式填充工具按钮，在属性栏中单击“渐变填充”按钮，设置渐变类型为“线性渐变填充”，分别单击渐变上的节点设置合适的颜色，如下图所示。

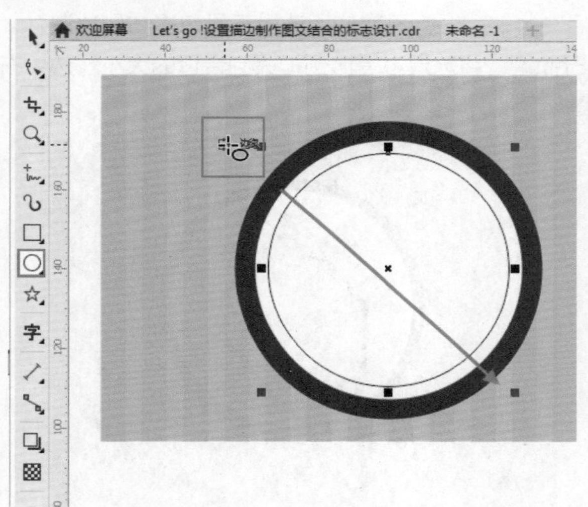

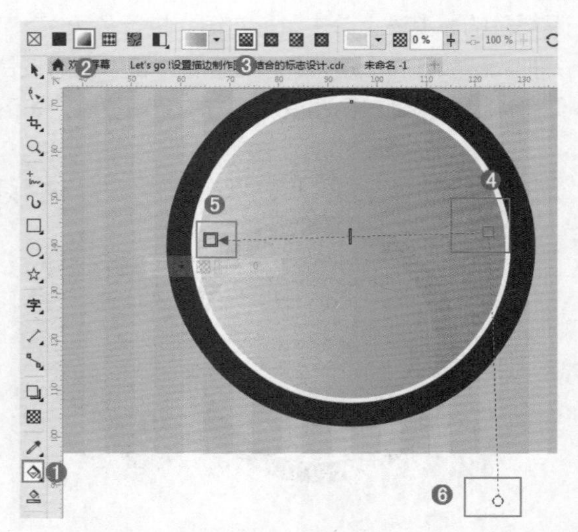

6 执行“文件>导入”命令，在弹出的“导入”对话框中找到素材位置，选择素材“1.cdr”，单击“导入”按钮。接着在画面中按住鼠标左键并拖动，松开鼠标后素材就导入进来了，如下图所示。

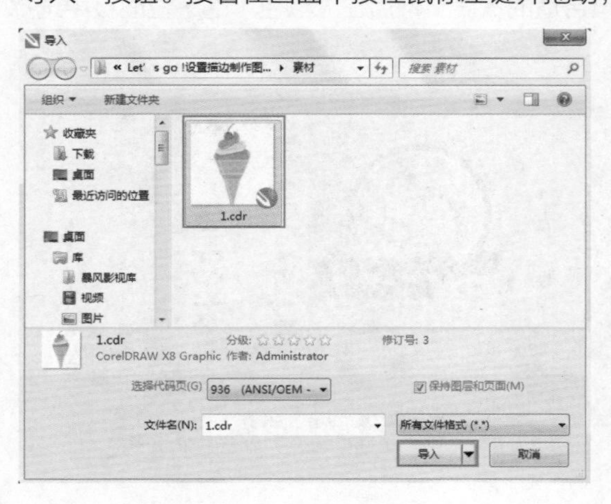

7 使用选择工具双击冰淇淋，把鼠标移到右上角，并按住鼠标左键向右下拖曳进行旋转。继续使用选择工具单击冰淇淋，按住鼠标左键拖曳至右侧，单击鼠标右键，复制出另一个冰淇淋，如下图所示。

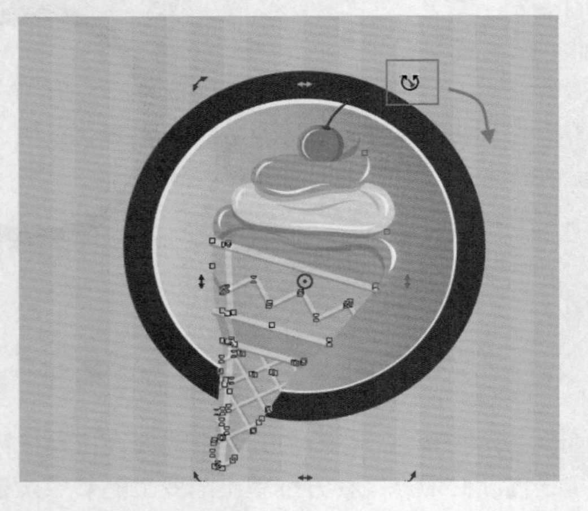

8 使用选择工具选中右侧的冰淇淋，在“调色板”中单击“深褐色”色块，填充冰淇淋为深褐色。在深褐色的冰淇淋上单击鼠标右键，执行“顺序>向后一层”命令。再次使用选择工具单击右侧冰淇淋，并把光标放到右上角，并按住鼠标左键，同时按住Shift键，将冰淇淋等比例扩大到合适的大小。选中右侧的冰淇淋移到左侧冰淇淋下方的合适位置，如下图所示。

9 在工具箱中单击文本工具按钮，在属性栏中设置合适的字体、字体大小，在画面中单击并输入文字。双击右下角的“轮廓笔”，在弹出的对话框中设置合适的宽度，然后在“颜色”的下拉面板中选择合适的颜色，单击“确定”按钮，如下图所示。

10 选中文字对象，执行“编辑>复制”、“编辑>粘贴”命令。选中顶层文字，执行“窗口>泊坞窗>文本>文本属性”命令，依次更改合适“文本颜色”和”轮廓颜色”，最终效果如下图所示。

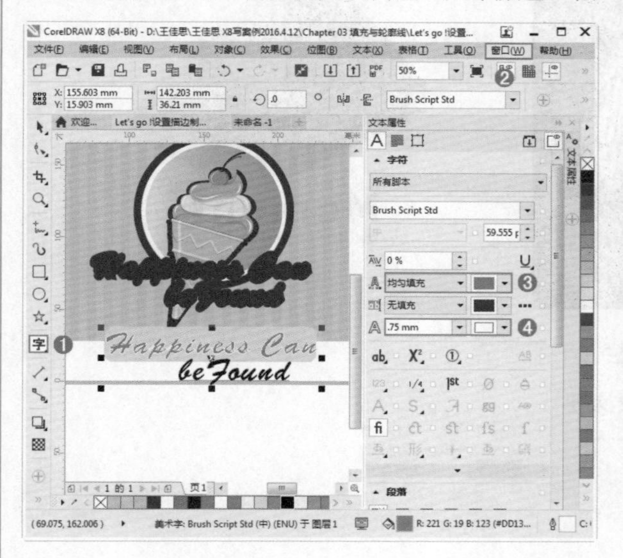

UNIT 14 对象填充的其他方式

在CorelDRAW中还有很多用于拾取颜色、填充颜色的方法，他们的使用原理都非常的人性化，可以帮助用户简单、高效地完成工作。本节主要学习颜色滴管、属性滴管、智能填充和网状填充工具的使用。

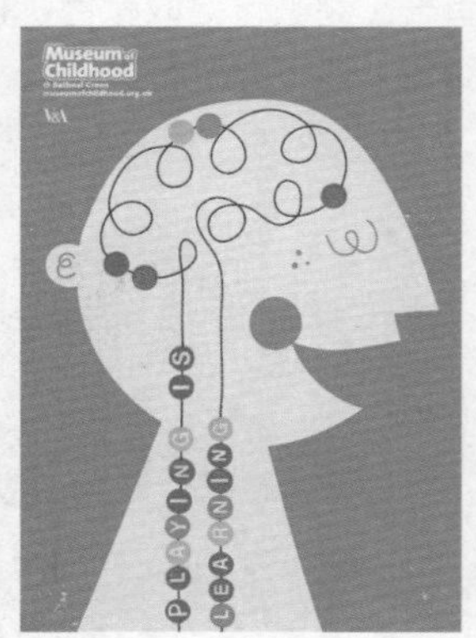

颜色滴管工具

颜色滴管是用于拾取画面中指定对象的颜色，并快速填充到另一个对象中的工具。使用该工具可以方便地为画面中的矢量图形赋予某种特定的颜色。下图为使用到颜色滴管工具的设计作品。

1 单击工具箱中的颜色滴管工具按钮，其属性栏如下图所示。

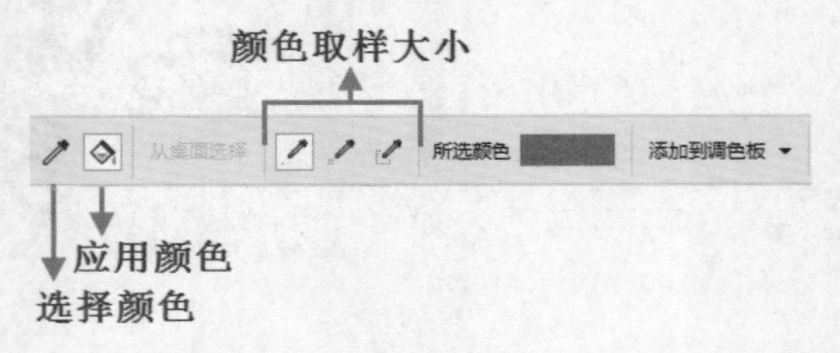

- 选择颜色：从文档窗口中进行颜色取样。
- 应用颜色：将所选颜色应用在对象中。
- 颜色取样大小：用来设置取样点的颜色。“1×1”为单像素颜色取样；“2×2”为对2×2像素区域中的平均颜色值进行取样；“5×5”对5×5像素区域中的平均颜色值进行取样。
- 所选颜色：用来显示所取样的颜色。
- 添加到调色板：将选定的颜色添加到调色板中。

2 此时光标变为滴管形状，在想要吸取的颜色上单击左键进行拾取颜色。接着将光标移动至需要填充的图形上方，单击鼠标左键即可为对象填充拾取的颜色，如下图所示。

3 若将光标移至图形对象边缘，光标变为形状后单击即可将轮廓色设置为该颜色，如下图所示。

属性滴管工具

属性滴管工具可以吸取对象的属性（包括填充、轮廓、渐变、效果、封套、混合等属性），然后赋予到其他对象上。常用于快速为具有相同属性的对象赋予效果时使用，以及制作包含大量相同效果对象的画面的制作。下图为使用到属性滴管工具制作的设计作品。

1 在工具箱中按住颜色滴管工具按钮1-2秒，在弹出的工具组列表中选择属性滴管工具工具。其属性栏如下图所示。

- 选择对象属性：从文档窗口中取样选中对象的属性，如轮廓、填充和效果等属性。
- 应用颜色：将所选的对象属性应用到另一个对象上。
- 属性：在下拉列表中勾选要取样的对象属性，有轮廓、填充和文本三个属性进行选择，如下左图所示。
- 变换：在下拉列表中勾选要取样的对象变换，有大小、选择和位置三个选项，如下中图所示。
- 效果：在下拉列表中勾选要取样的对象效果，如下右图所示。

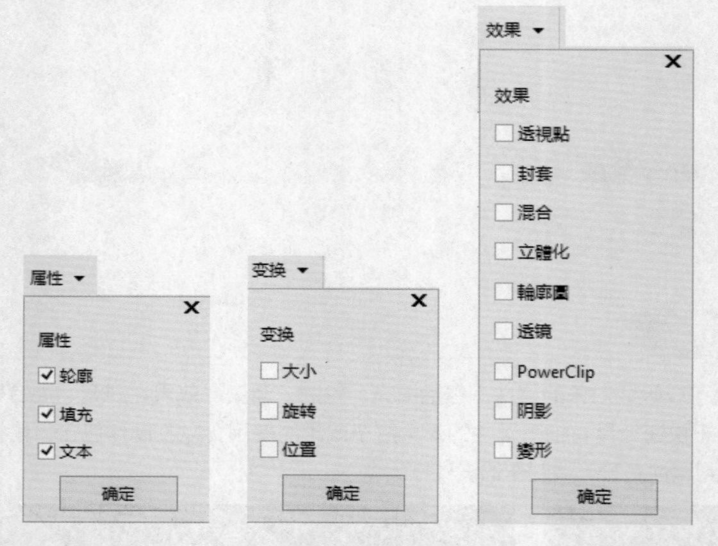

2 将光标移动至需要拾取属性的图形上方单击鼠标左键进行属性取样，然后将光标移动至其他图形上方单击鼠标左键即可为该图形赋予相应的属性，如下图所示。

智能填充工具

智能填充工具不仅可以为独立对象进行填充，还可以为对象与对象交叉的区域进行填充。并且填充的部分会成为独立的新对象。下图为使用到智能填充工具进行制作的设计作品。

1 单击工具箱中的智能填充工具按钮，在属性栏中可以对填充与轮廓线进行设置，如下图所示。

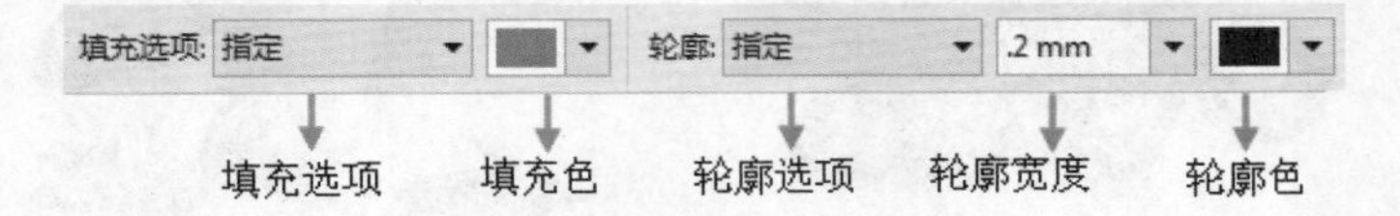

- 填充选项：选择将默认或自定义填充属性应用到新对象，如下1图所示。
- 填充色：用来设置填充的颜色，如下2图所示。
- 轮廓选项：选择将默认或自定义轮廓设置应用到新对象，如下3图所示。
- 轮廓宽度：输入数值以设置轮廓线的粗细。
- 轮廓色：单击下拉按钮，在弹出面板中设置轮廓的颜色，如下4图所示。

填充选项: 指定
使用默认值
指定
无填充

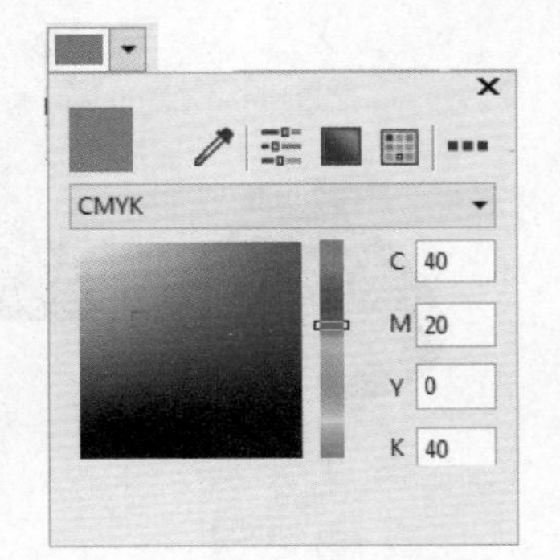

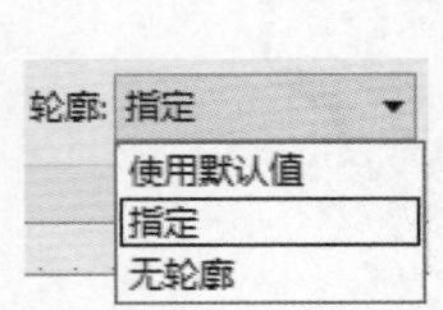

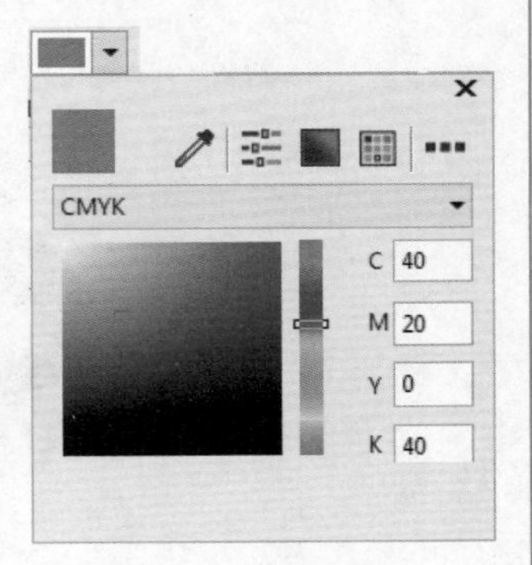

2 在属性栏中设置填充颜色为粉紫色，“轮廓”设置为无，然后将光标移动到要填充的区域，单击鼠标左键即可进行填充。选择被填充的图形将其进行移动，可以发现被填充的图形是作为独立的图形存在的，原图形也没有被破坏，如下图所示。

网状填充工具

网状填充工具⊞是一种多点填色工具，常用于渐变工具无法实现的复杂的网状填充的效果。网状填充工具的工作特点是通过对网点填充不同的颜色，并可以定义颜色的扭曲方向，而且这些色彩之间会产生晕染过渡效果。下图为使用到网状填充工具进行制作的作品。

1 选择矢量对象，单击工具箱中的网状填充按钮⊞，在属性栏中设置网格数量为2×2，图形上出现带有节点的2×2网状结构。然后将光标移动到节点上，单击鼠标左键即可选中该节点。接着单击属性栏中的网状填充颜色按钮■▾，在下拉面板中选择合适的颜色。此时该节点上出现了所选颜色，节点周围的颜色也呈现出逐渐过渡的效果，如下图所示。

2 若要添加网点，可以直接在相应位置双击，即可添加节点，如下左图所示。选中节点按住鼠标左键拖曳可以调整节点的位置，如下右图所示。

3 若要删除节点，先选中节点，然后按Delete键进行删除，如下图所示。

UNIT 15 对象样式

对象样式就是套用一套格式属性。使用该功能可以将所有属性一次性的应用到选定的对象上。如果几个对象必须使用相同格式，那么使用对象样式可以大大的节约工作时间。

1 执行“窗口>泊坞窗>对象样式”命令，打开“对象样式”泊坞窗。在这里可以看到三组样式，分别是：样式、样式集以及默认对象属性，如下左图所示。如果想要创建新的样式，可以单击“样式”右侧的⊞按钮，在菜单中选择一种方式创建样式，如下右图所示。

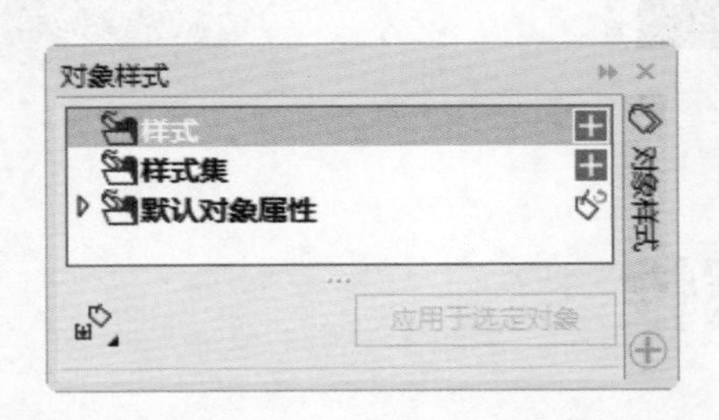

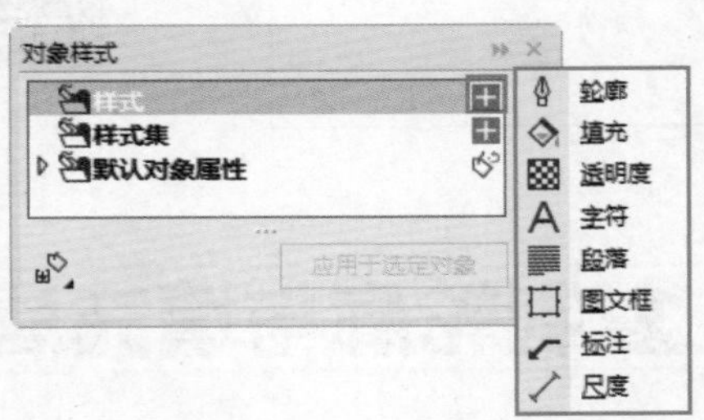

2 此处选择“填充”选项，在泊坞窗的下方会显示填充的相关选项，设置完成后选择一个图形，然后单击“应用于选定对象”按钮，随即选择的对象被填充了该样式，如下图所示。

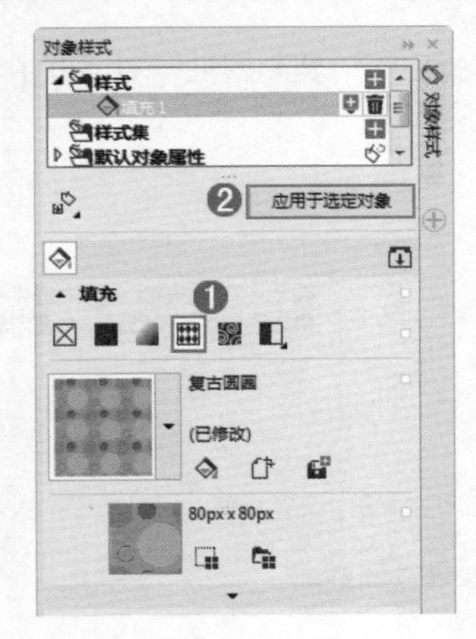

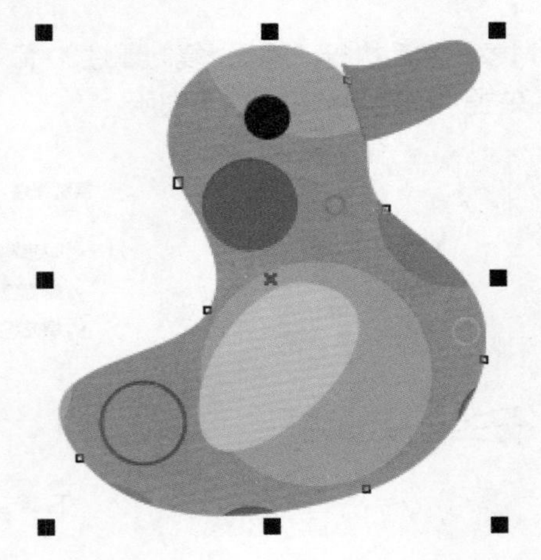

3 如果要删除样式，可到单击样式右侧的“删除样式”按钮，即可删除该样式。若要重命名该样式，可以在样式名称上方单击鼠标右键，执行“重命名”命令然后将其重命名，如下图所示。

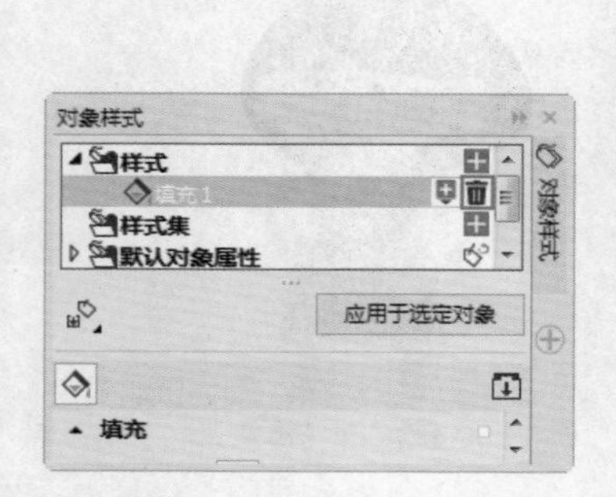

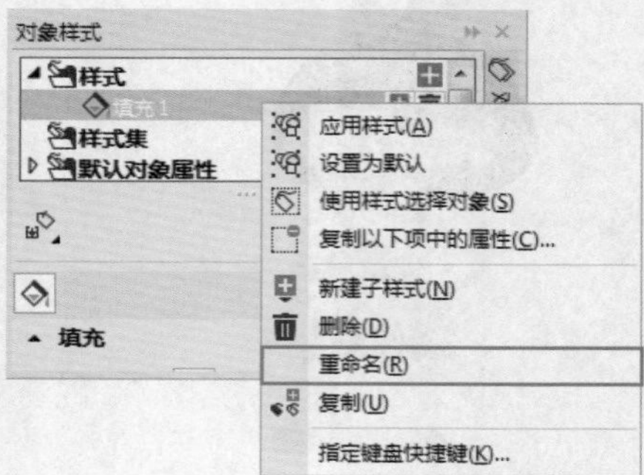

4 在“对象样式”泊坞窗中还可以对默认对象的属性进行设置，展开“默认对象属性”列表，在列表中选择要更改的项目。接着在下方参数列表进行修改，如下图所示。

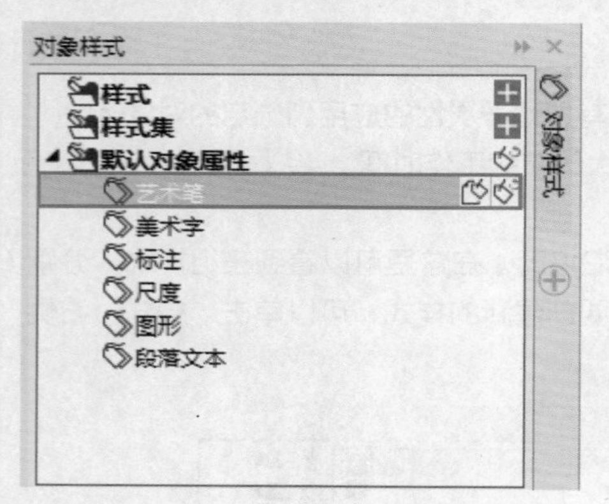

UNIT 16 复制轮廓与填充属性

“复制属性”命令可以复制对象的轮廓属性、填充属性，并将其赋予到其他对象上。对于文本对象还可以复制其文字特有的属性。

1 选择一个对象，然后执行“编辑>复制属性” 命令，在弹出的“复制属性”对话框中勾选需要复制的属性，然后单击“确定”按钮，如下图所示。

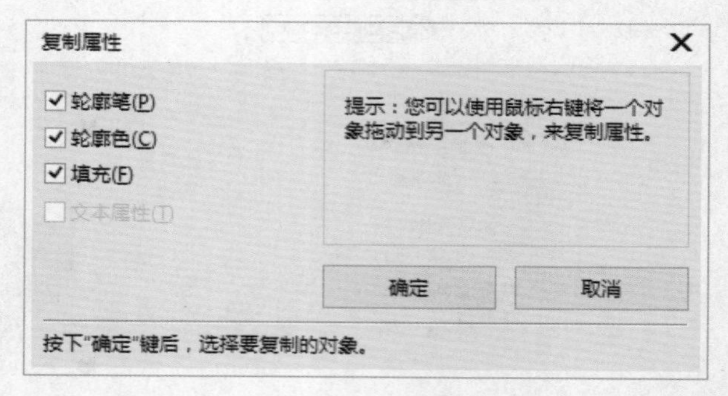

2 接着光标变为黑色箭头，然后将其移动到需要复制的对象上方，单击鼠标左键即可复制属性，如下图所示。

设计师实战 使用多种填充制作界面设计

实例描述

通过对本章相关知识的学习，综合使用多种填充方式，例如均匀填充、渐变填充等方式对画面中的内容进行颜色设置，从而制作出界面设计方案。

Chapter 3\使用多种填充制作界面设计.cdr

Chapter 3\使用多种填充制作界面设计.flv

1 执行“文件>新建”命令，新建一个空白文档。使用矩形工具在画布中绘制一个矩形。单击交互式填充工具按钮，在属性栏中单击“均匀填充”按钮，设置填充色为青色，如下图所示。

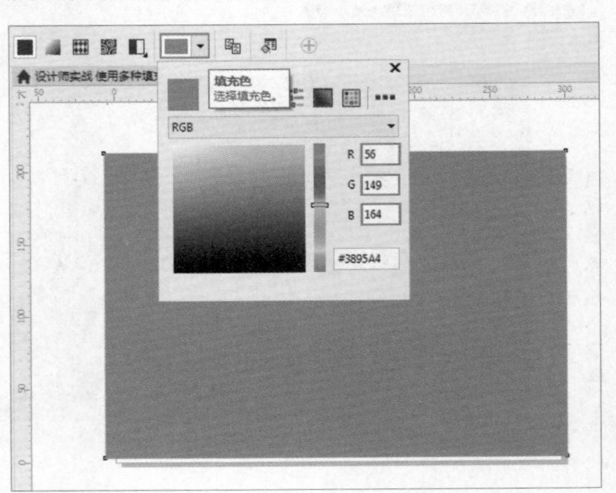

2 执行“文件>导入”命令，在弹出的“导入”对话框中找到素材位置，选择素材“1.png”，单击“导入”按钮。接着在画面中按住鼠标左键并拖动，松开鼠标后素材就导入进来了，如下图所示。

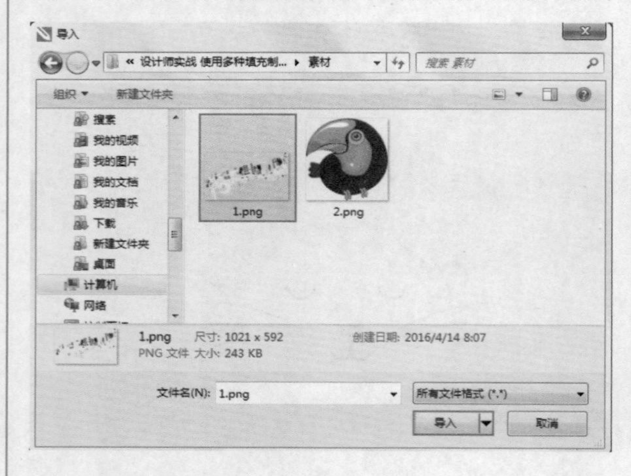

3 选中导入的素材，然后在工具箱中选择透明度工具，并在属性栏中单击“均匀透明度”按钮，设置“透明度”值设为80，如下图所示。

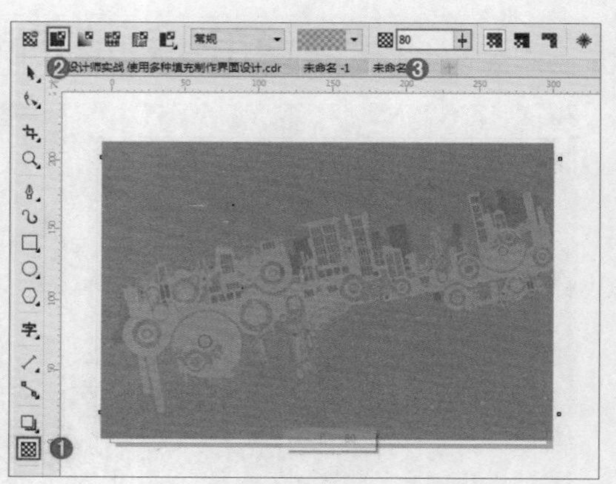

4 使用椭圆形工具在画布上绘制出多个正圆形，使用选择工具按住Shift键加选圆形，在“调色板”中单击“天蓝色”色块，填充颜色为天蓝色。接着右键单击“无”按钮☒去除轮廓线。接着在属性栏中单击“合并”按钮，把多个图形合并为一个图形，如下图所示。

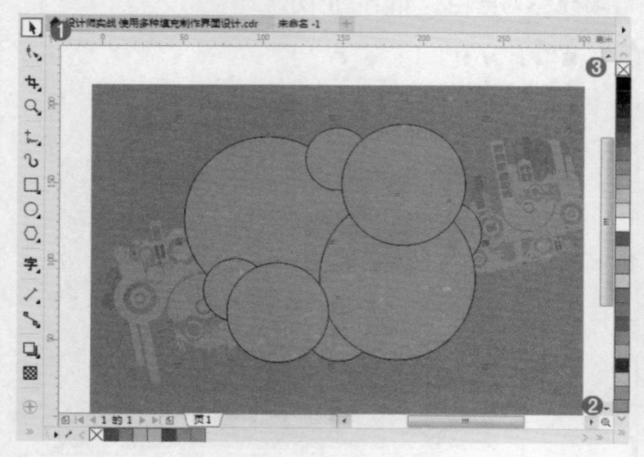

5 接下来制作该图形的立体效果，单击组合的图形，按住并向左拖曳，稍作移动后单击鼠标右键复制出另一个图形。接着在工具箱中选择交互式填充工具，在属性栏中单击“渐变填充”按钮，设置渐变类型为“线性渐变填充”，分别在节点上设置合适的颜色，如下图所示。

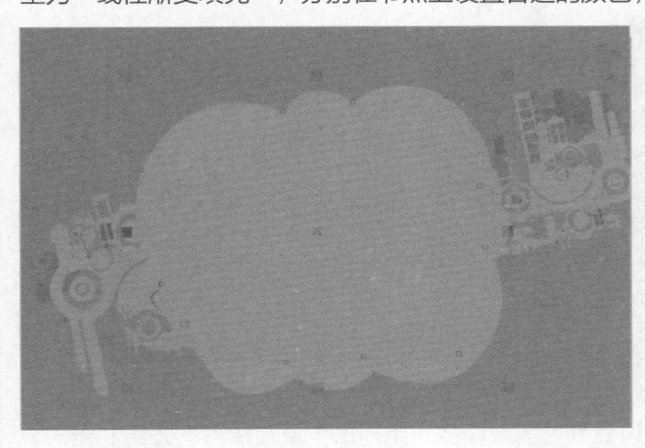

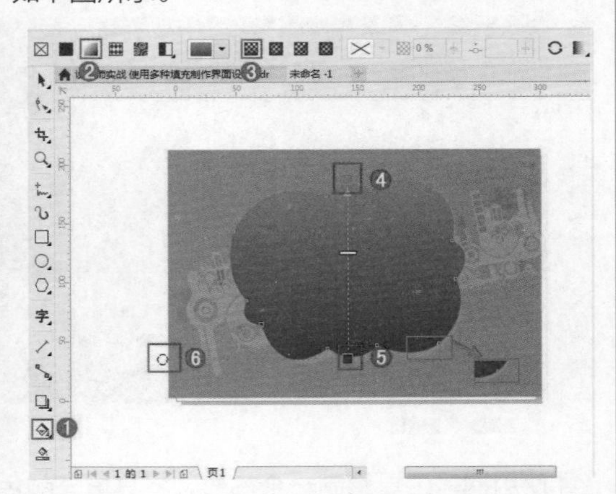

6 继续使用椭圆形工具，按住Ctrl键在之前的图形上方绘制一个正圆形，然后将其填充为蓝色，如下左图所示。将该圆形复制并向左轻移，然后将该正圆填充稍深一些的蓝色，效果如下右图所示。

7 使用同样的方式制作另一处正圆图形。去掉轮廓线并填充稍浅一些的蓝色系渐变，如下图所示。

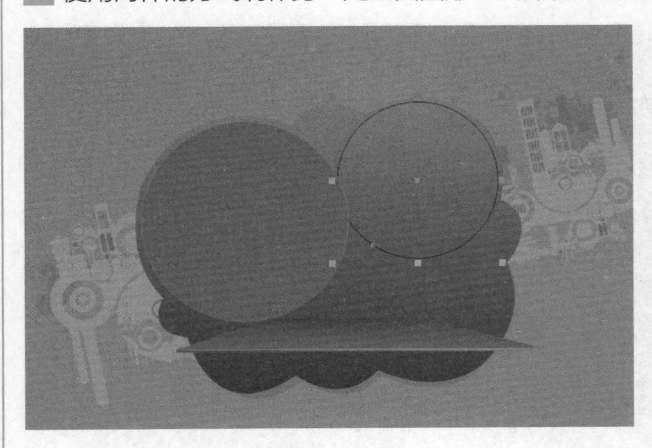

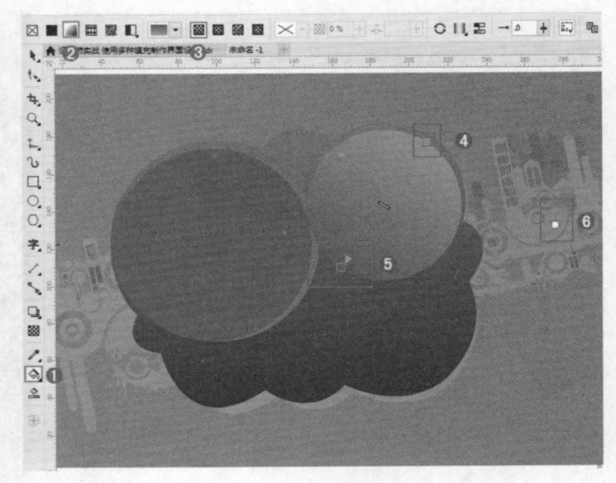

8 选择工具箱中的钢笔工具，在右上方的位置绘制图形，并将其填充为黄绿色。将该图形复制两份，移动到相应的位置，并适当进行缩放，如下图所示。

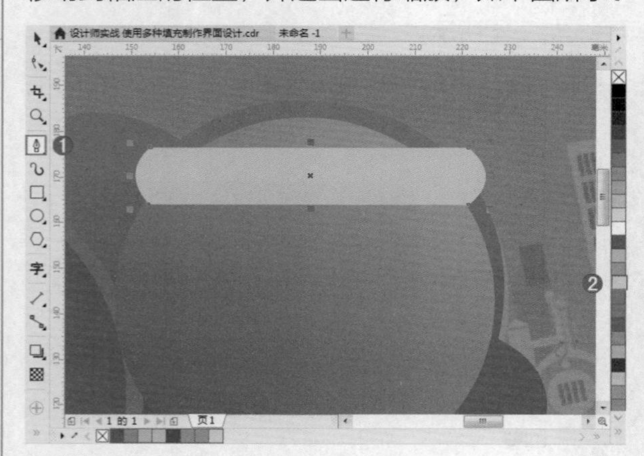

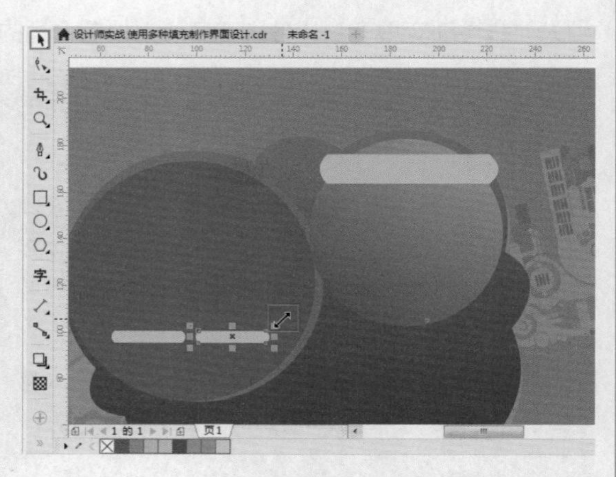

9 使用钢笔工具绘制一个梯形，将其填充颜色设置为蓝色系渐变。用矩形工具在梯形下方绘制出一个长矩形，并填充颜色，如下图所示。

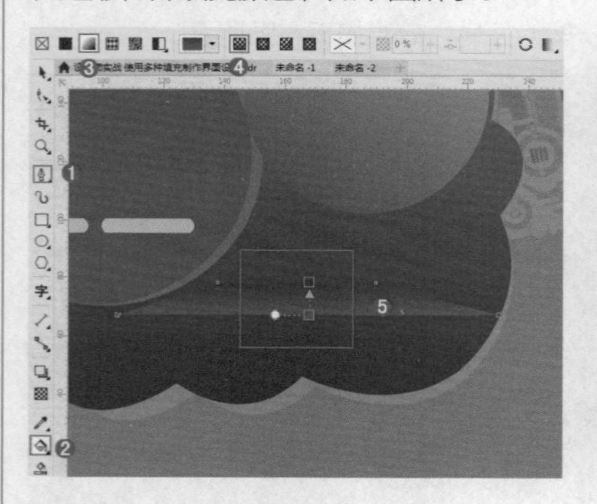

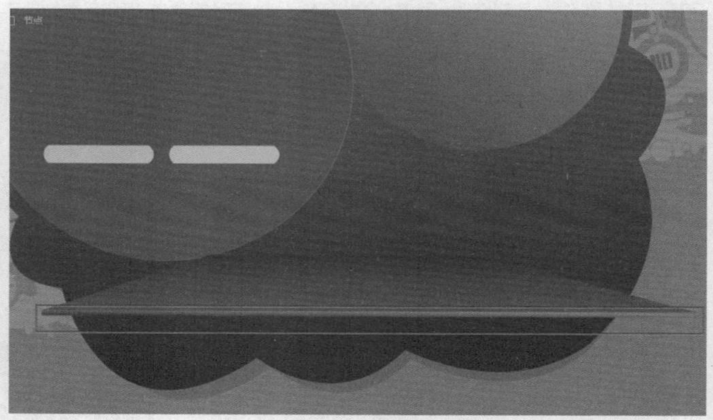

10 执行“文件>导入”命令，导入素材“2.png”。使用选择工具，在素材上按住鼠标左键，向上进行拖动，移动到合适位置后单击鼠标右键，复制出另一个相同的对象。按住Shift键等比例缩小该卡通元素，并移动到合适的位置，如下图所示。

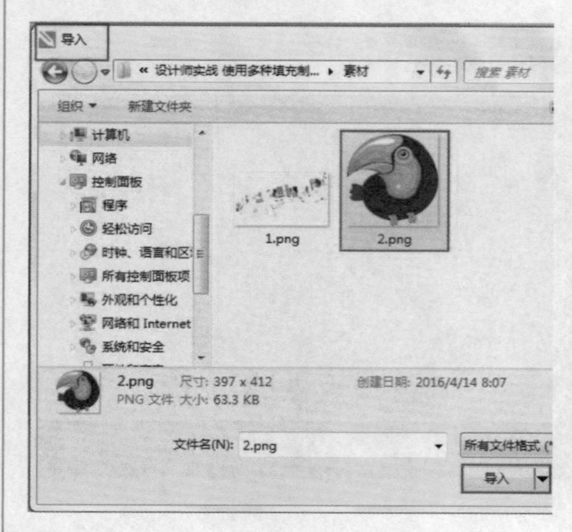

11 使用钢笔工具绘制一个云形，将其颜色改为蓝色。将云多次复制并移动到合适位置，适当调整填充颜色，效果如下图所示。

12 在工具箱中单击文本工具按钮，在属性栏中设置合适的字体、字体大小，在左侧的圆形上单击并输入稍大一些的文字。如下左图所示。同样的方法输入其他文字，最终如下右图所示。

行业解密 版式设计中的图片

图片在版式设计中占有重要的地位，它对版式设计有着很直观的表现。通过对图片的处理，可以展现出不同类型和风格。

DO IT Yourself 设计师作业

1. 设计师作业

限定时间：30分钟

Step By Step（步骤提示）

1. 绘制背景图形填充橘色系渐变。
2. 使用文本工具添加文字并制作立体效果。
3. 使用椭圆形工具和矩形工具绘制图形并填充合适的渐变颜色。
4. 输入文字，导入商品素材。

光盘路径

Chapter 3\使用渐变填充自主果汁饮料创意海报.cdr

2. 设计师作业

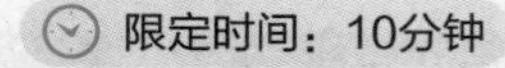

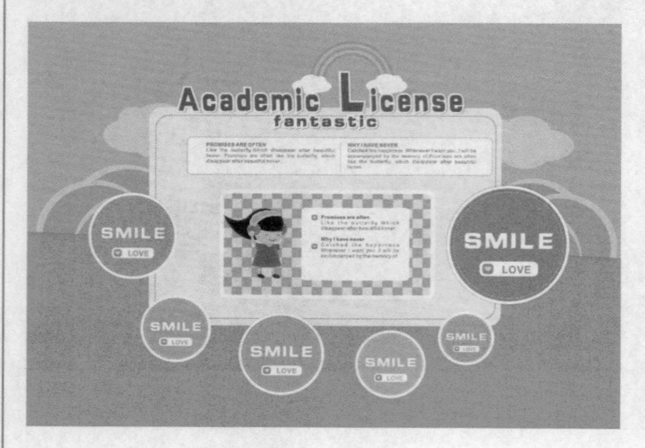

Step By Step（步骤提示）

1. 使用矩形工具和椭圆形工具绘制背景中的图形，并填充合适的颜色。
2. 使用矩形工具在属性栏中设置合适的圆角半径绘制圆角矩形，作为主体图形。然后添加文字和图案。
3. 使用椭圆形工具绘制正圆并设置合适的填充颜色和轮廓色，然后添加文字及按钮。

光盘路径

Chapter 3\游乐场创意户外广告.cdr

在作品的制作过程中，难免会使用到大量的文字和图形对象，所以合理的对象管理就显得十分重要了。本章主要讲解了矢量图形的形态变化、矢量图形之间的运算、群组、解锁、多个对象的对齐分布、调整顺序等功能，通过这些功能的学习能够帮助我们更好地对矢量图形进行管理和操作。

4 chapter 对象的编辑管理

本章技术要点

Q 在 CorelDRAW 中可以进行哪些对象的基本变换?

A 选择一个对象后可以对其进行移动、缩放、旋转、倾斜和镜像的操作。这些操作可以使用移动工具进行操作，还可以执行“对象>变换”命令进行变换操作，其中一些操作还可在属性栏中完成。在使用时可以根据自己的习惯选择不同的变换方式。

Q 如何将图形或图像只在一定的范围显示?

A 使用“图框精确剪裁”功能可以实现这一操作。首先绘制好作为显示范围的路径图文框，然后选中内容对象，执行“对象>PowerClip>图框精确剪裁”命令，然后在图文框中单击，即可将其置于图文框内部。

对象的基本变换

在对图形进行变换之前先要选中该对象，然后才能进行移动、旋转等操作。而且在使用选择工具的状态下就能够完成大部分的变换操作，非常的简单。下图为佳作欣赏。

移动对象

使用选择工具将对象选中之后，将光标移动到对象中心点×上。按住鼠标左键并拖动，松开鼠标后即可移动对象，如下图所示。

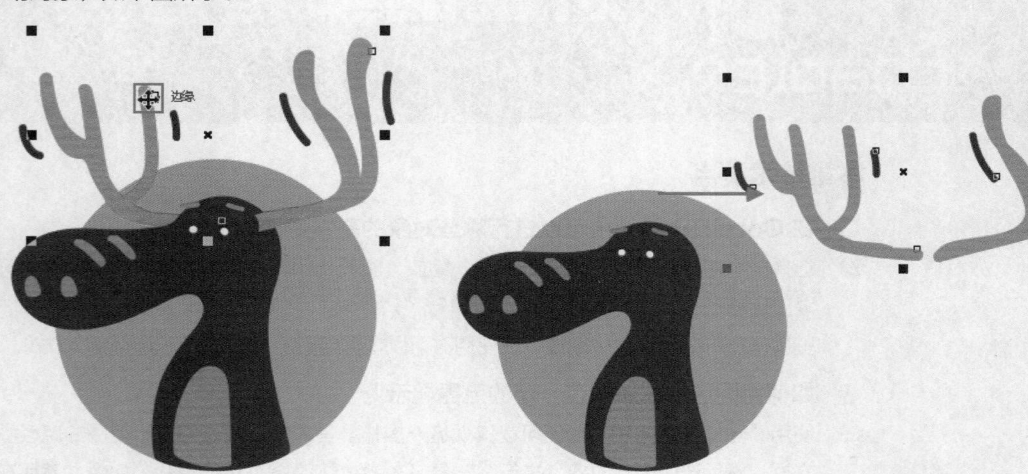

TIP 选中对象，按下键盘上的上下左右方向键，可以使对象按预设的微调距离移动。

缩放对象

将光标定位到四角控制点处按住鼠标左键并进行拖动，可以进行等比例缩放。如果按住四边中间位置的控制点并进行拖动，可以单独调整宽度及长度，此时对象的缩放将无法保持等比例，如下图所示。

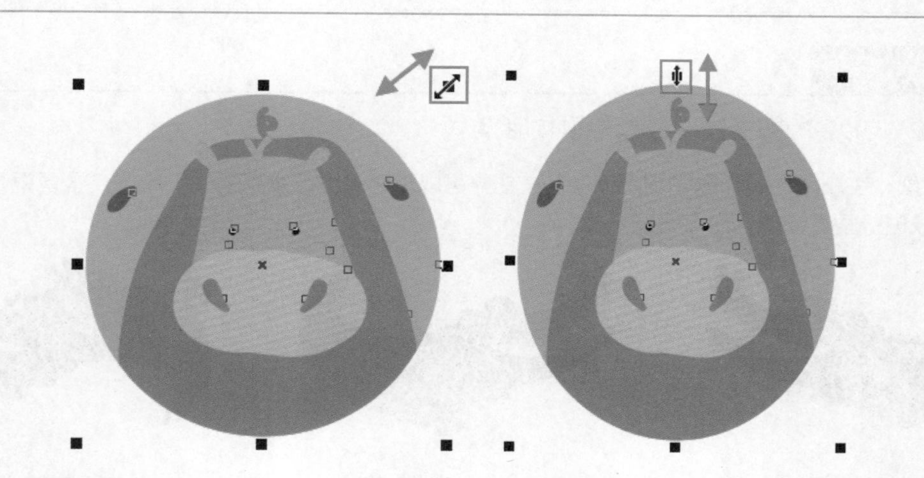

旋转对象

如果要旋转图形，可以双击该对象，控制点变为弧形双箭头形状，按住某一弧形双箭头并进行移动即可旋转对象，如下图所示。

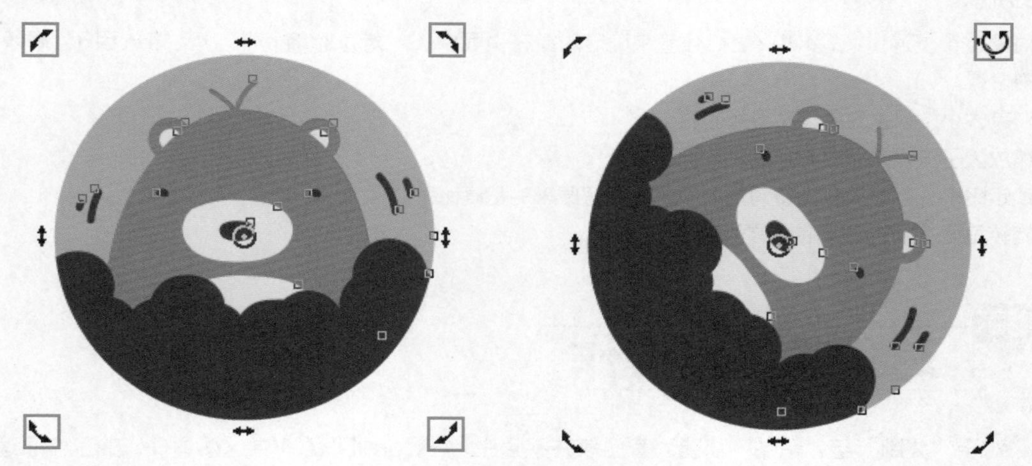

倾斜对象

当对象处于旋转状态下，对象四边处的控制点变为倾斜控制点时，按住鼠标左键并进行拖动，对象将产生一定的倾斜效果，如下图所示。

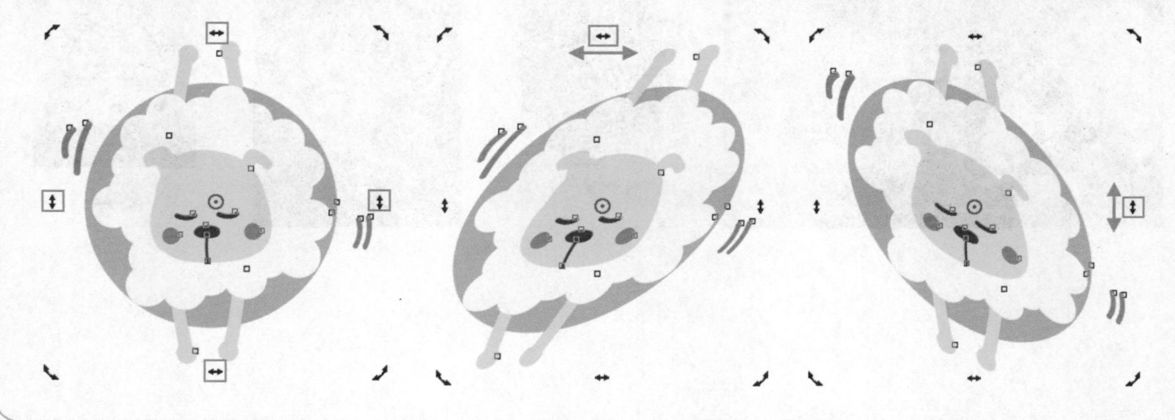

镜像对象

“镜像”可以将对象进行水平或垂直的对称性操作。

1 选定对象，在属性栏中单击“水平镜像”按钮可以将对象进行水平镜像，单击“垂直镜像”按钮可以将对象进行垂直镜像，如下图所示。

原始对象　　水平镜像　　垂直镜像

2 如果想要设置对象的位置、大小、缩放比例、旋转的精确参数，可以选中对象，然后在属性栏中进行调整即可，如右图所示。

对象大小　锁定比率

X: -40.429 mm　Y: 487.027 mm　88.269 mm　51.407 mm　86.6 %　86.6 %　.0

对象位置　缩放因子　旋转角度

- 对象位置：通过设置X和Y坐标数值来确定对象在页面中的位置。
- 对象大小：设置对象的宽度和高度。
- 缩放因子：设置缩放对象的百分比。
- 锁定比率：当缩放和调整对象大小时，保留原来的宽高比率。
- 旋转角度：制定对象的旋转角度。

UNIT 18 对象的基本操作

对于“复制”与“粘贴”功能大家应该并不陌生，在CorelDRAW中这两项操作的工作原理与Windowe系统是一样的，甚至连快捷键都是一样的。不仅如此，在CorelDRAW中还有一些例如移动复制、克隆对象等非常灵活的复制方法。下图为佳作欣赏。

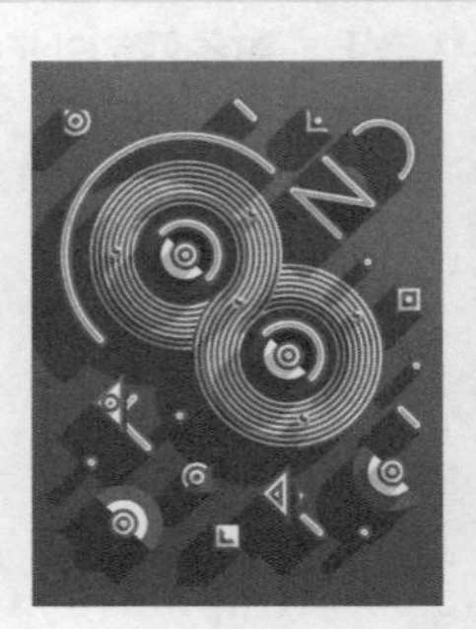

对象的复制

“复制”也称拷贝，常与“粘贴”操作一同使用，是指将文件从一处拷贝一份完全一样的到另一处，而原来的一份依然保留。

选中对象，执行“编辑>复制”命令（快捷键Ctrl+C），虽然画面没有产生任何变化，但是所选对象已经被复制到剪贴板中以备调用。复制完成后执行“编辑>粘贴”命令（快捷键Ctrl+V），即可在原位置粘贴出一个相同的对象，将复制的对象移动到其他位置，效果如下图所示。

剪切与粘贴对象

剪切命令的使用方法也很简单，选择一个对象，如下左图所示。执行“编辑>剪切”命令（快捷键Ctrl+X），将所选对象剪切到剪切板中，被剪切的对象从画面中消失，如下中图所示。接着执行“编辑>粘贴”命令，刚刚“剪切”的对象将粘贴到原来的位置，但是排列顺序会发生变化，粘贴出的对象位于画面的最顶端，如下右图所示。

TIP 复制与剪切命令不同，经过复制后的对象虽然也被保存到剪切板中，但是原物体不会被删除。

移动复制对象

移动复制对象是一种非常方便的复制操作，我们只需选中对象，然后按住鼠标左键将其移动，如下左图所示。移动到相应位置后单击鼠标左键，即可在当前位置复制出一个对象，如下右图所示。

再制对象

“再制”命令可以在工作区中直接复制一个副本，而不使用剪切板。

选择一个对象，执行“编辑>再制”命令，打开“再制偏移”对话框，“水平偏移”与“垂直偏移”是指复制出的对象与原始对象之间的X/Y两个轴向的距离，单击“确定”按钮后可以看到再制出的对象，如下图所示。

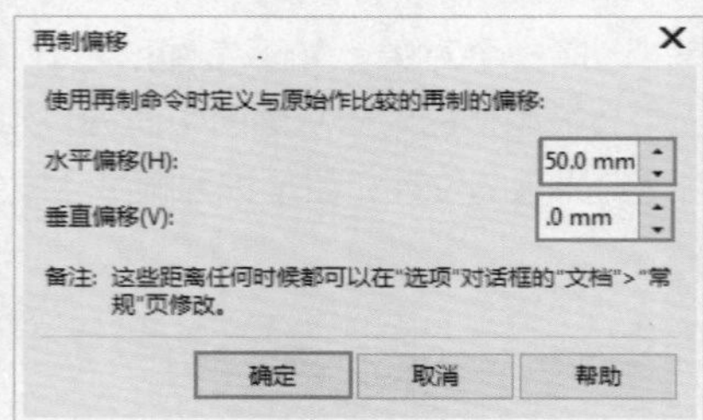

克隆对象

“克隆”是创建“连接”到原始对象的副本对象，若对原始对象做出更改，那么克隆对象也会发生变化。而对克隆对象做出更改，原始对象不会发生变化。

选择一个对象，执行“编辑>克隆”命令，将克隆出的对象移动到附近。对原始对象进行更改时，所做的任何更改都会自动反映在克隆对象中。对克隆对象进行更改时，并不会影响到原始对象，如下图所示。

原始对象

克隆对象

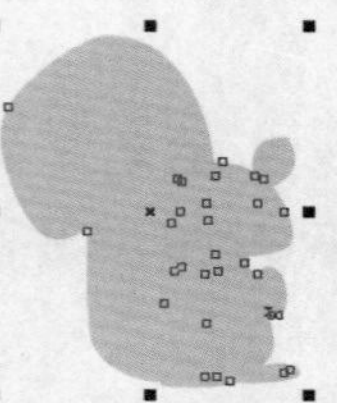
原始对象

克隆对象

原始对象

克隆对象

TIP 通过还原原始对象，可以移除对克隆对象所做的更改。如果想要还原到克隆的主对象，可以在克隆对象上单击鼠标右键执行“还原为主对象”命令，在弹出的对话框中可以进行相应的设置。

步长和重复

使用“步长和重复”命令可以通过设置副本偏移的位置和数量，快速、精确地复制出多个相同并且排列规则的对象。

选择需要复制的对象，如下左图所示。执行“编辑>步长和重复”命令，打开“步长和重复”对话框。在该对话框中分别对“偏移”、“距离”、“方向”和“份数”进行设置，单击“应用”按钮结束操作，如下中图所示。即可按设置的参数复制出相应数目的对象，如下右图所示。

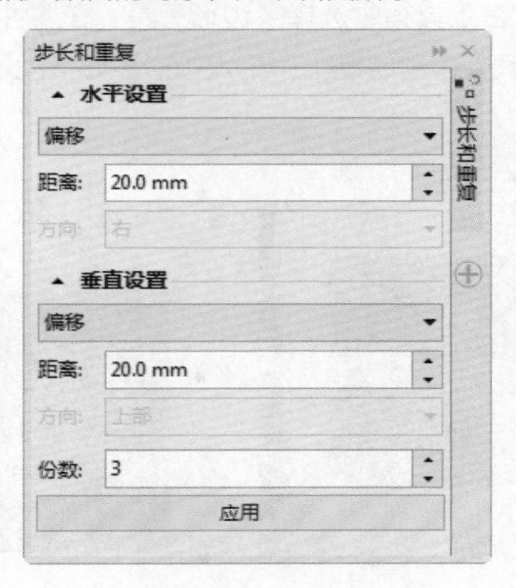

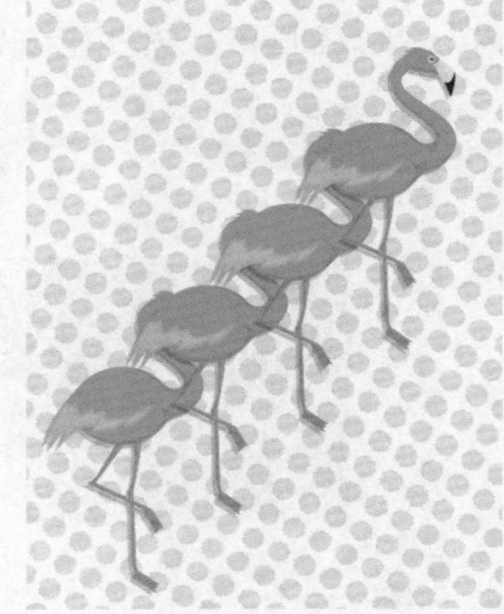

删除对象

选中要删除的对象，执行“编辑>删除”命令，或按Delete键，即可将所选对象删除，如下图所示。

Let's go! 使用复制、粘贴命令制作网页广告

原始文件 Chapter 04\使用复制、粘贴命令制作网页广告.cdr
视频文件 Chapter 04\使用复制、粘贴命令制作网页广告.flv

1 执行“文件>新建”命令，新建一个空白文档。使用矩形工具绘制一个合适大小的矩形，并使用交互式填充工具在属性栏上选择“均匀填充”，在“填充色”上选择合适的颜色。在“调色板”中右键单击“无”按钮☒，去除轮廓线。在工具箱中选择多边形工具，在属性栏中的“点数或边数”数值框中输入6。接着在画布上按住鼠标左键并拖动绘制出一个六边形，如下图所示。

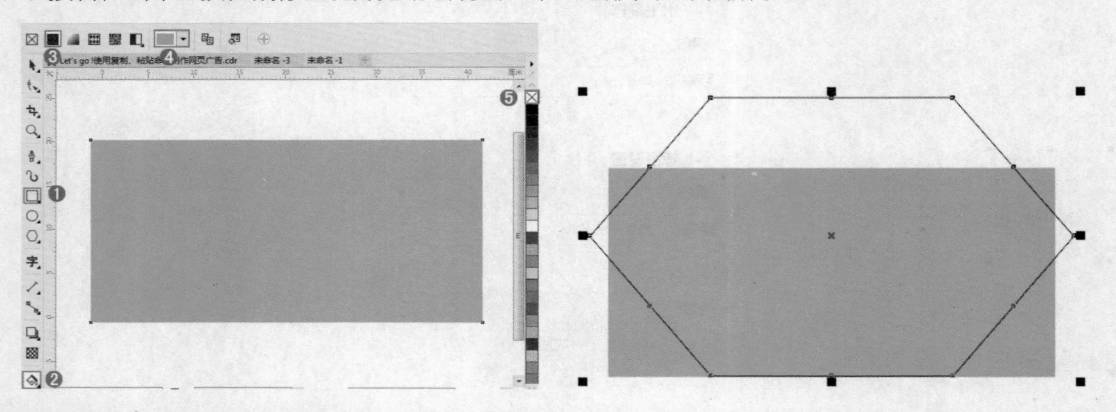

2 选择该六边形，使用交互式填充工具，在属性栏上选择“均匀填充”，在“填充色”上选择合适的颜色，并在“调色板”中右键单击“无”按钮☒，去除轮廓线。选中六边形执行“编辑>复制”、“编辑>粘贴”命令，即可在原位上复制出一个相同的图形。选中复制出的六边形，按住Shift键的同时进行等比例缩小。并更改复制出的六边形的填充颜色为橘红色，如下图所示。

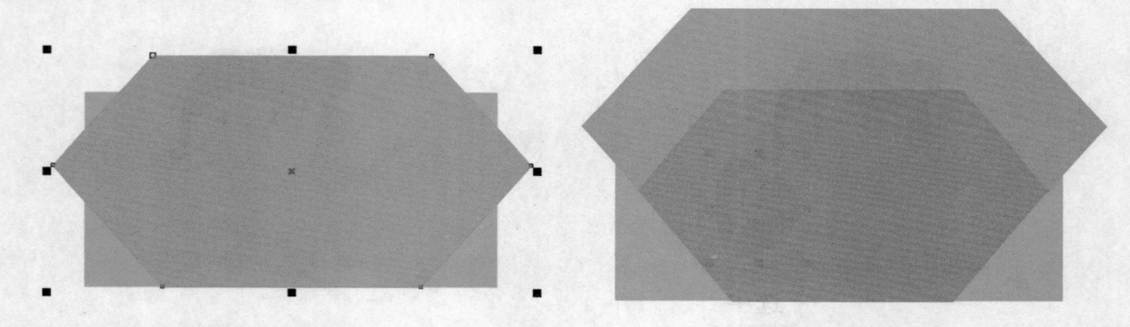

3 使用钢笔工具，在上半部分绘制一个四边形，在调色板的上填充颜色为白色，鼠标右键单击“无”按钮☒。使用交互式透明度工具，在透明度控制器上设置透明度为87，如下图所示。

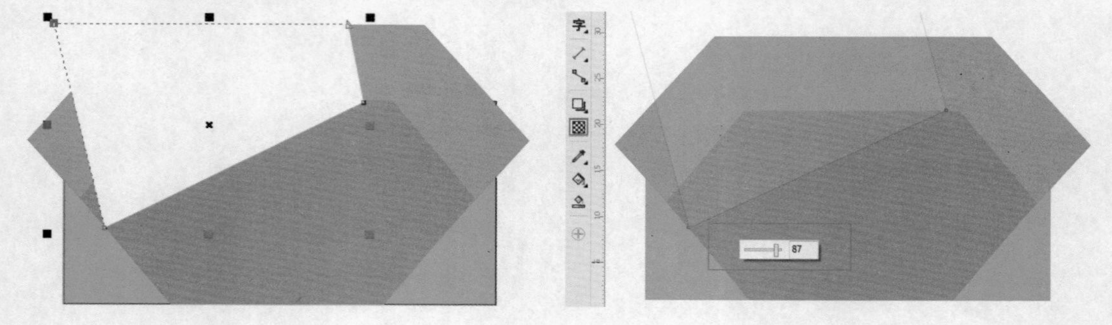

4 然后执行“编辑>复制”、“编辑>粘贴”命令，复制出另一个，单击鼠标左键选择复制的菱形，在属性栏中单击“水平镜像”按钮。并将复制出的图形向右移动，如下图所示。

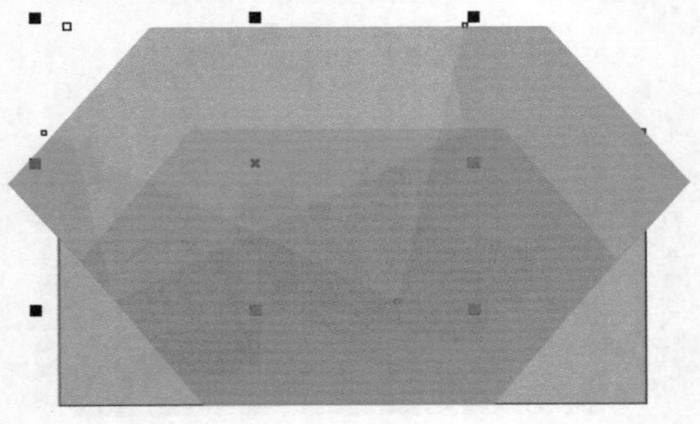

5 继续使用矩形工具在画布上合适的位置绘制一个与画布等大的矩形。选中之前绘制的背景部分图形，执行“对象>PowerClip>置于图文框内部”命令，当光标变为黑箭头时，单击新绘制的矩形，将背景中多余的部分隐藏，效果如下图所示。

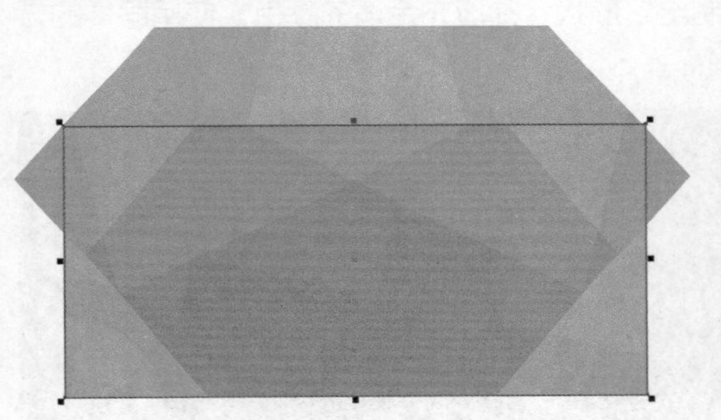

6 执行“文件>导入”命令，在弹出的“导入”对话框中找到素材位置，选择素材“2.png”，单击“导入”按钮。接着在画面中按住鼠标左键并拖动，松开鼠标后素材就导入进来了。使用同样的方法导入所有图片，如下图所示。

7 使用钢笔工具在左侧绘制出不规则的形状。单击交互式填充工具按钮，在属性栏上单击“渐变填充”按钮，分别在节点上选择合适的颜色，使该图形呈现出暗红色系的渐变效果，如下图所示。

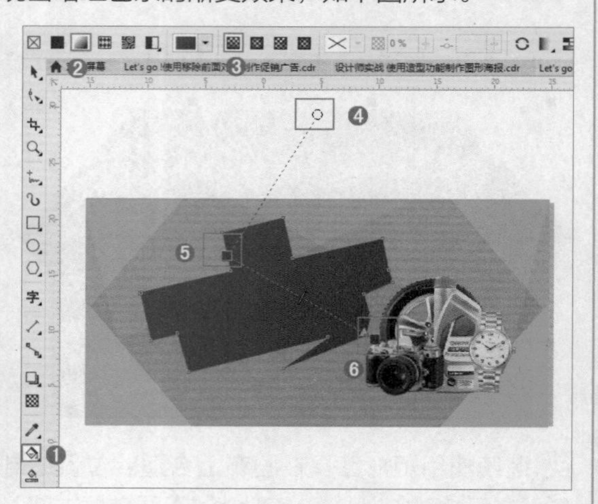

8 在工具箱中长按多边形工具按钮，在工具组中选择标题形状工具，并在属性栏“完美形状”列表中选择合适的形状，在画面上方按住鼠标左键并拖动，绘制出该形状，并填充合适的颜色。使用同样的方法在画面中绘制多个不同颜色的该图形，如下图所示。

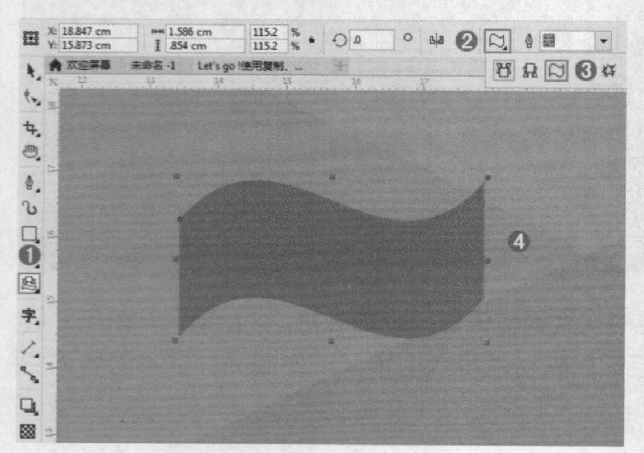

9 在工具箱中选择文本工具字，在属性栏中设置合适的字体、字体大小，在画面中输入文字。然后将文字适当旋转，使之符合之前绘制的文字底色的角度，如下图所示。

10 选中文字对象，执行“编辑>复制”命令，接下来执行“编辑>粘贴”命令，即可在原始位置粘贴出一个相同的文字对象。接着选中顶部的文字对象，设置填充为黄色系的渐变填充。然后按住鼠标左键适当向左上方进行移动，如下图所示。

11 按照同样的方法在下方制作另外一行文字，并利用复制和粘贴的方法制作出文字的立体效果，如下图所示。

12 选择工具箱中的椭圆形工具，在图形的下方绘制一个椭圆形，并填充为暗红色。执行“位图>转换为位图”命令，在弹出的对话框中单击“确定”，如下图所示。

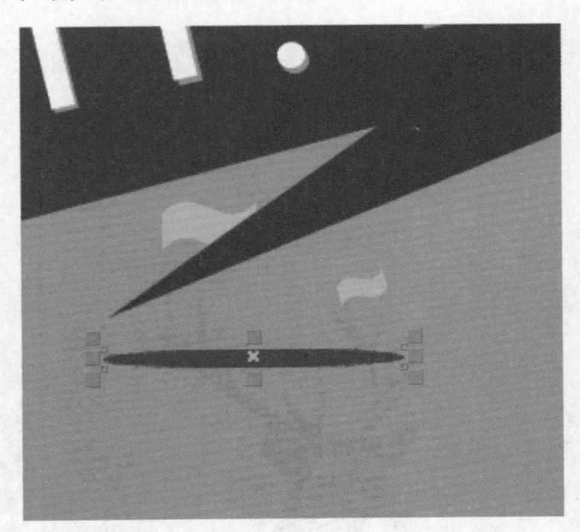

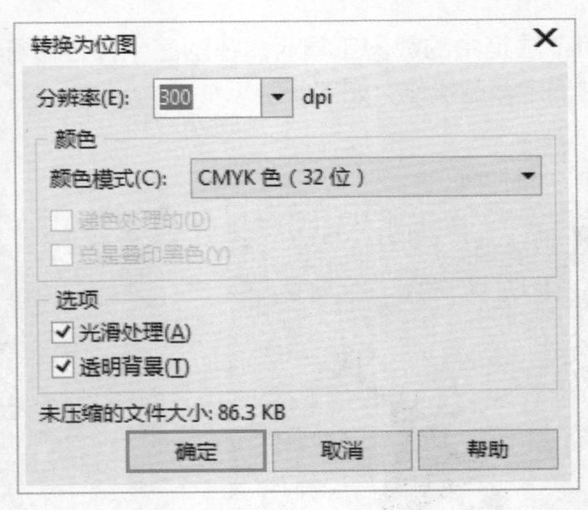

13 执行“位图>模糊>高斯模糊”命令，在弹出的对话框中设置半径为13像素，单击“确定”按钮，最终效果如下图所示。

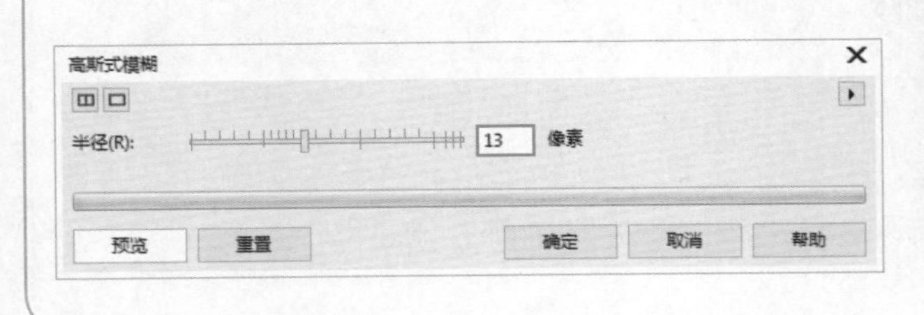

UNIT 19 切分与擦除工具

工具箱第三个工具组中包括“裁剪工具”、“刻刀工具”、“虚拟段删除工具”以及“橡皮擦工具”这几种工具，从名称上就能够看出这些工具主要用于对象的切分、擦除、裁剪操作。下图为使用到该工具组中的工具制作的作品。

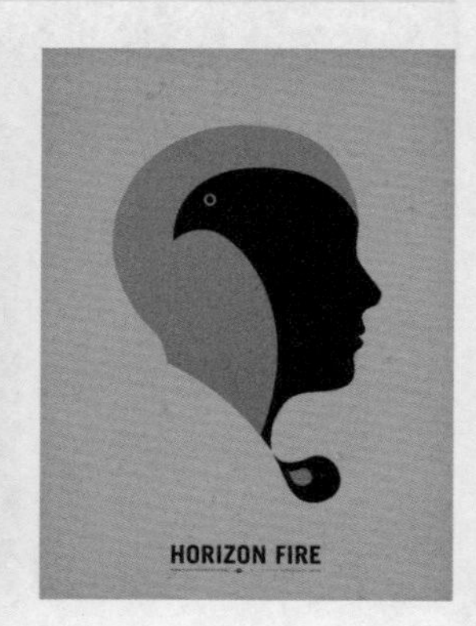

裁剪工具

裁剪工具可以通过绘制一个裁剪范围，将范围以外的内容清除。该工具既可裁切位图也可以裁切矢量图。

1 使用工具箱中的裁剪工具，在画面中按住鼠标左键并拖动，绘制出一个裁剪框。绘制完成后按Enter键确定裁剪操作，如下图所示。

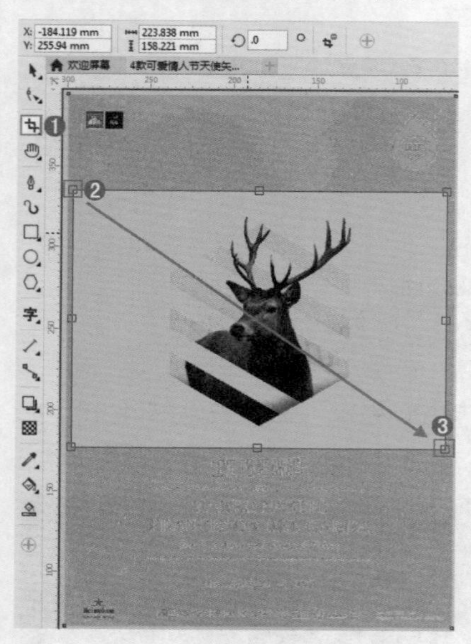

2 裁剪框还可以进行旋转。在属性栏中“旋转角度”选项中设置合适的旋转角度，或者再次单击裁剪框，然后进入旋转状态进行旋转。旋转完成后按Enter键完成裁剪，裁剪框以外的区域被去除，如下图所示。

刻刀工具

刻刀工具用于将矢量对象拆分为多个独立对象。

1 在裁剪工具组中选择刻刀工具，其属性栏如下图所示。

- 2点线模式：沿直线切割对象。
- 手绘模式：沿手绘曲线切割对象。
- 贝塞尔模式：沿贝塞尔曲线切割对象。
- 剪切时自动闭合：闭合分割对象形成的路径。
- 50 手绘模式：在创建手绘曲线时调整其平滑度。
- 剪切跨度：选择是沿着宽度为0的线拆分对象，在新对象之间创建间隙还是使用新对象重叠。
- .0 mm 宽度：设置新对象之间的间隙或重叠。
- 轮廓宽度：选择在拆分对象时要将轮廓转换为曲线还是保留轮廓，或是让应用程序选择最好地保留轮廓外观的选项。

2 接着在属性栏中选择一种切割模式，然后将光标移动至路径上按住鼠标左键拖曳到另一处路径上，松开鼠标即可将该图形分为了两个部分，将其中一个部分选中后即可移动，如下图所示。

虚拟段删除工具

虚拟段删除工具用于删除对象中重叠的线段。

1 在裁剪工具组中选择虚拟段删除工具，将光标移动至图形上方，光标变为形状后单击鼠标左键即可删除该图形，如下图所示。

2 可以按住左键并拖动绘制一个矩形范围，释放鼠标后矩形选框以内的部分将被删除，如下图所示。

橡皮擦工具

橡皮擦工具可对矢量对象或位图对象上的局部进行擦除。橡皮擦工具在擦除部分对象后可自动闭合所受到影响的路径，并使该对象自动转换为曲线对象。

使用选择工具选择一个图形，在裁剪工具组中选择橡皮擦工具，然后在选中图形上方拖动，松开鼠标后光标经过的位置就被擦除了，如下图所示。

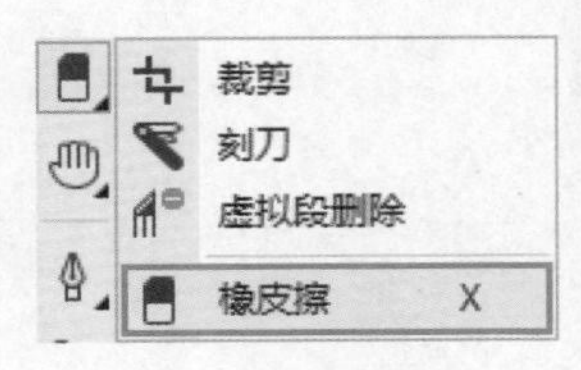

- 1.0 mm 橡皮擦厚度：用于设置橡皮擦工具的笔尖大小。
- 形状: 橡皮擦形状：切换橡皮擦的形状为圆形或方形。
- 笔亚：运用数字笔或笔触的压力控制效果，在擦除图形区域时改变笔尖的大小。
- 减少节点：减少擦除区域的节点数。

UNIT 20 形状编辑工具

形状工具组中包括多种可用于矢量对象形态编辑的工具，形状工具在上一个章节中进行过讲解，本节主要讲解另外几种形状编辑工具：平滑工具、涂抹工具、转动工具、吸引工具、排斥工具、沾染工具、粗糙工具，这几个工具都可以通过简单的操作对矢量图形进行形态的编辑。下图为佳作欣赏。

平滑工具

平滑工具就是用于将边缘粗糙的矢量对象边缘变得更加平滑。

1 选择形状工具组中的平滑工具，接着会显示平滑工具属性栏，如下图所示。

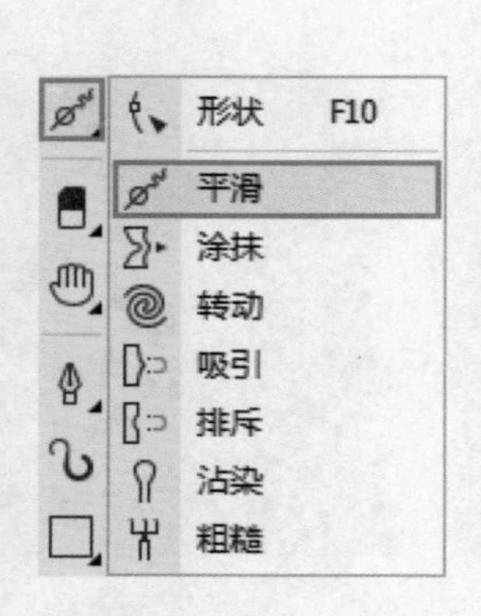

- 40.0 mm 笔尖半径：设置笔尖的大小。
- 100 速度：设置用于应用效果的速度。
- 笔压：绘图时，运用数字笔或写字板的压力控制效果。

2 选择一个矢量图形，选择工具箱中的平滑工具，在属性栏中设置合适的参数，然后在图形边缘处涂抹，随着涂抹粗糙的轮廓变得平滑，如下图所示。

涂抹工具

涂抹工具可以沿对象轮廓拖动工具来更改其边缘。

1 选择形状工具组中的涂抹工具，接着会显示涂抹工具属性栏，如下图所示。

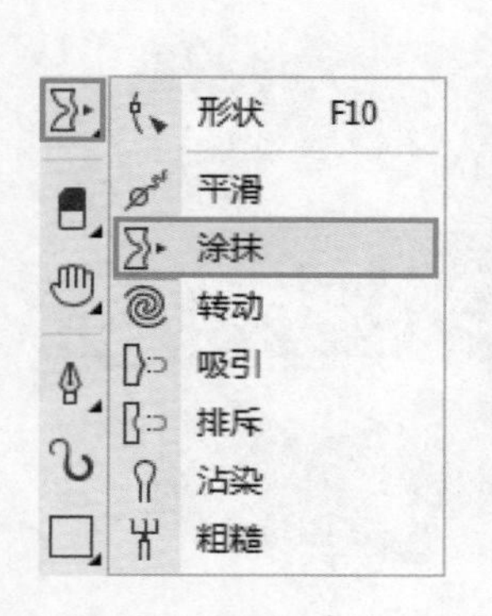

- 40.0 mm 笔尖半径：设置笔尖的大小。
- 85 压力：设置涂抹效果的强度。
- 平滑涂抹：涂抹的效果为平滑的曲线。
- 尖状涂抹：涂抹的效果为尖角的曲线。
- 笔压：绘图时，运用数字笔或写字板的压力控制效果。

2 选择工具箱中的涂抹工具，在属性栏中可以对涂抹工具的半径、压力、笔压、平滑涂抹和尖状涂抹进行设置，然后在对象边缘按住鼠标左键并拖动。松开鼠标后对象会产生变形效果，如下图所示。

转动工具

转动工具可以在矢量对象的轮廓线上添加顺时针/逆时针的旋转效果。

1 选择形状工具组中的转动工具，接着会显示平滑工具属性栏，如下图所示。

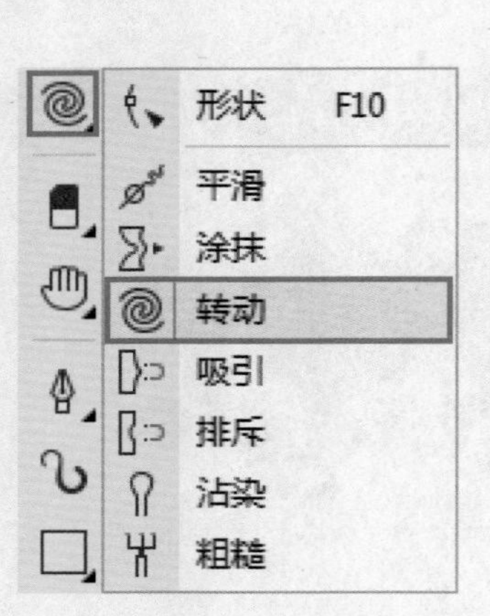

- 速度：设置用于应用旋转效果的速度。
- 逆时针转动：按逆时针方向应用转动。
- 顺时针转动：按顺时针方向应用转动。

2 选择相应图形，接着选择工具箱中的转动工具，在属性栏中对半径、速度和旋转方向进行设置，设置完成后将光标移动至选中图形的上方按住鼠标左键，随即图形会发生旋转效果。按住鼠标的时间越长，对象产生的变形效果越强烈，如下图所示。

吸引工具

吸引工具通过吸引并移动节点的位置改变对象形态。选择形状工具组中的吸引工具，在属性栏中可以对笔尖大小、速度进行设置。设置完毕后将圆形光标覆盖在要调整对象的节点上按住鼠标左键，图形随即会发生变化。按住鼠标的时间越长，节点越靠近光标，如下图所示。

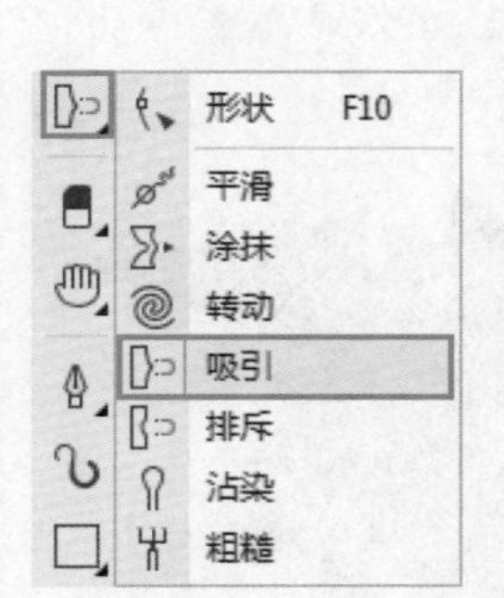

排斥工具

排斥工具通过排斥节点的位置，使节点远离光标所处位置的方式改变对象形态。

选择形状工具组中的排斥工具，在属性栏中可以对笔尖大小、速度进行设置。设置完毕后将圆形光标覆盖在要调整对象的节点上按住鼠标左键，此时图形就会发生变化。按住鼠标的时间越长，节点越远离光标，如下图所示。

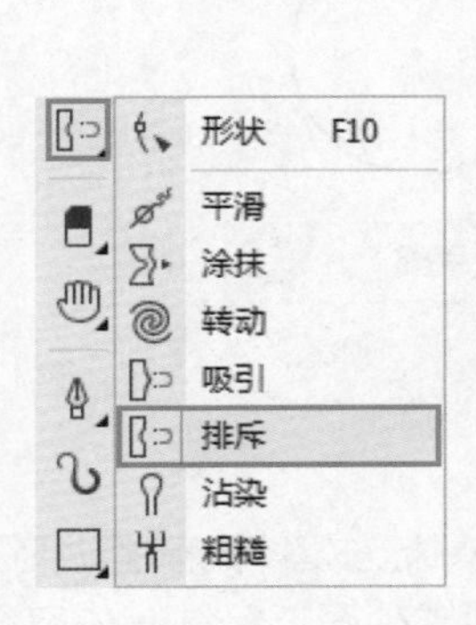

沾染工具

沾染工具可以在原图形的基础上添加或删减区域。

1 沾染工具位于形状工具组中，在属性栏中会显示相关选项，例如笔尖大小、速度等。如右图所示。

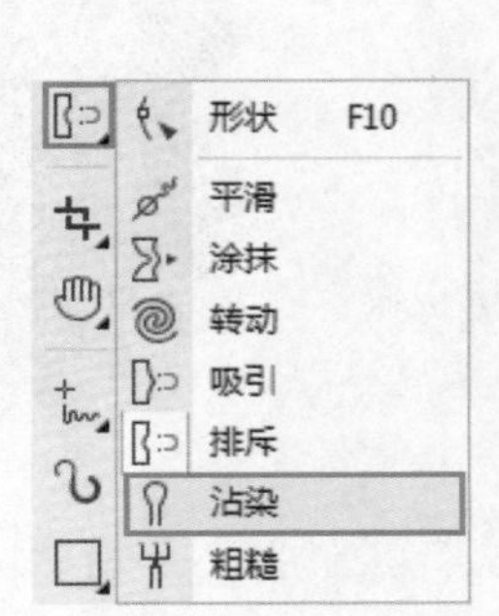

- 5.2 mm 笔尖半径：设置笔尖大小，数值越大画笔越大。
- 笔压：启用该选项后在使用手绘板绘图时，可以根据笔压更改涂抹效果的宽度。
- 0 干燥：用于控制绘制过程中的笔刷衰减程度。数值越大，笔刷的绘制路径越来越尖锐，持续长度较短；数值越小，笔刷的绘制越圆润，持续长度也较长。下图为设置不同“干燥”的效果。

- 使用笔倾斜：启用该选项后在使用手绘板绘图时，更改手绘笔的角度以改变涂抹的效果。
- 15.0° 笔倾斜：更改涂抹时笔尖的形状，数值越大笔尖越接近圆形，数值越小笔尖越窄。下图为不同“笔倾斜”角度的笔尖效果。

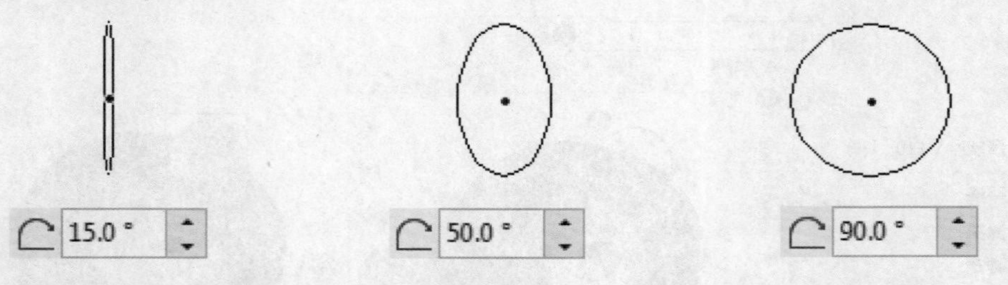

- 使用笔方位：启用该选项后在使用手绘板绘图时，启用笔方位设置。
- .0° 笔方位：通过设置数值更改涂抹工具的方位。

2 选择一个图形，继续选择沾染工具，将光标移动到图形边缘处，接着按住鼠标左键将光标移动到图形的外部，则添加图形区域；若按住鼠标左键将光标向图形内部挤压，则减少图形区域，如下图所示。

粗糙工具

粗糙工具可以使平滑的矢量线条变得粗糙。

1 粗糙工具位于形状工具组中，在属性栏中会显示相关选项，如下图所示。

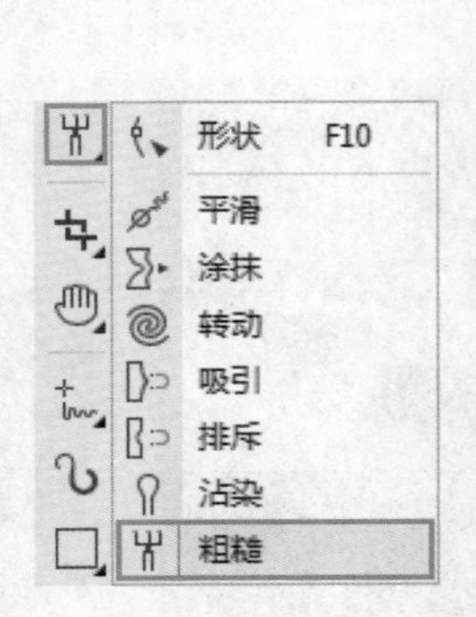

- 尖突的频率：通过设定固定值，更改粗糙区域中的尖突频率。下图为不同“尖突的频率”的效果。

- 干燥：更改粗糙区域的尖突地数量。
- 笔倾斜：通过为攻击设定固定角度，改变粗糙效果的形状。

2 选择一个图形，选择粗糙工具，在属性栏中可以对笔尖、压力等参数进行设置，然后在对象边缘按住鼠标左键并拖动，随着拖动图形平滑的边缘变得粗糙，如下图所示。

对象的变换

除了选择工具能够进行移动、旋转、缩放镜像、斜切、透视等操作，还可以使用自由变换工具和“变换”泊坞窗中进行精确数值的设置，对图形进行变换操作。下图为佳作欣赏。

自由变换工具

自由变换工具提供了一种手动进行对象自由变换的方法。

选中一个矢量对象，在选择工具组中选择自由变换工具，如下左图所示。在属性栏中可以选择变换方法：“自由旋转”、“自由角度反射”、“自由缩放”和“自由倾斜”。然后在对象上确定一个变换的轴心，接着按住鼠标左键拖动光标，改变对象的形态。下图为自由变换工具的属性栏。

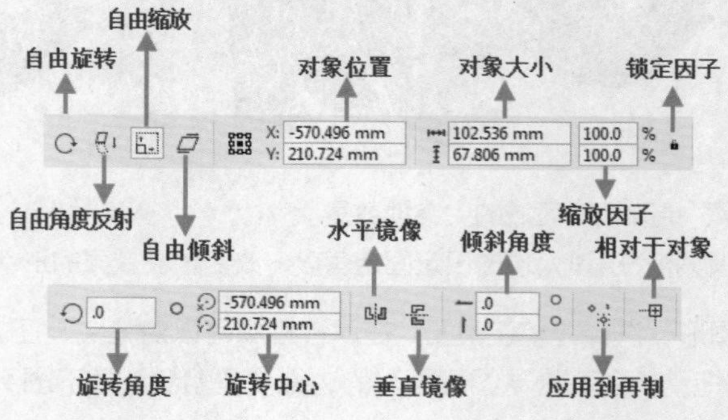

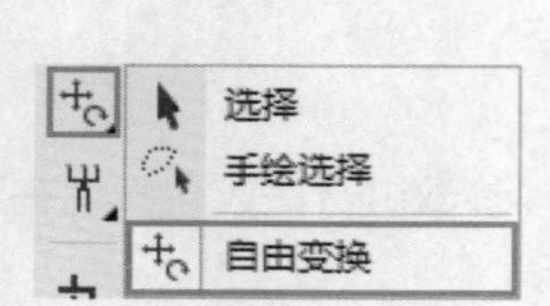

- 自由旋转：选择图形按住鼠标左键拖曳进行旋转，随即会显示旋转轴，释放鼠标得到旋转结果，如右图所示。

- 自由角度反射：确定一条反射的轴线，然后拖动对象进行反射操作，如下图所示。

- 自由缩放：确定一个缩放中心点，然后以该中心点对图像进行任意的缩放操作，如下图所示。

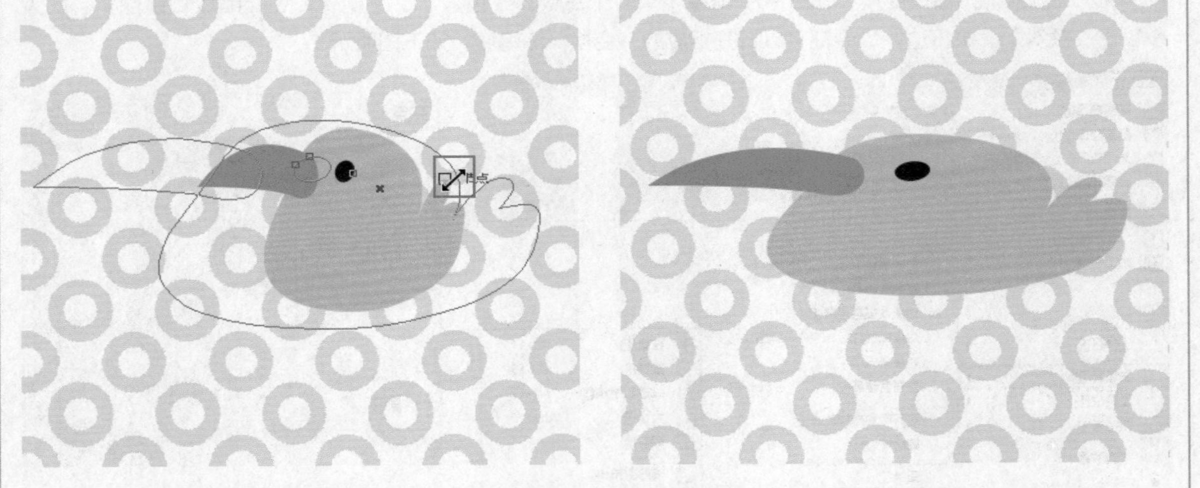

- 自由倾斜：确定一条倾斜的轴线，然后在选定的点上按下左键并拖动即可倾斜对象，如下图所示。

- 应用到再制：单击该按钮，可以将变换应用到再制的对象上，如下图所示。

“变换”泊坞窗

在“窗口>泊坞窗>变换”命令的子菜单中有多个命令：“位置”、“旋转”、“缩放和镜像”、“大小”、“倾斜”。执行这些命令都可以打开相应的“变换”泊坞窗，如下图所示。

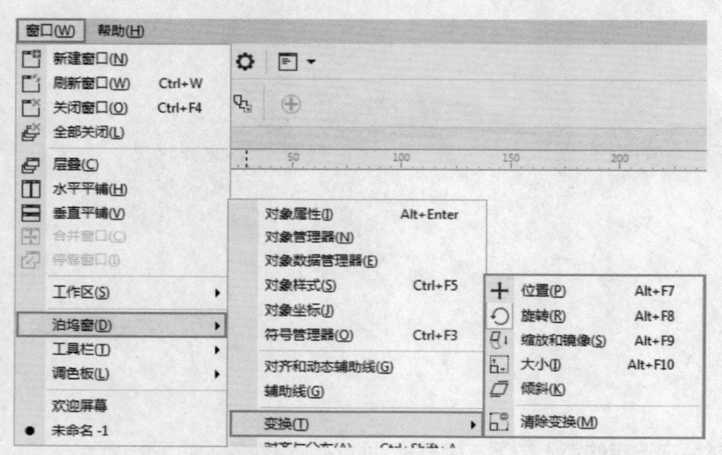

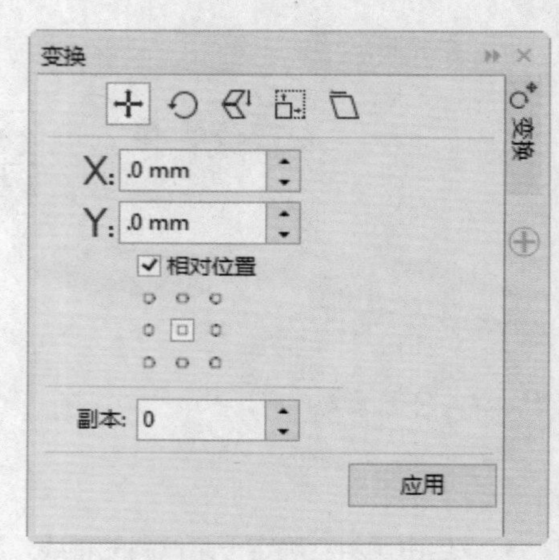

这些命令的使用方法都相似，在这里以使用“位置”命令为例进行讲解。

选择一个对象，执行“窗口>泊坞窗>变换>位置”命令，在“变换”泊坞窗中设置X为100，勾选“相对位置”复选框，“副本”为1，然后单击“应用”按钮，即可移动并复制一份，如下图所示。

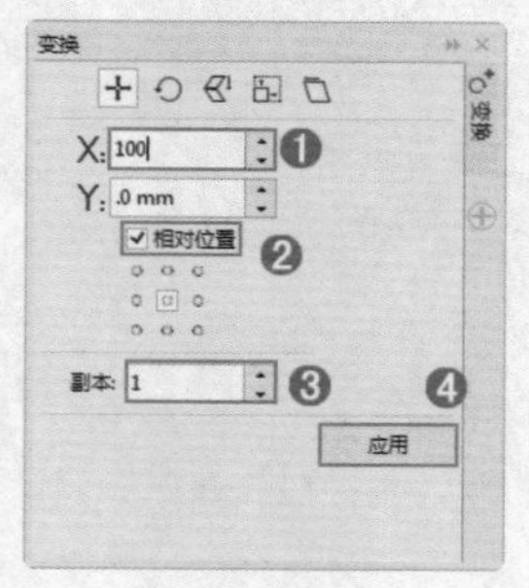

清除变换

执行“对象>变换>清除变换”命令，可以去除对图形进行过的变换操作，将对象还原到变换之前的效果，如右图所示。

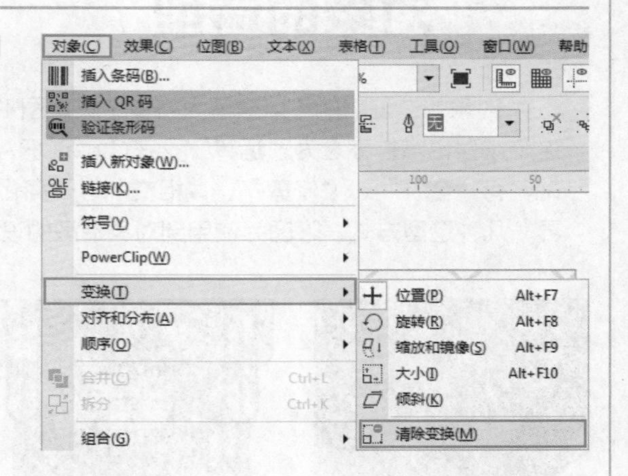

重复

“编辑>重复”命令能够将上一次对图形执行的变换操作的参数重复应用到当前对象上。

1 选择一个图形，然后将其适当的旋转，如下图所示。

2 此时该命令显示为“编辑>重复旋转”。然后执行该命令，可以使对象按照上次旋转角度和旋转方向再次旋转，如下图所示。

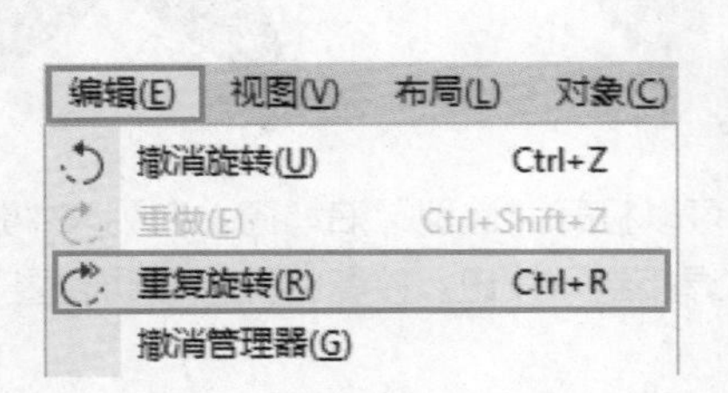

UNIT 22 对象的造型

对象的造型功能可以理解为将多个矢量图形进行融合、交叉或改造，从而形成一个新的对象，这个过程也常被称之为“运算”。在CorelDRAW中很多图形都是通过一些基础图形经过造型而得来，有“合并”、“修剪”、“相交”、“简化”、“移除后面对象”、“移除前面对象”和“边界”几种造型方式。下图为使用到对象造型的设计作品。

对象造型的两种方式

对象的造型有两种方式，一种是通过单击属性栏中的按钮进行造型，另一种是打开“造型”泊坞窗进行造型。

1 选择两个图形，在属性栏中即可出现造型的按钮，单击某个按钮即可进行相应的造型，单击“合并”按钮，如下图所示。

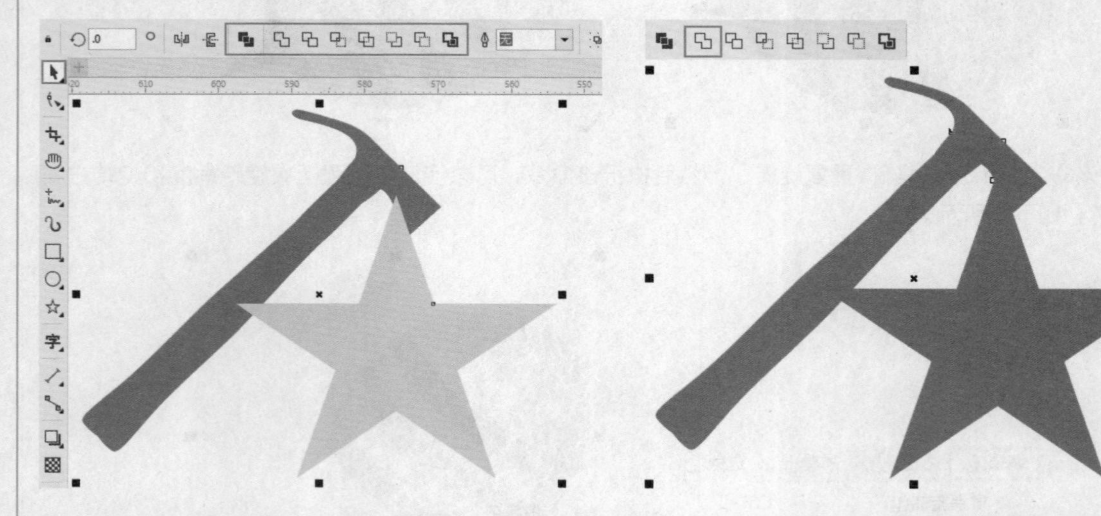

2 选择两个图形，执行“窗口>泊坞窗>造型”命令，可以打开“造型”泊坞窗。在列表中选择一种合适的造型类型，例如选择“焊接”，然后单击下方的“焊接到”按钮。接着将光标移动到图形上方单击鼠标左键，即可进行造型，如下图所示。

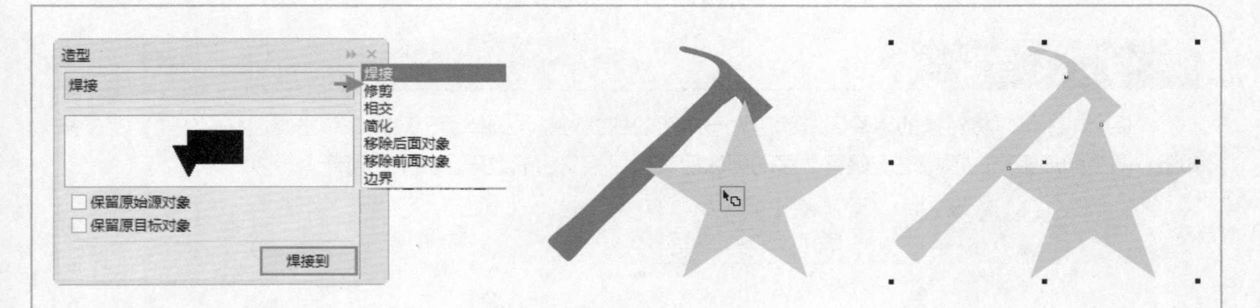

“合并”造型

“合并”（在“造型”泊坞窗中称为“焊接”）可以将两个或多个对象结合在一起成为一个独立对象。选中需要合并的对象，然后单击属性栏中的“合并”按钮，此时多个对象被合并为一个对象，如下图所示。

“修剪”造型

“修剪”可以使用一个对象的形状剪切下另一个形状的一个部分，修剪完成后目标对象保留其填充和轮廓属性。选择需要修剪的两个对象，单击属性栏中的“修剪”按钮，移走顶部对象后，可以看到重叠区域被删除了，如下图所示。

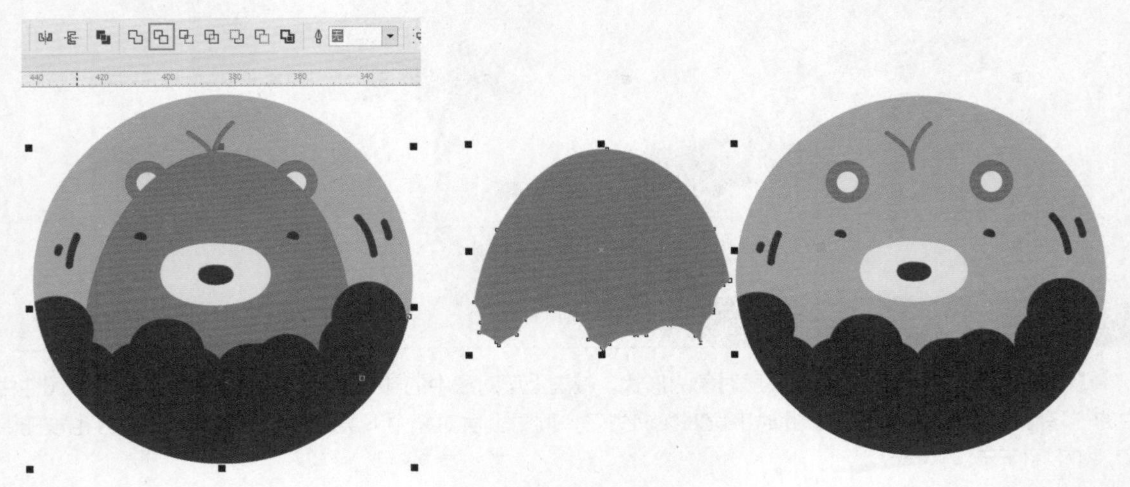

“相交”造型

“相交”可以将对象的重叠区域创建为一个新的独立对象。选择两个对象，单击属性栏中的“相交”按钮。两个图形相交的区域进行保留，移动图像后可看见相交后的效果，如下图所示。

“简化”造型

“简化”可以去除对象间重叠的区域。选择两个对象，单击属性栏中的“简化”按钮，移动图像后可看见相交后的效果，如下图所示。

“移除后面对象”造型

“移除后面对象”可以利用下层对象的形状，减去上层对象中的部分。选择两个重叠对象，单击属性栏中的“移除后面对象”按钮。此时下层对象消失了，同时上层对象中下层对象形状范围内的部分也被删除了，如下图所示。

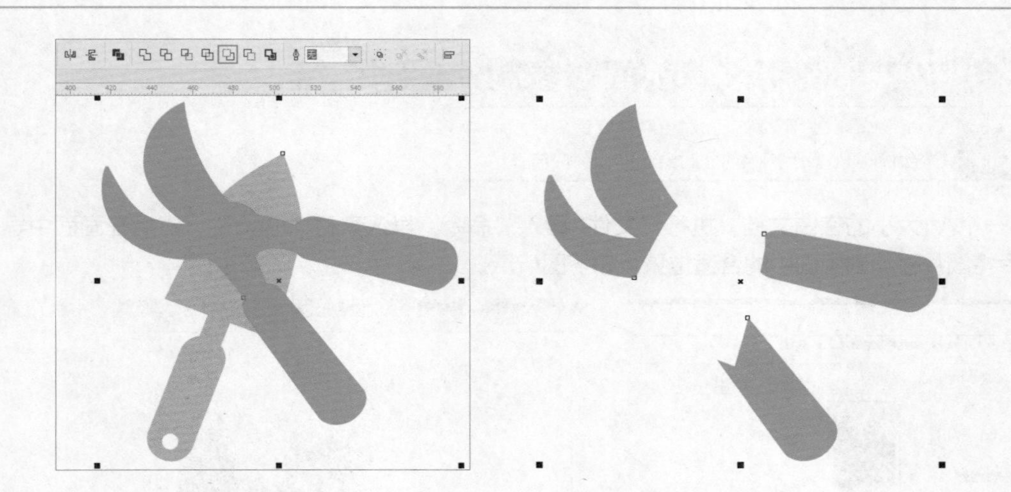

“移除前面对象”造型

“移除前面对象”可以利用上层对象的形状，减去下层对象中的部分。选择两个重叠对象，单击属性栏中的“移除前面对象”按钮。此时上层对象消失了，同时下层对象中上层对象形状范围内的部分也被删除了。如下图所示。

“边界”造型

“边界”能够以一个或多个对象的整体外形创建矢量对象。选择多个对象，单击属性栏中的“边界”按钮，可以看到图像周围出现一个与对象外轮廓形状相同的图形，如下图所示。

Let's go! 使用移除前面对象制作促销广告

原始文件　Chapter 04\使用移除前面对象制作促销广告.cdr
视频文件　Chapter 04\使用移除前面对象制作促销广告.flv

1 新建一个A4大小的空白文档，执行“文件>导入”命令，导入素材“1jpg”，然后在画面中导入图片，然后将图片移动到画面中的合适位置，如下图所示。

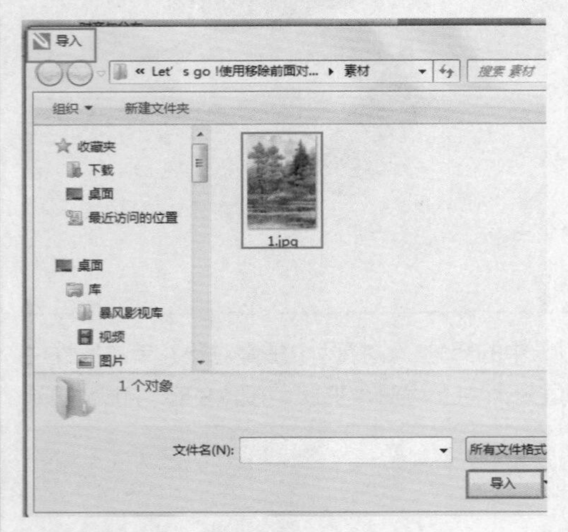

2 在素材图上方使用矩形工具绘制一个矩形，并填充颜色为白色。使用文本工具在白色矩形上输入文字，如右图所示。

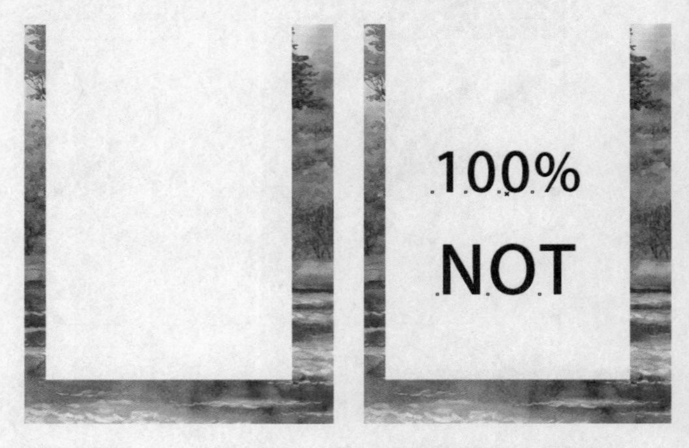

3 使用选择工具同时选中文字和矩形，在属性栏中单击“移除前面对象”按钮，效果如右图所示。

4 继续在白色矩形的下方绘制一个小的黑色矩形。在工具箱中单击文本工具按钮，在属性栏中设置合适的字体、字体大小，在画面中输入文字，更改文字颜色为白色，如下图所示。

5 同样的方法继续在上方键入另外两组文字。最终效果如下图所示。

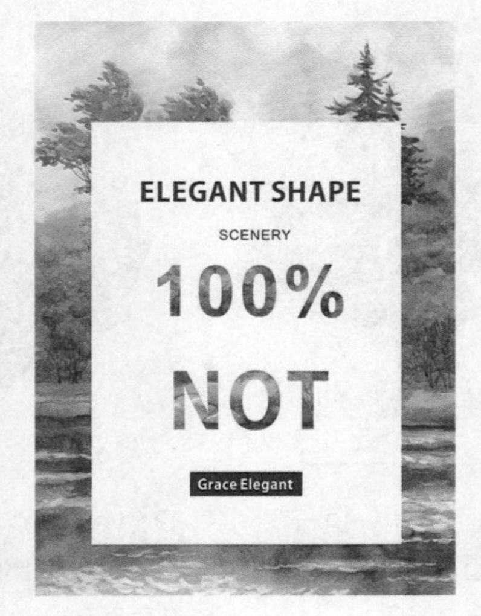

UNIT 23 图框精确剪裁

PowerClip是将一个矢量对象作为“图框/容器”，其他内容（可以是矢量对象或位图对象）可以置入到图框中，而置入的对象只显示图框形状范围内的区域。

1 首先要确定PowerClip的“内容”和“图文框”，接着选择“内容”对象，执行“对象>PowerClip>置于图文框内部”命令，然后将光标移动到“图文框”内部，单击鼠标左键即可将内容至于图文框的内部，如下图所示。

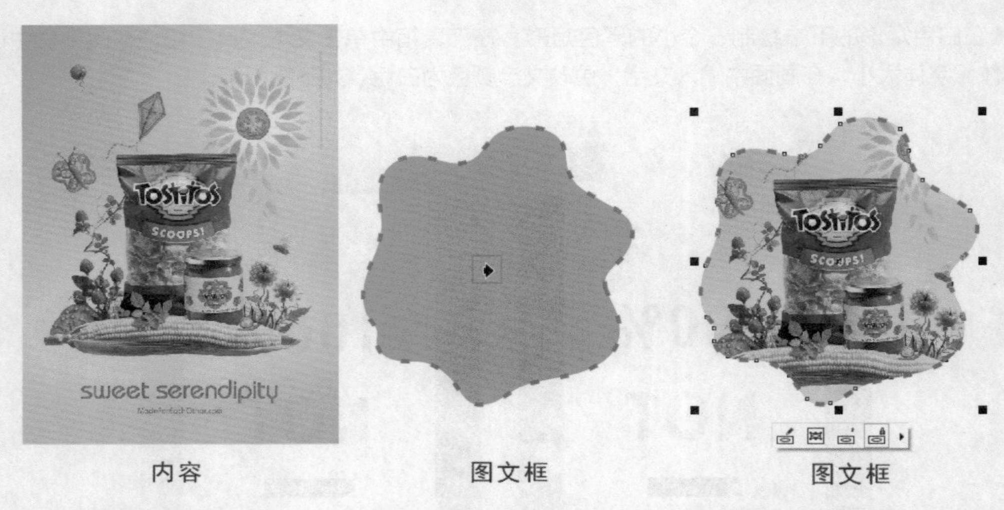

2 PowerClip对象在其下面有一个浮动工具栏，单击“提取内容”按钮，或执行“对象>Power-Clip>提取内容”命令，随即内容被提取出来，如下图所示。

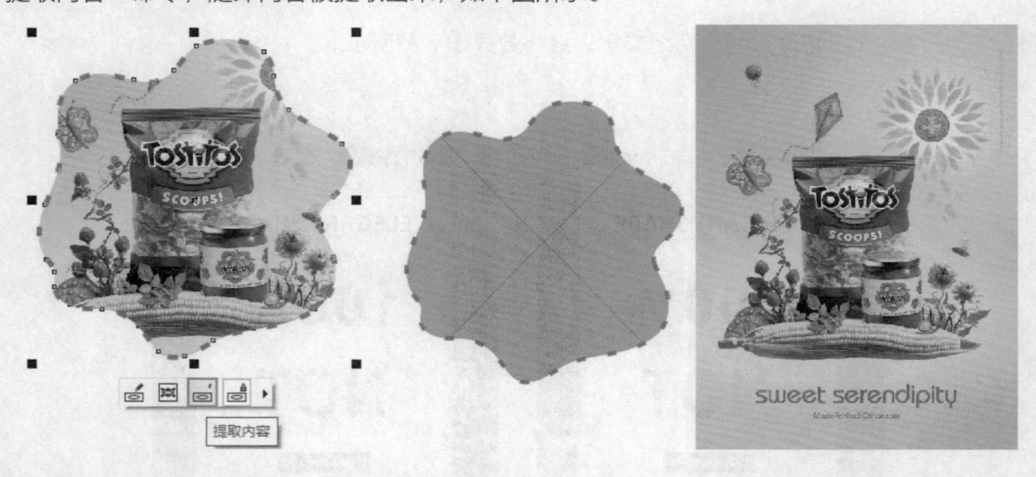

3 选择PowerClip对象，执行“对象>PowerClip>编辑内容”命令，或者单击浮动工具栏中的“编辑PowerClip”按钮，进入内容编辑状态。若要退出编辑状态，可以单击浮动工具栏中的“停止编辑内容”按钮或执行“对象>PowerClip>结束编辑”命令，退出编辑状态，如下图所示。

4 执行“对象>PowerClip>内容居中”、“对象>PowerClip>按比例调整内容”、“对象>Power-Clip>按比例填充框”、“对象>PowerClip>延展内容以填充框”命令，可以调整内容在图文框中的位置和填充效果，如下图所示。

内容居中

按比例调整内容

按比例填充框

延展内容以填充框

5 单击浮动工具栏中“选择PowerClip内容”按钮，即可选中PowerClip内容，然后可以进行移动、删除等编辑操作，如下图所示。

UNIT 24 对象管理

管理对象能够让操作更加顺畅，为后期的调整和修改提供帮助。在本节中就来学习如何调整对象的堆叠顺序，以及对齐、分布的设置。下图为优秀的设计作品。

调整对象堆叠顺序

当文档中存在多个对象时，对象的上下堆叠顺序将影响画面的显示效果。执行“对象>顺序”命令，在弹出的子菜单中选择相应命令，在部分命令后有其相对应的快捷键，如下图所示。

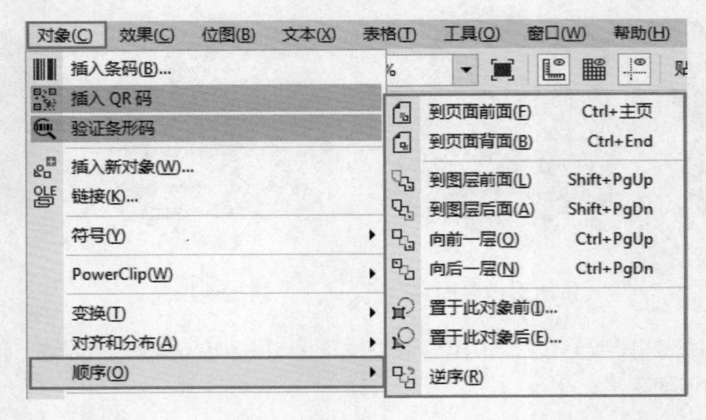

1 这些命令的使用方法基本相同，从命令的名称上就能了解到这些命令的用途。选择一个图形对象，执行“对象>顺序>到页面前面”命令，即可使当前对象移动到画面的最上方，如下图所示。

2 在下拉菜单中执行“置于此对象前”命令后光标变为➡状，然后选择前一层单击鼠标左键，此时对象则会移动到单击对象的上方，如下图所示。

锁定对象与解除锁定

“锁定”命令可以将对象固定，使其不能进行编辑。

1 选择需要锁定的对象，默认情况下显示的控制点为黑色的方块。接着执行“对象>锁定对象”命令，或在选定的图像上单击鼠标右键执行“锁定对象”命令，如下图所示。

2 被锁定的对象会在图像四周出现8个锁型图标，表示当前图像处于锁定的、不可编辑状态。在锁定的对象上单击右键，执行“解锁对象”命令，可以将对象的锁定状态解除，使其能够被编辑，如下图所示。

TIP 执行“对象>对所有对象解锁”命令，可以快速解锁文件中被锁定的多个对象。

群组与取消群组

群组是指将多个对象临时组合成一个整体。组合后的对象保持其原始属性，但是可以进行同时的移动、缩放等操作。

1 选中需要群组的多个对象，执行“对象>群组”命令（快捷键Ctrl+G），或单击属性栏中的“群组工具”按钮，还可以单击鼠标右键在弹出的菜单中执行“组合对象”命令，可以将所选对象进行群组，如下图所示。

2 如果想要取消群组，可以选中需要取消群组的对象，执行“对象>取消群组”命令，或单击选择工具的属性栏中“取消群组工具”按钮，还可以单击鼠标右键执行“取消组合对象”命令，即可取消组合对象。“取消群组”之后对象之间的位置关系、前后顺序等不会发生改变，如下图所示。

3 如果文件中包含多个群组，想要快速将全部群组进行取消时可以执行“对象>取消全部群组”命令或单击属性栏中的“取消组合所有对象”按钮，即可取消全部群组。通过移动可以看到选中的对象都被取消了组合，如下图所示。

使用“对象管理器”管理对象

“对象管理器”泊坞窗是用来管理和控制图形对象，当制作较为复杂设计作品时，对象管理器就能发挥很大的作用。

执行“窗口>泊坞窗>对象管理器”命令，在打开“对象管理器”泊坞窗中包含一个“主页面”和一个“页面1”。“主页面”中包含了应用于文档中所有页面信息的虚拟页面。默认情况下主页面包含三个图层：辅助线、桌面和文档网格。主页面上的内容将会出现在每一个页面中，常用于添加页眉、页脚、背景等，如下图所示。

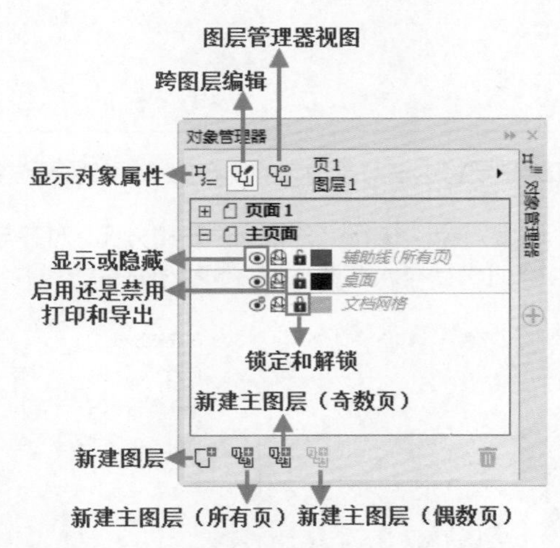

- 辅助线：辅助线图层包含用于文档中所有页面的辅助线。
- 桌面：桌面图层包含绘图页面边框外部的对象。该图层可以存储您稍后可能要包含在绘图中的对象。
- 文档网格：文档网格图层包含用于文档中所有页面的网格。网格始终为底部图层。

TIP 每个图层前都有一个“显示或隐藏”按钮，当按钮显示◉时表示该图层上的对象被隐状态。显示◉表示图层中的对象被显示出来。

在“对象管理器”泊坞窗中，单击即可选中要操作的图层，添加的对象也会出现在这一图层中。单击“新建图层”按钮，能够新建图层，想要调整图层的堆叠顺序，可以按住鼠标左键并拖动图层到合适的位置，释放鼠标即可，如下图所示。

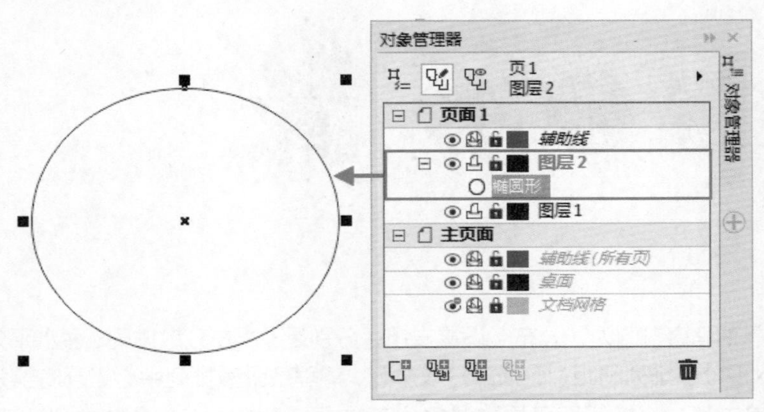

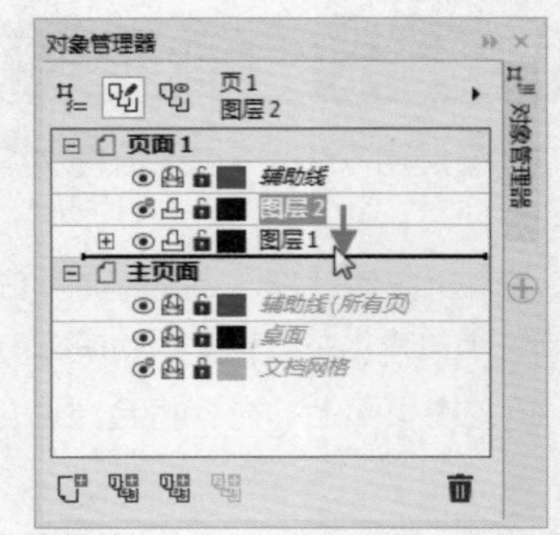

对齐与分布

文档中包含多个对象时，如果想要将这些对象均匀的排布出来，就需要进行“对齐”和“分布”的操作。

1 选择需要对齐的两个或两个以上对象，执行“对象>对齐和分布>对齐与分布”命令或单击属性栏中的“对齐和分布”按钮，打开“对齐与分布”泊坞窗，如下图所示。

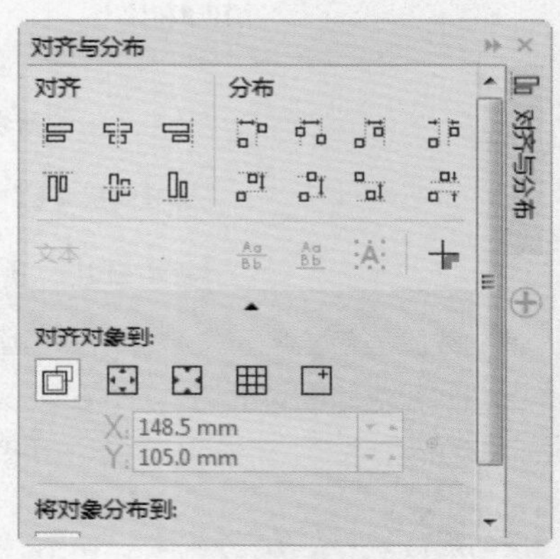

2 在“对齐与分布”泊坞窗中，分为“对齐”和“分布”左右两组按钮，左侧为对齐的设置按钮，分别是：左对齐，水平居中对齐、右对齐、顶对齐、垂直居中对齐、底对齐。单击某一个按钮即可更改对齐方式，下图为“垂直居中对齐”和“水平居中对齐”两种对齐方式。

3 “对齐与分布”泊坞窗右侧为“分布”设置按钮，分别是：左分散排列、水平分散排列中心、右分散排列、水平分散排列间距、顶部分散排列、垂直分散排列中心、底部分散排列、垂直分散排列间距。单击某一个按钮即可更改对象分布方式，下左图为左分散排列，下右图为顶部分散排列。

UNIT 25 合并与拆分

“合并”命令可以将多个对象合成为一个新的具有其中一个对象属性的整体。“拆分”功能将合并的图形拆分为多个独立个体。

1 选择需要合并的多个对象，单击属性栏中“合并”按钮，所选中的图形进行合并，合并后的对象具有相同的轮廓和填充属性，如右图所示。

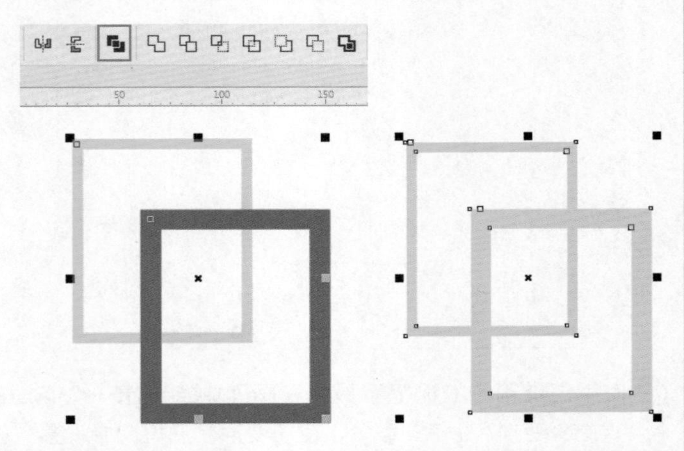

2 “拆分”命令可以将“合并”过的图形或应用了特殊效果的图像拆分为多个独立的对象。选中需要分离的对象，单击选择工具的属性栏中“拆分”按钮，或使用快捷键Ctrl+K。原始图形与阴影部分被拆分为独立个体，如下图所示。

设计师实战 使用造型功能制作图形海报

实例描述

通过对本章相关知识的学习，利用造型功能中的“合并”以及“移出前面对象”命令制作出形态各异的花朵，与文字元素以及其他几何元素相组合制作出图形海报。

完成文件

Chapter 4 \ 使用造型功能制作图形海报 .cdr

视频文件

Chapter 4 \ 使用造型功能制作图形海报 .flv

1 执行“文件>新建”命令，新建一个A4大小的空白文档，设置原色模式为CMYK。使用工具箱中的矩形工具，在画布上按住鼠标左键绘制一个与画面等大的矩形，并填充为洋红色，如下图所示。

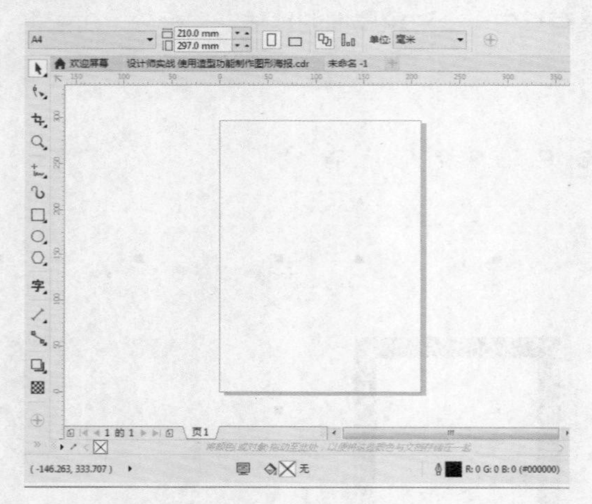

2 使用工具箱中的钢笔工具，在画面中绘制出一个花瓣的形状，并将其填充为白色。选中花瓣执行“对象>变换>旋转”命令，在“变换”泊坞窗中设置“旋转角度”为75°，“副本”为4，然后单击“应用”按钮，得到一个带有五个花瓣的花朵，如下图所示。

3 选中所有的花瓣，单击属性栏中的"合并"按钮，把所有的花瓣组合为一个对象，如下图所示。

4 此时花瓣中心部分有空缺，使用工具箱中的形状工具，框选中央处的几个锚点，然后按下键盘上的Delete键进行删除，得到一个完整的花朵，如下图所示。

5 复制制作好的花朵，并在花朵中央部分绘制一个圆形。选中圆形和花朵，单击属性栏中的"移出前面对象"按钮，得到一个空心的花朵，如下图所示。

6 将这两个花朵摆放在画面中合适的位置上。同样的方法绘制出其他效果的花朵，并将之前绘制好的花瓣多次复制，摆放在画面中合适的位置，如右图所示。

7 使用工具箱中的矩形工具，在画布上方绘制一个白色矩形，在工具箱中选择透明度工具，在属性栏上单击“均匀透明度”，设置“透明度”数值为35，效果如右图所示。

8 选择文本工具，在属性栏中设置合适的字体、字体大小，在画面中单击并输入文字，更改颜色为洋红。在文字的下方绘制一个同文字一样宽的矩形，颜色为洋红。所有的文字按照同样的方式依次输入，最终效果如右图所示。

行业解密 版式设计中的文字

文字充斥在我们生活的每个角落，在版式设计中文件的功能已经远远超越了阅读的功能，它在表现上更注重艺术的表现力。文字一方面能让观者了解到信息内容。另一方面要以各种“形体”美化和丰富了版面的视觉效果。下图为创意文字海报设计。

DO IT Yourself 设计师作业

1. 使用液化变形工具制作清爽户外广告

限定时间：20分钟

Step By Step（步骤提示）

1. 使用矩形工具绘制矩形并填充淡青色。
2. 使用沾染工具制作文字的背景图形，然后在其上方输入文字。
3. 使用涂抹工具制作画面下方得波浪形图案。
4. 导入装饰素材，摆放到合适位置。

光盘路径

Chapter 4\使用液化变形工具制作清爽户外广告.cdr

2. 使用造型制作节日促销BANNER

限定时间：25分钟

Step By Step（步骤提示）

1. 导入背景素材。
2. 绘制多个椭圆形状，拼接成主体图形的形态，将其加选，通过对象造型制作出文字背景的基本形状。
3. 复制形状调整填充和轮廓。
4. 输入文字，导入前景素材。

光盘路径

Chapter 4\使用造型制作节日促销BANNER.cdr

“文字”是设计作品中重要的一个部分。在CorelDRAW中有着强大的文字处理能力。不仅可以创建多种不同形式的文字，还可以通过参数的设置制作出丰富多彩的效果。

文本的编辑操作

本章技术要点

Q 如何在画面中添加文字?

A 使用文本工具在画面中单击即可输入文字，这种输入的方式叫做“美术字”。也可以使用文本工具按住鼠标左键拖曳绘制一个文本框，然后在文本框内输入文字，这种输入方式为段落文本。

Q 如何制作文字围绕图形的效果?

A 可以选择需要周围围绕着文本的图形对象，然后单击属性栏中的“文本换行”按钮，在下拉面板中选择一种合适的围绕效果即可。

Q 如何设置文本的对齐方式?

A 有两种设置方法，一种是在属性栏中单击“水平对齐”按钮，在下拉面板中选择一种对齐方式。另外一种是执行“窗口>泊坞窗>文本属性”命令，在“文本属性”泊坞窗中的“段落”区域内进行文本对齐的设置。

UNIT 26 创建文本

创建文本是文本处理的最基本操作，在CorelDRAW中，文本分为“美术字”和“段落文本”两种类型，当需要键入少量文字时可以使用美术字，当对大段文字排版时需要使用“段落文本”。除此之外，还可以创建“路径文本”和“区域文字”。下图为使用文本工具设计的作品。

认识文本工具

在输入文字之前需要选择工具箱中的文本工具字，在属性栏中就会显示其相关选项。在属性栏中可以对文本的一些最基本的属性进行设置，例如：字体、字号、样式、对齐方式等，如下图所示。

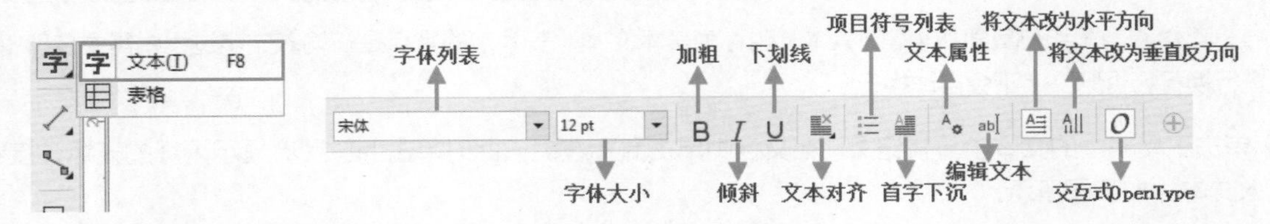

- 黑体 字体列表：在“字体列表”下拉列表中选择一种字体，即可为新文本或所选文本设置字样。
- 12 pt 字体大小：在下列列表中选择字号或输入数值，为新文本或所选文本设置一种指定字体大小。
- B I U 粗体/斜体/下划线：单击“粗体”按钮B可以将文本设为粗体。单击“斜体”按钮I可以将文本设为斜体。单击“下划线”按钮U可以为文字添加下划线。
- 文本对齐：单击“文本对齐”按钮，可以在弹出列表中包括“无”、“左”、“居中”、“右”、“全部调整”以及“强制调整”对齐方式，选择对齐方式后，使文本做出相应的对齐设置，如右图所示。
- 符号项目列表：添加或移除项目符号格式。
- 首字下沉：首字下沉是指段落文字的第一个字母尺寸变大并且位置下移至段落中。单击该按钮即可为段落文字添加或去除首字下沉。
- 文本属性：单击该按钮即可打开“文本属性”泊坞窗，在其中可以对文字的各个属性进行调整，如下图所示。

无
左
居中
右
全部调整
强制调整

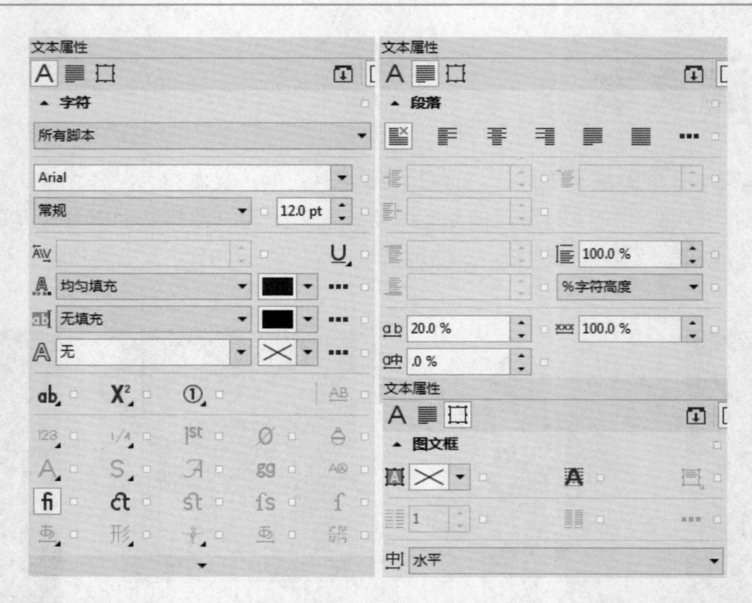

- 编辑文本：选择需要设置的文字，单击文本工具属性栏中的“编辑文字”按钮，可以在打开的“文本编辑器”对话框中修改文本以及其字体、字号和颜色。
- 文本方向：选择文字对象，单击文字属性栏中的“将文本改为水平方向”按钮或“将文本改为垂直反方向”按钮，可以将文字转换为水平或垂直方向。
- 交互式OpenType：OpenType功能可用于选定文本时，在屏幕上显示指示。

创建美术字

“美术字”适用于版面中少量的文本，也称为美术文本。美术字的特点是在输入文字过程中需要按Enter键进行换行，否则文字不会自动换行。

1 单击工具箱中的文本工具按钮，在文档中单击鼠标左键，此时单击的位置会显示闪烁的光标，接着输入文本，如下图所示。

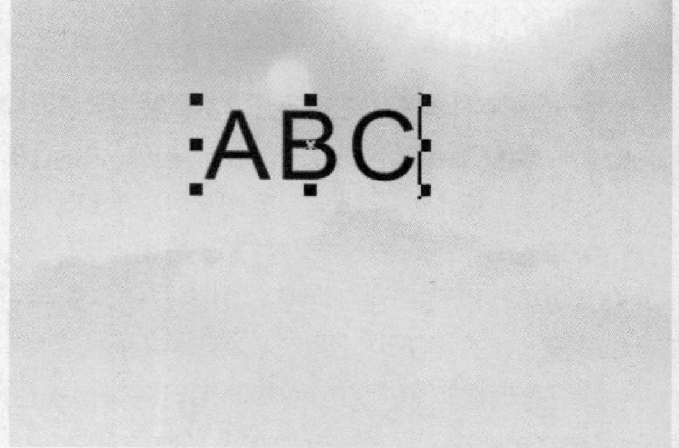

2 若要换行，按Enter键进行换行，然后继续输入文字，如下图所示。

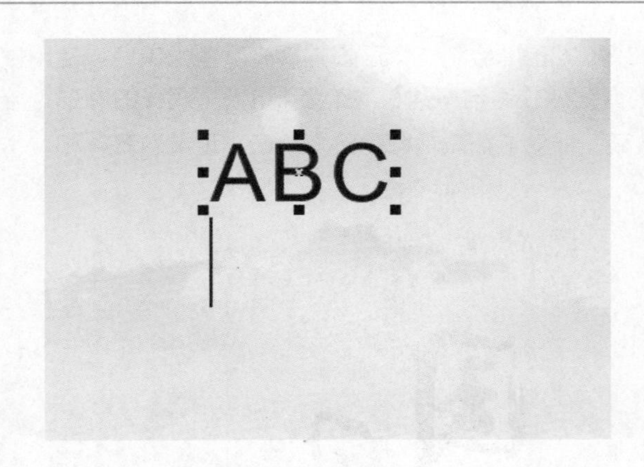

Let's go! 中式标志设计

原始文件	Chapter 05\中式标志设计.cdr
视频文件	Chapter 05\中式标志设计.flv

1 执行“文件>新建”命令，新建一个空白文档。然后执行“文件>导入”命令，在弹出的“导入”对话框中找到素材位置，选择素材“1.jpg”，单击“导入”按钮。接着在画面中按住鼠标左键并拖动，松开鼠标后素材就导入进来了，如下图所示。

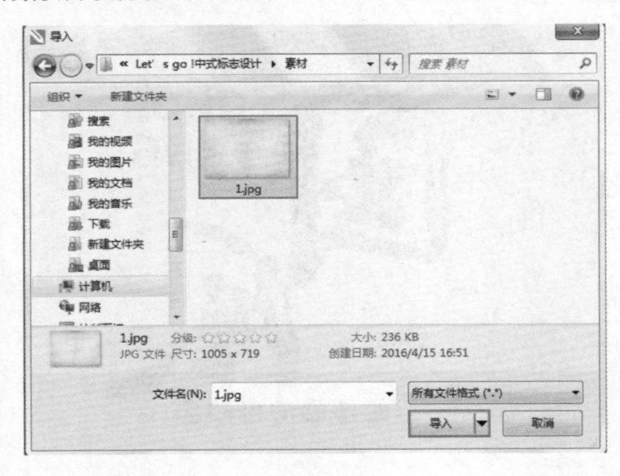

2 在工具箱中选择文本工具字，单击属性栏中的“字体列表”下拉按钮并在下拉列表中设置一个手写体的字体，设置合适的字号。在画布上单击并输入文字，使用同样的方式在右下方的位置单击并输入另一个文字，如下图所示。

3 选择工具箱中的椭圆形工具，在书法文字的下方按住Ctrl键绘制一个正圆并填充颜色为黑色。使用快捷键Ctrl+C将正圆复制，然后使用快捷键Ctrl+V进行粘贴并适当移动，继续复制出5个同样的圆形。接着加选所有的圆形，执行“窗口>泊坞窗>对齐与分布”命令。在泊坞窗中分别单击“顶端对齐”和“水平分散排列中心”按钮，如下图所示。

4 继续使用文本工具，在属性栏中设置合适的字体、字号，接着在圆形的上方输入文字，然后执行“窗口>泊坞窗>文本属性”命令，在“文本属性”泊坞窗中更改“字符间距”为220，使每个字符都位于圆形的中央。接着输入右上角的文字，最终效果如下图所示。

创建段落文本

对于大量文字的编排，可以通过创建段落文本的方式进行编排。选择工具箱中的文本工具，然后在页面中按住鼠标左键并从左上角向右下角进行拖曳，创建出文本框。这个文本框的作用在于在输入文字后，段落文本会根据文本框的大小、长宽自动换行，当调整文本框的长宽时，文字的排版也会发生变化。文本框创建完成后，在文本框中输入文字即可，这段文字被称之为“段落文本”，效果如下图所示。

TIP 段落文本与美术字之间可以相互转换。选定美术字，执行“文本>转换为段落文本”命令，或按Ctrl+F8快捷键，即可将美术字转换为段落文字。选定段落文本，执行“文本>转换为美术字”命令，即可将段落文本转换为美术字。

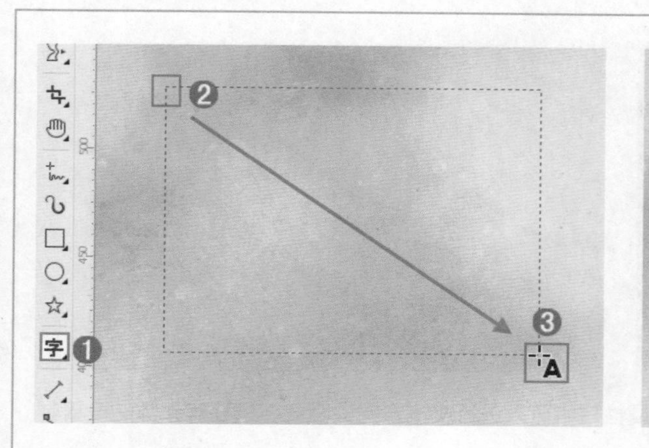

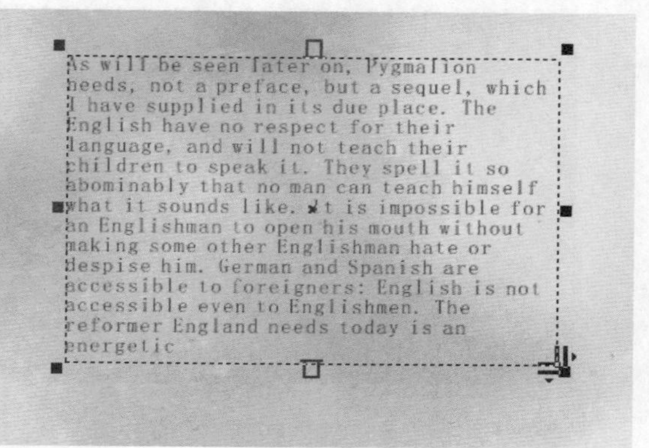

创建路径文本

“路径文本”可以使文字沿着路径进行排列，当改变路径的形态后文本的排列方式也会发生变化。下图为使用路径文本制作的设计作品。

1 首先绘制好路径，在使用文本工具字的状态下将光标移动到路径上方，光标变为⌐形状时单击鼠标左键即可插入光标。接着输入文字，可以看到文字沿路径排列，如下图所示。

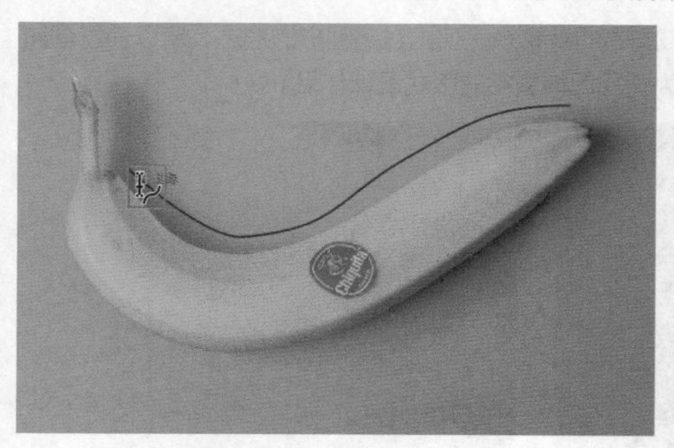

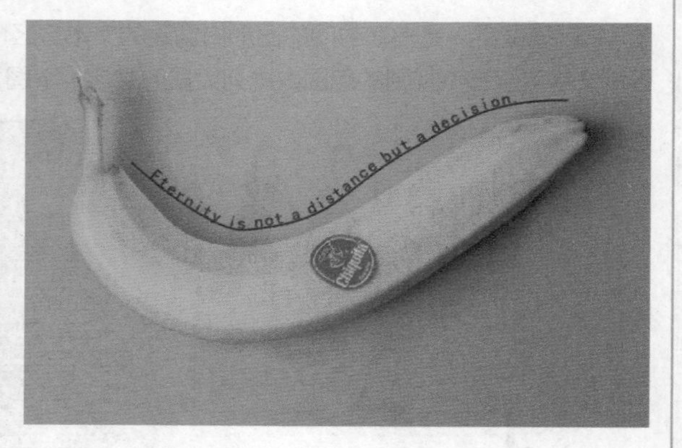

2 创建路径文本还有一种方式。选中一段已经输入好的文字，然后执行“文本>使文本适合路径”命令，将光标移动到路径上方，此时在路径上方会显示文字的映像，拖曳光标即可调整文字的位置，然后单击鼠标左键完成路径文字的制作，如下图所示。

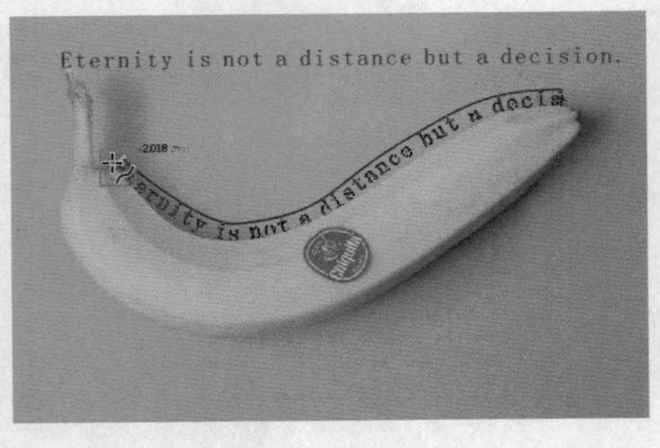

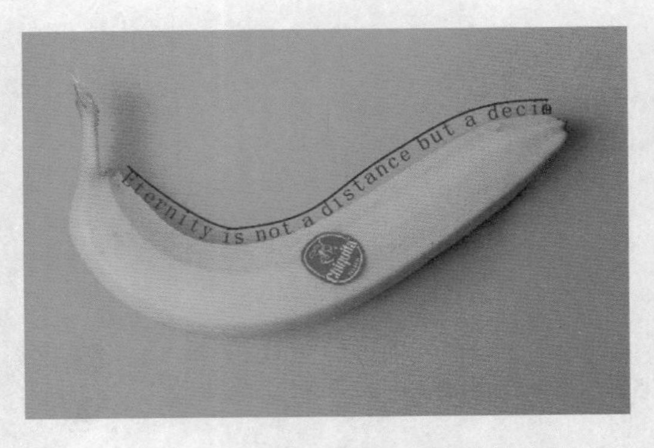

当处于路径文字的输入状态时，在文本工具的属性栏中可以进行文本方向、距离、偏移等参数的设置，如下图所示。

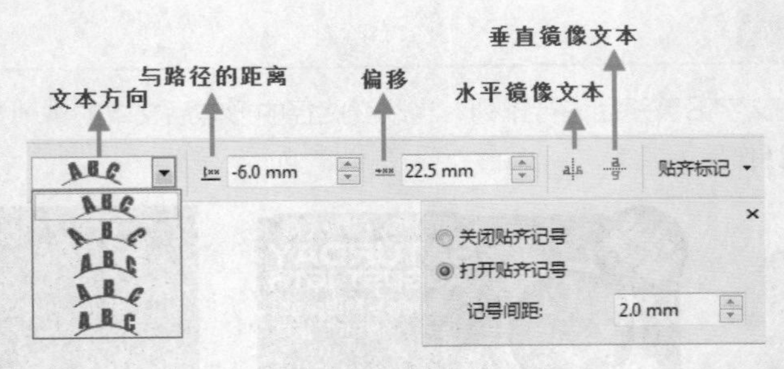

- 文本方向：用于指定文字的总体朝向，包含五种效果。
- 与路径的距离：用于设置文本与路径的距离。
- 偏移：设置文字在路径上的位置，当数值为正值时文字越靠近路径的起始点；当数值为负值时文字越靠近路径的终点。
- 水平镜像文本：从左向右翻转文本字符。
- 垂直镜像文本：从上向下翻转文本字符。
- 贴齐标记：指定贴齐文本到路径的间距增量。

创建区域文字

“区域文字”是指在封闭的图形内创建的文本，区域文本的外轮廓呈现出封闭图形的形态，所以通过创建区域文字可以在不规则的范围内排列大量的文字。下图为使用区域文字的版式设计作品。

首先绘制一个封闭的图形，选择这个封闭的图形。选择文本工具字，将光标移动至闭合路径内单击，此时光标变为I形状。然后单击鼠标左键并输入文字，随着文字的输入可以发现文本出现在于封闭路径内，如下图所示。

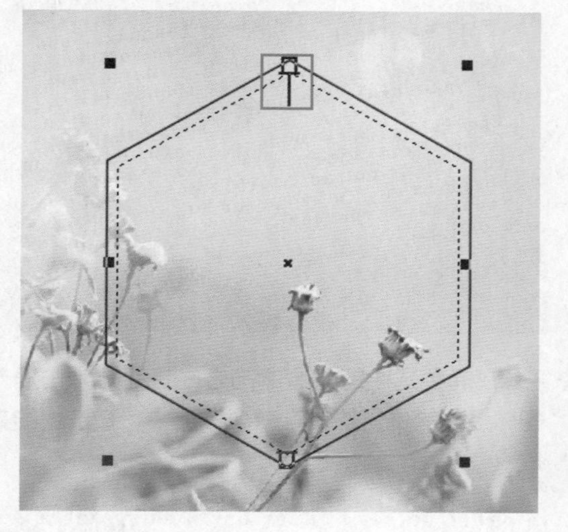

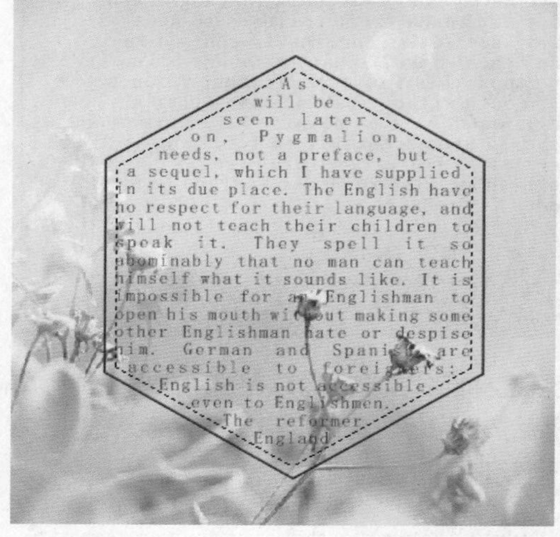

TIP 执行“排列>拆分路径内的段落文本”命令，或按Ctrl+K快捷键，可以将路径内的文本和路径进行分离。

UNIT 27 编辑文本的基本属性

在文本属性栏中提供了一些关于文字基本属性的设置，但是在一些复杂操作中，这些基本属性不能够满足文字的编辑，这时可以调出“文本属性”泊坞窗进行更多参数的设置，如下图所示。

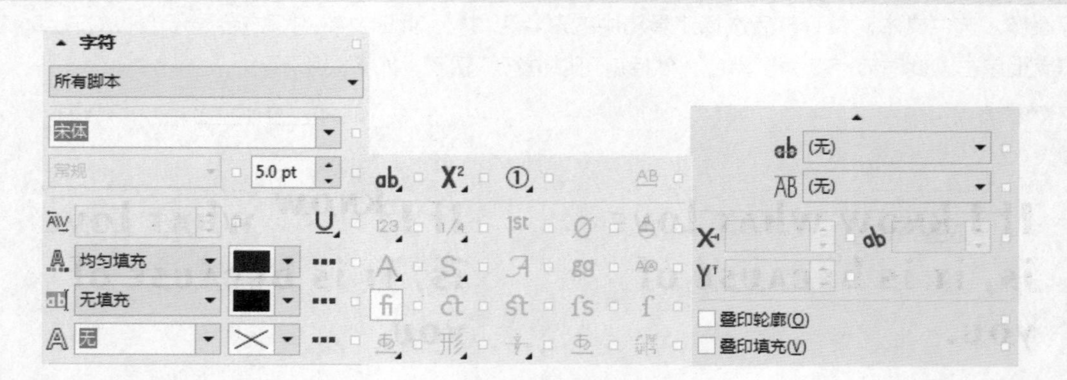

选择文本对象

在对文本进行编辑之前需要先选择相应的对象，其选择的方法与选择图形对象的方法相同。

1 选择工具箱中的选择工具，在文本上单击即可选中文本对象，然后就可以进行编辑，例如旋转、移动文本等，如下图所示。

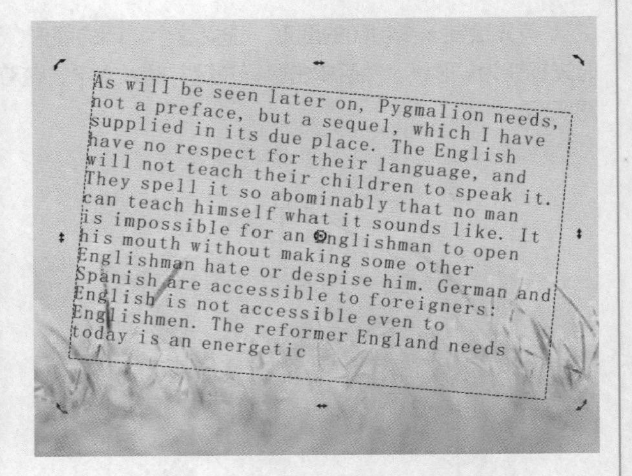

2 若要选择部分文字，可以在使用文本工具状态下，在需要选中的位置的前方或者后方单击插入光标，然后按住鼠标左键向文字的方向拖曳选中文字。光标经过的位置的文字就会被选中，被选中的文字会突出显示，如下图所示。

3 选中单独的文字还有另外一种方法，这种方法不仅可以更改文字的基本属性，还可以进行移动、旋转等操作。选中文本对象，然后选择工具箱中的形状工具，此时文字的下方会显示空心的节点，然后在节点上单击，此时节点变为了黑色，然后就可以进行编辑了，如下图所示。

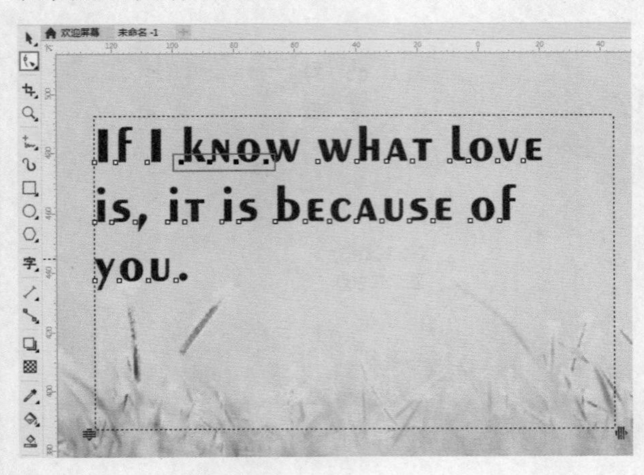

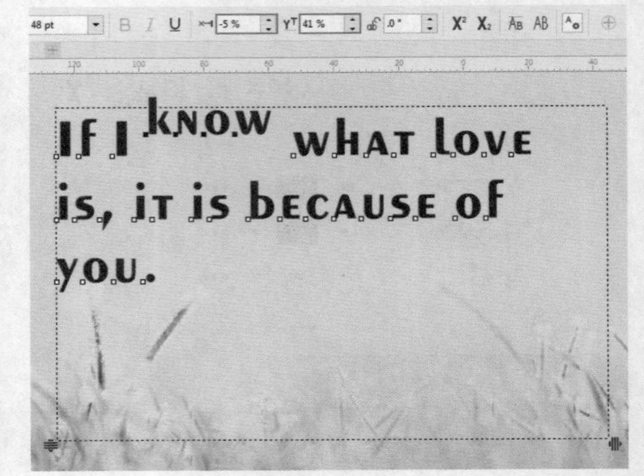

设置字体

在“字体列表”中可以对文字的字体进行更改。首先选中文字，然后单击属性栏中的“文字列表”下拉按钮▾，在下拉列表中选择一种字体，即可为所选文本设置一种字体，如下图所示。

设置字号

“字号”就是指文字的大小。在文字输入完成后，若要更改文字大小有两种简便且常用的方法，一种是通过拖曳控制点进行缩放。还可在属性栏中进行字号数值的调整，以设置精确的文本大小。

1 使用选择工具选择需要设置的文字，然后拖曳控制点即可进行文字大小的调整，它与图形缩放的操作是一样的，如右图所示。

2 也可以选中文字，在“字体大小”数值框中输入数值，设置文字的大小。在属性栏中单击“字体大小”后侧的下拉按钮▾，在下拉列表中可以选择预设字号，如右图所示。

更改文本颜色

对于文本颜色的更改，可以使用“调色板”进行更改，还可使用交互式填充工具进行更改。这也就是说文本对象不仅可以被填充为纯色，还可填充图案和渐变。

1 文本颜色可以在调色板中进行设置，使用鼠标左键单击“调色板”中的任意色块，即可为文字更改填充颜色，如下图所示。

2 选中文字，单击工具箱中的交互式填充工具按钮，然后在属性栏中可以选择不同填充方式对文本进行填充，如下图所示。

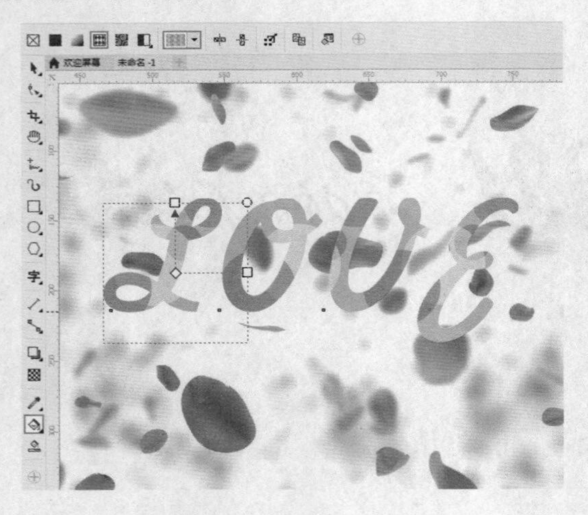

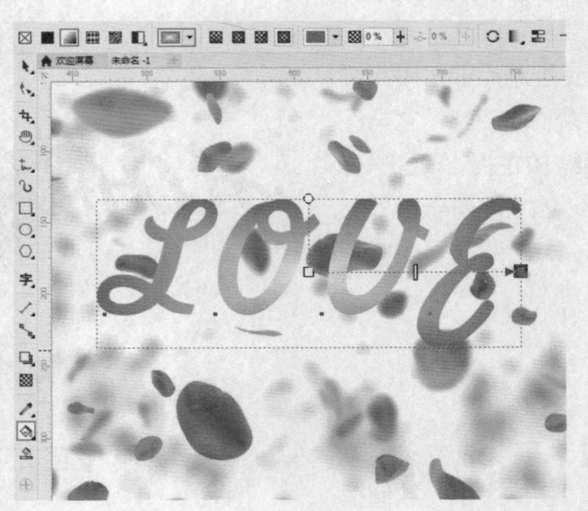

调整单个字符角度

调整单个字符角度可以在属性栏中完成该操作，还可在“文本属性”泊坞窗中进行该操作。

1 使用形状工具选中需要旋转的字符，然后在属性栏中“字符旋转”45.0°数值框中输入一个合适的角度，然后按Enter键确认旋转，如下图所示。

2 也可以使用形状工具 选中需要旋转的字符，然后执行“文本>文本属性”命令，打开“文本属性”泊坞窗，在“字符角度”数值框内输入数值即可进行字符的旋转，如下图所示。

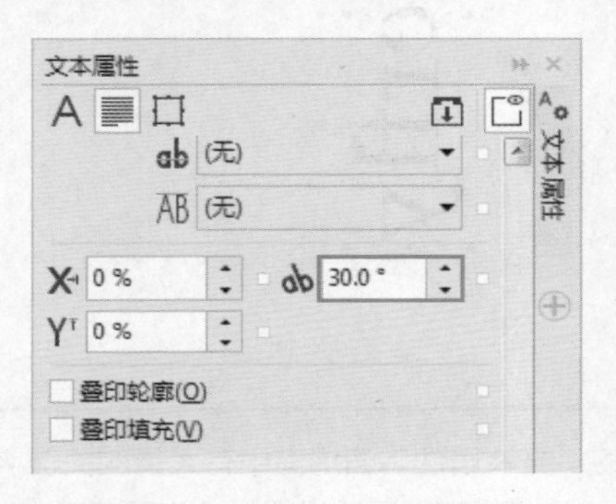

- 字符水平偏移：制定水平字符之间的水平间距。
- 字符角度：指定文本字符的旋转角度。
- 字符垂直偏移：制定文本字符之间的垂直间距。

矫正文本角度

被更改了角度的文本如果需要将文字恢复为原始状态，可以选择需要矫正的字符，接着执行“文本>矫正文本”命令，效果如下图所示。

转换文字方向

文字有“水平方向”和“垂直方向”两种排列方法。选中文字，在使用文本工具的状态下，在属性栏中单击“将文本改为水平方向”按钮，可以将文字水平方向排列。单击“将文本改为垂直反方向”按钮，可以将文字垂直方向排列，如下图所示。

设置字符效果

执行“文本>文本属性”命令或按Ctrl+T快捷键，在弹出的“文本属性”泊坞窗中有大量的关于字符效果设置的按钮。单击某种按钮，可以在下拉列表中选择合适选项，进行字符效果的设置，如下图所示。

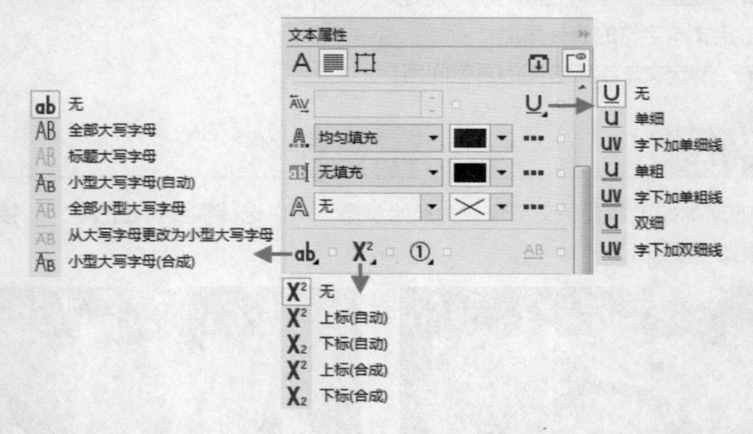

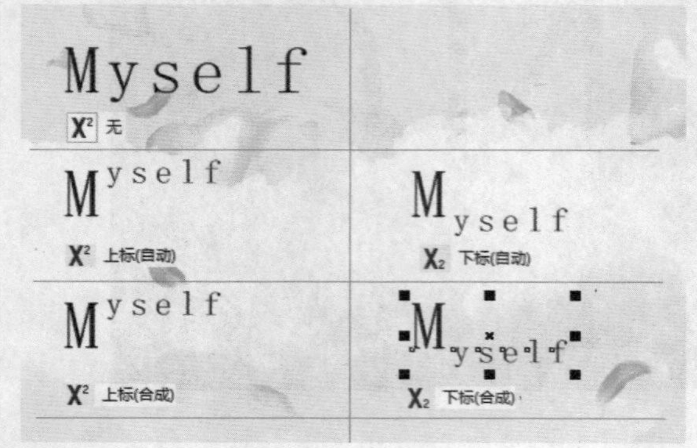

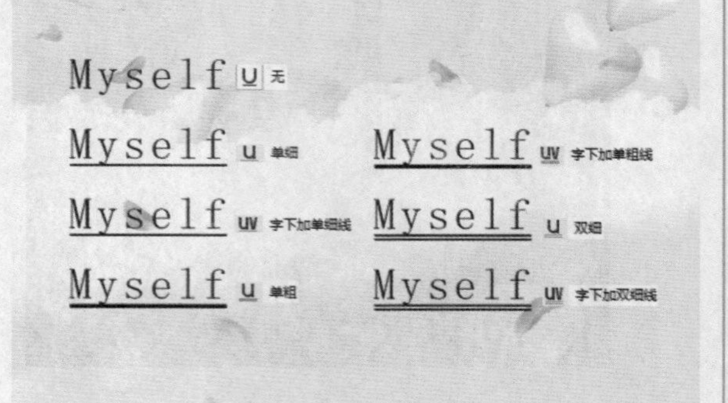

设置首字下沉

“首字下沉”效果主要作用于书籍、杂志正文中的大段文字，使用首字下沉可以使段落文字的首个文字放大显示，非常醒目。

1 首先选择段落文本，单击属性栏中的“首字下沉”按钮，随即得到首字下沉的效果，如下图所示。

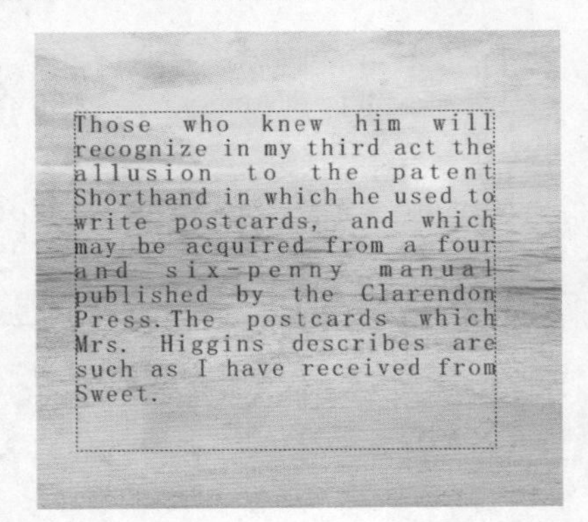

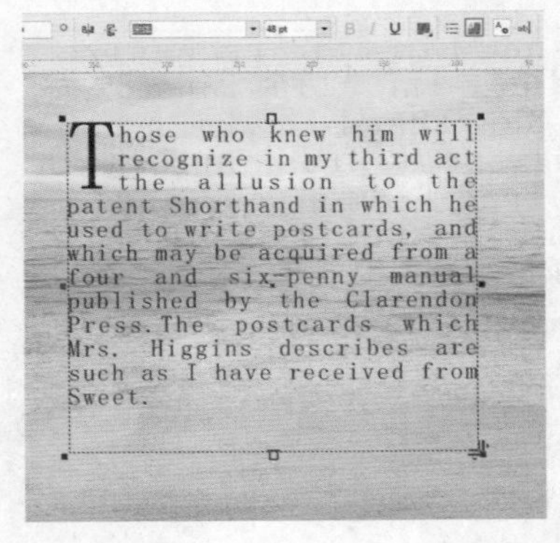

2 在属性栏中无法调整首字下沉的效果，这时需要执行“文本>首字下沉”命令，随即会打开“首字下沉”对话框。首先需要勾选“使用首字下沉”复选框，然后设置“下沉行数”和“首字下沉后的空格”数值。设置完成后单击“确定”按钮，完成首字下沉的设置，如下图所示。

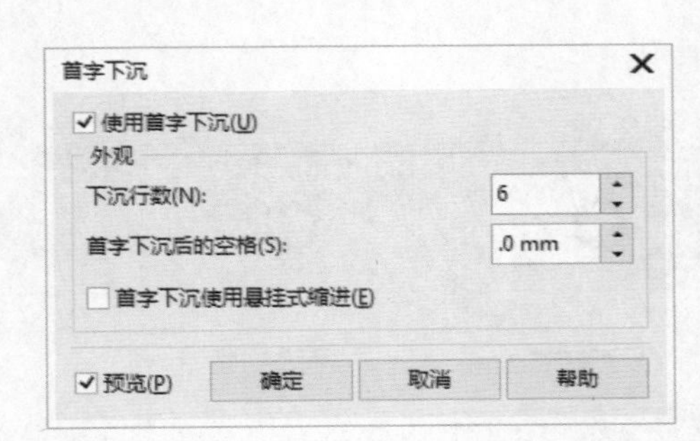

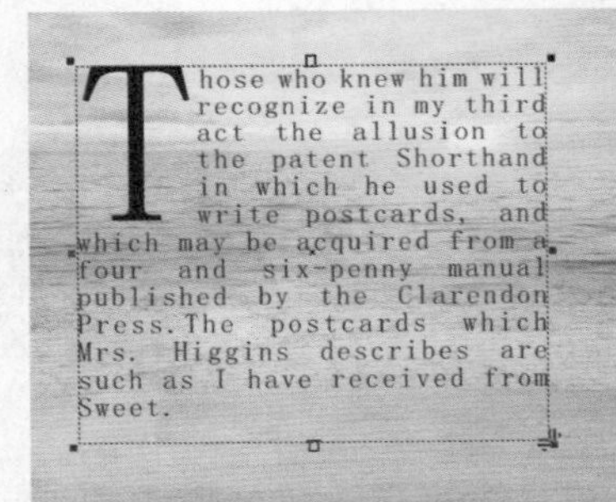

- 使用首字下沉：勾选该复选框以用来确定首字下沉操作，若不勾选该选项，则无法进行参数设置。
- 下沉行数：设置首字的大小。
- 首字下沉后的空格：设置首字与右侧文字的距离。
- 首字下沉使用悬挂式缩进：用来设置首字在整段文字中的悬挂效果，若不勾选该复选框段落文字会自动排列在首字的右侧和下方；若勾选该复选框则段落文字只会排列在首字的右侧。下图为是否勾选该复选框的对比效果。

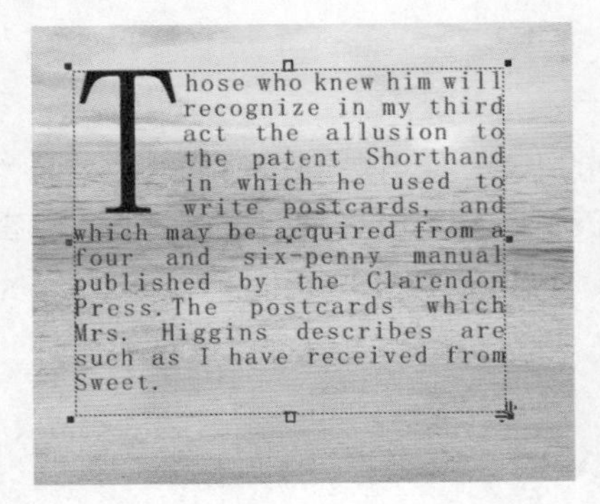

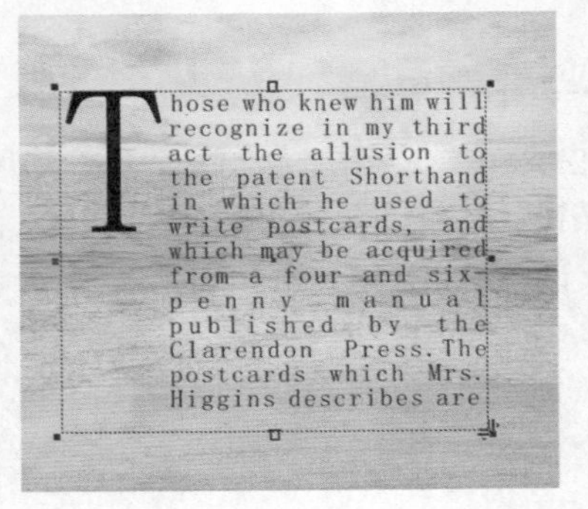

文本换行

“文本换行”是用于设置图形对象和文字之间的关系，主要用于创建文字环绕在图形周围的效果。

1 首先输入一段段落文本，然后将图形移动到文本中，如下图所示。

Those who knew him will recognize
in my third act the allusion to
the patent Shorthand in which he
used to write postcards, and which
may be acquired from a four and
six-penny manual published by the
Clarendon Press.

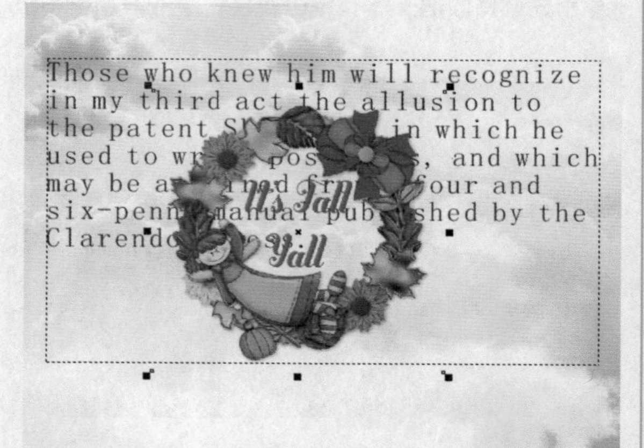

2 选中图形，单击属性栏上的“文本换行”按钮，在弹出的下拉列表中可以选择文本换行的方式，不同的文本换行方式，文字的排列方式都会有一定的变化，效果如下图所示。

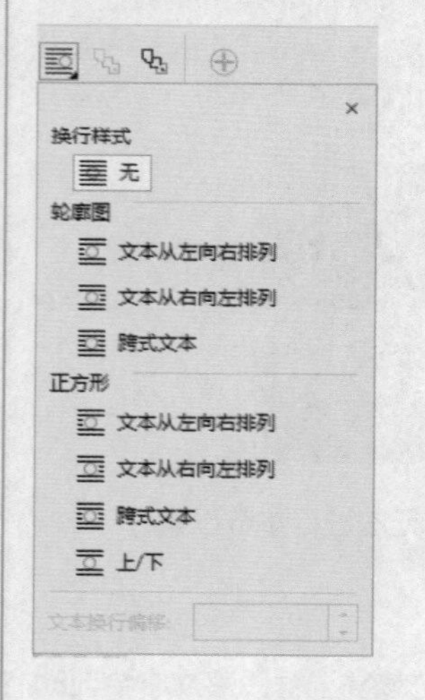

Let's go! 使用文本工具制作电器广告

原始文件 Chapter 05\使用文本工具制作电器广告.cdr
视频文件 Chapter 05\使用文本工具制作电器广告.flv

1 新建一个空白文档，在画布上绘制一个合适大小的矩形，使用交互式填充工具，在属性栏上单击“双色图样填充”按钮，并在“第一种填充色或图样”的下拉面板中选择合适的填充图案，在矩形上按住鼠标左键并拖曳，调整填充效果，如下图所示。

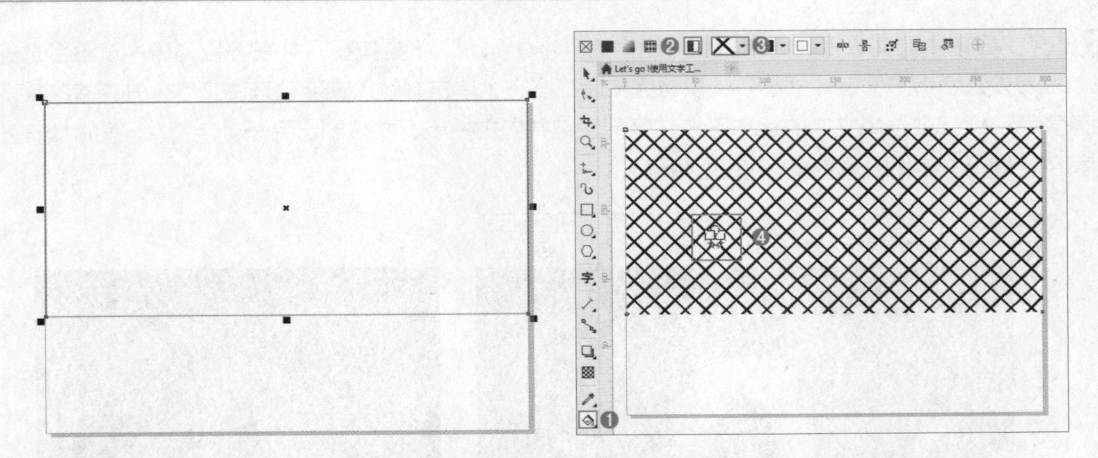

2 接着分别在属性栏中设置“前景颜色”和“背景颜色”为深浅不同的红色，如下图所示。

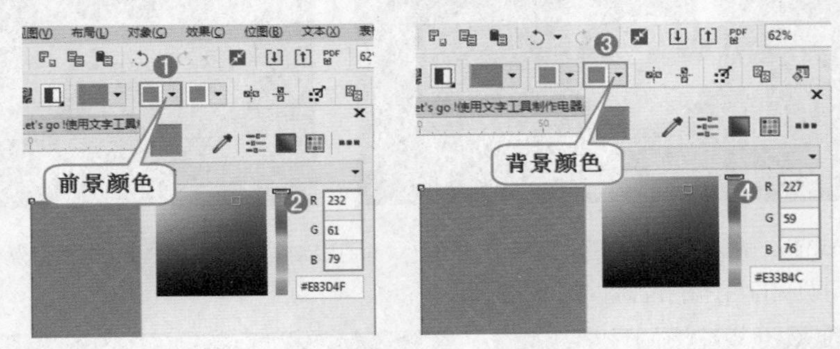

3 选择2点线工具，在矩形上绘制出线条，使用选择工具加选所有的线条，设置线条的轮廓颜色为白色，如下图所示。

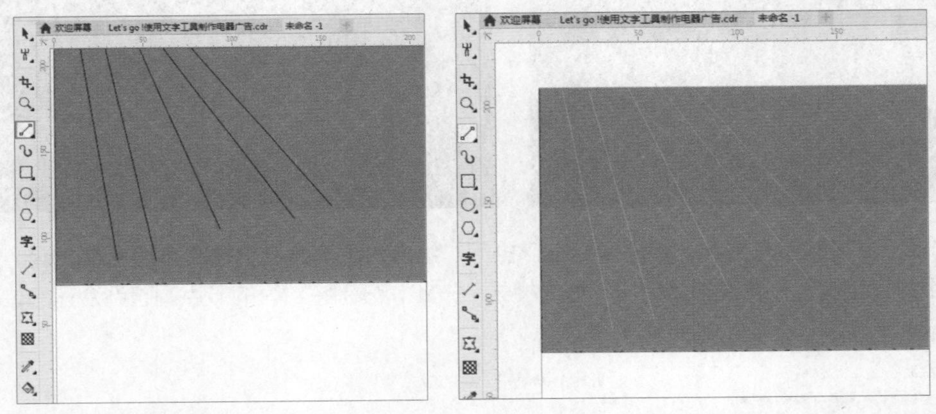

4 使用钢笔工具在画面下方依次绘制出大小不一的三角形，并为其填充合适的颜色。继续使用钢笔工具绘制出画面两侧的不规则图形，并设置“填充颜色”为黄色，如下图所示。

5 选择工具箱中的文本工具，单击属性栏中的“字体列表”下拉按钮，并在下拉列表中设置合适的字体，接着设置合适的“字体大小”，设置完成后在画布上单击并输入文字。选中文字，并更改文字颜色为深黄色。继续在选中文字的状态下按住鼠标左键并向左拖曳，并复制出另一个字母A，设置填充颜色为黄色，做出文字的立体效果，如下图所示。

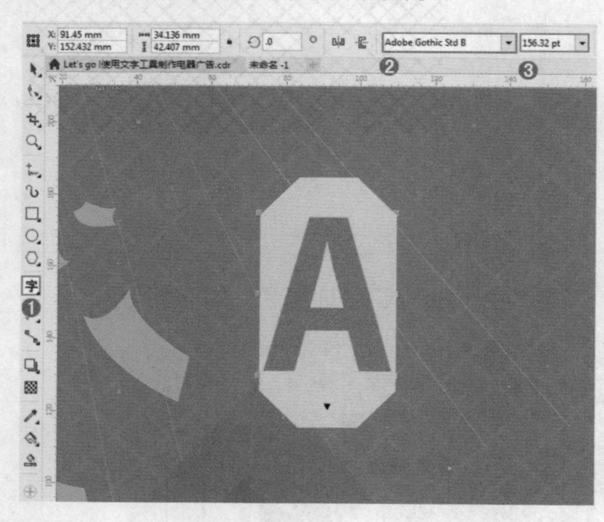

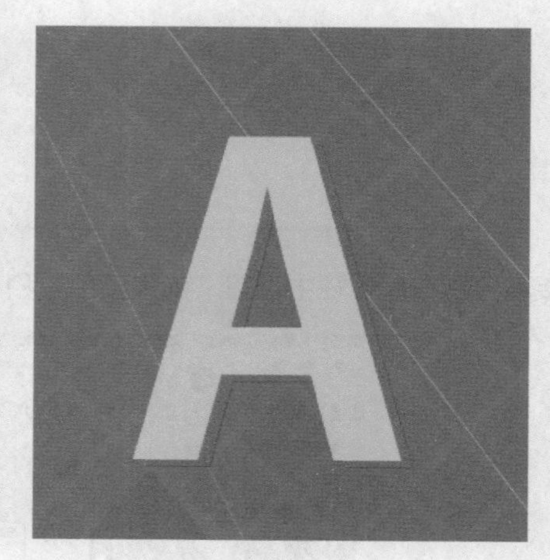

6 使用同样的方式依次输入右侧的主体文字，并进行移动复制以及更改填充颜色的操作，做出立体效果。接着把两个字摆放的合适的位置，如下图所示。

7 使用选择工具加选所有文字，单击鼠标右键执行“组合对象”命令，把文字组合在一起。接着在工具箱中使用封套工具，在属性栏上单击“直线模式”按钮，分别将封套的节点调整到合适的位置，效果如下图所示。

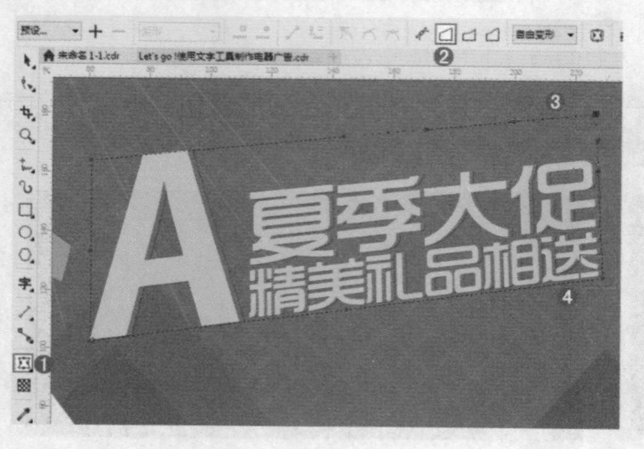

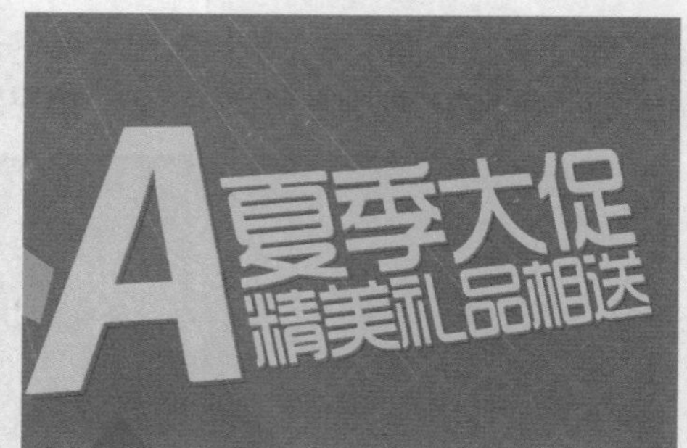

8 接下来绘制文字的投影部分，使用钢笔工具分别绘制出这两个图形，并填充颜色为黑色。选中这两个图形，单击鼠标右键多次执行“顺序>向后一层”命令，效果如下图所示。

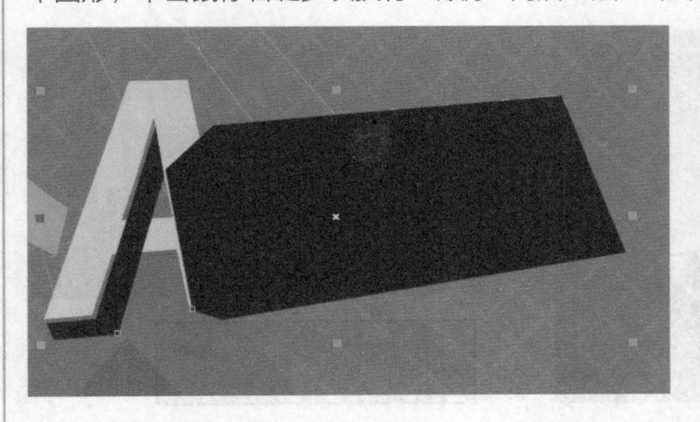

9 同样使用钢笔工具绘制出整体文字的背景图形，并填充颜色为深紫色。接着选中该图形，单击鼠标右键多次执行“顺序>向后一层”命令，直到把文字和投影显示出来，效果如下图所示。

10 执行“文件>导入”命令，在弹出的“导入”对话框中找到素材位置，选择素材“1.png”，单击“导入”按钮。接着在画面中按住鼠标左键并拖动，松开鼠标后素材就导入进来了，如下图所示。

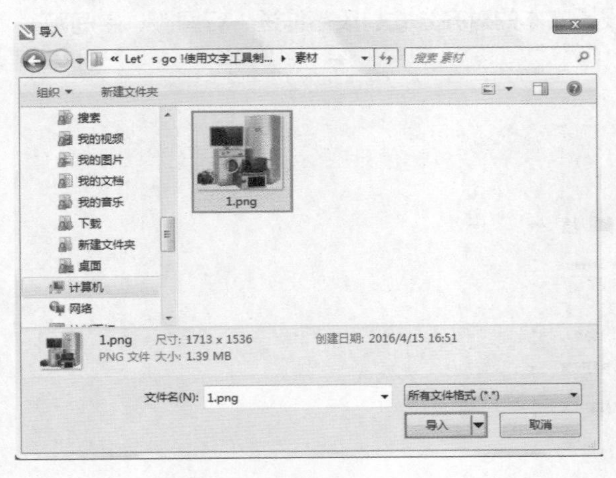

11 为文字和导入的素材制作投影，使用钢笔工具分别绘制出图形，并填充颜色，同样的方式将这两个图形移到文字的后方，效果如下图所示。

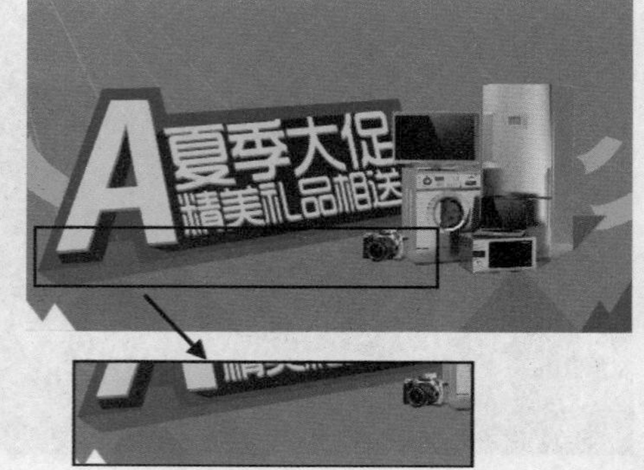

12 最后使用标注形状工具，在属性栏中单击“完美形状”按钮并选择出合适的形状，在画面左上方绘制一个气泡，并填充合适的颜色。接着使用文本工具依次输入所有的文字，最终效果如下图所示。

UNIT 28 编辑文本的段落格式

执行“文本>文本属性”命令，即可打开“文本属性”泊坞窗，在“段落”区域中可以对大段的文字进行相应参数的调整，在该面板中，可以设置文本的对齐方式、段落缩进、行间距、字间距等选项。下图为“段落”选项。

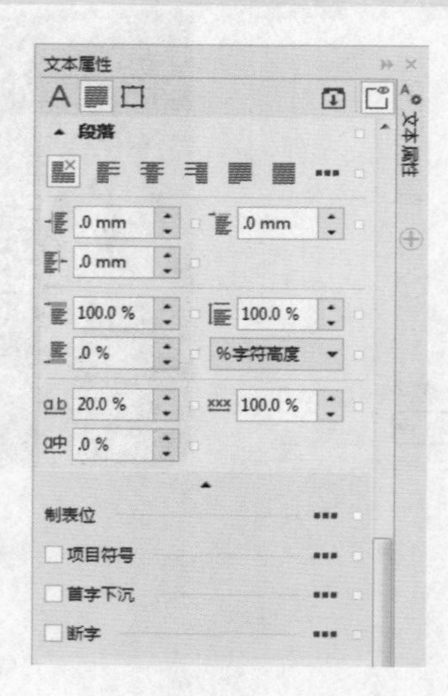

设置文本的对齐方式

文本对齐方式常用于大段文字的对齐设置。

1 选中段落文本，单击工具属性栏中的“水平对齐”按钮，在下拉列表中选择一种对齐方式，即可对文本做相应的对齐设置，如下图所示。

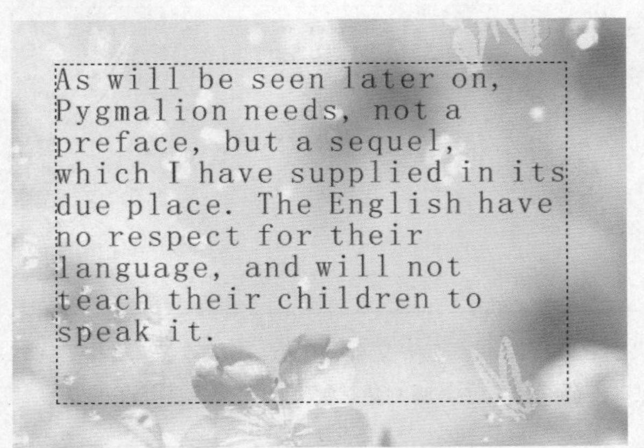

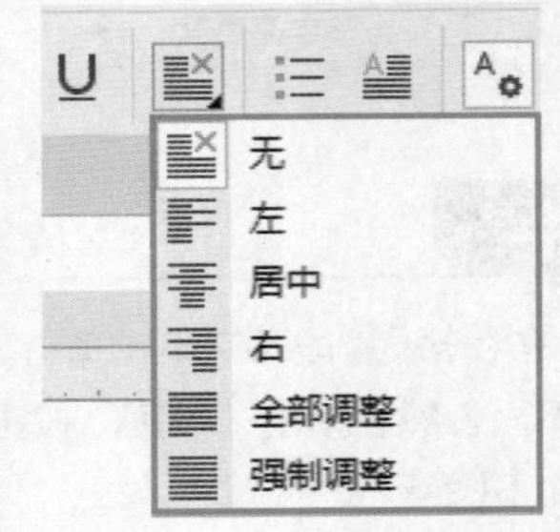

2 也可以执行“窗口>泊坞窗>文本属性”命令，打开“文本属性”泊坞窗，单击“段落”按钮，进入段落属性的设置界面，单击相应的按钮也可以进行对齐方式的设置，如下图所示。

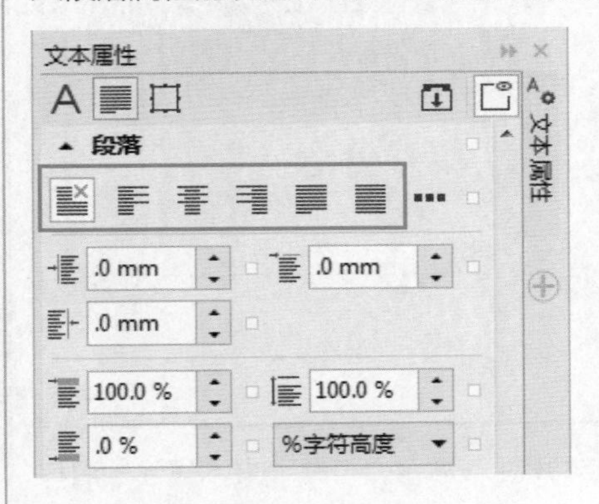

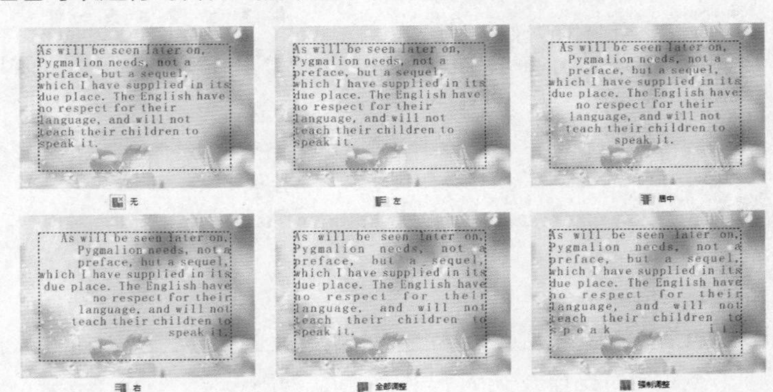

设置段落缩进

“缩进”是文本内容对象与其边界之间的间距量，通过设置缩进可以用来区分文章整体结构。

选中要缩进的段落，执行“文本>文本属性”命令，打开“文本属性”泊坞窗。然后单击“段落”按钮，通过“左行缩进”、“首行缩进”和“右侧缩进”选项来设置段落的缩进，如下图所示。

- 左行缩进：设置段落文本相对于文本框左侧的缩进距离。
- 首行缩进：设置段落文本的首行相对文本框左侧的缩进距离。
- 右侧缩进：设置段落文本相对文本框右侧的缩进距离。

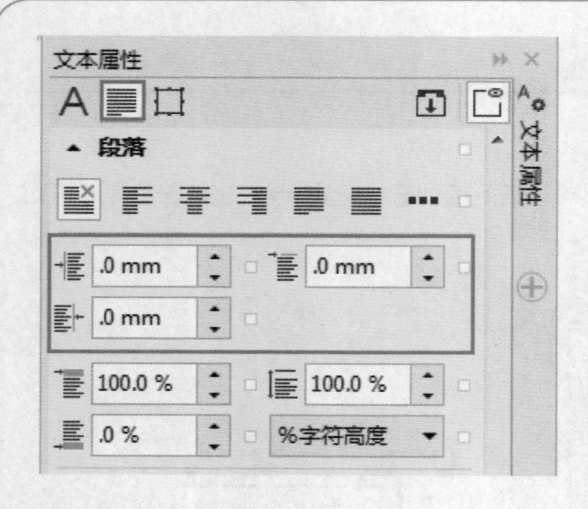

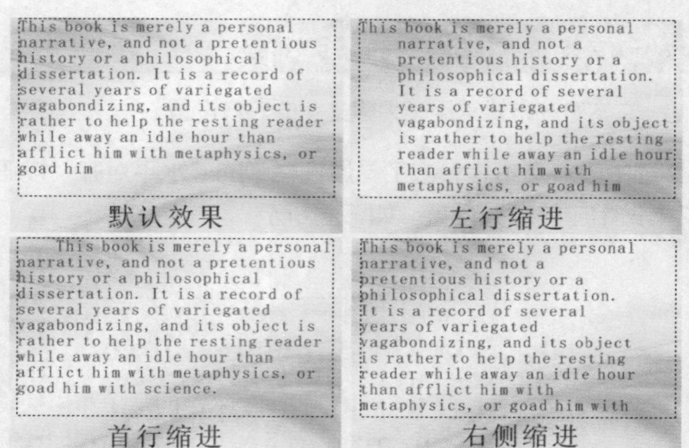

行间距

行间距是用来设置段落文本中每行文字之间的距离。选中文本，执行“文本>文本属性”命令，打开“文本属性”泊坞窗。然后单击“段落”按钮，在“行间距” 100.0 % 数值框中输入相应的数值，即可进行行间距的设置，如下图所示。

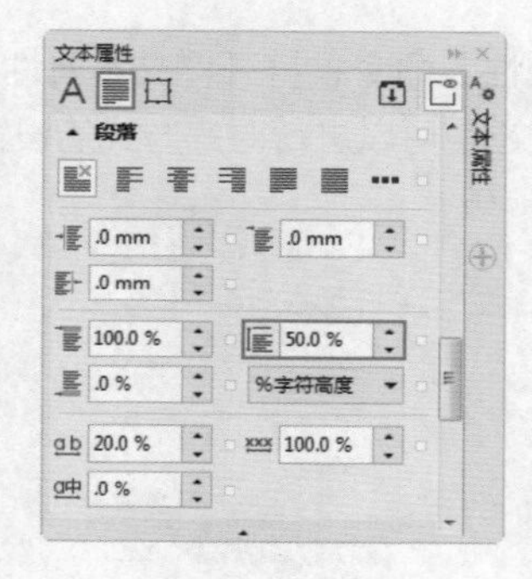

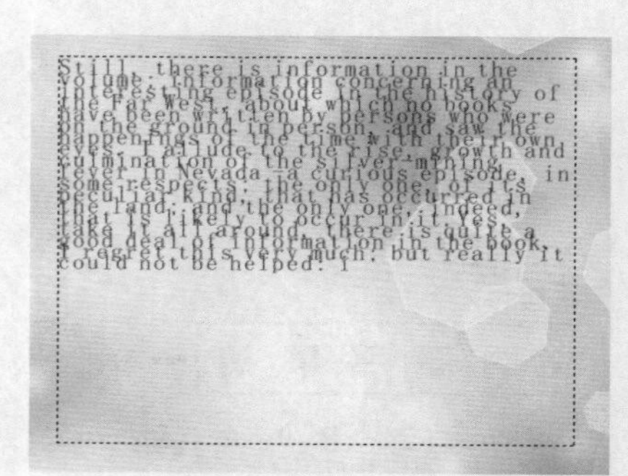

字间距

字间距是字与字之间横向的距离。选中文本，执行“文本>文本属性”命令，打开“文本属性”泊坞窗。然后单击“段落”按钮展开“段落”参数面板，其中包含三种字间距的设置：“字符间距”、“字间距”和“语言间距”，如下图所示。

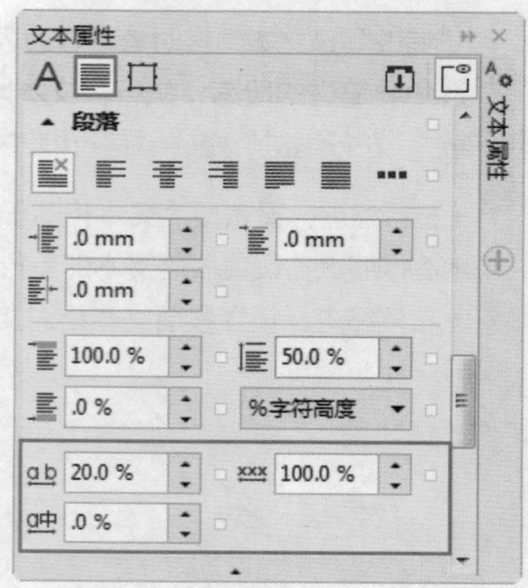

- 字符间距ab：用来调整字符的间距。下图为不同“字符间距”的对比效果。

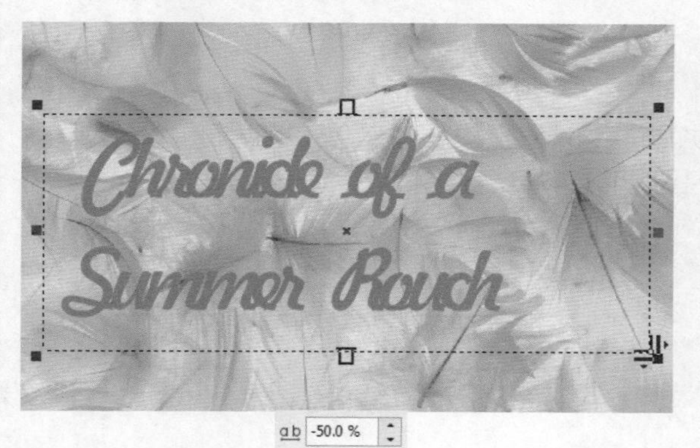

- 字间距：指定单词之间的间距，对于中文文本不起作用。下图为不同“字间距”的对比效果。

- 语言间距：控制文档中多语言文本的间距。

添加制表位

“制表位”主要用于对齐段落内文字的间隔距离。在下面就以制作一个目录为例学习如何添加与使用制表位。

1 选择工具箱中的文本工具字在画面中绘制文本框，然后在文本框中输入文字。选中文字，执行“文本>制表位”命令，打开“制表位设置”对话框，单击“添加”按钮，就会添加一个制表位，如下图所示。

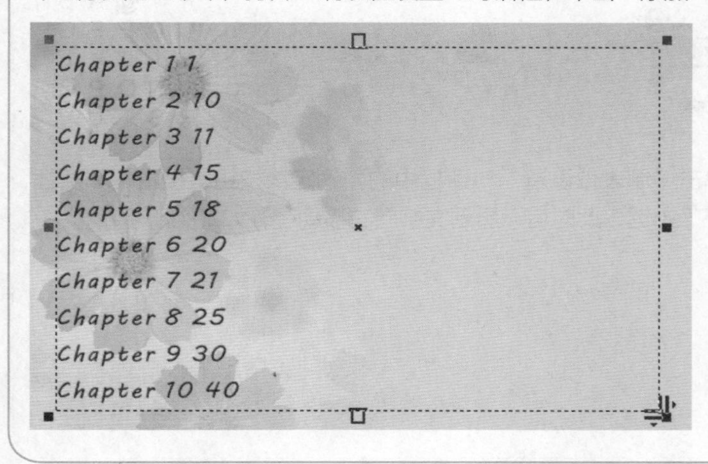

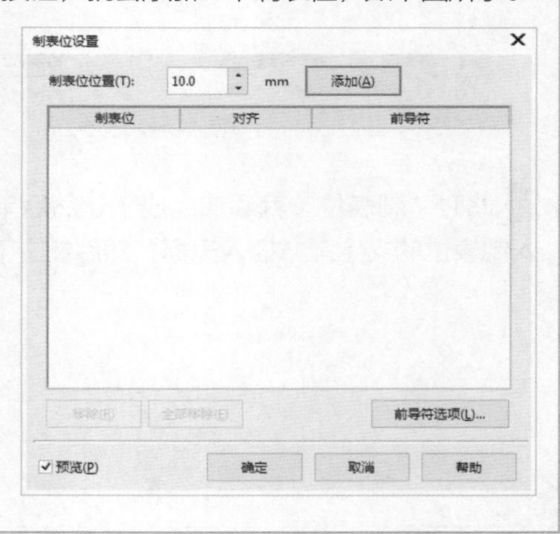

- 制表位：用来设置“制表位”的位置。
- 对齐：用来设置该制表位处的文字的对齐方式。
- 前导符：用来设置制表符前面的符号。

2 首先设置第一个制表位的位置。设置“制表位”为10mm，“对齐”为“左”，“前导符”为“关”。再次单击“添加”按钮，添加一个新的制表位，如下图所示。

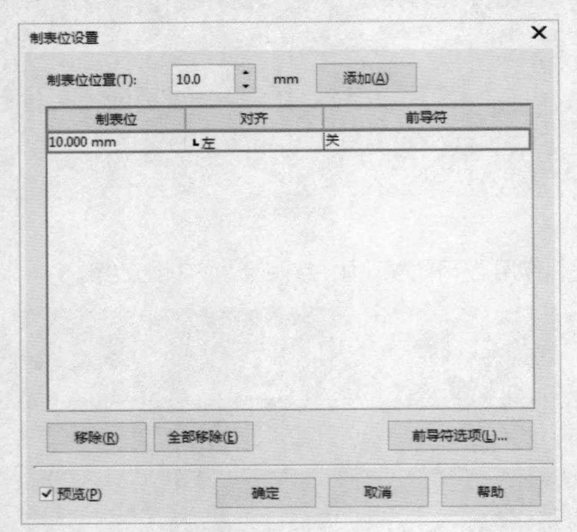

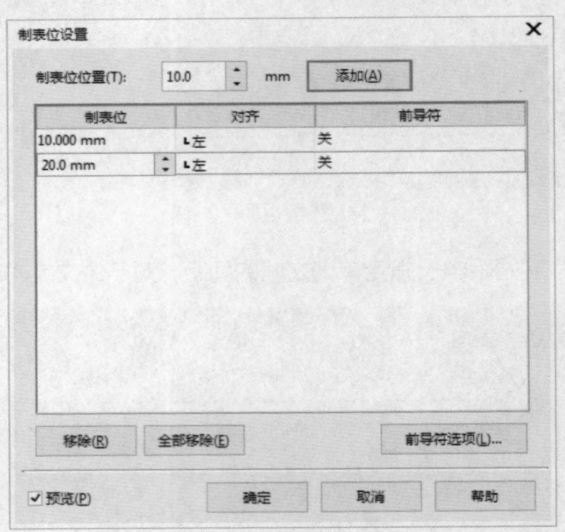

3 接下来调整第二个制表位的参数。设置“制表位”为200mm，“对齐”为“左”，“前导符”为“开”。然后单击“前导符选项”按钮，在“前导符设置”对话框中选择合适的“字符”和“间距”，然后单击“确定”按钮完成前导符的设置，如下图所示。

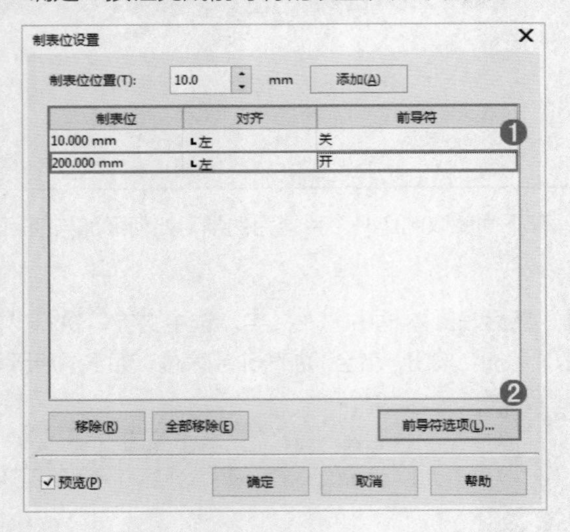

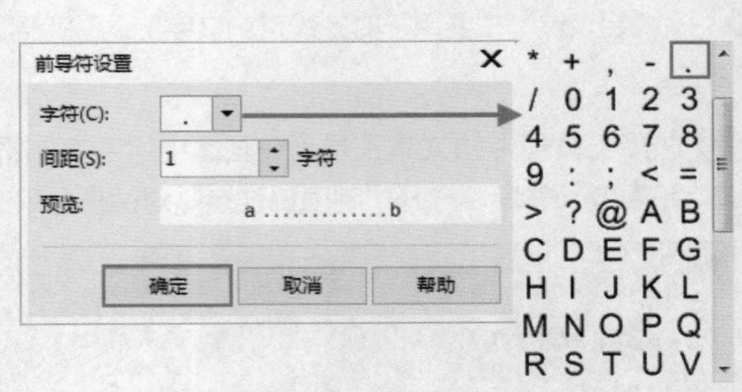

4 此时“制表位”就添加完成了，然后单击“制表位设置”对话框中的“确定”按钮。接着在需要插入制表位的文字前方插入光标，然后按一下Tab键，此时可以看到文字向右移动了，如下图所示。

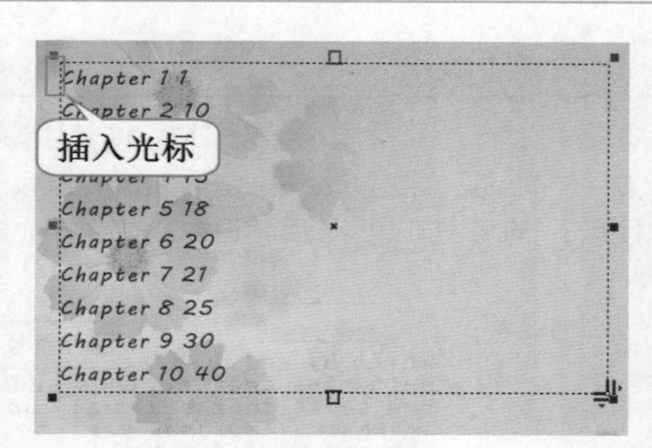

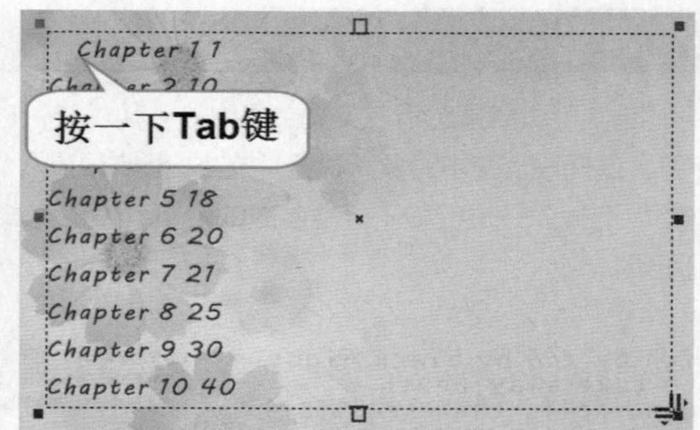

5 继续在第二个添加制表位的字符前方插入光标，然后按一下Tab键，此时可以看见制表符。继续添加其它的制表位，如下图所示。

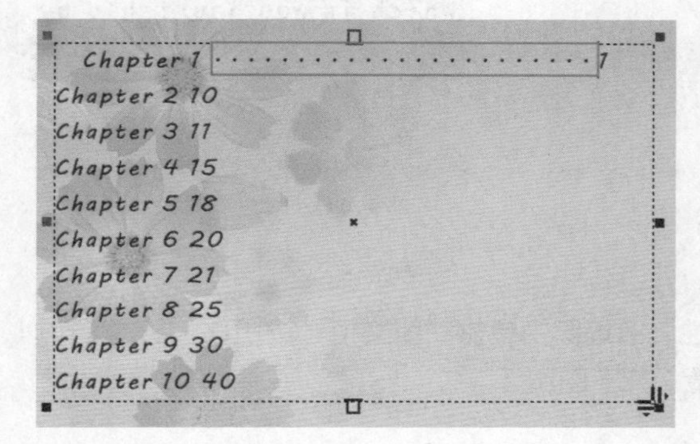

设置项目符号

“项目符号”位于每段文字的前方。选择需要添加项目符号的段落文本，执行“文本>项目符号”命令，在弹出的“项目符号”对话框中勾选“使用项目符号”复选框，然后单击“符号”后侧的倒三角按钮，在下拉列表中可以选择一个项目符号，接着设置其它选项，设置完成后单击“确定”按钮完成自定义项目符号操作，如下图所示。

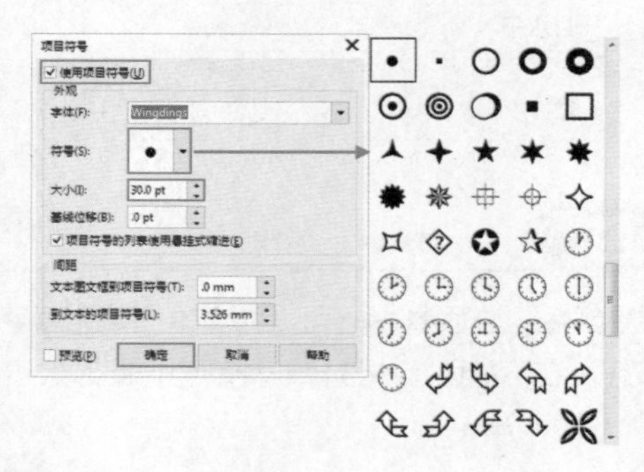

- 字体：用来设置选中文本的字体。
- 符号：单击“符号”倒三角按钮，在下拉列表中选择合适的项目符号。
- 大小：用来设置符号的大小。
- 基线位移：数量项目符号从基线位移。
- 文本图文框项目符号：用来设置文本框与项目符号之间的距离。
- 到文本的项目符号：用来设置项目符号以文字之间的距离。

使用文本断字功能

“断字”功能是应用在英文文本中的一种功能，它可以将不能排入一行的某个单词自动进行拆分并添加连字符。选择段落文本对象，执行“文本>断字设置”命令，在弹出的“断字”对话框中勾选“自动连接段落文本”复选框，并进行段子标准参数的设置，设置完成后单击“确定”按钮可以看到单词中的断字符号，如下图所示。

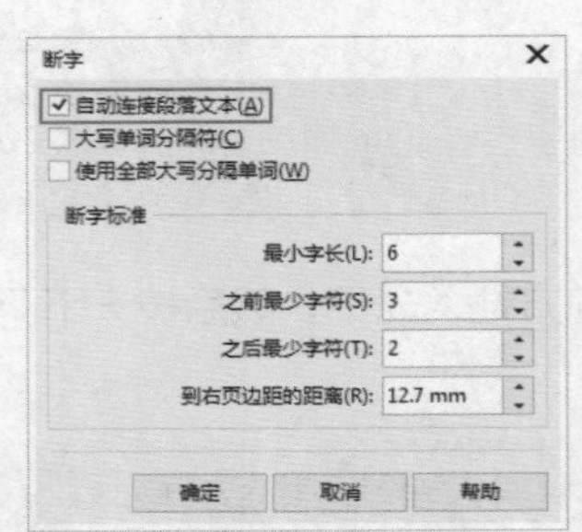

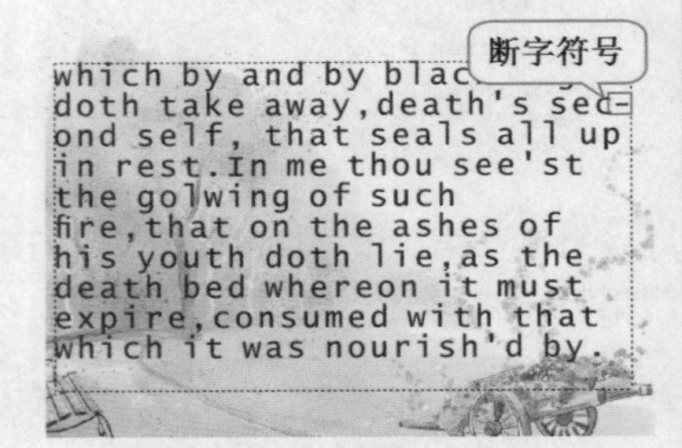

UNIT 29 编辑图文框

执行“文本>文本属性”命令，在“文本属性”泊坞窗中单击“图文框”按钮□，在这里可以对图文框的对齐、分栏、文本框填充颜色进行设置，如下图所示。

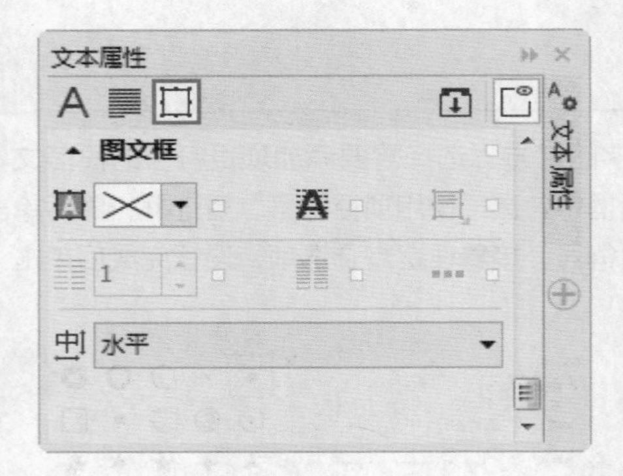

设置图文框填充颜色

在“图文框”区域中的“背景颜色”选项可以为文本框填充颜色。选中文本框，然后单击“背景颜色”选项后侧的“倒三角”按钮，在下拉面板中选择一种颜色，此时效果如下图所示。

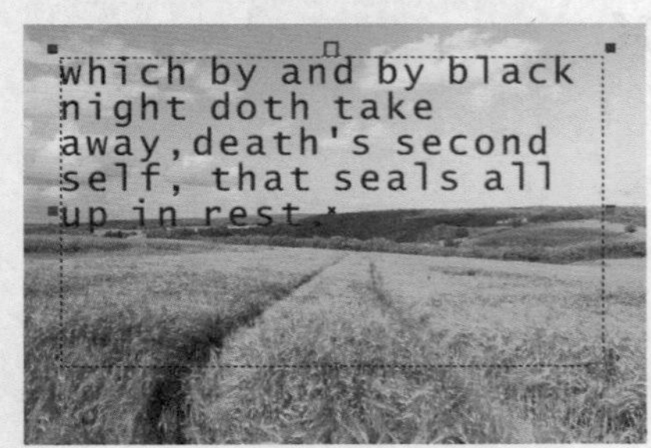

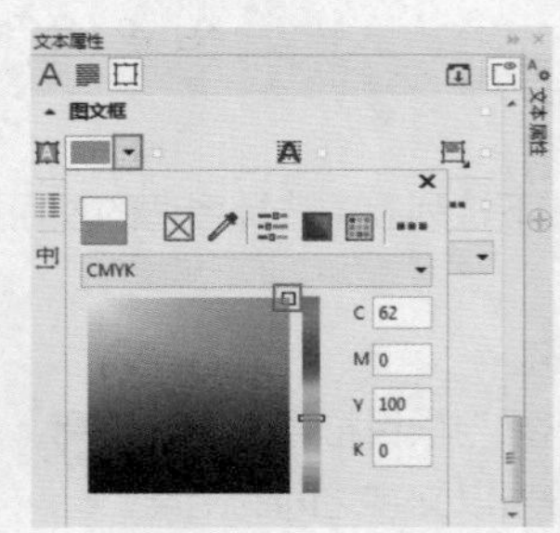

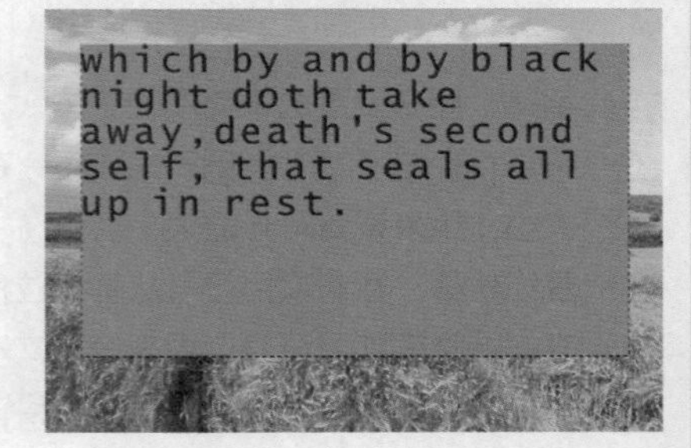

设置图文框对齐方式

在“图文框”区域中的“图文框对齐方式”选项中设置文本与文本框的对齐方式。选中文本框，单击“文框对齐方式”按钮，在下拉列表中有：“顶端垂直对齐”、“居中垂直对齐”、“底部垂直对齐”和“上下垂直对齐”四种，如下图所示。

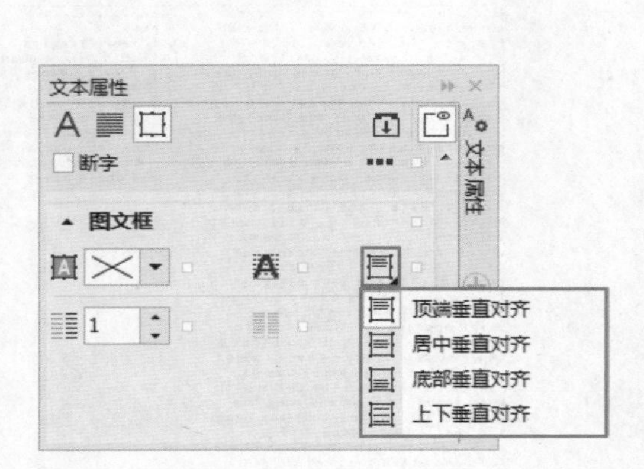

设置分栏

“分栏”就是将大量正文文字分为几排，从而缩短阅读时的长度，减少阅读的压力感，常用于包含大量文字信息的书籍、杂志排版中。下图为使用分栏的作品。

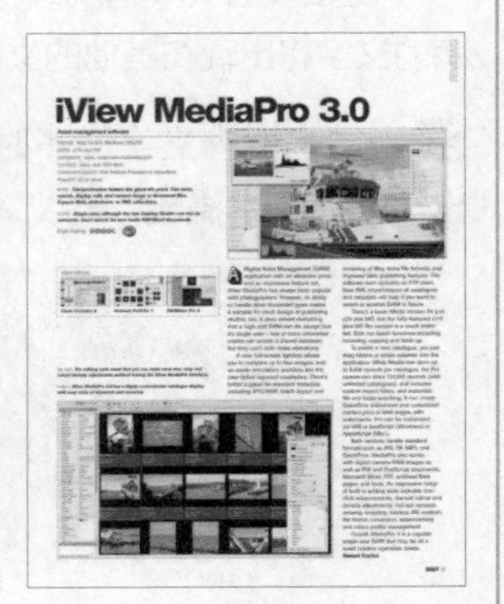

选择段落文字，执行“文本>栏”命令，在弹出的“栏设置”对话框中，首先设置“栏数”，该选项是用来设置分栏的数量，接着为了保证每一个栏的大小相等，勾选“栏宽相等”复选框，然后单击“确定”按钮，效果如下图所示。

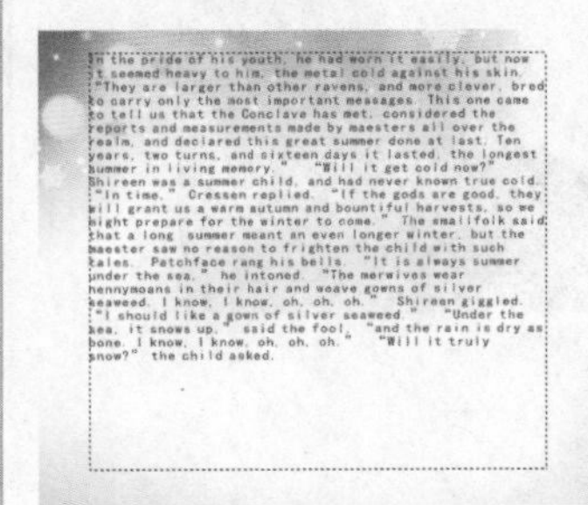

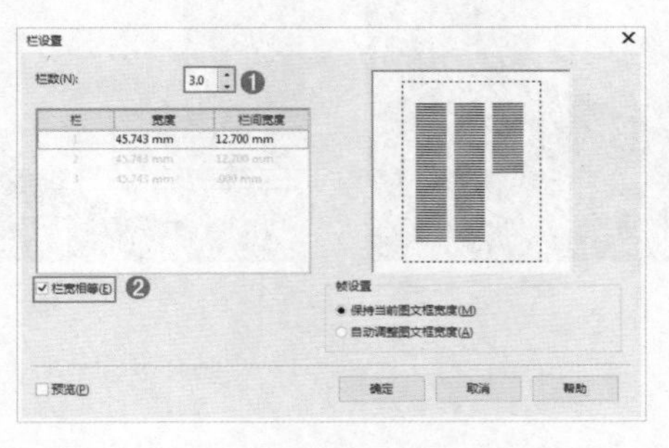

- 栏数：用来设置分栏的数量。
- 宽度：用来设置每个栏的宽度。
- 栏间宽度：用来设置两个栏之间的距离。
- 栏宽相等：勾选该复选框所分的栏的宽度是相等的，取消该选项可以设置栏宽不相同。
- 帧设置：选中“保持当前图文框宽度”单选按钮后进行分栏，文本框的大小不会改变；选中“自动调整图文框宽度”单选按钮，则会根据实际情况自动调整图文框的大小。

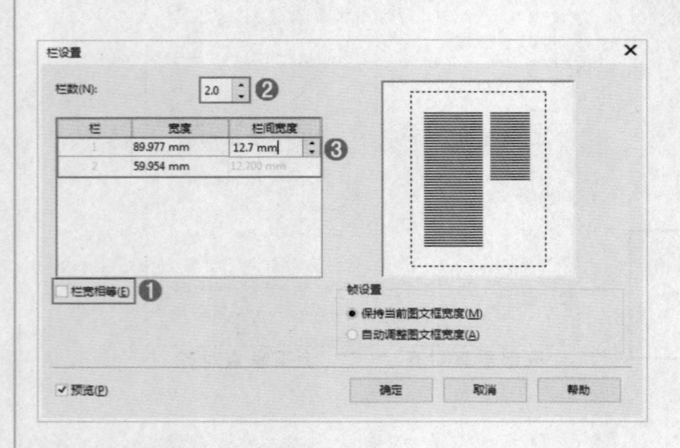

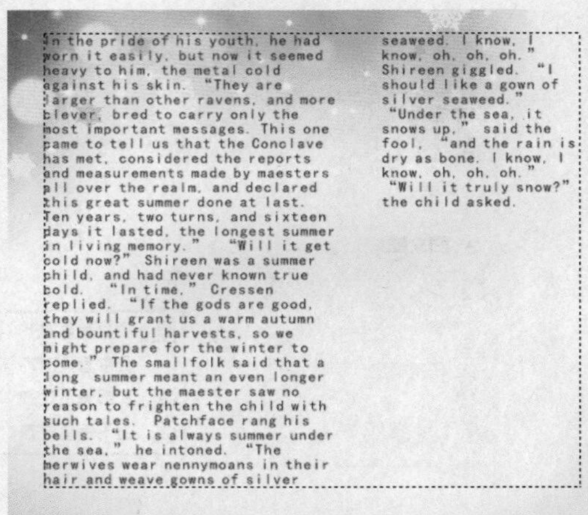

链接段落文本框

链接段落文本框就是将两个以上的文本框进行串联，串联后当一个文本框中的文字无法完整排列时，多余的文字将出现在其他的文本框中。

1 当文本框内文字过多时，文本框显示的内容有限就会出现隐藏的字符，这种现象被称之为“文本溢出”。“文本溢出”时文本框为红色，将文本框放大就会显示出隐藏的字符，如下图所示。

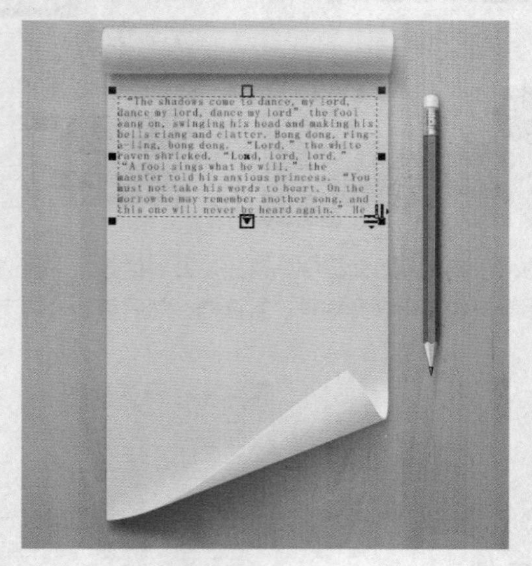

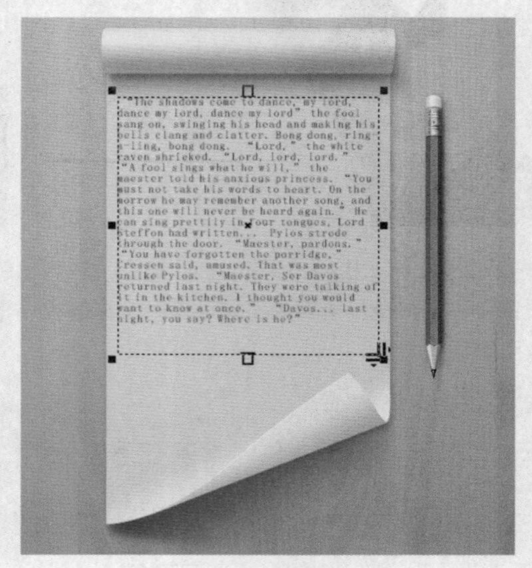

2 当出现“文本溢出”时，还可以通过文本串联的方式显示隐藏的字符。首先使用文本工具绘制一个文本框，接着单击有“溢出文本”的文本框下方的按钮，然后将光标移动至空白文本框内单击，随即隐藏的字符在该文本框中显示出来。文本框连接成功后，两个文本框会有一个青色的箭头进行连接，如下图所示。

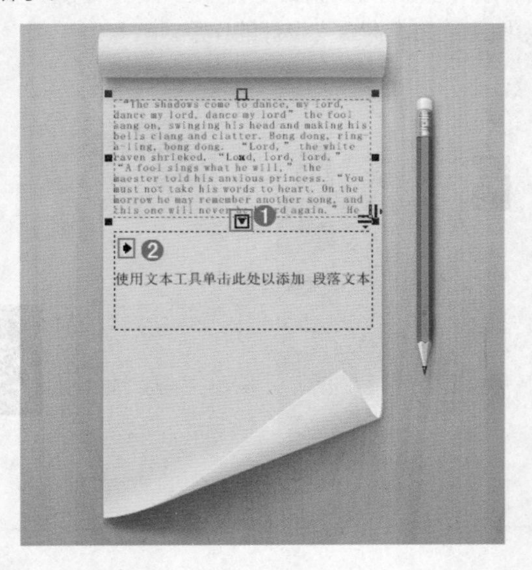

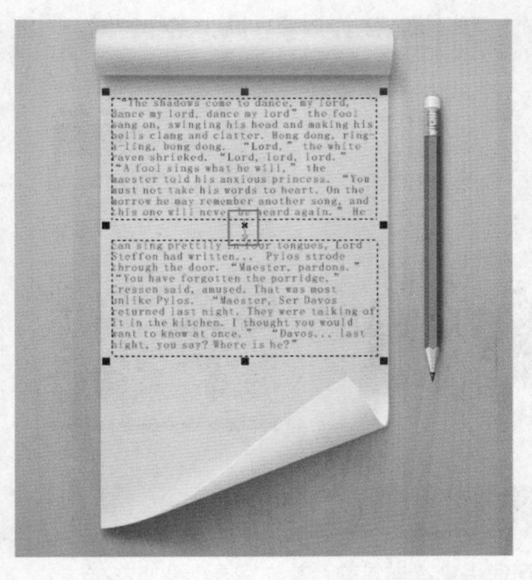

3 还可以将两个独立的文本框进行串联。首先选中两个文本框，执行“文本>段落文本框>链接”命令，即可将选中的文本框进行链接。文本框链接成功后，若更改其中一个文本框的文字属性，那么另外一个文本框内的文字也会发生变化，如下图所示。

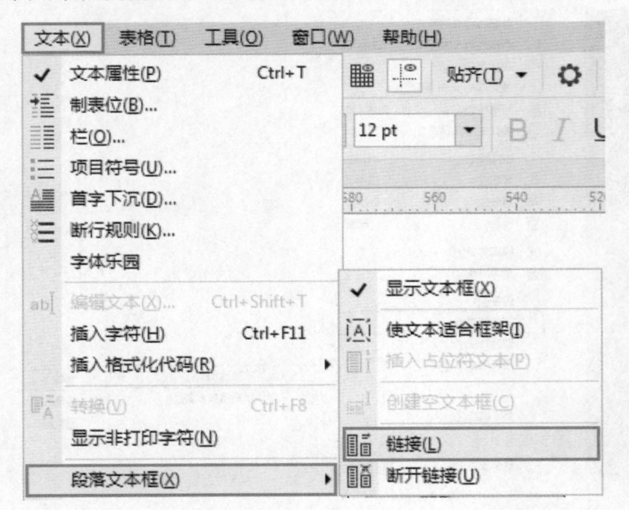

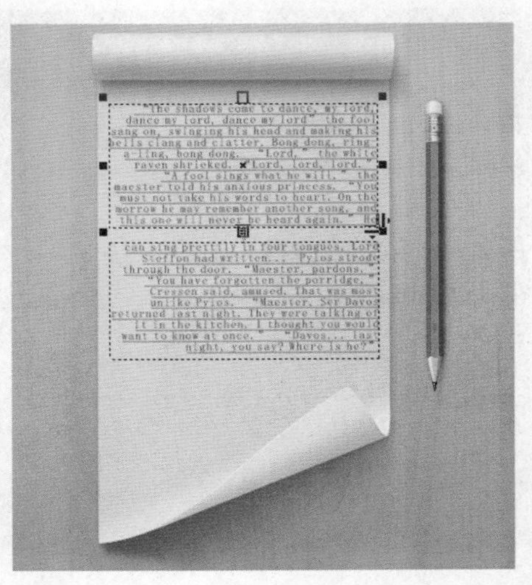

TIP 要链接两个不同的页面的段落文本，也可以进行“链接”。例如在“页面1”中单击段落文本框顶端的控制柄，切换至“页面2”，当鼠标形状变为箭头形状时左键单击文本框即可。

使用文本样式

“文本样式”可以快速为文档中的文字赋予样式，尤其是在大量文字编排工作时，创建“文本样式”可以提高工作效率，减少工作时间。下图为使用“文本样式”设计的作品。

STYLE A TO ZEE
BABY I LOVE YOUR LOOK
SHIRT TALES
VESTED INTEREST

HARBOR FREIGHT TOOLS
20% OFF

BOOKS INTELLIGENCE
A TRIBE OF TWO
The Magic of Kameleon
KAMELEON

创建文本样式

在使用文本样式前，首先需要创建文本样式。

1 选中编辑完的文字，单击鼠标右键执行“对象样式>从以下项新建样式”命令，在子菜单中选择一种新建样式的类型，如下图所示。

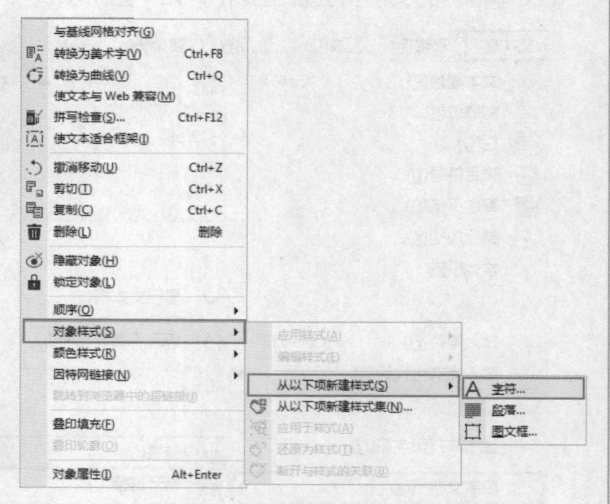

2 接着在弹出的“从以下项新建样式”对话框中设置合适的“新样式名称”，然后单击“确定”按钮。接着会打开“对象样式”泊坞窗，此时可以看到刚刚新建的样式。该文本的属性会被定义为文本样式，以便制作其他文本时调用，如下图所示。

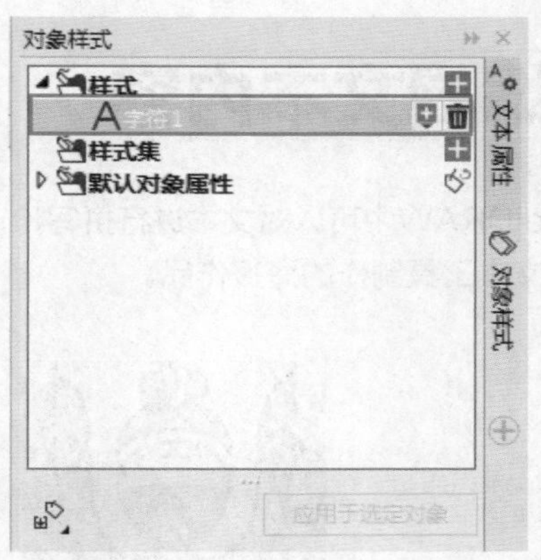

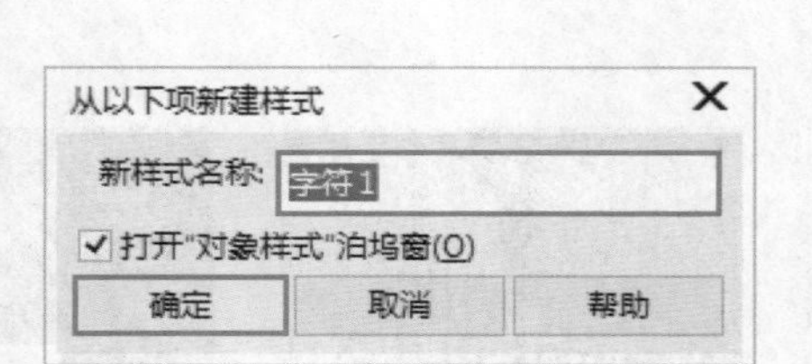

3 也可以执行“窗口>泊坞窗>对象样式”命令，在弹出的“对象样式”泊坞窗中单击“新建样式”按钮，接着在列表中选择“字符”或是“段落”。新建完字符样式或是段落样式后可以在“对象样式”泊坞窗下方进行相关的设置，如下图所示。

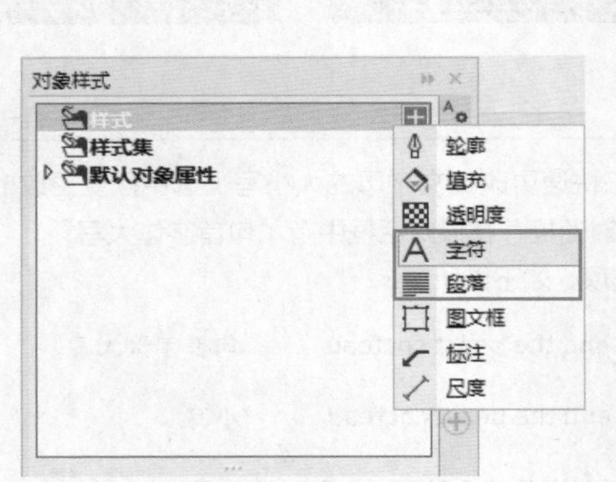

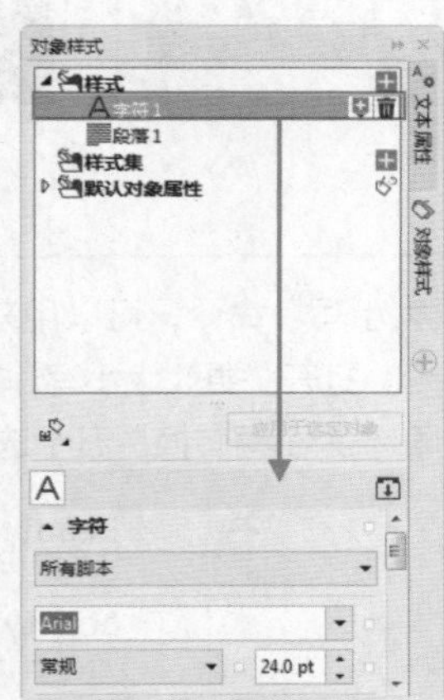

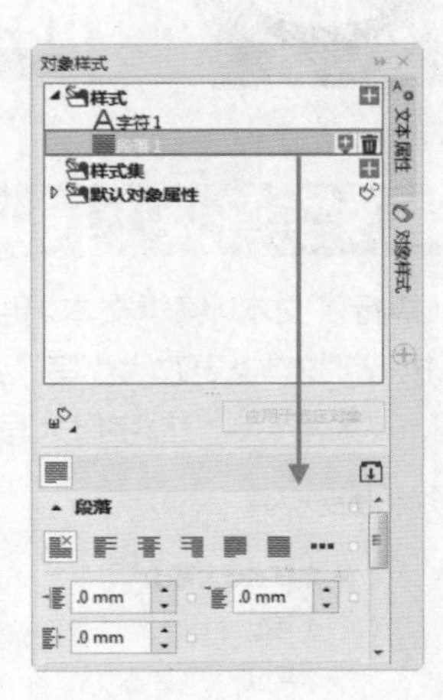

应用文本样式

选中文本对象，执行“窗口>泊坞窗>对象样式”命令，在弹出的“对象样式”泊坞窗中选中需要应用的样式。单击“应用于选定对象”按钮，如下左图所示。此时可以看到之前储存的样式被应用到所选文字上，如下右图所示。

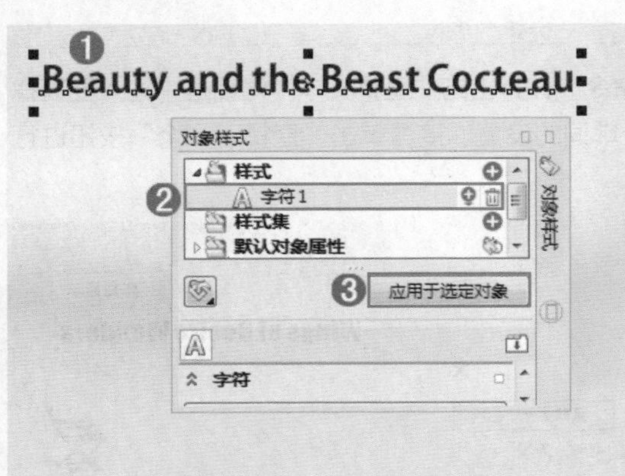

编辑文本内容

在CorelDRAW中可以对文本进行拼写检查、语法检查、查找同义词和统计文本信息等操作。下图为使用文本工具制作的海报作品。

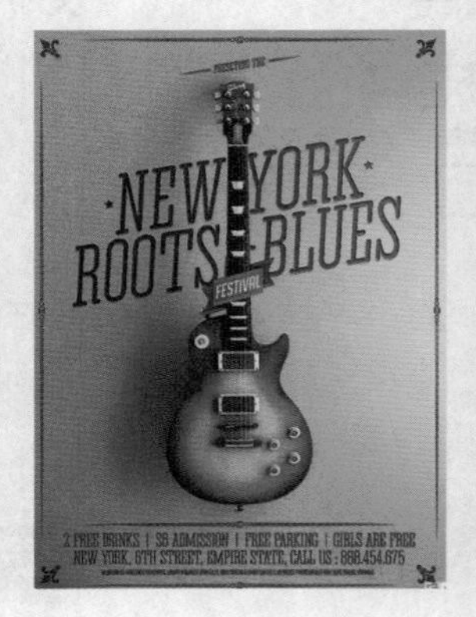

更改字母大小写

执行“文本>编辑文本>更改大小写”命令，可以用来快速更改英文字母的大小写。选中需要更改的文本，执行“文本>更改大小写”命令，打开“更改大小写”对话框，在该对话框中有“句首字体大写”、“小写”、“大写”、“首字母大写”和“大小写转换”五个选项，如下图所示。

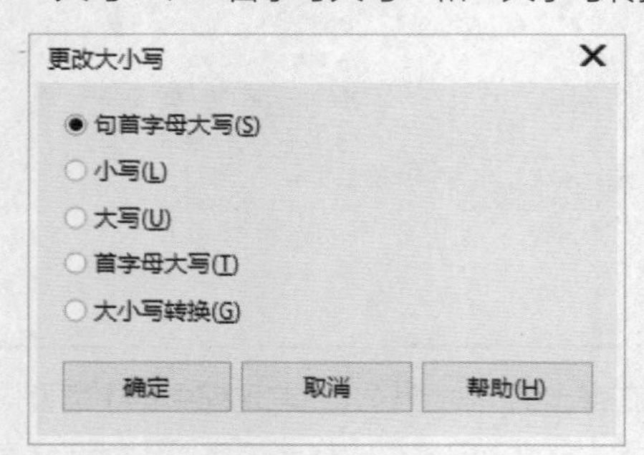

Beauty and the beast cocteau	句首字母大写
beauty and the beast cocteau	小写
BEAUTY AND THE BEAST COCTEAU	大写
Beauty And The Beast Cocteau	首字母大写
bEAUTY AND THE bEAST cOCTEAU	大小写转换

查找文本

选中文本对象，执行“编辑>查找并替换>查找文本”命令，在弹出的“查找文本”对话框中输入要查找的文本，还可以进行是否区分大小写，以及是否仅查找整个单词的设置。接着单击“查找下一个”按钮进行查找，被查找的单词就会高亮显示，如下图所示。

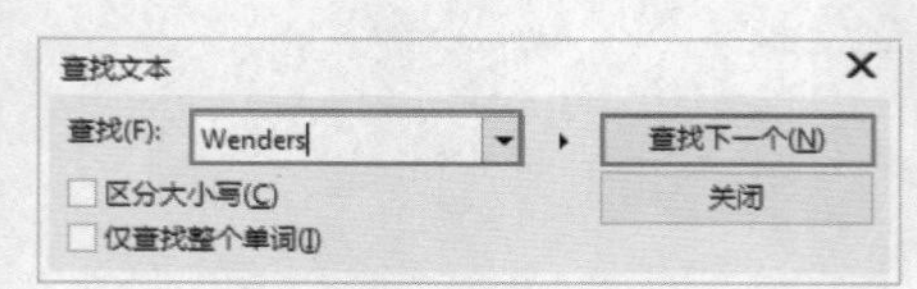

替换文本

“替换文本”对话框不仅能够统一替换某个字符，还可选择性的替换某个字符。这对于文字后期的批量修改提供了帮助。

1 选中文本对象，执行“编辑>查找并替换>替换文本”命令，弹出的“替换找文本”对话框，在“查找”文本框中输入需要进行查找的文字，在“替换为”文本框中输入需要被替换的文字，如下图所示。

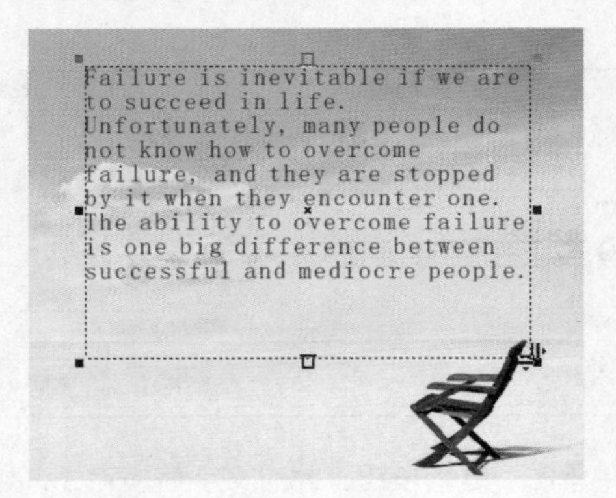

2 如果单击“全部替换”按钮，则所有被查找的文字对象全部进行替换，如下图所示。

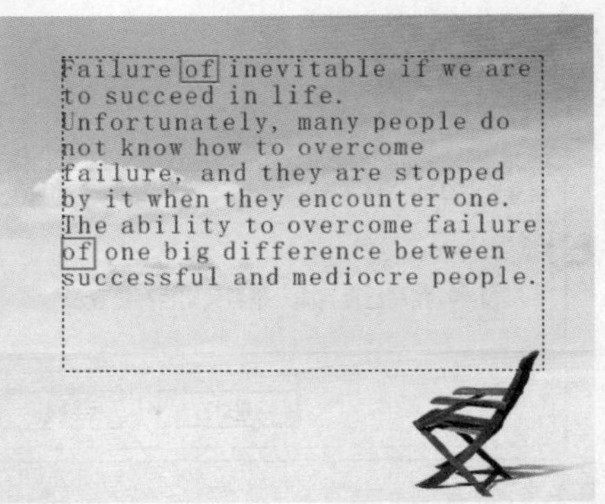

3 如果只替换某些文字，可以先单击“查找下一个”按钮进行查找，然后确认此处查找的文字是否要进行替换，若需要替换就单击“替换”按钮完成替换操作。这样操作可以逐一排查进行替换，如下图所示。

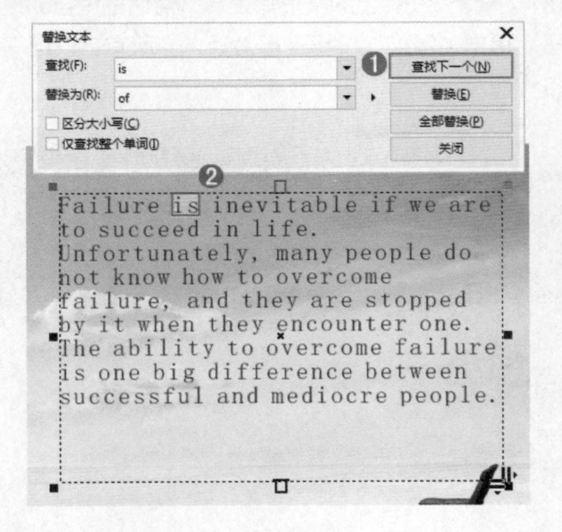

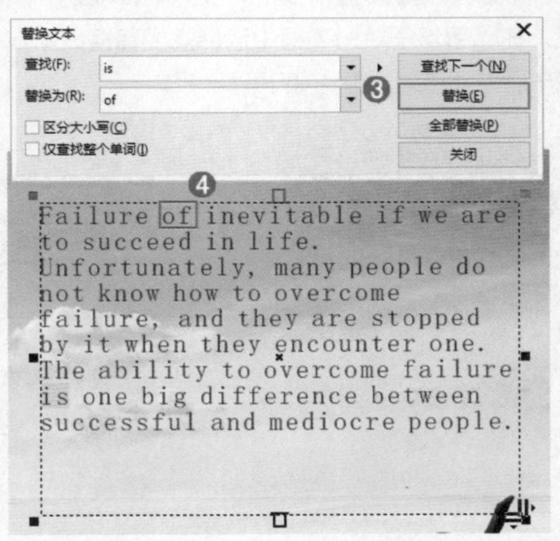

拼写检查

“拼写检查器”主要应用于英文单词，它可以检查整个文档或特定文本的拼写和语法错误。

1 选中需要检查的文本，执行“文本>书写工具>拼写检查”命令，在弹出“书写工具”对话框中会自动检测到错误的单词并在“替换为”选项中显示出来，然后在“替换”选项中选择合适的单词，然后单击“替换”按钮，如下图所示。

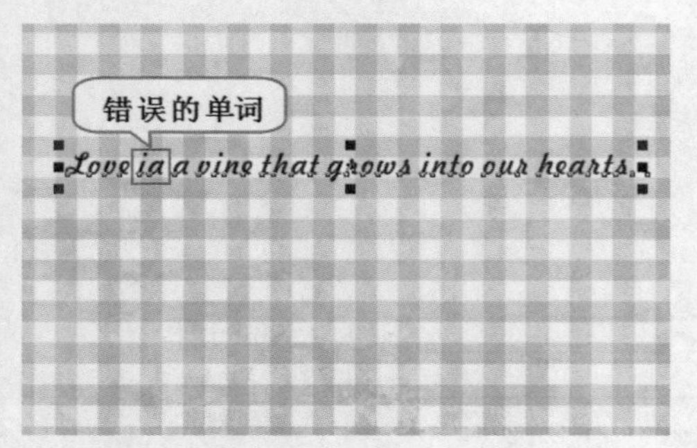

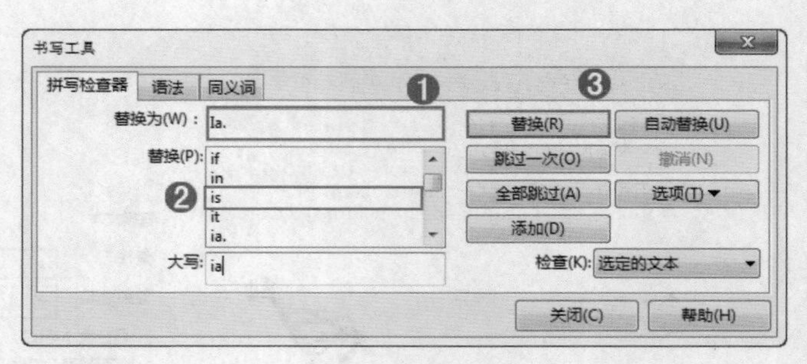

2 若没有其它的错误，在打开的“拼写检测器”对话框中单击“是”按钮，此时文字替换完成，如下图所示。

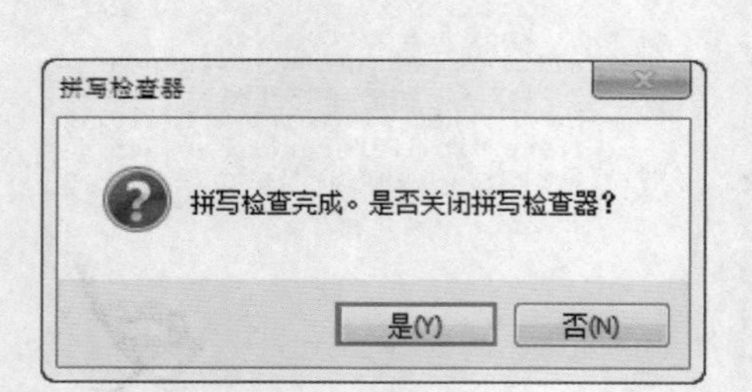

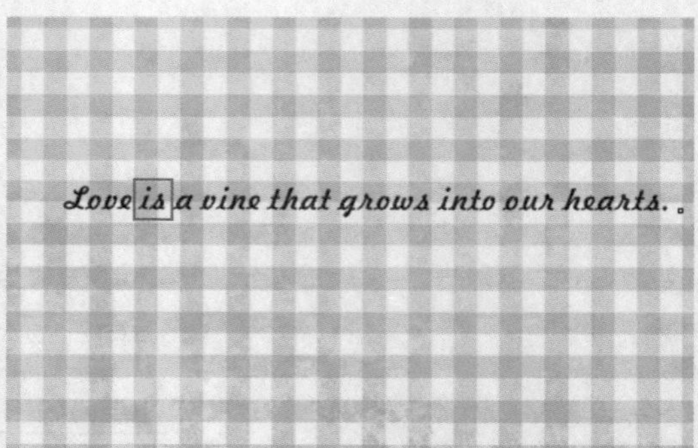

语法检查

选择需要检查的文字，执行“文本>书写工具>语法”命令，在弹出的“书写工具”对话框中自动进行语法检查。在“新句子”列表框中选择需要替换的新句子，单击“替换”按钮进行替换，当所有错误语法进行替换完毕后关闭该对话框，如下图所示。

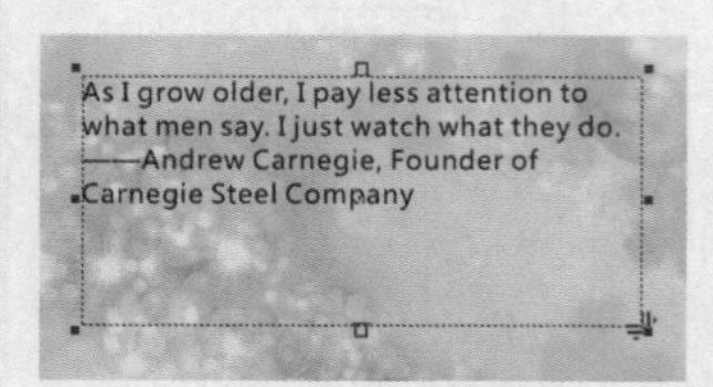

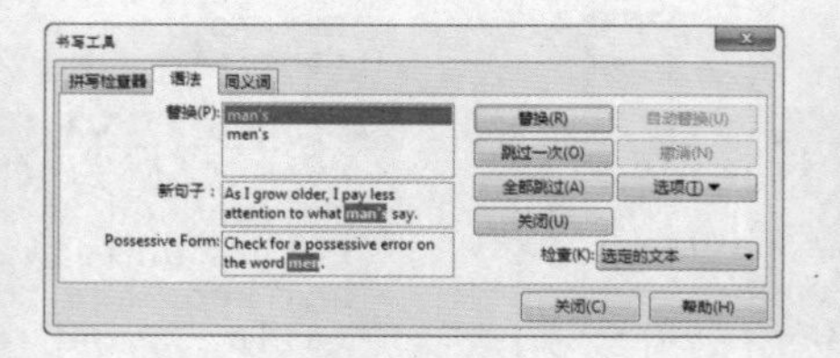

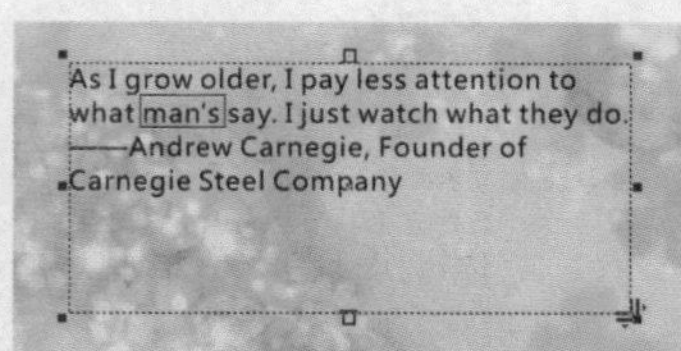

同义词

“同义词”命令主要用于查寻同义词、反义词及相关词汇。使用该命令会自动将单词替换为建议的单词，也可以用同义词来插入单词。选择文本，然后执行“文本>书写工具>同义词”命令，打开“书写工具”对话框，查找单词时，同义词提供简明定义和所选查找选项的列表，如下图所示。

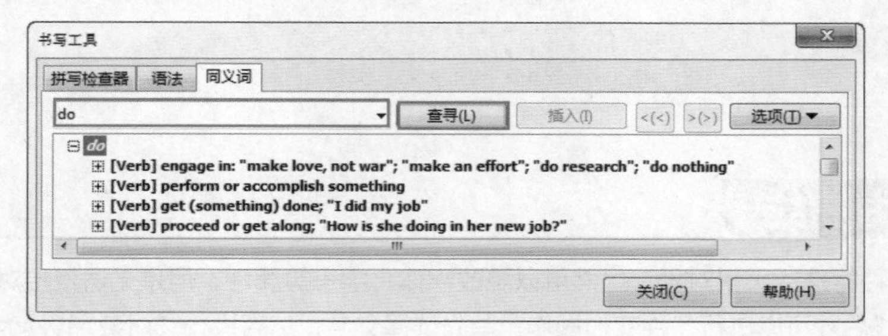

快速更正

“快速更正”命令可以用来自动更正拼错的单词和大写错误。选择需要更正的文字，执行“文本>书写工具>快速更正”命令，在弹出的“选项”对话框中进行相应设置，在“被替换文本”区域中分别输入替换与被替换的字符，单击“确定”按钮结束替换操作，如下图所示。

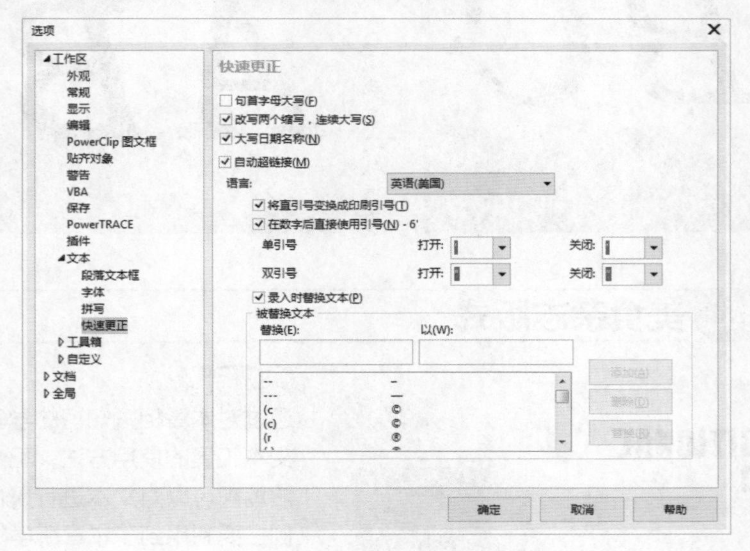

插入特殊字符

使用“插入符号字符”命令可以插入各个类型的特殊字符，有些字符可以作为文字调整，有的可以作为图形对象来调整。在文本中插入光标，接着执行“文本>插入符号字符”命令，或按Ctrl+F11快捷键，打开“插入字符”对话框。在“插入字符”对话框中双击需要插入的字符，接着在光标的位置就会插入字符，如下图所示。

文本转换为曲线

文本对象是一种特殊的矢量对象，虽然可以更改字体、字号等属性，但是无法直接对形态进行调整，需要将文本转换为曲线后才可以进行各种变形操作。首先选择文字，然后执行“对象>转换为曲线”命令（快捷键Ctrl+Q），或单击鼠标右键执行“转换为曲线”命令，即可将文字转换成曲线。选择工具箱中的形状工具，通过对节点的调整可以改变文字的效果，如下图所示。

设计师实战 美食杂志版式

实例描述

通过对本章相关知识的学习，我们掌握了文本工具的使用方法，配合“文本属性”泊坞窗可以对文本进行属性的更改。本案例主要利用到了本章所学的相关知识制作一款美食杂志的内页版面。

完成文件

Chapter 5 \ 美食杂志版式 .cdr

视频文件

Chapter 5 \ 美食杂志版式 .flv

1 新建一个A4大小的空白文档，执行“文件>导入”命令，在弹出的“导入”对话框中找到素材位置，选择素材“1.jpg”，单击“导入”按钮。接着在画面中按住鼠标左键并拖动，松开鼠标后素材就导入进来了，如下图所示。

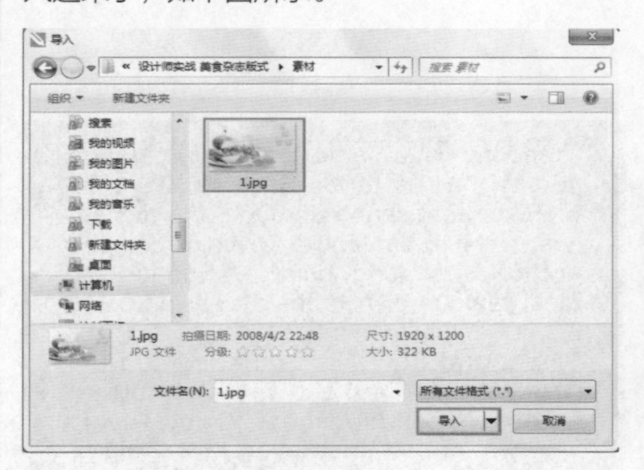

2 在工具箱中选择文本工具，单击属性栏中的“字体列表”下拉按钮，并在下拉列表中设置合适的字体，接着设置合适的字号。在画布上单击并输入一行文字，然后按Enter键继续键入下一行文字，如下图所示。

3 下面开始制作正文部分。使用工具箱中的矩形工具，在画面中绘制多个矩形，并填充颜色为土黄色，如下图所示。

4 首先在左侧第一个矩形上制作正文文字。选择文本工具，在属性栏中设置合适的字体、字号，然后在左侧第一个矩形上按住鼠标左键拖曳绘制一个段落文本框。接着在该文本框中输入相应的文字，如下图所示。

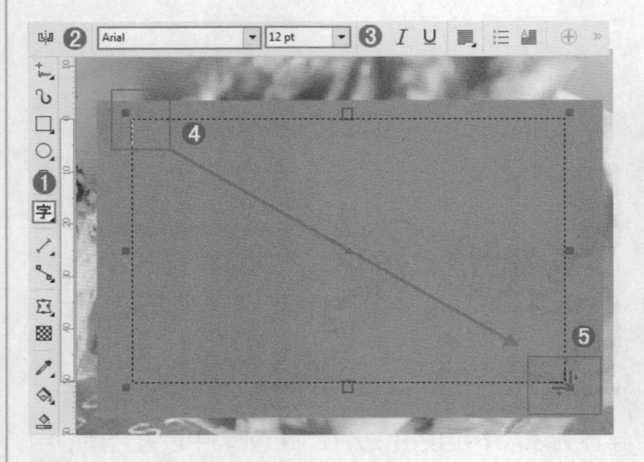

shandong is a large peninsula surrounded by the sea to the East and the Yellow Rivermeandering through the center. As a result, seafood is a major component of Shandong cuisine. Shandong's most famous dish is the Sweat and Sour Carp. A truly authentic.
Sweet and Sour Carp must come from the Yellow River. But with the current amount of pollution in the Yellow River.

5 将第一个单词选中，在“字体列表”中更换一个较粗的字体。执行“窗口>泊坞窗>文本属性”命令，在泊坞窗中更改“文本颜色”为绿色，在“大写字母”中改为“全部大写字母”，在“段落”选项组中设置对齐方式为“两端对齐”，如下图所示。

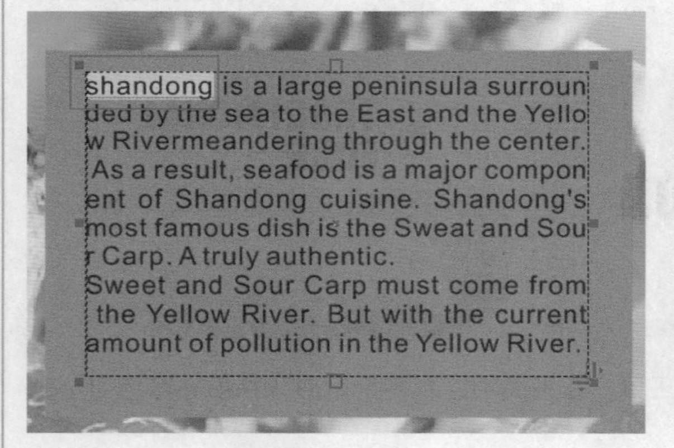

6 接下来使用同样的方式制作另外三个矩形中的正文文字。依次在剩下的矩形中使用文本工具绘制文本框，并输入正文，然后对正文的局部字符进行颜色以及字号的更改，如下图所示。

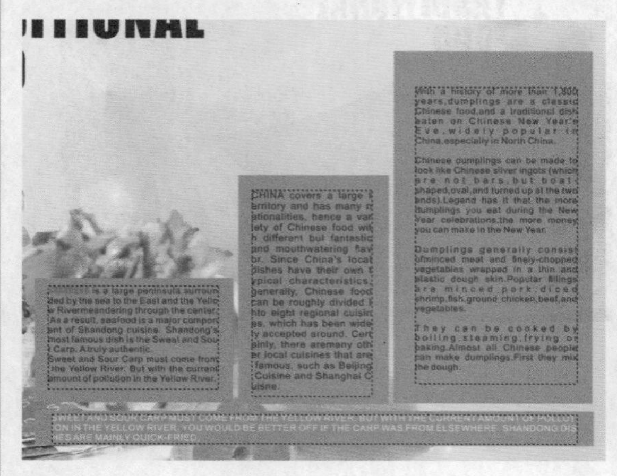

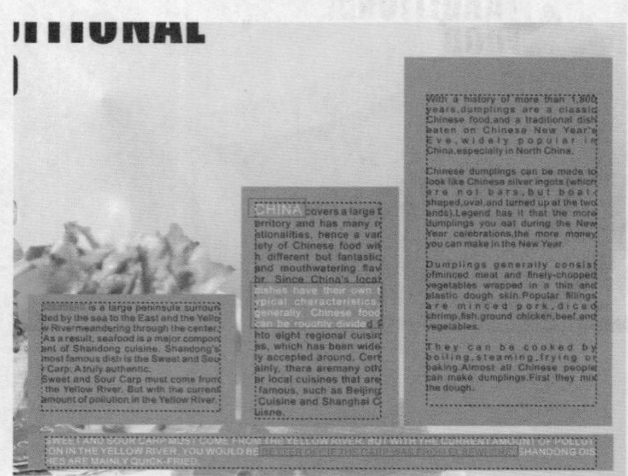

7 选中右侧的文本框，执行“文本>首字下沉”命令，在弹出的对话框中勾选“使用首字下沉”复选框，设置“下沉行数”为2，单击“确定”按钮。此时所选的文本框中每段起始处的字母都出现了首字下沉的效果，如下图所示。

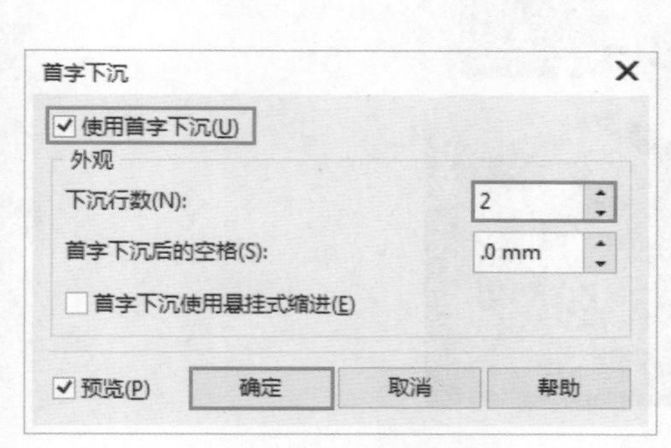

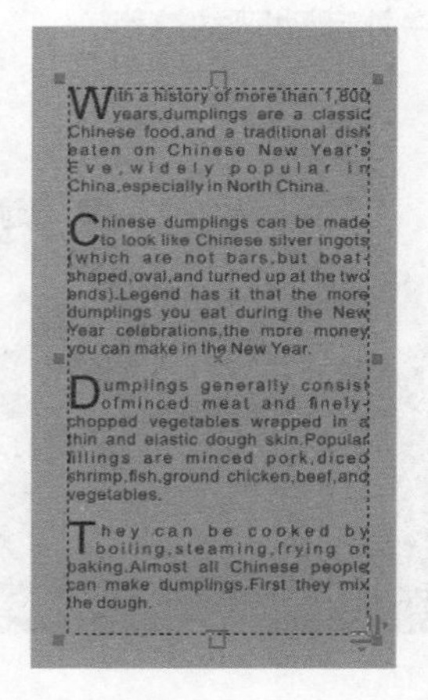

8 最后使用文本工具在标题文字下方绘制一个段落文本框，在属性栏中设置合适的字体、字号以及对齐方式。输入三行文字，最终效果如下图所示。

行业解密 骨骼型版式设计

该作品采用了骨骼型的版式设计，骨骼型版式是一种规范的理性的分割方法。常见的骨骼有竖向通栏、双栏、三栏、四栏和横向通栏、双栏、三栏和四栏等。下图为骨骼型版式作品欣赏。

DO IT Yourself 设计师作业

1. 户外运动网站首页

限定时间：40分钟

Step By Step（步骤提示）

1. 导入背景素材。
2. 使用矩形工具、钢笔工具在画面中绘制图形。
3. 使用文本工具输入文字。
4. 添加商品素材。

光盘路径

Chapter 5\户外运动网站首页.cdr

2. 使用文字工具制作杂志内页

限定时间：30分钟

Step By Step（步骤提示）

1. 绘制图形，通过设置“合并模式”制作出版面上方的图形。
2. 然后使用文本工具输入左侧版面中的标题文字和段落文本。
3. 然后通过“造型”泊坞窗制作出区域文字的矢量形状，接着在矢量形状中输入区域文字。
4. 绘制圆形并在其上方输入文字。

光盘路径

Chapter 5\使用文字工具制作杂志内页.cdr

表格在日常统计、科学研究以及数据分析活动中广泛使用。本章主要讲解如何运用表格功能制作表格，其中包括如何建立表格、选择表格、合并与拆分表格、在表格中添加文字或图片、设置表格背景色以及设计边框等操作。

表格的使用

本章技术要点

Q 如何绘制表格?

A 选择表格工具，按住鼠标左键拖曳即可绘制表格。还可以执行“表格>创建新表格”命令创建表格。

Q 如何选中表格?

A 使用选择工具可以选中所有表格，使用形状工具可以选中单元格。

Q 如何调整行高和列宽?

A 选中一个单元格，然后在属性栏中进行调整。或者使用形状工具拖曳表格边框进行调整。

UNIT 32 创建表格

创建表格有两种方法，一种是使用表格工具，另一种是执行“表格>创建新表格”命令创建表格。

1 选择工具箱中表格工具，在属性栏中可以设置表格的行数和列数、背景色、轮廓色等属性。设置完成后，在画面中按住鼠标左键拖动，松开鼠标后即可得到表格对象，如下图所示。

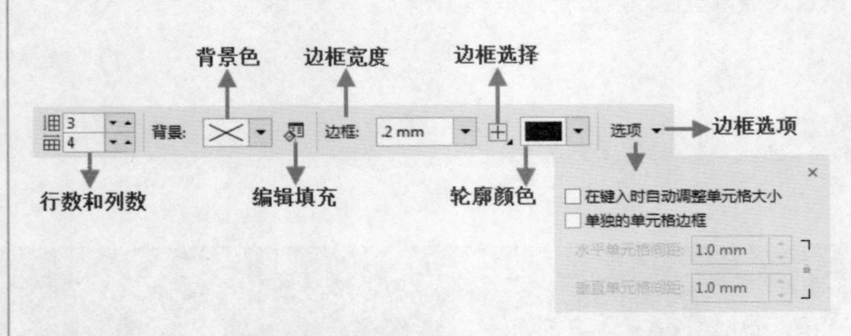

- 行数和列数：可以设置表格的“行数”与“列数”。
- 背景色：为表格添加背景色。单击“倒三角”按钮在下拉面板中有预设的颜色。
- 编辑填充：用于自定义背景颜色。
- 边框：用来设置边框的粗细。
- 选择边框：下拉列表中选择需要编辑的边框，包括9种选项。
- 轮廓颜色：设置表格的边框颜色。

2 还有另外一种方式创建表格。执行“表格>创建新表格”命令，打开“创建新表格”对话框，可以设置表格的“行数”、“栏数”、“高度”和“宽度”数值，然后单击“确定”按钮，画面中即可出现一个相对应参数的表格，如下图所示。

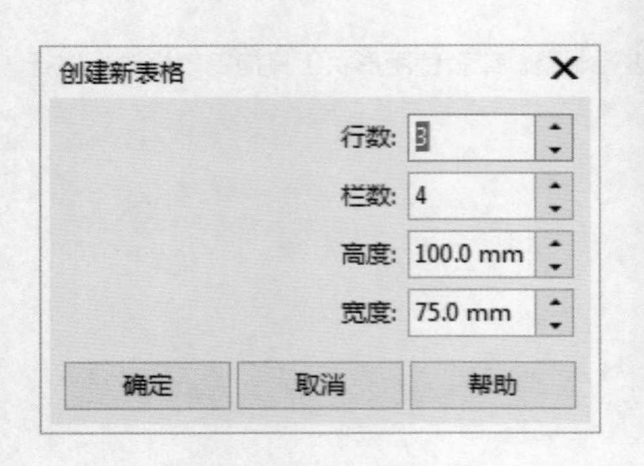

选择表格中的对象

使用选择工具能够选择整个表格，使用形状工具能够选中单独的单元格。在本节中就来学习如何选择表格以及表格中的对象。下图为优秀的设计作品。

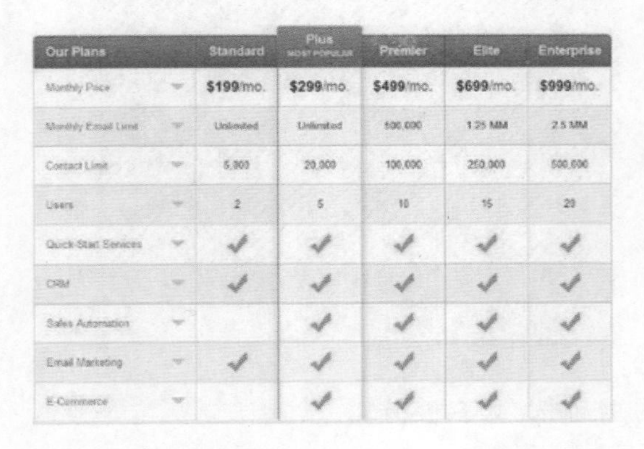

Our Plans	Standard	Plus MOST POPULAR	Premier	Elite	Enterprise
Monthly Price	$199/mo.	$299/mo.	$499/mo.	$699/mo.	$999/mo.
Monthly Email Limit	Unlimited	Unlimited	500,000	1.25 MM	2.5 MM
Contact Limit	5,000	20,000	100,000	250,000	500,000
Users	2	5	10	15	20
Quick Start Services	✓	✓	✓	✓	✓
CRM	✓	✓	✓	✓	✓
Sales Automation		✓	✓	✓	✓
Email Marketing	✓	✓	✓	✓	✓
E-Commerce		✓	✓	✓	✓

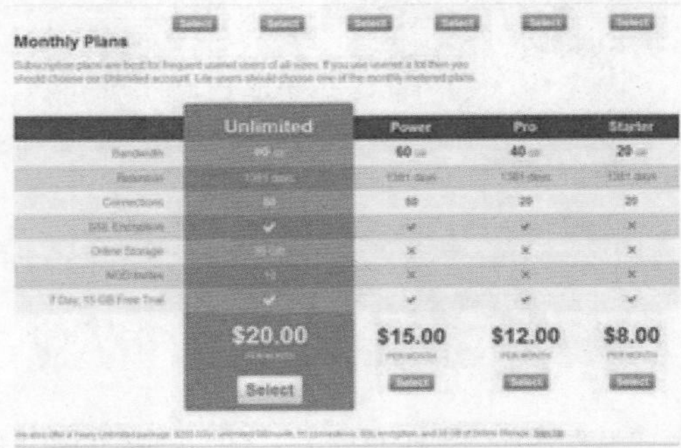

选择表格

选择表格非常简单，首先选择工具箱中的选择工具在表格上单击即可选择一个表格，如右图所示。

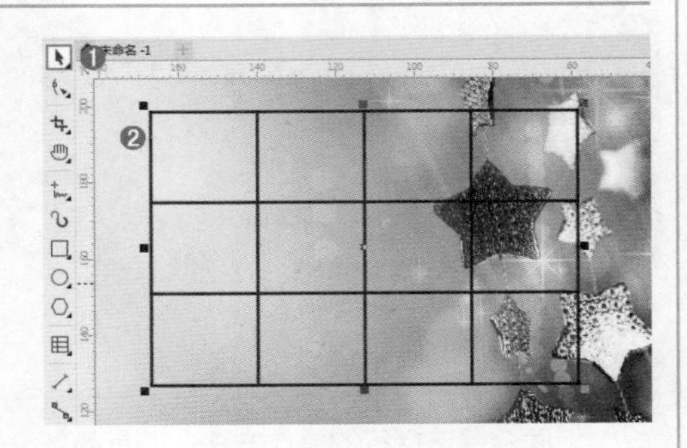

选择单元格

使用选择工具能够选中整个表格，若要选中单元格就需要使用形状工具进行选择。

1 首先选中表格，然后选择工具箱中的形状工具，然后将光标移动到需要选中的单元格上方，光标变为✚状，然后单击即可选中该单元格，如下图所示。

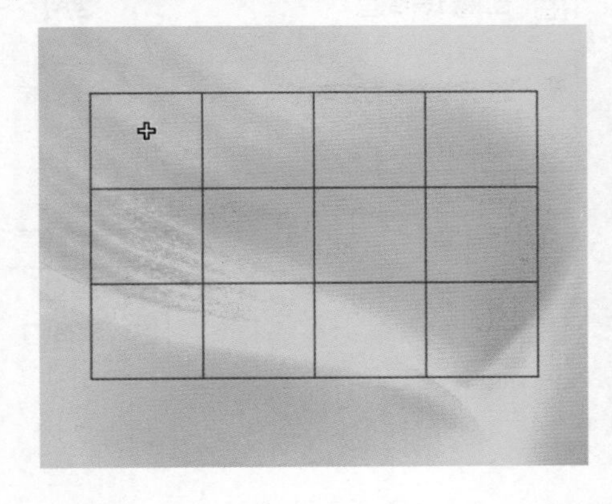

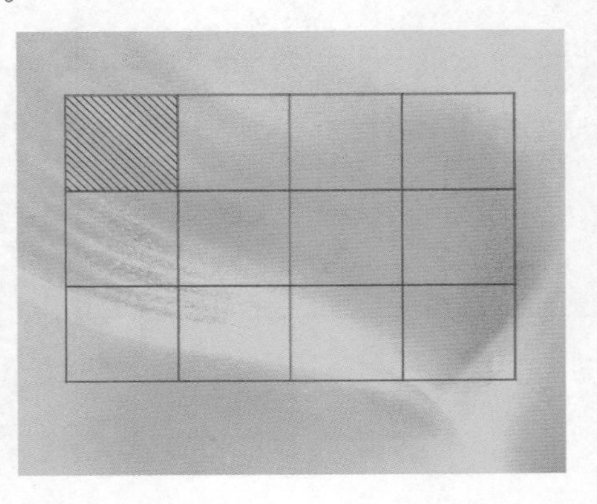

2 按住鼠标并拖曳可以选中多个单元格。首先将鼠标移至表格的任一单元格中，按左键并向右拖曳即可选中多个单元格，如下左图所示。还可以选中一个单元格，然后使用快捷键Ctrl+A即可选择全部单元格，如下右图所示。

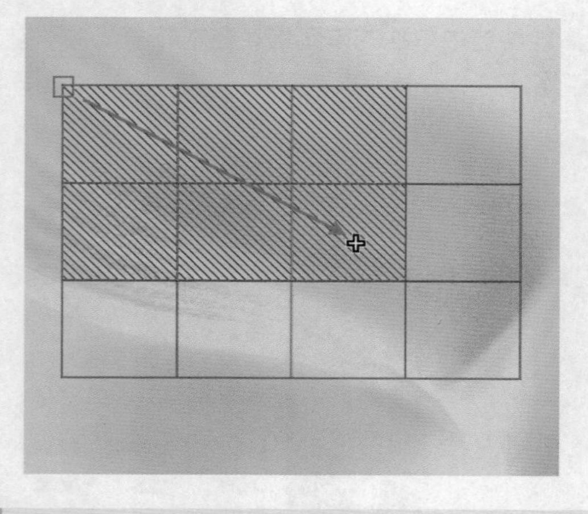

TIP 如果要选择不相邻的单元格，可以按住Ctrl键单击进行加选，如下图所示。

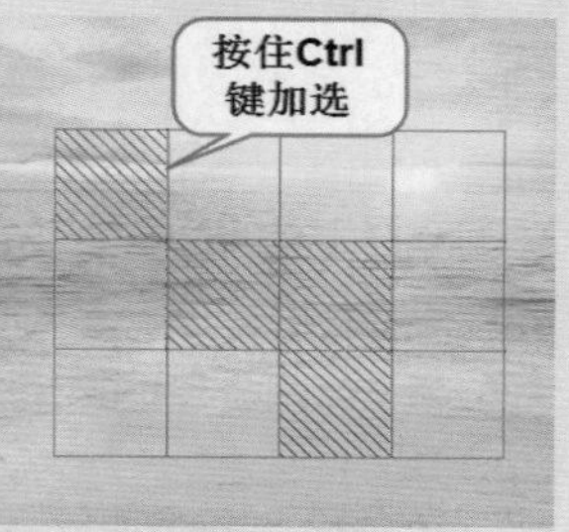

选择行

下面介绍选择行的操作方法，非常简单，但很实用，在设计时很多地方都需要应用到，具体方法如下。

1 选择一行单元格有三种方法，最常用的方法是使用形状工具在该行的第一个或最后一个单元格上单击，并拖动直至选中整行，如下左图所示。也可以选择一个单元格，接着执行“表格>选择>行”命令，会自动选择该单元格所在的行，如下右图所示。

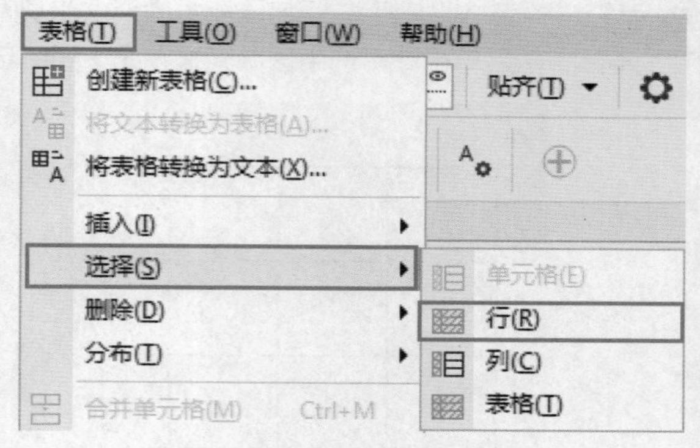

2 还可以使用形状工具将鼠标移至表格的左侧，当鼠标指针变为箭头形➡时，单击左键则该单元格所在的行呈被选中状态，如下图所示。

选择列

选择一列单元格的方法与选择一行单元格的方法一样。使用形状工具在该行的第一个或最后一个单元格上单击，并拖动直至选中整列，如下左图所示。也可以选择一个单元格，接着执行“表格>选择>列”命令，会自动选择该单元格所在的列。还可以使用形状工具将鼠标移至表格的顶部，当鼠标指针变为箭头形⬇时，单击左键，则该单元格所在的列呈被选中状态，如下右图所示。

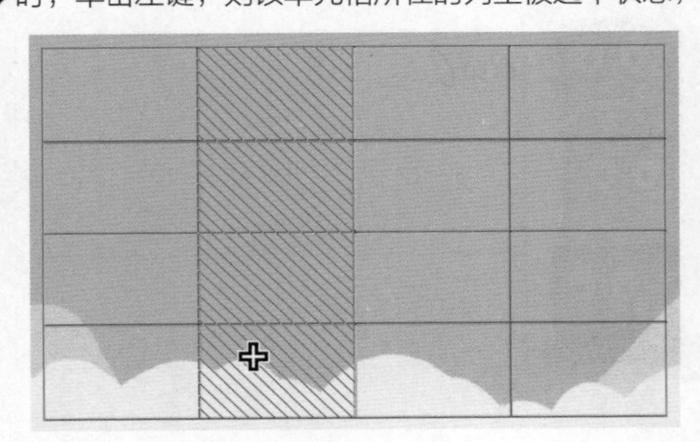

UNIT 34 编辑表格中的内容

在CorelDRAW中表格并不单单是一个矢量图形，往往需要在表格中添加图形、曲线、位图等多种对象。下图为优秀的表格设计作品。

	SINGLE LICENSE	DEVELOPER LICENSE	PREMIUM CLUB	THEME CLUB
	$79	$99	$299	$199
	Browse	Browse	Sign Up	Sign Up
Price	$79	$99	$299	$199
Monthly Payments	Not Applicable	Not Applicable	$30 per month	$15 per month
Bonus Themes	2 for 1	2 for 1	Not Applicable	Not Applicable
Our Themes	1 Theme	1 Theme	unlimited	unlimited
Our Extensions	unlimited	unlimited	unlimited	unlimited
New Themes (per month)	Not Applicable	Not Applicable	3 +	3 +
Photoshop PSD Files	×	✓	✓	×
Support Access	✓	✓	✓	✓
Theme Updates	✓	✓	✓	✓
Domain Uses	1	1	unlimited	unlimited
All prices are USD	Browse	Browse	Sign Up	Sign Up

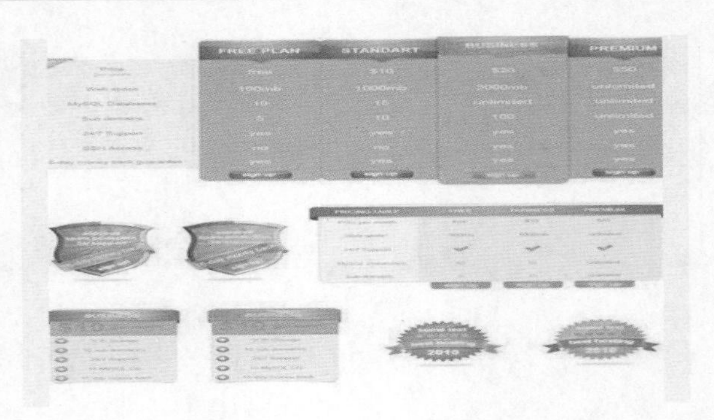

向表格中添加文字

向表格中添加文字后，文字不是独立存在的，它们与表格是相互关联的。例如移动表格则文字也会随之移动，若缩放表格也会影响到文字的显示。

1 首先绘制一个表格，选择工具箱中文本工具字，然后将光标移动至需要输入文字的单元格上方单击，该单元格中显示出插入点光标，如下图所示。

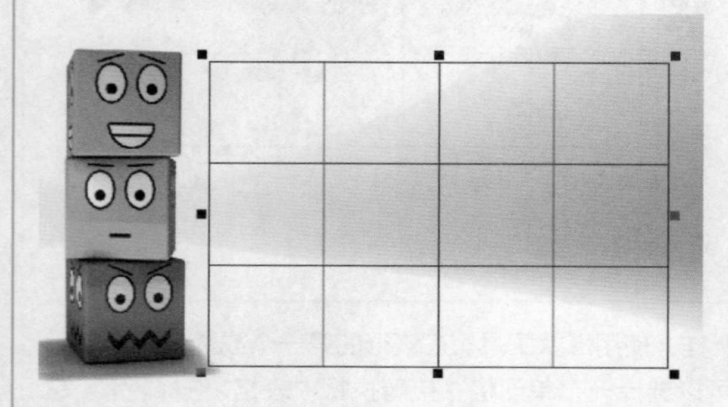

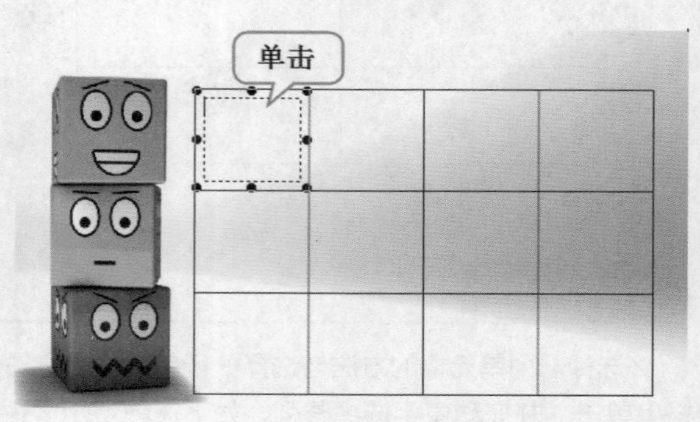

2 然后输入文字，选中文字可以在属性栏中调整文字属性，如下图所示。

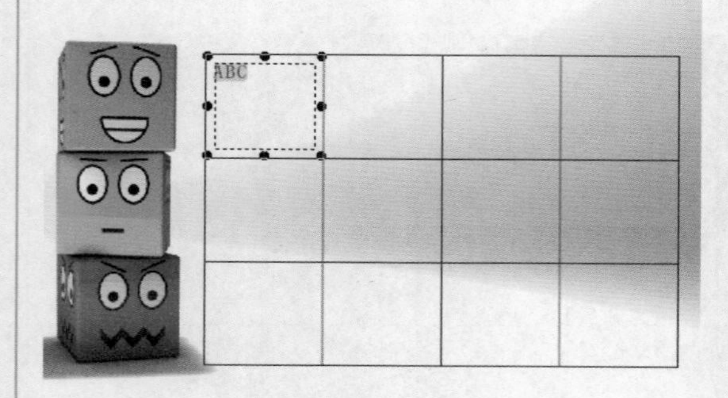

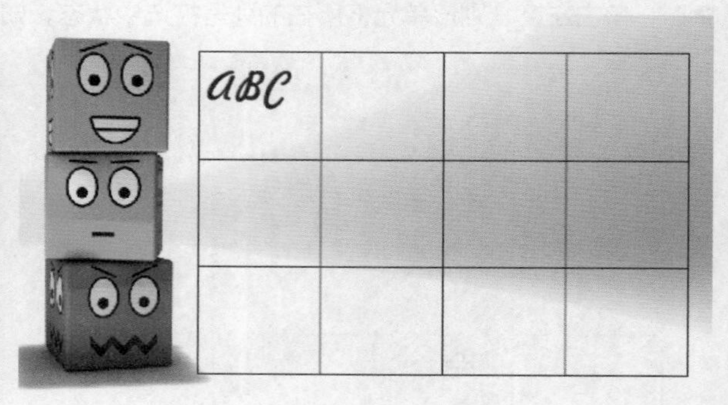

向表格中添加位图

在绘制完表格后，有时不仅要为表格中添加文字，还可能为表格中添加位图。下面就来学习为表格中添加位图的方法。

1 绘制一个表格，然后选中位图，按住鼠标右键拖曳到单元格内部，如下图所示。

2 拖动到相应的单元格内松开鼠标会显示一个菜单，执行“置于单元格内部”命令，随即可以看到图片被置入到单元格中，如下图所示。

删除内容

如果想要删除表格中的内容时，首先选中要删除的内容，然后按下Delete或者Backspace键即可进行删除，如下图所示。

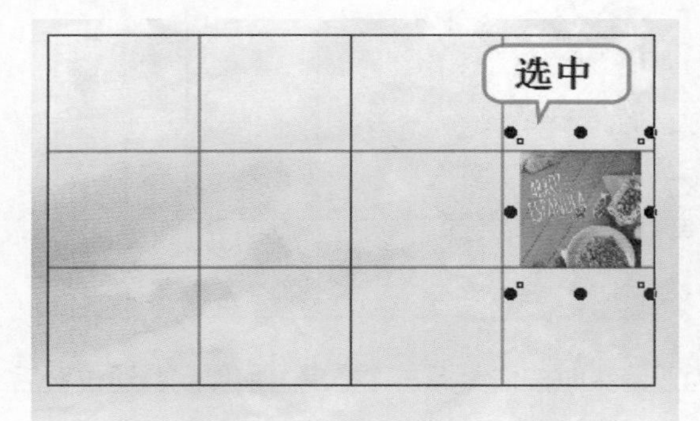

UNIT 35 表格的编辑操作

创建表格后，默认表格中单元格的大小都是一样的。但在一些编辑操作中，往往需要调整单元格的大小、或者删除不需要的单元格等编辑操作。在本节中就来讲解这些表格的编辑操作。下图为佳作欣赏。

	Free	$9.95	$49.95
Forms	unlimited	unlimited	unlimited
Fields per Form	unlimited	unlimited	unlimited
Reports	unlimited	unlimited	unlimited
Available Space	100 MB	1 GB	100 GB
Monthly Submissions	100 per month	1,000 per month	1,000,000 per month
SSL Secure Submissions	10 per month	1,000 per month	1,000,000 per month
Receive Payments	10 per month	1,000 per month	1,000,000 per month

调整表格的行数和列数

选择表格，在属性栏中的“行/列”数值框中输入相应数值即可更改表格的行数或列数，如下图所示。

调整表格的行高和列宽

表格绘制完成后可以在属性栏中调整表格的行高和列宽，也可以使用形状工具对行高和列宽直接进行调整。

1 在属性栏中可以通过设置“宽度”选项来调整单元格所在列的列宽，设置“高度”选项可以调整单元格所在行的行高。使用形状工具选择一个单元格，在“高度”和“宽度”选项中查看其大小，然后做出更改。调整完成后表格的大小就发生了变化，如下图所示。

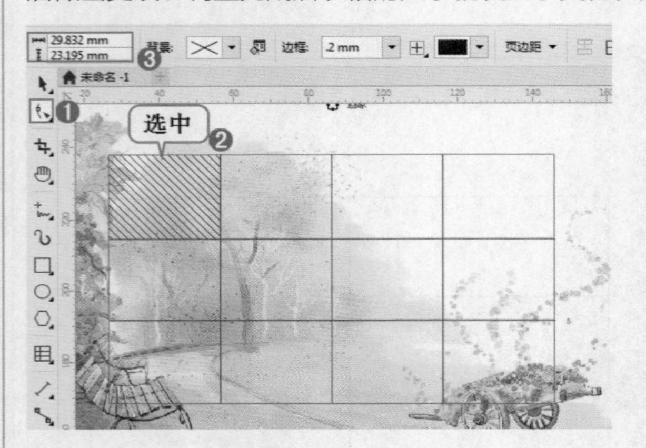

2 选择形状工具，将光标移动至边框处，当光标变为双箭头时按住鼠标左键拖曳，拖曳到合适位置后松开鼠标即可改变单元格的大小，如下图所示。

合并多个单元格

“合并单元格”命令可以将多个单元格合并为一个单元格，若被合并的单元格中有内容，被合并后这些内容不会消失。使用形状工具选中需要合并的单元格，接着执行“表格>合并单元格”命令（快捷键Ctrl+M），选中的单元格将被合并，如下图所示。

拆分单元格

“拆分为行”命令可以将一个单元格拆分为成行的两个或多个单元格。“拆分为列”命令可以将一个单元格拆分为成列的两个或多个单元格。“拆分单元格”命令则能够将合并过的单元格进行拆分。

1 使用形状工具选择单元格，执行“表格>拆分为行”命令，在弹出的“拆分单元格”对话框中设置“行数”数值，单击“确定”按钮即可将选中的单元格拆分为指定行数，如下图所示。

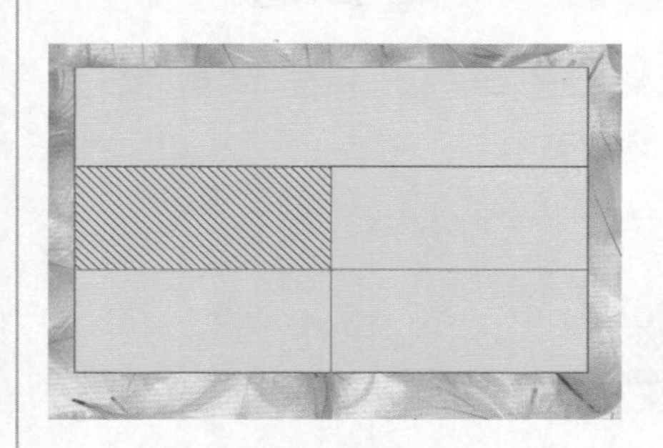
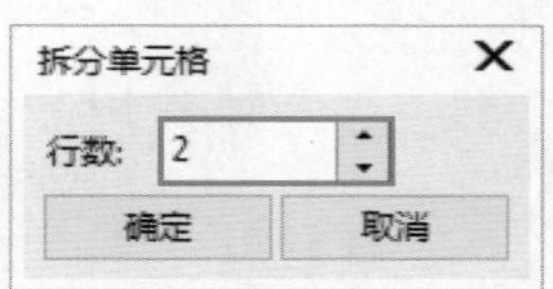

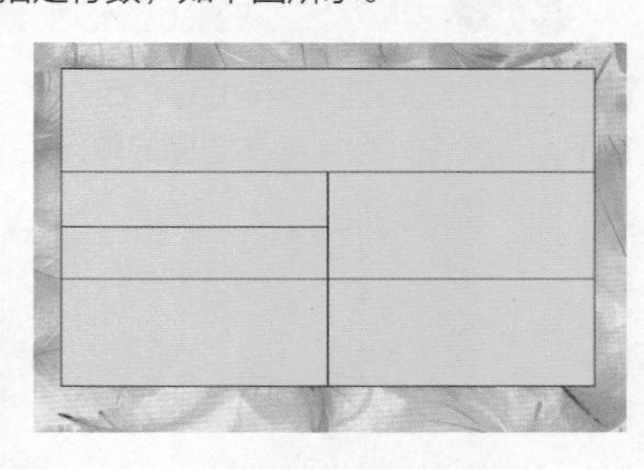

2 选择单元格，执行“表格>拆分为列”命令，在弹出的“拆分单元格”对话框中设置“栏数”数值，单击“确定”将选中的单元格拆分为指定列数，如下图所示。

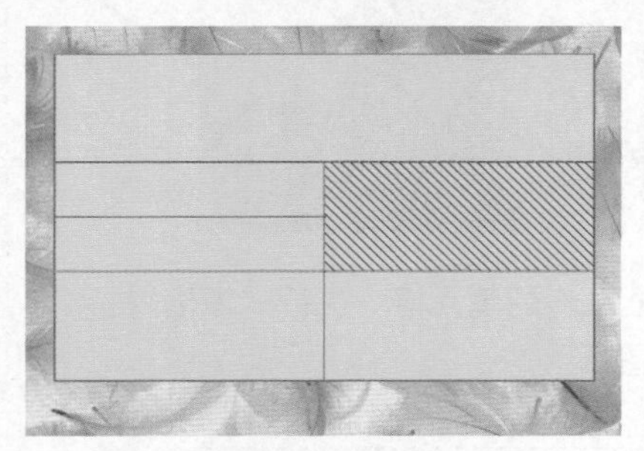
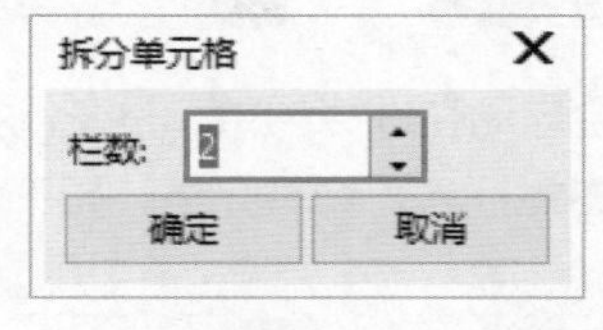

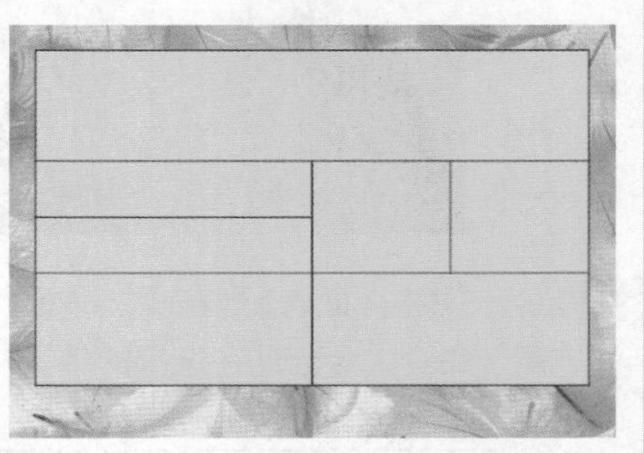

3 如果表格中存在合并过的单元格，那么选中该单元格，执行“表格>拆分单元格”命令，合并过的单元格将被拆分，如右图所示。

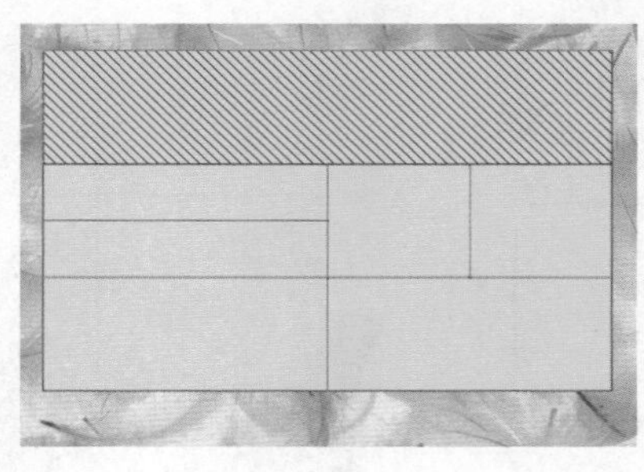
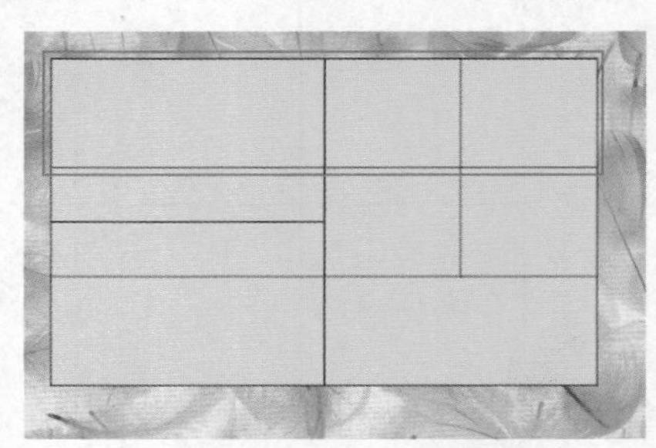

快速插入单行/单列

执行“表格>插入”命令可以插入行或者列。在“表格>插入”命令的子菜单中有四种插入方式分别是：行上方、行下方、列左侧、列右侧。

1 选中一个单元格，然后执行“表格>插入”命令，在子菜单中选择相应命令来增加表格的行数或列数，如下图所示。

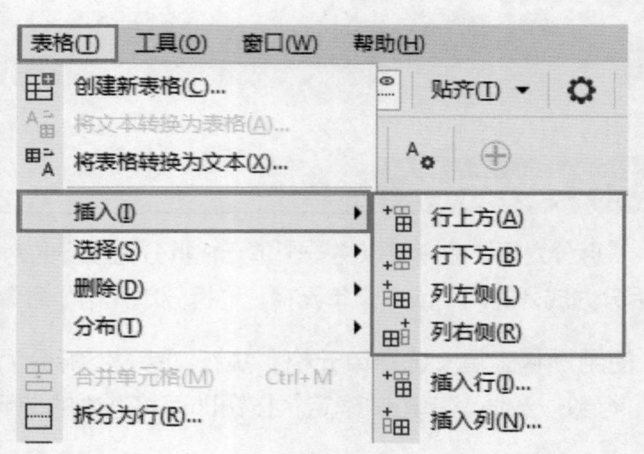

2 执行“表格>插入>行上方”命令，会自动在选择的单元格上方插入一行单元格；执行“表格>插入>行下方”命令，会自动在选择的单元格下方插入一行单元格，如下图所示。

3 执行“表格>插入>列左侧”命令，会自动在选择的单元格左侧插入一列单元格。执行“表格>插入>列右侧”命令，会自动在选择的单元格右侧插入一列单元格，如下图所示。

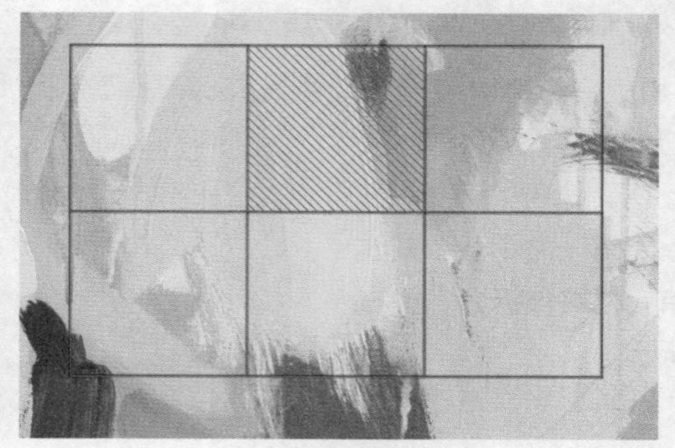

插入多行/多列

如果需要添加多行或者多列，可以执行“表格>插入>插入行”命令和“表格>插入>插入列”命令，在打开相应的对话框设置插入的行或列的数量。

1 使用形状工具选中一个单元格，执行“表格>插入>插入行”命令，在弹出的“插入行”对话框中分别设置“行数”和“位置”，设置完成后单击“确定”按钮，效果如下图所示。

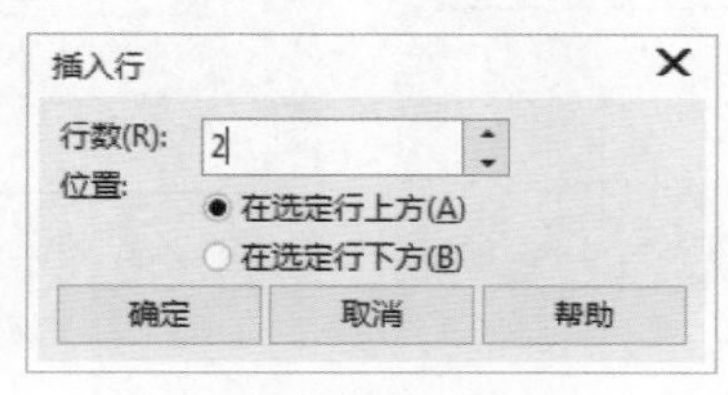

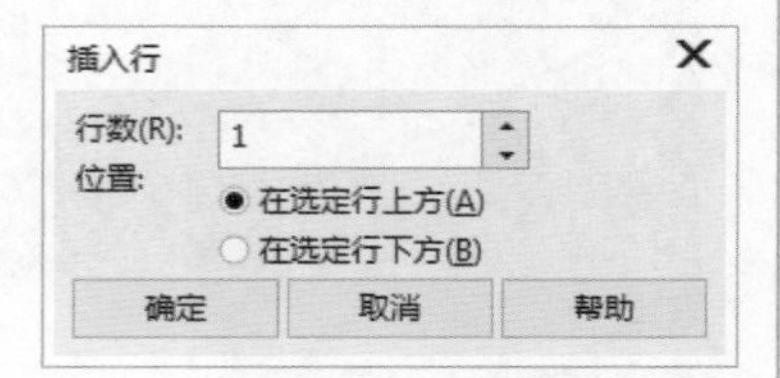

- 行数：选项是用来设置插入的行数。
- 位置：是用来设置插入单元格的位置。

2 执行“表格>插入>插入列”命令，在弹出的“插入行”对话框中分别设置“栏数”和“位置”，设置完成后单击“确定”按钮，效果如下图所示。

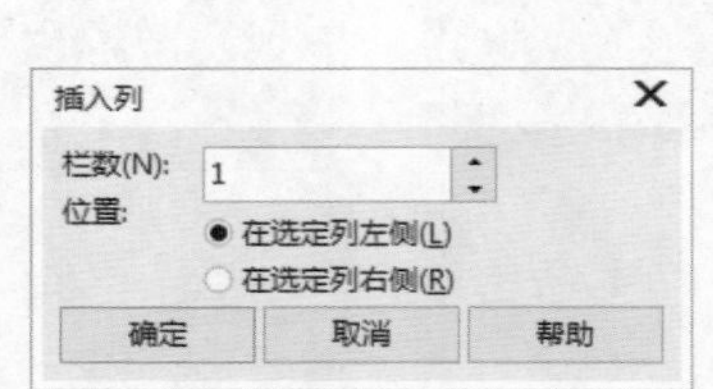

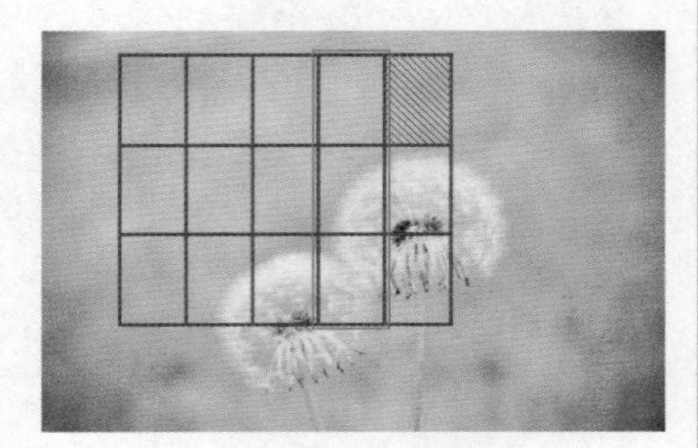

平均分布行/列

执行“表格>分布”命令，可以将选中的行或者列进行平均分布。

1 在表格中选择某一列，执行“表格>分布>行分布”命令，被选中的列将会在垂直方向均匀分布，如下图所示。

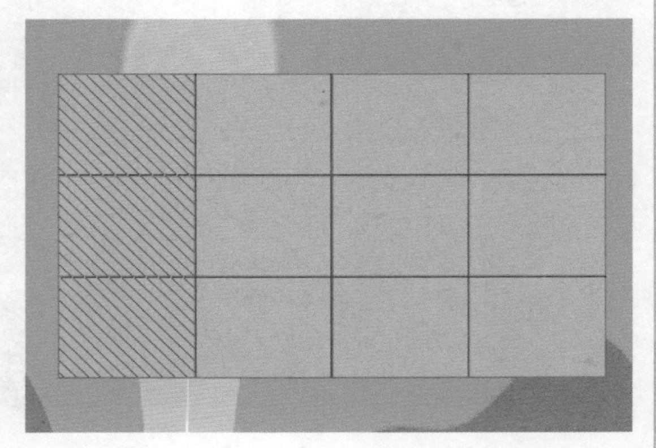

2 选择表格的某一行，执行“表格>分布>列分布”命令，被选中的行将会在水平方向均匀分布，如下图所示。

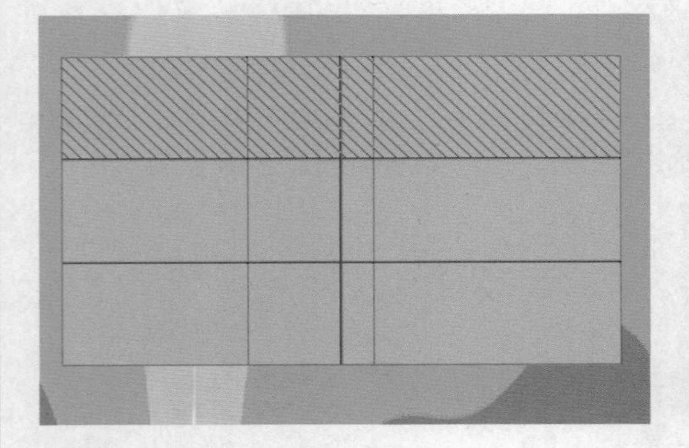

删除行/列

下面介绍删除行/列的操作方法，非常简单，但很实用，在设计时很多地方都需要应用到，具体方法如下。

1 选择一个单元格，执行“表格>删除>行”命令，可以将选中的单元格所在的行删除，如下图所示。

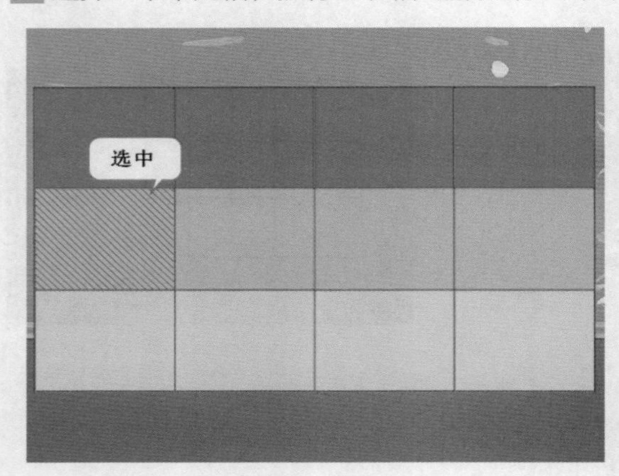

2 选择一个单元格，执行“表格>删除>列”命令，可将选中的单元格所在的列进行删除，如下图所示。

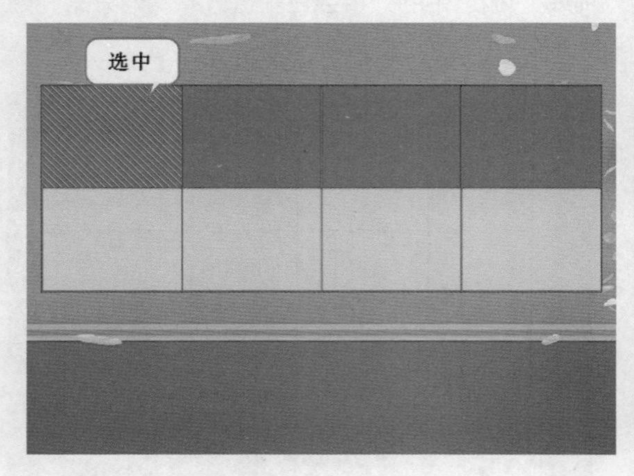

删除表格

选中表格中的单元格，执行“表格>删除>表格”命令，可以将单元格所在的表格删除。除此之外，还可以使用选择工具选择需要删除的表格，按Delete键也可以将所选表格删除。

Let's go! 制作一个简单的表格

原始文件 Chapter 06\制作一个简单的表格.cdr
视频文件 Chapter 06\制作一个简单的表格.flv

1 首先新建一个A4大小的空白文档，执行“文件>导入”命令，在弹出的“导入”对话框中找到素材位置，选择素材“1.jpg”，单击“导入”按钮。接着在画面中按住鼠标左键并拖动，松开鼠标即可导入素材，如下图所示。

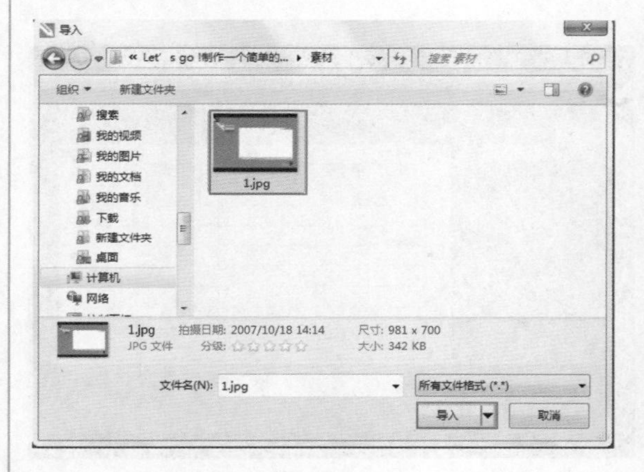

2 执行“表格>创建新表格”命令，在弹出的对话框中分别设置“行数”为9，“栏数”为9，设置完成后单击“确定”按钮。即可按照设置的参数创建出新的表格，如下图所示。

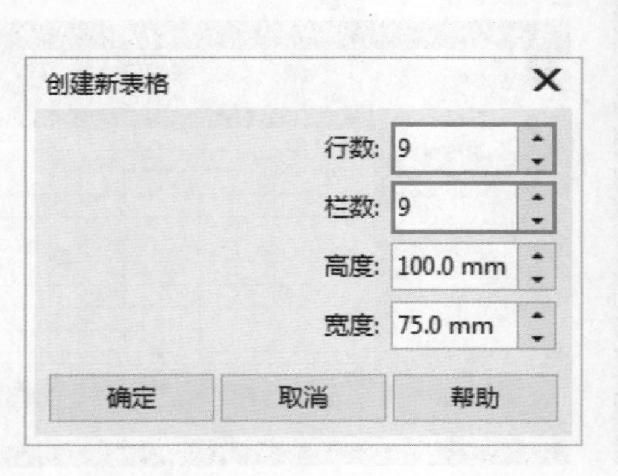

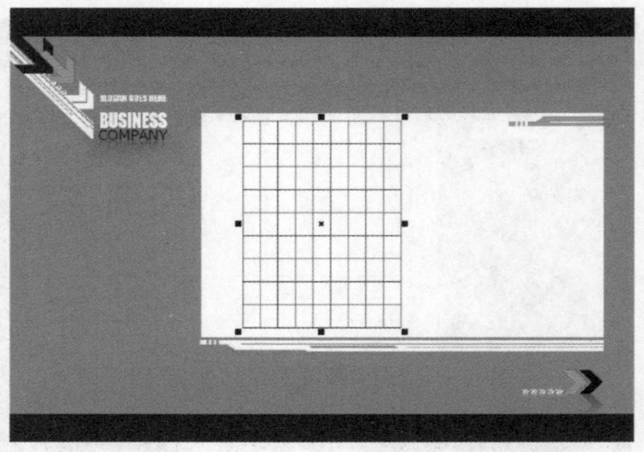

3 长按工具箱中的文字工具按钮，在弹出的工具组中选择表格工具。把光标放在表格左侧边缘处，拖曳即可将表格调整到合适的大小。使用表格工具，将光标移动到左上角第一个单元格上方，光标变为黑箭头时单击鼠标，选中该列单元格。然后将光标移动到右侧的边线上，按住鼠标左键向右移动，调整第一列单元格的宽度，如下图所示。

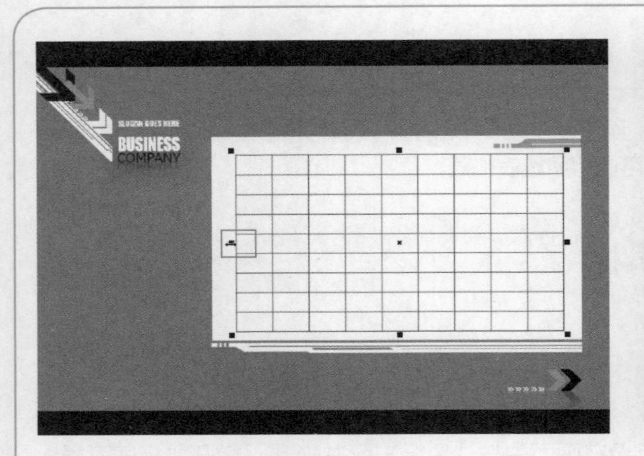

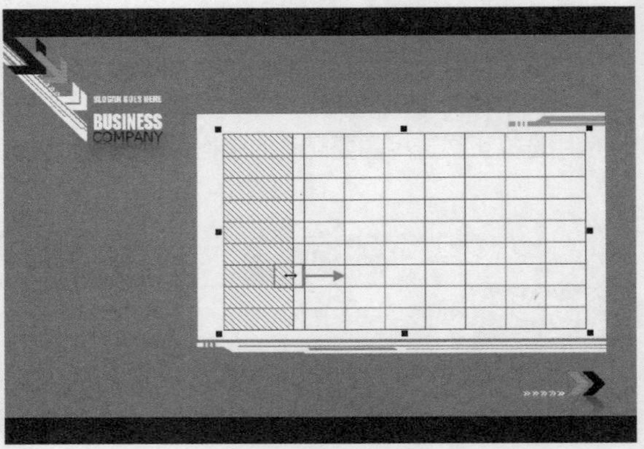

4 继续选择第二列到第九列单元格，执行“表格>分布>列均分”命令，这样就把所选列的宽度平均分布了，如下图所示。

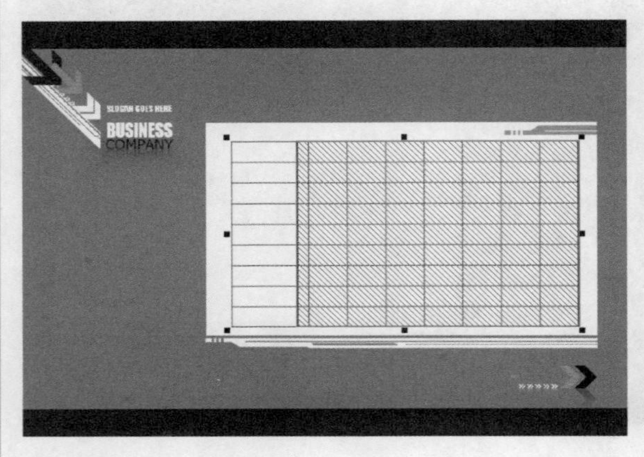

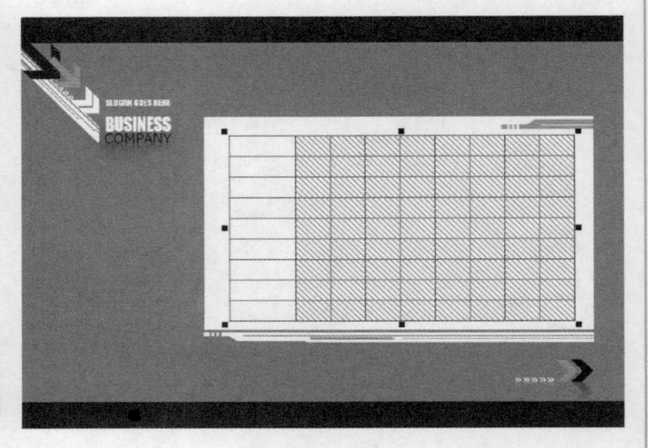

5 继续选中第一行的单元格，执行“表格>合并单元格”命令，或单击属性栏中的“合并单元格”按钮，将第一行的单元格合并，如下图所示。

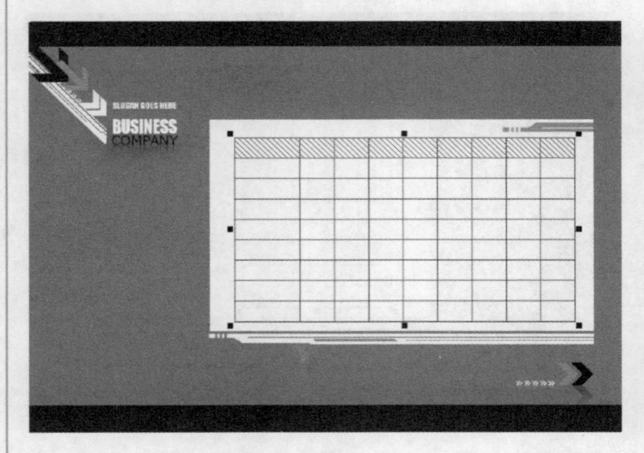

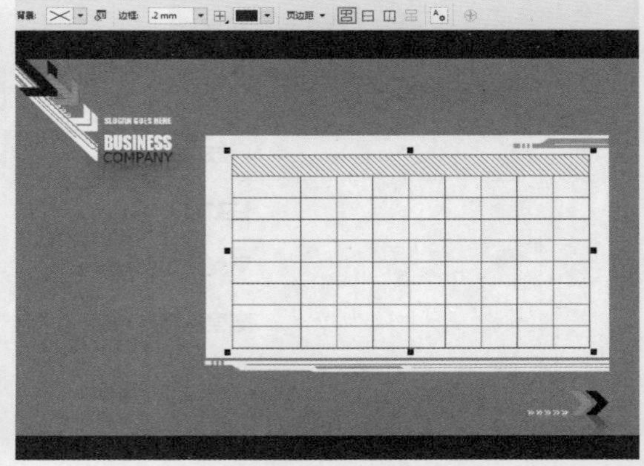

6 接下来需要将第二行和第三行的单元格进行两两合并，例如选中第二行第二列和第三列的单元格，将这两个单元格进行合并。使用同样的方式继续合并，如下图所示。

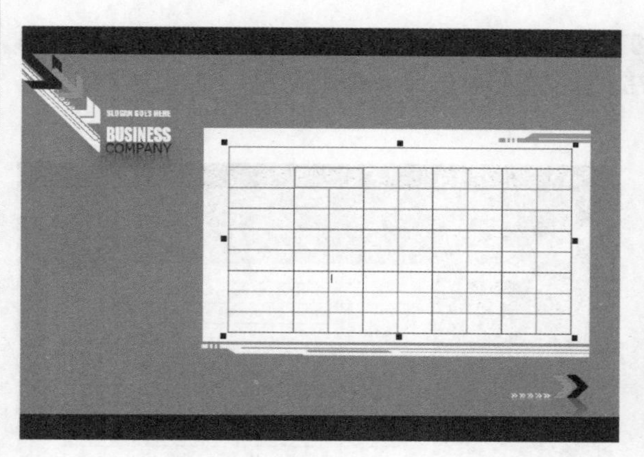

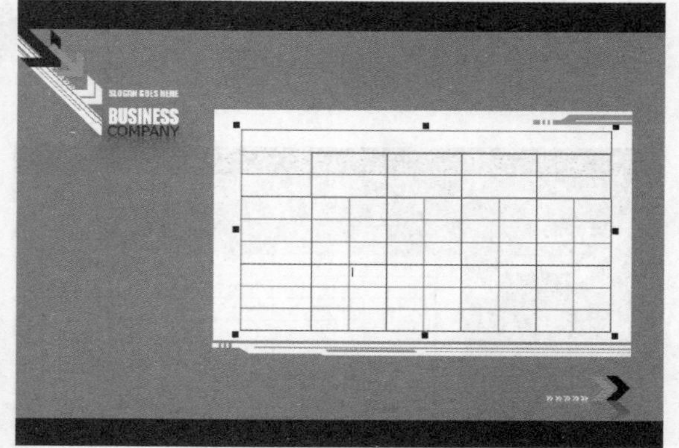

7 使用同样的方式选中第一列的第二、三、四个单元格，并把这三个表格合并在一起，如下图所示。

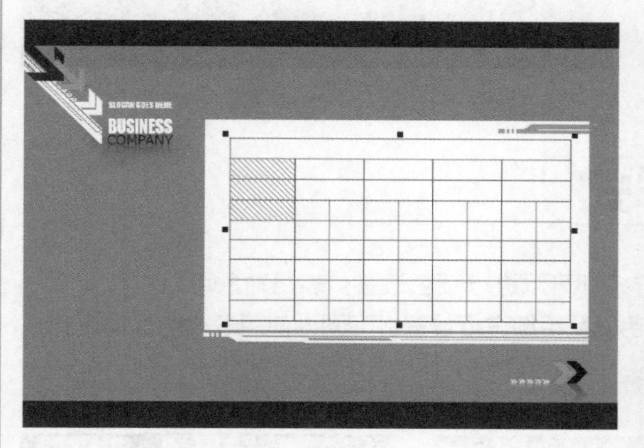

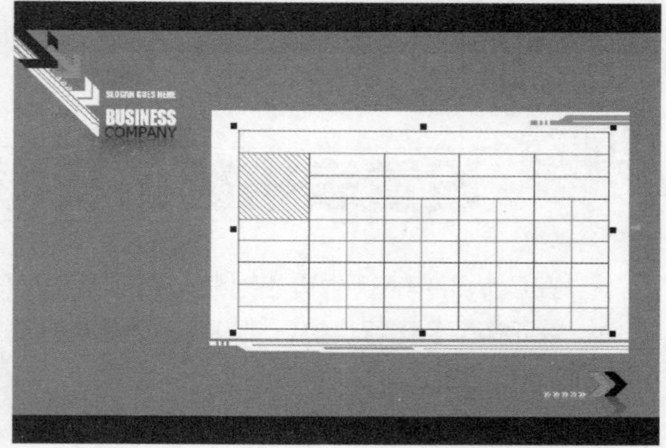

8 接下来需要在单元格中添加文本信息。使用文本工具单击表头单元格，并输入文字。选中所有的文字在属性栏上设置合适的字体和大小。然后执行“窗口>泊坞窗>文本属性”命令，在左侧的泊坞窗上的“段落”选项组中选择对齐方式为“居中”，在“图文框”选项组中选择“垂直对齐”，效果如下图所示。

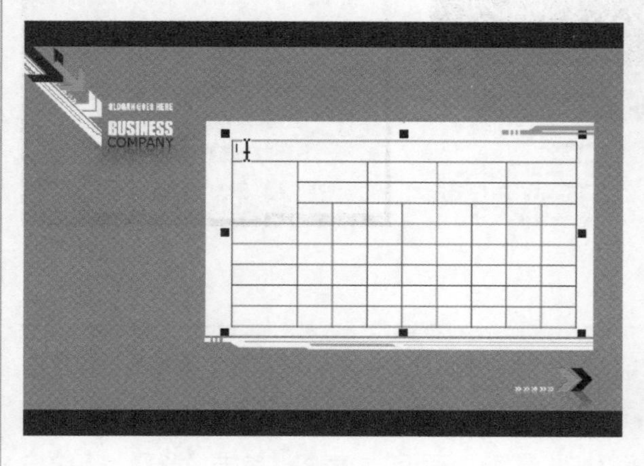

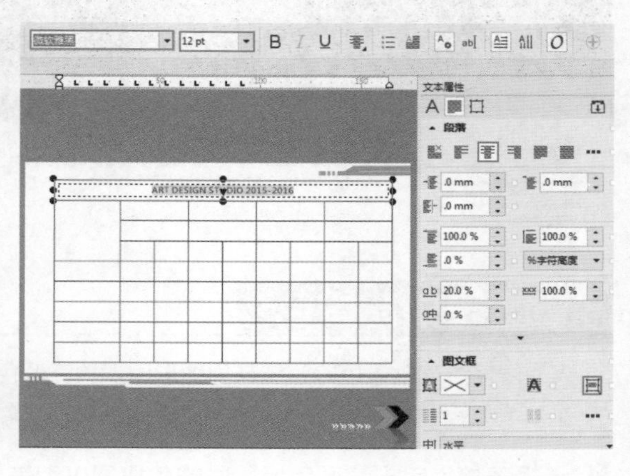

9 最后为表格剩余的单元格添加文字。使用同样的方式依次在其他单元格内输入文字，接着在左侧的泊坞窗上的“段落”中选择对齐方式为“居中”，在“图文框”中选择“垂直对齐”，最终效果如下图所示。

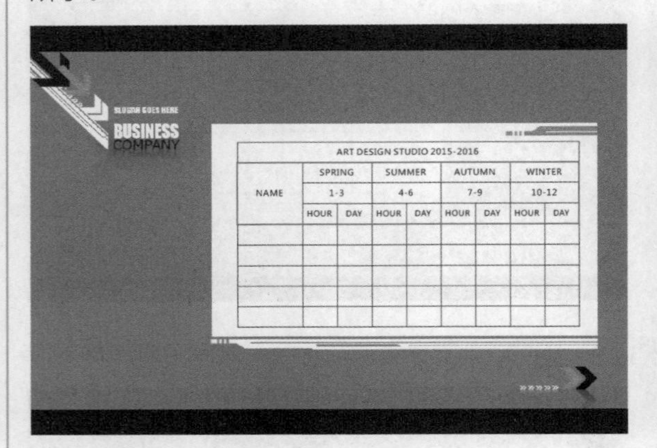

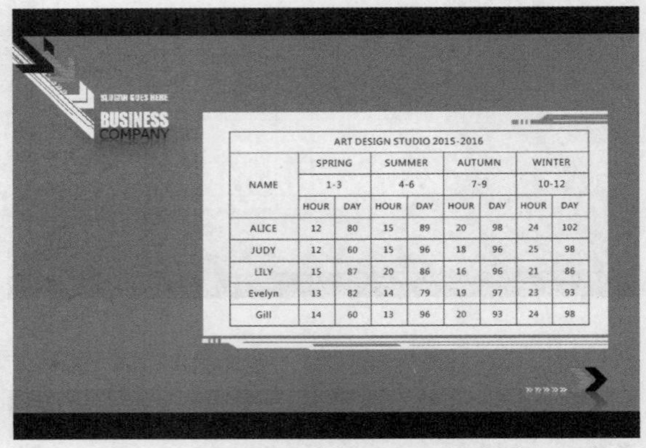

ART DESIGN STUDIO 2015-2016								
NAME	SPRING		SUMMER		AUTUMN		WINTER	
	1-3		4-6		7-9		10-12	
	HOUR	DAY	HOUR	DAY	HOUR	DAY	HOUR	DAY
ALICE	12	80	15	89	20	98	24	102
JUDY	12	60	15	96	18	96	25	98
LILY	15	87	20	86	16	96	21	86
Evelyn	13	82	14	79	19	97	23	93
Gill	14	60	13	96	20	93	24	98

UNIT 36 设置表格颜色及样式

在CorelDRAW中表格对象与图形对象一样，都可以进行颜色设置。表格对象可以进行背景色、单元格颜色进行设置，还可以对表格边框颜色以及粗细进行设置。下图为使用表格的优秀设计作品。

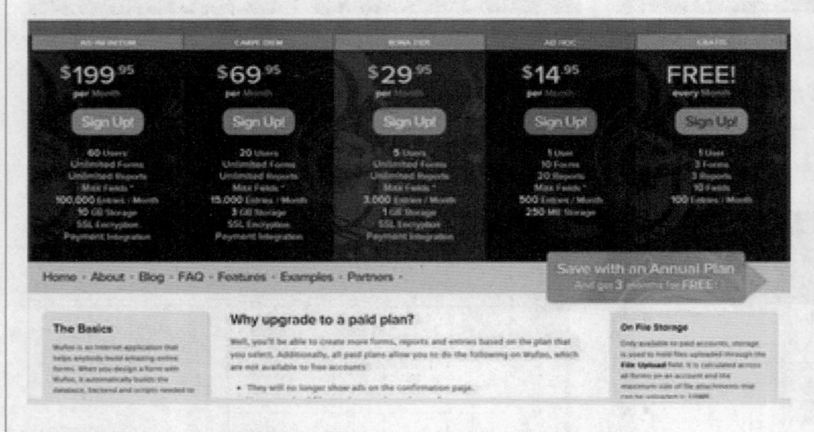

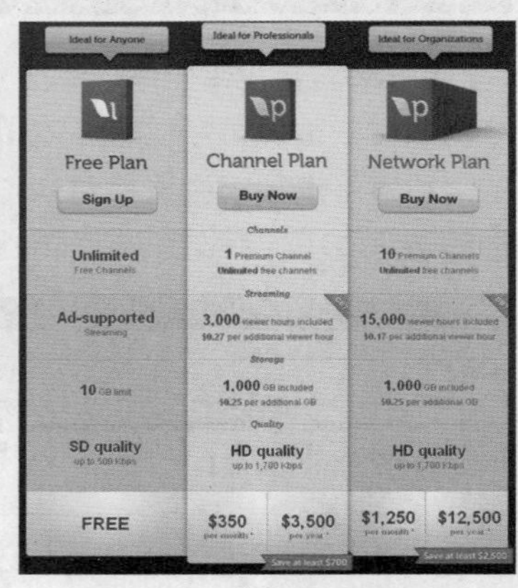

设置表格背景色

为表格添加背景色的方法与为图形添加填充颜色的方法一样，不仅如此，还可以对每个单元格设置不同的颜色。

1 选择表格，单击“调色板”中的色块即可为表格添加背景色。还可选中表格，单击“背景”下拉按钮，在“填充色”下拉面板中选择一种合适的颜色，为表格添加颜色，如下图所示。

2 使用形状工具选中需要设置背景色的单元格，然后使用“调色板”或“填充色”面板为其添加背景色，如下图所示。

设置表格或单元格的边框

表格或单元格的边框是可以更改粗细或者颜色的，而且用户可以根据自身的需要设置不同位置的边框的样式。

1 首先需要选择更改边框的位置，单击属性栏中的“边框选择”按钮，在下拉列表中选择一个合适的选项。例如在这里选择“全部”，然后单击“轮廓色”倒三角按钮，在下拉面板中选择一个合适的颜色，此时可以看到整个表格的边框都改变了颜色，如下图所示。

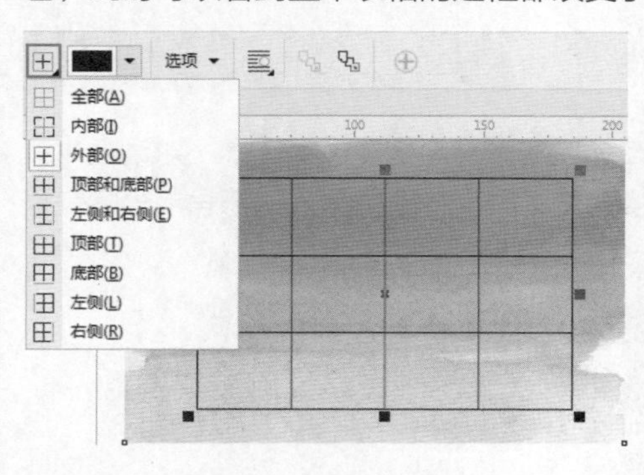

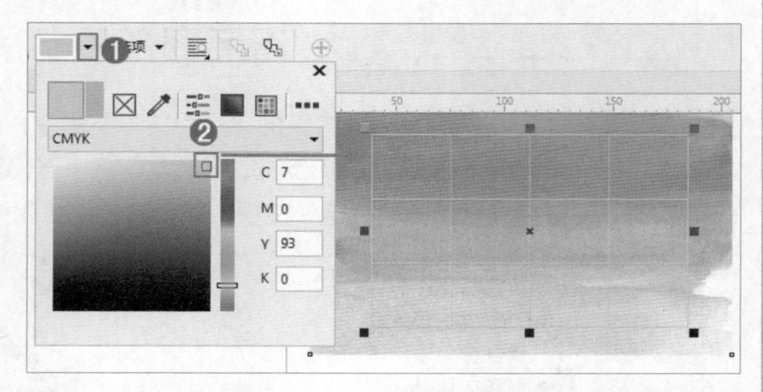

2 若要更改边框粗细，也需要先确定更改的位置，例如在这里选择位置为“内部”，继续在属性栏中设置合适的“轮廓宽度”，设置完成后选中的边框的粗细发生了变化，如下图所示。

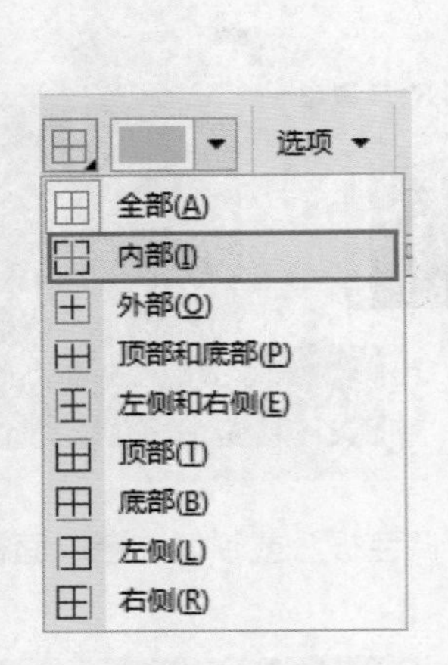

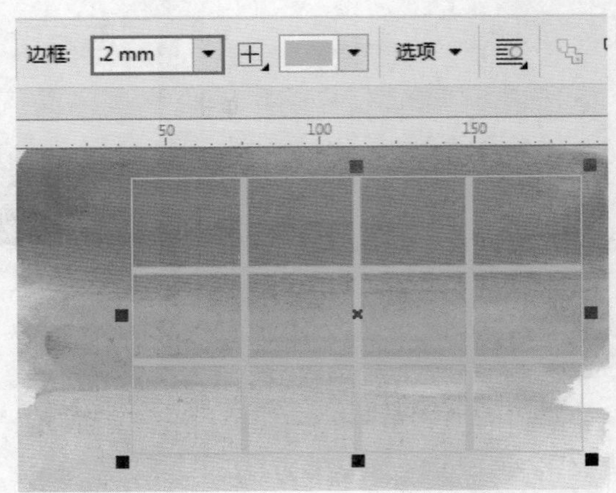

文本与表格相互转换

在CorelDRAW中可以将文本转换为表格，也可以将表格转换为文本。

1 要将文本框转换为表格，需要在文本中插入制表符、逗号、段落回车符或其他字符。选择文本框，执行“表格>将文本转换为表格”命令，在弹出的“将文本转换为表格”对话框中勾选或设置合适的分割字符，然后单击“确定”按钮，即可创建将文字转换为表格，如下图所示。

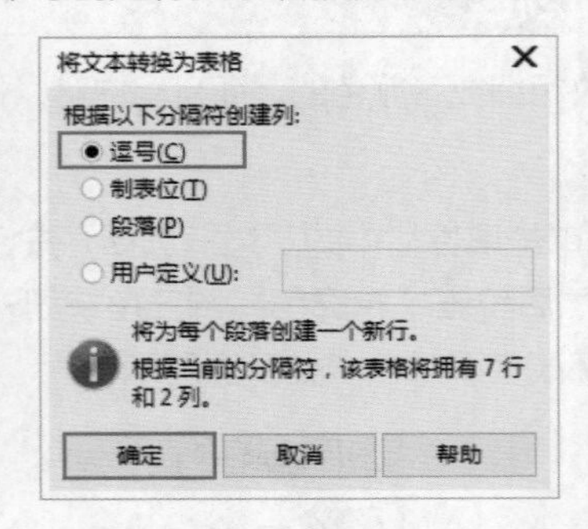

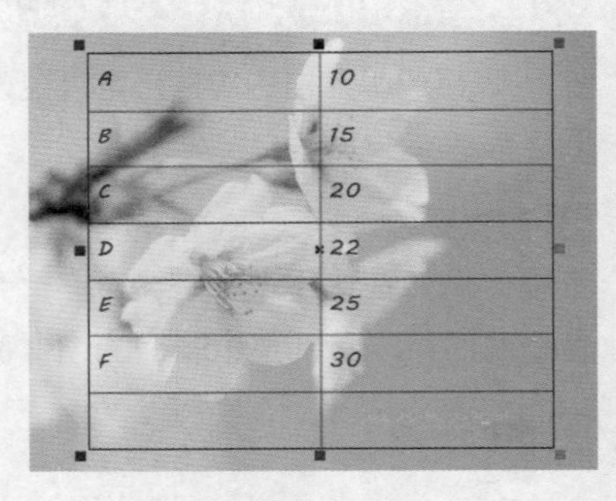

2 接着选择表格，执行“表格>将表格转换为文本”命令，在弹出的“将表格转换为文本”对话框中设置“单元格文本分隔的根据”，该选项是用来设置将表格转换为文本时，将根据插入的符号来分隔表格的行或列。设置完成后单击“确定”按钮，即可将表格转化为文本，如下图所示。

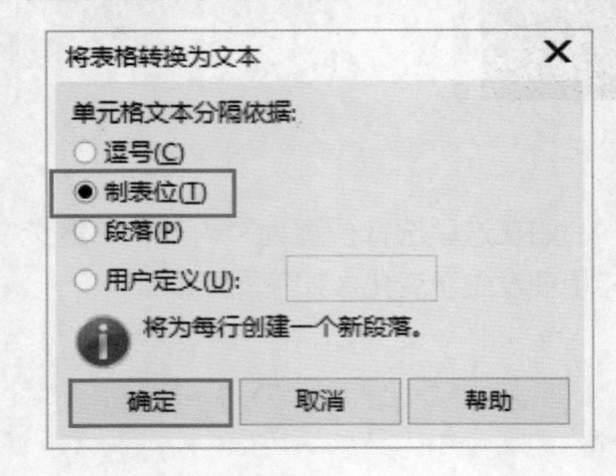

设计师实战 使用表格制作书籍内页排版

实例描述

通过对本章相关知识的学习，结合表格的使用方法以及文字工具的使用方法，制作本案例带有表格的书籍内页版面设计方案。

完成文件

Chapter 6\使用表格制作书籍内页排版.cdr

视频文件

Chapter 6\使用表格制作书籍内页排版.flv

1 新建一个A4大小的空白文档。接着在画布中绘制一个和画布同样大小的矩形，并填充颜色为米色，如下图所示。

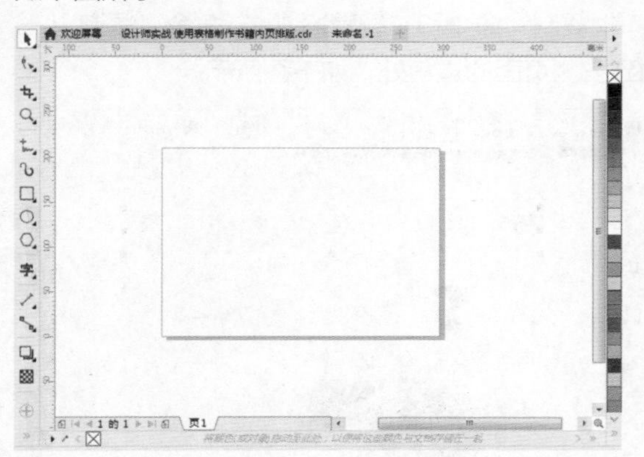

2 执行“文件>导入”命令，在弹出的“导入”对话框中找到素材位置，选择素材“1.jpg”，单击“导入”按钮。接着在画面中按住鼠标左键并拖动，松开鼠标后素材就导入进来了，如下图所示。

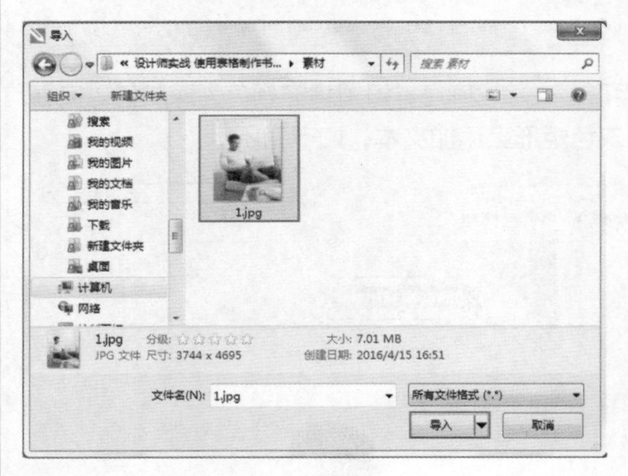

3 在工具箱中选择基本形状工具，在属性栏中选择一个三角形图形，在页面左上角按住Ctrl键绘制一个等边三角形。并单击属性栏中“垂直镜像”，使之作为左侧页眉处的图案，如下图所示。

4 选中绘制的三角形，选择工具箱中的交互式填充工具，在属性栏中设置填充方式为“均匀填充”，设置填充颜色为卡其色，如下左图所示。接着使用“编辑>复制”命令和“编辑>粘贴”命令，复制出一个三角形，并单击属性栏中的“水平镜像”按钮，移动到右侧页面的边角处，如下图所示。

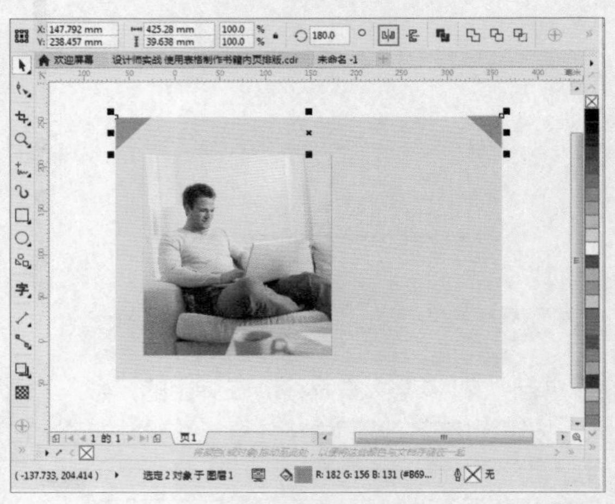

5 使用工具箱中的矩形工具，在左侧页眉处绘制一个矩形，去除轮廓色，设置填充颜色为深灰色。接着使用文本工具，在属性栏中设置合适的字体和字号，在灰色矩形上添加文本，如下图所示。

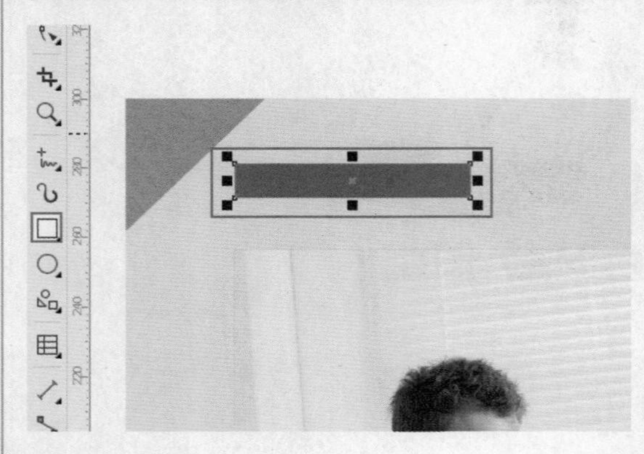

6 同样的方法在灰色矩形右侧输入另外一行文字。左侧的页眉内容制作完毕后可以选中这几个部分，移动复制到右侧页面，并适当调整位置，如下图所示。

7 使用矩形工具绘制一个合适大小的矩形，填充颜色为褐色。接着使用文本工具在属性栏中设置合适的字体、字号，在矩形上方单击并输入白色文字，如下图所示。

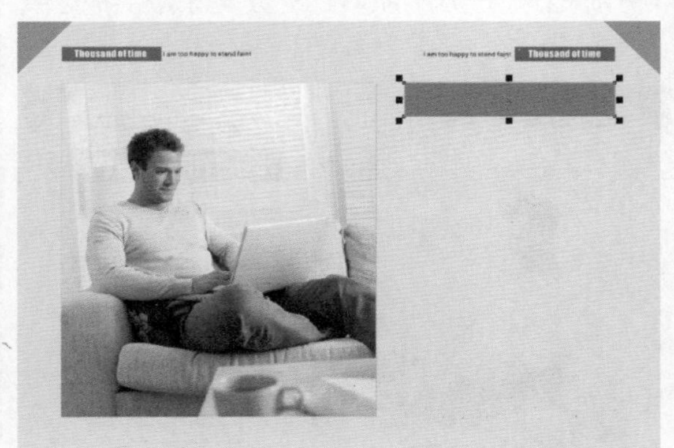

8 继续使用文本工具，在属性栏中置合适的的字体和字号，在画布上单击并输入文字，然后按Enter键继续输入下一行文字，如下图所示。

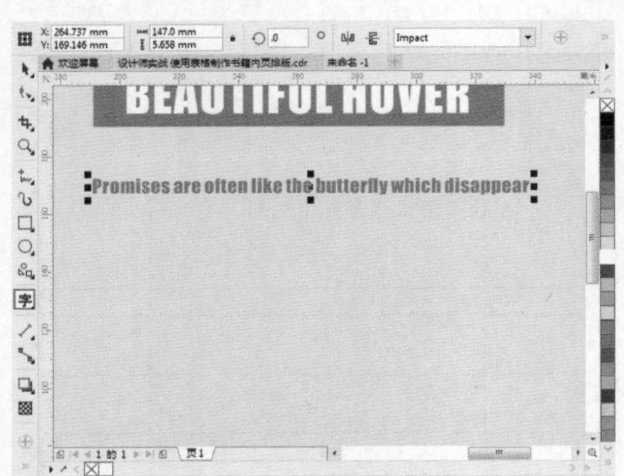

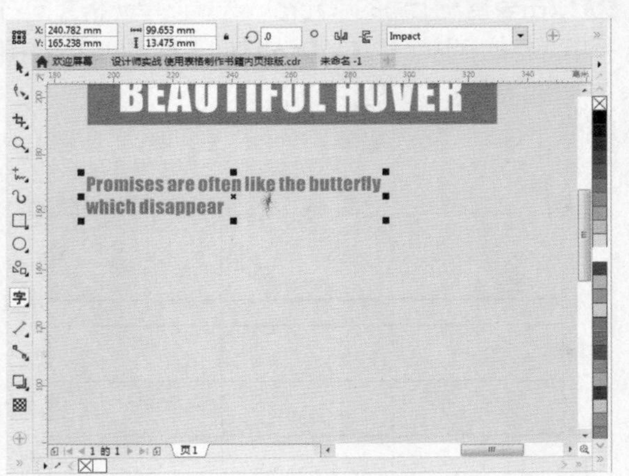

9 使用文本工具，在属性栏更换字体和字号，按住鼠标左键拖曳绘制一个段落文本框，在该文本框中输入相应的文字。执行“窗口>泊坞窗>文本”命令，在泊坞窗中的“段落”区域中，设置对齐方式为“两端对齐”。接下来使用同样的方式输入另外一组正文，效果如下图所示。

10 执行“表格>创建新表格”命令，在弹出的对话框中分别设置“行数”为5，“栏数”为3，完成后单击“确定”按钮，如下图所示。

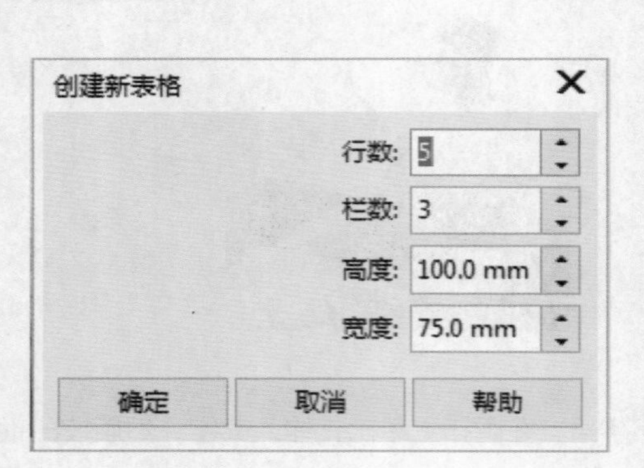

11 双击表格左上角的单元格，选择该单元格并向右侧拖动以选中这一行单元格。然后将光标移动到第一行单元格的底边，按住鼠标左键向下移动到合适位置，增大这一行单元格的高度。同样的方法调整第二列单元格的宽度，如下图所示。

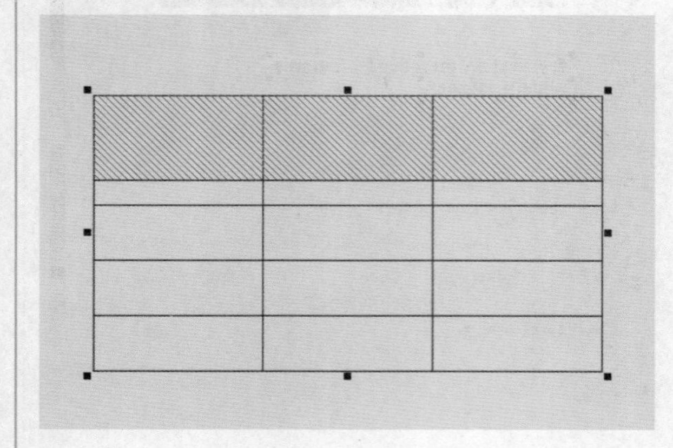

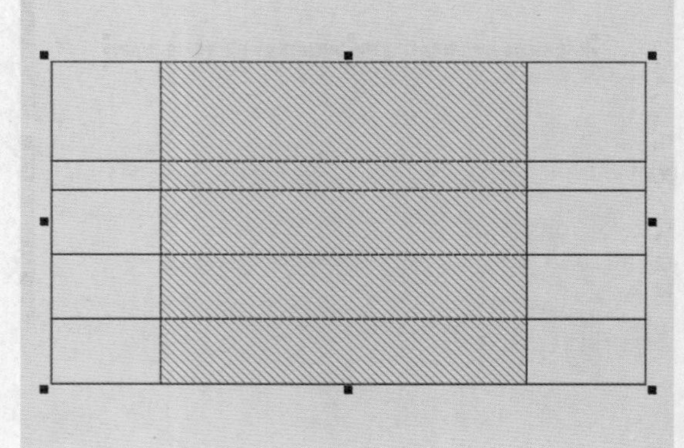

12 选择第二行到第五行，执行“表格>行均分”命令，这样就把表格的每一行的高度平均分布了，如下图所示。

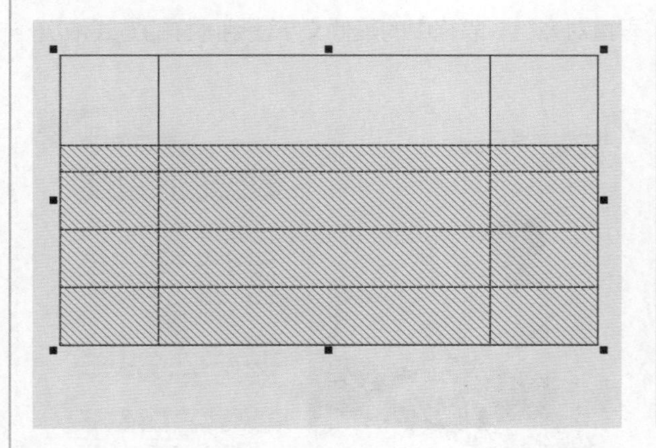

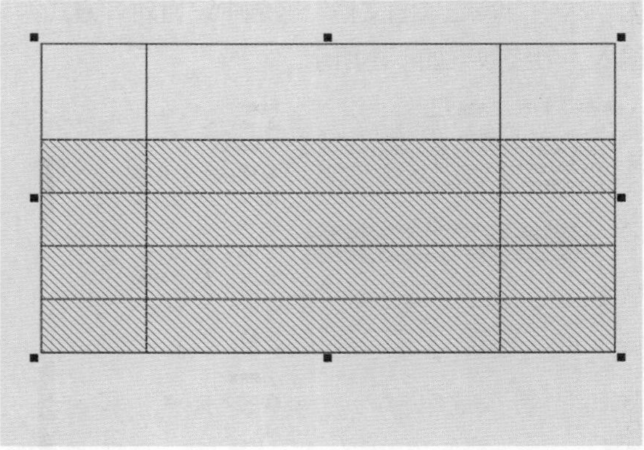

13 选中第一行的单元格，执行“表格>合并单元格”命令，把第一行的表格合并成一个表格。同样的方式将第一列的后四个单元格两两合并，如下图所示。

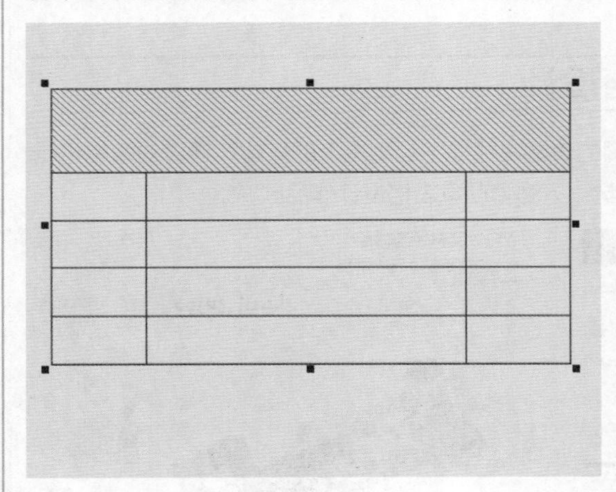

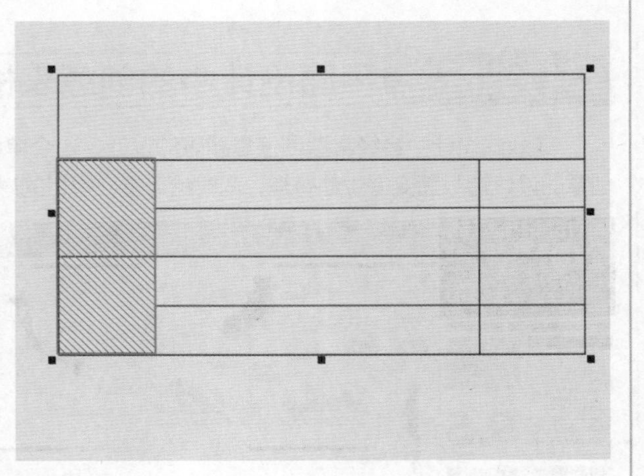

14 双击选中第一行单元格，并在右下角的“编辑颜色”中更改合适的填充颜色。接着选中表格，在属性栏中的“边框选择”列表中选择“全部”，并在轮廓颜色里选择合适的颜色。设置“边框宽度”为合适的宽度，如下图所示.。

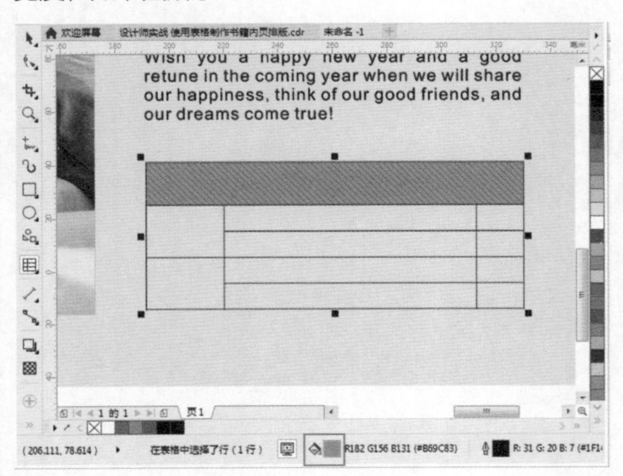

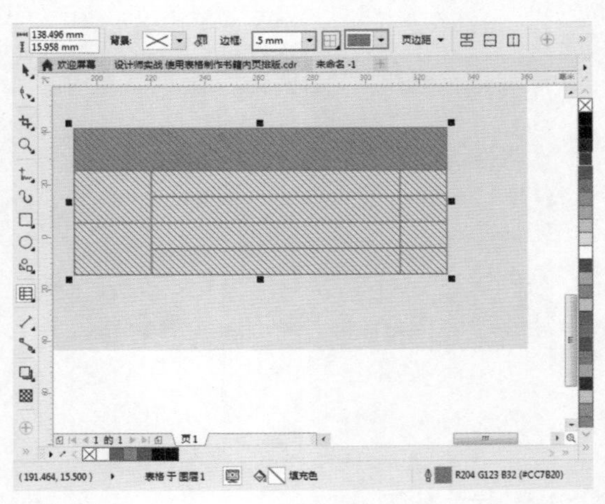

15 使用文本工具，单击第一个单元格并输入表头文字。选中表头文字，在属性栏上设置合适的字体和大小。然后执行“窗口>泊坞窗>文本”命令，在“文本属性”泊坞窗中的“段落”区域中设置对齐方式为“居中”，在“图文框”区域中设置对齐方式为“垂直对齐”。表格中的其他文字使用同样的方式依次输入，最终效果如下图所示。

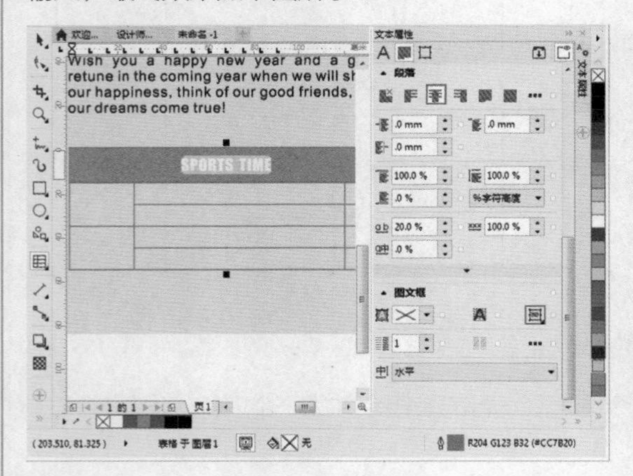

？行业解密 平面设计中的创意表格设计

在版式设计中会经常遇到信息图表的设计，一个单调的表格往往提不起浏览者的兴趣，通过对表格进行创意的设计让版面变得生动有趣，同时给人赏心悦目的感觉。下图为创意表格设计作品欣赏。

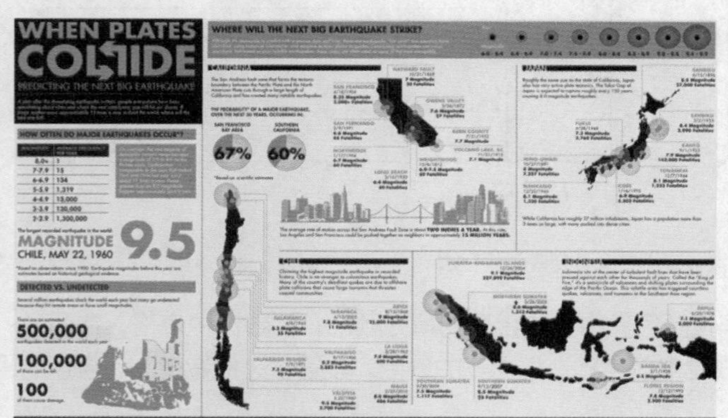

DO IT Yourself　设计师作业

1. 利用表格制作照片展示页面

限定时间：20分钟

Step By Step（步骤提示）

1. 导入背景素材。
2. 使用表格工具绘制表格。
3. 为表格中添加图像。
4. 添加文字和素材。

光盘路径

Chapter 6\利用表格制作照片展示页面.cdr

2. 制作旅行社DM单

限定时间：30分钟

Step By Step（步骤提示）

1. 导入背景素材。
2. 使用文本工具输入文字，使用矩形工具绘制圆角矩形并在其上方键入文字。
3. 绘制版面下方的矩形并进行旋转调整位置。
4. 在矩形上方绘制表格，并设置边框颜色及其背景色，然后添加文字。

光盘路径

Chapter 6\制作旅行社DM单.cdr

在CorelDRAW中不仅具有强大的矢量图形绘制功能，还可以为矢量图形添加阴影、轮廓图、调和、变形、立体化、透明度等特殊效果。而且其中部分特殊效果还可以应用于位图对象，例如阴影、透明度效果。

7 chapter 矢量图形特效

本章技术要点

Q 如何为对象添加立体化效果?

A 选择一个矢量对象，接着选择工具箱中的立体化工具，然后按住鼠标左键在图像上拖曳，即可创建立体化效果。添加完立体化效果后，可以在属性栏中进行设置，还可通过控制杆进行调整。

Q 对象的透明度有几种方式?

A 在CorelDRAW中不仅可以为对象设置均匀的透明效果，还可以使对象表面产生带有渐变感的透明，或者按照某种特定的图案形式添加透明效果。想要使用不同的透明度效果，需要选择该工具，然后在属性栏中单击不同的按钮，并进行参数设置。

UNIT 38 阴影工具

使用工具箱中的阴影工具可以为矢量图形、文本对象、位图对象和群组对象创建阴影效果。若要更改阴影的效果，可以在属性栏中进行更改。下图为使用阴影工具的设计作品。

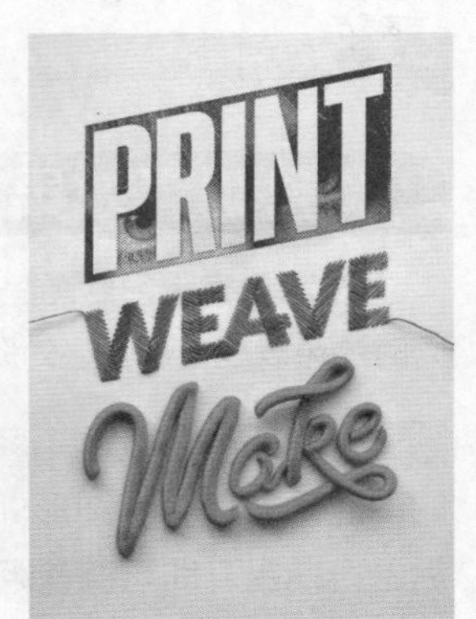

添加阴影效果

下面介绍添加阴影效果的操作方法非常简单，应用的对象比较广泛，因此在设计时很多地方都需要应用到，具体方法如下。

1 选择一个对象，选择工具箱中的阴影工具。将光标移至图形对象上，按住左键并向其他位置拖动，释放鼠标即可看到添加的阴影效果，如下图所示。

2 除此之外，在属性栏的“预设”列表中包含多种内置的阴影效果。选择一个图形对象，然后单击“预设”下拉按钮，然后选择某个样式，即可为对象应用相应的阴影效果，如下图所示。

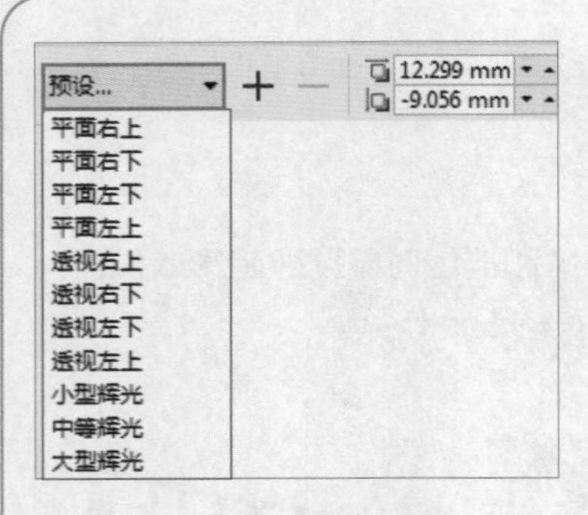

调整阴影效果

在添加完阴影后画面中会显示阴影控制杆，通过这个控制杆可以对阴影的位置、颜色等属性进行更改。同时还可以配合属性栏对阴影的其它属性进行调整。

1 选择一个对象为其添加阴影，然后可以看见阴影控制杆。在控制杆上有两个节点，白色的为阴影的“起始节点”，图形外部的为阴影的“终止节点”。将光标移动到“终止节点”上，光标变为✣形状后进行拖曳，即可调整阴影为位置和方向，如下图所示。

2 控制杆上的滑块是用来调整阴影的透明度。向“终止节点”处拖曳滑块可以加深阴影。向“起始节点”处拖曳滑块可以减淡阴影，如下图所示。

3 为对象添加完阴影后，还可以在属性栏中对其效果进行更改。下图为阴影工具的属性栏。

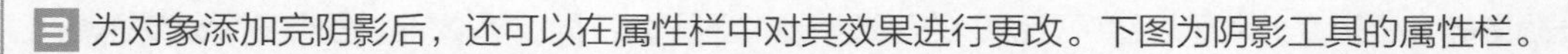

- 阴影角度：输入数值，可以设置阴影的方向。下图为不同“阴影角度”的对比效果。

- 阴影延展：调整阴影边缘的延展长度。下图为不同“阴影延伸”的对比效果。

- 阴影淡出：调整阴影边缘的淡出程度。下图为不同“阴影淡出”的对比效果。

- 50 阴影的不透明度：用于设置调整阴影的不透明度。下图为不同“阴影的不透明度”参数的对比效果。

- 15 阴影羽化：调整阴影边缘的锐化和柔化。下图为不同“阴影羽化”参数的对比效果。

- 羽化方向：向阴影内部、外部或同时向内部和外部柔化阴影边缘。在CorelDRAW中提供了“高斯式模糊”、“向内”、“中间”、“向外”和“平均”五种羽化方法，各种羽化方法的效果如下图所示。

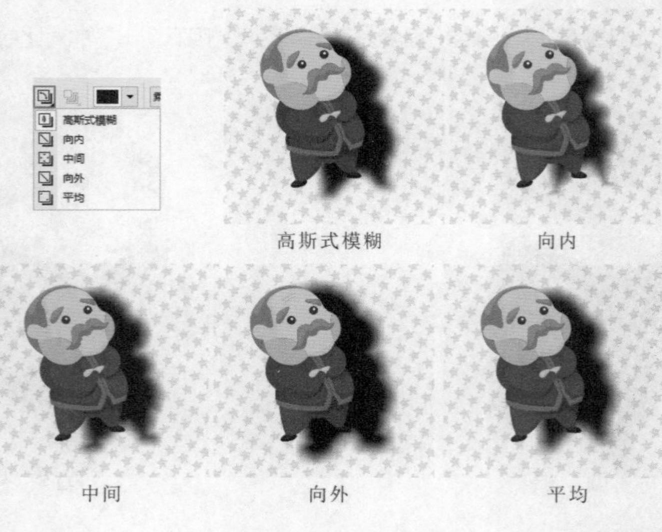

高斯式模糊　向内

中间　向外　平均

- 羽化边缘：设置边缘的羽化类型，可以在列表中选择“线性”、“方形的”、“反白方形”、“平面”，各种效果如下图所示。

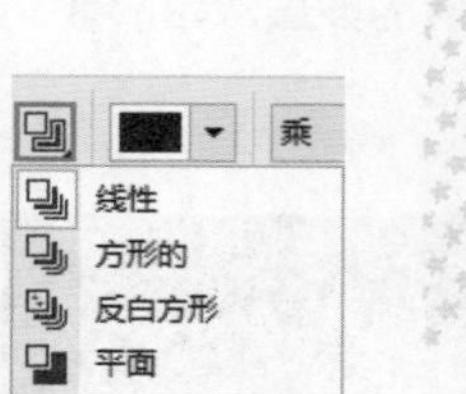

线性

方形的

反白方形

平面

- 阴影颜色：在下拉面板中选择一种颜色，可以直接改变阴影的颜色，如下图所示。

- 乘 透明度操作：单击属性栏中的“透明度操作”下拉按钮，在下拉列表中选择合适的选项来调整颜色混合效果，各选项效果如下图所示。

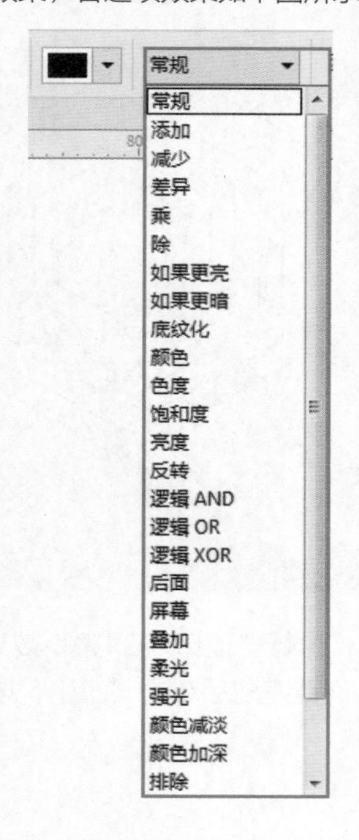

轮廓图工具

轮廓图工具可以为路径、图形、文字等矢量对象创建轮廓向内或向外放射的多层次轮廓效果。下图为使用轮廓图工具的设计作品。

创建轮廓图效果

创建轮廓图效果非常简单，选中一个矢量对象，使用轮廓图工具在对象上按住鼠标左键并拖曳即可为对象创建轮廓图效果。

1 选择一个矢量对象，使用轮廓图工具在图形上按住鼠标左键并向对象中心或外部移动，释放鼠标即可创建由图形边缘向中心/由中心向边缘放射的轮廓效果图，如下图所示。

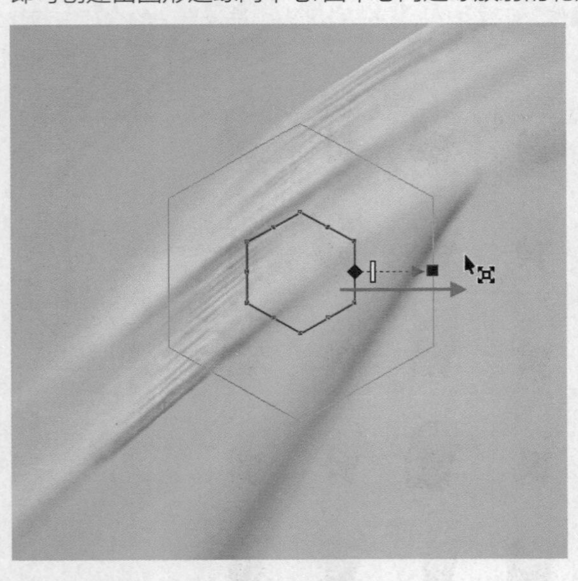

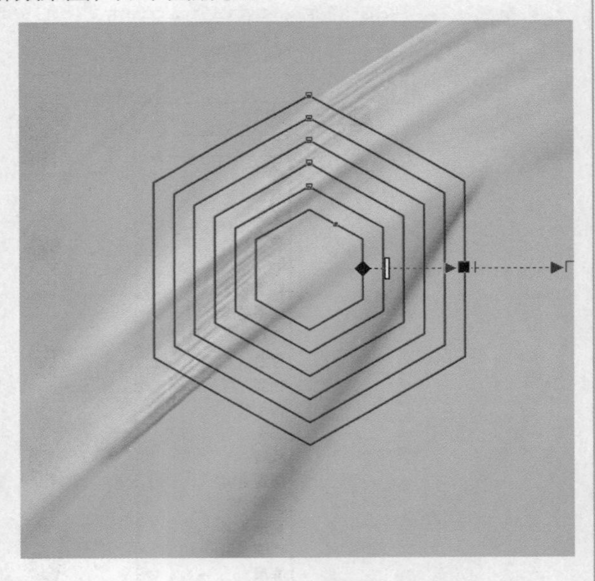

2 还可以通过“轮廓图”泊坞窗创建轮廓图。选中图形对象，执行“窗口>泊坞窗>效果>轮廓图”命令，打开“轮廓图”泊坞窗，接着在泊坞窗中进行参数设置。设置完成后单击“应用”按钮，效果如下图所示。

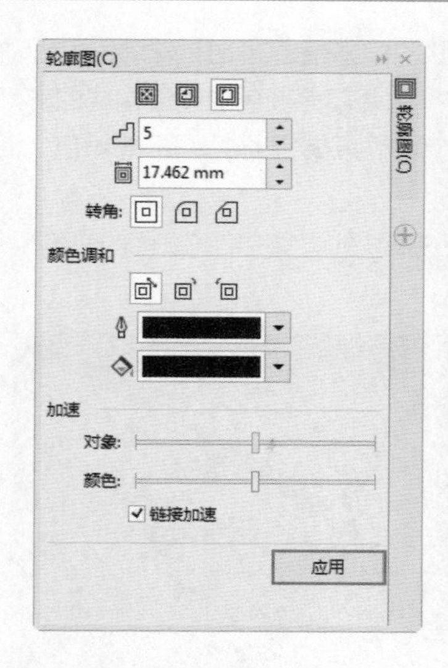

编辑轮廓图效果

选中添加了轮廓图效果的对象，在轮廓图工具属性栏中可以进行参数的设置，如下图所示。

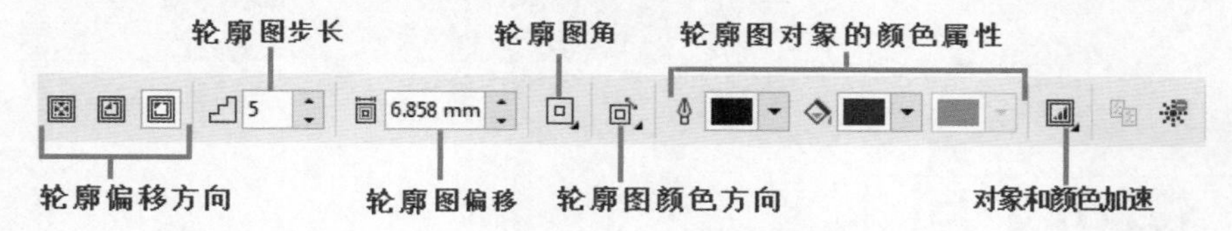

- 轮廓偏移方向：轮廓偏移方向包含三个方式，分别是到中心、内部轮廓和外部轮廓，如下图所示。

中心　　内部轮廓　　外部轮廓

- 轮廓图步长：用于调整对象中轮廓图数量的多少。
- 轮廓图偏移：调整对象中轮廓图的间距。
- 轮廓图角：设置轮廓图的角类型，下图为不同轮廓图角的效果。

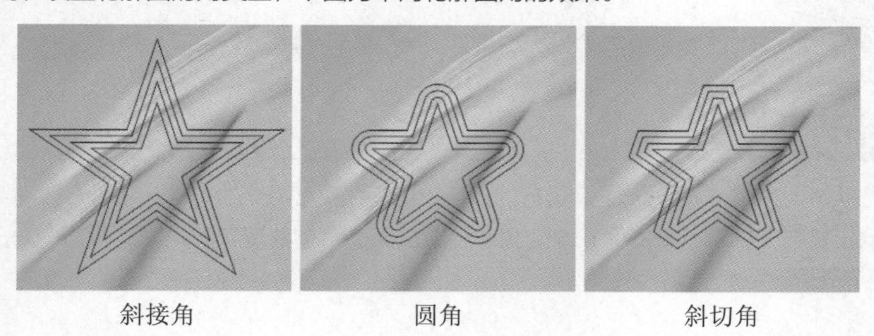

斜接角　　圆角　　斜切角

- 轮廓图颜色方向：轮廓图颜色方向包含三个方式，分别是线性轮廓色、顺时针轮廓色和逆时针轮廓色。
- 轮廓图对象的颜色属性：轮廓图的颜色其实是由两部分颜色的过渡构成的：原始图形与新出现的轮廓图形。选中轮廓图对象后直接在调色板中更改颜色为更改了原始图形的颜色。而此处通过轮廓图的属性栏则可以设置轮廓图形的颜色。
- 对象和颜色加速：单击该按钮，在弹出的对话框中可以通过滑块的调整控制轮廓图的偏移距离和颜色，如下图所示。

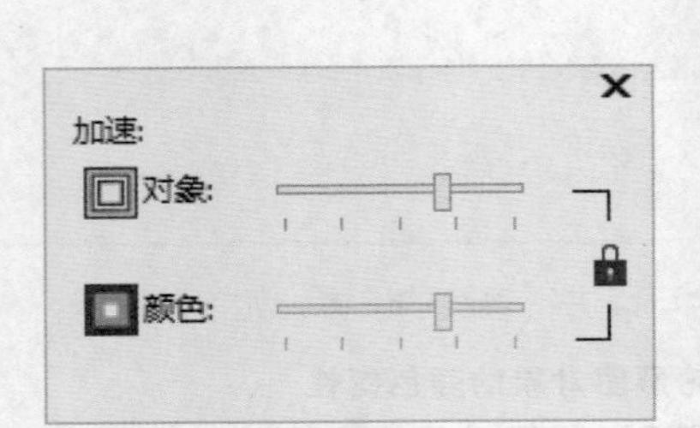

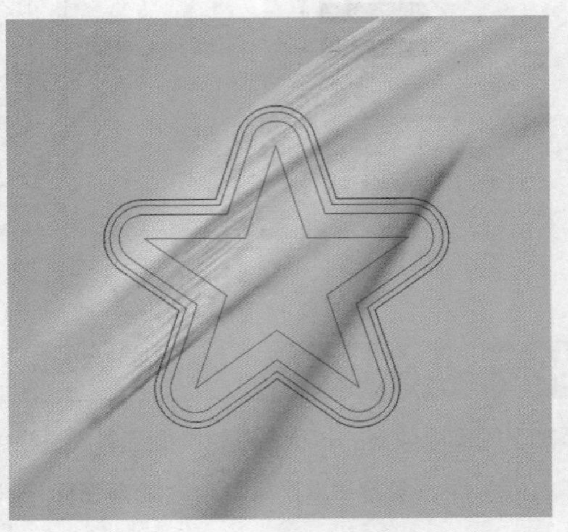

UNIT 40 调和工具

调和效果只应用于矢量图形，它是通过在两个或两个以上的图形之间建立一系列的中间图形，从而制作出富有渐变调和的丰富效果。下图为优秀的设计作品。

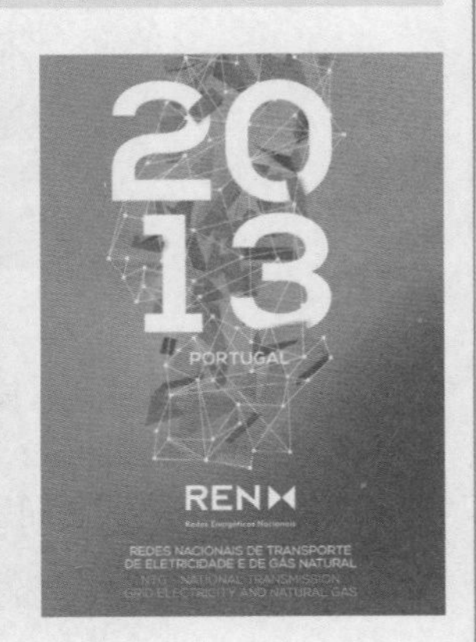

创建调和效果

调和需要在两个或多个矢量对象之间进行的，所以画面中需要有至少两个矢量对象，选择调和工具，在其中一个对象上按住左键然后移向另一个对象，释放鼠标即可创建调和效果，此时两个对象之间出现多个过渡的图形，如下图所示。

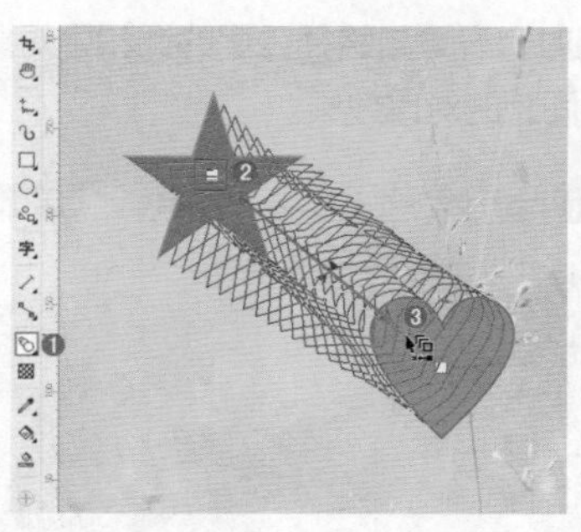
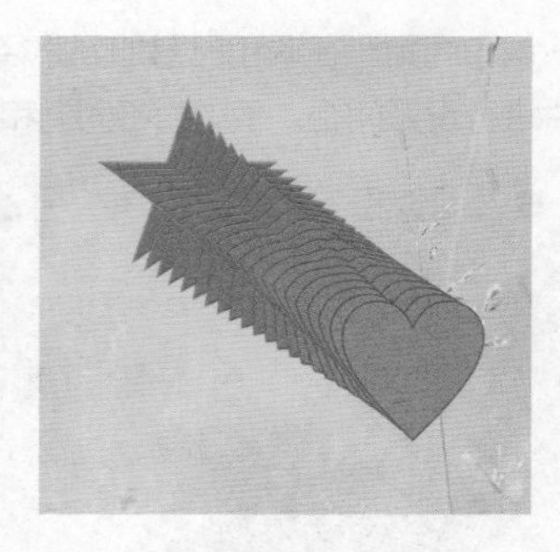

除了使用工具之外，还可以在“调和”泊坞窗中进行创建。选中要进行调和的矢量对象，执行“窗口>泊坞窗>效果>调和”命令，打开“调和”泊坞窗，设置合适参数后单击“应用”按钮创建调和，如下图所示。

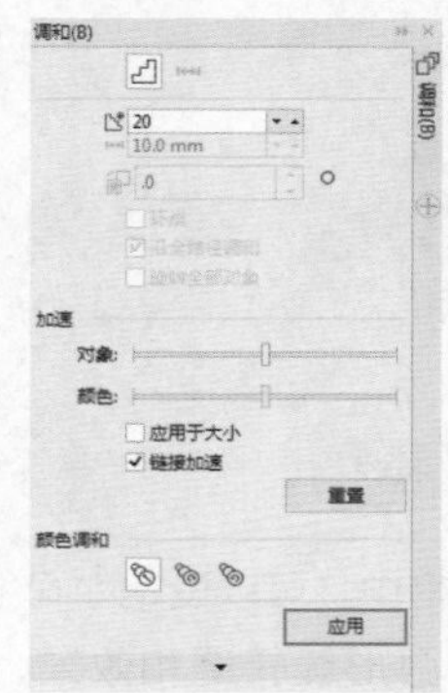

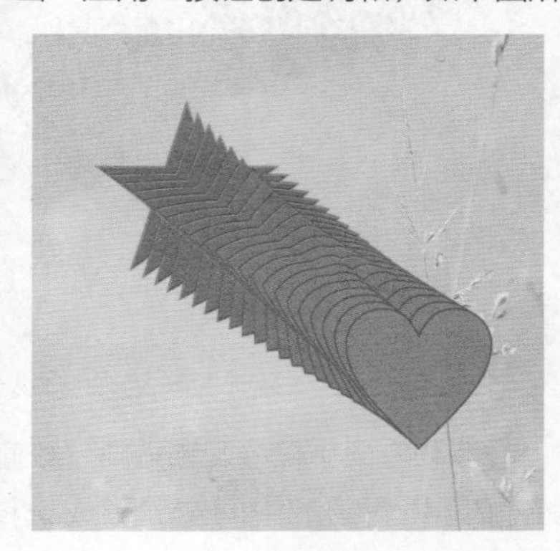

编辑调和效果

选择工具箱中的调和工具，在属性栏中可以看到该工具的参数选项，如下图所示。

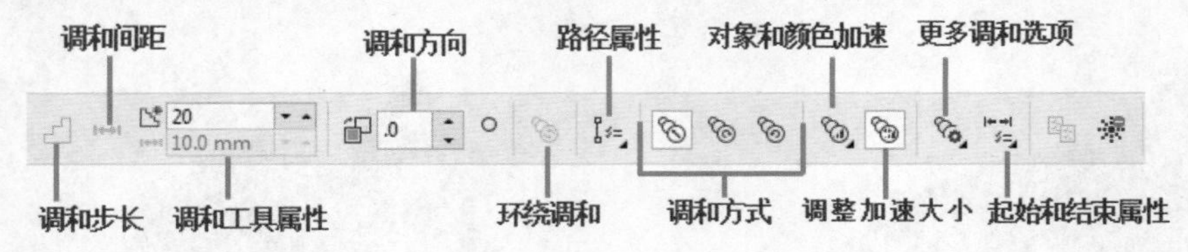

- 调和步长：调整调和中的步长数。单击该按钮后，可以通过设置特定的步长数 20 进行调和，下图为不同调和步长的对比效果。

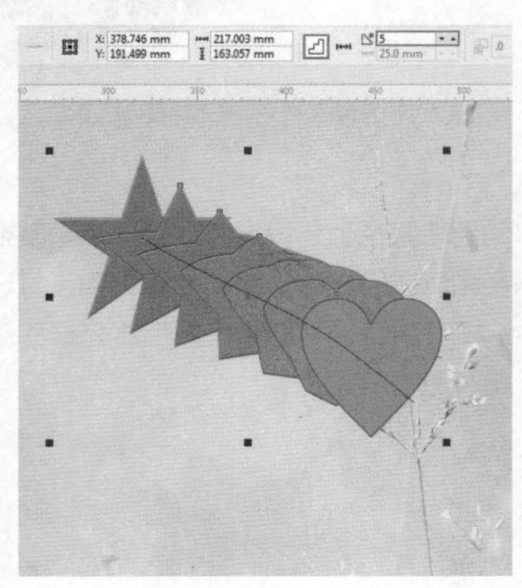
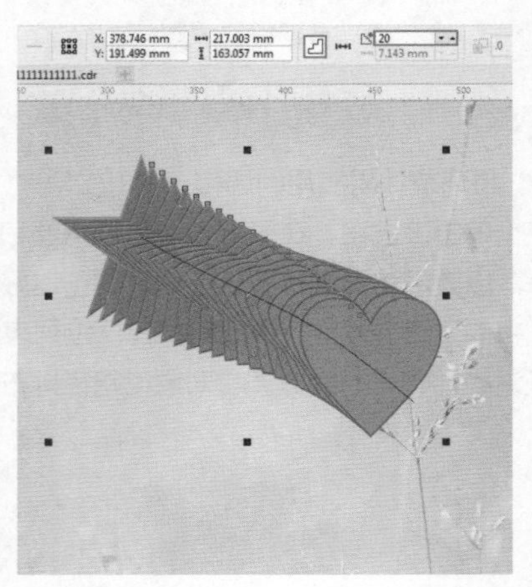

- 调和间距：在调和已附加到路径时，设置与路径匹配的调和中对象之间的距离。单击该按钮，在数值框中进行设置间距。下图为不同调和间距的对比效果。

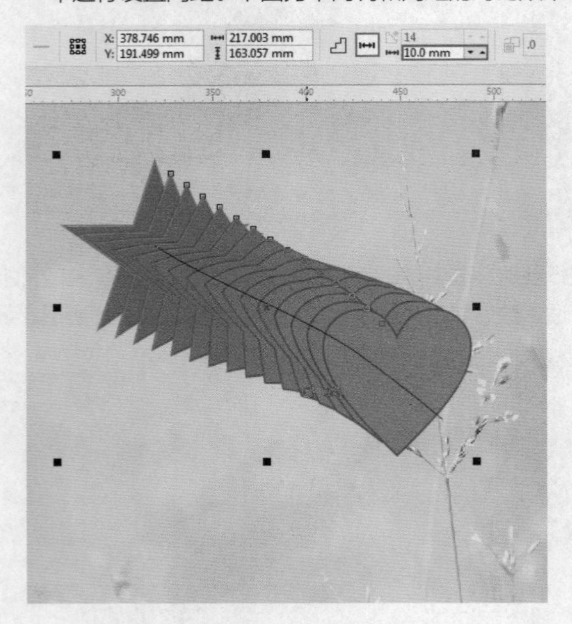

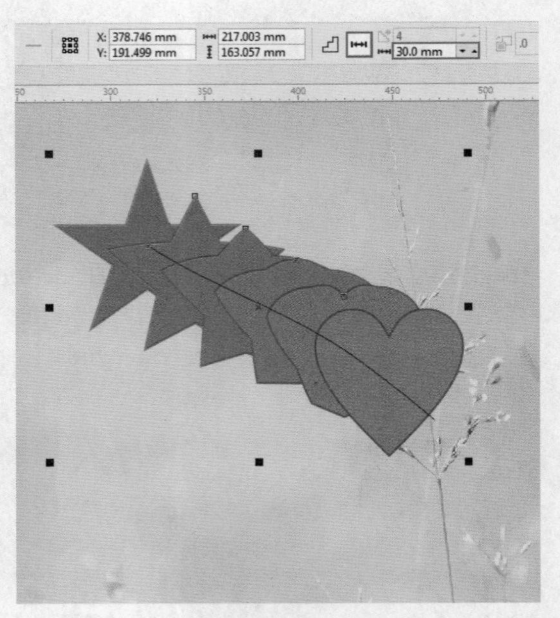

- 调和方向：在“调和方向”数值框中，可以设定中间生成对象在调和过程中的旋转角度，使起始对象和终点对象的中间位置形成一种弧形旋转调和效果，下左图为0° 的效果，下右图为90° 的效果。

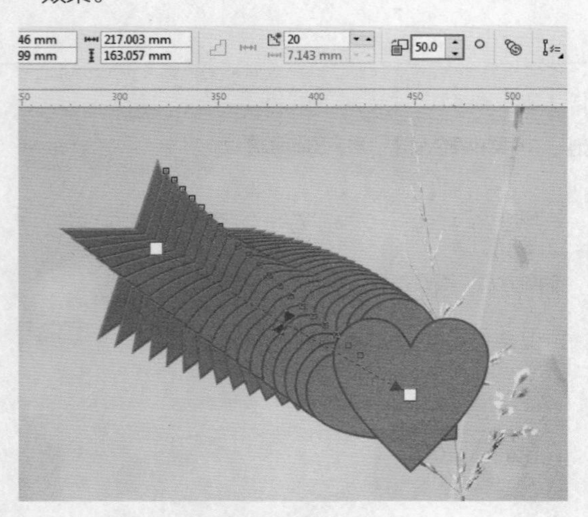

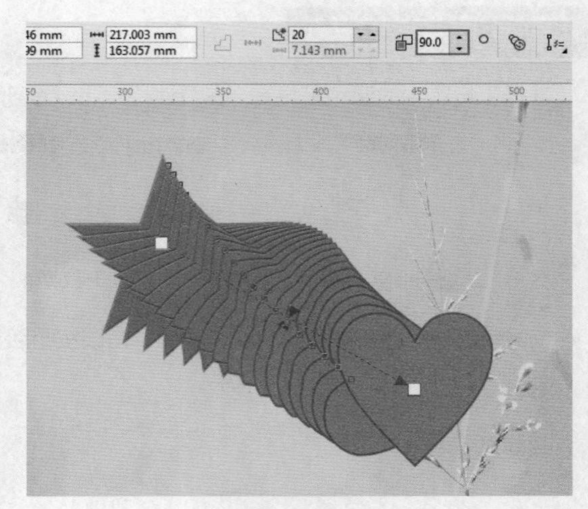

- 环绕调和：将环绕效果应用到调和。
- 路径属性：单击该按钮，在子列表中可以将调和移动到新路径上、设置路径的显示隐藏或将调和从路径中分离出来。想要沿路径进行调和首先需要创建好路径和调和完成的对象，使用调和工具选择调和对象，单击属性栏中的“路径属性”按钮，在下拉列表中选择“新路径”选项。然后将光标移动到路径处光标变为曲柄箭头时单击，此时调和对象沿路径排布，如右图所示。

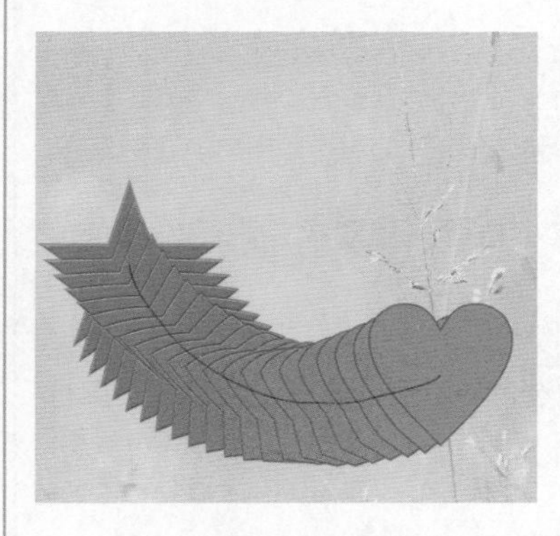
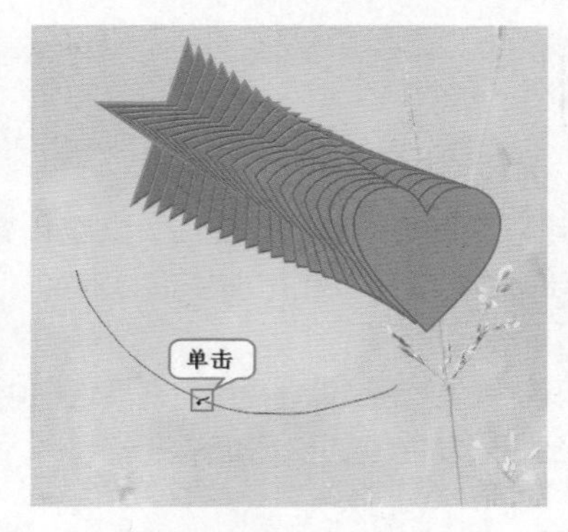

- 调和方式：该选项是用来改变调和对象的光谱色彩。为“直接调和”，为“顺时针调和”，为“逆时针调和”，下图为不同调和方式的效果。

直接调和　　　顺时针调和　　　逆时针调和

- 对象和颜色加速：在弹出的界面中移动滑块，单击解锁按钮，可分别调节对象的分布及颜色的分布，如下图所示。

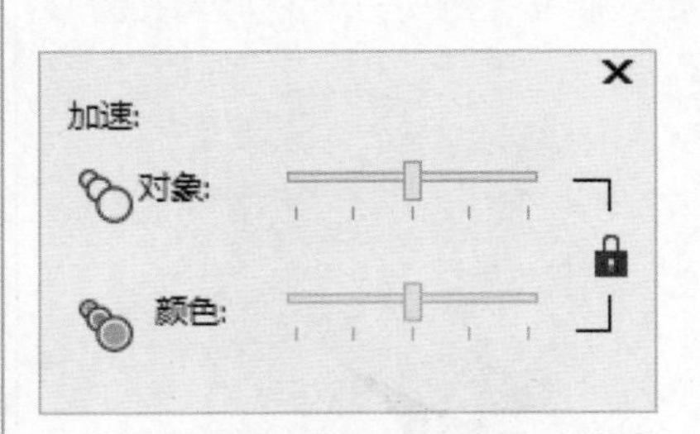

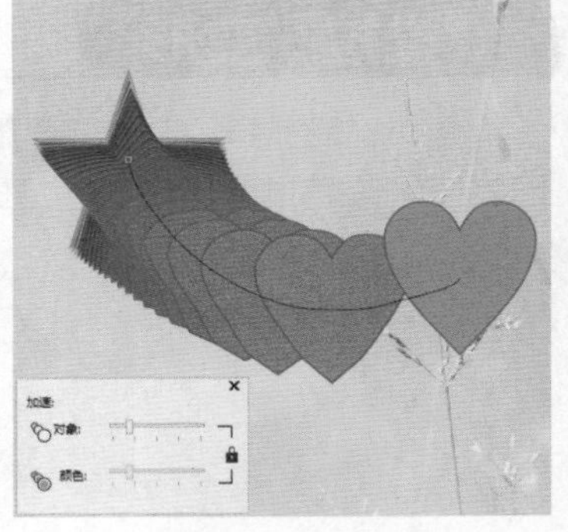

- 调整加速大小：调整调和中对象大小更改的速率。
- 更多调和选项：单击该按钮，在弹出的子列表中可以拆分、融合调和，旋转调和中的对象以及映射节点，如右图所示。
- 起始和结束属性：选择调和开始和结束对象。

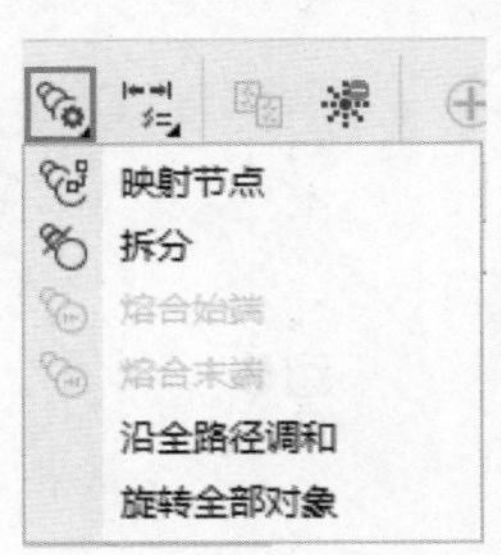

UNIT 41 变形工具

使用工具箱中的变形工具可以为图形、直线、曲线、文字和文本框等矢量对象创建特殊的变形效果。变形效果包括推拉变形、拉链变形和扭曲变形3种。

选中需要编辑的图形，选择工具箱中的变形工具，接着在属性栏中选择一种变形方式，然后按住鼠标左键在图形上拖曳，松开鼠标即可看到图形发生了变形，如下图所示。

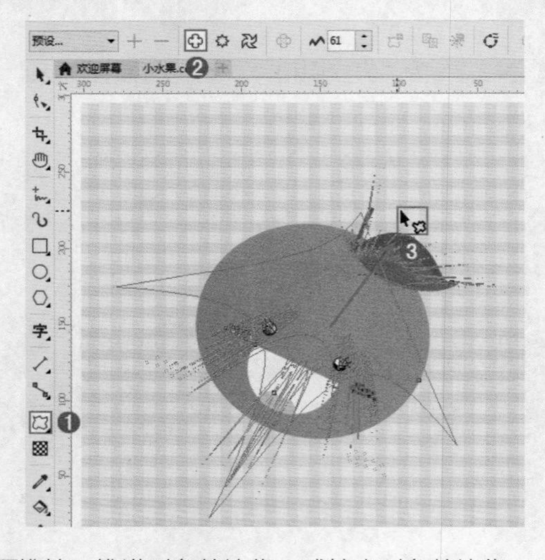

- 推拉：推进对象的边缘，或拉出对象的边缘。
- 拉链：为对象的边缘添加锯齿效果。
- 扭曲：旋转对象以创建漩涡效果。

"推拉"变形

选中编辑的对象，选择工具箱中的变形工具，然后单击属性栏中的"推拉"变形按钮，接着在图形上按住鼠标左键拖曳，此时矢量图形出现了推拉的变形效果，如下图所示。

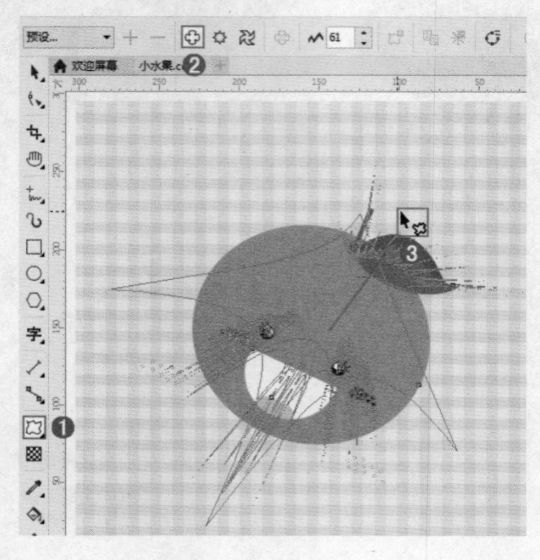

- 居中变形：居中对象中的变形效果。
- 88 推拉振幅：调整对象的扩充和收缩。
- 添加新的变形：将变形应用于已有变形的对象。
- 转换为曲线：将扭曲对象转换为曲线对象，转换后即可使用形状工具对其进行修改。

“拉链”变形

选中编辑的对象，选择工具箱中的变形工具，然后单击属性栏中的“拉链”变形按钮，接着在图形上按住鼠标左键拖曳，松开鼠标后即可看到图像变形效果，如下图所示。

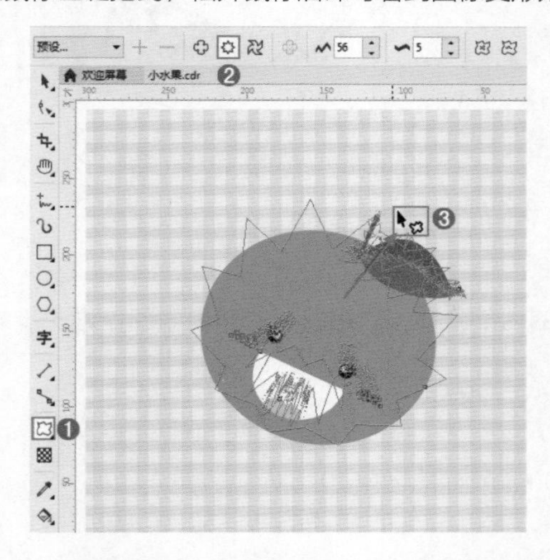

- 88 拉链振幅：调整锯齿效果中锯齿的高度。设置数值越大，振幅越大。
- 5 拉链频率：调整锯齿效果中锯齿的数量。
- 变形调整类型：其中包含随机变形、平滑变形、局限变形三种。选中变形后的对象，单击相应按钮即可进行切换，如下图所示。

随机变形　平滑变形　局限变形

“扭曲”变形

选中编辑的对象，选择工具箱中的变形工具，然后单击属性栏中的“扭曲”变形按钮，接着在图形上按住鼠标左键拖曳，松开鼠标后即可看到图像变形效果，如下图所示。

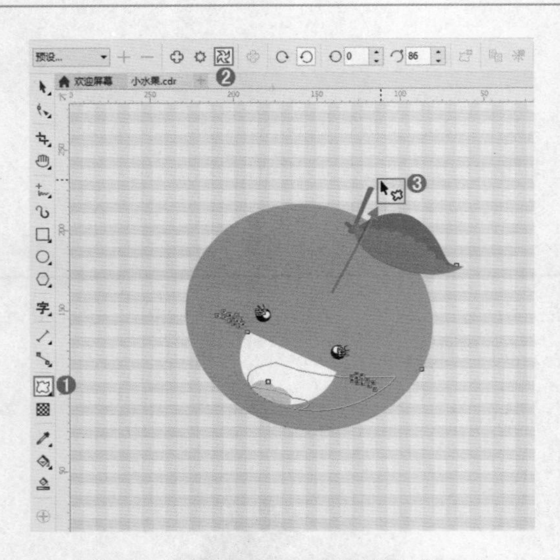

- 顺/逆时针旋转：用于设置旋转的方向。
- 完全旋转：调整对象旋转扭曲的程度。
- 附加角度：在扭曲变形的基础上作为附加的内部旋转，对扭曲后的对象内部作进一步的扭曲处理。

UNIT 42 封套工具

封套工具是将需要变形的对象置入一个“外框”（封套）中，通过编辑封套外框的形状来影响对象的效果，使其依照封套外框的形状产生变形。在CorelDraw中提供了很多封套的编辑模式和类型，用户可以充分利用这些来创建出各种形状的图形。下图为使用封套工具的设计作品。

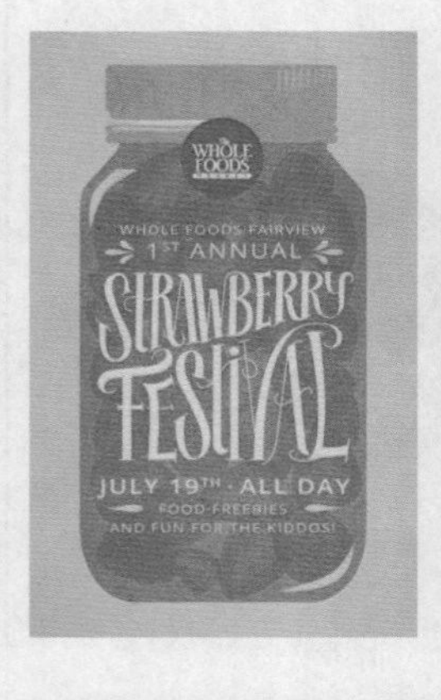

认识封套工具

创建封套后可以在属性栏中对其节点进行调整从而调整封套效果。选择工具箱中的封套工具，其属性栏如下图所示。

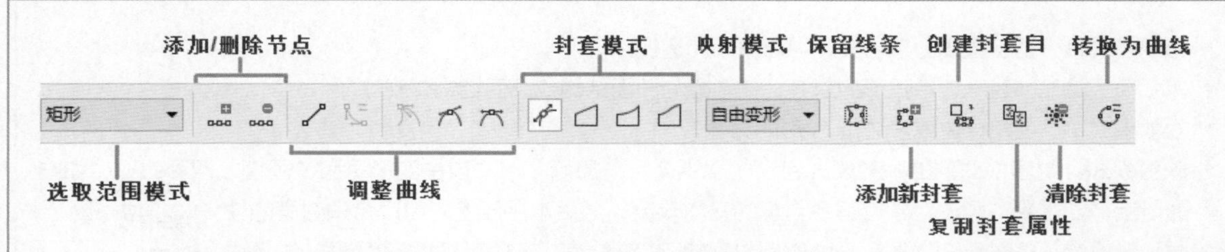

在CorelDraw中提供了六种预设封套形状。选择图形对象，接着选择工具箱中的封套工具，然后单击属性栏中的“预设”下拉按钮，在下拉列表中可以选择相应的预设选项。下图为原图和不同的预设效果。

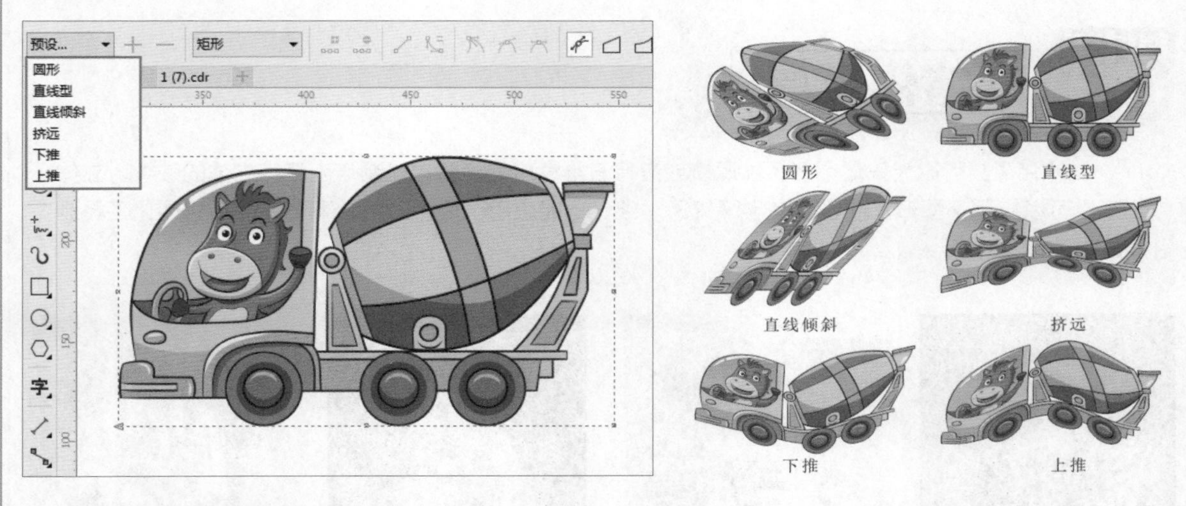

使用封套工具

封套工具的使用方法非常简单，只要使用封套工具选中图形，然后拖曳节点就可以通过封套建立变形。

选择工具箱中的封套工具，然后选择需要添加封套效果的图形对象，此时将会为所选的对象添加一个由节点控制的矩形封套。然后拖曳节点即可进行变形，如下图所示。

- 选取模式：有“矩形”和“手绘”两种选取模式。
- 调整节点：通过添加、删除、调整节点改变封套轮廓。
- 非强制模式：创建任意形式的封套，允许您改变节点的属性以及添加和删除节点。

- 直线模式◪：基于直线创建封套，为对象添加透视点。
- 单弧模式◪：创建一边带弧形的封套，使对象为凹面结构或凸面结构外观。
- 双弧模式◪：创建一边或多边带S形的封套。
- 映射模式：封套中对象的映射模式包含“水平”、“原始”、“自由变形”和“垂直”四种方式，如右图所示。“水平”延展对象以适合封套的基本尺度，然后水平压缩对象以合适封套的性质；“原始”将对象选择框手柄映射到封套的节点处，其它节点沿对象选择框的边缘线性映射；“自由变形”将对象选择框的手柄映射到封套的角节点；“垂直”延展对象以适合封套的基本尺度，然后垂直压缩对象以适合封套的形状。

自由变形
水平
原始
自由变形
垂直

UNIT 43

立体化工具

立体化工具可以为矢量图形添加厚度或进行三维角度的旋转，以制作出三维立体的效果。立体化工具可以应用于图形、曲线、文字等矢量对象，不能应用于位图对象。下图为使用立体化工具制作的设计作品。

创建立体化效果

下面介绍创建立体化效果的操作方法，选择主体化工具，然后在对象上进行拖曳即可，具体方法如下。

1 选择矢量对象，然后选择工具箱中的立体化工具◙，将鼠标指针移至对象上，按住鼠标左键拖曳，即可产生立体化效果，如右图所示。

2 通过拖曳控制杆上的图标，可以调整立体化的灭点的深度，拖曳控制杆上的图标，可以控制灭点的位置，如下图所示。

编辑立体化效果

单击工具箱中的立体化工具按钮，在属性栏中可以进行立体对象深度的设置，还可以改变对象灭点的位置，设置立体的方向、立体效果的颜色，或者为立体对象添加光照以强化立体感，如下图所示。

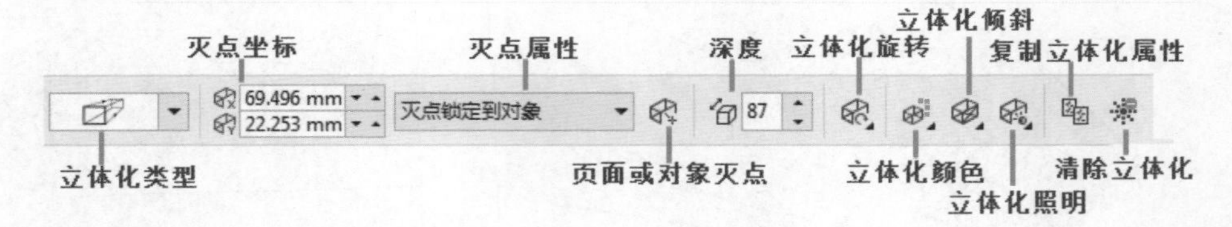

- 立体化类型：选择对象，在立体化工具属性栏中单击“立体化类型”下拉按钮，在下拉列表中可选择一种预设的立体化类型，各种类型效果如下图所示。

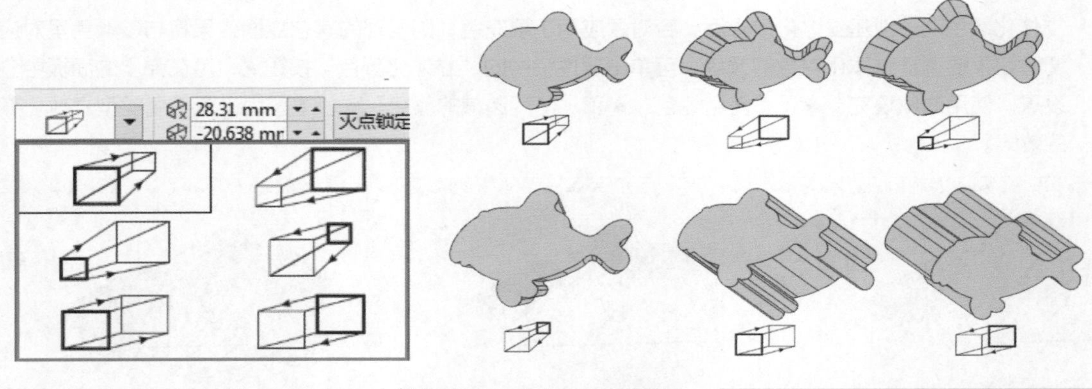

- 灭点坐标和灭点属性：灭点是一个设想的点，它在对象后面的无限远处，当对象向消失点变化时，就产生了透视感。在属性栏中的“灭点坐标”数值框内输入数值，可以对灭点的位置进行一定的设置，在属性栏的“灭点属性”下拉列表中选择立体化对象的属性，如右图所示。

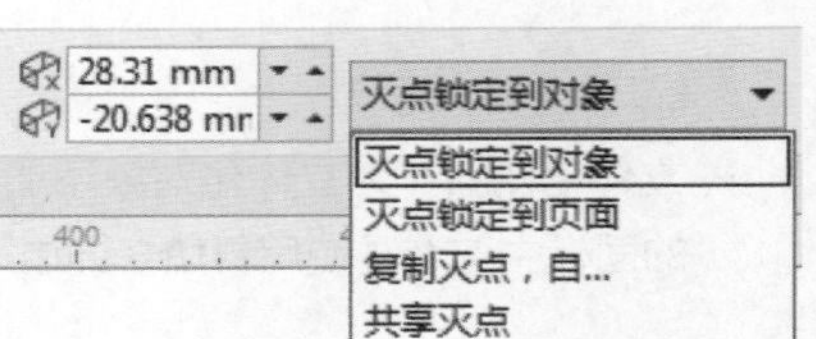

- 深度：在属性栏中的“深度”数值框内输入数值，可设置立体化对象的深度。下图为不同“深度”的对比效果。

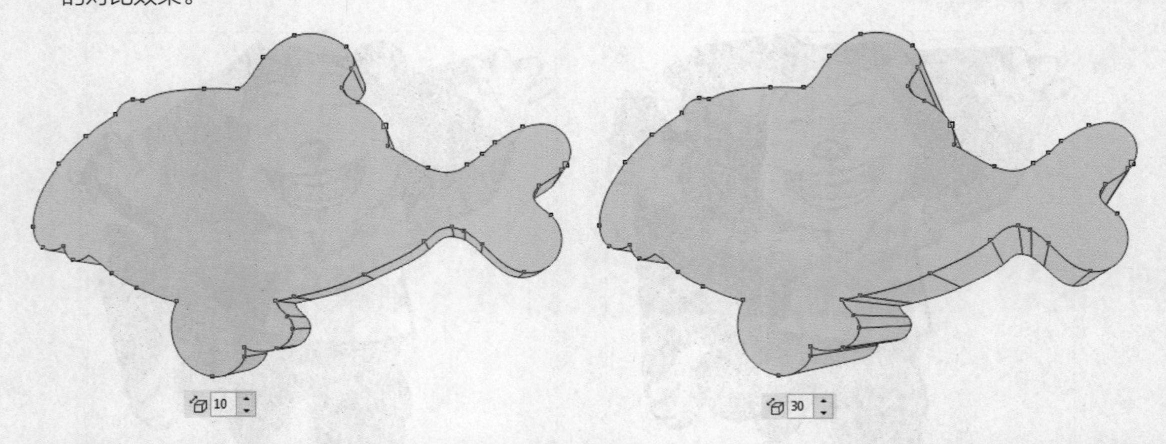

- 立体化旋转：在立体化工具属性栏中单击“立体化旋转”按钮，将鼠标指针移至弹出的下拉面板中，按住左键进行旋转，下图为立体化旋转的对比效果。

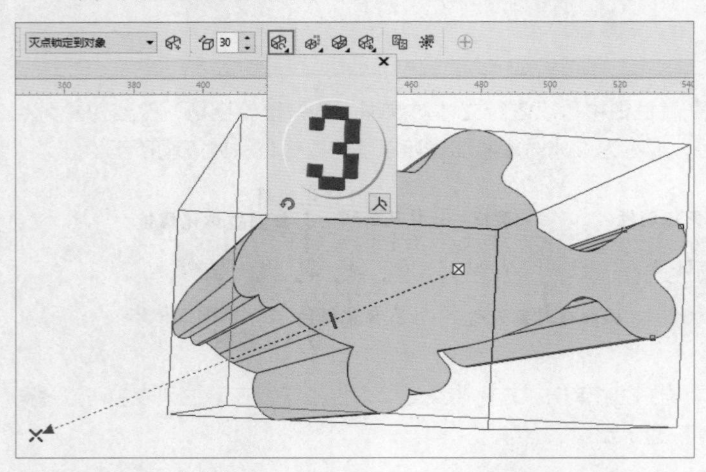

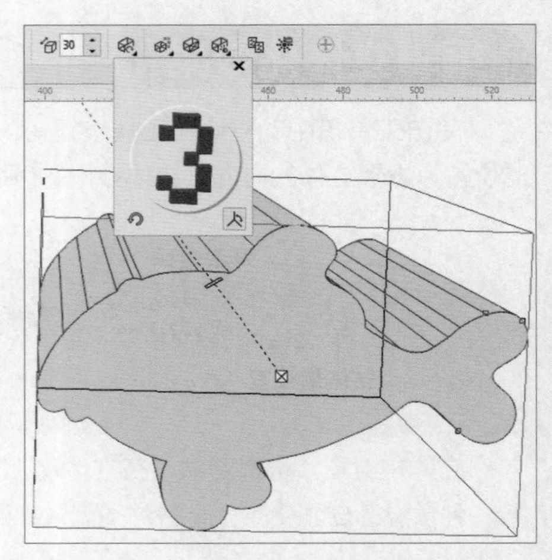

- 立体化颜色：创建立体化效果后，若对象应用了填充色，则呈现的其它立面效果将与该颜色呈对应色调。如果要调整立体化对象的颜色，可单击属性栏中的“立体化颜色”按钮，可在弹出的面板中分别设置“使用对象填充”、“使用纯色”和“使用递减的颜色”。下图为设置不同类型立体化颜色的效果。

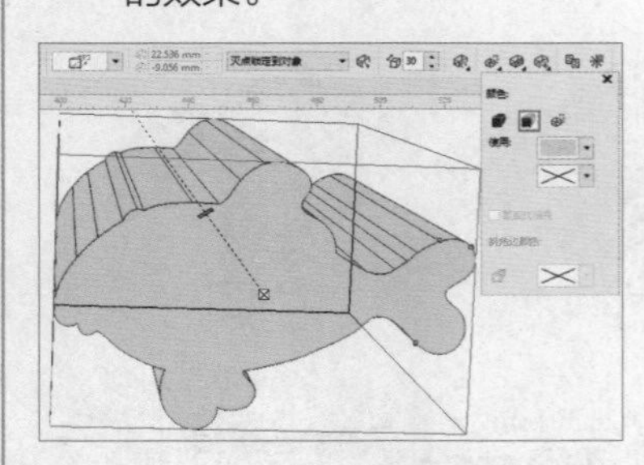

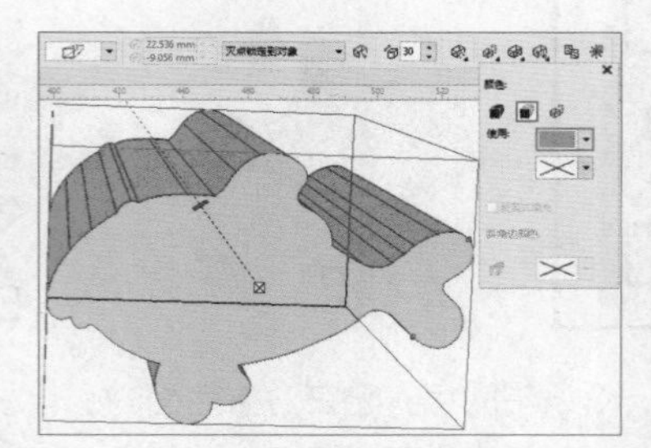

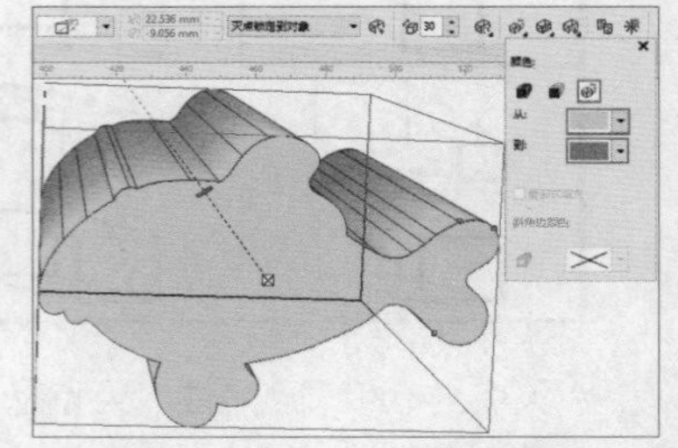

- 立体化侧斜：为立体化对象添加了光源照射效果后，可单击属性栏中的“立体化侧斜”按钮，在弹出的面板中勾选“使用斜角修饰边”和“只显示斜角修饰边”复选框，效果如下图所示。

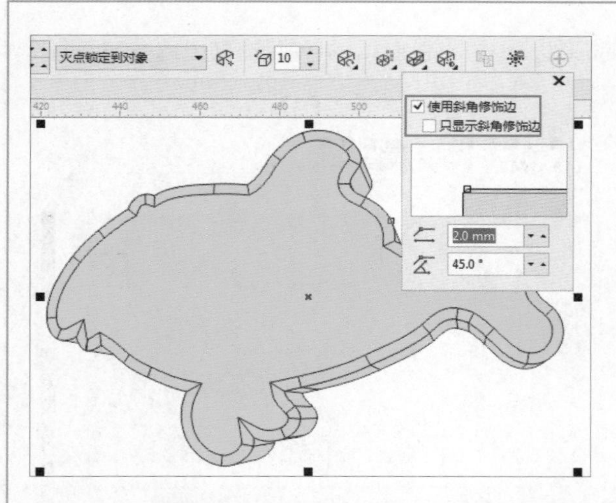

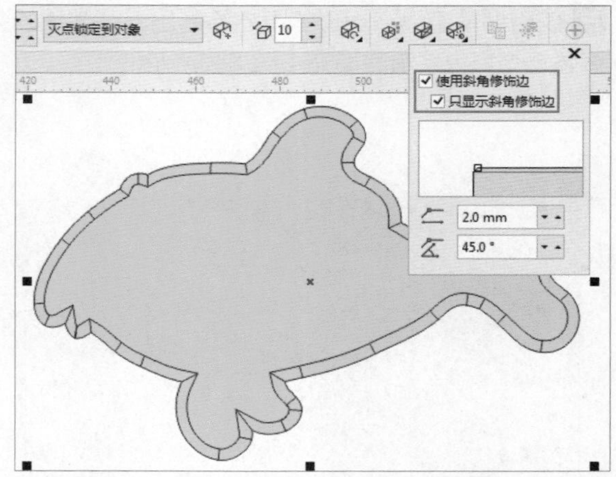

- 立体化照明：单击属性栏中的“立体化照明”按钮，在弹出的照明面板左侧可以看到三个“灯泡”按钮，表示有三盏可以使用的灯光。单击“灯泡”按钮启用相应按钮添加照明，添加完成后按住数字并移动到网格的其他位置即可改变光源角度，拖动“强度”滑块，可以调整光照的强度，如下图所示。

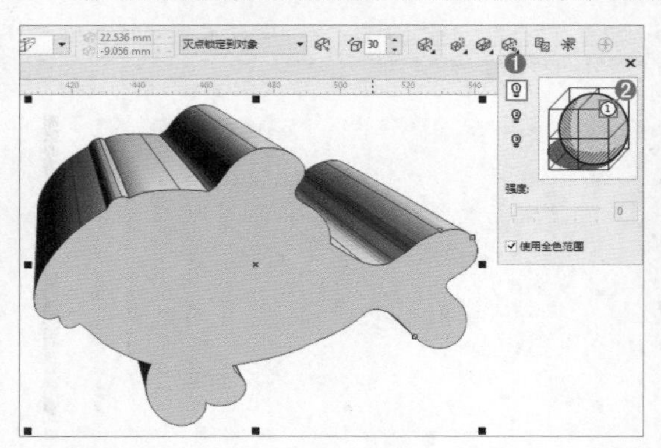

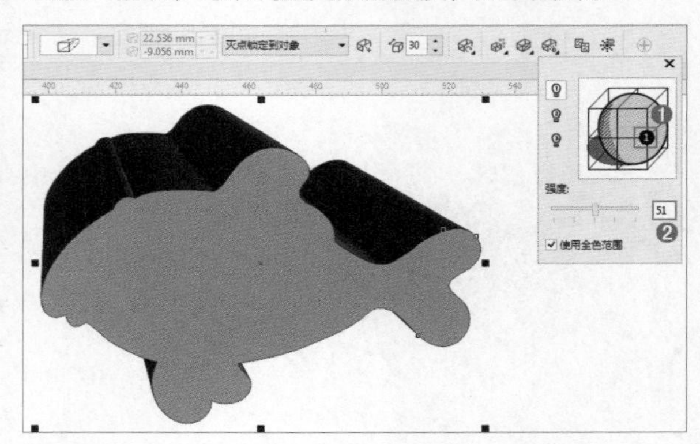

Let's go! 使用立体化和封套工具制作网页促销广告

原始文件 Chapter 07\使用立体化和封套工具制作网页促销广告.cdr

视频文件 Chapter 07\使用立体化和封套工具制作网页促销广告.flv

1 新建一个空白文档。使用工具箱中的矩形工具绘制一个矩形，并填充颜色为沙黄色，如下图所示。

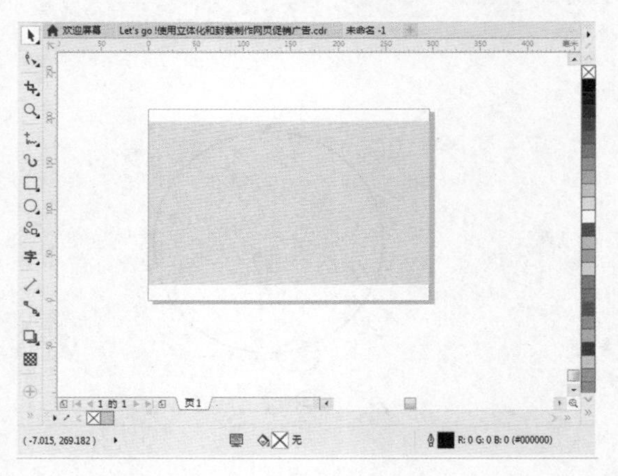

2 使用钢笔工具在矩形的下方绘制出云朵效果的装饰图形，去除轮廓线，并使用交换式填充工具为其设置一个黄色系渐变填充，如下图所示。

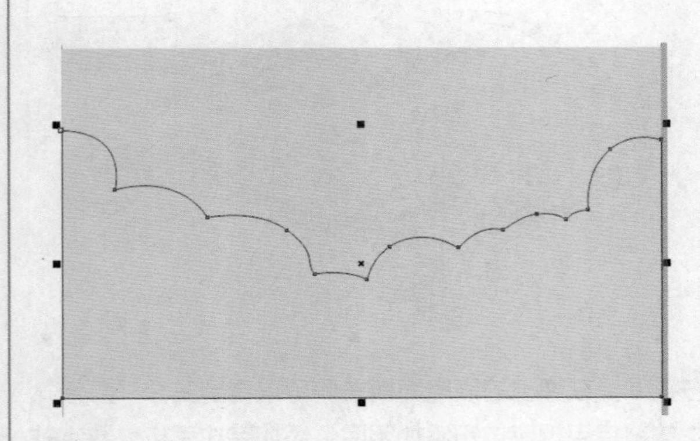

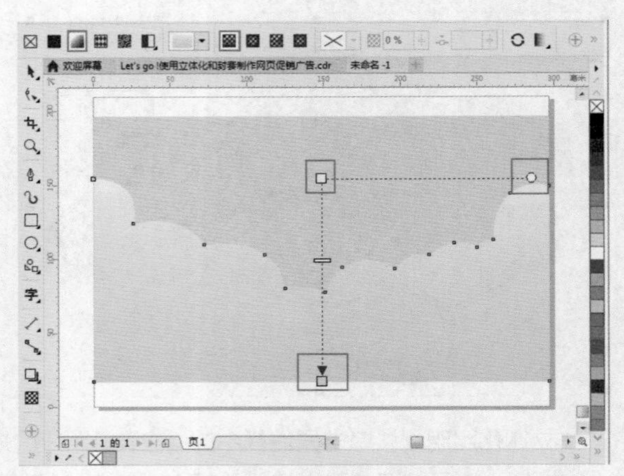

3 同样的方法继续在下方绘制另外一个云朵图形，并填充为黄白色系渐变，如下图所示。

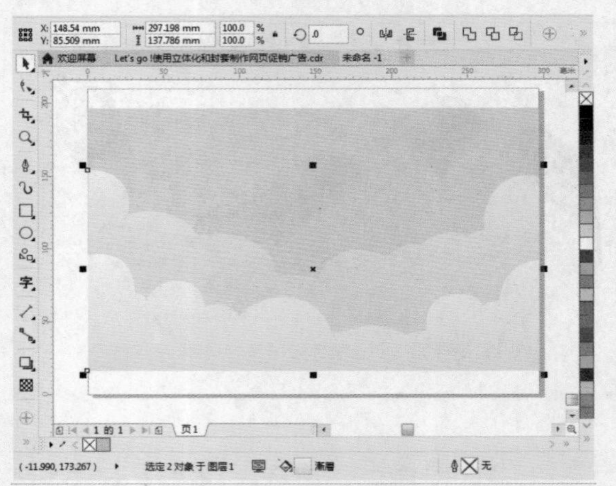

4 使用椭圆形工具绘制一个正圆，并在下方连续绘制两个小椭圆形。使用选择工具加选三个图形，在属性栏中单击“合并”按钮。然后在调色板里右键单击“无”按钮☒，去除轮廓线。接着使用交互式填充工具给该图形填充黄色系渐变，如下图所示。

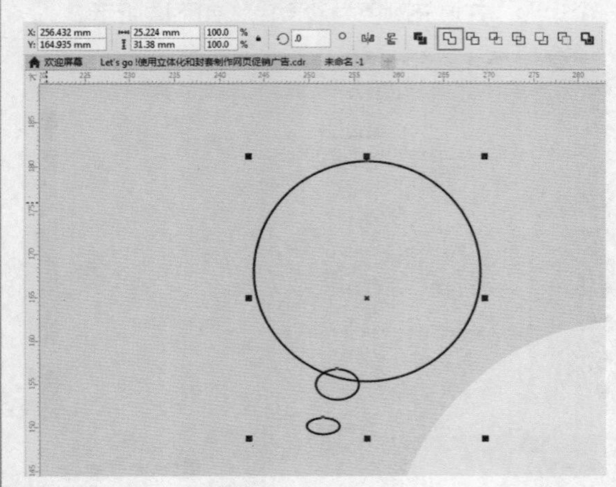

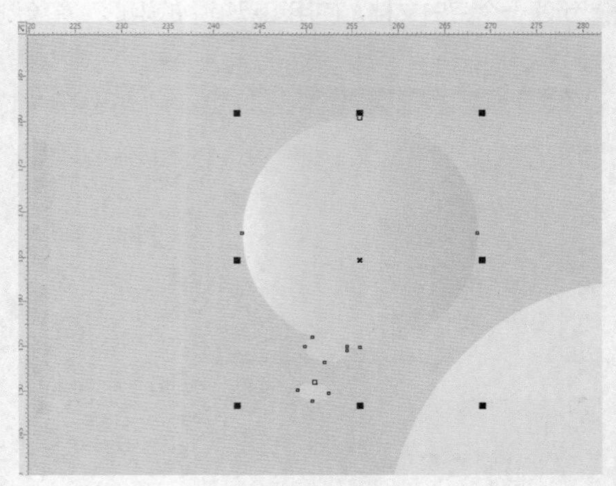

5 继续使用椭圆形工具绘制一个正圆形并填充颜色为蓝绿色，同样的方式绘制上面两个圆形并填充不同的颜色，如下图所示。

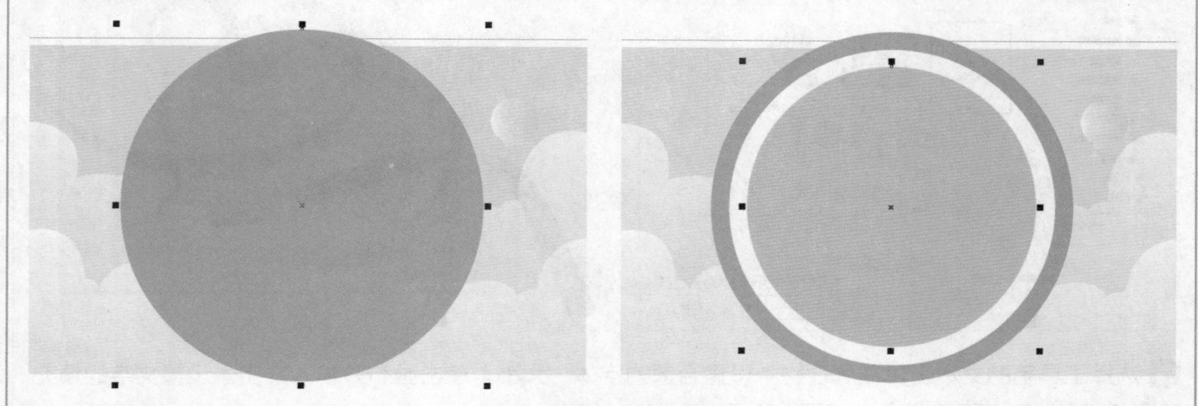

6 由于蓝绿色圆形超出了画面，选中该图形，使用工具箱中的裁剪工具绘制一个与画面大小相当的区域，然后按Enter键完成裁剪，多余的部分被去除掉了，如下图所示。

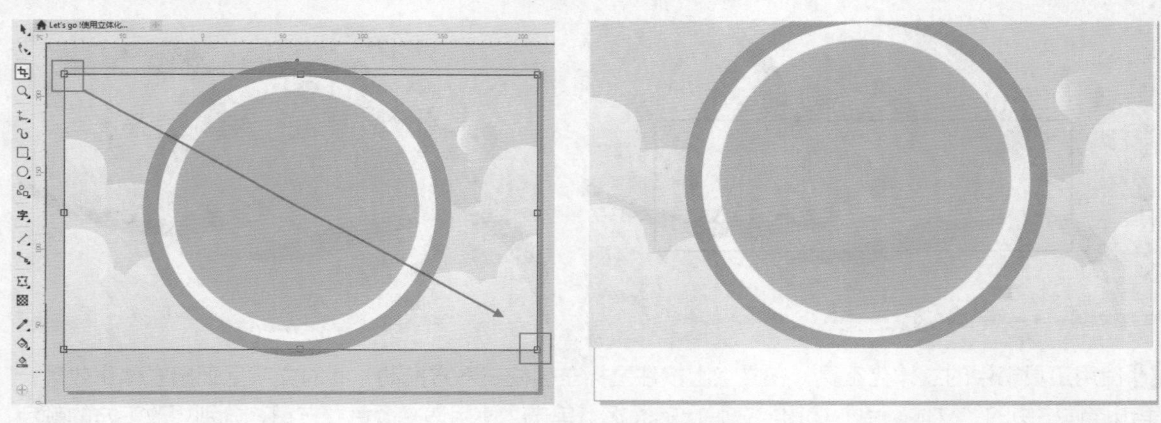

7 接着使用钢笔工具在下方绘制两个梯形并为其填充深浅不同的青色，如下图所示。

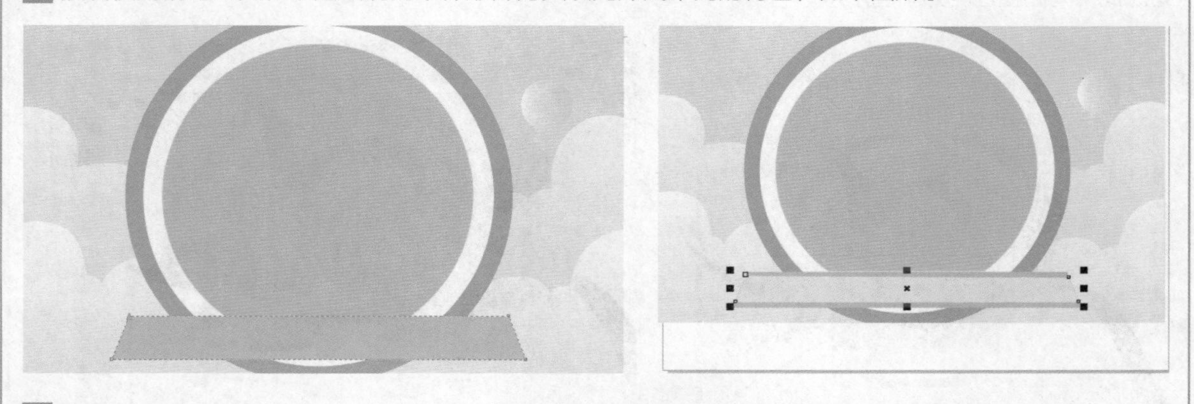

8 执行“文件>导入”命令，在弹出的“导入”对话框中找到素材位置，选择素材“1.jpg”，单击“导入”按钮。接着在画面中按住鼠标左键并拖动，松开鼠标后素材就导入进来了。同样继续导入素材“2.jpg”、“3.jpg”，并摆放在合适的位置，如下图所示。

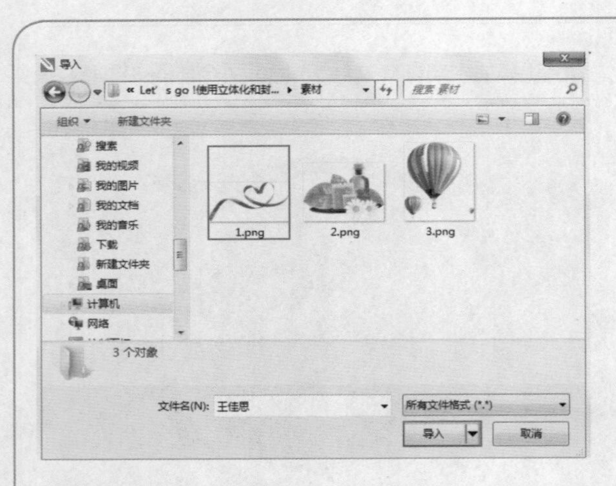

9 选择工具箱的文本工具在属性栏中设置合适的字体、大小，单击画布并输入文字。设置文字的填充颜色为黄色，轮廓色为橙色，如下图所示。

10 使用工具箱中的立体化工具，在文字上按住鼠标左键往右下方拖动，此时文字呈现出立体化效果。单击属性栏中的“立体颜色”按钮，在弹出的面板上单击“使用递减颜色”按钮，分别更改下方的颜色为深浅不同的橙色，如下图所示。

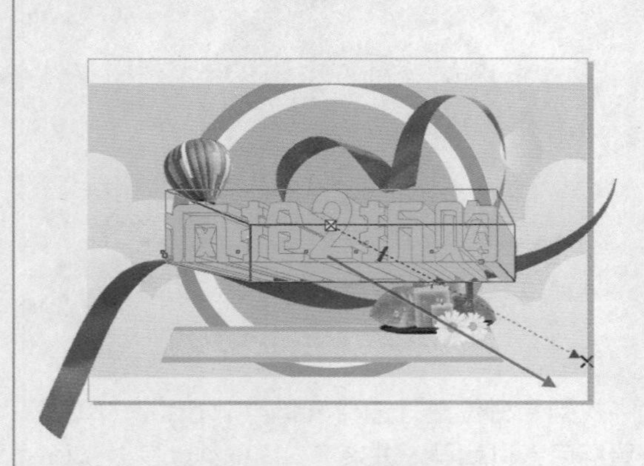

11 选中立体文字，选择工具箱中的封套工具，在属性栏中单击“直线模式”按钮，调整封套上的控制点，使文字的变形效果更加明显。继续使用文本工具输入下方的文字，并在属性栏中更改字体、字号，设置为合适的颜色。最终效果如下图所示。

UNIT 44

透明度工具

使用透明度工具可以为矢量图形或位图对象设置半透明的效果，通过对上层图形透明度的设定，来显示下层图形。首先选中一个对象，选择工具箱中的透明度工具，在属性栏中可以选择透明度的类型："均匀透明度"，"渐变透明度"，"向量图样透明度"，"位图图样透明度"，"双色图样透明度"和"底纹填充"六种。在合并模式列表中可以选择矢量图形与下层对象颜色调和的方式，如下图所示。

均匀透明度

选择一个对象，在工具箱中单击“透明度工具”按钮。在属性栏中单击“均匀透明度”按钮，然后可以在“透明度”50中设置数值，数值越大对象越透明，如下图所示。

- 透明度挑选器：选择一个预设透明度。下图为选择不同预设透明度的效果。

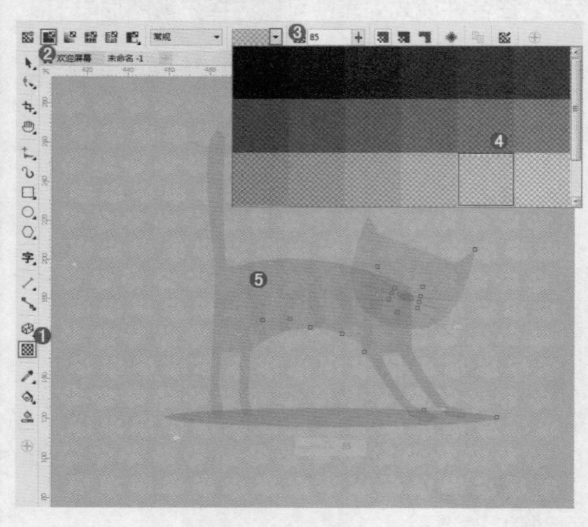

- “全部”：单击“全部”按钮可以设置整个对象的透明度。
- “填充”：单击“填充”按钮只设置填充部分的透明度。
- “轮廓”：单击“轮廓”按钮只设置轮廓部分的透明度。

渐变透明度

“渐变透明度”可以为对象赋予带有渐变感的透明度效果。选中对象，单击属性栏中的“渐变透明度”按钮。在属性栏中包括四种渐变模式：“线性渐变透明度”、“椭圆形渐变透明度”、“锥形渐变透明度”和“矩形渐变透明度”，默认的渐变模式为“线性渐变透明度”，如下图所示。

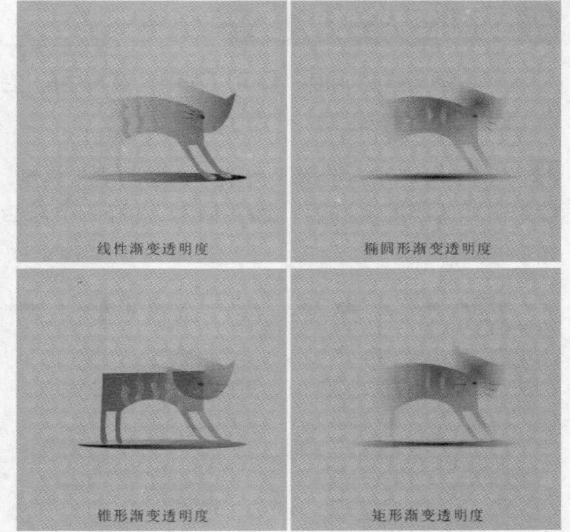

向量图样透明度

“向量图样透明度”可以按照图样的黑白关系创建透明效果，图样中黑色的部分为透明，白色部分为不透明，灰色区域按照透明度产生透明效果。

选择画面中的内容，选择工具箱中的透明度工具，然后单击属性栏中的“向量图样透明度”按钮，继续单击“透明度挑选器”按钮，在下拉列表中选择合适的图样，然后单击按钮即可为当前对象应用图样，此时对象表面按图样的黑白关系产生了透明效果。通过调整控制杆去调整向量图样大小及位置，拖曳◇即可调整图案位置，拖曳○即可调整图样填充的角度，拖曳□可以调整图案的缩放比例，如下图所示。

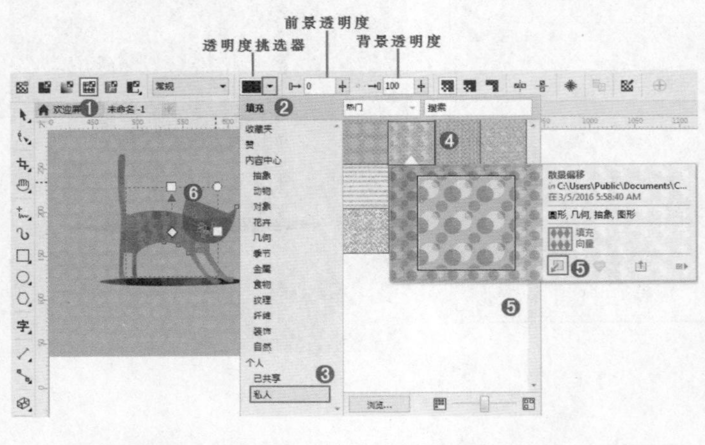

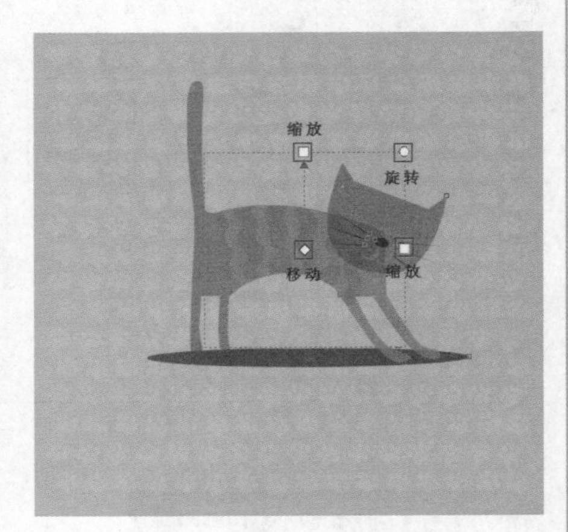

- 前景透明度：设置图样中白色区域的透明度。
- 背景透明度：设置图样中黑色区域的透明度。
- 水平镜像平铺：将图样进行水平方向的对称镜像。
- 垂直镜像平铺：将图样进行垂直方向的对称镜像。

位图图样透明度

“位图图样透明度”可以利用计算机中的位图图像参与透明度的制作。对象的透明度仍然由位图图像上的黑白关系来控制。

1 选择图形对象，选择工具箱中的透明度工具，接着单击属性栏中的“位图图样透明度”按钮。继续单击“透明度挑选器”按钮，选择一个合适的图样，然后单击按钮即可为当前对象应用图样，如下图所示。

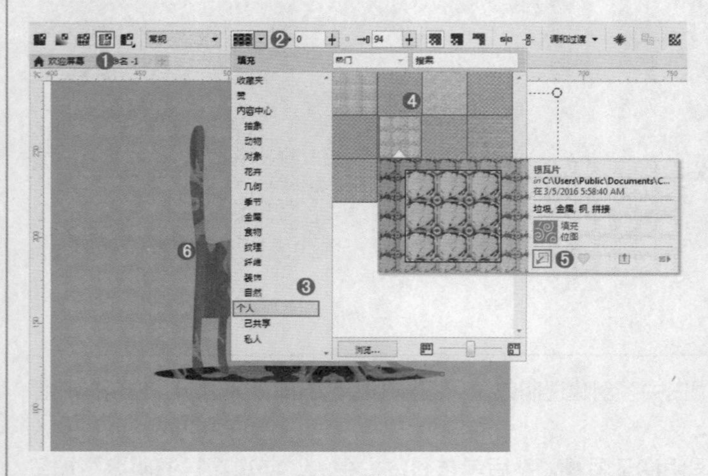

2 也可以将外部的位图作为图样。单击“透明度挑选器”按钮，单击面板底部的“浏览”按钮。接着在弹出的“打开”对话框中选择相应对象，然后单击“打开”按钮。所选对象表面出现了以图像的黑白关系映射得到的透明度效果，如下图所示。

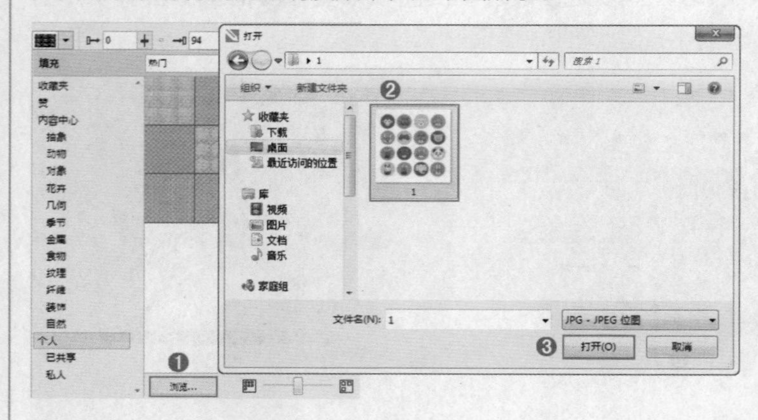

双色图样透明度

“双色图样透明度”是以所选图样的黑白关系控制对象透明度，黑色区域为透明，白色区域为不透明。选中对象，单击属性栏中的“双色图样透明度”按钮，接着单击“透明度挑选器”，在其中选择一个图样，此时对象会按照图样的黑白关系产生相应的透明效果。调整控制杆可以调整图样的大小和位置，如下图所示。

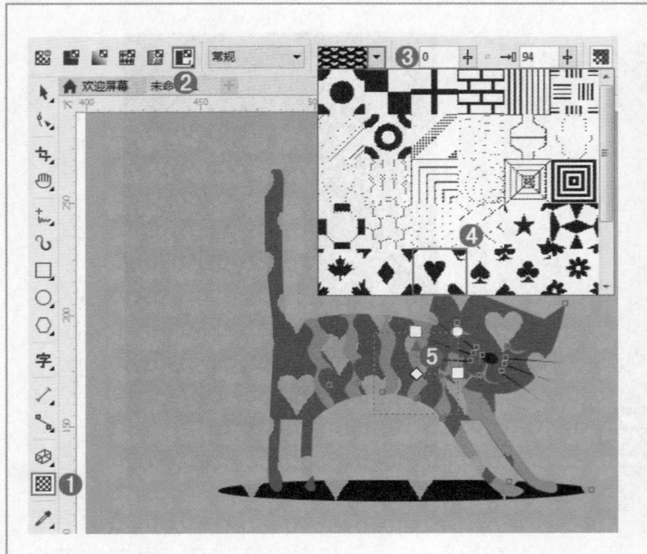

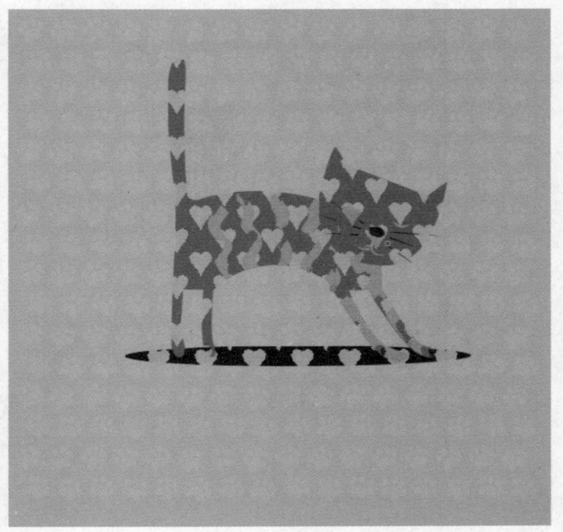

底纹透明度

长按“双色图样透明度”按钮，在列表中选择底纹透明度。单击该按钮然后在“底纹库”列表中选择合适的底纹库，接着单击“透明度挑选器”按钮，在弹出面板中选择一种合适的底纹即可完成设置，如下图所示。

Let's go! 使用交互式透明工具制作简约版面

原始文件 Chapter 07\使用交互式透明工具制作简约版面.cdr

视频文件 Chapter 07\使用交互式透明工具制作简约版面.flv

1 首先新建一个A4大小的空白文档，执行“文件>导入”命令，在弹出的“导入”对话框中找到素材位置，选择素材“1.jpg”，单击“导入”按钮。接着在画面中按住鼠标左键并向右下角拖动，松开鼠标后素材就导入进来了，如下图所示。

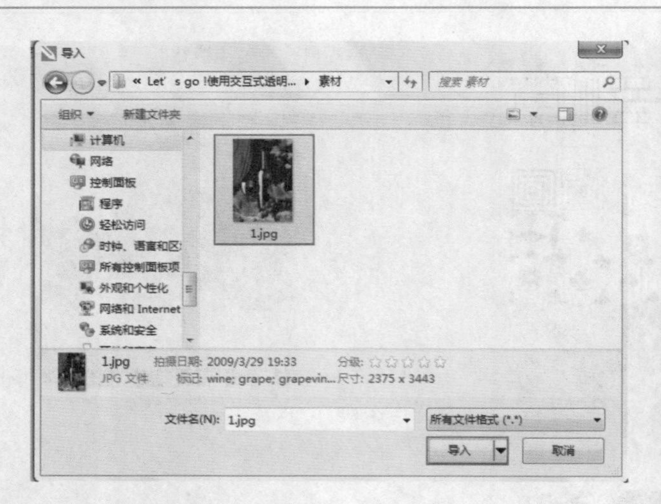

2 使用矩形工具在图片的下方绘制一个矩形，并填充颜色为深褐色。接着选择工具箱中的透明度工具，在属性栏中单击“均匀透明度”按钮，然后设置透明度为54，或者在透明度节点上调节数值为54，此时该矩形呈现出半透明效果，如下图所示。

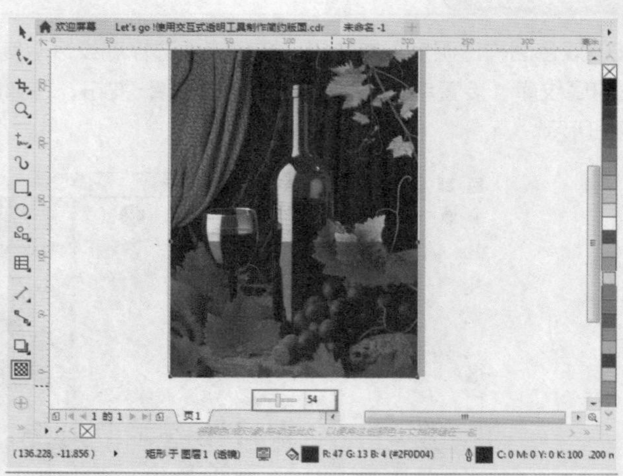

3 选择工具箱中的文本工具，在属性栏中的“字体”列表中设置合适的字体、字号，在画面中单击并输入文字。接下来使用同样的方法依次输入另外几组文字，效果如下图所示。

UNIT 45 “斜角”效果

“斜角”效果可以为矢量对象制作出边缘倾斜的效果，它有两种效果，分别是“柔和边缘”和“浮雕”。值得注意的是，该效果只能针对矢量对象，无法对位图对象操作。

选择一个闭合的并且具有填充颜色的对象，执行“效果>斜角”命令，打开“斜角”面板，在这里可以进行斜角样式、偏移、阴影、光源等参数设置，设置完成后单击“应用”按钮，如下图所示。

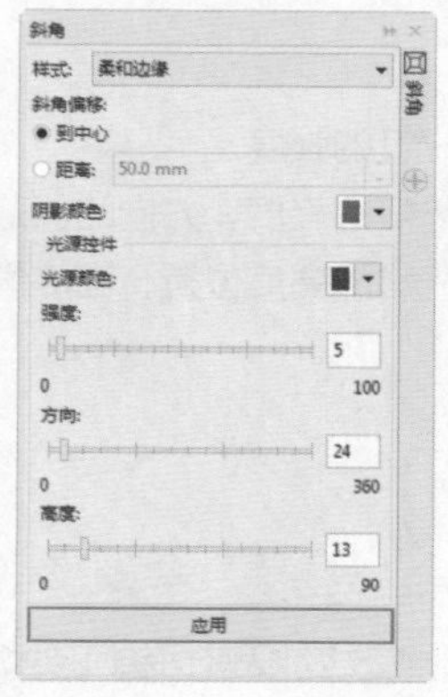

- 样式：包含“柔和边缘”和“浮雕”两种样式。“柔和边缘”则可以创建某些区域显示为阴影的斜面，选择“浮雕”则可以使对象有浮雕效果，如下图所示。

柔和边缘

浮雕

- 斜角偏移：选择“到中心”单选按钮可在对象中部创建斜面；选择“距离”单选按钮则可以指定斜面的宽度，并在距离数值框中输入一个值。
- 阴影颜色：想要更改阴影斜面的颜色可以从阴影颜色挑选器中选择一种颜色，下图为不同阴影颜色的对比效果。

- 光源颜色：想要选择聚光灯颜色可以从光源颜色挑选器中选择一种颜色。下图为不同光源颜色的效果。

- 强度：移动“强度”滑块可以更改聚光灯的强度。
- 方向：移动“方向”滑块可以指定聚光灯的高度，方向的值范围为 0° 到 360° 。
- 高度：移动“高度”滑块可以指定聚光灯的高度位置，高度值范围为 0° 到 90° 。

UNIT 46 “透镜”效果

“透镜”效果是通过改变对象外观或改变观察透镜下对象的方式，获得特殊的视觉效果。透镜的工作原理非常简单，若要制作“透镜”效果需要有两个部分：一个用作“透镜”并被赋予“透镜”命令的矢量闭合图形，另一个是在“透镜”下方被改变观察效果的矢量图形/位图对象。虽然“透镜”效果改变观察方式，但它并不会改变对象本身的属性。

在CorelDRAW中为用户提供了11种透镜，每种透镜所产生的效果也不相同，但添加透镜效果的操作方法确大同小异。首先选择一个矢量图形对象，执行“效果>透镜”命令。在“透镜”泊坞窗中单击透镜效果按钮，在下拉列表中选择相应的透镜，然后设置合适的参数，如下图所示。

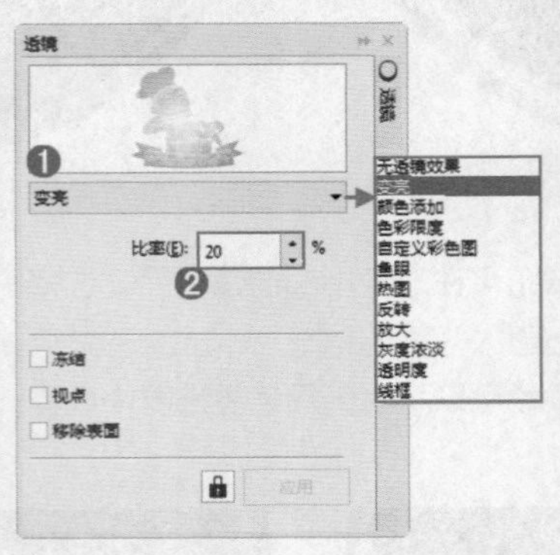

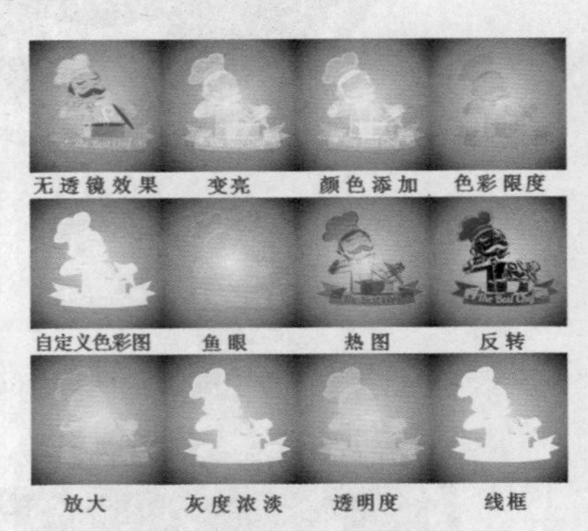

- 冻结：勾选“冻结”复选框，可以冻结对象与背景间的相交区域，冻结对象后移动对象到其他位置，可看见冻结后的对象效果。
- 视点：勾选“视点”复选框，可以在冻结对象的基础上对相交区域单独进行透镜编辑。
- 移除表面：勾选“移除表面”复选框，可以查看对象的重叠区域，被透镜所覆盖的区域是不可见的。

- “解锁”按钮🔒：单击“解锁”按钮🔒，在未解锁的状态下面板中的命令将直接应用到对象中。而单击解锁按钮后，需要单击“应用”按钮才能将命令应用到对象上。

TIP “透镜”效果不能应用于添加了立体化、轮廓图、交互式调和效果的对象上。

UNIT 47 “透视”效果

“透视”效果可以使图形产生外形的变化，从而制作出透视的效果。选中需要编辑的对象，然后执行“效果>添加透视”命令。此时图形对象会显示红色的控制框，接着拖曳控制点即可调整透视效果，如下图所示。

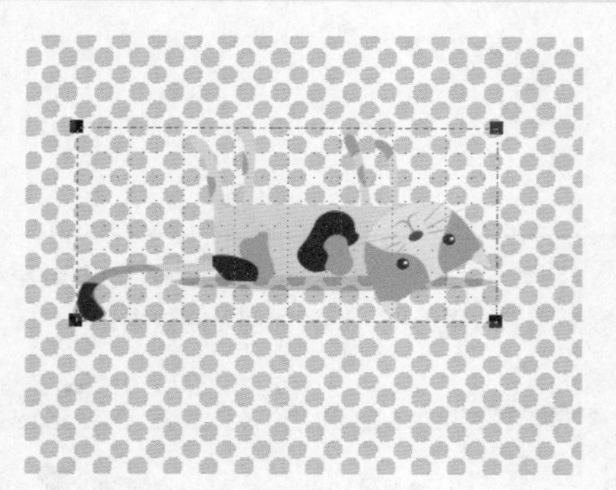

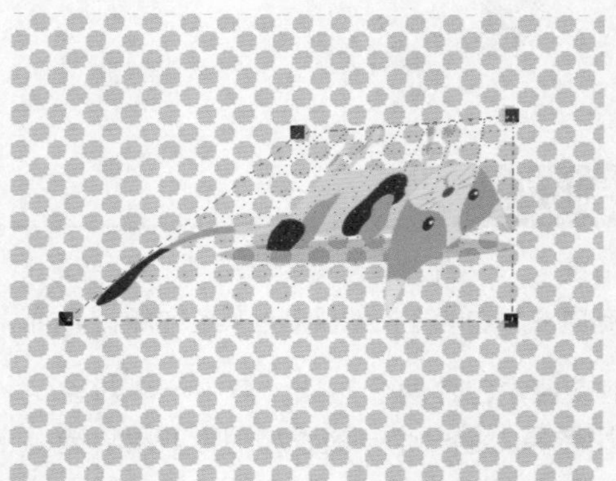

UNIT 48 图形效果的管理

当我们为对象使用了“阴影”、“轮廓图”、“调和”、“变形”、“封套”、“立体化”、“透明度”这些效果后，原始对象表面会出现一定的变化，这些变化的效果是可以进行复制或者清除等操作。除此之外，还可以对效果进行拆分，使之分离成独立对象。下图为优秀的设计作品。

清除效果

选中带有“阴影”、“轮廓图”、“调和”、“变形”、“封套”、“立体化”、“透明度”等效果的对象，在属性栏右侧可以看到“清除效果”按钮，单击该按钮对象的效果会被去除，如下图所示。

复制效果

“阴影”、“轮廓图”、“调和”、“变形”、“封套”、“立体化”、“透明度”这些效果可以通过“复制属性”功能轻松地复制给其他对象。下面以复制阴影效果为例，讲解如何复制效果。

1 当前文档中包含两个对象，其中一个对象带有阴影效果，另一个未被添加阴影效果。选择一个未添加效果的对象，然后选择工具箱中的阴影工具，接着单击属性栏中的“复制属性”按钮，如右图所示。

2 此时光标变为➧形状，然后将光标移动至需要复制的效果上方，单击鼠标左键即可为选定的对象复制效果，如下图所示。

克隆效果

使用“克隆效果”命令可以将一个对象的效果快速赋予到另一个对象上，但通过克隆得到的效果会受到样本对象的影响。

1 当前文档中包含一个带有立体化效果的对象，和一个未添加效果的图形。选中未添加效果的对象，然后执行“效果>克隆效果”命令，在子菜单中选择相应命令，此时显示“立体化自”命令，如下图所示。

2 接着将光标移动到立体化效果上并单击，随即选定的对象就被添加了效果。如果要更改原始对象的效果，那么克隆的效果也会被更改，如下图所示。

拆分效果

拆分效果群组可以将对象主体和效果分开为两个独立部分。下面以拆分阴影为例来讲解拆分效果。选择带有效果的对象，然后执行“对象>拆分阴影群组”命令，此时阴影和图形被拆分为两个独立的对象，可以分别进行移动编辑，如右图所示。

设计师实战 狂欢夜宣传活动海报

实例描述

通过对本章相关知识的学习，我们掌握了透明度、阴影、立体化、变形等矢量图形特殊效果的制作，本案例综合使用了多种特效制作一款活动海报。

完成文件

Chapter 7 \ 狂欢夜宣传活动海报 .cdr

视频文件

Chapter 7 \ 狂欢夜宣传活动海报 .flv

1 新建一个A4大小的空白文档。执行“文件>导入”命令，在弹出的“导入”对话框中找到素材位置，选择素材“1.jpg”，单击“导入”按钮。接着在画面中按住鼠标左键并拖动，松开鼠标后素材就导入进来了，如下图所示。

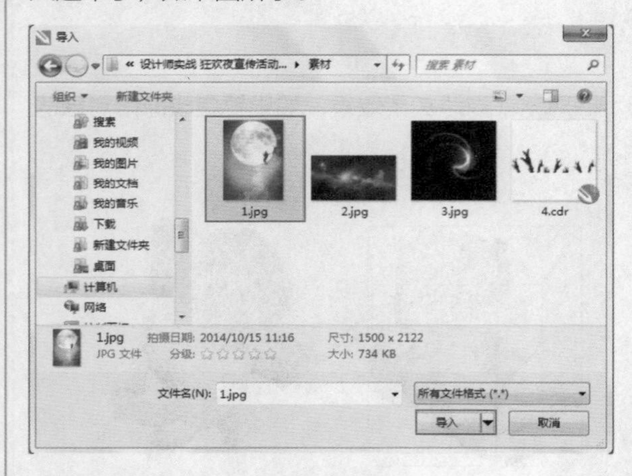

2 使用矩形工具在画面下方绘制一个矩形，并填充颜色为椭圆形的紫色系渐变，如下图所示。

3 在工具箱中选择封套工具，将光标移动至矩形中上方的锚点，鼠标左键按住并向上拖动至合适的位置。接下来选中这个图形，选择工具箱中的粗糙工具，设置属性栏中的“笔尖半径”为5cm，将光标移动到图形上方边缘处，按住鼠标左键并沿边缘拖动，使顶部边缘产生锯齿效果，效果如下图所示。

4 选择文本工具”在属性栏上选择合适的字体、字号。并在画布上单击并输入三个文字。选中文字，单击鼠标右键执行“转换为曲线”命令，将三个文字重新排列位置，然后在属性栏上单击“合并”按钮，效果如下图所示。

5 导入素材“2.jpg”，选中这个素材，执行“对象>Power Clip>至于图文框内部”命令，把光标箭头拖动到文字上并单击文字，此时素材图片被置入到文字内部，效果如下图所示。

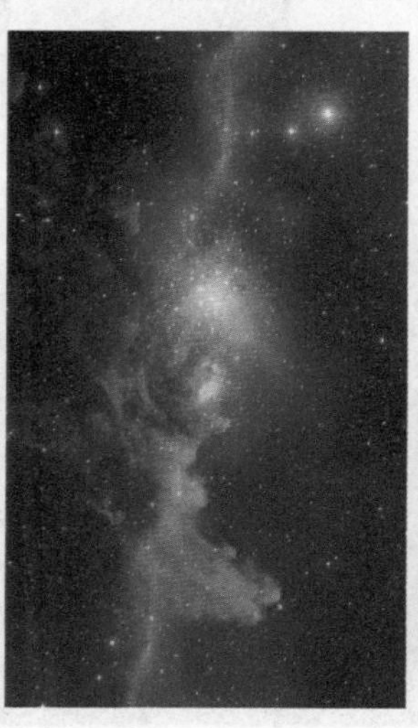

6 选择工具箱中的阴影工具，在文字上按住鼠标左键并向右下拖动，接着在属性栏中设置“阴影的不透明度”为22，“阴影羽化”为1，设置阴影颜色为深紫色，“合并模式”为“乘”，如下图所示。

7 继续使用文本工具在属性栏上选择合适的字体、字号和颜色，在主体文字右侧单击并输入文字。选择该文字，并在属性栏上更改“旋转角度”为90度，如下图所示。

8 继续使用文字工具在海报下半部分依次输入所有文字，如下图所示。

9 执行“文件>导入”命令，在弹出的“导入”对话框中找到素材位置，选择素材“3.jpg”，单击“导入”按钮。接着在画面中按住鼠标左键并拖动，松开鼠标后素材就导入进来了。接着选择透明度工具，在属性栏中单击“合并模式”下拉按钮，在下拉列表中选择“添加”选项，如右图所示。

10 选中光效素材，执行“编辑>复制”命令和“编辑>粘贴”命令，并将其向左上移动。接着调整四周的控制点适当缩放，效果如右图所示。

11 继续执行“文件>导入”命令，导入素材“4.cdr”，摆放在画面底部。选择工具箱中的透明度工具，在属性栏中单击“均匀透明度”按钮，设置“透明度”数值为50，效果如下左图所示。调整各部分内容的位置，最终效果如下右图所示。

行业解密 紫色的性格

该海报整体采用紫色调的配色方案，整幅海报给人一种神秘、尊贵的视觉感受。在设计中，颜色是第一视觉语言，每种颜色都有属于自己的性格，常见的颜色及相对应的色彩性格如下：

红：活跃、热情、勇敢、爱情、健康、活力，

橙：甘甜、热烈、温暖、真诚、豪爽、积极，

黄：希望、荣耀、忠诚、希望、喜悦、光明，

绿：公平、自然、和平、幸福、健康、清新，

蓝：理性、永恒、真理、真实、、冷静、 科技，

紫：权威、尊敬、高贵、优雅、神秘、孤独，

黑：坚硬、寂寞、黑暗、压抑、严肃、气势，

白：神圣、纯洁、无私、朴素、平安、诚实。

DO IT Yourself 设计师作业

1. 使用封套工具制作卡通标志

限定时间：30分钟

Step By Step（步骤提示）

1. 新建文档，绘制矩形并赋予蓝色渐变，作为画面背景。
2. 绘制叶子图形并进行复制。
3. 使用椭圆形工具绘太阳。
4. 使用文本工具输入文字，然后使用封套工具制作文字变形。

光盘路径

Chapter 7\使用封套工具制作卡通标志.cdr

2. 使用立体化工具制作清爽3D艺术字

限定时间：20分钟

Step By Step（步骤提示）

1. 导入背景素材。
2. 使用文本工具键入主体文字。
3. 使用立体化工具创建3D效果文字。

光盘路径

Chapter 7\使用立体化工具制作清爽3D艺术字.cdr

在CorelDRAW中不仅能够对矢量图进行编辑，还能够对位图进行一定程度的编辑。在“效果>调整”命令以及“效果>变换”命令下的子命令能够对位图进行多种方式的调整。除此之外，“位图”菜单下的命令也是本章学习的重点。

8 chapter 位图的编辑

本章技术要点

Q “效果 > 调整”命令主要用来做什么？

A “效果>调整”的子菜单有12个命令，这些命令主要是针对位图进行色相、饱和度、明度等颜色上的调整。并且其中部分命令还可以针对矢量对象进行操作，例如亮度/对比度/强度、颜色平衡、伽马值、色度/饱和度/亮度这四个命令就可以既对位图对象操作，又对矢量图形进行调整。

Q 位图和矢量图可以进行转换吗？

A 可以。选择矢量图，执行“位图>转换为位图”命令，在弹出的“转换为位图”对话框中进行设置，完成后单击“确定”按钮，即可将矢量图转换为了位图。选择位图，执行“位图>快速描摹\中心线描摹\轮廓描摹”可以将位图转换为矢量图。

Q 在 Coreldraw 中能够进行“抠图”操作吗？

A Coreldraw虽然不是位图处理软件，但是在一定程度上进行类似于位图的“抠图”、“去除背景”的操作。若要在Coreldraw中进行抠图，可以使用“位图颜色遮罩”功能。

UNIT 49 调整

选择一个矢量对象，执行“效果>调整”命令，可以发现只能使用“亮度/对比度/强度”、“颜色平衡”、“伽马值”、“色度/饱和度/亮度”这四个命令，如下图所示。

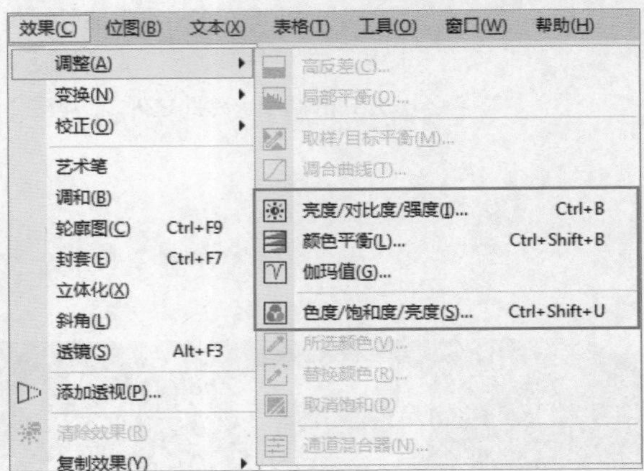

若选择一个图像对象执行“效果>调整”命令，则全部的命令都可以使用，如下图所示。

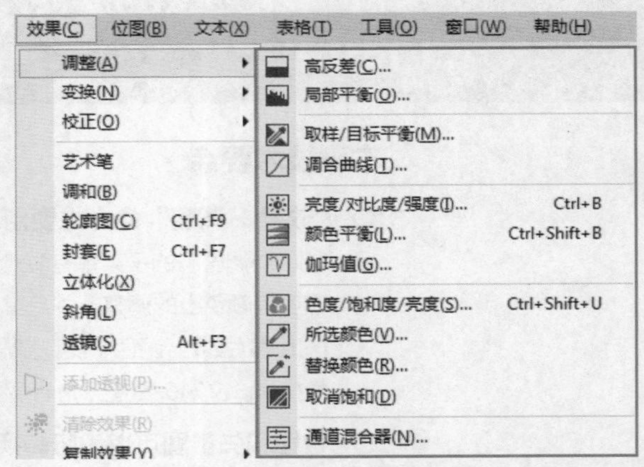

这些命令的使用方法基本相同，下面以“色相/饱和度/亮度”命令的使用方法来学习如何使用“效果>调整”下的命令。

选中一个对象，接着执行“效果>调整>色相/饱和度/亮度”命令，在弹出的“色相/饱和度/亮度”对话框中进行参数的设置，设置完成后单击“确定”按钮，接着可以看到图片的色调发生了变化，如下图所示。

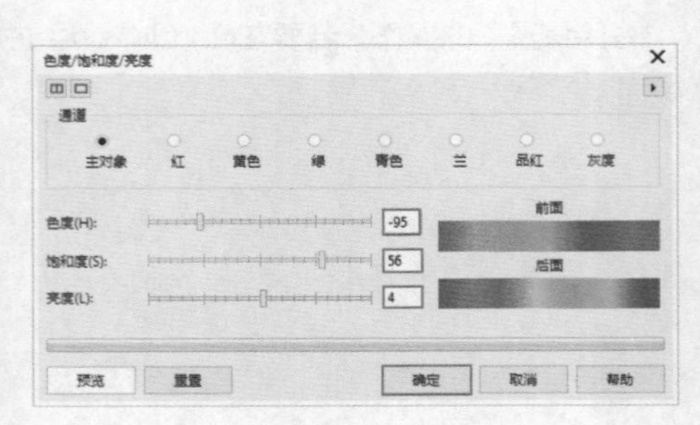

高反差

“高反差”命令在保留阴影和高亮度细节的同时，还可以调整位图的色调、颜色和对比度。

1 选择位图图像，执行“效果>调整>高反差”命令，在“高反差”对话框右侧的直方图中显示着图像每个亮度值的像素点的多少。向左拖曳“伽玛值调整”滑块，可以让画面颜色变暗，如下图所示。

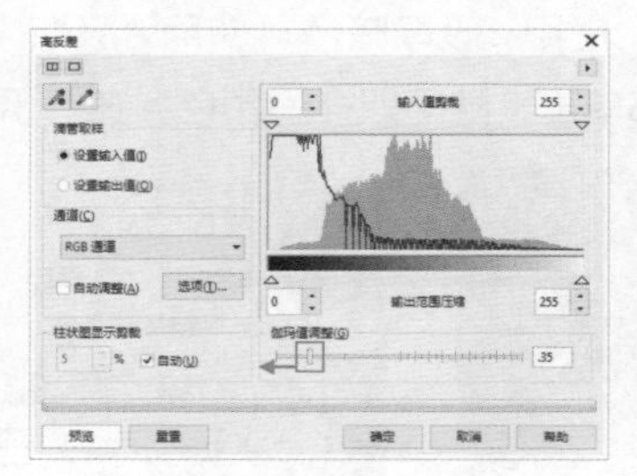

2 向右拖曳“伽玛值调整”滑块，可以让画面颜色变亮，如下图所示。

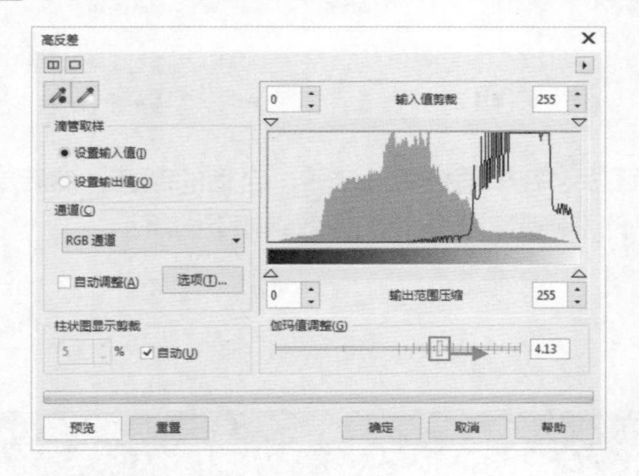

局部平衡

“局部平衡”命令是用于提高图像中边缘部分的对比度，以更好地展示明亮区域和暗色区域中的细节。

选中位图对象，执行“效果>调整>局部平衡”命令，打开“局部平衡”对话框，拖曳“高度”或“宽度”滑块，调整完成后单击“确定”按钮，如右、下图所示。

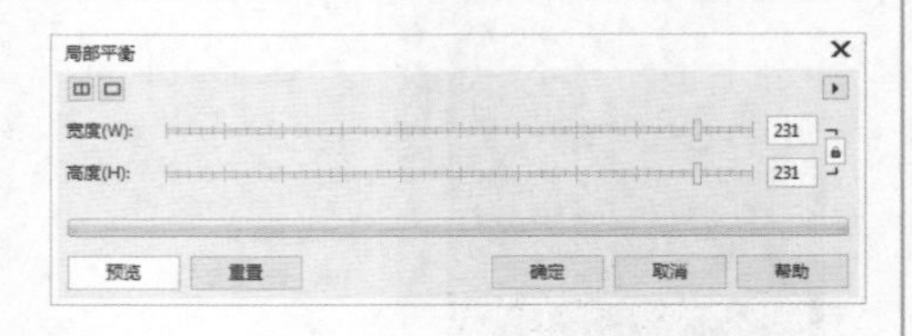

取样/目标平衡

“取样/目标平衡”命令可以从图像中选取的色样来调整位图中的颜色值。可以从图像的黑色、中间色调以及浅色部分选取色样，并将目标颜色应用于每个色样。

1 选择一个位图图像，执行“效果>调整>取样/目标平衡”命令，打开“样本/目标平衡”对话框，首先使用吸管工具在图像中吸取颜色，使用吸取暗色，使用吸取中间色，使用吸取亮色。单击按钮，然后将光标移动至画面中的亮部单击，随即取样的颜色会在“示例”中出现，如下图所示。

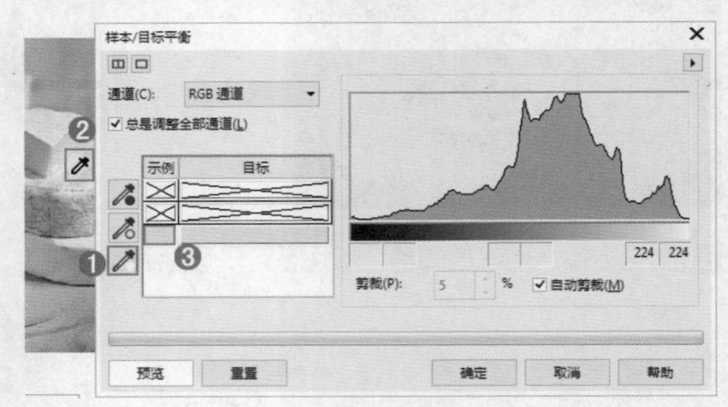

2 接着单击“目标”按钮，接着会弹出“选择颜色”面板，在该面板中选择一个合适的颜色，然后单击“确定”按钮，接着单击“取样/目标平衡”对话框中的“确定”按钮，图像效果如下图所示。

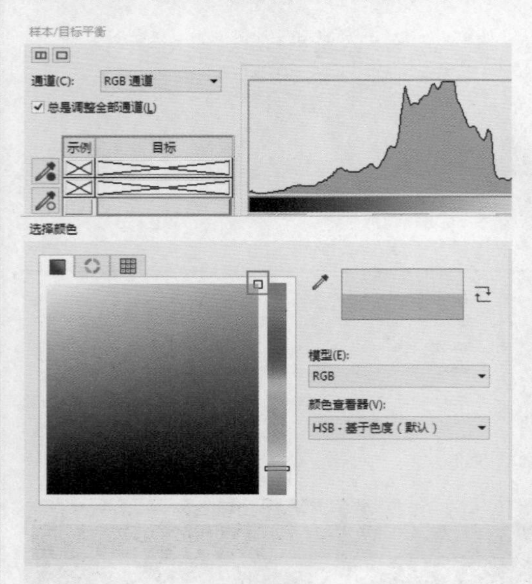

调和曲线

使用“调和曲线”命令可以通过调整曲线形态改变画面的明暗程度以及色彩。

1 选择一个位图，执行“效果>调整>调和曲线”命令，打开“调和曲线”对话框。整条曲线大致可以分为三个部分，右上部分主要控制图像亮部区域，左下部分主要控制图像暗部区域，中间部分用于控制图像中间调。所以想要着重调整那一部分就需要在哪个区域创建点并调整曲线形态，如下图所示。

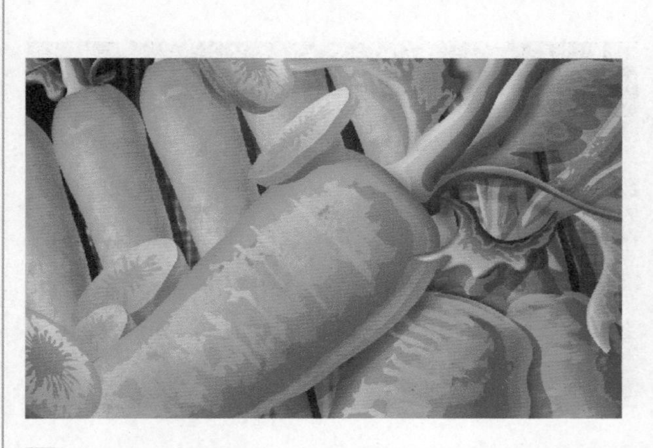

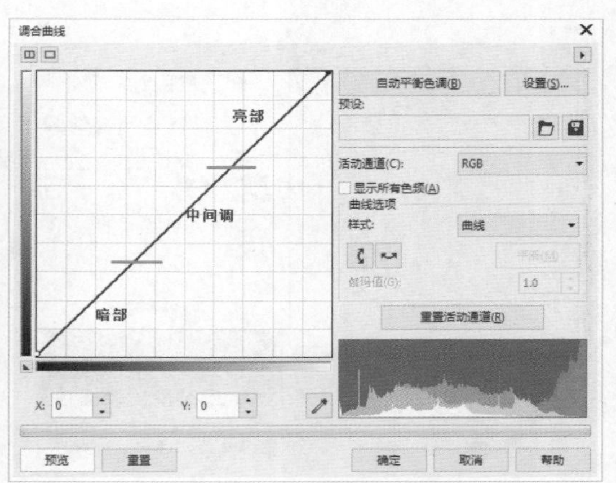

2 在曲线上单击添加一个控制点，然后按住鼠标左键将其向左上偏移画面亮度会被提高，如下图所示。

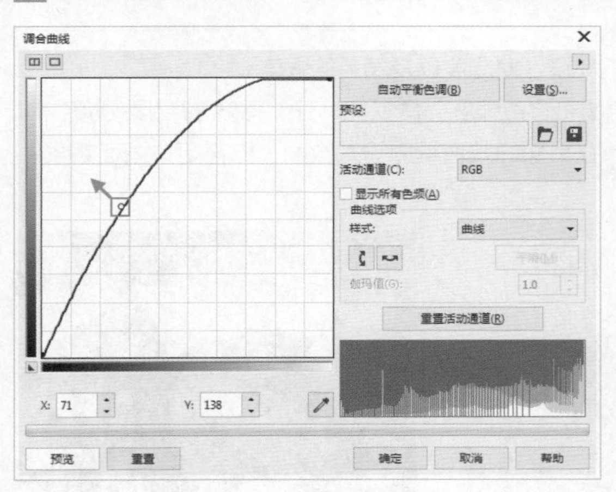

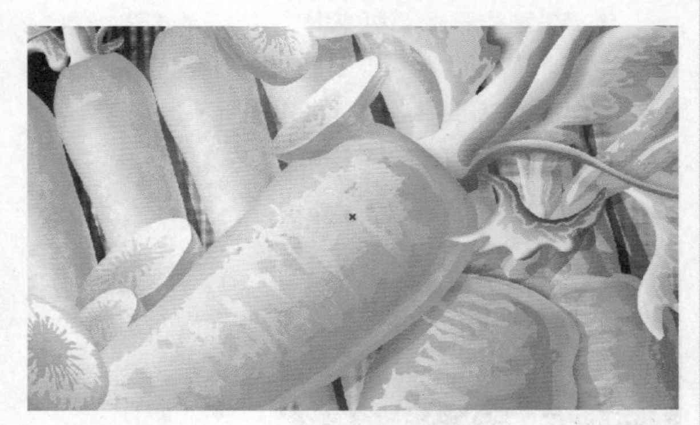

3 若将控制点向右下偏移，画面会变暗，如下图所示。

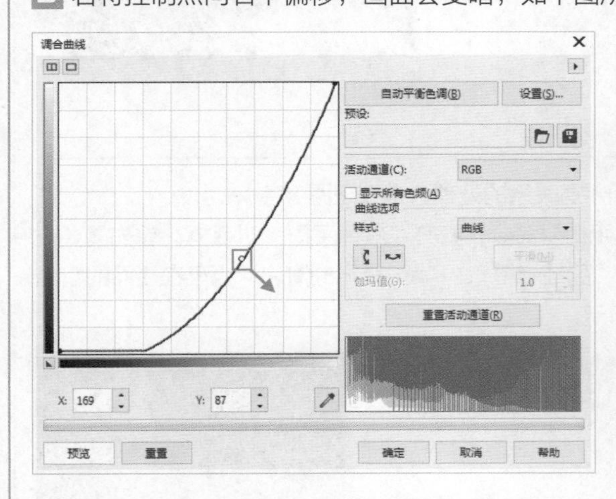

4 除了对整个画面的亮度进行调整外，还可以对图像的各个通道进行调整。在“活动通道”列表中选择一个通道，然后调整曲线形状。曲线向左上偏移，即可增强画面中这一种颜色的含量；反之将曲线向右下角压，则会减少这种颜色在画面中的含量。下图为调整红通道曲线形状后图形的色彩变换。

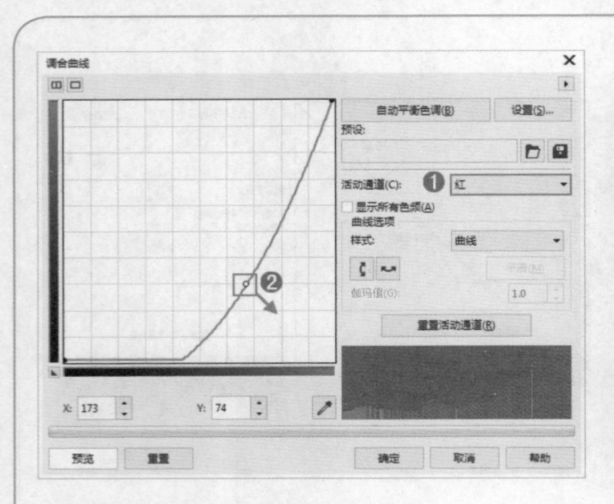

亮度/对比度/强度

“亮度/对比度/强度”命令用于调整矢量对象或位图的亮度、对比度以及颜色的强度。

选择矢量图形或者位图对象，执行“效果>调整>亮度/对比度/强度”命令，打开“亮度/对比度/强度”对话框，拖动“亮度”、“对比度”、“强度”的滑块，或在后面的数值框内输入数值，即可更改画面效果，单击“确定”按钮结束操作，如下图所示。

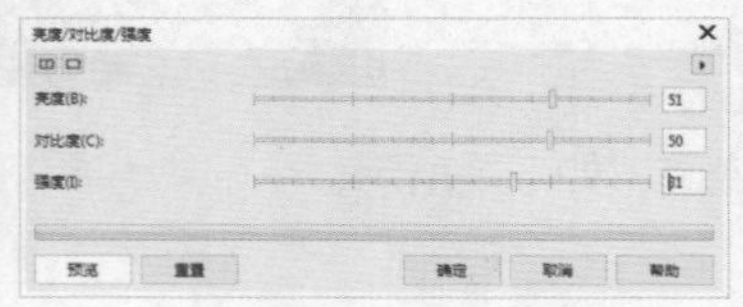

颜色平衡

“颜色平衡”命令通过对图像中互为补色的色彩之间平衡关系的处理，来校正图像色偏。

选择矢量图形或位图对象，执行“效果>调整>颜色平衡”命令，打开“颜色平衡”对话框。首先需要在范围列表中选择影响的范围，然后分别拖动“青-红”、“品红-绿”、“黄-蓝”的滑块，也可在后面的数值框内输入数值。设置完成后单击“确定”按钮，如下图所示。

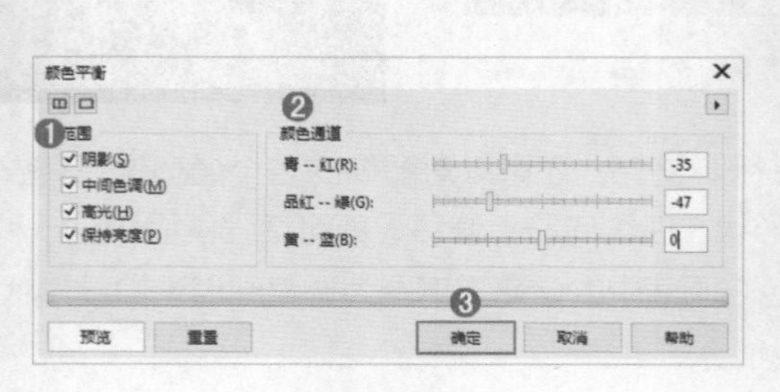

- 阴影：表示同时调整对象阴影区域的颜色。
- 中间色调：表示同时调整对象中间色调的颜色。
- 高光：表示同时调整对象上高光区域的颜色。
- 保持亮度：表示调整对象颜色的同时保持对象的亮度。

伽玛值

在CorelDRAW中“伽玛值”命令主要调整对象的中间色调，但对于深色和浅色影响较小。

选择矢量图形或位图对象，执行“效果>调整>伽玛值”命令，拖动“伽玛值”滑块或在数值框中输入数值，然后单击“确定”按钮结束操作，如下图所示。

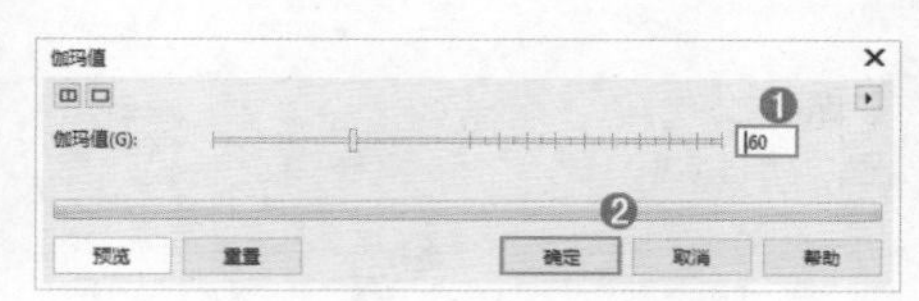

色度/饱和度/亮度

“色度/饱和度/亮度”命令可以通过调整滑块位置或者设置数值，更改画面的颜色倾向、色彩的鲜艳程度以及亮度。

1 选择矢量图形或位图对象，执行“效果>调整>色度/饱和度/亮度”命令，在“色度/饱和度/亮度”对话框中选择“主对象”单选按钮，然后拖曳“色度”、“饱和度”、“亮度”的滑块可以更改整个图像的效果，如下图所示。

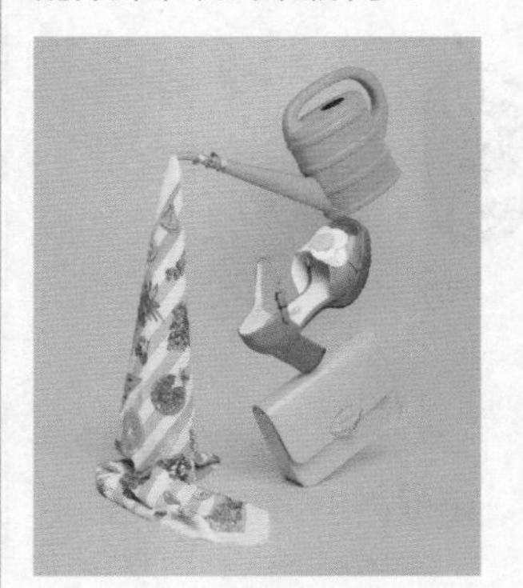

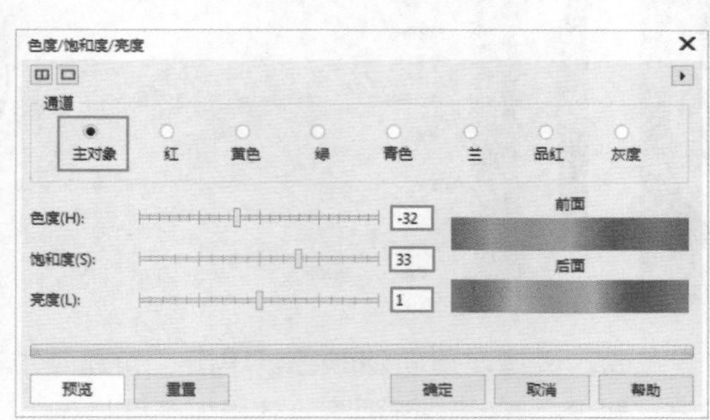

2 如果只更改图像中的某种颜色，可以在“通道”中选择相应的颜色，在这里选择“黄色”单选按钮，然后拖曳“色度”、“饱和度”、“亮度”的滑块，发现画面中的黄色被改变了，如右图所示。

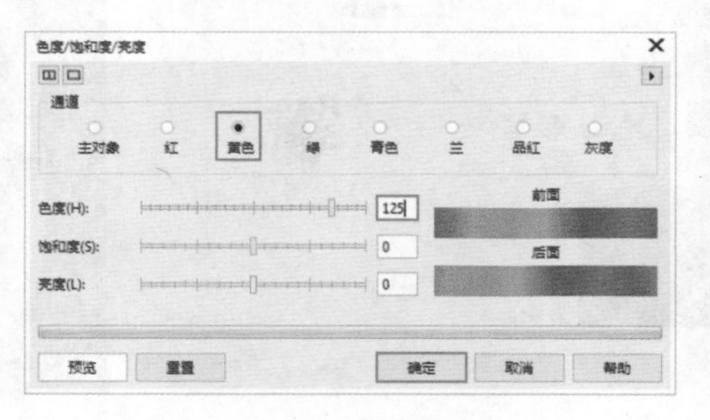

所选颜色

“所选颜色”命令可以用来调整位图中每种颜色的色彩及浓度。选择位图图像，执行“效果>调整>所选颜色”命令，在“所选颜色”对话框的左下角“色谱”区域中选定需要调整的颜色，对其颜色进行单独调整，而不影响其他颜色。然后拖动“青”、“品红”、“黄”和“黑”的滑块，或在后面的数值框内输入数值即可更改每种颜色百分比，单击“确定”按钮结束操作，如下图所示。

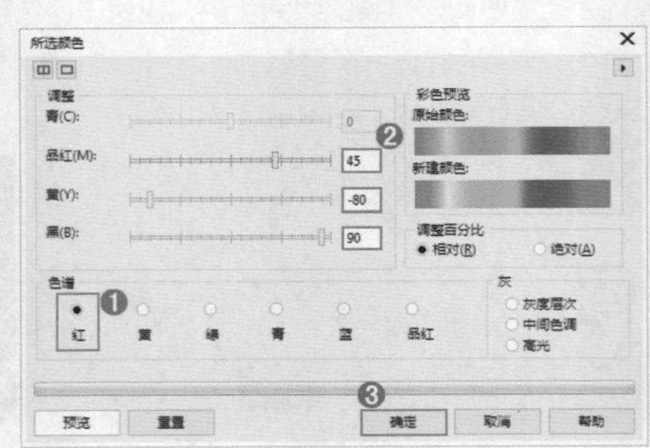

替换颜色

“替换颜色”命令是针对图像中某个颜色区域进行调整，将选择的颜色替换为其他颜色。

1 选择位图图像，执行“效果>调整>替换颜色”命令，打开“替换颜色”对话框，接着单击“原颜色”右侧的按钮，将光标移动到图像的背景处，光标变为形状后单击进行颜色的拾取，如下图所示。

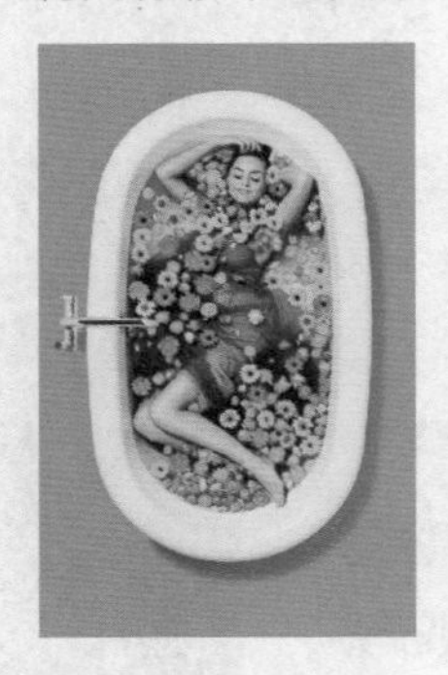

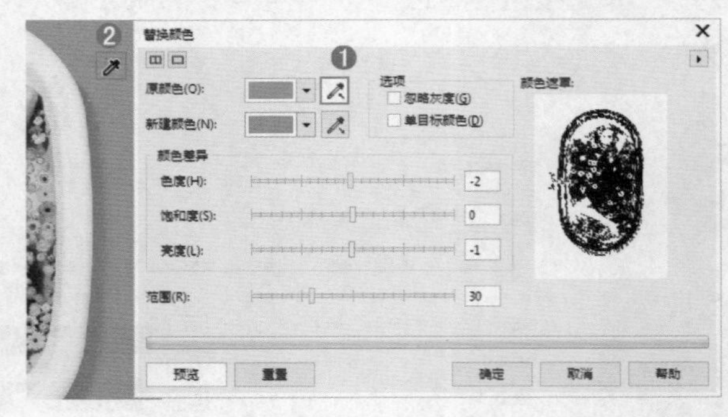

2 此时需要替换的颜色就拾取完成，接着设置新建颜色。单击“新建颜色”下拉按钮，在下拉面板中选择一种合适的颜色。然后单击“预览”按钮进行预览，效果如下图所示。

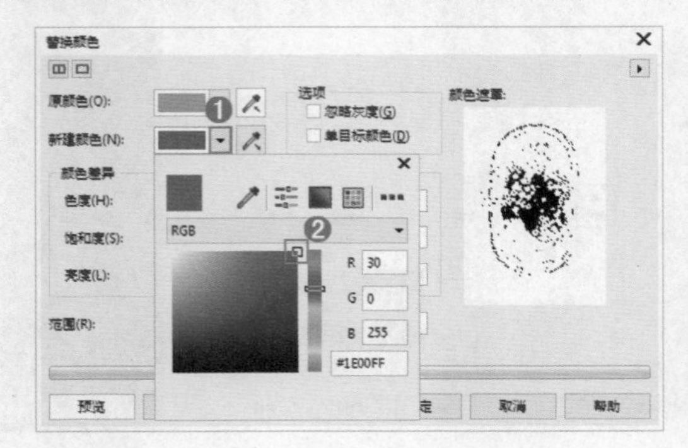

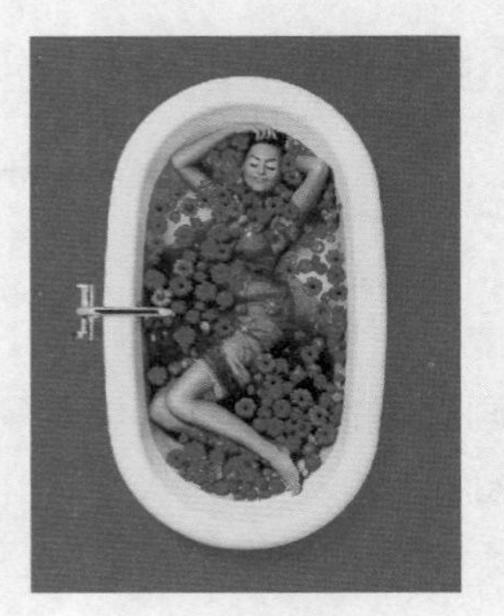

3 如果对颜色替换的区域不满意，可以对“范围”数值进行调整。“范围”数值越小，颜色替换的范围就小，“范围”数值越大，颜色替换的范围就大，如下图所示。

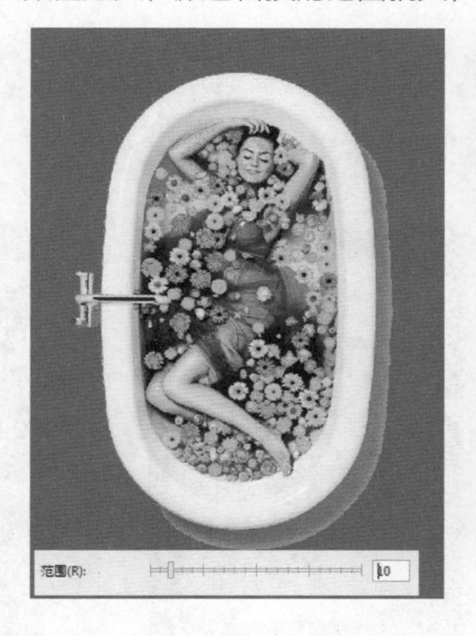

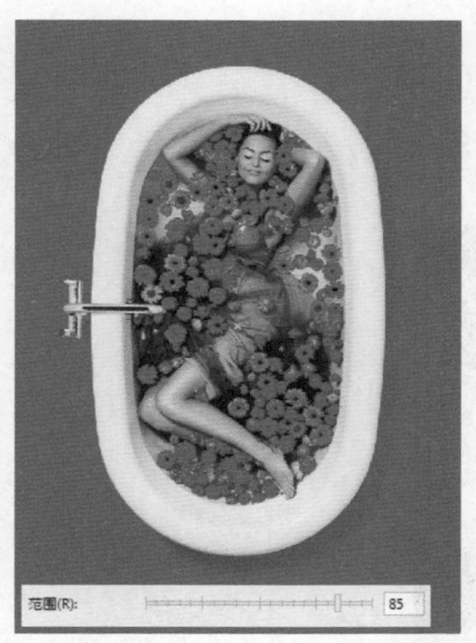

取消饱和

“取消饱和度”命令可以将彩色图像变为黑白效果。

选择位图图像，执行“效果>调整>取消饱和”命令，可以将位图对象的颜色转换为与其相对的灰度效果，如下图所示。

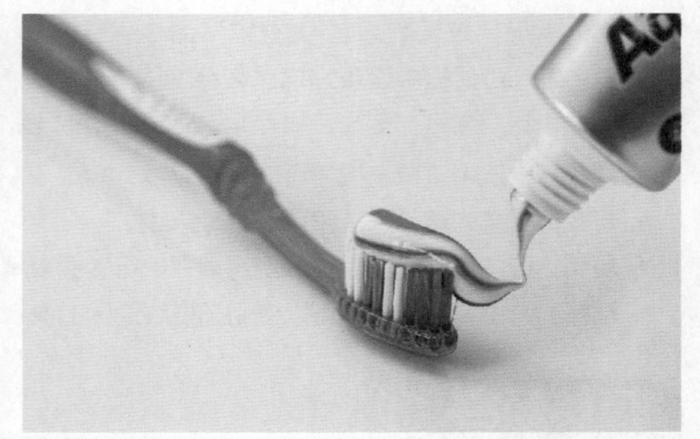

通道混合器

“通道混合器”命令可以通过改变不同颜色通道的数值来改变图形的色调。

选择位图图像，执行“效果>调整>通道混合器”命令，在弹出的“通道混合器”对话框中设置色彩模式以及输出通道，然后移动“输入通道”的颜色滑块，完成后单击“确定”按钮结束操作，如下图所示。

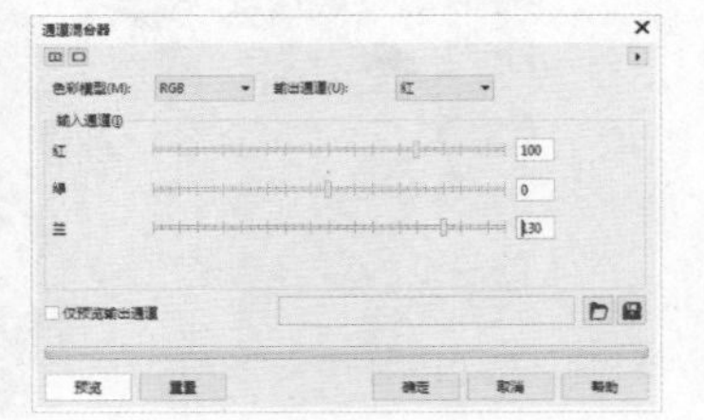

UNIT 50 变换

执行“效果>变换”命令，在其子菜单中包含“去交错”、“反转颜色”和“极色化”三个命令。除去“去交错”命令只能用于位图，其他命令位图与矢量图皆可使用。

去交错

“去交错”命令主要用于处理使用扫描设备输入位图，使用该命令可以消除位图上的网点。选择位图对象，执行“效果>变换>去交错”命令，在弹出的“去交错”对话框中设置扫描线和替换的方法，设置完成后单击“确定”按钮结束操作，如右图所示。

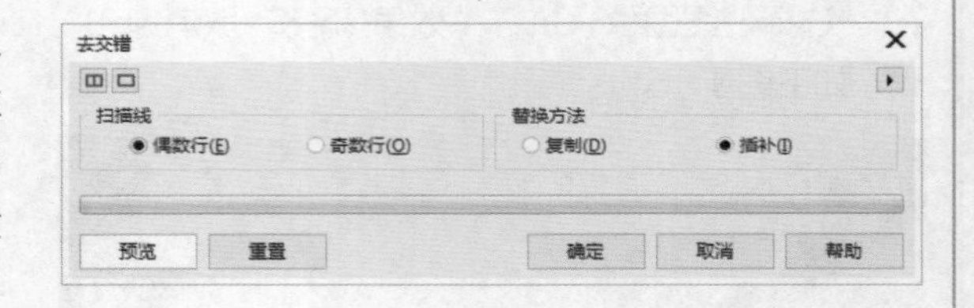

- 偶数行：选中该单选按钮可以去除双线。
- 奇数行：选中该单选按钮可以去除单线。
- 复制：选中该单选按钮可以使用相邻一行的像素填充扫描线。
- 插补：选中该单选选项可以使用扫描线周围的像素平均值填充扫描线。

反转颜色

“反转颜色”命令通过将图像所有颜色进行翻转得到负片效果。

选择矢量图形或位图对象，执行“效果>变换>反转颜色”命令，图像的颜色发生了反转，如右图所示。

极色化

“极色化”命令通过移除画面中色调相似的区域，得到色块化的效果。

选择矢量图形或位图对象，执行“效果>变换>极色化”命令，拖动“层次”滑块，层次数值越小画面中颜色数量越少色块化越明显，反之层次数值越大画面颜色越多，如下图所示。

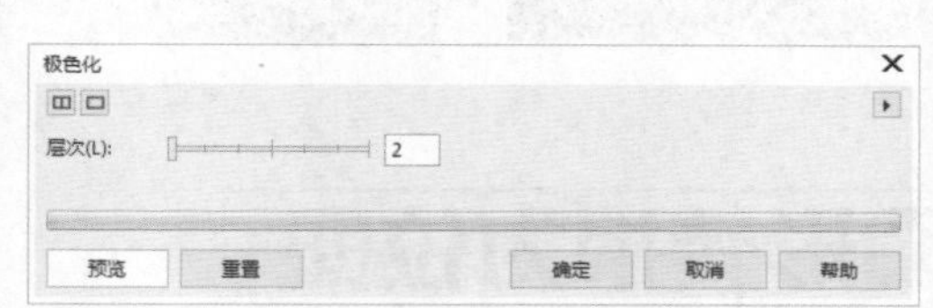

UNIT 51 校正

“效果>校正>尘埃与划痕”命令只作用于位图，“尘埃与刮痕”命令用于消除超过设置的对比度阈值的像素之间的对比度。选择位图图像。接着执行“效果>校正>尘埃与划痕”命令，在弹出的“尘埃与划痕”对话框中进行设置，设置完成后单击“确定”按钮，如下图所示。

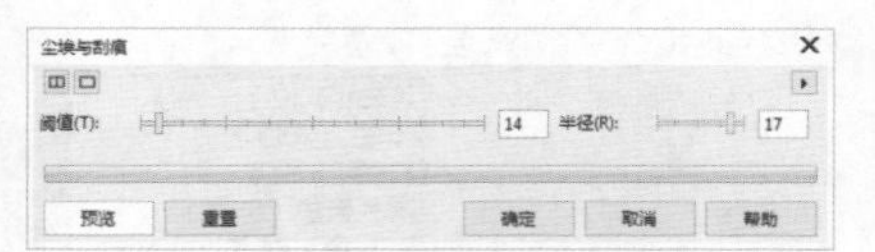

- 半径：设置“半径”参数以确定更改影响的像素数量。半径越小，图像保留的细节越多。下图为“半径”为5和20的对比效果。

- 阈值：该选项用于控制杂点减少的数量，阈值数值越大保留的图像细节越多。下图为“阈值”为15和100的对比效果。

UNIT 52 将矢量图形转换为位图

在CorelDRAW中有一些特定操作只能应用于位图对象，那么此时就需要将矢量图转换为位图。选择一个矢量对象，执行“位图>转换为位图”命令，在弹出的“转换为位图”对话框中可以进行“分辨率”和“颜色模式”的设置，设置完成后单击“确定”按钮，矢量图形转换为位图对象，如下图所示。

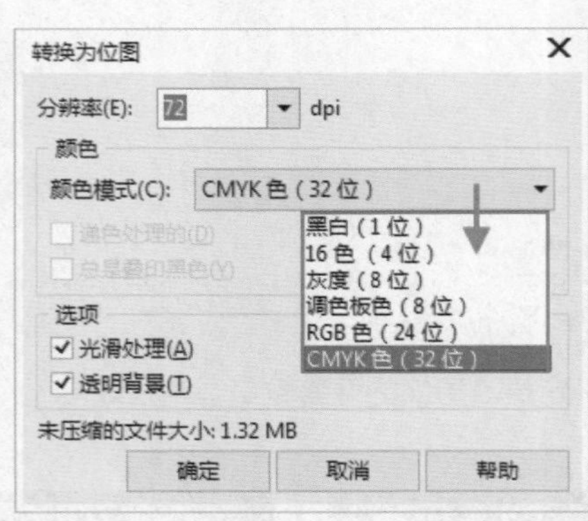

- 分辨率：在下拉列表中可以选择一种合适的分辨率，分辨率越高转换为位图后的清晰度越大，文件所占内存也越多。
- 颜色模式：在“颜色模式”下拉列表中选择转换的色彩模式。
- 光滑处理：勾选“光滑处理”复选框，可以防止在转换成位图后出现锯齿。
- 透明背景：勾选“透明背景”复选框，可以砸转换成位图后保留原对象的通透性。

UNIT 53 自动调整

“自动调整”命令可以在不调整参数的情况下，调整位图的颜色和对比度。选择一个位图，执行“位图>自动调整”命令，此时图像发生了变化。如下图所示。

UNIT 54 图像调整实验室

“图像调整实验室”命令可以通过对温度、饱和度、亮度、对比度等参数的设置，调整图像的颜色。

选择一个位图，执行“位图>图像调整实验室”命令，打开“图像调整实验室”对话框，在该对话框中进行参数的设置，在设置的过程中通过左侧的缩览图查看调整的效果。设置完成后单击“确定”按钮，完成调色操作，如下图所示。

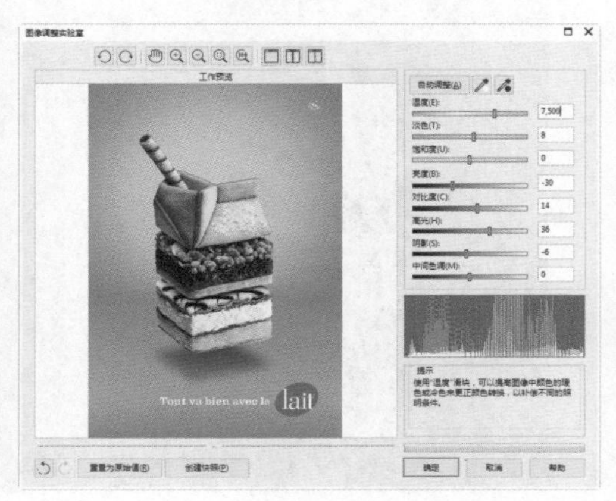

- 温度：通过增强图像中颜色的暖色或冷色来校正画面的色温。数值越大，画面越“冷”，数值越小，画面越“暖”，如右图所示。

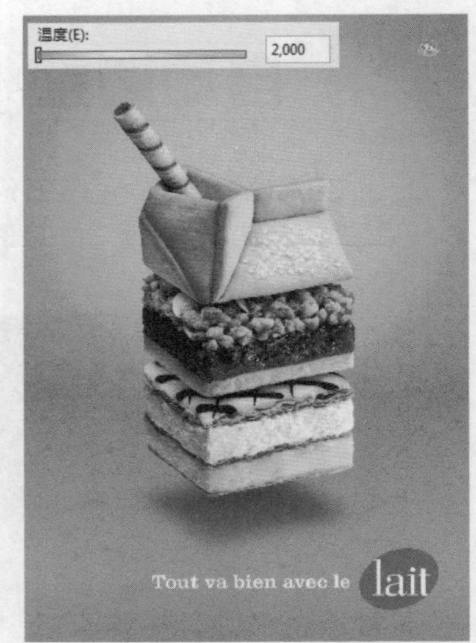

- 淡色：增加图像中的绿色或洋红。将滑块向右侧移动来添加绿色，将滑块向左侧移动来添加洋红，如右图所示。

- 饱和度：用于调整颜色的鲜明程度。滑块向右侧移动提高图像中颜色鲜明程度；滑块向左侧移动可以降低颜色的鲜明程度，如右图所示。

- 亮度：调整图像的明暗程度。数值越大画面越亮；数值越小画面越暗，如右图所示。

- 对比度：用于增加或减少图像中暗色区域和明亮区域之间的色调差异。向右移动滑块增大图像对比度；向左移动滑块可以降低图像对比度，如右图所示。

- 高光：用于控制图像中最亮区域的亮度。向右移动滑块增大高光区的亮度；向左调整降低高光区的亮度，如右图所示。

- 阴影：调整图像中最暗区域的亮度。向右移动滑块增大阴影区的亮度，向左调整降低阴影区的亮度，如右图所示。

- 中间色调：调整图像内中间范围色调的亮度。向右移动滑块增大中间色调的亮度；向左调整降低中间色调的亮度，如右图所示。

Let's go! 调整位图效果制作书籍封面

原始文件	Chapter 08\调整位图效果制作书籍封面.cdr
视频文件	Chapter 08\调整位图效果制作书籍封面.flv

1 新建一个A4大小的空白文档。执行“文件>导入”命令，在弹出的“导入”对话框中找到素材位置，选择素材“1.jpg”，单击“导入”按钮。接着在画面中按住鼠标左键并拖动，松开鼠标后素材就导入进来了。把光标移到图片右侧边缘的中心位置，按住鼠标左键向左拖曳，使照片横向压缩至合适的宽度，如下图所示。

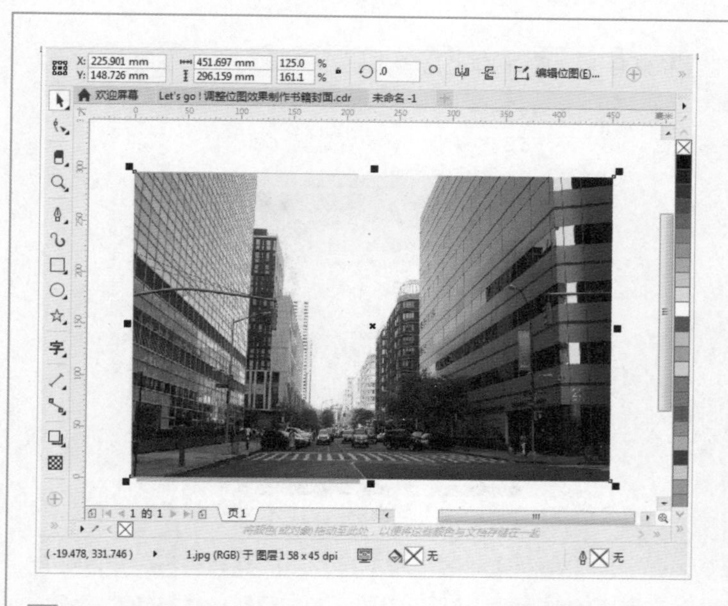

2 选中插入的位图素材，执行“位图>图像调整实验室”命令，并在弹出的对话框中设置“饱和度”为-100，“亮度”为21，“对比度”为34。设置完成后单击“确定”按钮，效果如下图所示。

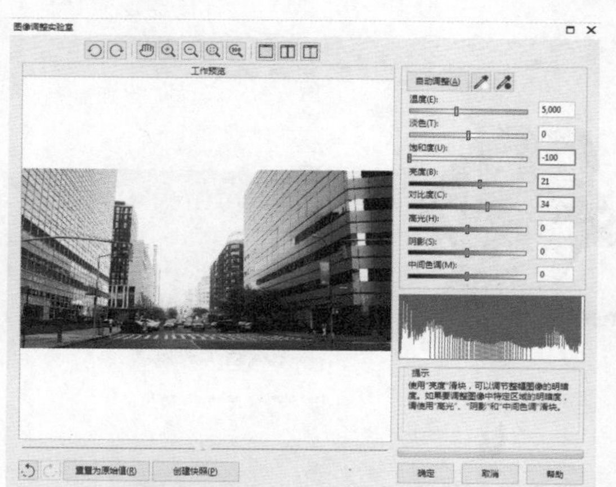

3 使用矩形工具绘制一个合适大小的矩形，并设置填充颜色为青色。接着使用钢笔工具绘制出多个辅助图形，摆放在青色矩形的右侧，并填充为合适的颜色，如下图所示。

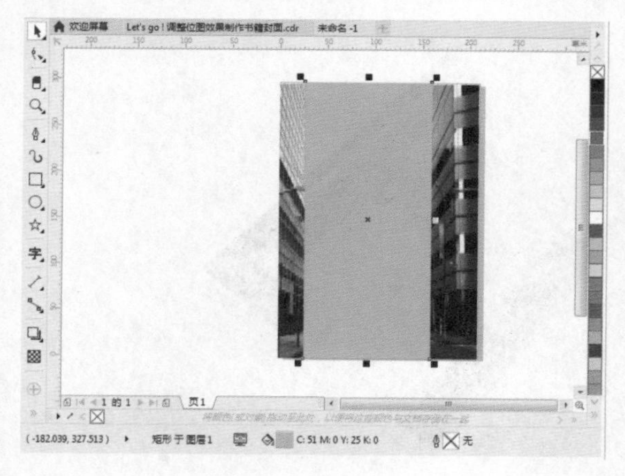

4 使用文本工具在属性栏上设置和合适的字体和字号，在版面上方单击画布并输入书名的文字，设置字体颜色为白色。使用同样的方式输入其他文字，如下图所示。

5 继续导入素材“2.jpg”，摆放在版面的右侧。由于位图素材的色感不足，所以需要进行一定的颜色调整。执行“位图>图像调整实验室”命令，在弹出的对话框中设置“温度”为5750，“淡色”为6，“饱和度”为50，如下图所示。

6 单击“确定”按钮即颜色调整的操作完成，书籍的封面就制作完成了。也可以在Photoshop中制作书籍的立体展示效果，如下图所示。

UNIT 55 矫正图像

“矫正图像”命令可用于调整位图照片拍摄时产生的镜头畸变、角度以及透视问题。选择一个位图图像，执行“位图>矫正图像”命令，在打开“校正图像”对话框的右侧用来调整参数，左侧是缩览图，在缩览图的上方提供了几种调整缩览图的工具，如下图所示。

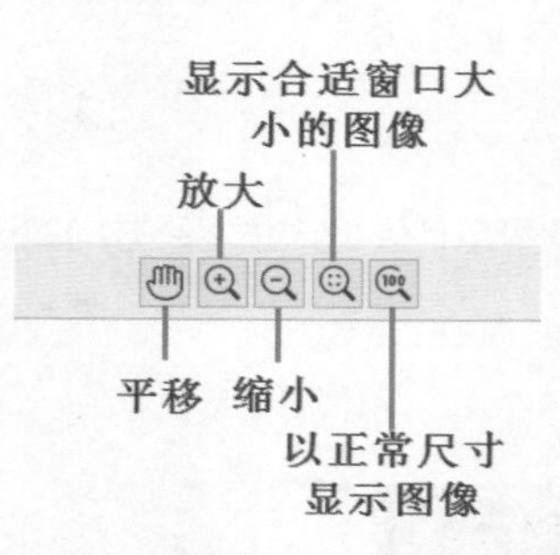

- 更正镜头畸变：向左移动滑块可以矫正桶形畸变，向右移动滑块可以矫正枕形畸变，如下图所示。

- 旋转图像：向左移动滑块可以使图像逆时针旋转（最大15度角），向右移动滑块可以使图像顺时针旋转（最大15度角），如下图所示。单击可以将图像逆时针旋转90度，单击可以使图像顺时针旋转90度。

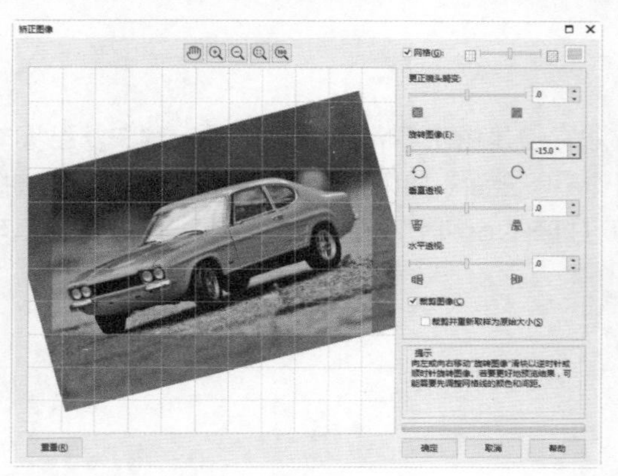

- 垂直透视：移动滑块可以使图像产生垂直方向的透视效果，如下图所示。

- 水平透视：移动滑块可以使图像产生水平方向的透视效果，如下图所示。

- 裁剪图像：勾选该复选框，可以将旋转的图像进行修剪以保持原始图像的纵横比。禁用该项，将不会删除图像中的任何部分。
- 裁剪并重新取样为原始大小：勾选“裁剪图像”复选框后，可以对旋转的图像进行修剪，然后重新调整其大小以恢复原始的高度和宽度。

UNIT 56 编辑位图

虽然CorelDRAW提供了一些编辑位图的方法，但是由于CorelDRAW是一款矢量绘图软件，而并不是位图图像处理软件，所以可进行的操作不够全面。如果要对位图进行调整，可以选择位图，执行“位图>编辑位图”命令，稍等片刻即可打开Corel PHOTO-PAINT X8，在这里可以进行更加丰富的位图编辑操作，如下图所示。

TIP 在安装CorelDRAW X8时，默认情况下回自动安装Corel PHOTO-PAINT X8，如果在安装过程中取消了Corel PHOTO-PAINT X8的安装，或者Corel PHOTO-PAINT X8安装失败则可能会产生该命令无法使用的情况。

UNIT 57 裁剪位图

在Coreldraw中不仅可以使用裁剪工具对位图进行规则的裁剪，也可以通过“裁剪位图”命令对位图对象进行不规则的裁剪。首先选中位图，使用工具箱中的形状工具对位图进行调整，调整完成后执行“位图>裁剪位图”命令，即可将原图中多余的部分去除，如下图所示。

UNIT 58 重新取样

“重新取样”命令可以改变位图的大小和分辨率。例如要等比缩放图像，可以先选择位图，执行“位图>重新取样”命令，在弹出的“重新取样”对话框中先勾选“保持原始大小”复选框，然后设置合适“宽度”或“高度”，接着设置合适的“分辨率”，然后单击“确定”按钮，图像的大小就被改变了，如下图所示。

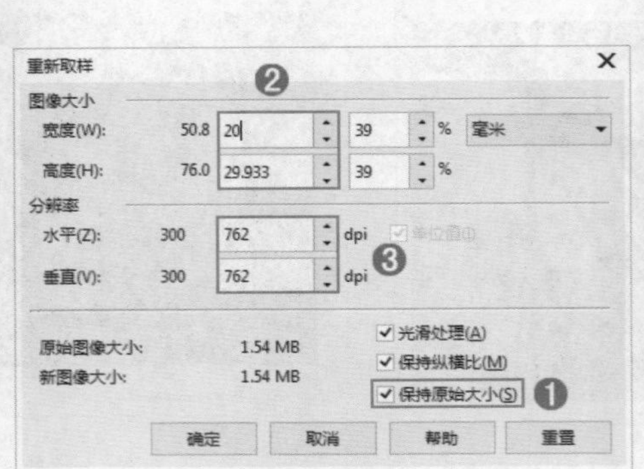

UNIT 59 模式

"模式"命令可以更改位图的色彩模式，同一个图像转换为不同的颜色模式在显示效果上也有所不同。

选择一个位图，执行"位图>模式"命令，在子菜单中可以进行颜色模式的选择。不同颜色模式的效果也不同，这是因为在图像的转换过程中可能会扔掉部分颜色信息。不同颜色模式对比效果，如下图所示。

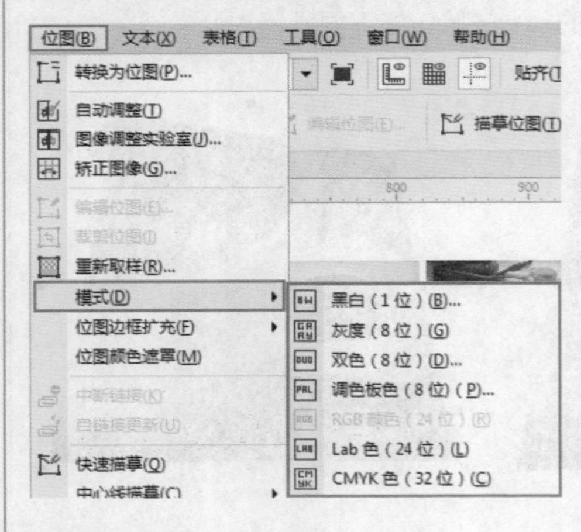

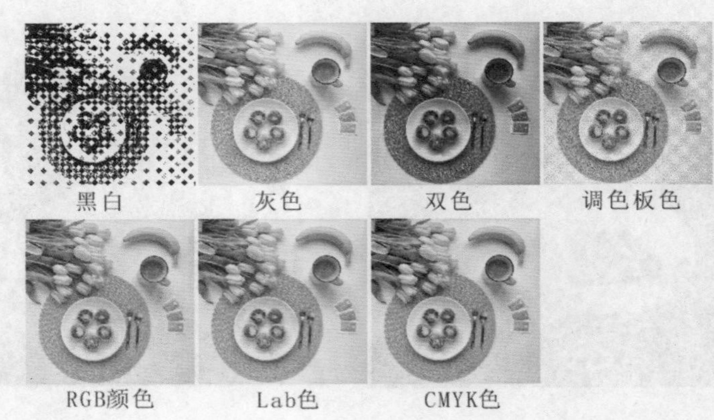

黑白

"黑白"模式是一种只有黑白两种颜色组成的模式，这种一位的模式没有层次上的变化。

首先选择一个位图图像，然后执行"位图>模式>黑白"命令，在弹出的对话框中设置合适的"转换方法"，然后通过调整"强度"选项去设置转换方式的强弱，设置完成后单击"确定"按钮，完成颜色的模式的转换，如下图所示。

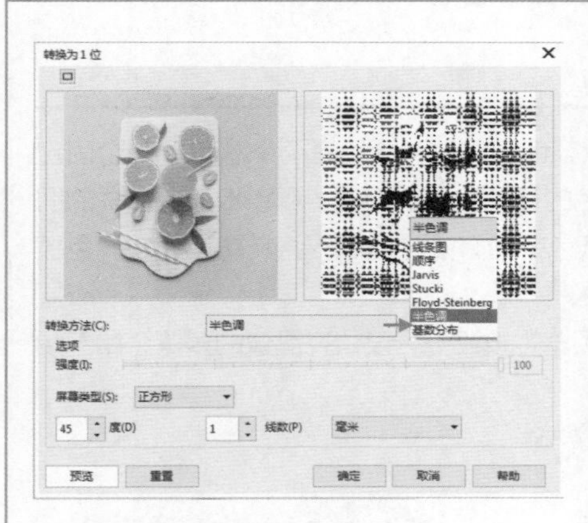

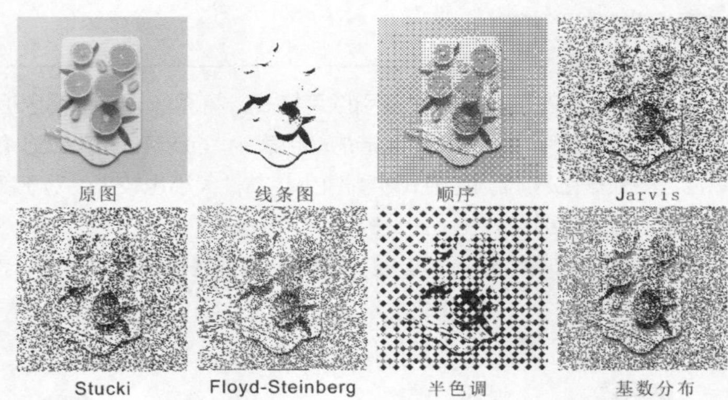

灰度

“灰度”模式是由255个级别的灰度形成的图像模式，它不具有颜色信息的模式。

选择一个彩色位图图像，执行“位图>模式>灰度”命令，图像变为了灰色。转换为灰度模式的位图将丢失彩色是不可恢复的，如右图所示。

双色

“双色”模式是利用两种及两种以上颜色混合而成的色彩模式。

选择位图图像，执行“位图>模式>双色”命令，在“类型”下拉列表中选择一种转换类型。在“双色调”对话框右侧会显示表示整个转换过程中使用的动态色调曲线，调整曲线形状可以自由地控制添加到图像的色调的颜色和强度。完成设置单击“确定”按钮结束操作，多种效果对比如下图所示。

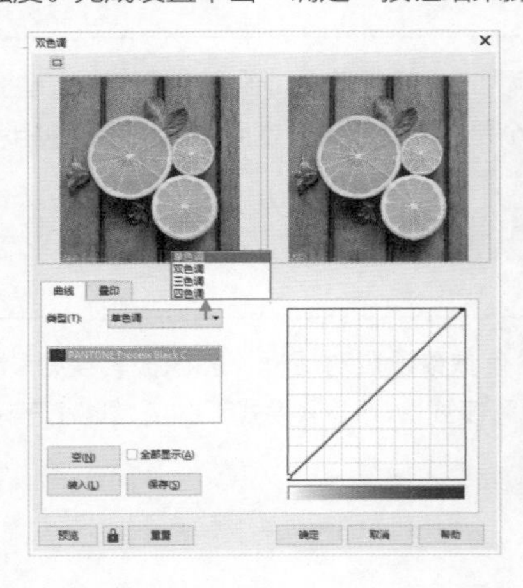

调色板色

“调色板色”模式也称为索引颜色模式。将图像转换为调色板颜色模式时，会给每个像素分配一个固定的颜色值。这些颜色值存储在简洁的颜色表中，或包含多达 256 色的调色板中。因此，调色板颜色模式的图像包含的数据比24位颜色模式的图像少，文件大小也较小。对于颜色范围有限的图像，将其转换为“调色板色”模式时效果最佳。

选择位图图像，执行“位图>模式>调色板色”命令，单击“预览”按钮进行设置完图像的预览，如下图所示。

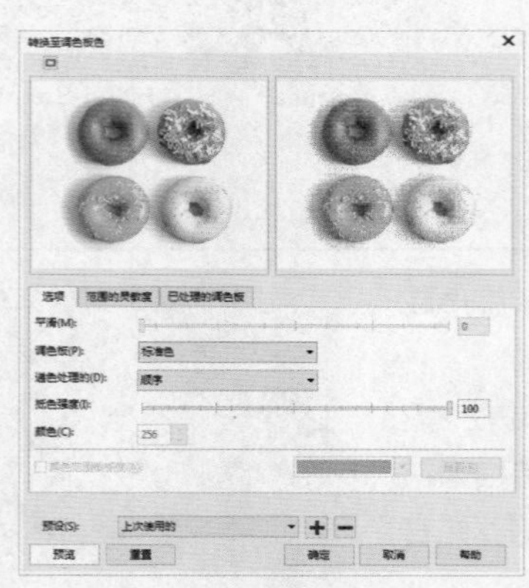

- 平滑：拖曳“平滑”滑块，可以调整图像的平滑度，使图像看起来更加细腻真实。
- 调色板：单击“调色板”下拉按钮，选择一种调色板样式。
- 递色处理的：可以增加颜色的信息，它可以将像素与某些特定的颜色或相对于某种特定颜色的其他像素放在一起，将一种色彩像素与另一种色彩像素关联可以创建调色板上不存在的附加颜色。
- 抵色强度：可以调节图片的粗糙细腻程度。
- 颜色：转换为调色板模式的颜色数目。

RGB颜色

执行“位图>模式>RGB颜色”命令，即可将图像模式转换为RGB，该命令没有参数设置对话框。RGB颜色是最常用的位图颜色模式，是将红、绿、蓝三种基本色为基础，进行不同程度的叠加。

Lab色

执行“位图>模式>Lab色”命令，可将图像切换为Lab颜色模式，该命令没有参数设置对话框。Lab模式由3个通道组成：一个通道是透明度，即L；其他两个是色彩通道，分别用a 和b 表示色相和饱和度。Lab模式分开了图像的亮度与色彩，是一种国际色彩标准模式。

CMYK色

执行“位图>模式>CMYK色”命令，该命令没有参数设置对话框，图像被转换为CMYK颜色模式。CMYK色是一种印刷常用的颜色模式，是一种减色色彩模式。CMYK模式下的色域略小于RGB，所以RGB模式图像转换为CMYK后会产生色感降低的情况。

UNIT 60 位图边框扩充

“位图边框扩充”命令可以为位图添加边框。选择位图，执行“位图>位图边框扩充>自动扩充位图边框”命令可以自动为位图添加边框。若执行“位图>位图边框扩充>手动扩充位图边框”命令，在弹出“位图边框扩充”对话框中手动调节边框的大小，设置完成后单击“确定”按钮。此时位图周围出现了扩充的白色的边框，如下图所示。

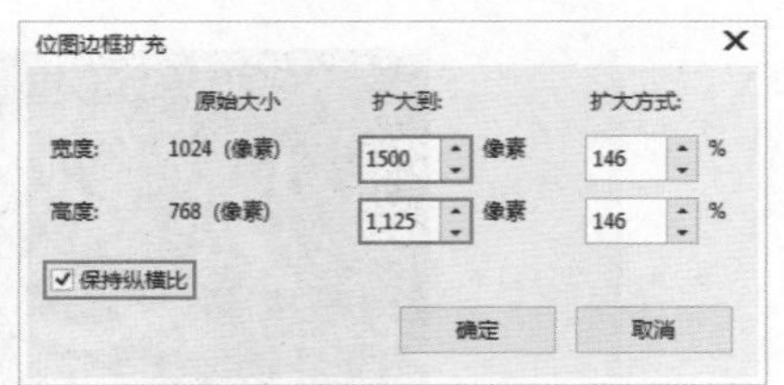

UNIT 61 位图颜色遮罩

“位图颜色遮罩”命令可以隐藏或显示位图中指定的颜色，该命令常用来实现“抠图”的目的。选择一个位图，执行“位图>位图颜色遮罩”命令打开“位图颜色遮罩”对话框。选中“隐藏颜色”单选按钮，接着单击“颜色选择”按钮在图像中需要应用遮罩的地方单击吸取颜色，拖动“容限”滑块进行容限数值的设置。最后单击“应用”按钮即可应用颜色遮罩。被选中的颜色部分被隐藏了，如下图所示。

- 隐藏颜色/显示颜色：用来设置选择的颜色是用于隐藏还是显示。
- 颜色选择：单击该按钮，在图像中需要应用遮罩的地方单击吸取颜色。（可以同时对一张位图图像使用多个颜色遮罩。
- 容限：拖动“容限”滑块进行容限数值的设置，数值越大所选择颜色的范围越大。
- 移除遮罩：当位图图像应用了颜色遮罩后，若想查看原图效果可以单击“移除遮罩”按钮，此时图像恢复到应用颜色遮罩前的效果。
- 应用 应用：单击“应用”按钮即可应用颜色遮罩，被选中的颜色部分将会被显示或隐藏。

UNIT 62 链接位图

默认情况下，通过使用“导入”命令导入文档中的图片都是“嵌入”到当前文档内的，这种方式会增加文档的大小。若想降低文档大小，可以通过“链接位图”的方式导入图像。

1 执行“文件>导入”命令，在打开的对话框中选择图片，然后单击“导入”按钮后侧的下拉按钮，在下拉列表中执行“导入为外部链接的图像”选项，然后在画面中单击鼠标左键，即可将图片以链接的方式导入到文档内，如下图所示。

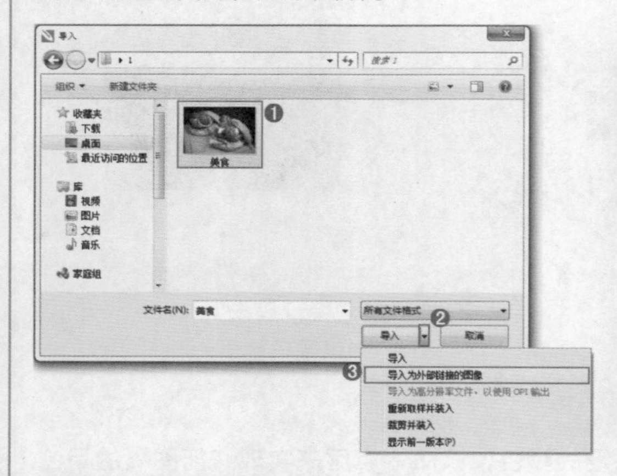

2 “链接”的位图如果改变位图素材的路径或者名称，文档中的位图显示则可能会发生错误。如果要将图像进行“嵌入”，可以选择位图，执行“位图>中断链接”命令即可进行嵌入，如下图所示。

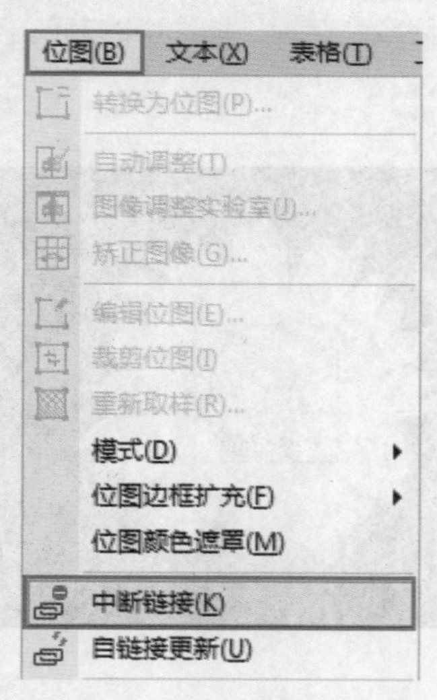

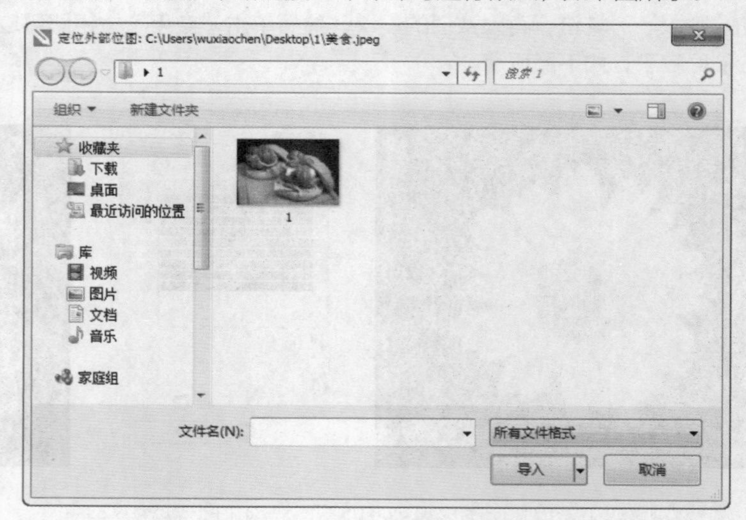

TIP 如果原始文件发生了更改，执行“位图>自链接更新”命令，在打开的“定位外部位图”对话框中重新选择位图进行导入。

UNIT 63 将位图描摹为矢量图

“描摹”可以将位图转换为矢量对象。在CorelDRAW中有多种描摹方式，而且不同的描摹方式还包含多种不同的效果。下图为优秀的设计作品。

快速描摹

“快速描摹”可以快速将位图转换为矢量对象。选择一个位图，执行“位图>快速描摹”命令，稍等片刻即可完成描摹操作，该命令没有参数可供设置。转换为矢量图后，画面由大量的矢量图形组成，单击鼠标右键执行“取消群组”命令，即可对每个矢量图形的节点与路径进行编辑，如下图所示。

中心线描摹

“中心线描摹”有“技术图解”和“线条画”两种方式，能够满足用户不同的创作要求。

1 选择位图，执行“位图>中心线描摹>技术图解”命令，在弹出的PowerTRACE对话框中分别对“描摹类型”、“图像类型”进行选择及设置，完成调整后单击“确定”按钮结束操作，如下图所示。

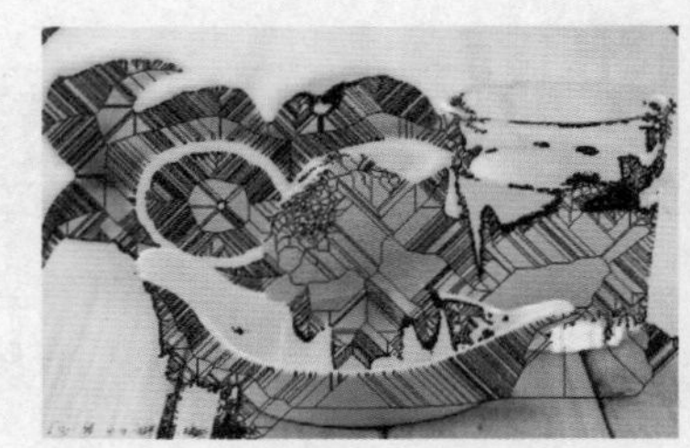

- 描摹类型：想要更改描摹方式可以从描摹类型列表中选择一种方式。
- 图像类型：想要更改预设样式可以从图像类型列表中选择一种预设样式。
- 细节：可以控制描摹结果中保留的原始细节量。值越大，保留的细节就越多，对象和颜色的数量也就越多；值越小，某些细节就被抛弃，对象数也就越少。
- 平滑：可以平滑描摹结果中的曲线及控制节点数。值越大，节点就越少，所产生的曲线与源位图中的线条就越不接近。值越小，节点就越多，产生的描摹结果就越精确。
- 拐角平滑度：该滑块与平滑滑块一起使用并可以控制拐角的外观。值越小，则保留拐角外观；值越大，则平滑拐角。
- 删除原始图像：想要在描摹后保留源位图，取消勾选“删除原始图像”复选框。
- 移除背景：在描摹结果中放弃或保留背景可以启用或禁用“移除背景”复选框。想要移除背景颜色，可以启用指定颜色选项，单击滴管工具，然后单击预览窗口中的一种颜色。要移除的其他背景颜色，请按住 Shift 键，然后单击预览窗口中的一种颜色。指定的颜色将显示在滴管工具的旁边。
- 移除整个图像的颜色：想要从整个图像中移除背景颜色（轮廓描摹），需要启用“移除整个图像的颜色”复选框。
- 移除对象重叠：想要保留通过重叠对象隐藏的对象区域（轮廓描摹）需要禁用“移除对象重叠”复选框。
- 根据颜色分组对象：想要根据颜色分组对象（轮廓描摹）需要启用“根据颜色分组对象”复选框。仅当禁用“移除对象重叠”复选框后才可使用该复选框。

2 “线条画”与“技术图解”用法相同。选择位图，执行“位图>中心线描摹>线条画”命令，也可以打开PowerTRACE对话框，在弹出的对话框进行相应设置，单击“确定”按钮结束操作，即可得到线条效果的矢量对象，如下图所示。

轮廓描摹

“轮廓描摹”命令可以将位图快速转换为不同效果的矢量图。首先选择位图，然后执行“位图>轮廓描摹”命令，在“轮廓描摹”子菜单中可以看到六个命令，执行某一项命令，在弹出的对话框中对相应的参数进行设置。设置完毕后单击“确定”按钮结束操作，如下图所示。

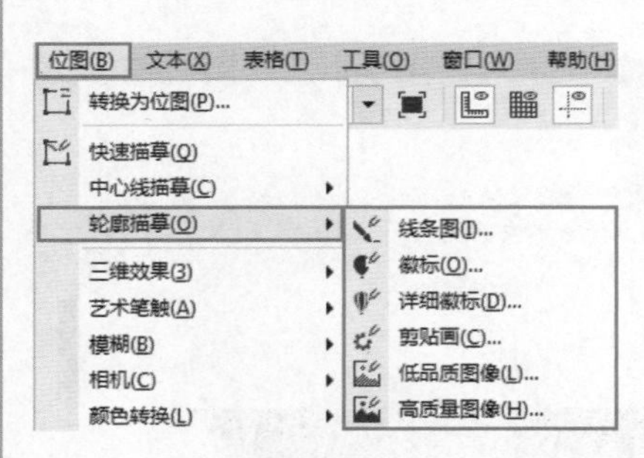

Let's go! 使用快速描摹制作户外广告

原始文件 Chapter 08\使用快速描摹制作户外广告.cdr
视频文件 Chapter 08\使用快速描摹制作户外广告.flv

1 执行“文件>新建”命令，新建一个空白文档。在画布上绘制一个矩形，并填充合适的颜色，如下图所示。

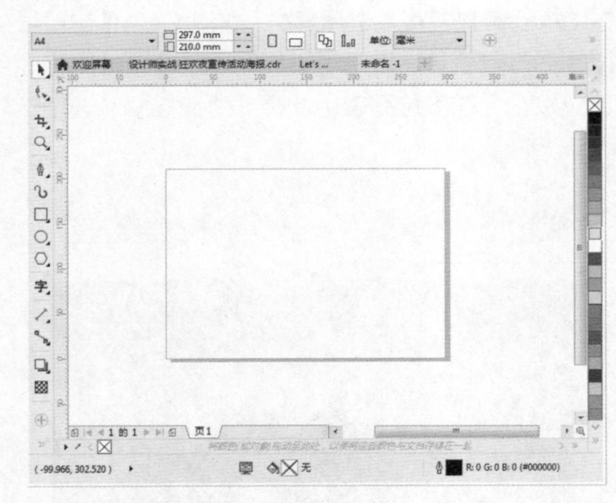

2 在工具箱中选择钢笔工具，在画布上绘制出一个图形，并为其填充合适的颜色。使用快捷键Ctrl+C、Ctrl+V复制一个同样的图形并缩小。选择工具箱中的交互式填充工具，设置填充颜色为灰色系渐变，如下图所示。

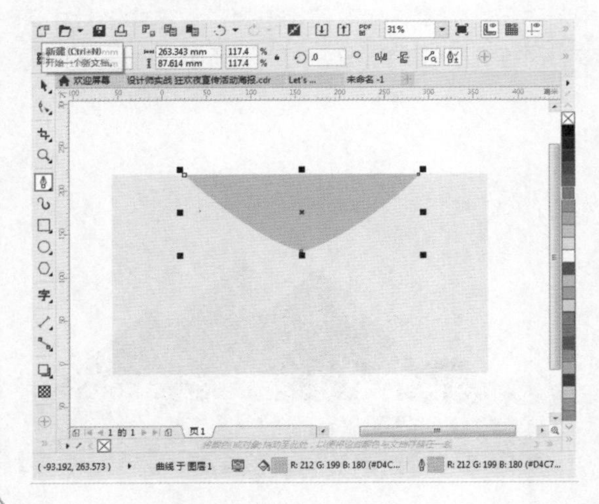

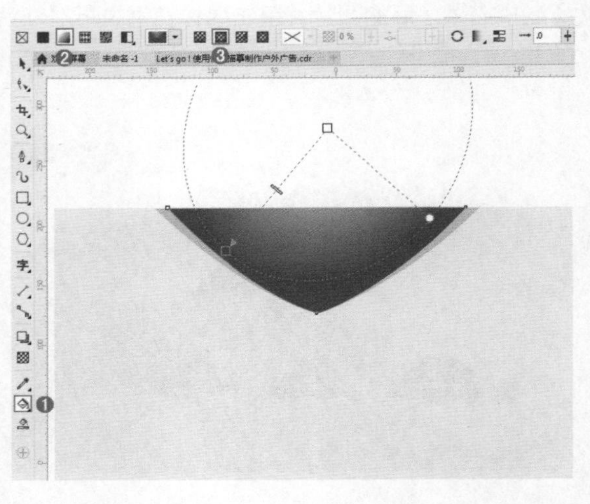

3 同样再次复制一个图形并缩小，去除填充颜色，双击右下角的“轮廓笔”在弹出的对话框中设置“宽度”为0.5mm，单击“确定”按钮，如下图所示。

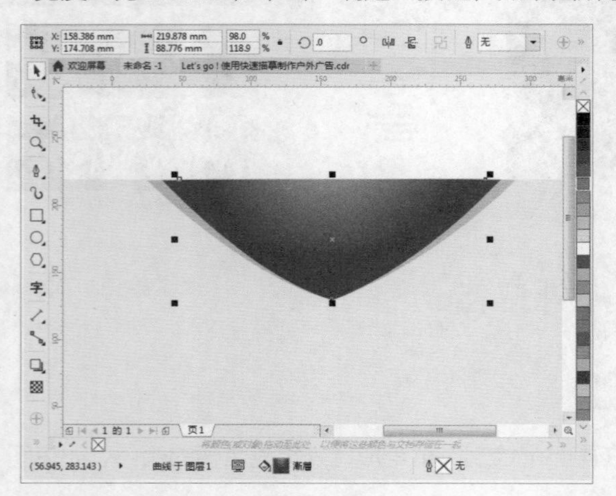

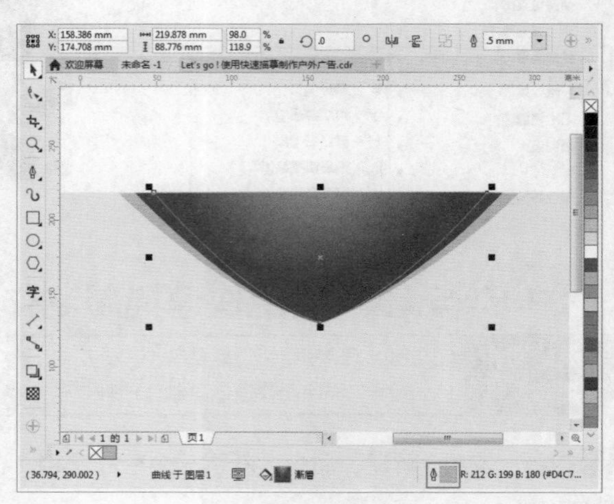

4 执行“文件>导入”命令，在弹出的“导入”对话框中找到素材位置，选择素材“1.jpg”，单击“导入”按钮。接着在画面中按住鼠标左键并拖动，松开鼠标后素材就导入进来了。复制出一个图片放在一旁。选择导入的图片，单击属性栏中的“描摹位图”下拉按钮，在下拉列表中选择“快速描摹”选项，在弹出的窗口中单击“缩小位图”按钮，效果如下图所示。

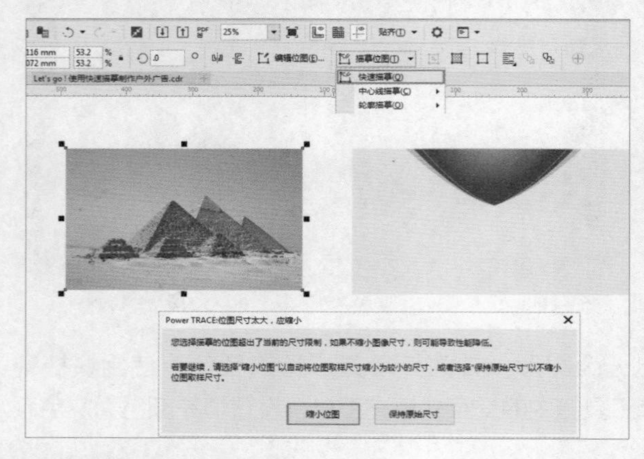

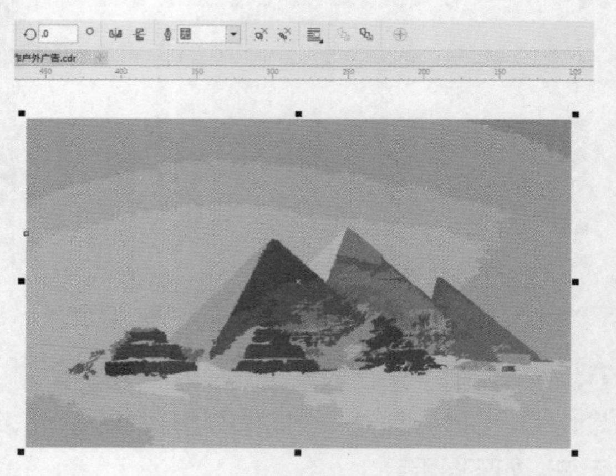

5 选择描摹之后的图片，单击鼠标右键执行“取消组合对象”命令，接着使用选择工具选中图片中天空的位置，按下Delete键可以删除局部天空。接着依次删除全部天空的部分，如下图所示。

6 选中金字塔部分的图形，单击鼠标右键执行“组合对象”命令，将其移动到版面矩形背景的上方。然后选择透明度工具，并在节点上更改透明度为90，如下图所示。

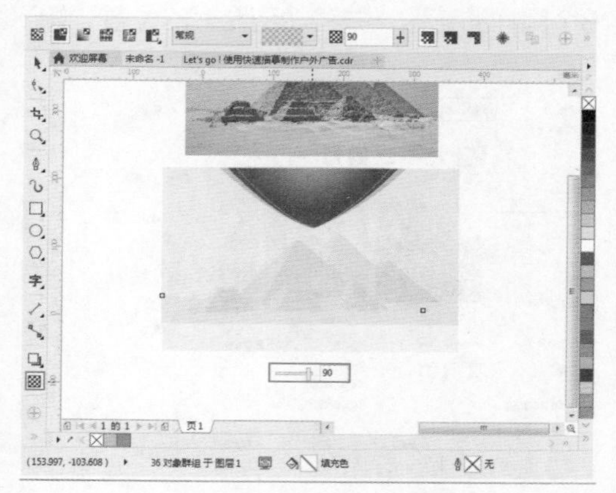

7 接着使用钢笔工具绘制出该图形，选择之前复制的图片，执行“对象>Power Clip”命令，把光标箭头拖动到绘制出的图形上并单击图形，将照片素材置入到新绘制的图形中。在“调色板”中右键单击“无”按钮☒，去除轮廓线，并移动到合适位置。单击鼠标右键多次执行“顺序>向后一层”命令，直到将其移动到合适的顺序上，如下图所示。

8 使用椭圆形工具绘制一个椭圆形，将这个椭圆形适当旋转并复制。接着多次使用“重复在制”命令快捷键Ctrl+R。旋转并复制出多个椭圆形，组成一个花形图案，如下图所示。

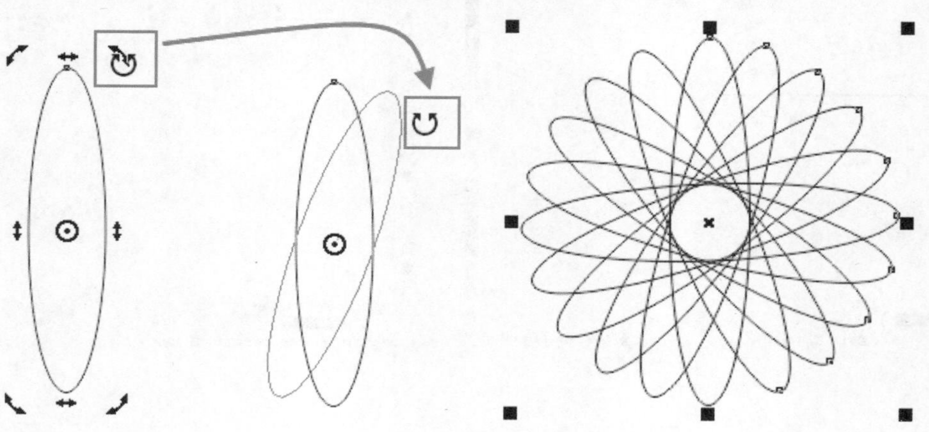

9 选中这些椭圆形，单击鼠标右键执行“组合对象”命令。选中整个花形，双击右下角的“轮廓笔”按钮，更改合适的轮廓颜色。接着选择这个花形图案，使用复制、粘贴快捷键Ctrl+C、Ctrl+V，复制出8个同样的花形，并移动到合适的位置，如下图所示。

10 使用2点线工具在画面中按住Shift键的同时按住鼠标左键，绘制出一条直线。然后复制出另一个并摆放到画面中部的位置，如下图所示。

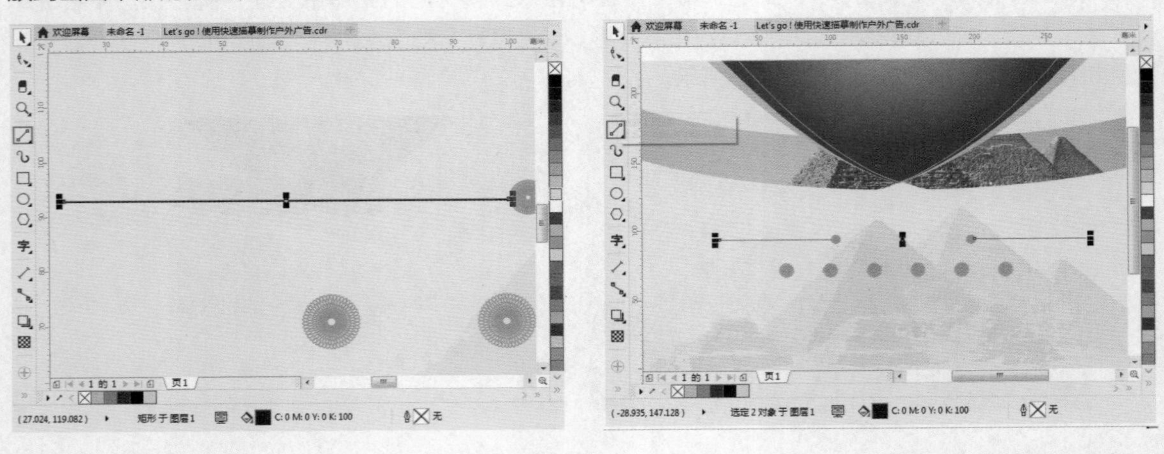

11 接着使用钢笔工具绘制出一个花瓣的形状，并复制出另一个。选择另一个复制的花瓣在属性栏上单击“水平镜像”按钮，得到水平翻转的效果，然后移动到合适的位置，如下图所示。

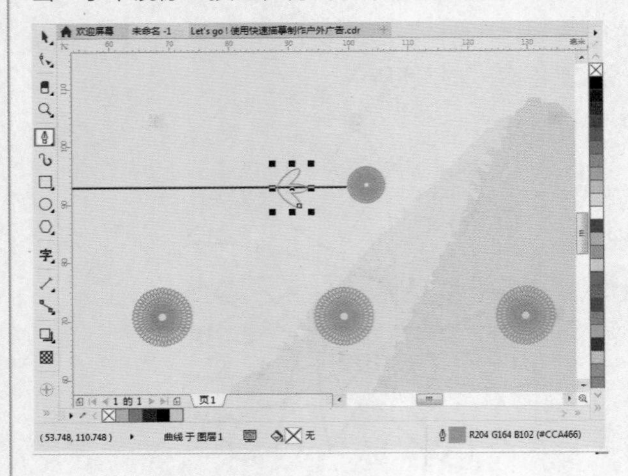

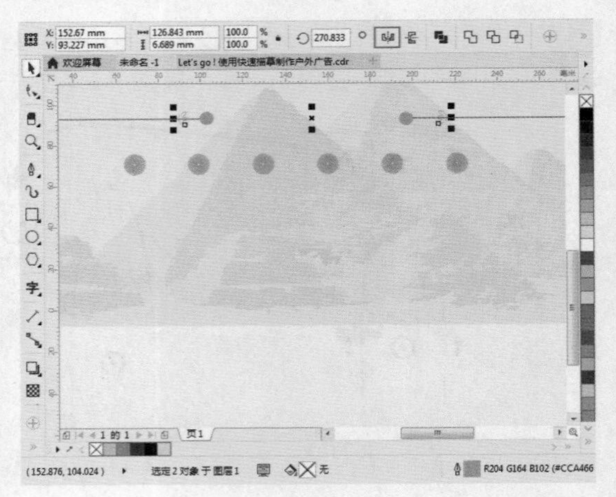

12 使用矩形工具绘制出一个矩形，为其更改合适的填充颜色和轮廓颜色，如下图所示。

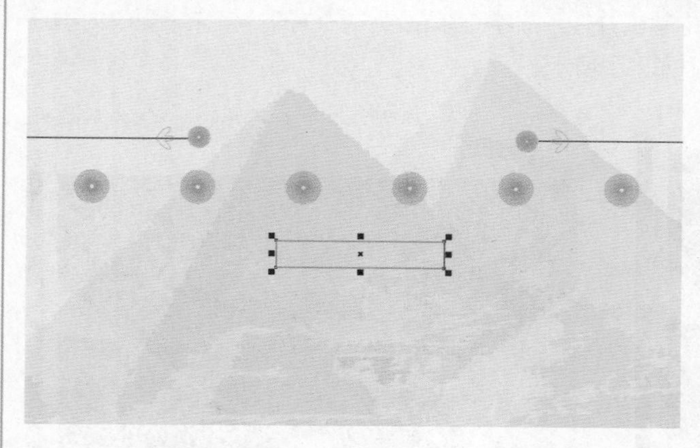

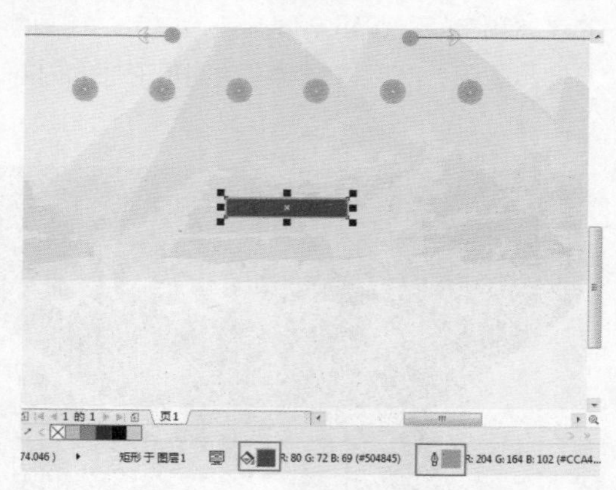

13 接着使用椭圆形工具绘制一个正圆形并为其填充合适的颜色，使用星形工具在正圆里绘制一个稍小的星形。选中圆形和星形，在属性栏中单击“移除前面对象”按钮，效果如下图所示。

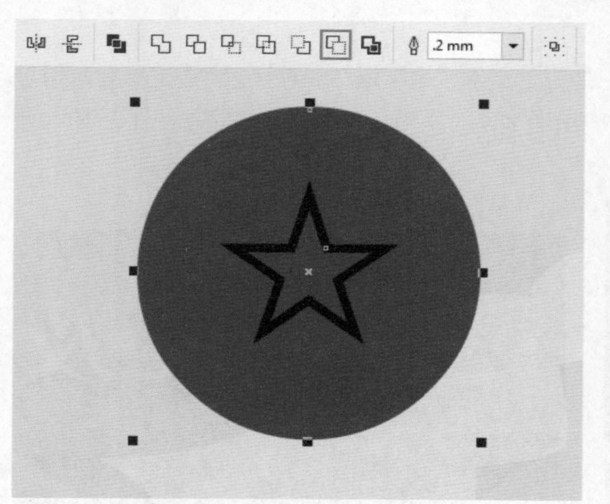

14 使用文本工具，在属性栏中设置合适大小的字体、字号，在画面顶部的区域单击，并输入文字。更改文字颜色为白色。复制一个之前的花形，并更改轮廓线颜色为白色，移动到两个文字中间，如下图所示。

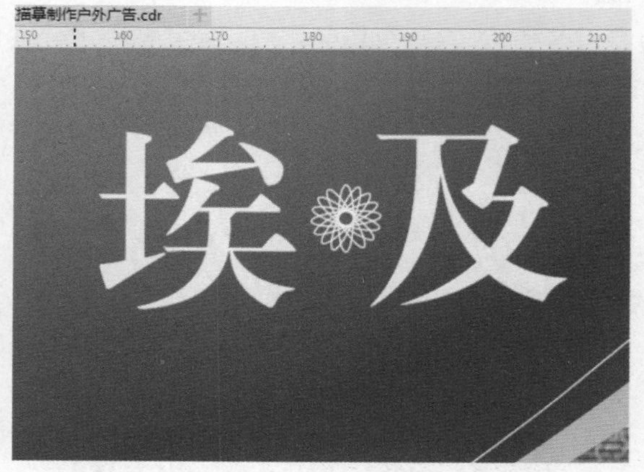

15 使用矩形工具绘制一个矩形，并更改“轮廓颜色”为白色。接着使用文本工具在属性栏中设置合适的字体和字号，设置字体颜色为白色。在画面中单击并输入文字，单击属性栏中的“将文本更改为垂直方向”按钮，然后将文字移动到矩形框的内部，如下图所示。

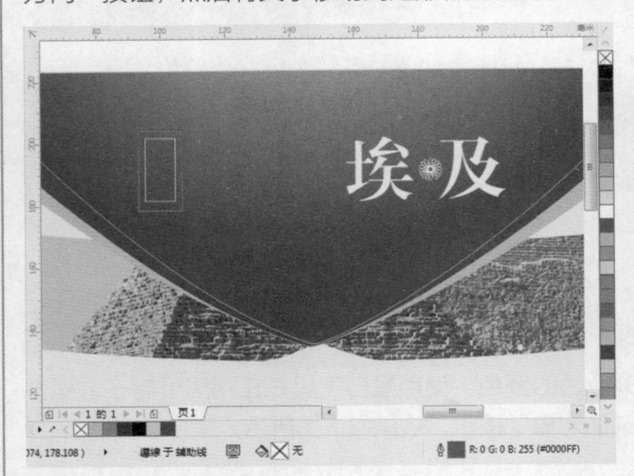

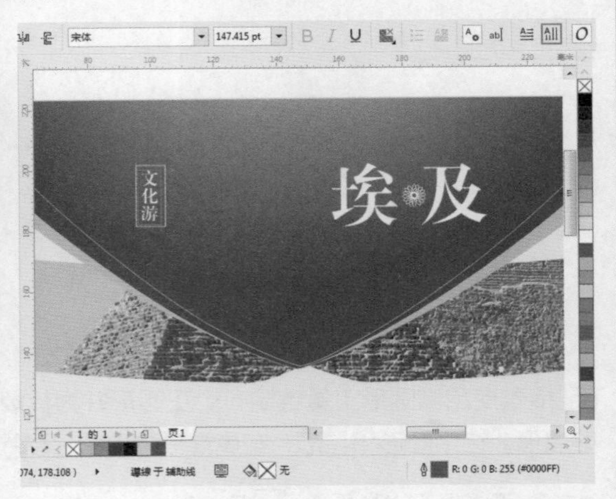

16 继续使用文本工具，设置稍小的字号在左侧输入另外三个文字“金字塔”，使用2点线工具在两组字之间添加一条分割线。接着使用文本工具，在属性栏中更换字体、字号，在文字“金字塔”下方输入一组英文单词，如下图所示。

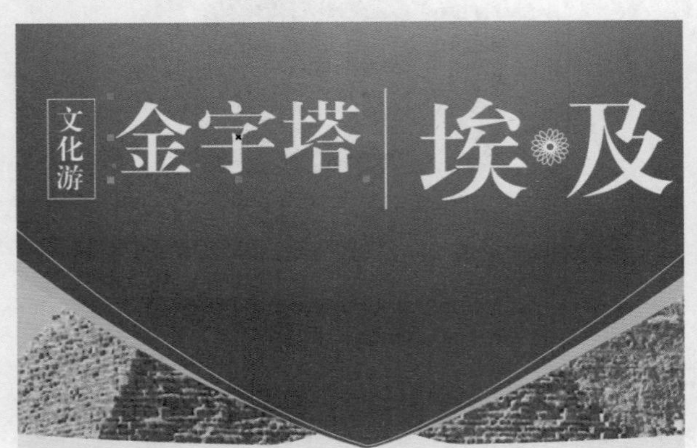

17 使用文本工具在下方按住鼠标左键并拖动，绘制一个段落文本框，在属性栏中设置合适的字体、字号，设置对齐方式为“居中”。然后在其中输入三行文字，如下图所示。

18 同样的方法依次输入版面中的其他文字，最终效果如下图所示。

UNIT 64 调整位图显示区域

如果在导入位图的时候只需要位图中的某一区域，则可以在导入时对位图进行裁剪或重新取样。

1 执行“文件>导入”命令，在弹出的“导入”对话框中选择需要的位图文件，接着单击“导入”按钮后的倒三角按钮，在下拉列表中选择“裁剪并装入”选项。然后在弹出的“裁剪图像”对话框中有一个有裁切框包围的图像缩览图，将鼠标移动到裁切框上按住左键并进行拖曳。或者在对话框的下方调整相应的数字进行精确的裁剪，单击“确定”按钮结束操作，即可以实现图像的裁剪，如右图所示。

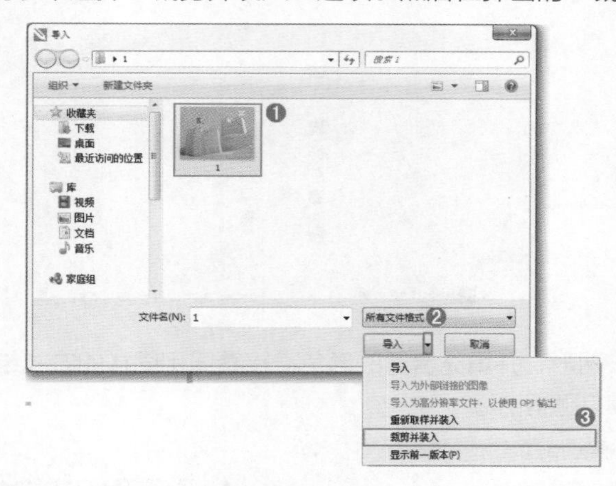

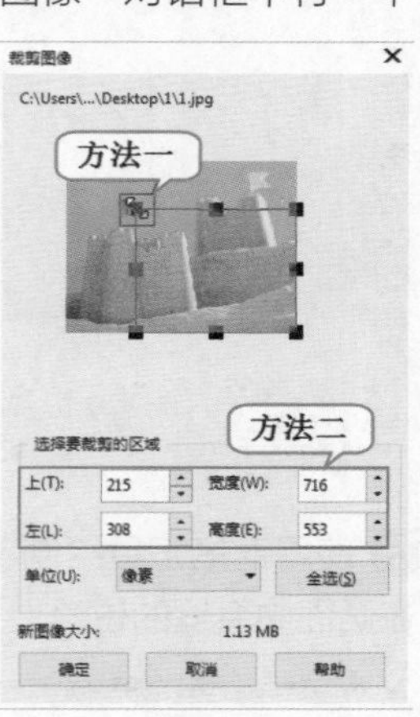

2 导入到文档内的位图也可以进行显示区域的调整。单击工具箱中的形状工具按钮，位图四周出现控制点。按住控制点进行移动即可调整位图的外轮廓，将其调整为需要保留的形状。还可以使用形状工具在对象边缘上双击来添加锚点，并调整锚点形态，如右图所示。

设计师实战 编辑位图制作创意海报

实例描述

通过对本章相关知识的学习，我们可以对位图进行颜色、效果以及边界进行调整，结合绘图工具以及文本工具的使用，制作出本案例的创意海报。

完成文件

Chapter 8 \ 编辑位图制作创意海报 .cdr

视频文件

Chapter 8 \ 编辑位图制作创意海报 .flv

1 新建一个A4大小的空白文档。使用矩形工具绘制一个矩形，并填充合适的颜色，如下图所示。

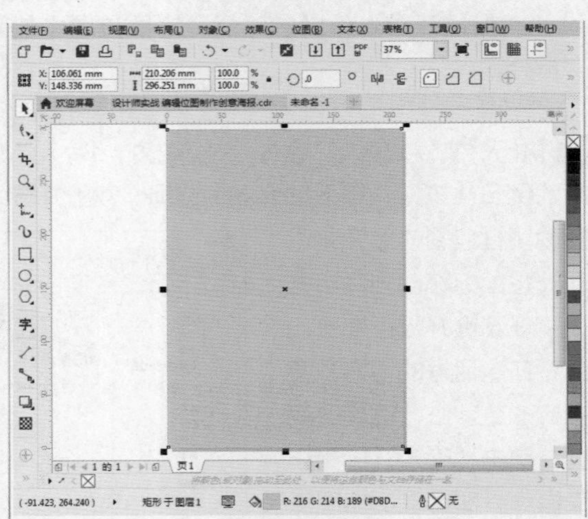

2 使用钢笔工具绘制出该图形，并填充合适的颜色。接着同用同样的方式绘制出其他的图形，并摆放在画面中合适的位置上，如下图所示。

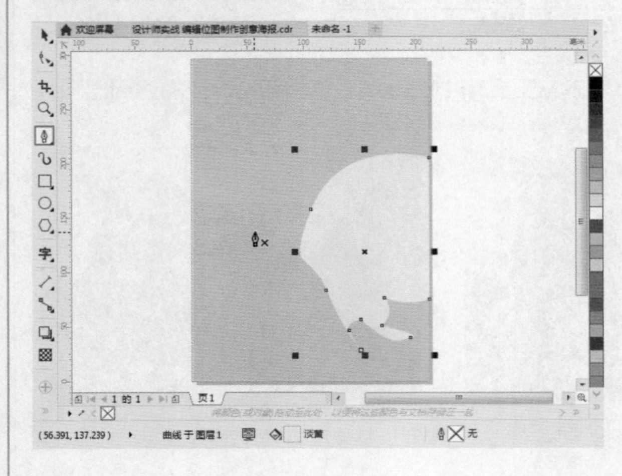

3 使用文本工具，在属性栏上设置合适的字体和字号，在画面中输入文字，并更改字体颜色为白色。同样的方法依次输入全部文字，如下图所示。

4 执行“文件>导入”命令，在弹出的“导入”对话框中找到素材位置，选择素材“1.jpg”，单击“导入”按钮。接着在画面中按住鼠标左键并拖动，松开鼠标后素材就导入进来了，如下图所示。

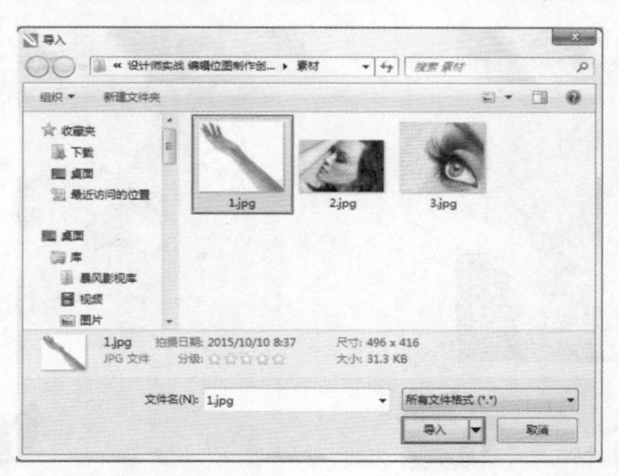

5 选择导入的素材图，执行“位图>位图颜色遮罩”命令。在右侧“位图颜色遮罩”对话框中选择“隐藏颜色”单选按钮，然后单击“颜色选择”按钮，在图像中需要应用遮罩的地方单击吸取颜色。拖动“容限”滑块设置容限数值的为30。单击“应用”按钮即可应用颜色遮罩，此时白色的背景被隐藏了，如下图所示。

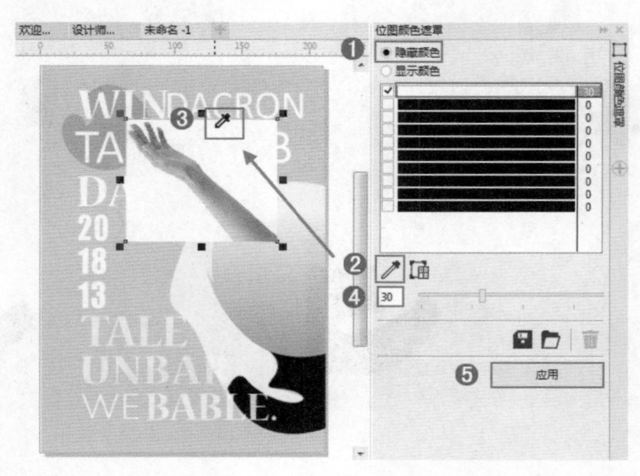

6 选中手素材，执行“位图>模式>灰度”命令，把图片设置成灰度模式。接着使用钢笔工具按着手的边缘绘制出同样的图形，并填充颜色。使用透明度工具，在属性栏上单击“合并模式”按钮，并在下拉列表中选择“乘”选项，效果如下图所示。

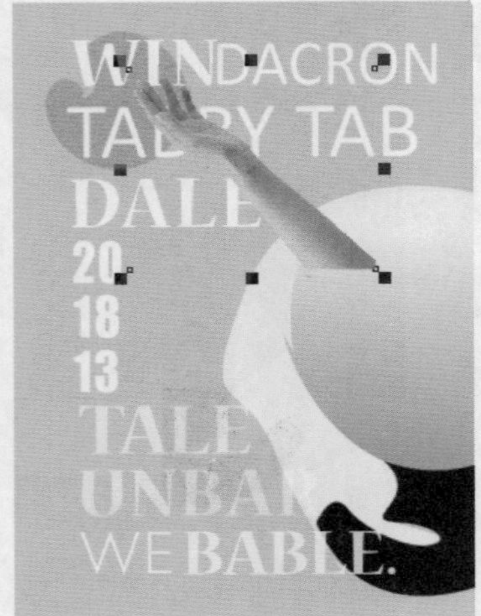

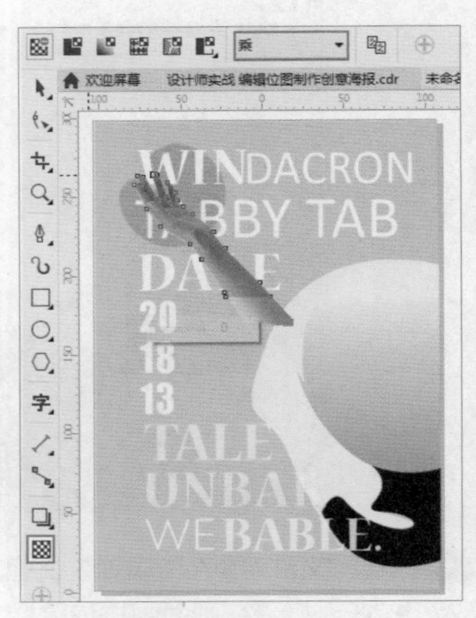

7 导入图素材图片“2.jpg”，接下来需要使用形状工具调整图形的边缘。在图片边界处双击添加节点，接着在属性栏中单击“平滑节点”按钮。接下来按照同样的步骤更改图片的边缘形态，如右图所示。

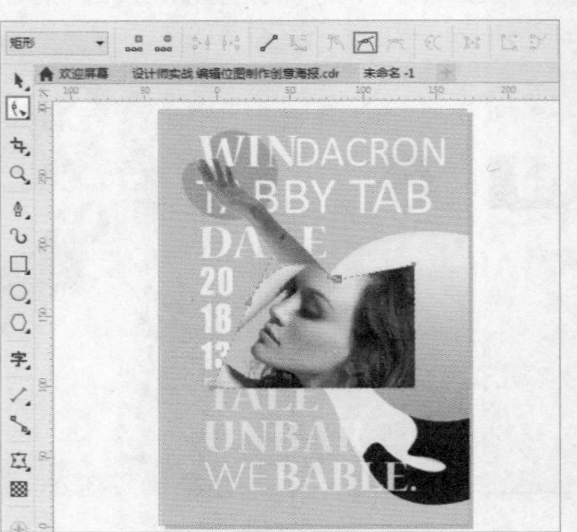

8 接着使用钢笔工具按人像的边缘绘制出同样的图形，并填充为黄灰色。使用透明度工具，在属性栏上单击“合并模式”按钮，并在下拉列表中选择“乘”选项，效果如右图所示。

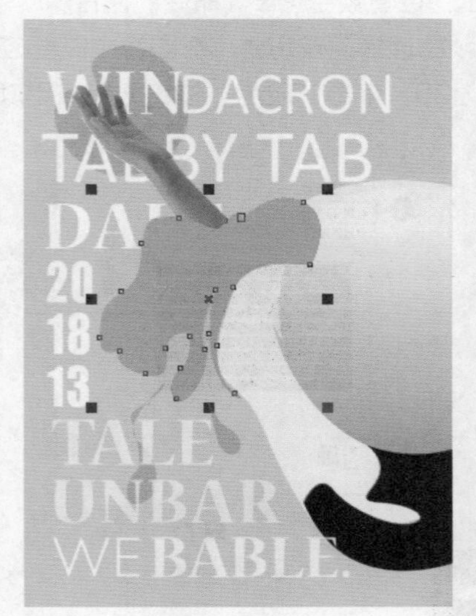

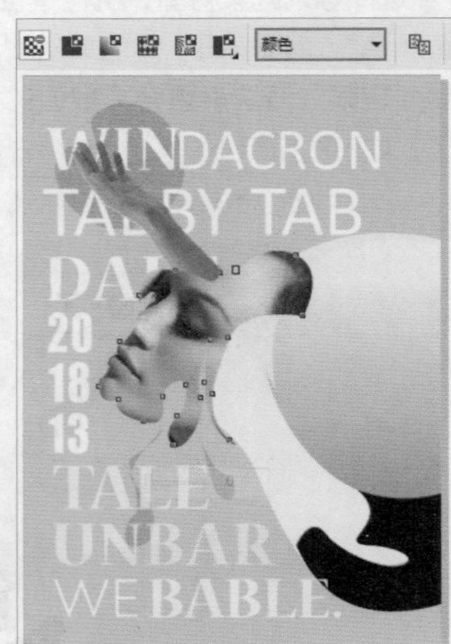

9 导入图片素材“3.jpg”，执行“位图>模式>灰度”命令，将其转换为灰度图片，如下图所示。

10 接着绘制一个矩形并填充颜色，使用透明度工具，在属性栏上单击“合并模式”按钮，并在下拉列表中选择“乘”选项，效果如下图所示。

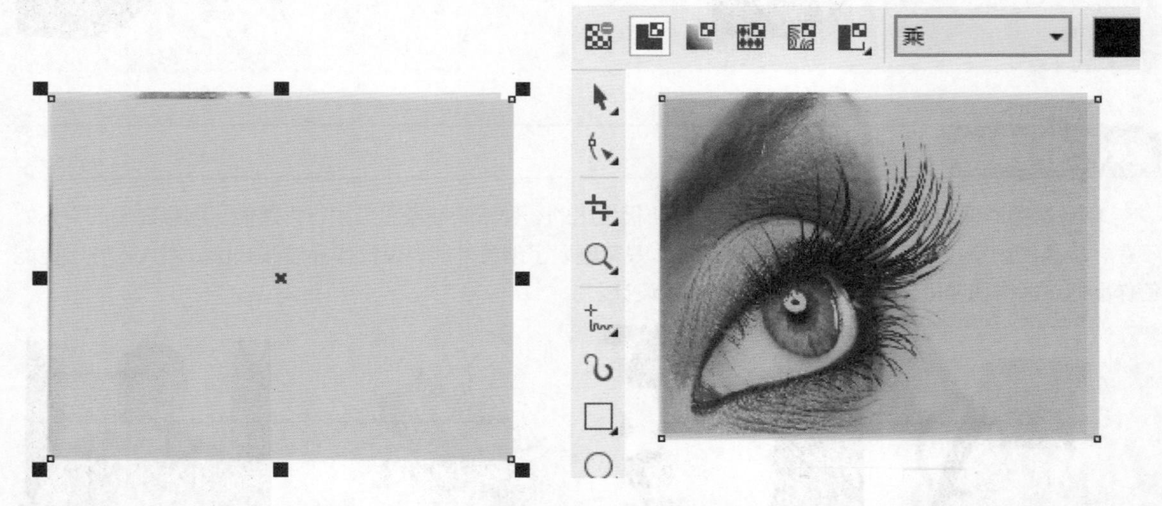

11 在眼睛图片上绘制一个椭圆形。选择眼睛图片和顶层的颜色图层，接着执行“对象>Power clip”命令，把光标箭头指向椭圆形并单击。此时眼睛素材外轮廓变为了圆形，如下图所示。

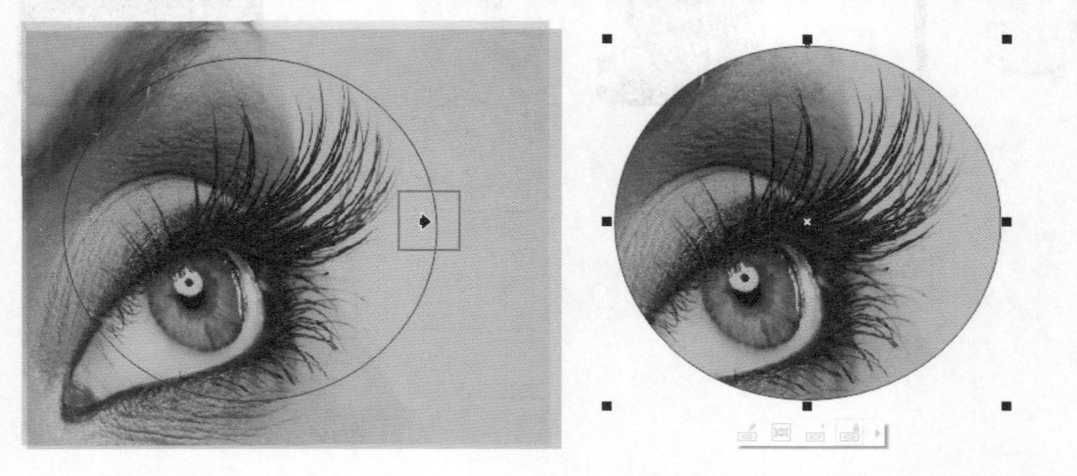

12 接着将变为圆形的眼睛素材进行适当旋转，并把图形摆放到合适的位置，最终效果如下图所示。

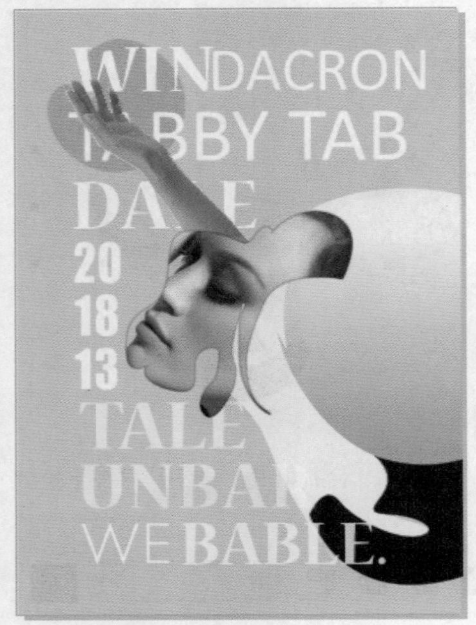

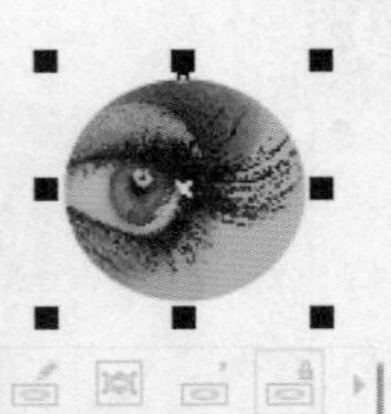

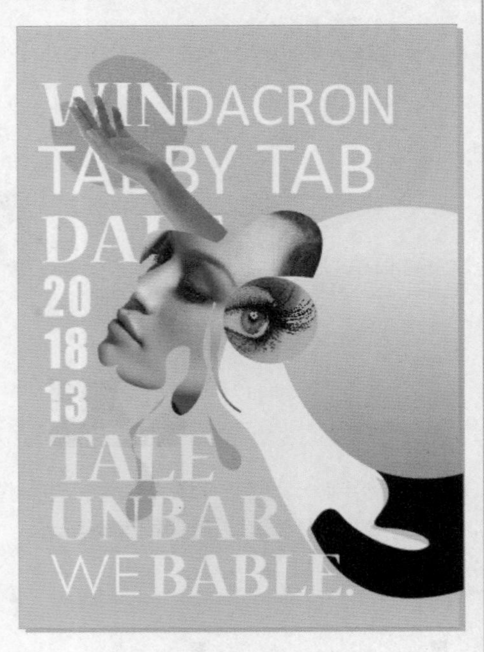

行业解密 什么是创意

创意是指对现实存在事物的理解以及认知所衍生出的一种新的抽象思维和行为潜能。创意在设计中无处不在，优秀的创意是吸引人们眼球的重要形式，只有融入了创意才能使设计作品波澜起伏、引人入胜，更能使作品的主题得到深化与升华。下图为创意海报设计。

DO IT Yourself 设计师作业

1. 使用位图颜色遮罩快速去除背景

限定时间：15分钟

Step By Step（步骤提示）

1. 导入背景素材。
2. 导入商品素材，执行“位图>位图颜色遮罩”命令，然后进行抠图。
3. 调整素材位置，完成案例制作。

光盘路径

Chapter 8\使用位图颜色遮罩快速去除背景.cdr

2. 图像描摹制作欧美风格海报

限定时间：10分钟

Step By Step（步骤提示）

1. 导入背景素材。
2. 导入人物素材，然后通过“位图颜色遮罩”将人物扣取出来。
3. 然后对人物进行“轮廓描摹”，最后导入前景素材。

光盘路径

Chapter 8\图像描摹制作欧美风格海报.cdr

在CorelDRAW中包含一系列针对位图制作特殊效果的功能，这些功能也常被称为位图“效果”。例如“三维效果”、“艺术笔触效果”、“模糊效果”、“相机效果”、“颜色转换”、“轮廓图效果”、“轮廓图效果”、“创造性效果”、“自定义”、“扭曲效果”、“杂点效果”、“鲜明化效果”和“底纹”等。这些功能位于“位图”菜单的下半部分，本章将对这些位图的特殊效果进行介绍。

9 chapter 位图的特殊效果

本章技术要点

Q 如何为位图添加效果？

A 选择位图，然后执行需要添加效果的命令，然后会打开相应的对话框，在对话框中进行参数的设置，设置完成单击“确定”按钮，完成为位图添加效果的操作。

Q 位图的三维效果制作包括哪些？

A 在CorelDRAW里的三维效果有三维旋转、柱面、浮雕、卷页、透视、挤远/挤近、球面等7种。

Q 位图特效能对矢量对象使用吗？

A 如果要为矢量图添加位图特效，可以先将矢量对象其转换为位图对象，然后再为其使用特效。

UNIT 65 为位图添加效果的方法

为位图添加效果的方法非常简单，各种特效的添加方式也基本相同。下面以其中一个效果为例，来讲解如何为位图添加效果。

1 选择位图对象，执行“位图>艺术笔触>炭笔画”命令，随即弹出“炭画笔”对话框，如下图所示。

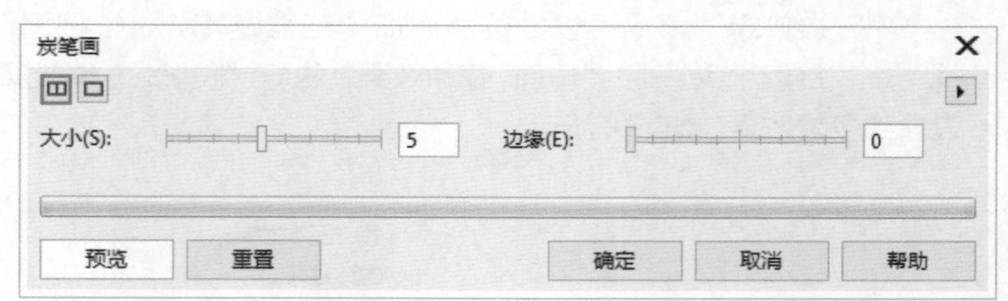

2 在对话框左上角有两个按钮用来对面板的显示进行调整。单击按钮，可显示出对象设置前后的对比效果；单击按钮，可以只显示预览效果，若单击按钮，可以收起预览图。下图为两种不同预览图显示对话框。

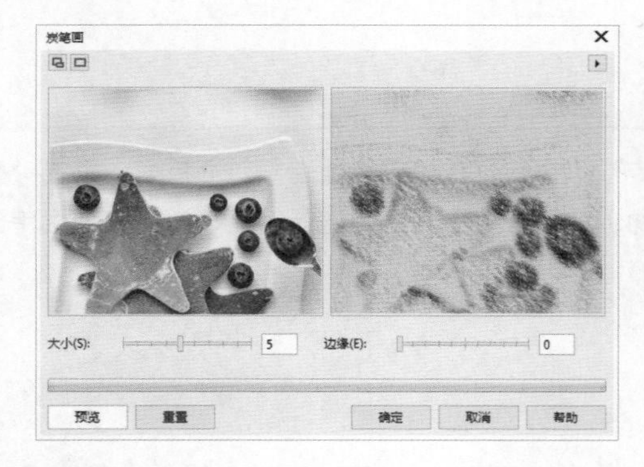

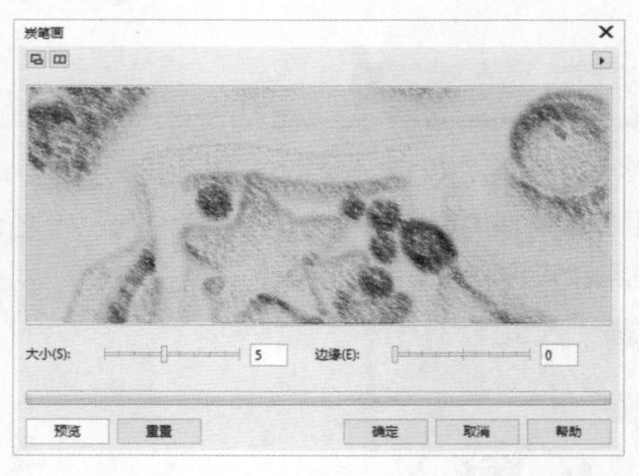

3 接着通过拖曳滑块或在数值框内输入数值都可以设置“大小”和“边缘”的参数，设置完成后单击“确定”按钮，完成对位图效果的添加操作，如下图所示。

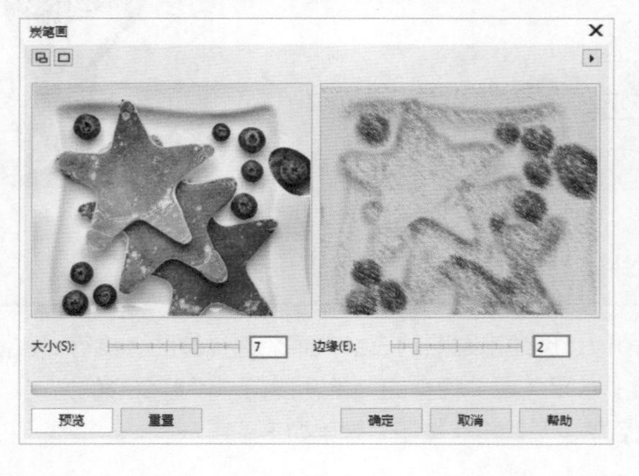

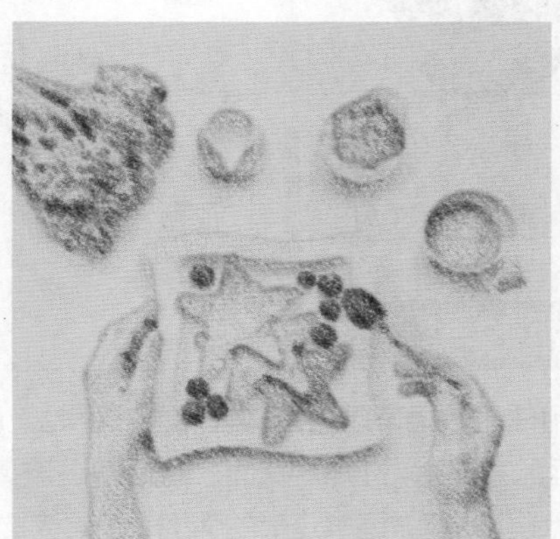

4 若对设置的参数不满意，可以单击 重置 按钮恢复对象的原数值，以便重新设置其参数。单击 预览 按钮，可以在设置参数的过程中随时观察效果。

TIP 本章讲解的位图特效功能无法直接对矢量图形进行操作。如果想要为绘制的矢量图形添加这些特殊效果，可以选中矢量图形，通过执行“位图>转换为位图”命令，将矢量对象转换为位图对象，之后再进行这些效果操作。

UNIT 66 三维效果

“三维效果”命令可以为位图添加“三维旋转”、“柱面”、“浮雕”、“卷页”、“透视”、“挤远/挤近”和“球面”7种效果。执行“位图>三维效果”命令，在弹出的菜单列表中可以看到多种效果，如下图所示。

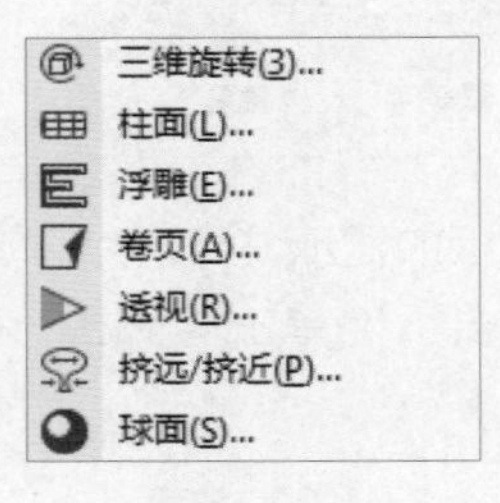

三维旋转效果

选择一个位图，执行“位图>三维效果>三维旋转”命令，打开“三维旋转”对话框。分别在“垂直”和“水平”数值框内键入数值（旋转值为-75~75之间），即可将平面图像进行旋转。设置完成后单击“确定”按钮结束操作，如下图所示。

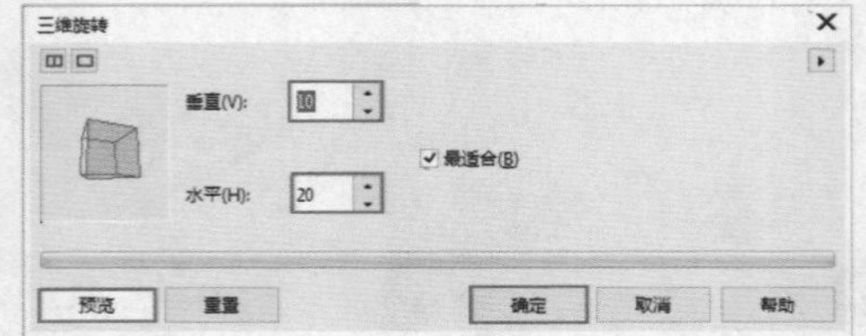

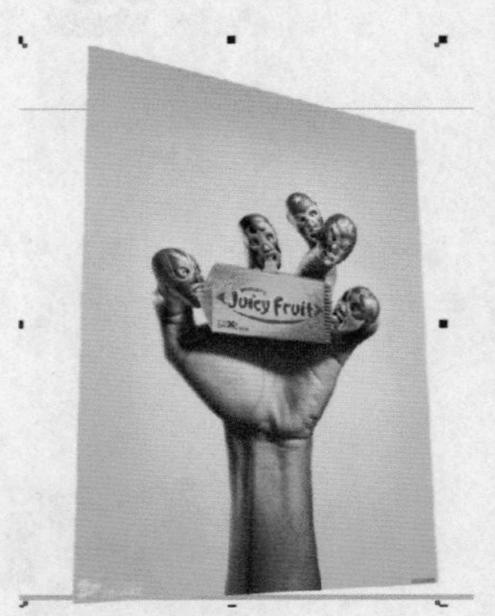

柱面效果

使用柱面效果可以沿着圆柱体的表面贴上图像，创建出贴图的三维效果。选择位图，执行“位图>三维效果>柱面”命令，打开“柱面”对话框。选择“水平”或“垂直的”单选按钮，设置变形的方向，然后设置“百分比”的值，调整变形的强度，设置完成后单击“确定”按钮，效果如下图所示。

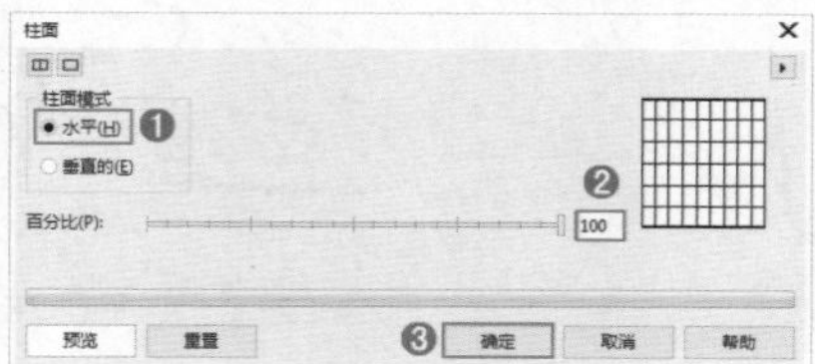

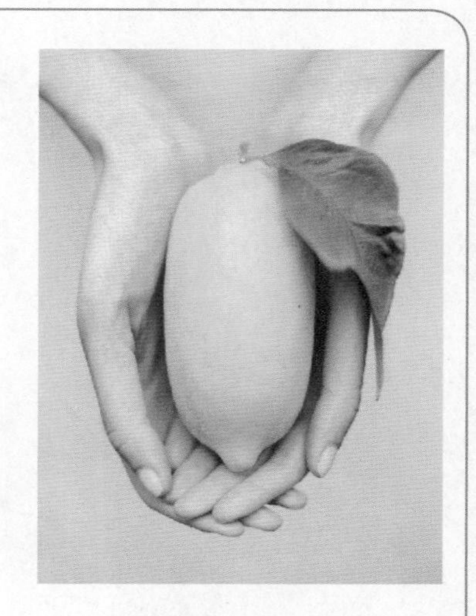

浮雕效果

浮雕效果可以通过勾画图像的轮廓和降低周围色值来产生视觉上的凹陷或负面突出效果。选择位图，执行“位图>三维效果>浮雕”命令，打开“浮雕”对话框，然后设置相应的参数，然后单击“确定”按钮，效果如下图所示。

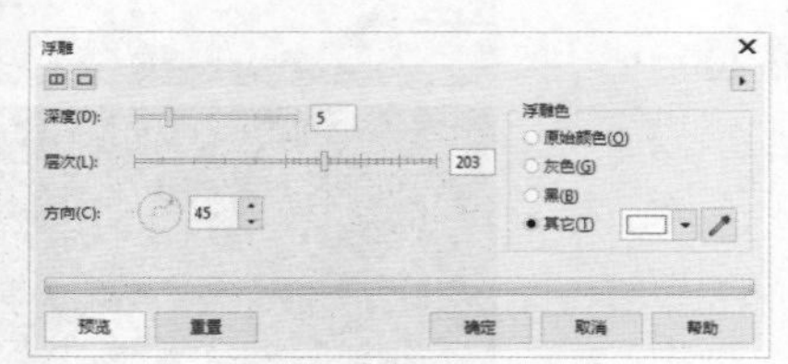

- 深度：该选项可以控制浮雕效果的深度，数值越大浮雕的效果也就越明显。下图为不同深度值的对比效果。

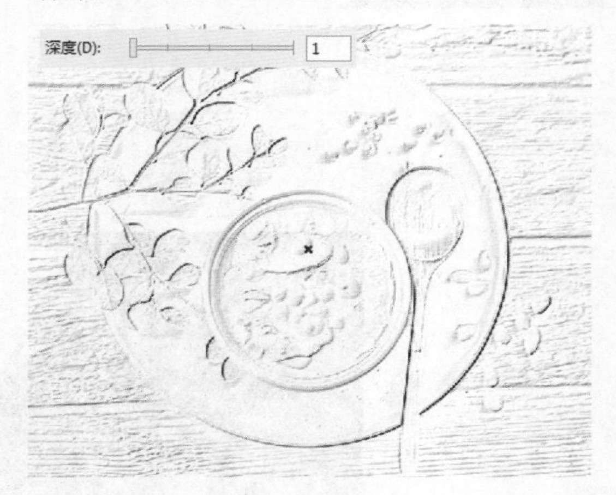

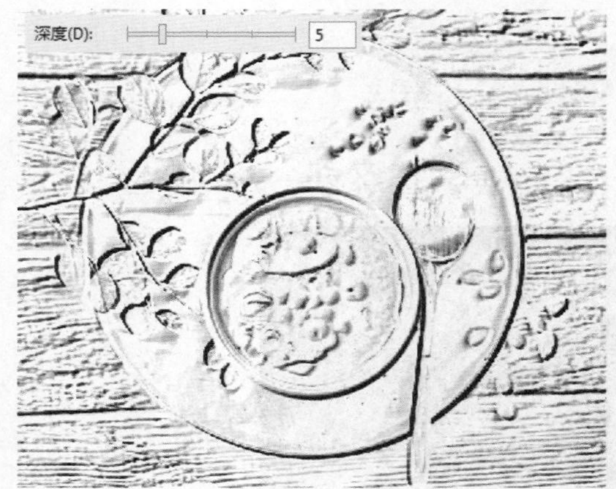

- 层次：用来控制浮雕效果的细节显示，数值越大细节越丰富，如下图所示。

- 方向：用来调整光源的方向，拖曳指针或在数值框内输入所需的值，即可进行调整。
- 浮雕色：根据需要选择所需的浮雕颜色，提供了“原始颜色”、“灰色”和“黑色”三个预设选项，单击“其它”单选按钮，可以自定义颜色，如下图所示。

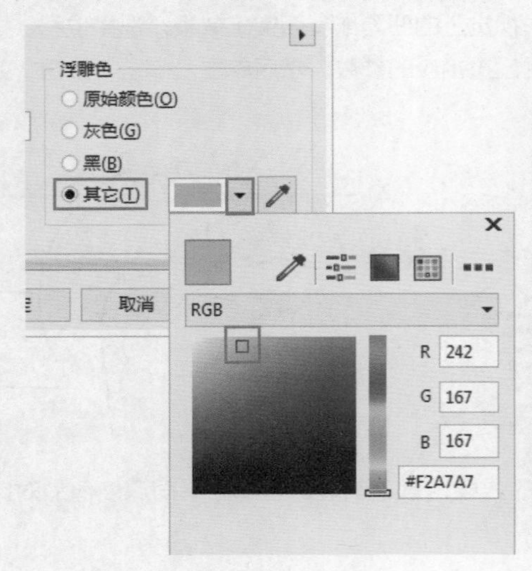

卷页效果

卷页效果可以使图像的四个边角形成向内卷曲的效果。选择位图，执行“位图>三维效果>卷页”命令，打开“卷页”对话框，设置相应的参数后，单击“确定”按钮，如下图所示。

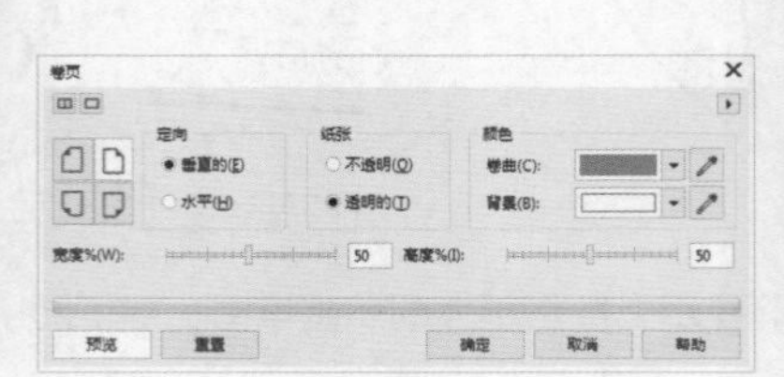

- 卷页位置：单击相应的按钮，选择卷页的位置。单击按钮，设置卷页在左上角；单击按钮，设置卷页为右上角；单击按钮，设置卷页在左下角；单击按钮，设置卷页在右下角，如下图所示。

- 定向：用来设置卷页的方向。选择“垂直的”单选按钮，卷页效果垂直摆放；选择“水平”单选按钮，卷页效果水平摆放，如下图所示。

- 纸张：用来设置卷页的透明度，有“不透明”和“透明的”两个选项。设置为不透明时，可以通过右侧“颜色”选项区域中的“背景”颜色，设置卷页后方的颜色；设置为透明时，卷页后方为透明效果，如下图所示。

不透明　　　　透明的

- 颜色：用来设置卷页的颜色和卷页后的背景颜色，下图为设置不同卷曲和背景颜色后的效果。

- 宽度：设置卷页的宽度，数值越大卷页越长，下图为不同宽度值的对比效果。

- 高度：设置卷页卷起的高度，数值越高卷起的高度越高，下图为不同高度值的对比效果。

透视效果

使用透视效果可以调整像四角的控制点，给位图添加三维透视效果。

1 选择位图对象，执行“位图>三维效果>透视”命令，打开的“透视”对话框。单击“透视”单选按钮，在左侧单击按住四角的白色节点并进行拖动，位图会产生透视效果，并通过“预览”区域观察效果，如下图所示。

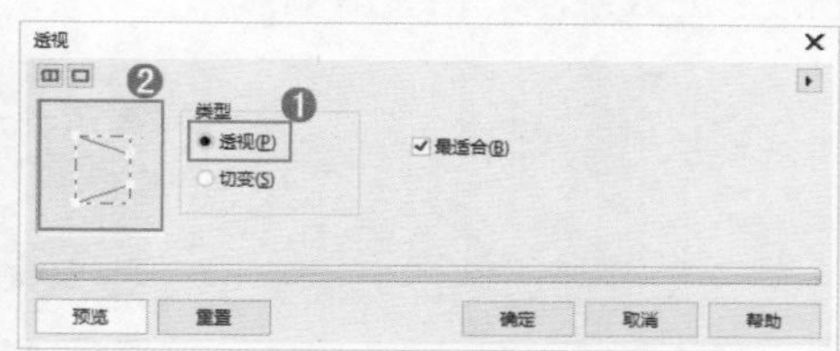

2 若选择“切变”单选按钮，在左侧单击并按住四角的白色节点，进行拖动，位图对象会产生倾斜的效果，如下图所示。

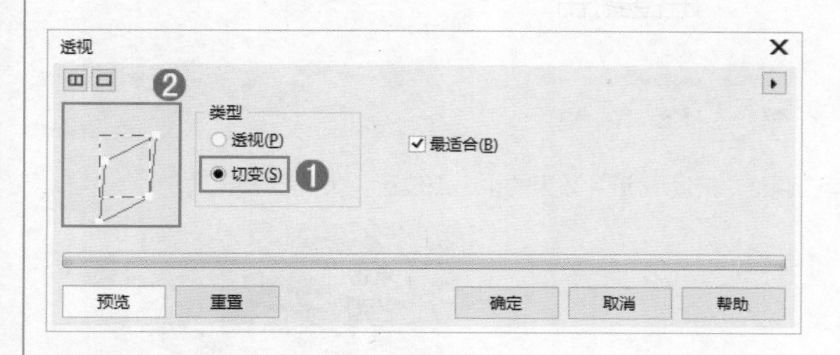

挤远/挤近效果

挤远/挤近效果的运用可以覆盖图像的中心位置，使图像产生或远或近的距离感。

1 选择一个位图，执行“位图>三维效果>挤远/挤近”命令，在“挤远/挤近”对话框中调整“挤远/挤近”数值，当数值为正数时，呈现出“挤远”的效果，如下图所示。

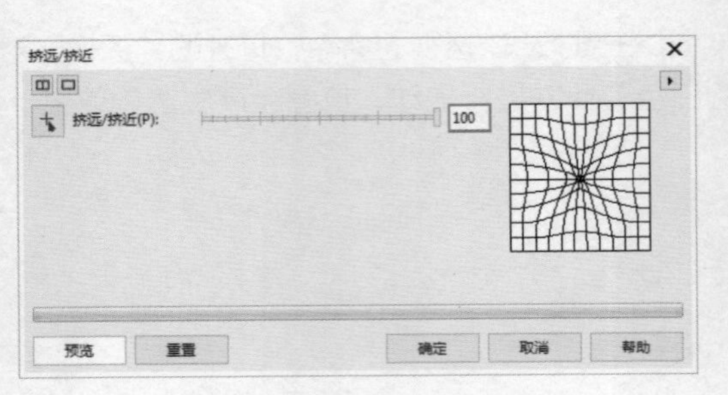

2 当数值为负数时，呈现出“挤近”的效果，如下图所示。

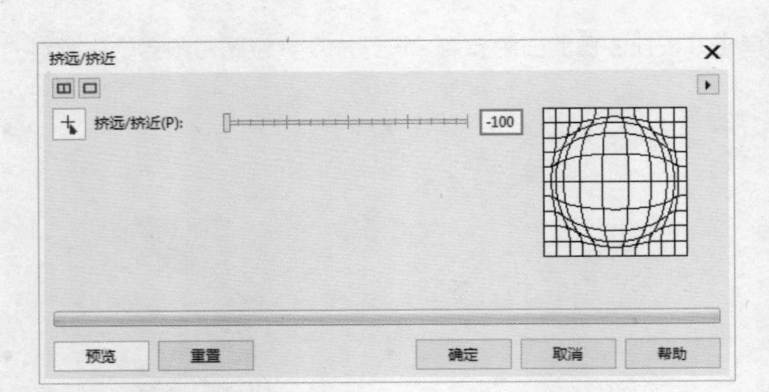

3 单击按钮，在画面中可通过单击调整“挤远/挤近”效果的中心点位置，如下图所示。

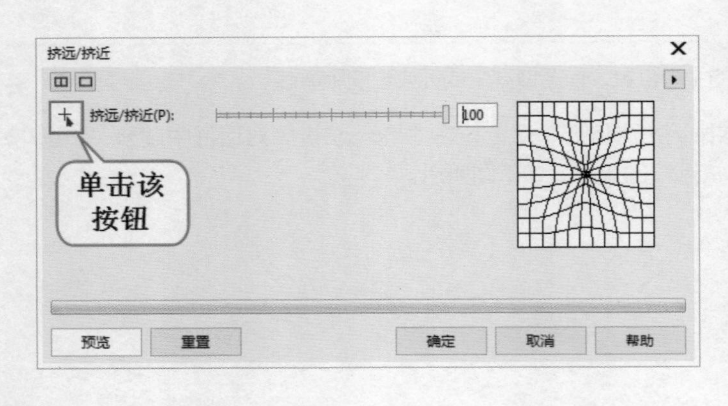

球面效果

“球面”命令的应用可以将图像接近中心的像素向各个方向的边缘扩展，且接近边缘的像素可以更加紧凑。选择位图对象，执行“位图>三维效果>球面”命令，在“球面”对话框中调整“百分比”数值，向右拖动“百分比”滑块会产生凸出的球面效果，向左拖动“百分比”滑块会产生凹陷的球面效果，如下图所示。

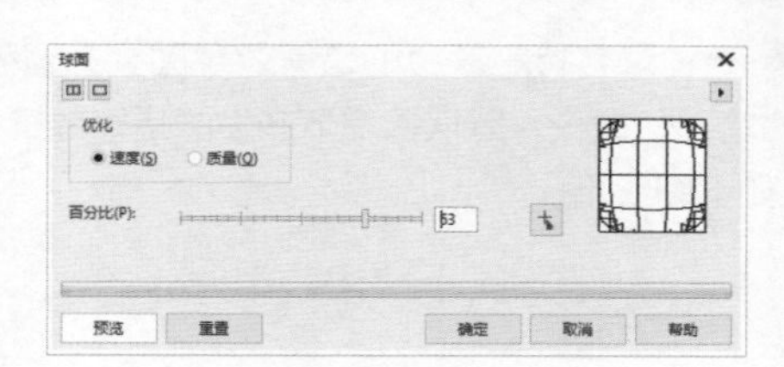

UNIT 67 艺术笔触效果

艺术笔触效果主要是将位图塑造出类似绘画的艺术风格，选择一个位图，执行“位图>艺术笔触”命令，在子菜单中有14种命令，如下图所示。

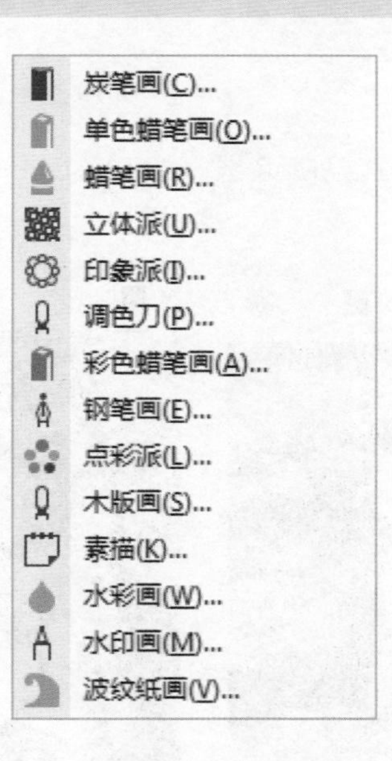

炭笔画效果

使用“炭笔画”命令，可以制作出类似使用炭笔绘制图像的效果。选择一个位图，执行“位图>艺术笔触>炭笔画”命令，在打开的对话框中拖动“大小”滑块，可以设置画笔的粗细效果；拖动“边缘”滑块，可以设置画笔的边缘强度效果。设置完成后单击“确定”按钮完成操作；如下图所示。

单色蜡笔画效果

“单色蜡笔画”命令创建的是一种只有特定颜色的蜡笔效果图，类似硬铅笔的绘制效果。选择位图图像，执行“位图>艺术笔触>单色蜡笔画”命令，默认情况下产生的蜡笔效果是基于像素颜色进行变化的，设置完成后单击“确定”按钮，效果如下图所示。

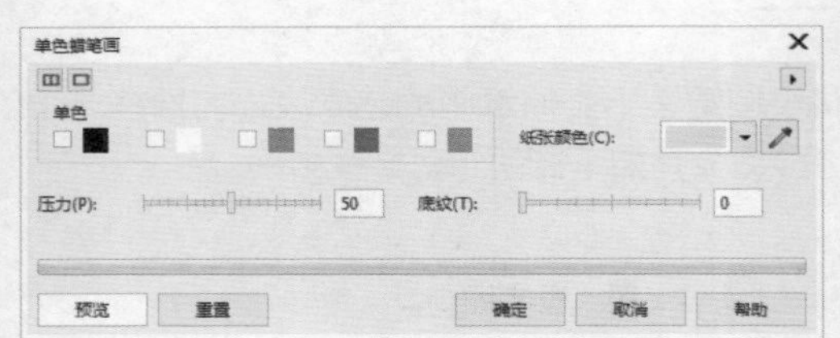

- 单色：在“单色”选项区域中提供了五种颜色选项，可以勾选一个颜色，也可以勾选多个颜色。下图为选择不同颜色的对比效果。

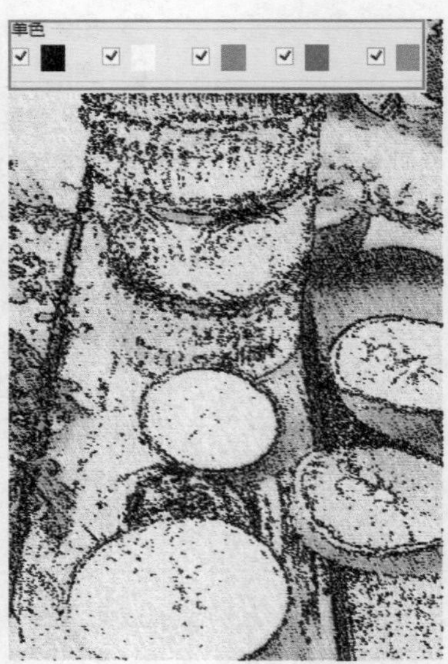

- 背景颜色：用来设置蜡笔画的背景颜色，只有勾选了“单色”复选框后才能看到背景效果，如下图所示。

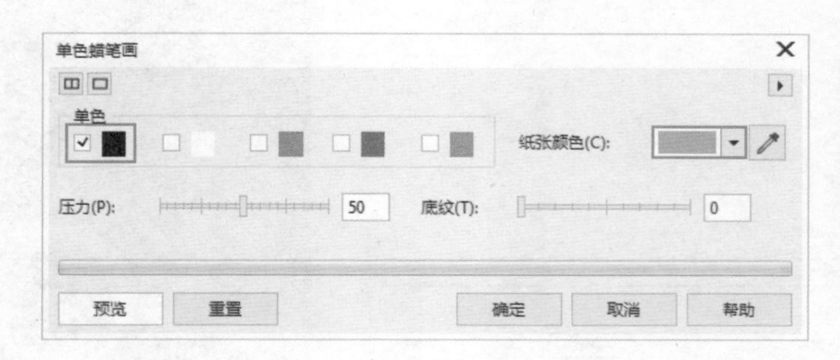

- 压力：用来设置蜡笔在位图上绘制颜色的轻重，右图为设置不同压力值产生的对比效果。

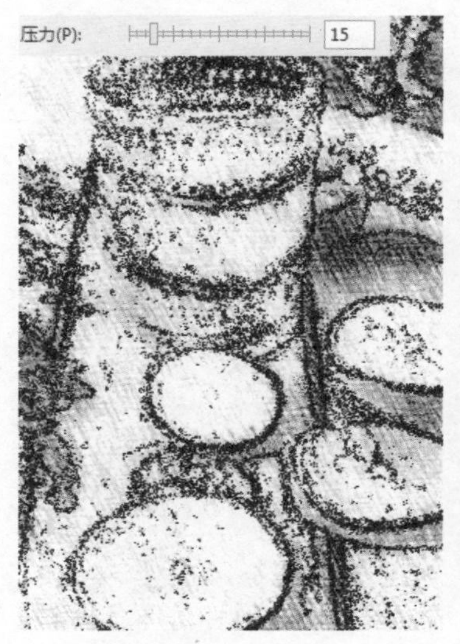

- 底纹：用来设置位图底纹的粗细程度，右图为设置不同的底纹值的对比效果。

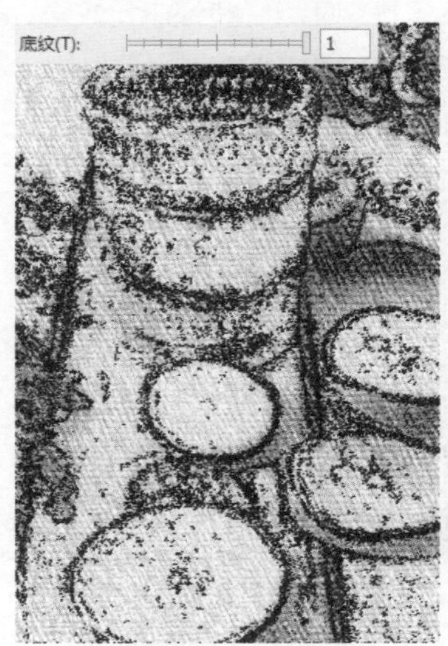

蜡笔画效果

在位图上执行“蜡笔画”命令，可以在保持图像基本颜色不变的情况下，将颜色分散到图像中，模拟出蜡笔画的效果。

选择位图图像，执行“位图>艺术笔触>蜡笔画”命令，调整“大小”和“轮廓”数值，可以设置画笔的粗细及边缘强度的效果，如下图所示。

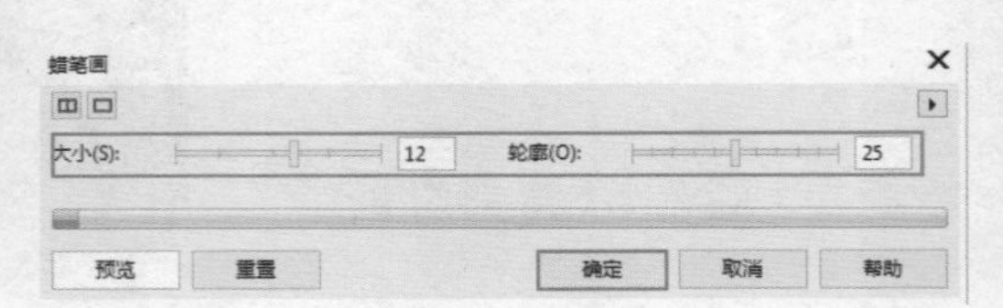

立体派效果

立体派效果可以将相同颜色的像素组成小颜色区域，使图像产生立体派油画风格。选择位图，执行“位图>艺术笔触>立体派”命令，打开“立体派”对话框，在该对话框中进行所需设置，设置完成后单击“确定”按钮完成操作，如下图所示。

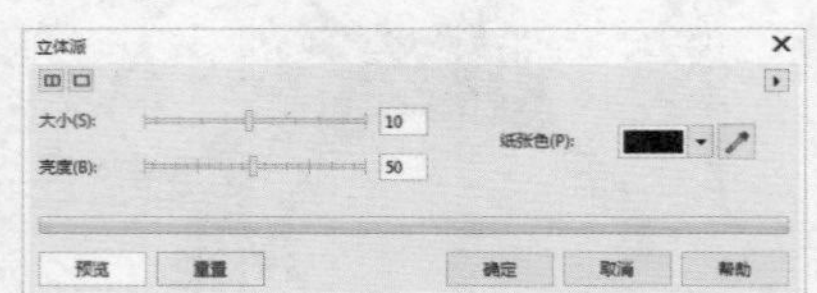

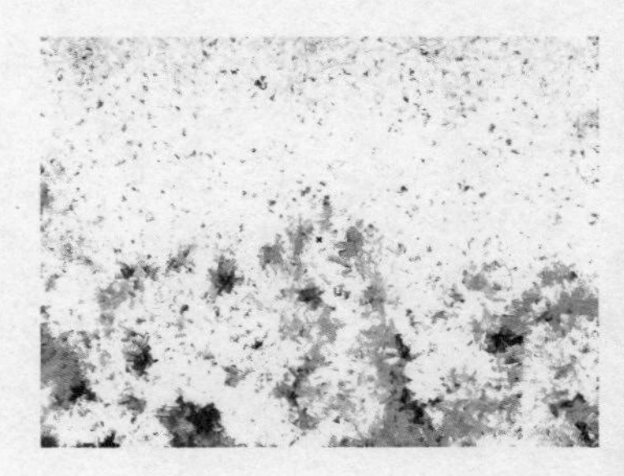

- 大小：设置画笔的粗细，下图为设置不同大小值后的对比效果。

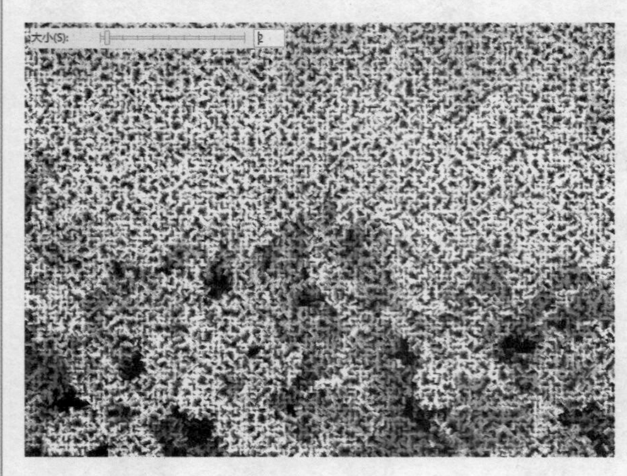

- 亮度：设置画笔的明暗程度，下图为设置不同亮度值的对比效果。

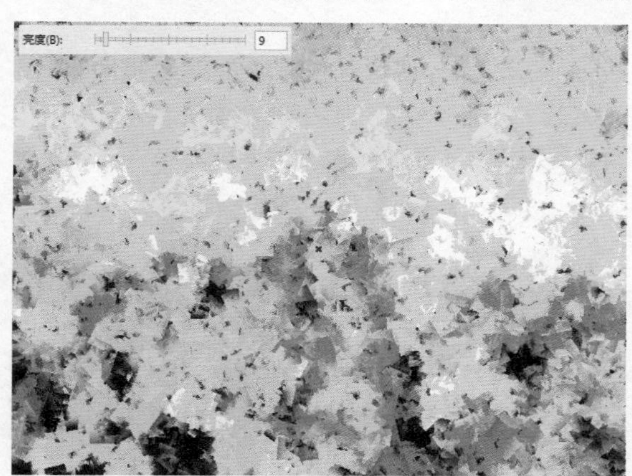

印象派效果

印象派效果是模拟油性颜料生成的效果，“印象派”命令的使用可以将图像转换为小块的纯色，从而制作出类似印象派绘画作品的效果。

1 选择位图，执行“位图>艺术笔触>立体派”命令，打开“印象派”对话框，接着选择“笔触”单选按钮，在右侧设置“笔触”、“着色”和“亮度”参数，设置完成后单击“确定”按钮，效果如下图所示。

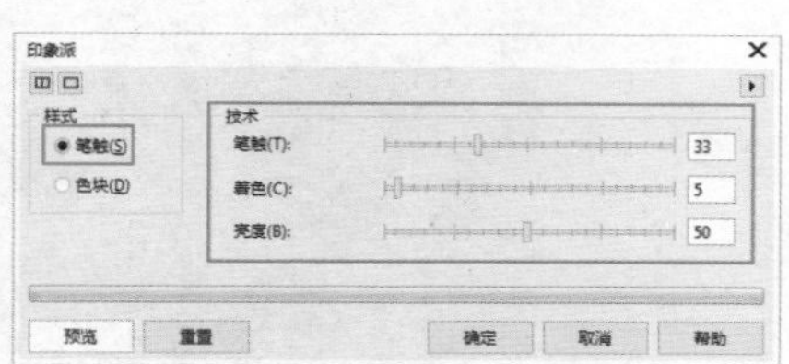

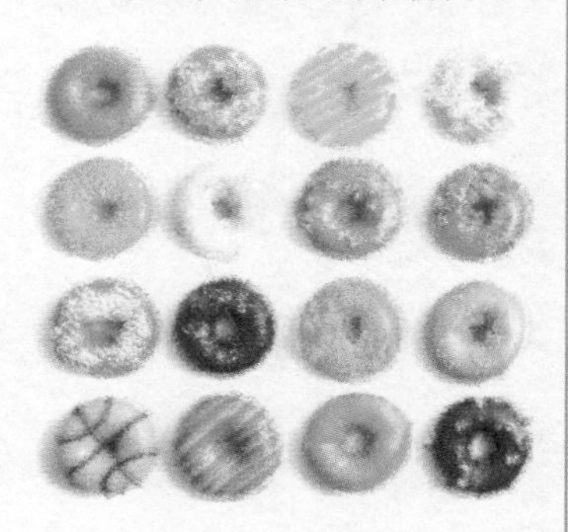

2 若选择“色块”单选按钮，在右侧设置“色块大小”、“着色”和“亮度”参数，设置完成单击“确定”按钮结束操作，效果如下图所示。

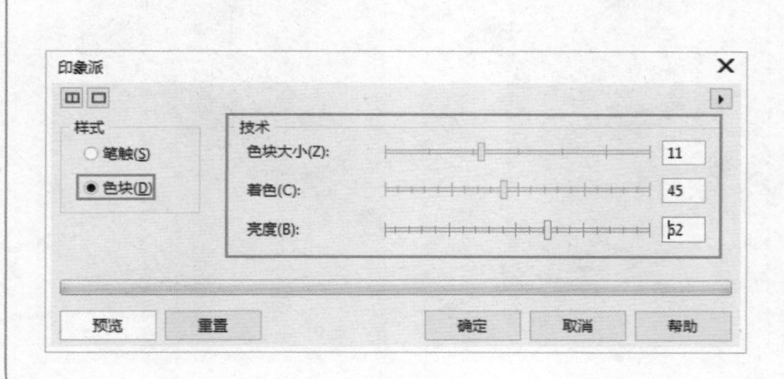

调色刀效果

调色刀效果可以使图像产生类似使用调色刀绘制的“刀油画”效果，使用刻刀替换画笔可以使图像中相近的颜色相互融合，减少细节，从而产生了写意效果。选择位图，执行“位图>艺术笔触>调色刀”命令，打开“调色刀”对话框，然后进行参数的设置，然后单击“确定”按钮，效果如下图所示。

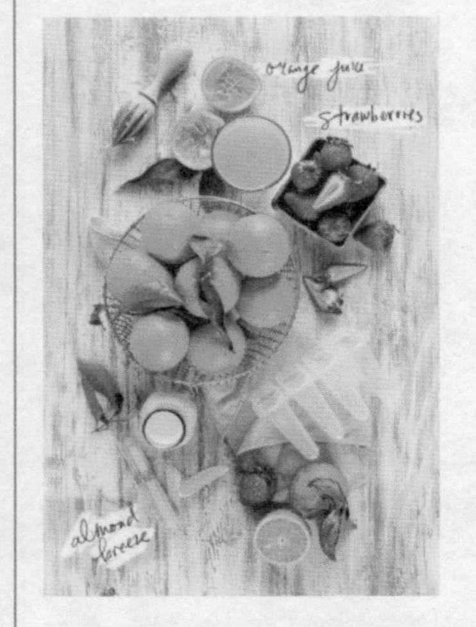

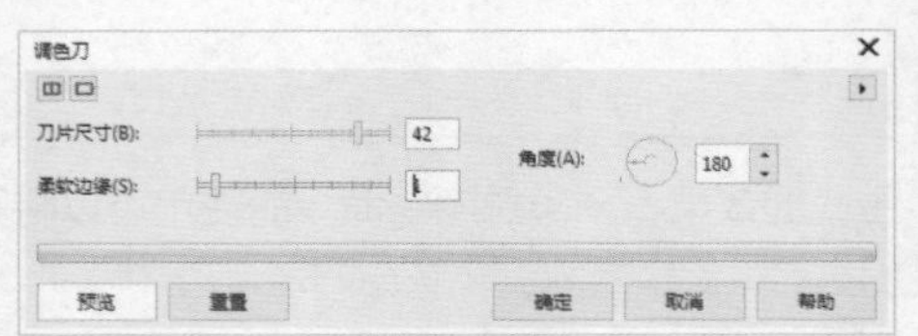

- 刀片尺寸：用来设置画笔的笔触大小。右图为设置不同刀片尺寸值后的对比效果。

- 柔软边缘：用来设置笔触边缘的效果。数值越小，笔触边缘越平滑；数值越大，笔触边缘越锐利。右图为设置不同的柔软边缘值后产生的对比效果。
- 角度：设置笔触的朝向。

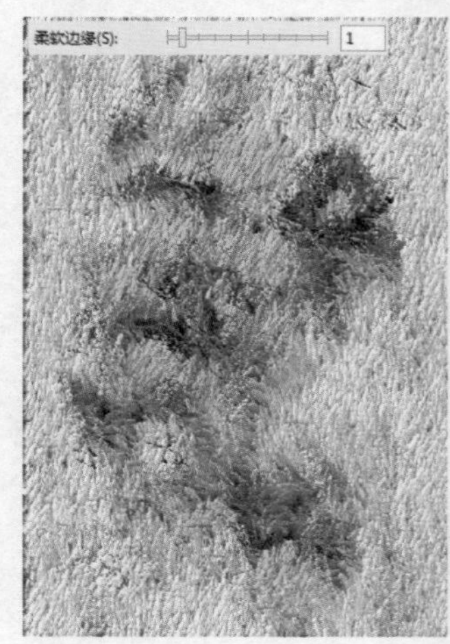

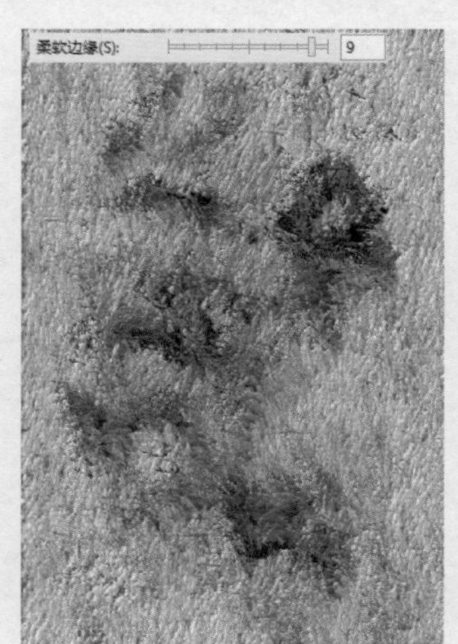

彩色蜡笔画效果

为位图对象应用彩色蜡笔画效果，可以得到彩色蜡笔效果的图像。

1 选择位图，执行“位图>艺术笔触效果>彩色蜡笔画”命令，打开“彩色蜡笔画”对话框。选择“柔性”单选按钮，在右侧设置“笔触大小”和“角度变化”值，通过预览观察效果，如下图所示。

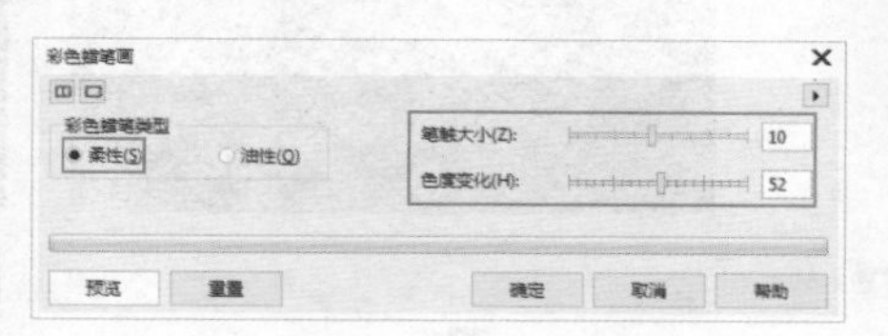

- 笔触大小：用来设置彩色蜡笔的笔触大小。
- 角度变化：用来设置笔触的角度。

2 若选择“油性”单选按钮，效果如右图所示。

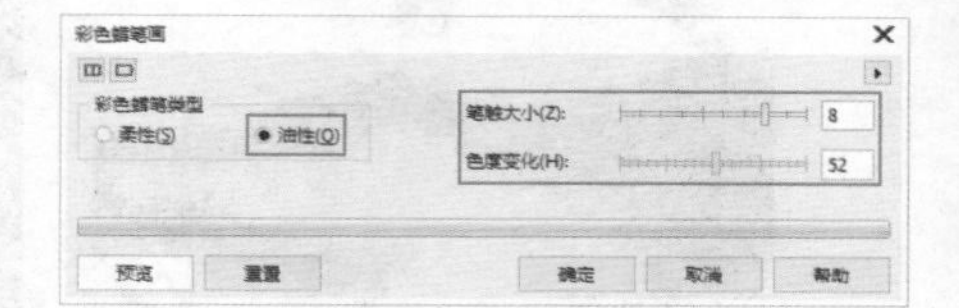

钢笔画效果

“钢笔画”命令的使用可以为图像创建钢笔素描绘图的效果，使图像看起来像是使用灰色钢笔和墨水绘制而成的。

1 选择位图，执行“位图>艺术笔触效果>钢笔画”命令，在打开的“钢笔画”对话框中选择“交叉阴影”单选按钮，在右侧设置“密度”和“墨水”参数。设置完成后单击“确定”按钮，效果如下图所示。

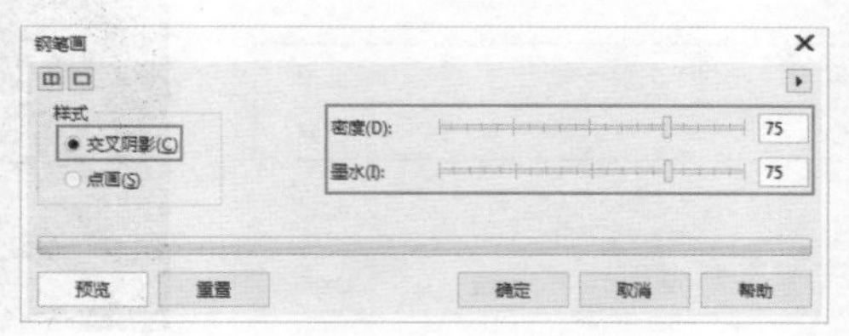

- 密度：用来设置墨点之间的密度。右图为设置不同参数的对比效果。

- 墨水：用来设置墨水的强度和沿着边缘的墨水数值大小，右图为设置不同参数的对比效果。

2 也可以选择“点画”单选按钮，在右侧设置“密度”和“墨水”参数。设置完成后单击“确定”按钮，效果如下图所示。

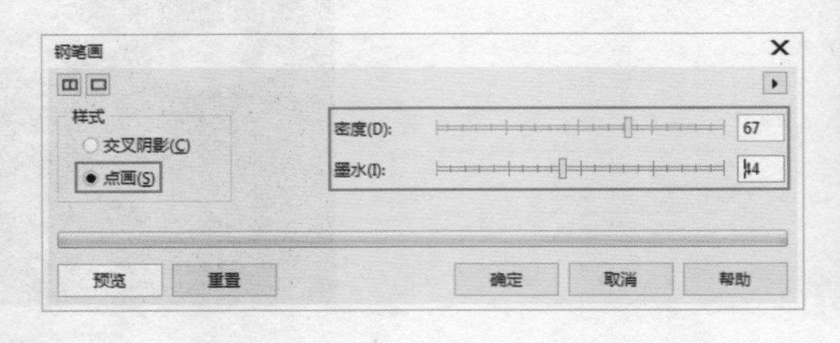

点彩派效果

为位图对象执行“点彩派”命令，可以得到类似使用墨水点来创建图画的效果，其原理是将位图图像中相邻的颜色融为一个一个的点状色素点，并将这些色素点组合形状，使图像看起来是由大量的色素点组成的。选择一个位图，执行“位图>艺术笔触效果>点彩派”命令，打开“点彩派”对话框，通过设置“大小”和“亮度”两个参数值，控制色素点的大小及画面的明暗程度，设置完成后单击“确定”按钮，效果如下图所示。

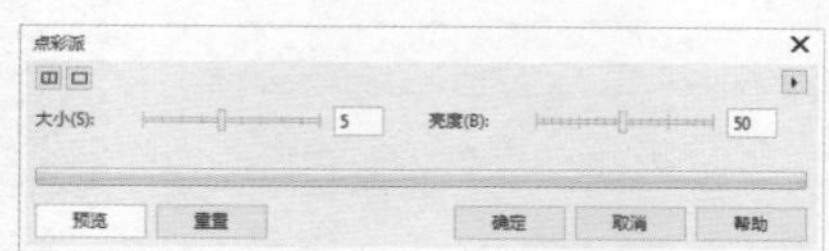

木版画效果

“木版画”命令的使用可以使图像产生类似粗糙彩纸的效果，使彩色图像看起来好像是由几层彩纸构成，底层包含彩色或白色，上层包含黑色。

1 选择一个位图，执行“位图>艺术笔触效果>木版画”命令，打开“木版画”对话框。选择“颜色”单选按钮，接着设置“密度”和“大小”两个选项，设置画笔的浓密程度及画笔的大小，设置完成后单击“确定”按钮完成设置，如下图所示。

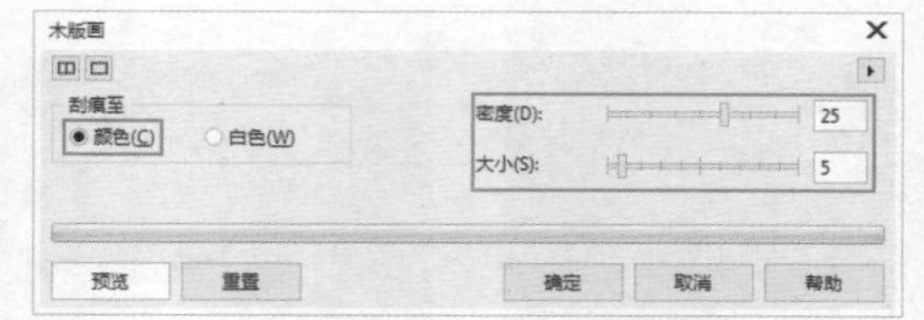

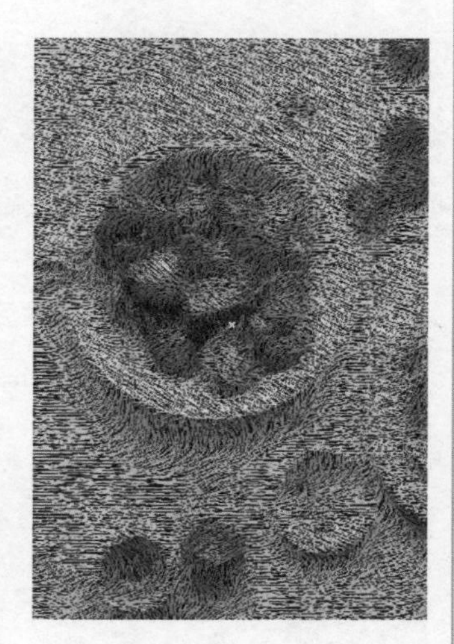

2 也可以选择“白色”单选按钮，该选项能够让效果变为无彩色，然后单击“确定”按钮完成设置，如下图所示。

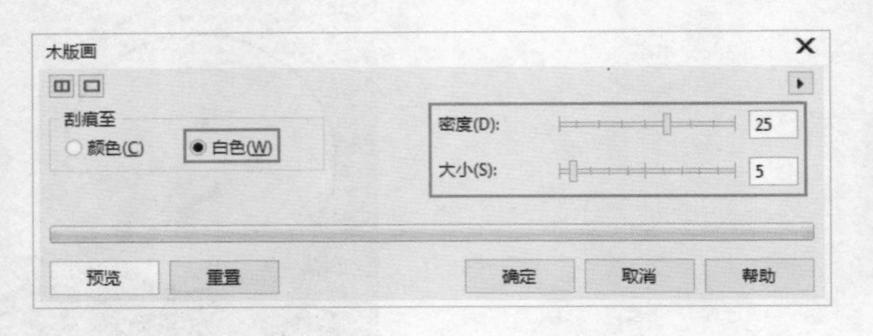

素描效果

素描效果可以模拟石墨或彩色铅笔的素描，使图像产生素描画的效果。

1 选择一个位图，执行“位图>艺术笔触效果>素描”命令，打开“素描”对话框。选择“碳色”单选按钮，能够制作灰度的素描效果，接着设置“样式”、“笔芯”和“轮廓”选项，设置完成后单击“确定”按钮完成操作，如下图所示。

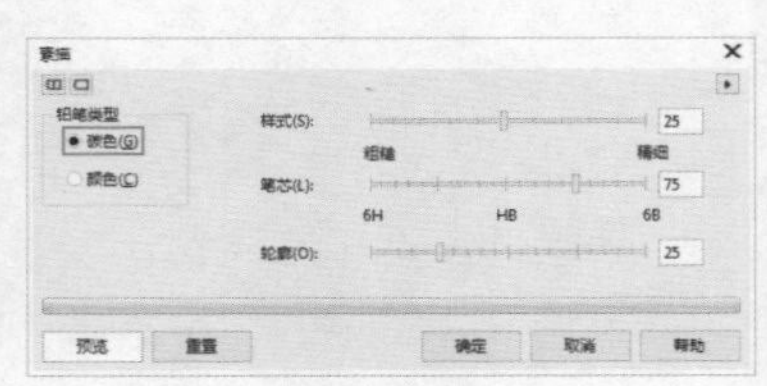

- 样式：设置石墨的粗糙程度，下图为设置不同参数的对比效果。

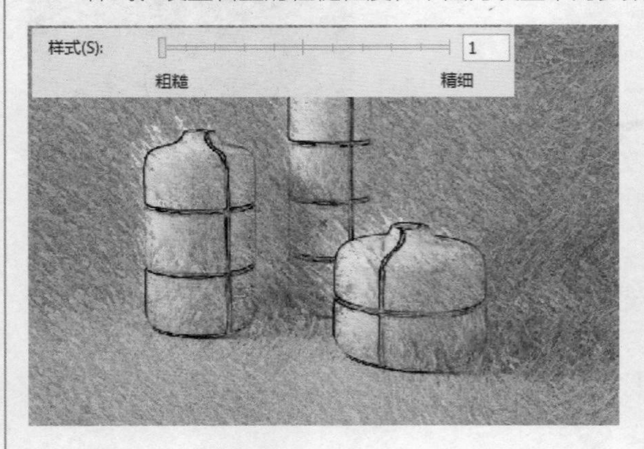

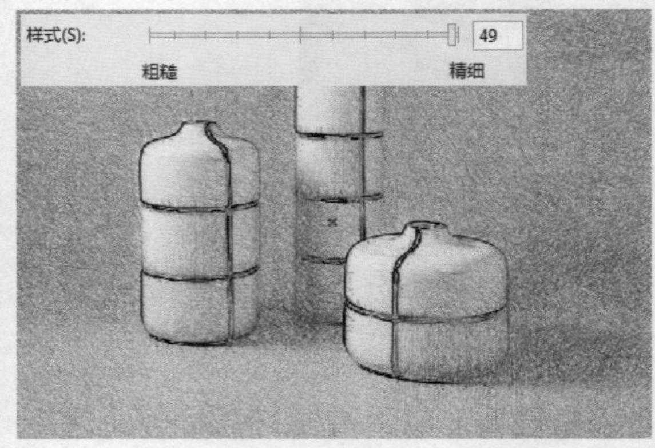

• 笔芯：设置铅笔颜色的深浅，下图为设置不同参数的对比效果。

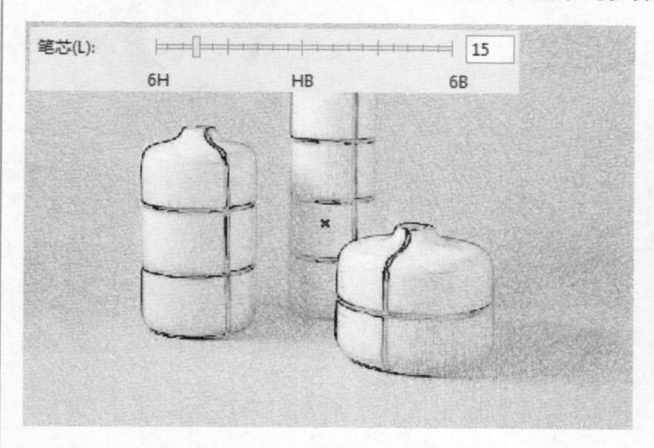

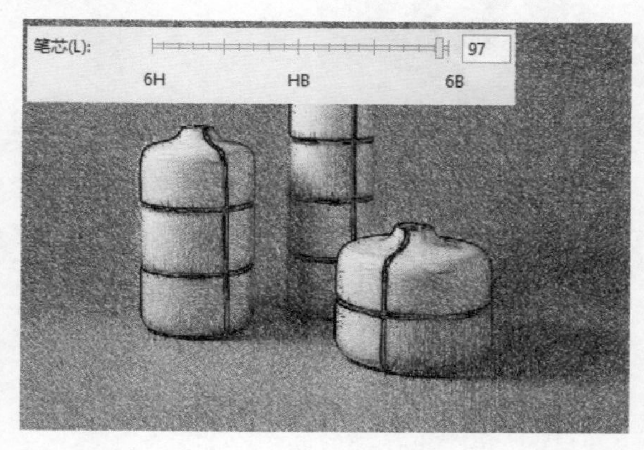

• 轮廓：设置图像边缘轮廓的厚度，下图为设置不同参数的对比效果。

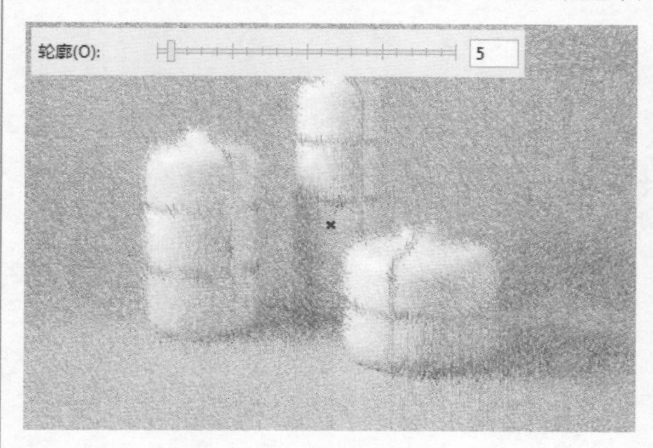

2 若选择“颜色”单选按钮，则以原始颜色为基础制作成彩色素描的效果，如下图所示。

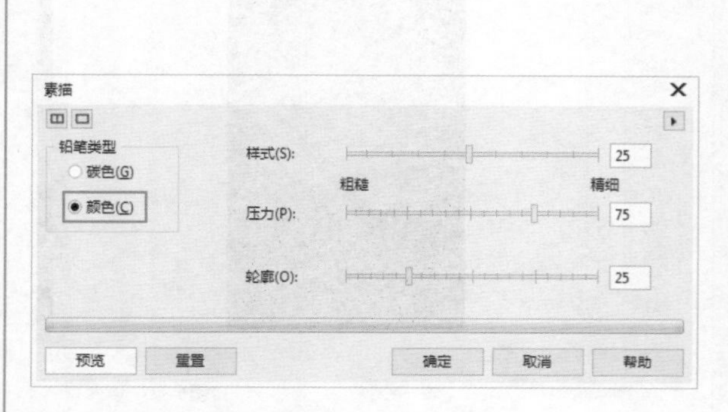

水彩画效果

水彩画效果的使用可以描绘出图像中景物的形状，同时对图像进行简化、混合、渗透调整，使其产生水彩画的效果。选择位图，执行“位图>艺术笔触效果>水彩画”命令，打开“水彩画”对话框，接着设置相应的参数，然后单击“确定”按钮完成操作，如下图所示。

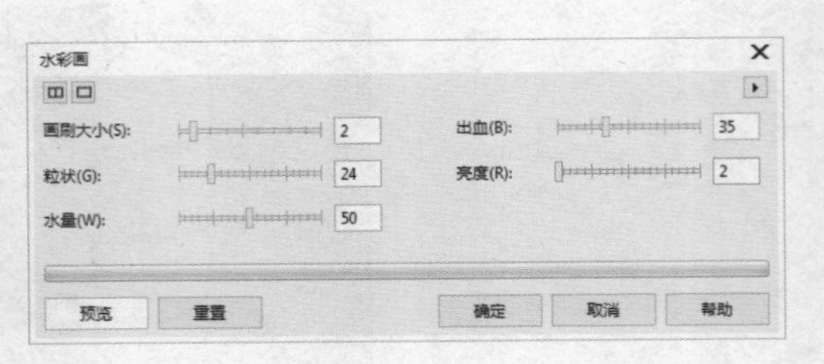

- 画刷大小：设置水彩的斑点大小。
- 粒状：设置纸张的纹理和颜色的强度。
- 水量：设置应用到画面中颜色的浓淡。
- 出血：设置颜色之间的扩散程度。
- 亮度：设置图像中的亮度。

Let's go! 使用水彩画制作手绘感海报

原始文件	Chapter 09\使用水彩画制作手绘感海报.cdr
视频文件	Chapter 09\使用水彩画制作手绘感海报.flv

1 新建一个A4大小的空白文档。执行“文件>导入”命令，在弹出的“导入”对话框中找到素材的位置，选择素材“1.jpg”，单击“导入”按钮。接着在画面中按住鼠标左键并拖动，松开鼠标后素材就导入进来了，如下图所示。

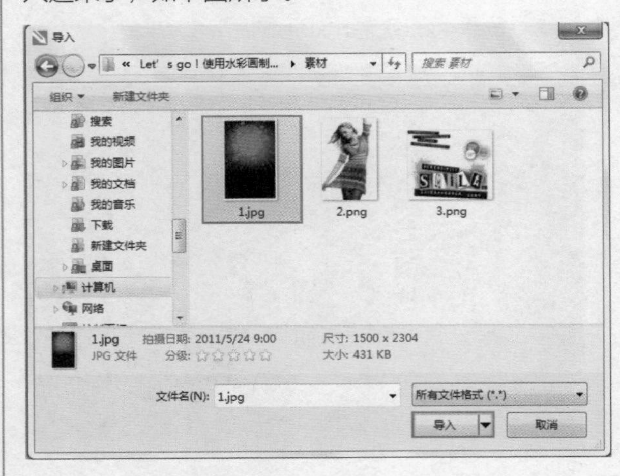

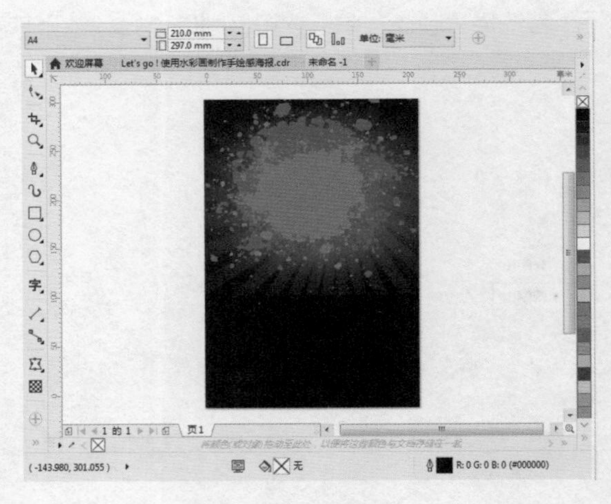

2 继续导入素材“2.jpg”，摆放在画面中。选择人物素材并执行“位图>模式>灰度”命令，将人物素材转换为灰度模式，如下图所示。

3 接着对人物素材执行“位图>艺术笔触>水彩画”命令，在弹出的对话框中设置“画刷大小”为1，“粒状”为50，“水量”大小为50，“出血”为35，“亮度”为1，单击“确定”按钮，如下图所示。

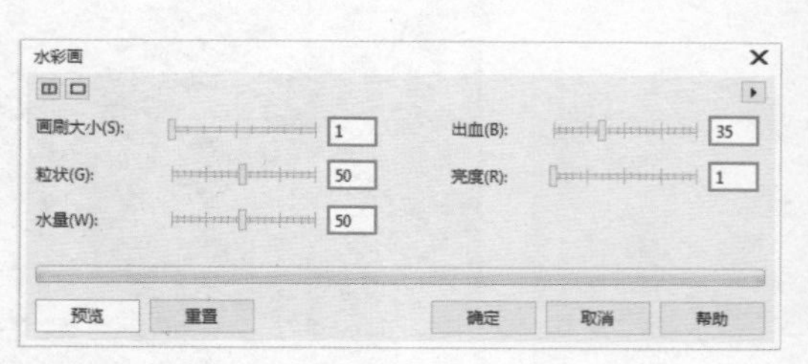

4 最后执行“文件>导入”命令，导入前景素材“3.jpg”，最终效果如下图所示。

水印画效果

“水印画”命令的应用可以为图像创建水彩斑点绘画的效果。

1 选择一个位图，执行“位图>艺术笔触效果>水印画”命令，打开“水印画”对话框。在“变化”选项区域中选择“默认”单选按钮，设置“大小”和“颜色变化”参数，然后单击“确定”按钮，如下图所示。

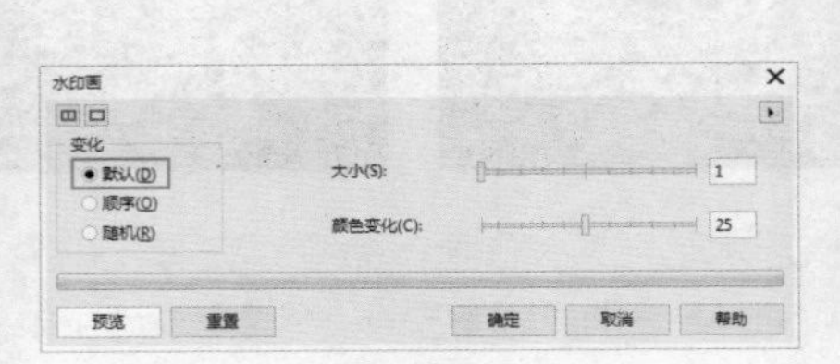

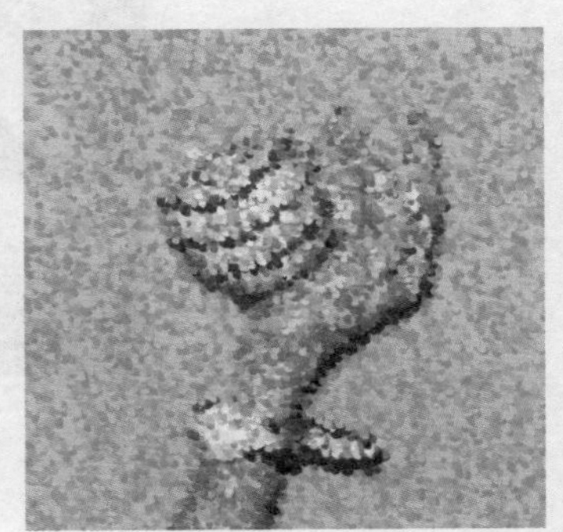

- 大小：用来设置笔触大小。
- 颜色变化：设置笔触的颜色，数值越高，颜色饱和度越高。

2 选择“顺序”单选按钮，可以让笔触按一定顺序排列。如下图所示。

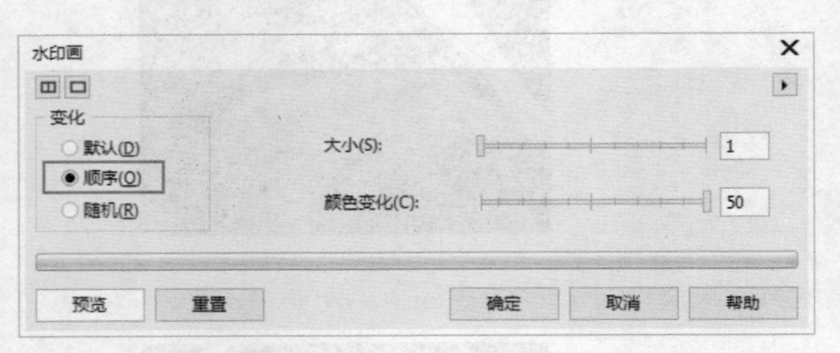

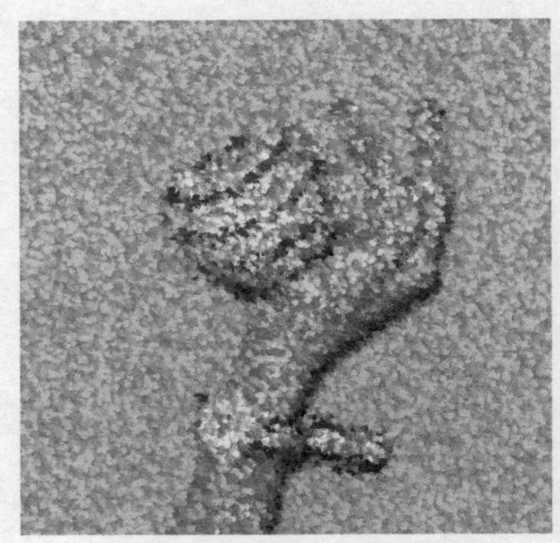

3 选择“随机”单选按钮，可以让笔触分布的更加随意，如下图所示。

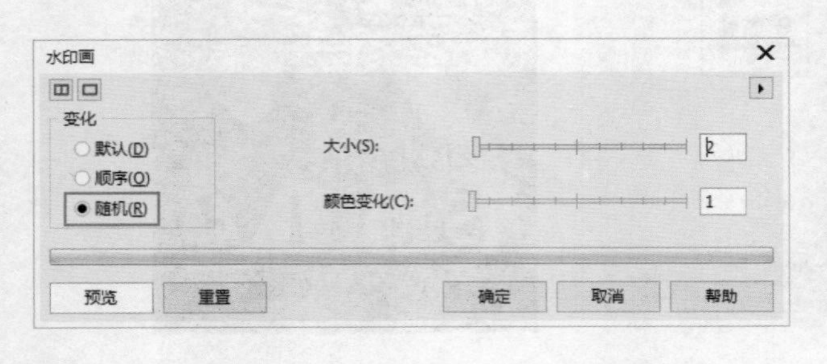

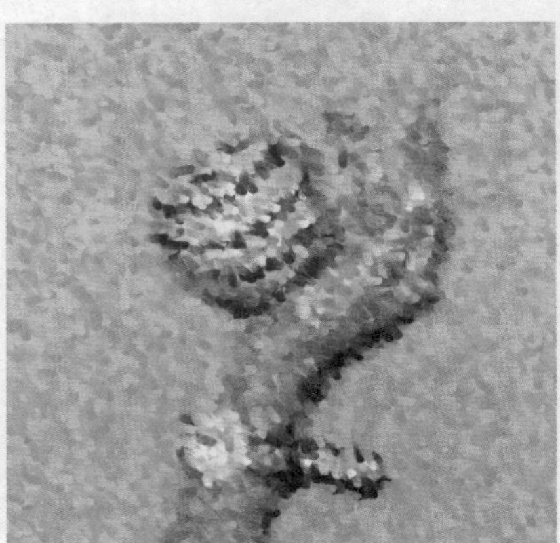

波纹纸画效果

波纹纸画效果可以使图像看起来像是创建在粗糙或有纹理的纸张上的图像绘制效果。

1 选择位图，执行“位图>艺术笔触效果>波纹纸画”命令，打开“波纹纸画”对话框。选择“颜色”单选按钮，可以基于位图原有颜色创建效果，然后设置“笔刷压力”的值，设置笔刷的粗糙程度。设置完成后单击“确定”按钮完成操作，如下图所示。

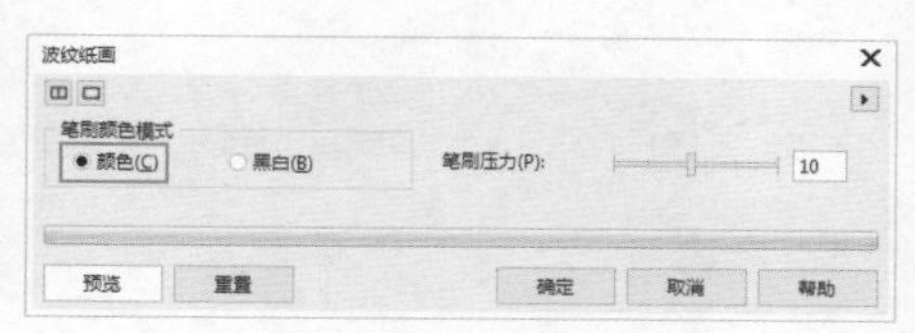

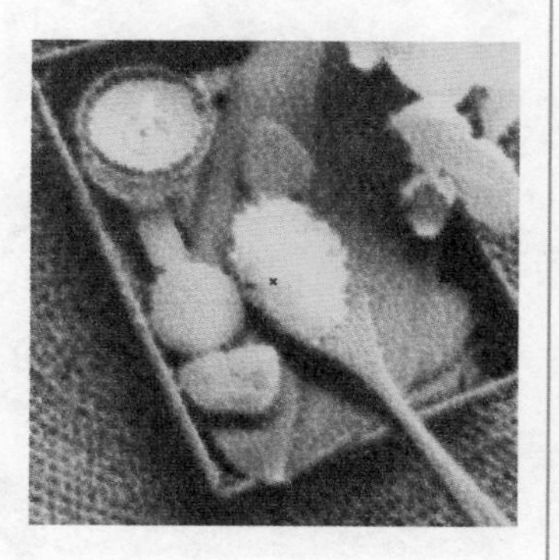

2 若选择“黑白”单选按钮，可以创建灰色调的波纹纸画的效果，如下图所示。

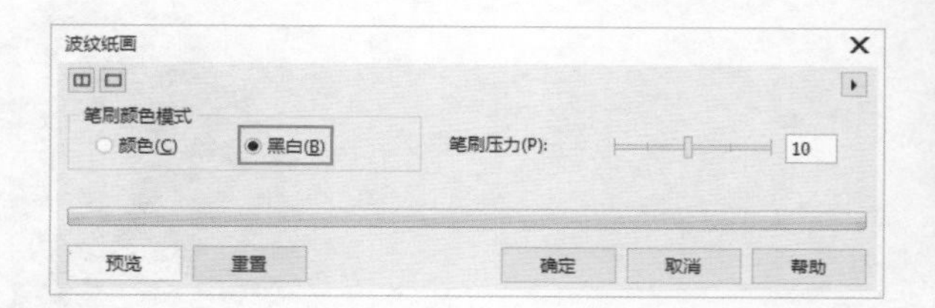

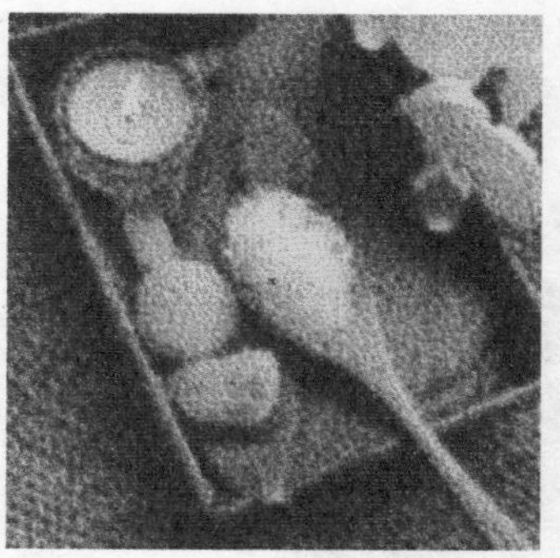

UNIT 68 模糊效果

在CorelDRAW中可以创建多种模糊效果，选择合适的模糊效果使画面更加别具一格或者更具有动感。执行“位图>模糊”命令，在子菜单中可以看到多种模糊效果，如下图所示。

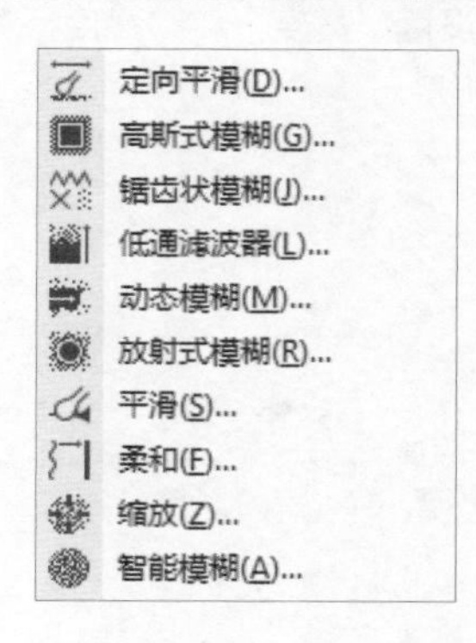

定向平滑效果

应用定向平滑效果可以在图像中添加微小的模糊效果，使图像中的渐变区域平滑且保留边缘细节和纹理。选择位图，执行“位图>模糊>定向平滑”命令，打开“定向平滑”对话框，通过调整“百分比”值来设置平滑效果的强度，设置完成后单击“确定”按钮完成操作，如下图所示。

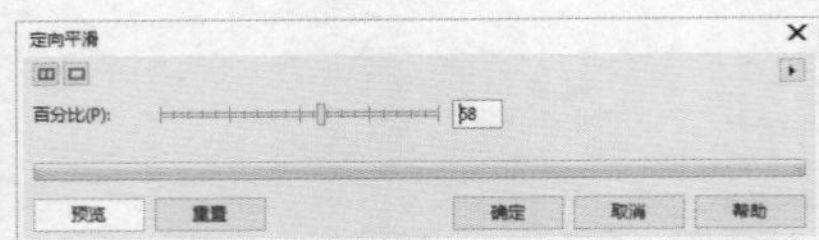

高斯式模糊效果

高斯式模糊效果可以根据数值的设置，使图像按照高斯分布的方式快速地模糊图像，从而产生朦胧的效果。选择位图，执行“位图>模糊>高斯式模糊”命令，打开“高斯式模糊”对话框，设置“半径”产生调整模糊的强度，设置完成后单击“确定”按钮完成操作，如下图所示。

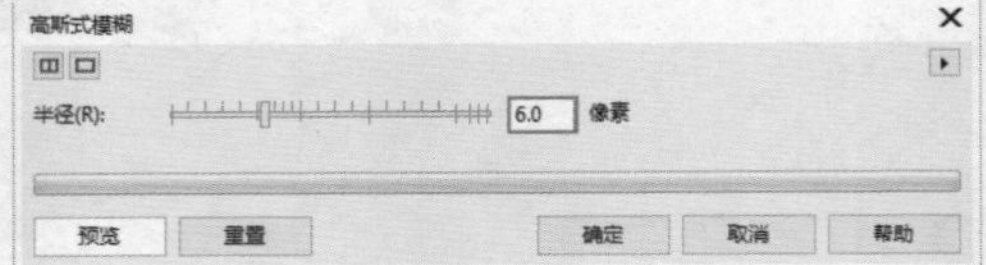

锯齿状模糊效果

锯齿状模糊效果可以用来去掉图像区域中的小斑点和杂点。选择位图，执行“位图>模糊>高斯式模糊”命令，打开“锯齿状模糊”对话框，通过设置“宽度”和“高度”参数值，设置模糊的范围和强度。设置完成后单击“确定”按钮完成操作，如下图所示。

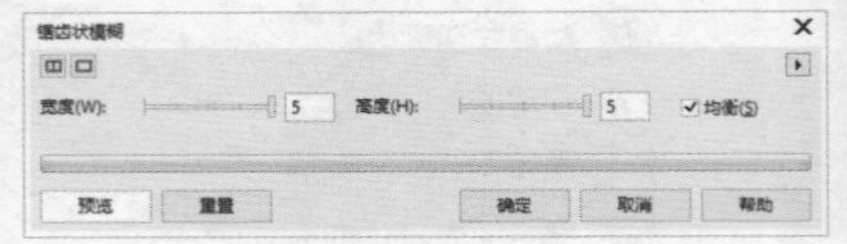

TIP 在“锯齿状模糊”对话框中勾选“均衡”复选框，移动“宽度”或“高度”中任意一个滑块时，另一个也随之移动，如右图所示。

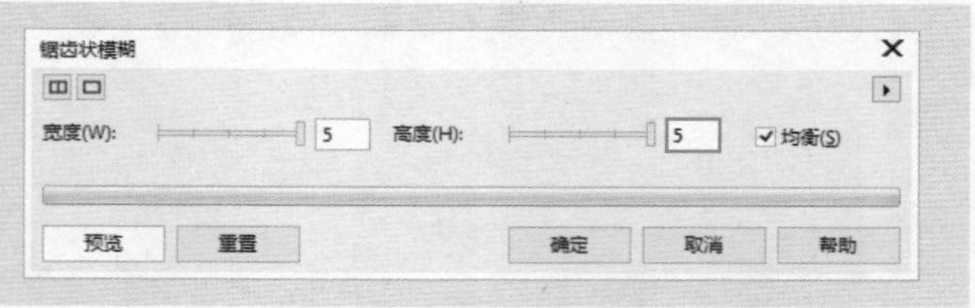

低通滤波器效果

低通滤波器效果只针对图像中的某些元素，应用“低通滤波器”命令可以调整图像中尖锐的边角和细节，使图像的模糊效果更加柔和。选择位图，执行“位图>模糊>低通滤波器”命令，打开“低通滤波器”对话框，“百分比”和“半径”参数用于设置半径区域内像素使用的模糊效果强度及模糊半径的大小，设置完成后单击“确定”按钮，效果如下图所示。

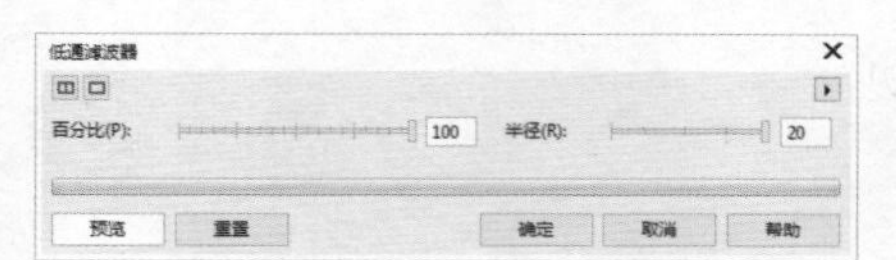

动态模糊效果

使用动态模糊效果可以模仿拍摄运动物体的手法，通过使像素进行某一方向上的线性位移，来产生运动模糊效果，使平面图像具有动态感。

1 选择位图对象，执行“位图>模糊>动态模糊”命令，打开“动态模糊”对话框。选择“忽略图像外的像素”单选按钮，设置合适的“间距”，然后单击“确定”按钮完成操作，效果如下图所示。

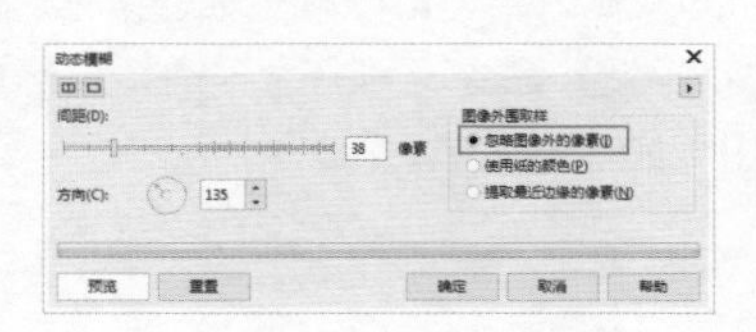

2 若选择“使用纸的颜色”单选按钮，效果如下图所示。

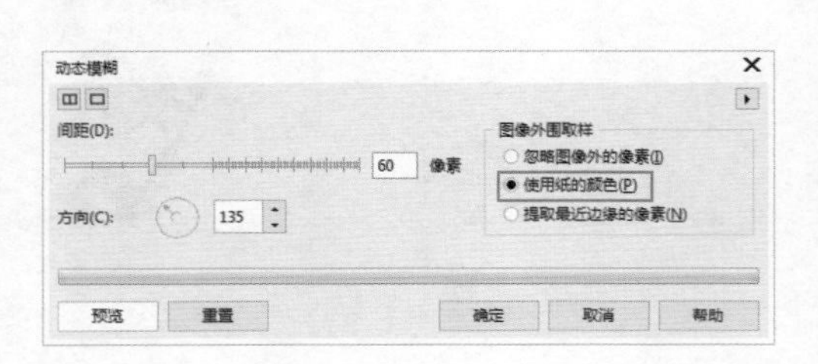

3 若选择“提取最近边缘的像素”单选按钮，效果如下图所示。

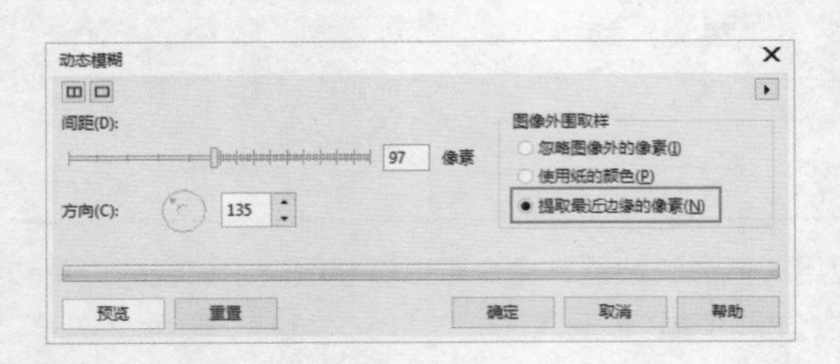

放射式模糊效果

“放射式模糊”命令可以使图像产生从中心点放射模糊的效果。选择位图，执行“位图>模糊>放射式模糊”命令，打开“放射状模糊”对话框，设置“数量”参数控制放射状模糊的强度。设置完成后单击“确定”按钮完成操作，如下图所示。

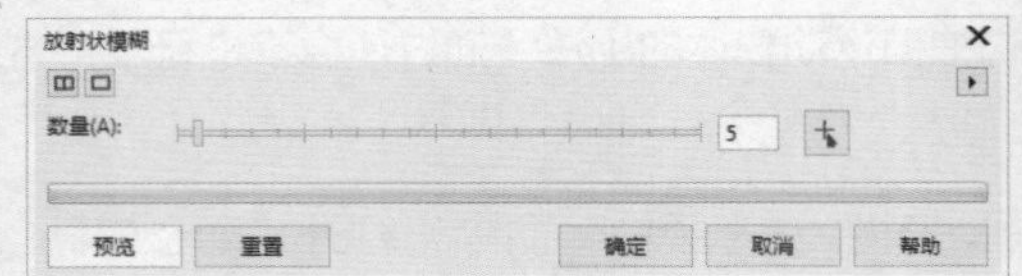

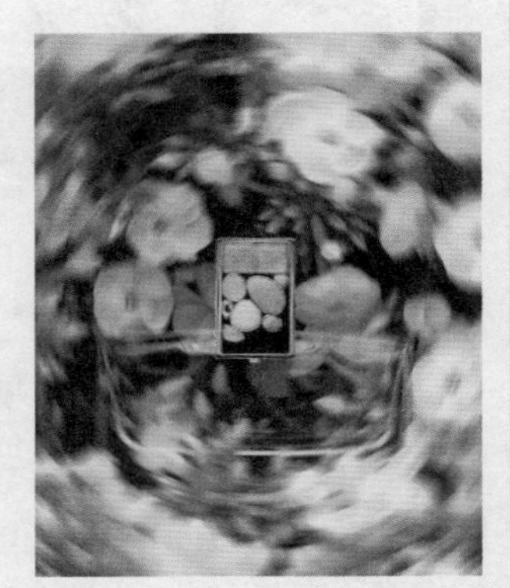

平滑效果

“平滑”命令使用了一种极为细微的模糊效果，可以减小相邻像素之间的色调差别，使图像产生细微的模糊变化。选择位图，执行“位图>模糊>平滑”命令，打开“平滑”对话框。调整“百分比”的值，设置平滑的强度。设置完成后单击“确定”按钮，如下图所示。

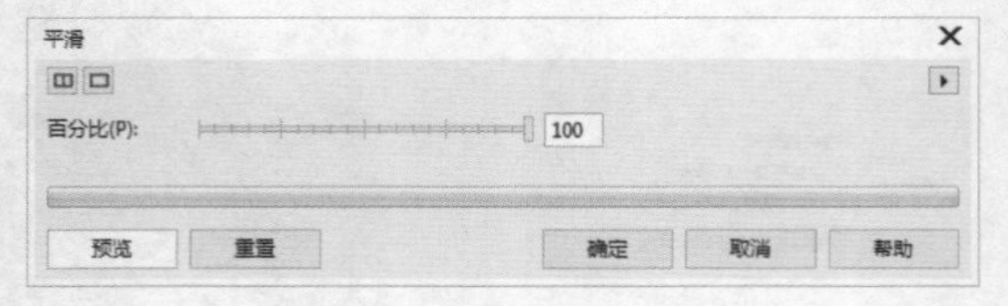

柔和效果

柔和效果的应用与平滑效果极为相似，应用“柔和”命令可以使图像产生轻微的模糊变化，而不影响图像中的细节。选择位图对象，执行“位图>模糊>柔和”命令，打开“柔和”对话框，单击并拖动“百分比”滑块，或在数值框内键入数值，设置柔和效果的强度，单击“预览”按钮进行图像预览，设置完成单击“确定”按钮结束操作，如下图所示。

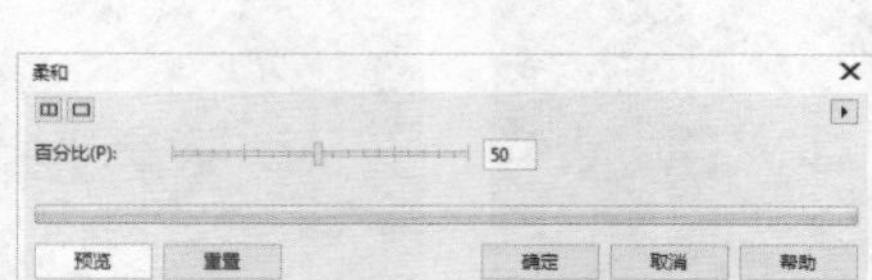

缩放效果

缩放效果创建了从中心点逐渐缩放出来的边缘效果，使图像中的像素从中心点向外模糊，离中心点越近，模糊效果就越弱。选择位图，执行“位图>模糊>缩放”命令，打开“缩放”对话框，然后进行参数设置，设置完成后单击“确定”按钮完成操作，如下图所示。

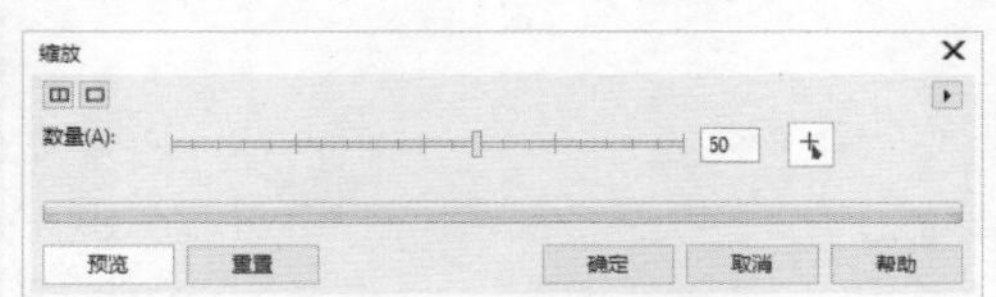

- 数量：用来设置缩放的强度，数值越大强度就越强烈，下图为不同参数的对比效果。

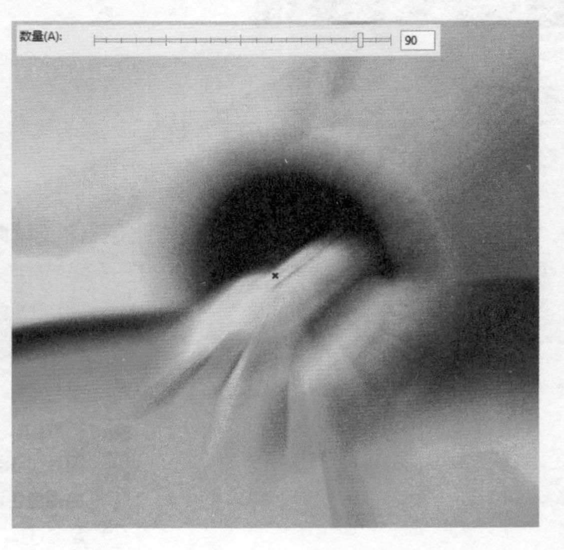

- 缩放中心点工具：该工具用来设置缩放中心点的位置。选择该工具，在画面中单击即可设置缩放中心点的位置。更改了缩放中心点的位置，画面的缩放效果也会产生变化，如下图所示。

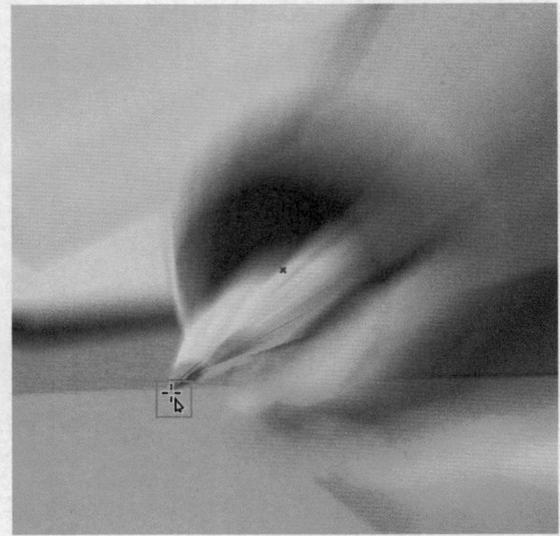

智能模糊效果

“智能模糊”命令能够有选择性地为画面中的部分像素区域创建模糊效果。选择一个位图图像，执行“位图>模糊>智能模糊”命令，在打开的“智能模糊”对话框中，通过设置“数量”的值，控制模糊的强度，设置完成后单击“确定”按钮完成操作，如下图所示。

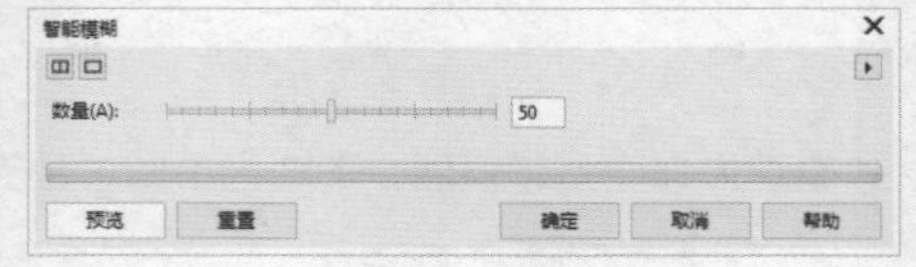

UNIT 69 相机效果

相机效果组中的命令可以模仿照相机的原理，使图像形成一种平滑的视觉过渡。选择位图对象，然后执行“位图>相机”命令，在子菜单中我们可以选择不同的效果命令来为图像添加不同的效果，如下图所示。

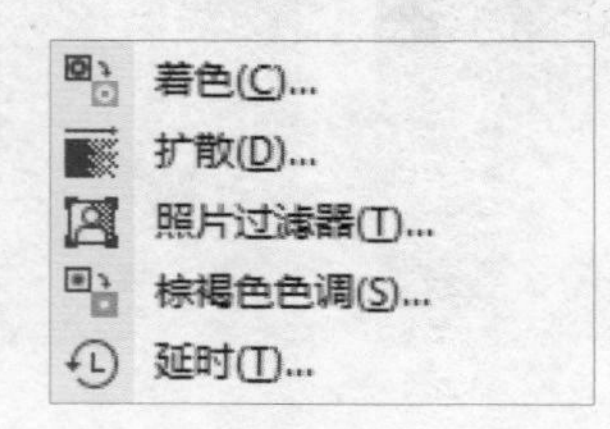

着色效果

在“着色”对话框中通过调整“色度”与“饱和度”的值，来为位图塑造单色的色调。

1 选择位图，执行“位图>相机>着色”命令，打开“着色”对话框，若“色度”和“饱和度”参数的值为0，此时图像为灰色。如下图所示。

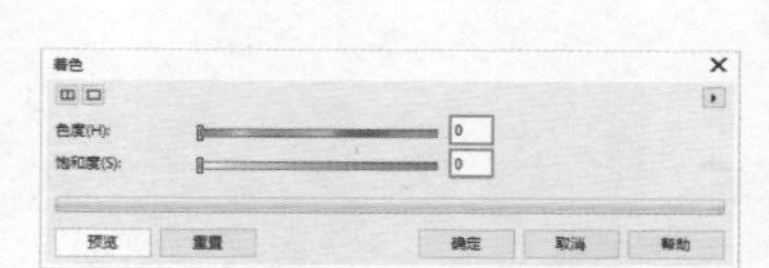

2 调整“色度”的参数，可以调整着色的色相；调整“饱和度”的值，可以调整颜色的鲜艳程度。设置完成后单击“确定”按钮完成操作，如下图所示。

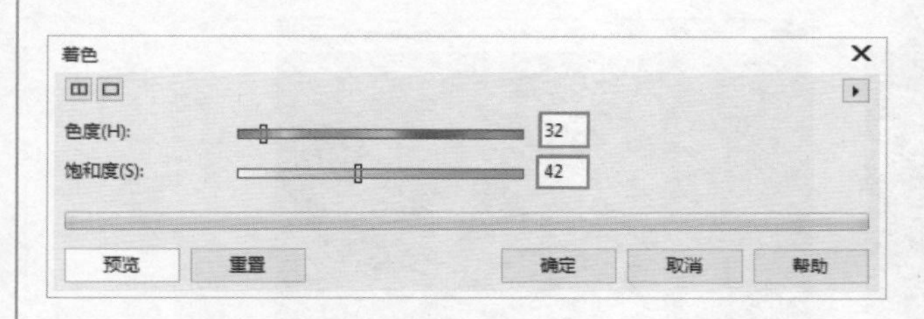

TIP 在设置参数时，若“饱和度”值为0，调整“色度”选项是无用的。

扩散效果

使用“扩散”命令可以使图像形成一种平滑视觉过渡效果。选择位图对象，执行“位图>相机>扩散”命令，打开“扩散”对话框，设置“层次”参数可以控制产生扩散的强度，在数值框内键入的数值越大，过渡效果也就越明显，如下图所示。

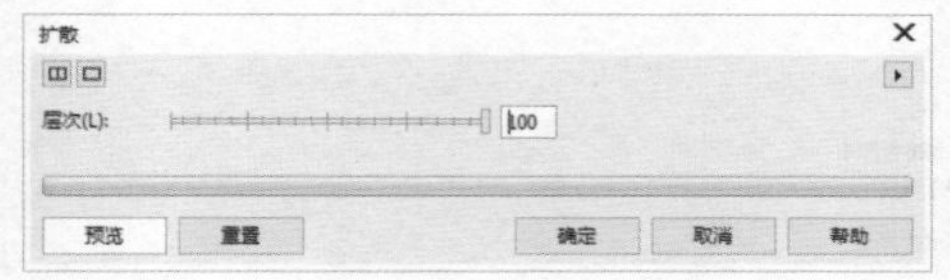

照片过滤器效果

照片过滤器效果用于模拟在照相机的镜头前增加彩色效果，镜头会自动过滤掉某些暖色或冷色光，从而起到控制图片色温的效果。选择位图图像，执行“位图>相机>照片过滤器”命令，打开“照片过滤器”对话框，接着设置合适的“颜色”和“密度”参数，设置完成后单击“确定”按钮，如下图所示。

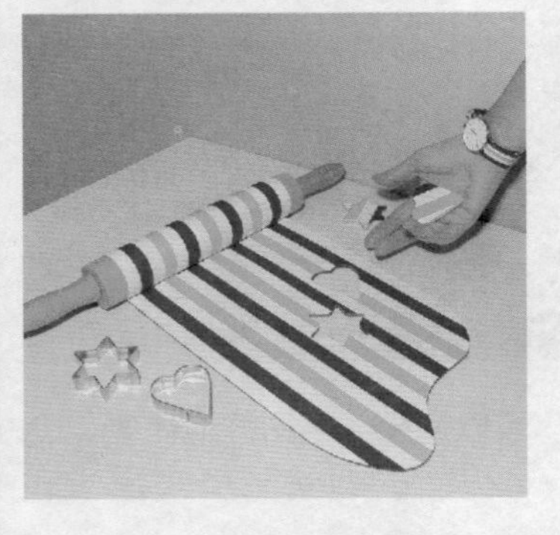

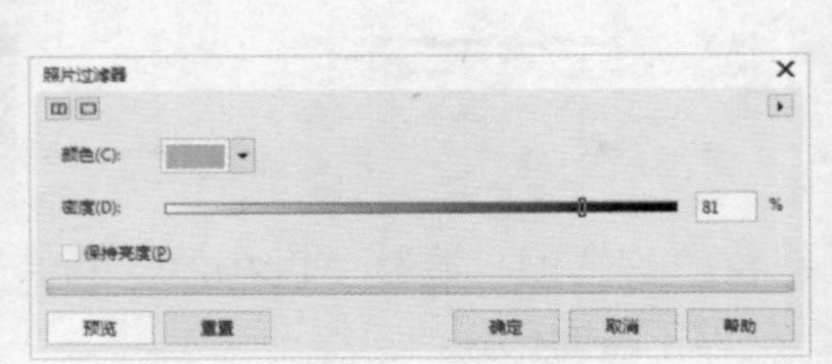

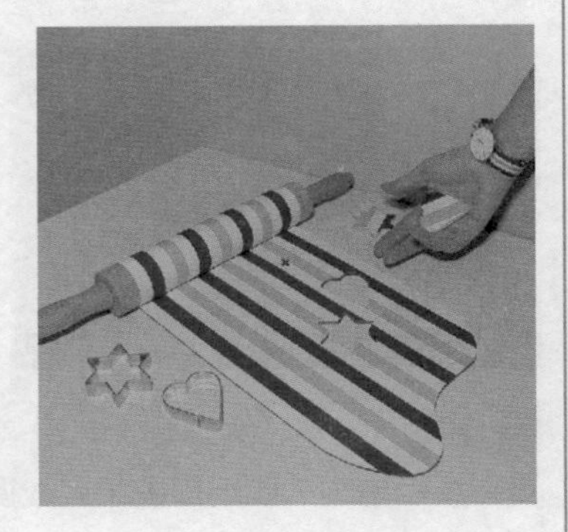

- 颜色：用来设置照片过滤器的颜色。
- 密度：用来设置颜色的浓度，数值越大颜色浓度越高，下图为设置不同密度值的对比效果。

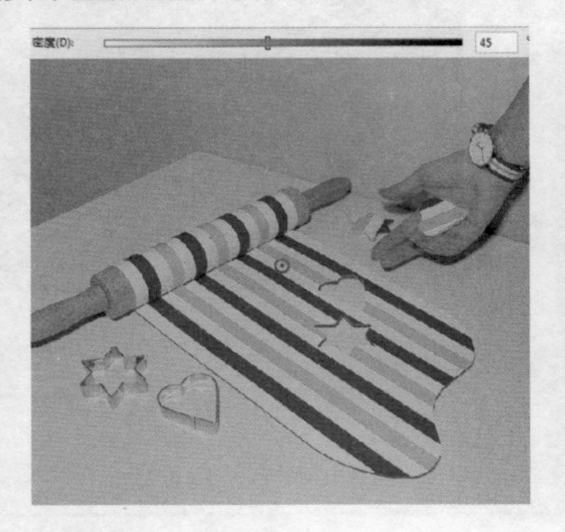

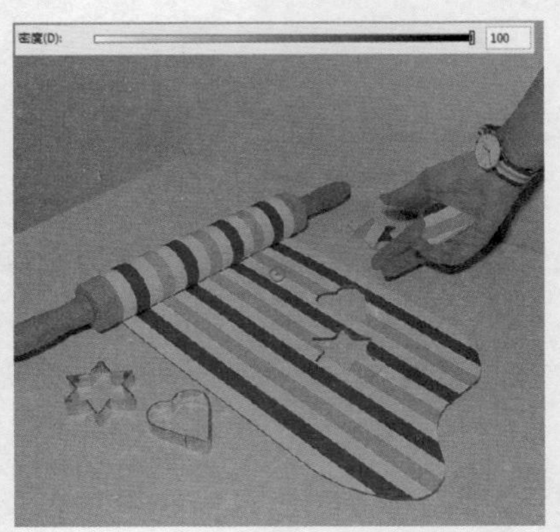

棕褐色色调效果

应用棕褐色色调效果可以为位图添加一种棕褐色色调。选择位图图像，执行“位图>相机>棕褐色色调”命令，打开“照棕褐色色调”对话框，通过调整“老化量”的值，设置棕色调的浓度。设置完成后单击“确定”按钮，如下图所示。

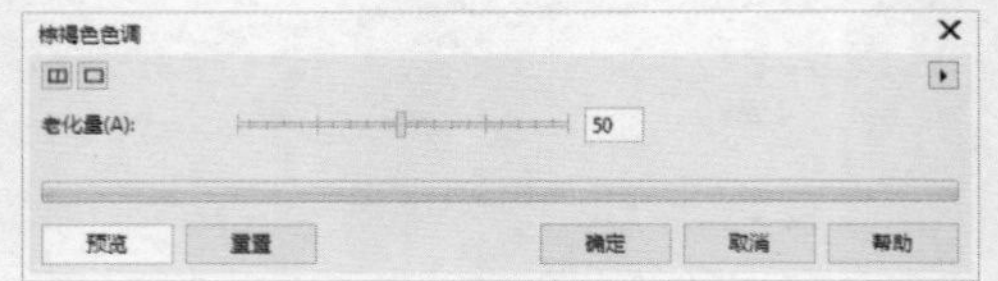

延时效果

在“延时”对话框中提供了多种过去经典的相片效果，通过选择相应选项，可以非常快捷地为图像添加不同的复古效果。选择一个位图图像，执行“位图>相机>延时”命令，打开“延时”对话框，在该对话框中选择一种合适的效果，然后通过调整“强度”的值，控制效果的强弱。设置完成后单击“确定”按钮，如下图所示。

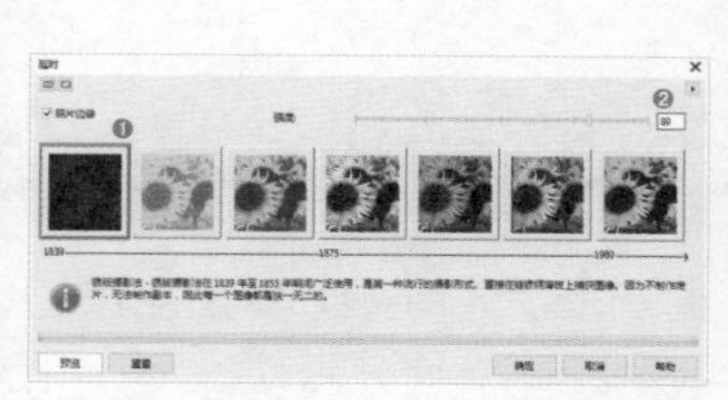

- 照片边缘：该复选框用来控制照片边框的显示与隐藏。

UNIT 70 颜色转换效果

使用颜色转换效果组中的命令，可以将位图图像模拟成一种胶片印染效果。执行“位图>颜色转换”命令，查看子菜单中的效果命令，如下图所示。

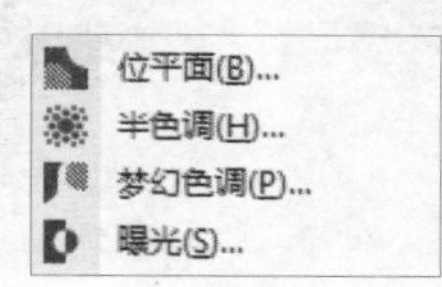

位平面效果

位平面效果可以将图色减少到基本RGB色彩，使用纯色来表现色调。选择一个位图，执行“位图>颜色转换>位平面”命令，打开“位平面”对话框，分别单击并拖动“红”、“绿”和“蓝”滑块，调整相应颜色的含量。设置完成后单击“确定”按钮，如下图所示。

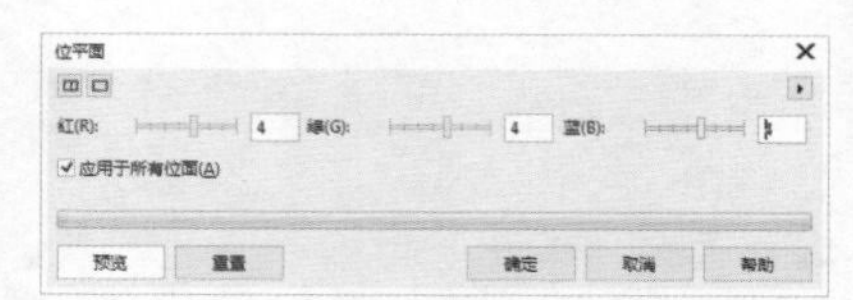

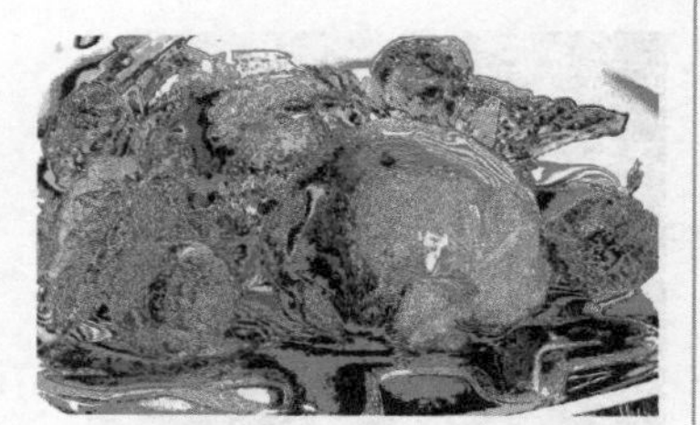

半色调效果

“半色调”命令可以将图像创建成彩色的半色调效果，图像将由用于表现不同色调的一种不同大小的圆点组成。选择位图对象，执行“位图>颜色转换>半色调”命令，打开“半色调”对话框，分别单击拖动“青”、“品红”、“黄”、“黑”滑块，设置网点的颜色。设置后单击“确定”按钮完成操作，如下图所示。

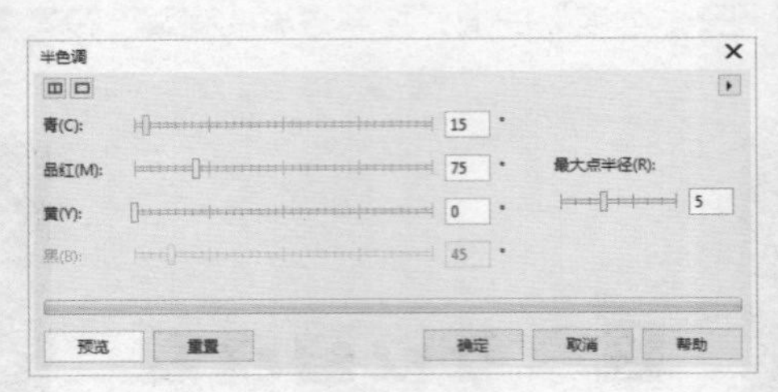

- 最大点半径：用来设置网点的大小，下图为不同参数的对比效果。

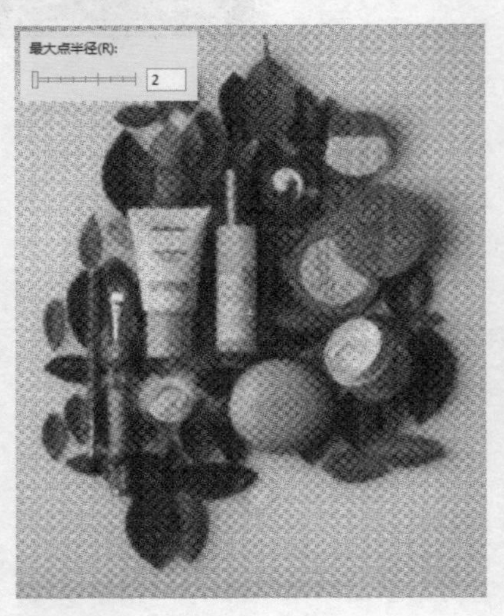

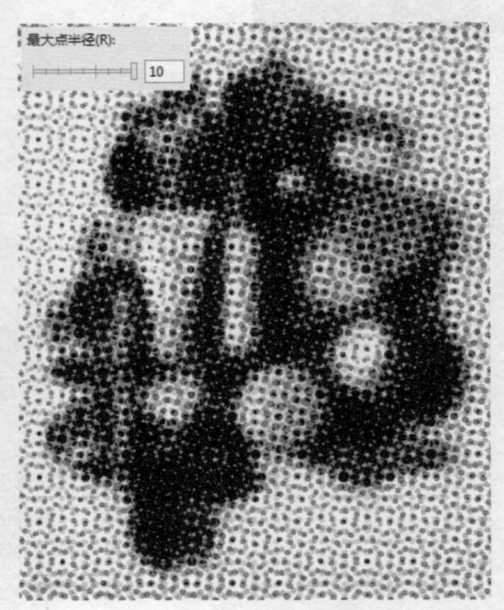

梦幻色调效果

“梦幻色调”命令可以将图像中的颜色转换为明亮的电子色，该命令的使用可以为图像的原始颜色创建丰富的颜色变化。选择位图图像，执行“位图>颜色转换>梦幻色调”命令，在打开的“梦幻色调”对话框中调整“层次”参数，控制颜色效果。设置完成后单击“确定”按钮，如下图所示。

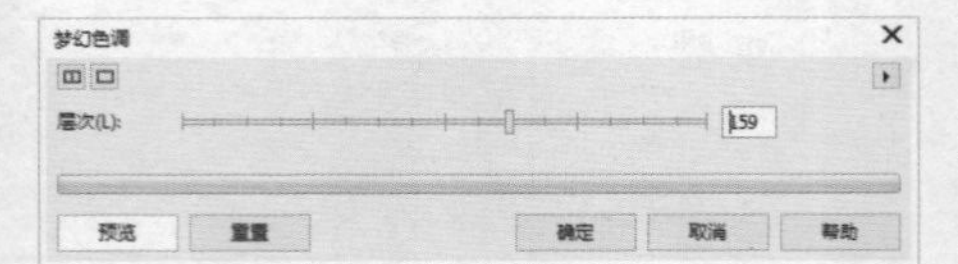

曝光效果

曝光效果可以将图像转换为底片的效果。选择位图对象，执行“位图>颜色转换>曝光”命令，打开“曝光”对话框，调整“层次”参数，数值越大光线越强烈。然后单击“确定”按钮完成操作，如下图所示。

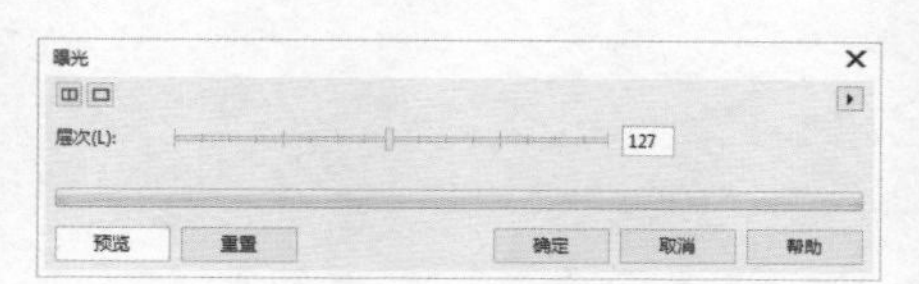

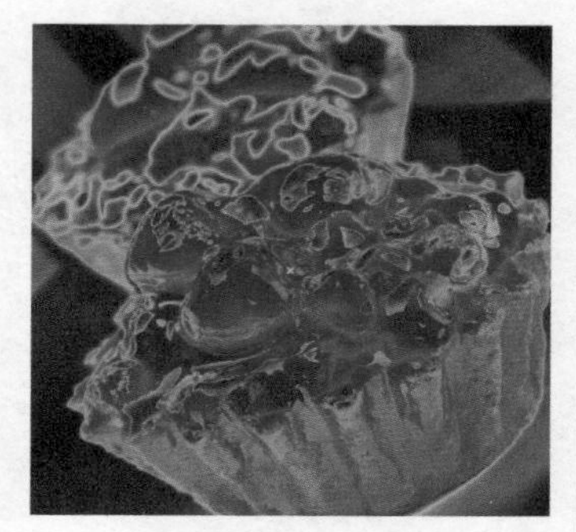

UNIT 71 轮廓图效果

使用轮廓图效果可以跟踪位图图像边缘及确定其边缘和轮廓，并将图像中剩余的其它部分转化为中间颜色。执行“位图>轮廓图”命令，查看子菜单中的效果命令，如下图所示。

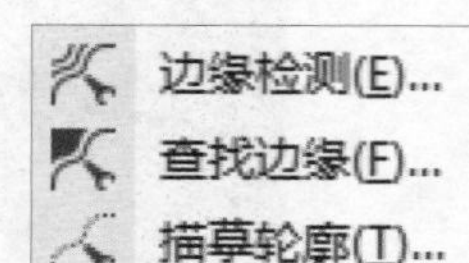

边缘检测效果

“边缘检测”命令的使用可以检测颜色差异的边缘，并将检测到的图像中各个对象的边缘转换为曲线，得到边缘线的效果。

1 选择一个位图对象，执行“位图>轮廓图>边缘检测”命令，打开“检测边缘”对话框。选择“白色”单选按钮，可以创建背景为白色的边缘检测效果，如下图所示。

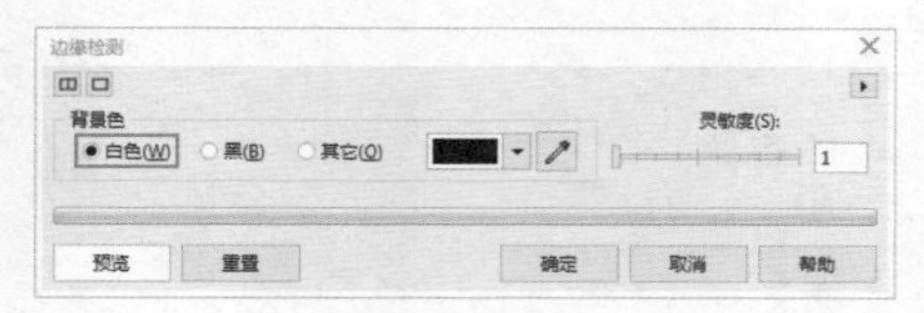

- 灵敏度：用来控制边缘的精细程度，下图为设置不同灵敏度值的对比效果。

2 选择“黑色”单选按钮，可以创建背景为黑色的边缘检测的效果，如下图所示。

3 选择“其它”单选按钮，可以自定义颜色，如下图所示。

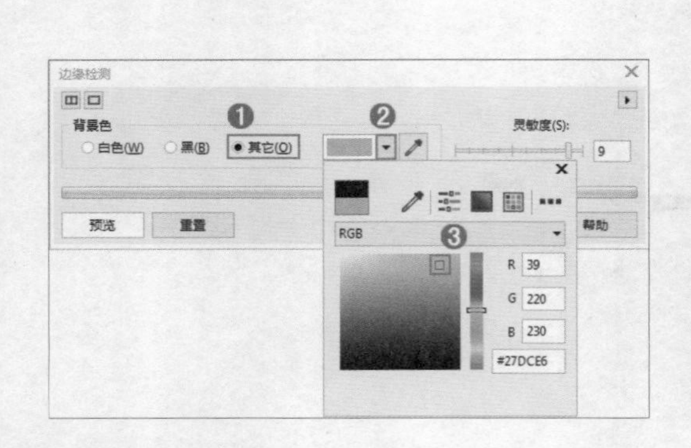

查找边缘效果

“查找边缘”命令同“边缘检测”命令非常相似，“查找边缘”命令适用于高对比度的图像，将查找到的对象边缘转换为柔和的或尖锐的曲线。

1 选择位图图像，执行“位图>轮廓图>查找边缘”命令，在打开的“查找边缘”对话框中的“边缘类型”选项区域内，单击“软”单选按钮，可以使图像产生较为平滑的边缘效果，如下图所示。

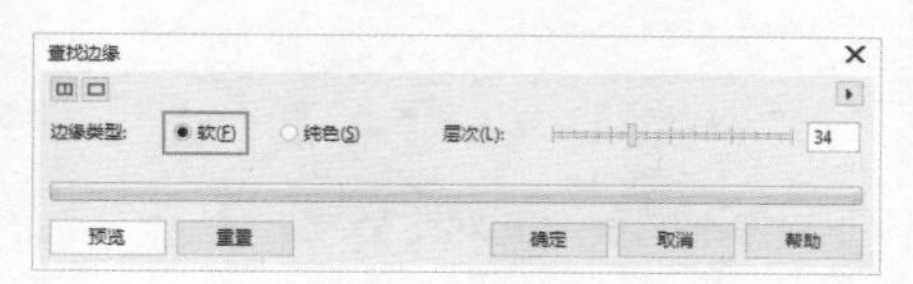

- 层次：设置边缘效果的强度，下图为不同参数值的对比效果。

2 若选择“纯色”单选按钮，则可以产生较为尖锐的边缘效果，如下图所示。

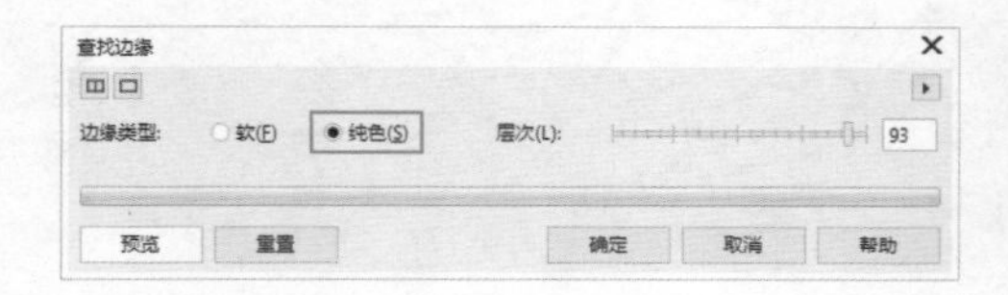

描摹轮廓效果

描摹轮廓效果可以将图像颜色差异的边缘描绘为其他颜色，从而在图像内部创建轮廓，多用于需要显示高对比度的位图图像。选择位图对象，执行“位图>轮廓图>描摹轮廓”命令，打开“描摹轮廓”对话框，然后进行参数的设置，设置完成后单击“确定”按钮，效果如下图所示。

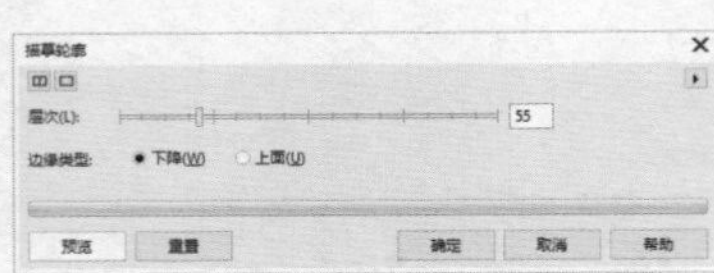

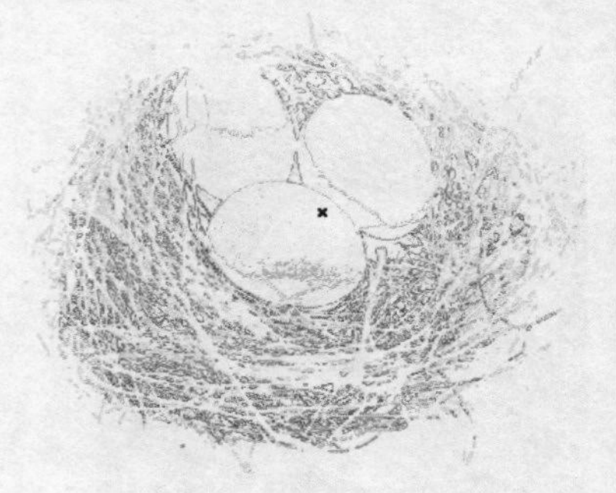

- 层次：设置边缘效果的强度，下图为不同参数的对比效果。

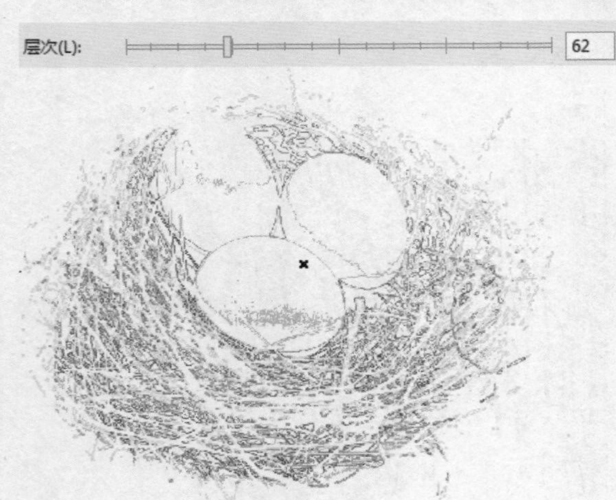

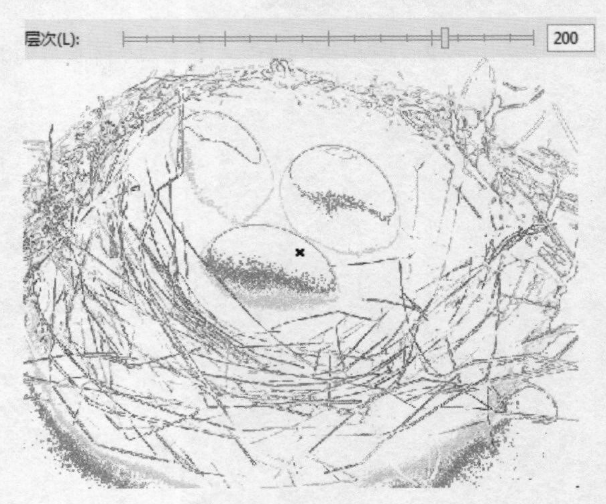

- 边缘类型：设置轮廓的形态，有“下降”和“上面”两种选项，效果如下图所示。

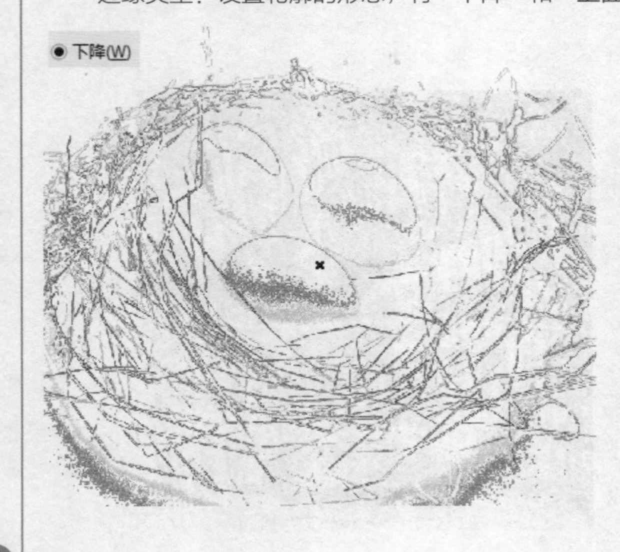

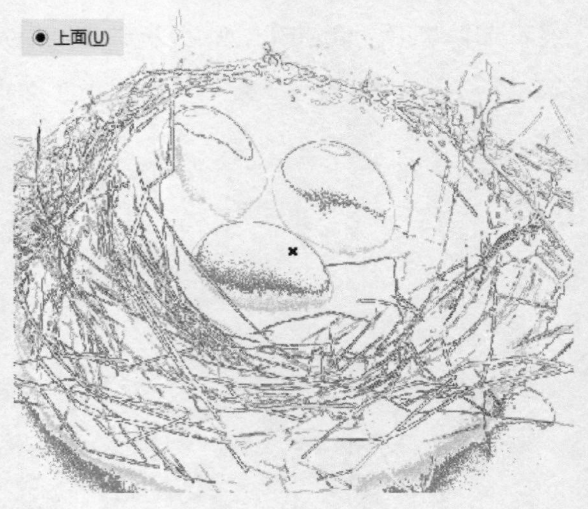

UNIT 72 创造性效果

创造性效果可以将位图转换为各种不同的形状和纹理，不同命令的转换效果也有所不同。执行“位图>创造性”命令，在子菜单中查看效果命令，如下图所示。

工艺效果

工艺效果实际上就是把拼图板、齿轮、弹珠、糖果、瓷砖和筹码6个独立效果结合在一个界面上，通过选择不同的样式并设置参数从而改变图像的效果。选择位图对象，执行“位图>创造性>工艺”命令，打开“工艺”对话框，然后进行参数的设置，设置完成后单击“确定”按钮，效果如下图所示。

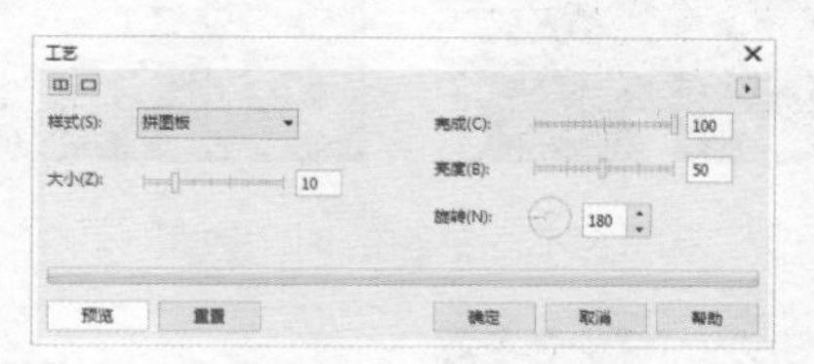

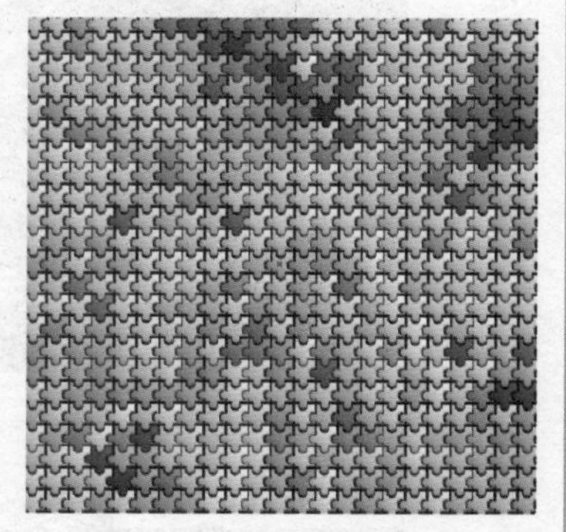

- 样式：选择工艺元素的样式，其中有拼图板、齿轮、弹珠、糖果、瓷砖、筹码六种选项，右图为不同样式的效果。

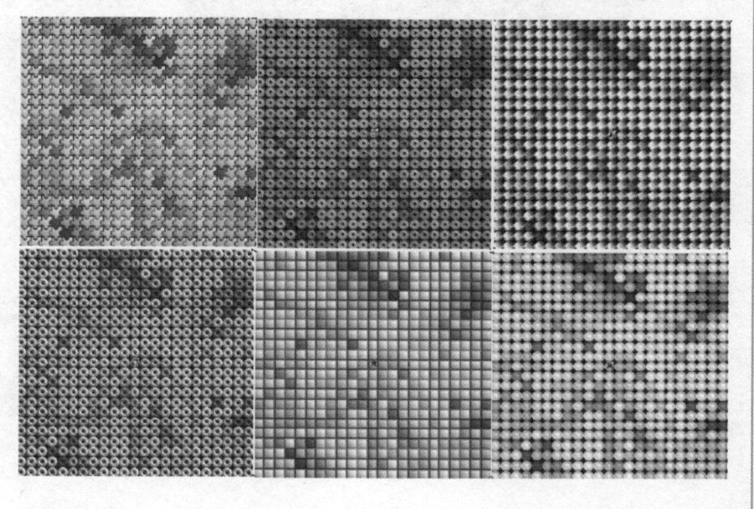

- 大小：用来设置每个工艺元素的大小，下图为不同参数的对比效果。

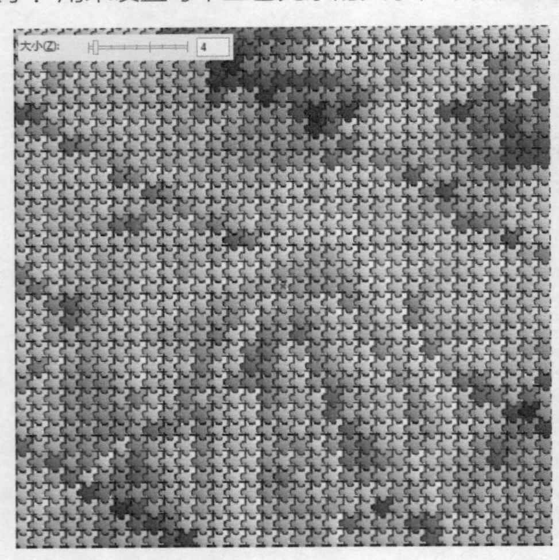

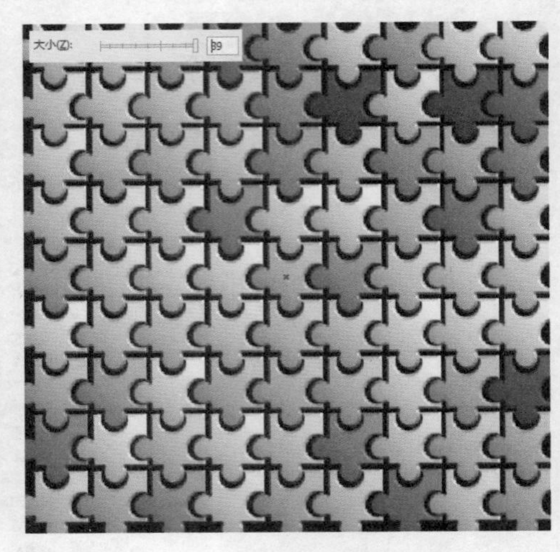

- 完成：决定图形完成工艺化的程度，数值越小，完成程度就越低，下图为不同参数的对比效果。

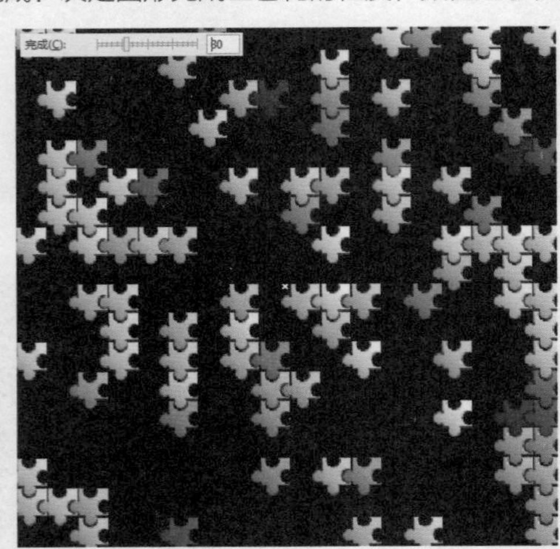

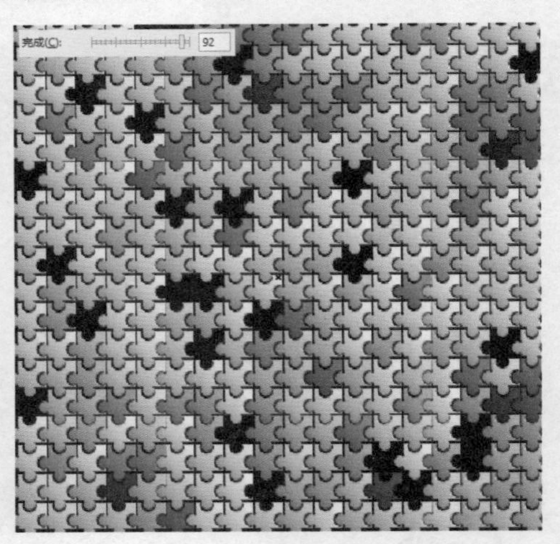

- 亮度：用来设置工艺元素的亮度，下图为不同参数的对比效果。

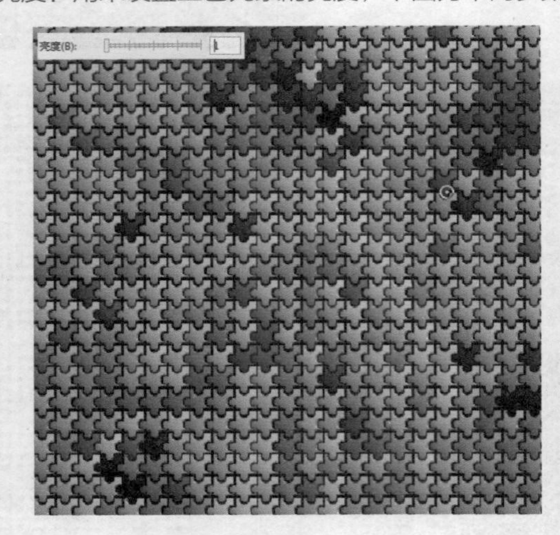

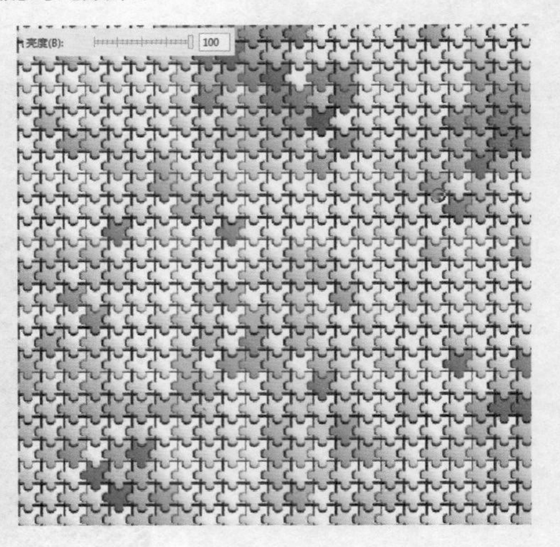

- 旋转：用于控制光源的朝向。

晶体化效果

晶体化效果可以将图像制作成水晶碎片的效果。选择位图图像，执行“位图>创造性>晶体化”命令，在打开的“晶体化”对话框中设置“大小”选项，设置色块的大小。设置完成后单击“确定”按钮，效果如下图所示。

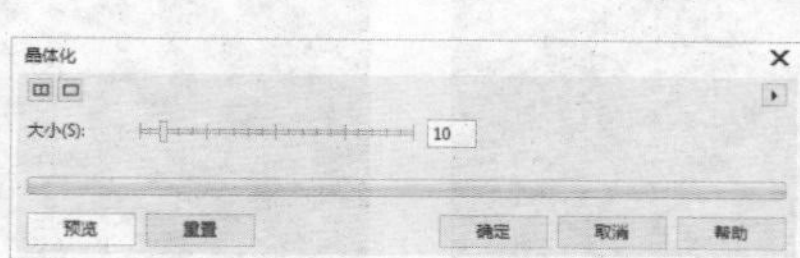

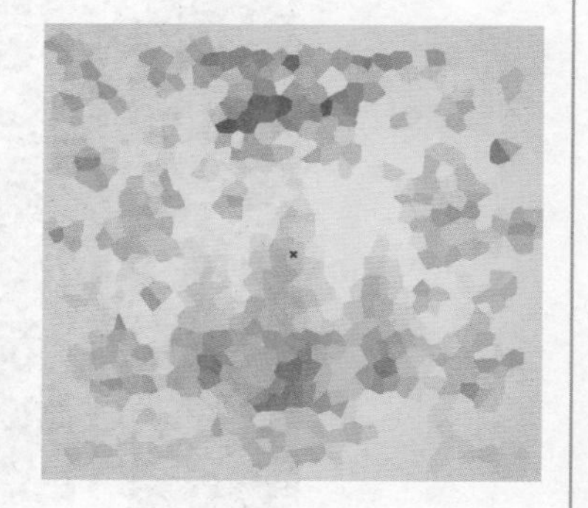

织物效果

“织物”命令的运用可以将图像设置成织物底纹效果，其效果由“刺绣”、“地毯勾织”、“彩格被子”、“珠帘”、“丝带”和“拼纸”6种独立效果组成。选择位图对象，执行“位图>创造性>织物”命令，在打开的“织物”对话框中进行参数的设置。设置完成后单击“确定”按钮，效果如下图所示。

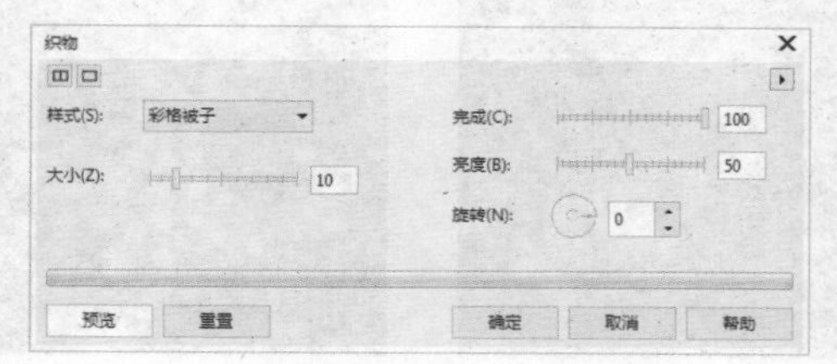

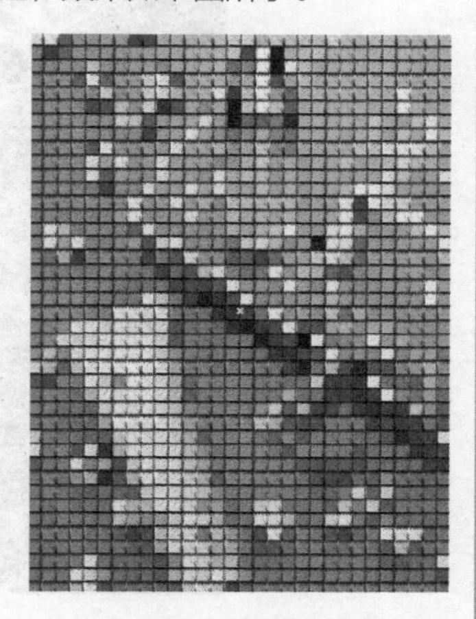

- 样式：用来选择“织物”的不同纹理，其中有“刺绣”、“地毯勾织”、“彩格被子”、“珠帘”、“丝带”和“拼纸”6种样式，如右图所示。

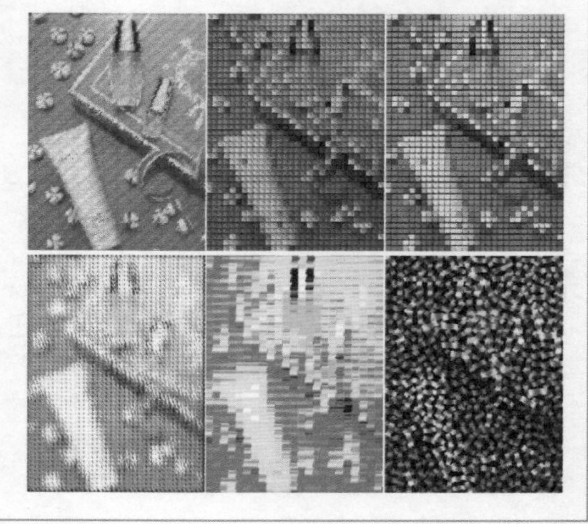

- 大小：设置工艺元素的大小，下图为设置不同参数的对比效果。

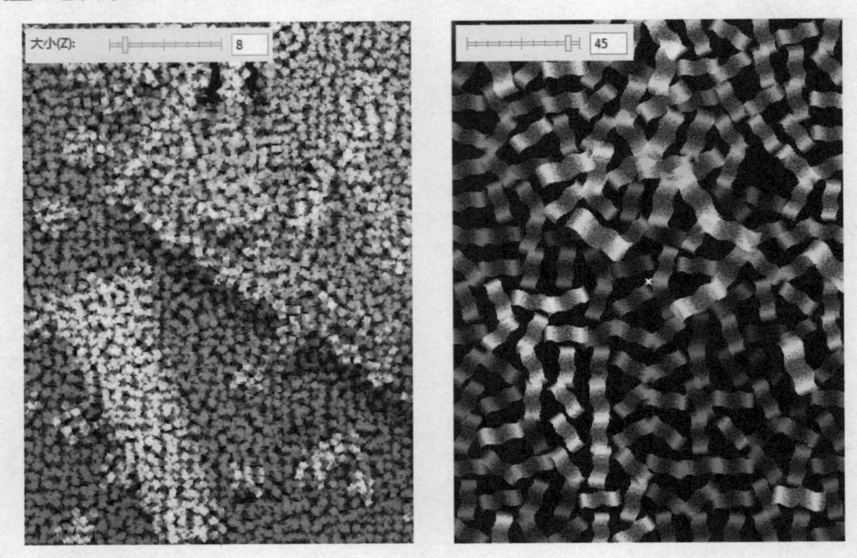

- 完成：用来设置图像转换为工艺元素的程度，下图为设置不同参数的对比效果。

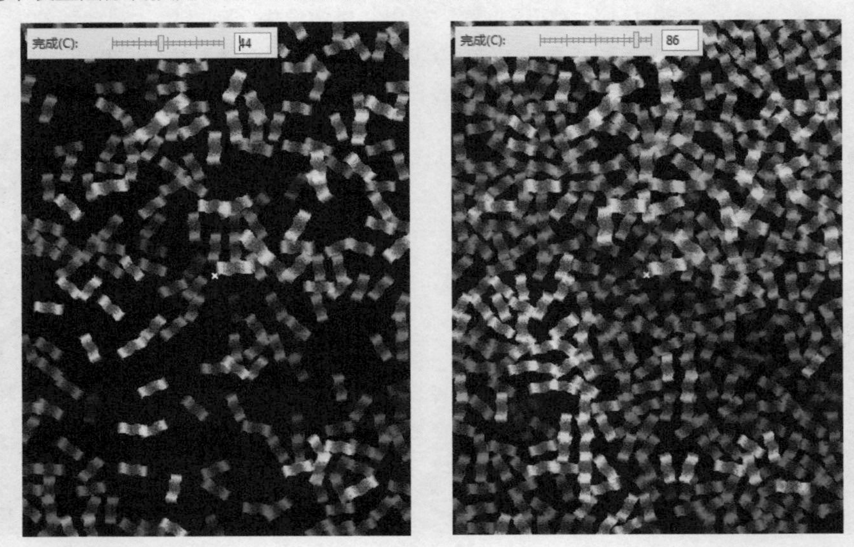

- 亮度：用来设置图像的明暗程度。
- 旋转：设置工艺元素的角度。

框架效果

“框架”命令的应用可以在位图周围添加框架，使其形成一种类似画框的效果。

1 选择位图对象，执行“位图>创造性>框架”命令，打开“框架”对话框，单击眼睛👁图标，可以显示或隐藏相应的框架效果。单击“预览”按钮，可以对设置过得图像进行预览，设置完成单击“确定”按钮结束操作，如下图所示。

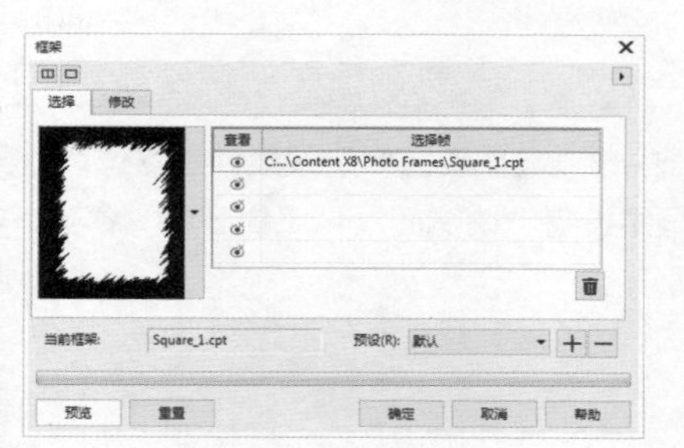

2 如果要对框架进行调整，则单击"修改"选项卡后切换到该选项卡中，可以对框架进行相对应的设置，如下图所示。

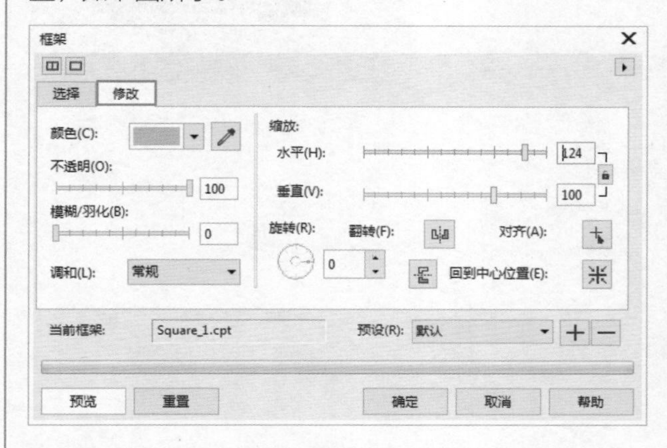

3 对于重新编辑后的框架可以进行存储操作，单击"添加"按钮+，在弹出的"保存预设"对话框中键入新名称，单击"确定"按钮结束操作，如下图所示。

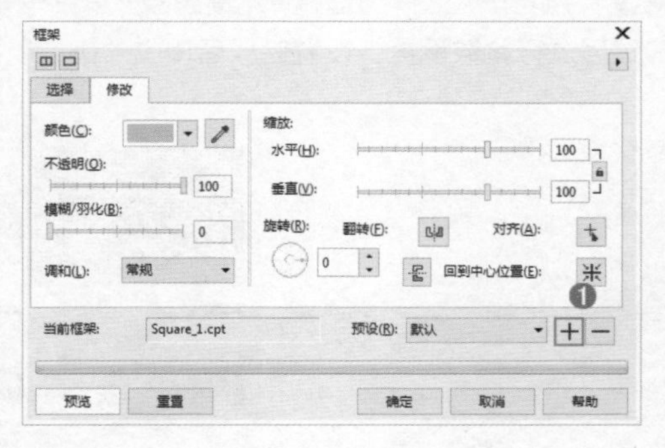

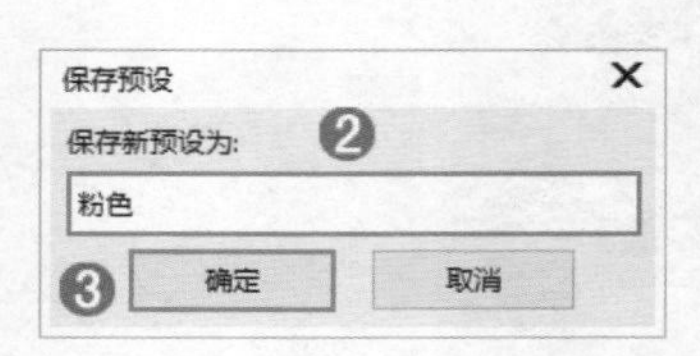

4 预设的选项可以进行删除，先选择相应选项，然后单击"删除"按钮−，在弹出的对话框中单击"是"按钮完成删除操作，如下图所示。

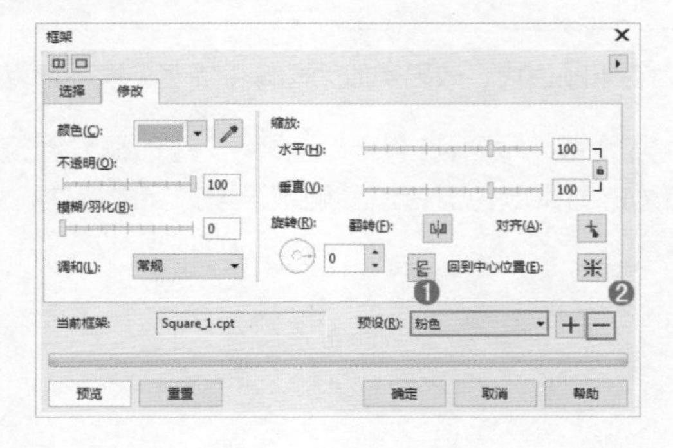

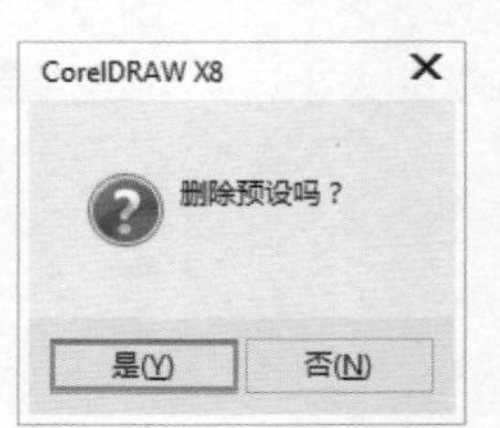

玻璃砖效果

“玻璃砖”命令可以使图像产生透过玻璃看图像的效果。选择位图对象，执行“位图>创造性>玻璃砖”命令，在打开的“玻璃砖”对话框中设置“块宽度”和“块高度”参数，调整璃块状的宽度和高度，设置完成后单击“确定”按钮，如下图所示。

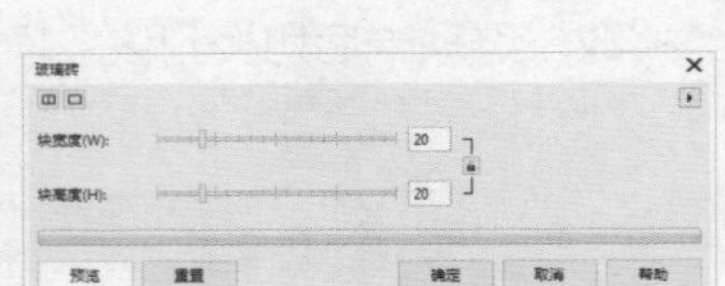

TIP 在“玻璃砖”对话框中单击“锁定”按钮，在改变“块宽度”或“块高度”其中一个数值的同时，另一个也随之改变，如右图所示。

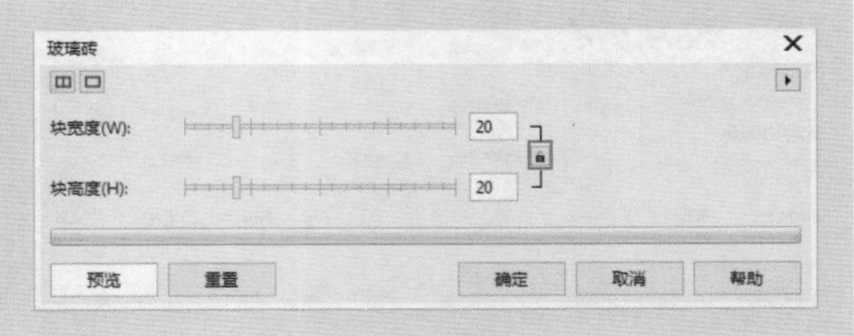

儿童游戏效果

“儿童游戏”命令的使用可以将图像转换为有趣的形状，其中包括了“圆点图案”、“积木图案”、“手指绘图”和“数字绘图”4种效果。选择位图对象，执行“位图>创造性>儿童游戏”命令，打开“儿童游戏”对话框，先选择一个合适的“游戏”选项，然后进行参数设置。设置完成后单击“确定”按钮，如下图所示。

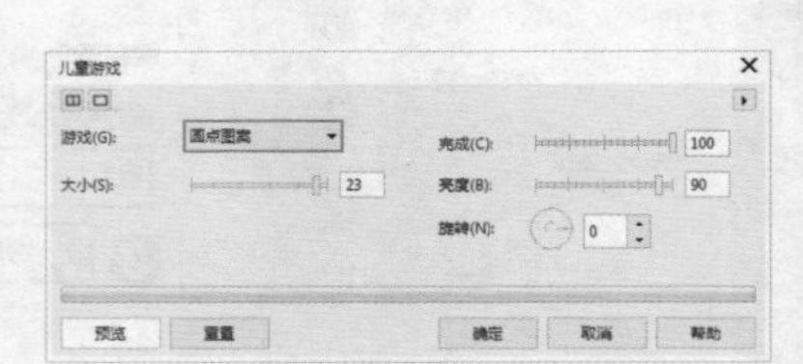

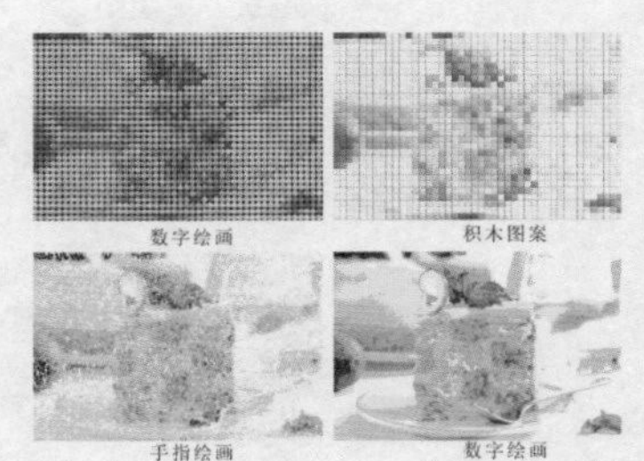

马赛克效果

使用“马赛克”命令可以将图像分割为若干颜色块，效果类似为图像平铺了一层马赛克图案。

1 选择位图对象，执行“位图>创造性>马赛克”命令，打开“马赛克”对话框。调整“大小”的参数值，设置马赛克颗粒的大小，然后选择合适的背景颜色。单击“确定”按钮完成操作，如下图所示。

2 若勾选“虚光”复选框，则会在马赛克效果上添加一个虚光的框架，如下图所示。

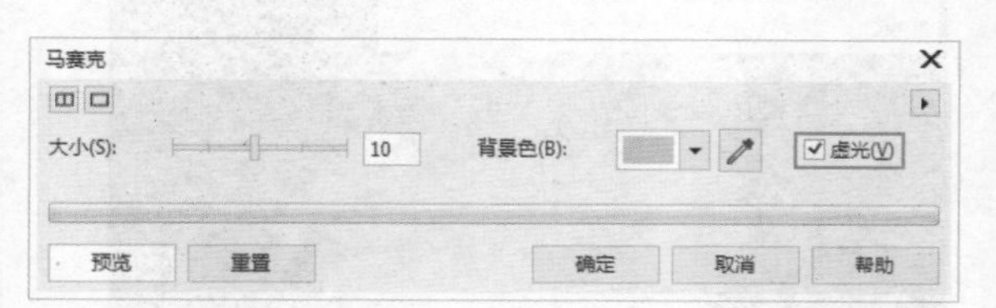

粒子效果

应用“粒子”命令，可以为图像添加星形或气泡两种样式的粒子效果。

1 选择位图对象，执行“位图>创造性>粒子”命令，在打开的“粒子”对话框中选择“星星”单选按钮，为位图图像添加星形粒子效果，然后进行参数的设置，设置完成后单击“确定”按钮，如下图所示。

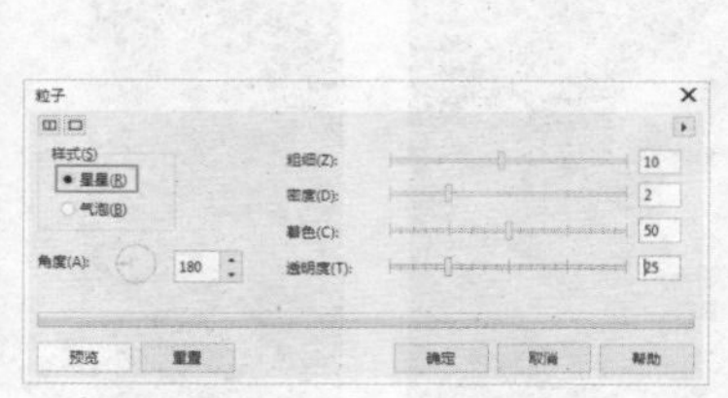

- 粗细：设置微粒的大小，下图为设置不同粗细值的对比效果。

- 密度：设置粒子的数量，下图为设置不同密度值的对比效果。

- 着色：设置粒子的颜色，下图为设置不同着色值的对比效果。

- 透明度：设置粒子的透明度，下图为设置不同透明度的对比效果。

- 角度：设置射到粒子的光线和角度。

2 选择“气泡”单选按钮，可以为位图对象添加气泡粒子效果，如下图所示。

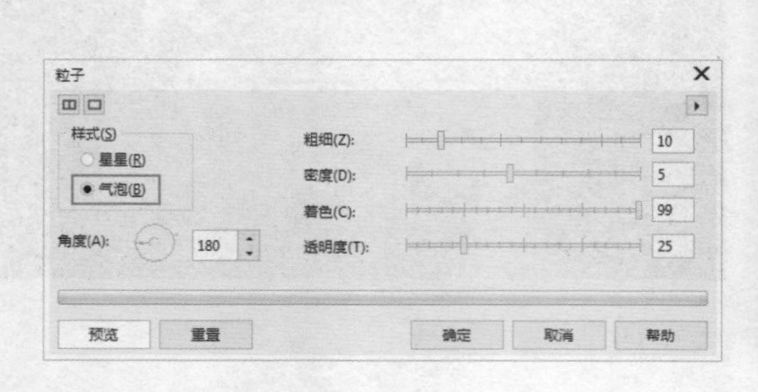

散开效果

“散开”命令可以将图像中的像素进行扩散重新排列，从而产生特殊的效果。选择位图对象，执行“位图>创造性>散开”命令，在打开的“散开”对话框中通过设置“水平”和“垂直”选项，调整散开的方向和大小，设置完成后单击“确定”按钮，如下图所示。

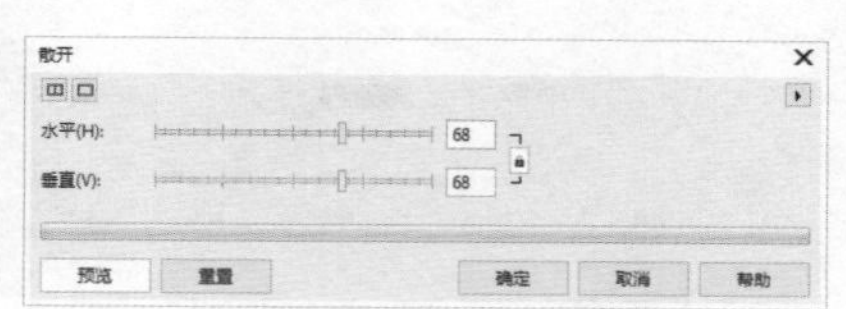

茶色玻璃效果

“茶色玻璃”命令可以在图像上添加一层色彩，产生透过有色玻璃查看图像的效果。选择位图对象，执行“位图>创造性>茶色玻璃”命令，打开“茶色玻璃”对话框，在该对话框中单击“颜色”下拉按钮，选择所需颜色，从而调整“玻璃”的颜色。设置合适的参数后单击“确定”按钮，如下图所示。

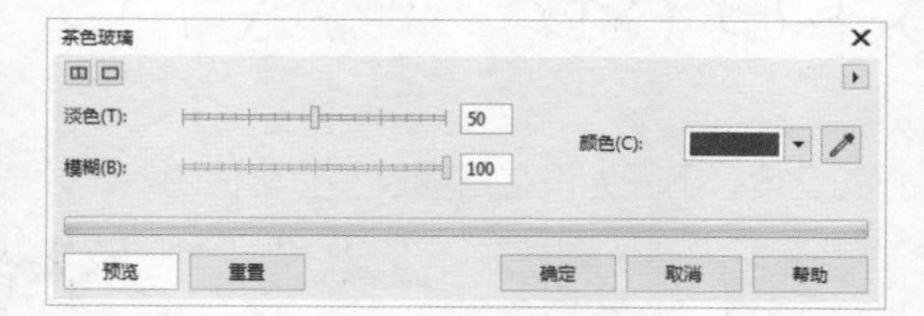

- 淡色：用于设置覆盖在图像上颜色的浓度，数值越大，浓度越高。
- 模糊：用于设置图像的模糊程度，数值越大图像越模糊，数值越小图像越清晰。
- 颜色：单击下拉按钮，可以在拾色器中选择一种颜色作为覆盖在图像上方的颜色，也可以利用后方的“滴管工具”吸取画面中的颜色。

彩色玻璃效果

使用“彩色玻璃”命令可以将图像转换为类似晶体化的玻璃片拼接的效果，同时也可以通过设置参数调整玻璃片间焊接处的颜色和宽度。选择位图对象，执行“位图>创造性>彩色玻璃”命令，在打开的“彩色玻璃”对话框中进行参数的设置，设置完成后单击“确定”按钮，如下图所示。

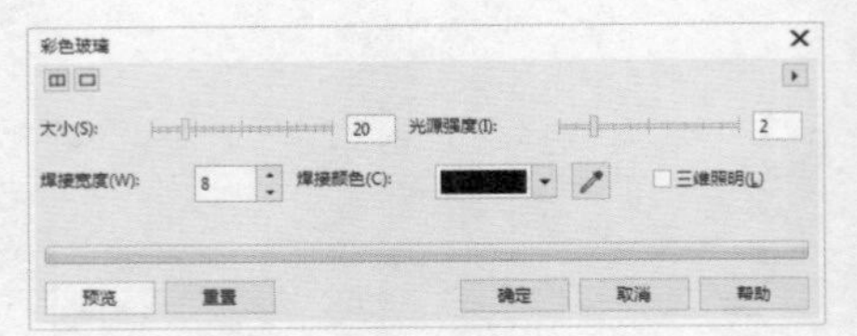

- 大小：设置玻璃块的大小，下图为设置不同大小值的对比效果。

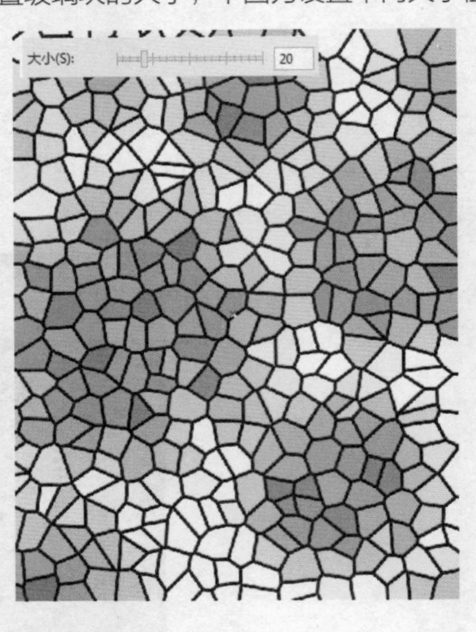

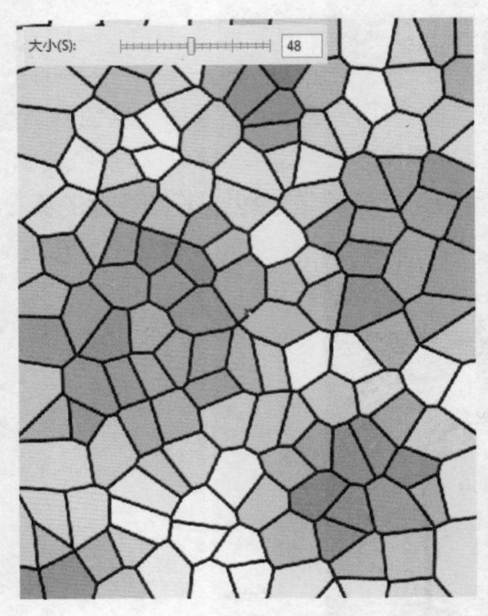

- 光源强度：设置光线的强度。
- 焊接宽度：设置玻璃块边界的宽度，下图为设置不同焊接宽度值的对比效果。

- 焊接颜色：设置玻璃块边界的颜色，单击按钮可以拾取颜色。下图为设置不同焊接颜色的效果。

- 三维照明：创建三维灯光的效果，如下图所示。

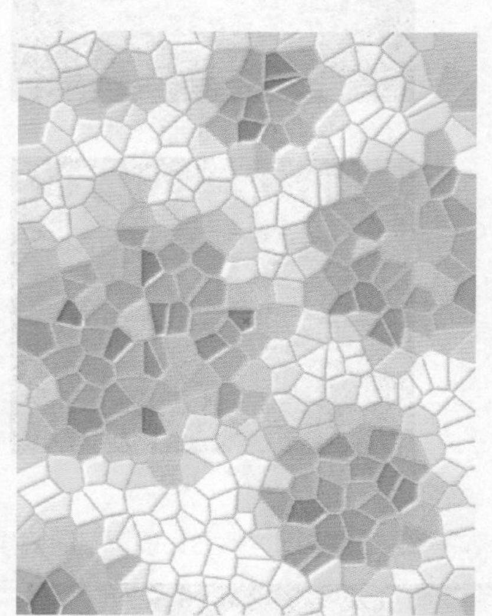

虚光效果

“虚光”命令可以在图像的四周添加一个虚化的“边框”，使图像边缘产生朦胧的效果，常用于模拟照片的暗角效果。选择位图对象，执行“位图>创造性>虚光”命令，在打开的“虚光”对话框中进行参数设置，设置完成后单击“确定”按钮，如下图所示。

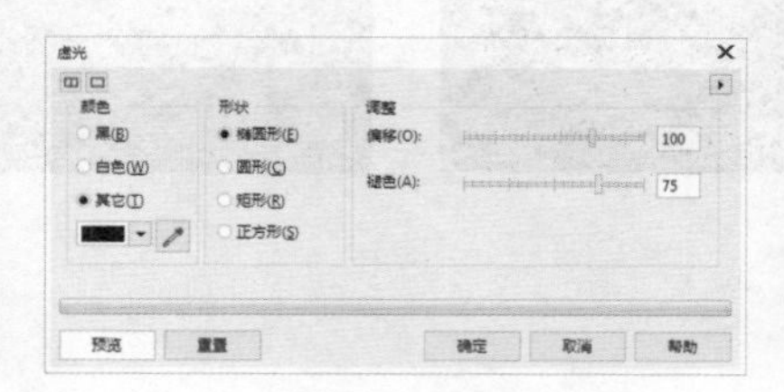

- 颜色：设置边框的颜色，有黑、白和其它三个选项。当选择“黑”单选按钮时，边框颜色为黑色；选择“白”单选按钮时，边框颜色为白色；选择“其它”单选按钮时，可以自定义颜色，如下图所示。

- 形状：设置虚光的形状，有椭圆形、圆形、矩形、正方形四个选项，如下图所示。

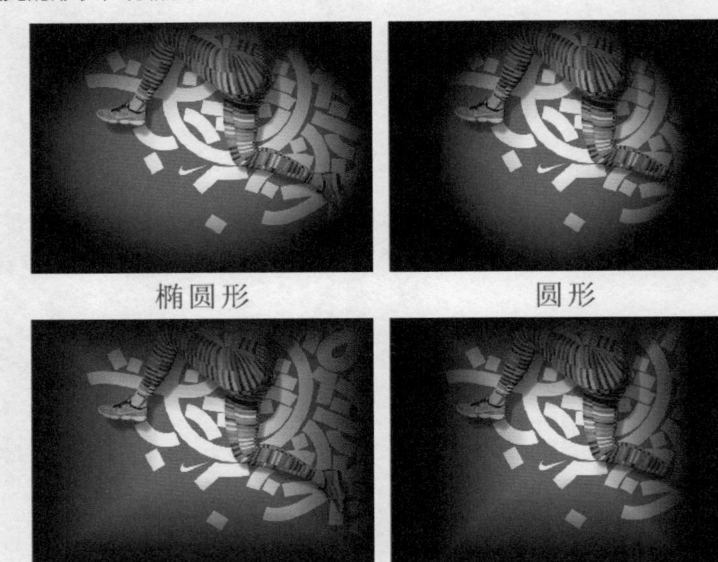

椭圆形　圆形

矩　形　正方形

- 偏移：用来设置虚光的范围，下图为设置不同偏移值的对比效果。

- 褪色：设置虚光边缘的羽化程度，数值越大边缘越柔和。下图为设置不同褪色值的对比效果。

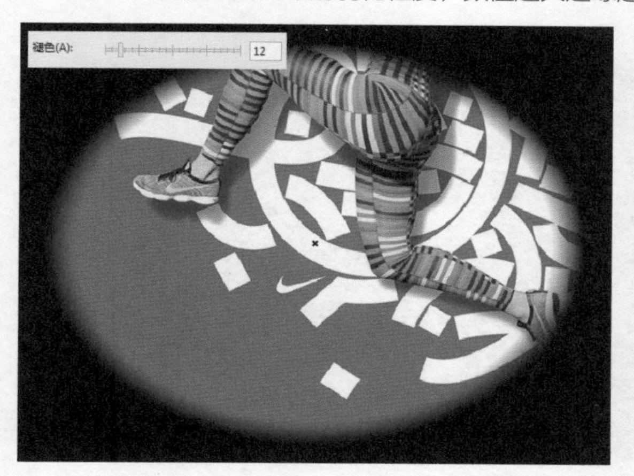

漩涡效果

使用“漩涡”命令可以使图像绕指定的中心产生旋转效果。选择位图对象，执行“位图>创造性>漩涡”命令，打开“漩涡”对话框，在该对话框中选择合适的漩涡样式，然后通过“粗细”选项控制纹理的的粗细，然后调整旋转方向，设置完成后单击“确定”按钮，如下图所示。

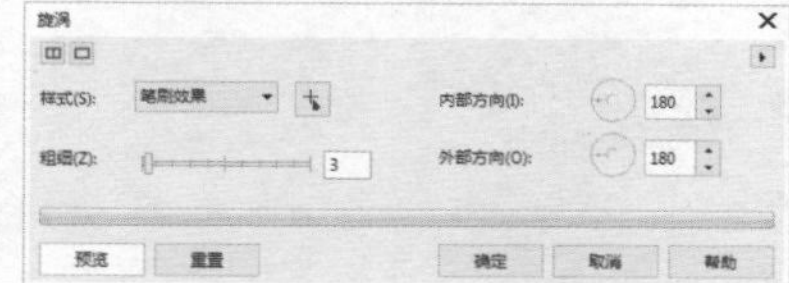

笔刷效果　层次效果

粗　体　细　体

天气效果

使用“天气”命令可以为图像添加“雨”、“雪”或“雾”等自然效果。

1 选择位图对象，执行“位图>创造性>漩涡”命令，在打开的“天气”对话框中选择“雪”单选按钮，能够为画面添加雪花效果，设置完成后单击“确定”按钮完成操作，如下图所示。

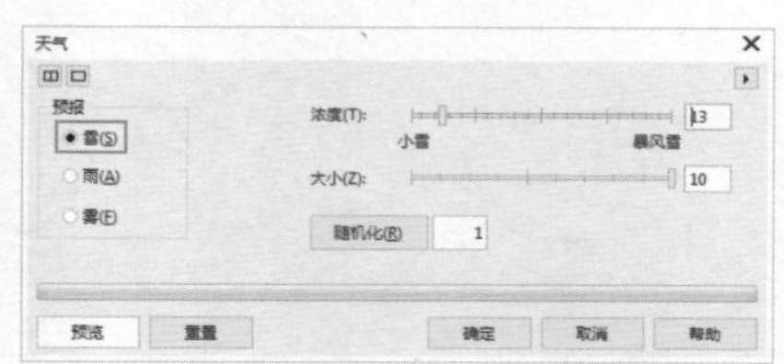

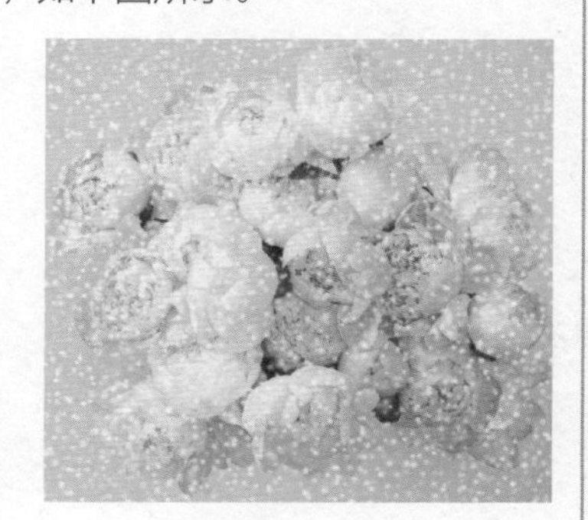

- 浓度：设置气候微粒的密度，下图为不同浓度值的对比效果。

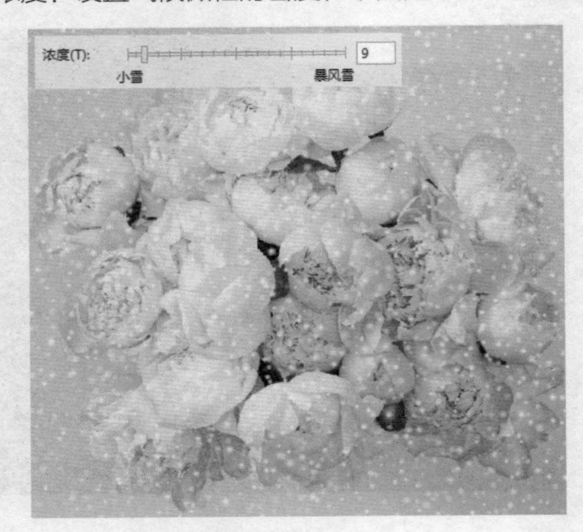

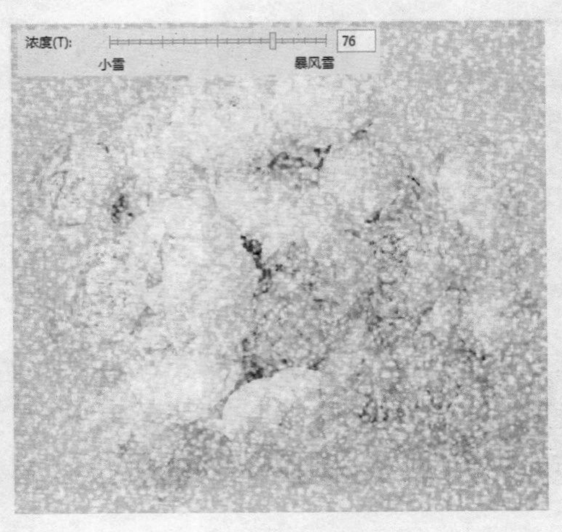

- 大小：设置气候微粒的大小，下图为不同大小值的对比效果。

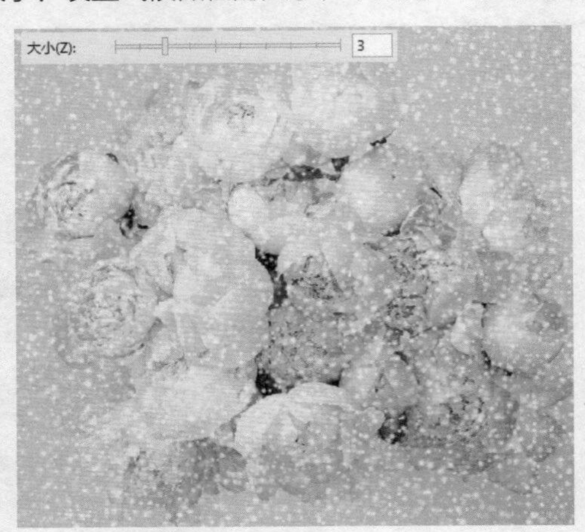

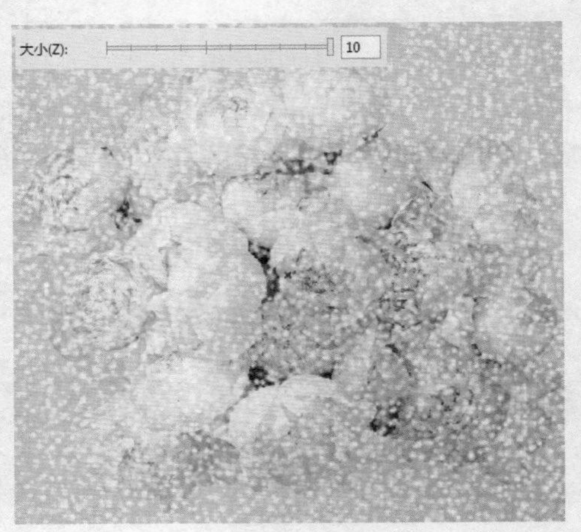

- 随机化：设置微粒的分布效果，单击随机化(R)按钮，可以随机设置参数，还可在后侧的数值框内设置精确的数值。
- 角度：设置微粒的角度。

2 选择“雨”单选按钮，能够通过在画面中添加纵向的纤维感颗粒为画面模拟下雨的效果，如下图所示。

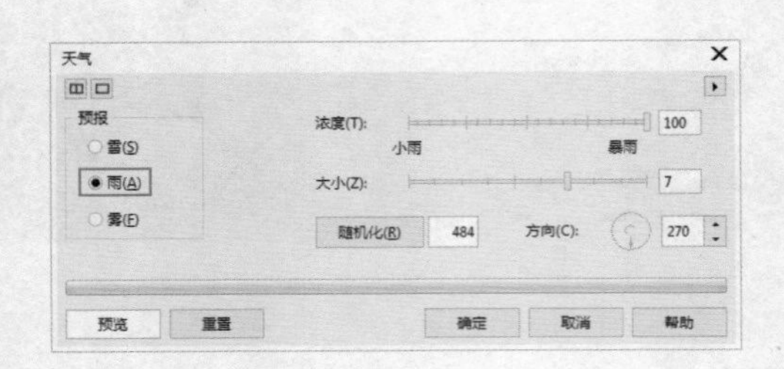

3 选择“雾”复选框，通过在画面中添加大量不规则分布的白色半透明遮挡物，模拟起雾的效果，如下图所示。

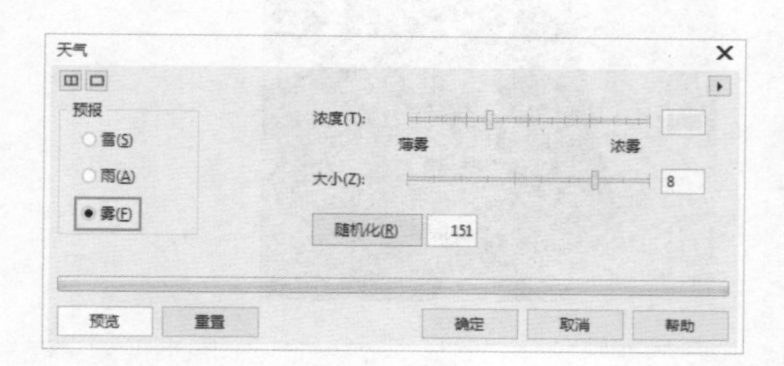

UNIT 73 自定义效果

我们可以将“自定义”的各种效果应用到图像上。首先选中位图图像，然后执行“位图>自定义”命令，在弹出的子菜单中选择Alchemy或者“凹凸贴图”选项，来为图像添加不同的效果，如下图所示。

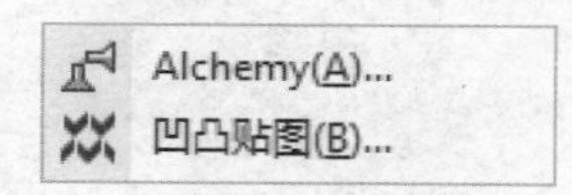

Alchemy效果

使用Alchemy命令，可以通过笔刷笔触将图像转换为艺术笔绘画效果。

1 选择位图对象，执行“位图>自定义>Alchemy”命令，打开Alchemy对话框。在该对话框中进行参数的设置，然后单击“预设”按钮观察效果。

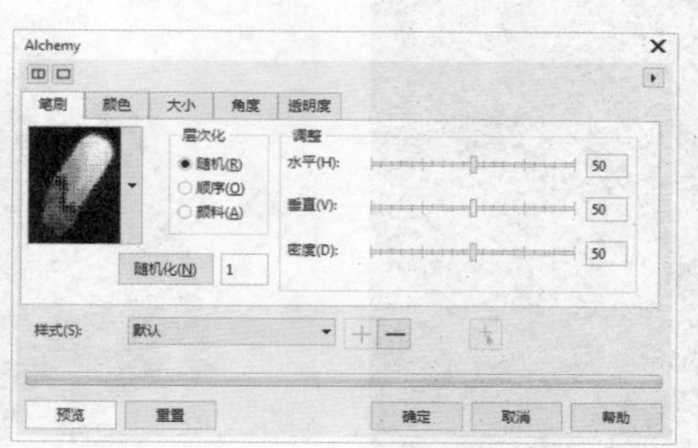

- 笔刷样式：单击笔刷缩览图右侧的下三角按钮▾，在下拉面板中选择一种预设的笔刷样式，如下图所示。

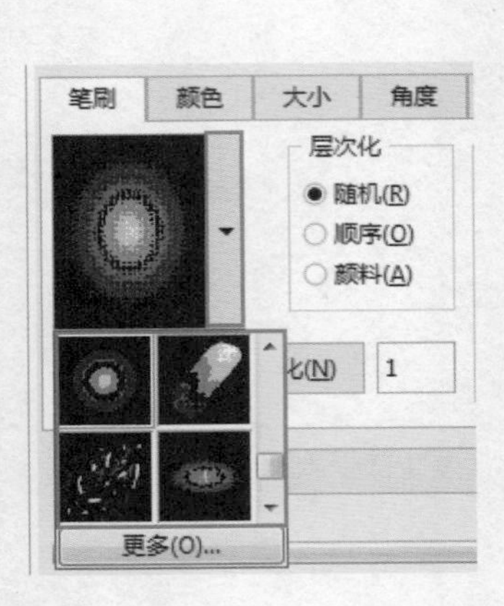

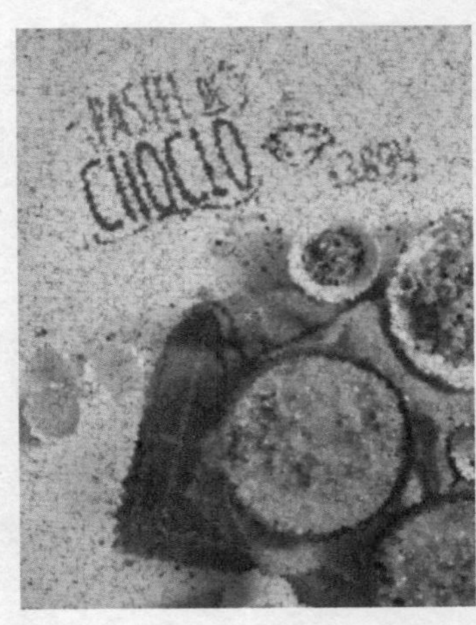

- 层次化：用来设置笔触的排列方式，有“随机”和“顺序”和“颜料”三个选项，下图为选择不同笔触排列方式后的效果。

随机

顺序

颜料

- 水平/垂直：用来调整笔触的方向。
- 密度：调整笔触的密度，数值越大密度就越大，下图为设置不同密度值的对比效果。

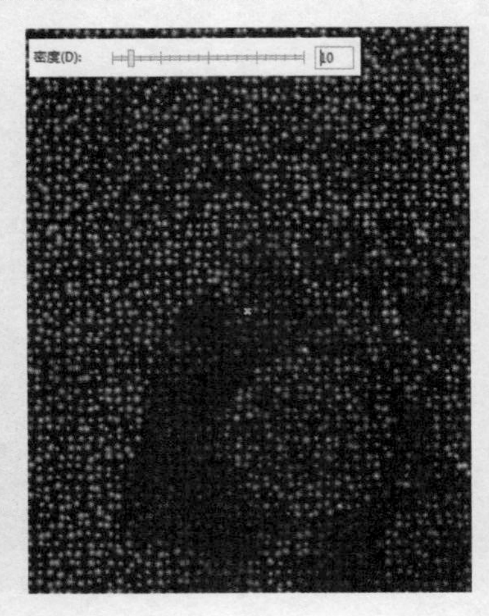

- 随机化：调整笔触的位置。

2 在Alchemy对话框中还能对其它参数进行调整。单击“颜色”选项卡，在该选项卡中的参数主要针对颜色进行调整，如下图所示。

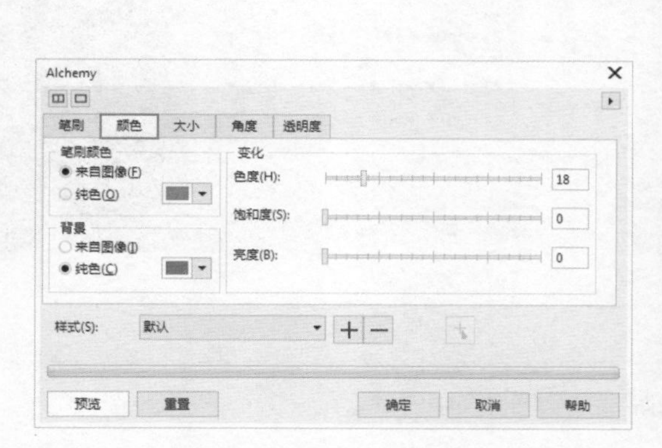

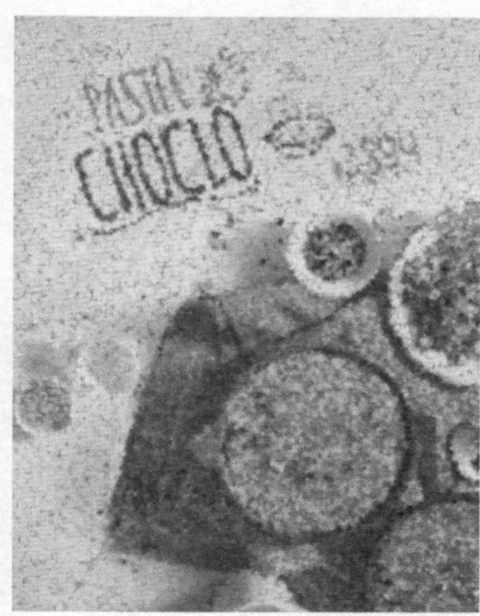

3 切换至“大小”选项卡中，设置笔触的大小，如下图所示。

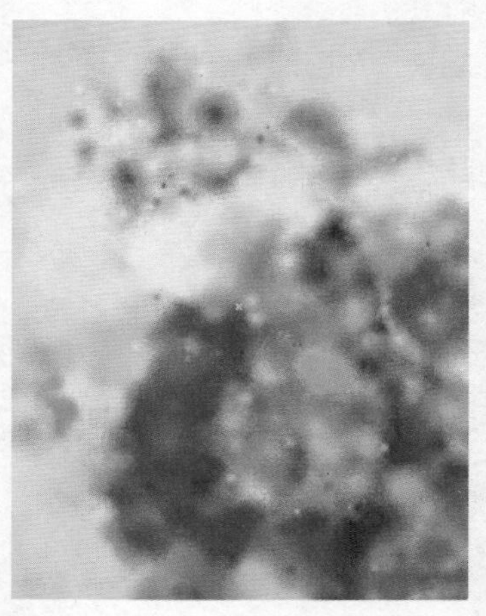

4 切换至“角度”选项卡，对笔触的角度进行调整，如下图所示。

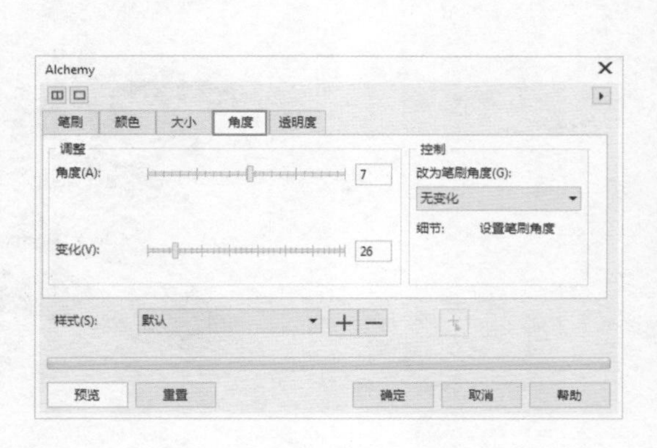

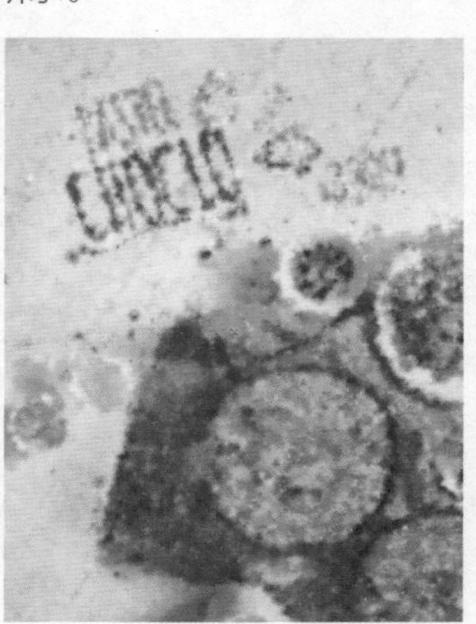

5 切换至“透明度”选项卡，对笔触的半透明效果做出调整，如右图所示。

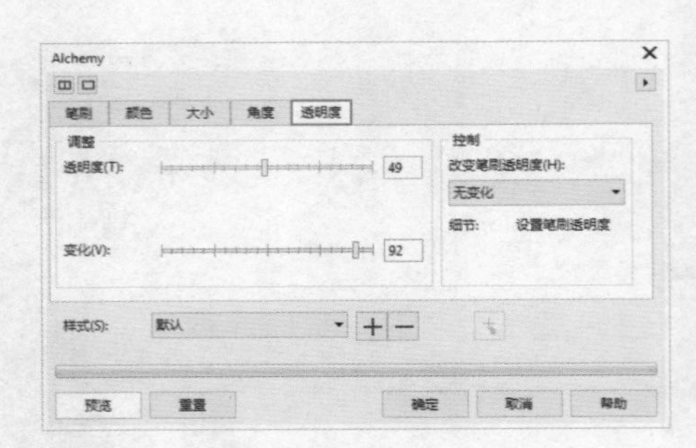

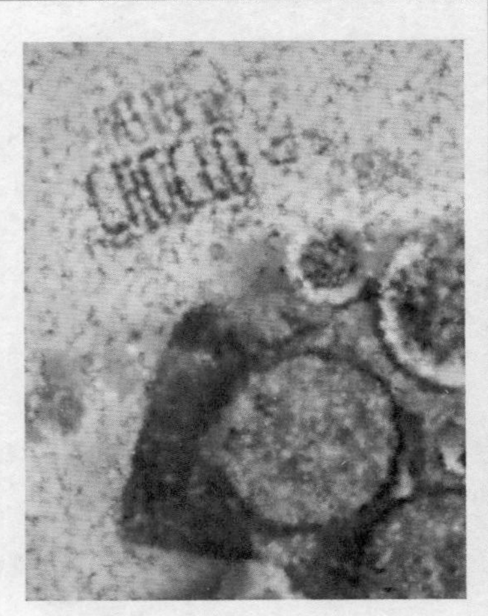

凹凸贴图效果

使用“凹凸贴图”命令，可以将底纹与图案添加到图像当中。

1 选择位图对象，执行“位图>自定义>凹凸贴图”命令，打开“凹凸贴图”对话框，在该对话框中主要对贴图的样式进行选择和调整。选择“伸展合适”单选按钮后，在“样式”下拉列表中选择一个合适的样式。然后在预览窗口中查看效果，如下图所示。

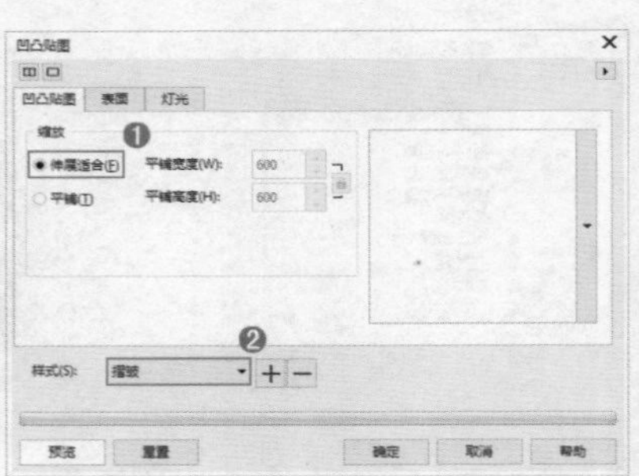

2 若选择“平铺”单选按钮，则会将贴图平铺在位图上。通过调整“平铺宽度”和“平铺高度”的值，设置贴图的大小，如右图所示。

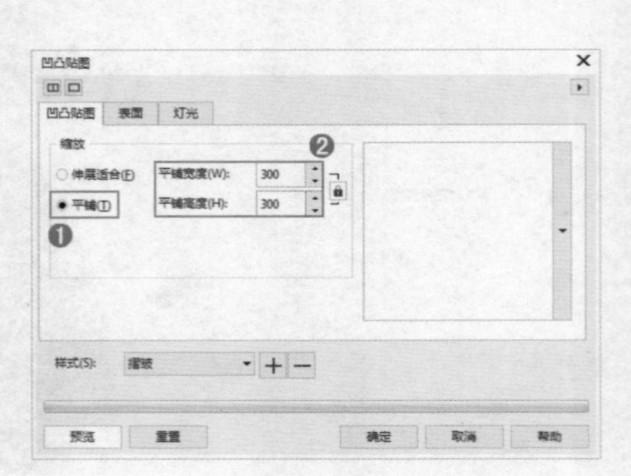

3 切换至“表面”选项卡，该选项卡主要用于设置贴图表面的纹理深度，如下图所示。

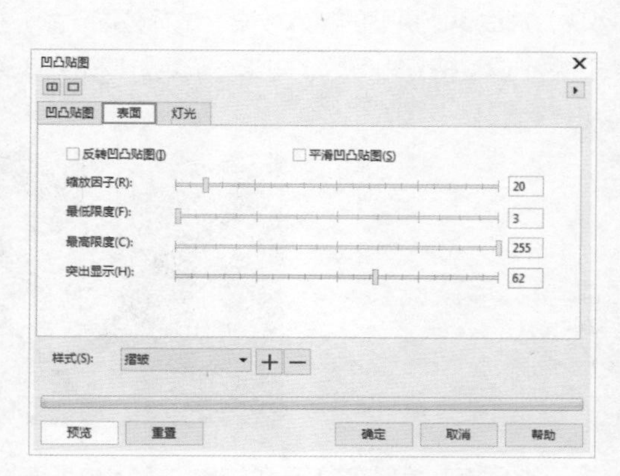

4 切换至“灯光”选项卡，该选项卡主要用来设置贴图的光源的方向、颜色、亮度等属性，如下图所示。

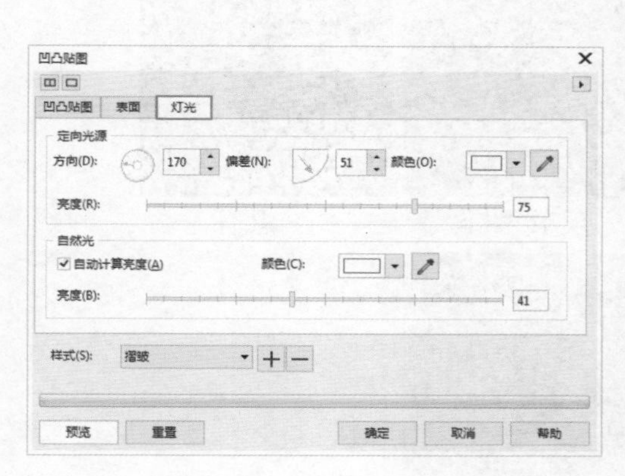

UNIT 74 扭曲效果

使用“扭曲”命令，可以使用不同的方式对位图图像中的像素表面进行扭曲，使画面产生特殊的变形效果。执行“位图>扭曲”命令，查看子菜单中的扭曲效果选项，如下图所示。

块状效果

“块状”命令的运用可以使图像分裂为若干小块，形成类似拼贴的特殊效果。选择位图对象，执行“位图>扭曲>块状”命令，打开“块状”对话框，在该对话框中设置相应的参数，单击“确定”按钮完成操作，如下图所示。

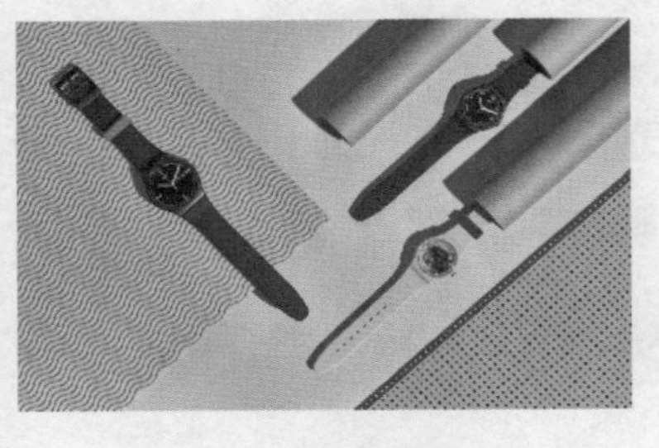

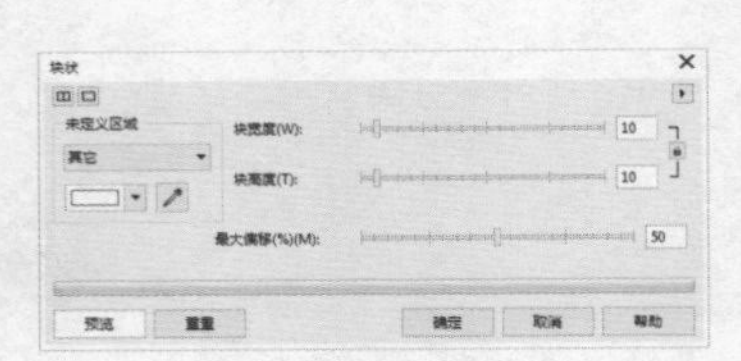

- 未定义区域：该选项用来设置块状图形后方背景的颜色，单击该下三角按钮，在下拉列表中有“原始图像”、“反转图像”、“黑体”、“白色”和“其它”5个选项，下图为选择不同选项的对应效果。

原始图像

反转图像

黑体

白色

其它

- 块宽度/块高度：设置分裂块的大小和形状。
- 最大偏移：设置分裂块之间的距离。

置换效果

“置换”命令可以在原图片和置换图这两个图像之间评估像素颜色的值，并根据置换图的值为图像增加反射点，以改变图像效果。选择位图对象，执行“位图>扭曲>置换”命令，打开“置换”对话框，选择合适的置换图样后调整参数，然后单击“确定”按钮完成操作，如下图所示。

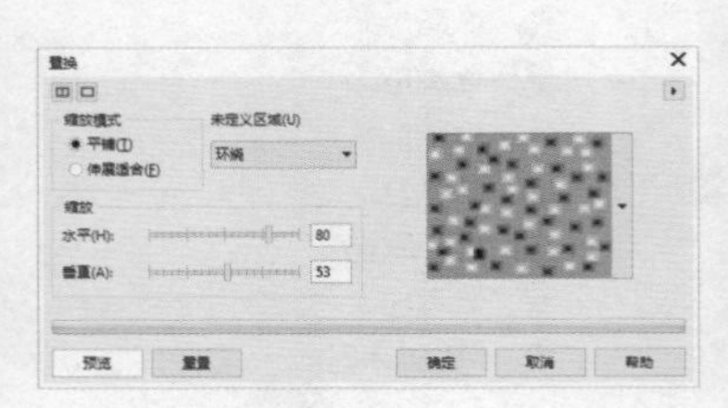

- 样式：设置置换图形的样式，单击缩览图右侧的下三角按钮，在下拉面板中选择合适的置换纹路，如下图所示。

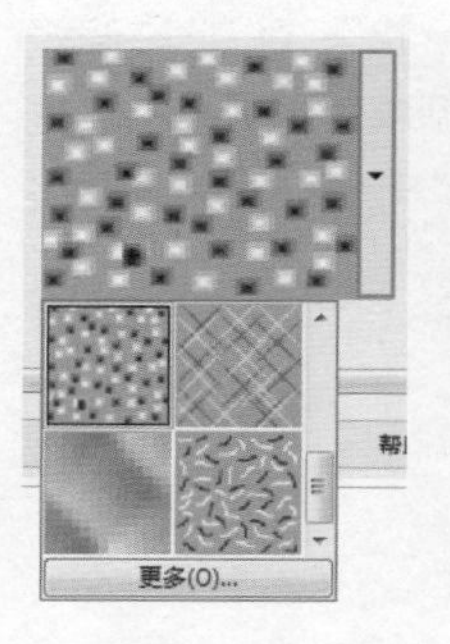

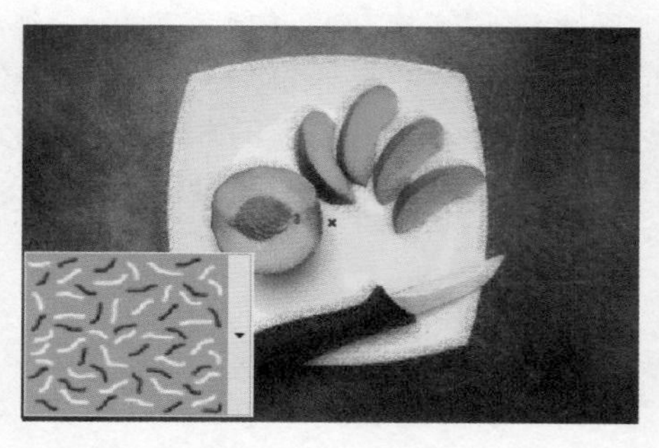

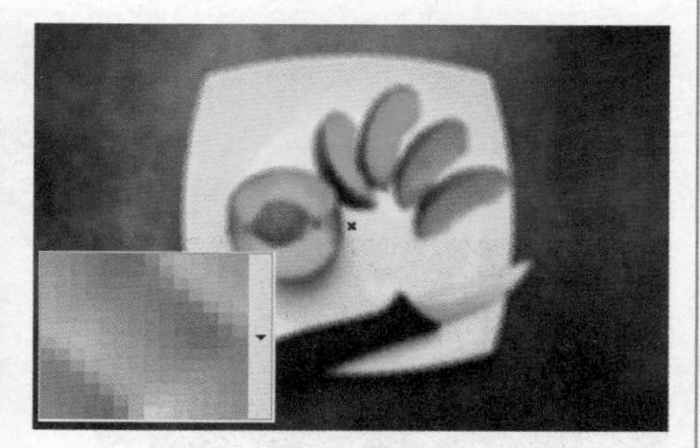

- 缩放模式：设置置换图样的缩放模式，有“平铺”和“伸展适合”两种方式，如下图所示。

平铺

伸展适合

- 水平/垂直：用来设置调整置换图样的大小。

网孔扭曲效果

网孔“扭曲”命令可以使图像按照网格的形状来扭曲，通过调整网格的扭曲形态来调整图像的扭曲效果。选择位图对象，执行“位图>扭曲>网孔扭曲”命令，打开“网孔扭曲”对话框，在“网格线”右侧的数值框中设置网格线的数量，然后在缩览图中拖曳网格点使图像扭曲。设置完成后单击“确定”按钮完成操作，如下图所示。

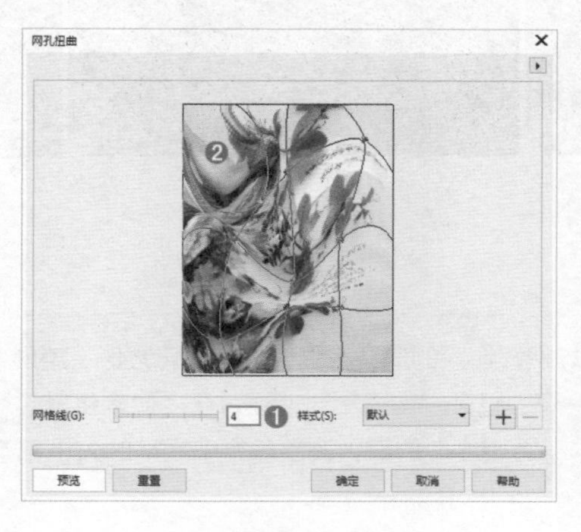

偏移效果

使用“偏移”命令可以按照指定的数值将图像切割成小块，然后使用不同的顺序结合起来，以此来偏移整个图像。选择位图对象，执行“位图>扭曲>偏移”命令，打开“偏移”对话框，然后调整“水平”和“垂直”选项，控制偏移的位置，“未定义区域”选项用来设置“偏移”的方式，其中有“环绕”、“重复边缘”和“颜色”三个选项。设置完成后“单击”确定按钮完成操作，如下图所示。

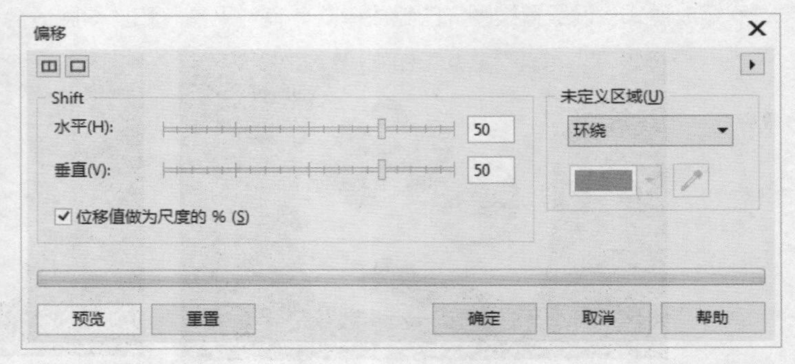

环绕

重复边缘

颜色

像素效果

“像素”命令通过结合并平均相邻像素的值，将图像分割为正方形、矩形或放射状的单元格。选择位图对象，执行“位图>扭曲>像素”命令，打开“像素”对话框，在“像素化模式”选项区域中选择所需选项，然后设置“宽度”、“高度”和“不透明度”的值，调整每个单元格的大小和不透明度。设置完成后单击“确定”按钮完成操作，如下图所示。

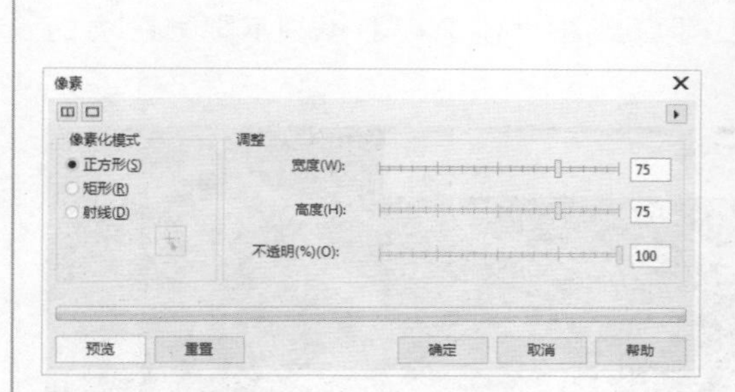

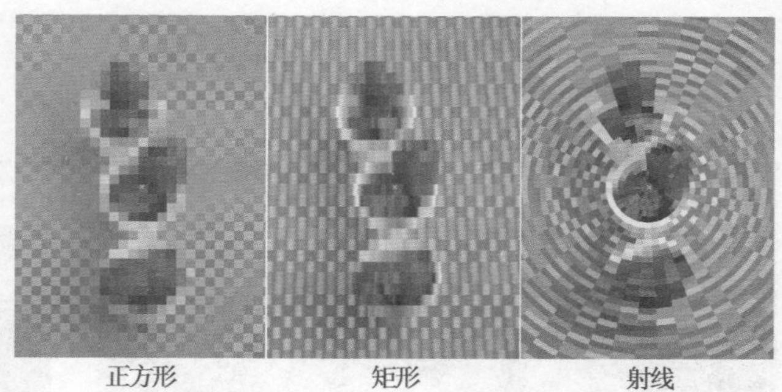
正方形　　矩形　　射线

龟纹效果

“龟纹”命令可以使图像产生上下方向的波浪变形效果。选择位图对象，执行“位图>扭曲>龟纹”命令，打开“龟纹”对话框，在该对话框中进行参数的设置，设置完成后单击“确定”按钮完成操作，如下图所示。

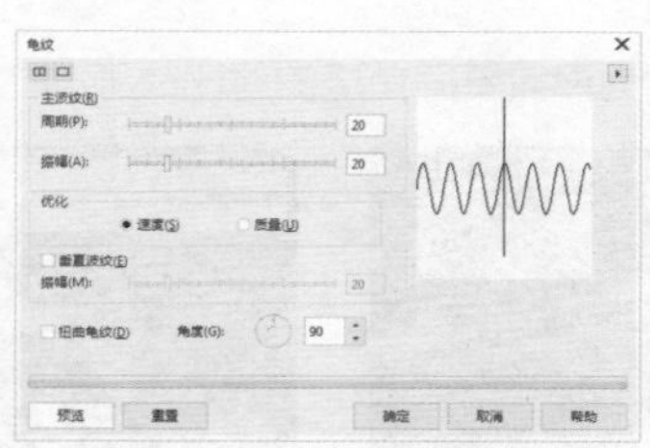

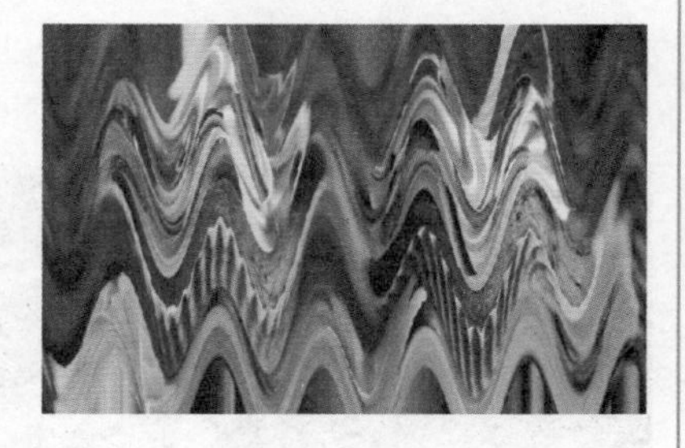

- 周期：用于设置波浪弧度的宽度，下图为设置不同周期参数的对比效果。

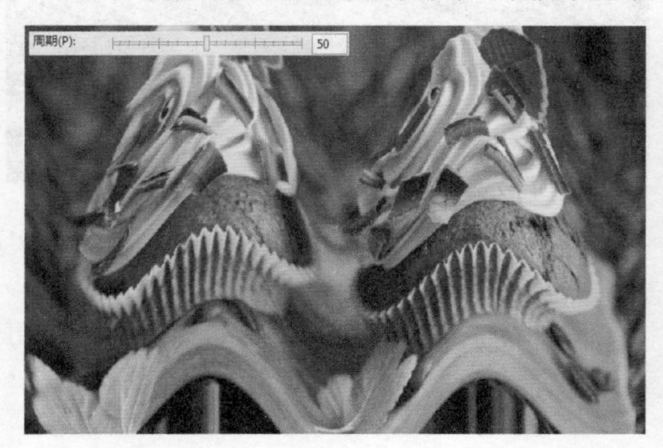

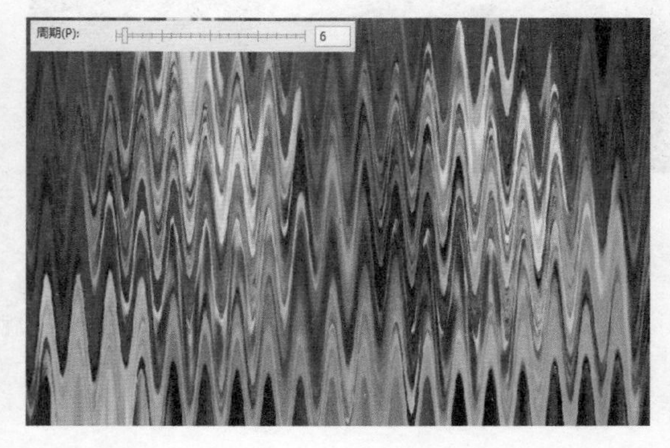

- 振幅：用来设置波浪弧度的高度，下图为设置不同振幅参数的对比效果。

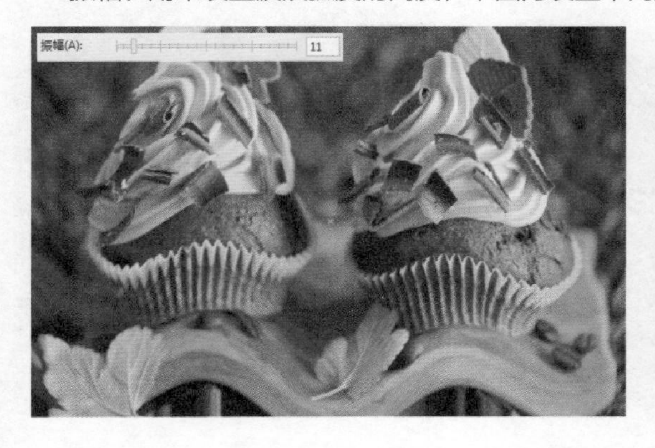

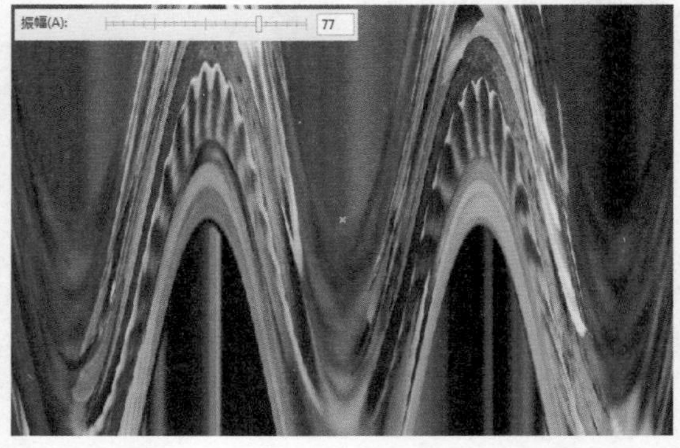

- 优化：设置执行龟纹命令的优先项目，有“速度”和“质量”两个选项。
- 垂直波纹：可以增加垂直的波浪，通过“振幅”选项调整垂直波纹的大小。下图为设置不同振幅参数的对比效果。

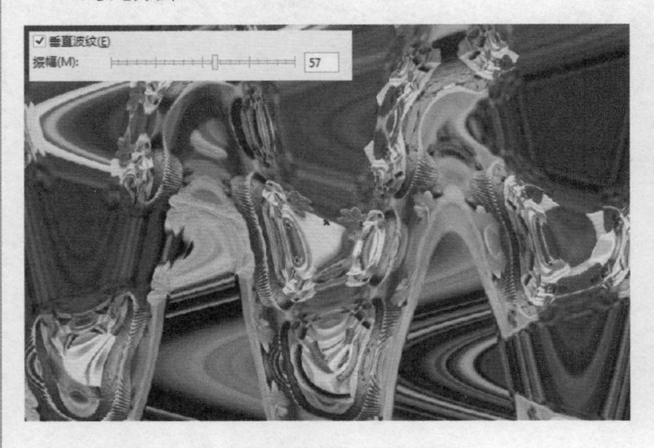

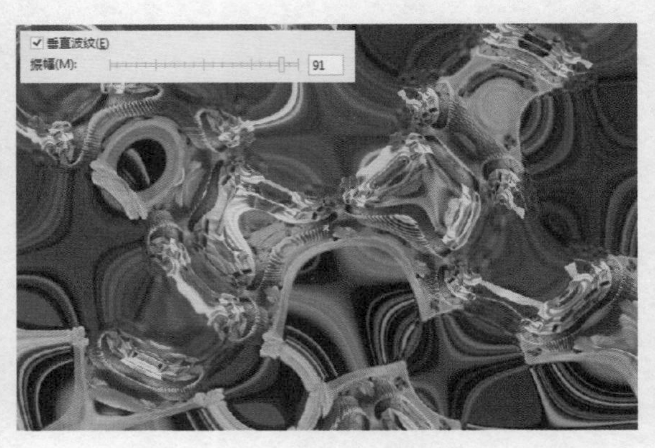

- 扭曲龟纹：进一步设置波纹的扭曲。
- 角度：调整扭曲龟纹的角度，下图为设置不同角度的对比效果。

旋涡效果

使用“旋涡”命令可以使图像按照某个点产生旋涡变形的效果。选择一个位图对象，执行“位图>扭曲>旋涡”命令，打开“旋涡”对话框。在该对话框中设置相应的参数，设置完成后单击“确定”按钮完成操作，如下图所示。

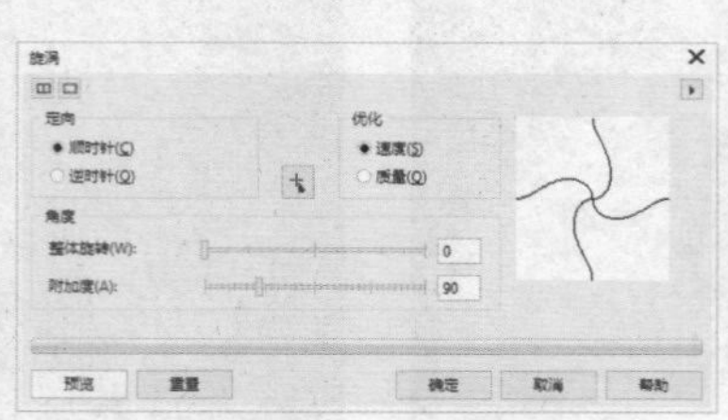

- 定向：用来设置旋涡的方向，有“顺时针”和“逆时针”两个方向。

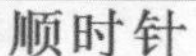

顺时针

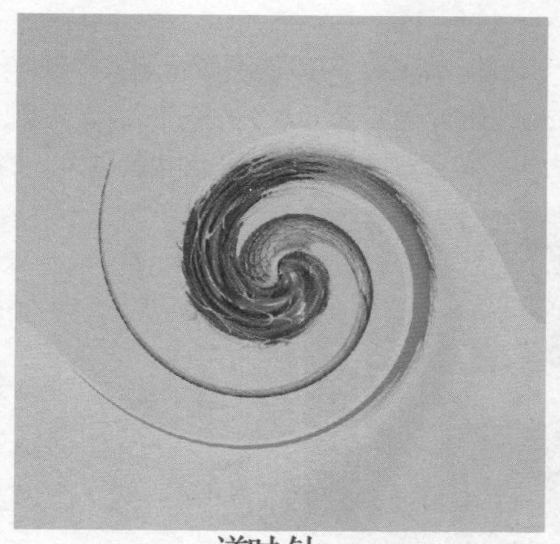

逆时针

- 优化：设置执行旋涡命令的优先项目，有“速度”和“质量”两个选项。
- 角度：设置旋涡的程度，有“整体旋转”和“附加度”两个选项，下图为设置不同参数的对比效果。

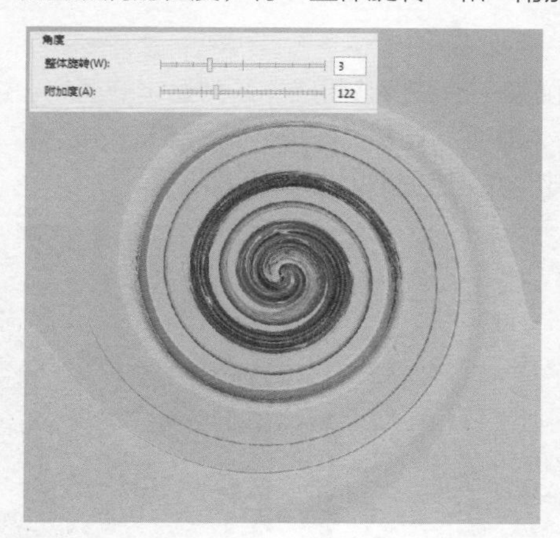

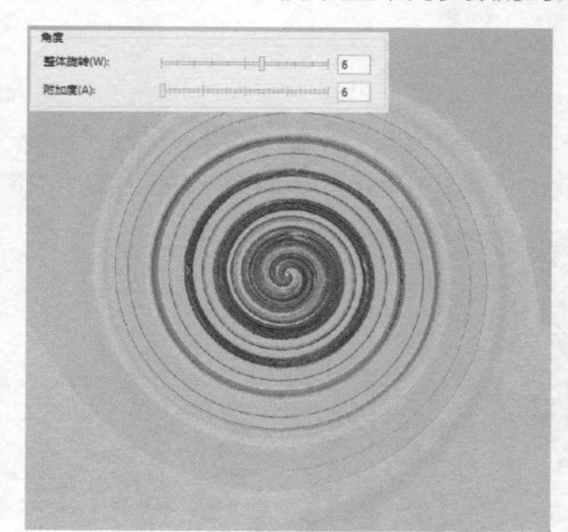

平铺效果

“平铺”命令多用于网页图像背景中，执行该命令可以将图像作为图案平铺在原图像的范围内。选择一个位图对象，执行“位图>扭曲>平铺”命令，打开“平铺”对话框，在该对话框中通过设置“水平平铺”、“垂直平铺”和“重叠”选项，设置横向和纵向图片平铺的数量，设置完成后单击“确定”按钮完成操作，如下图所示。

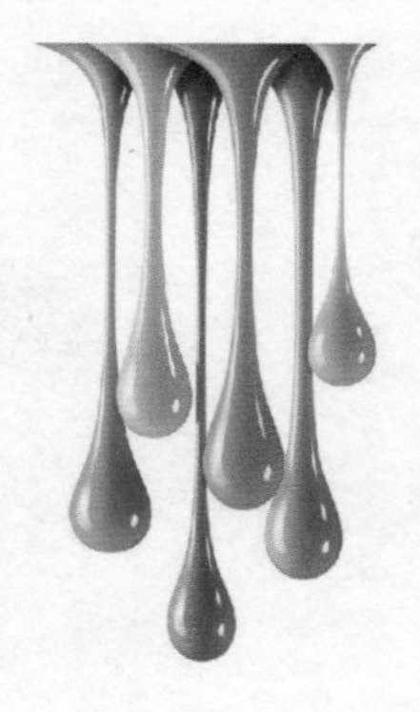

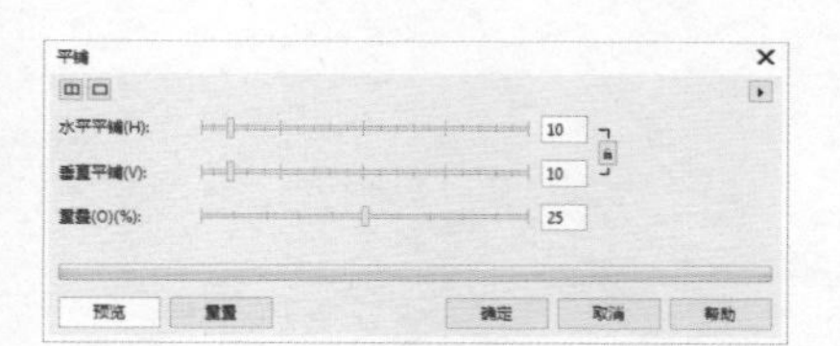

湿笔画效果

执行“湿笔画”命令，可以使图像看起来有颜料流动感的效果，以模拟帆布上颜料的效果。选择位图对象，执行“位图>扭曲>湿笔画”命令，打开“湿笔画”对话框，通过调整“润湿”和“百分比”参数，设置流动感的水滴的大小，其百分比数值越大水滴也就越大。设置完成后单击“确定”按钮完成设置，如下图所示。

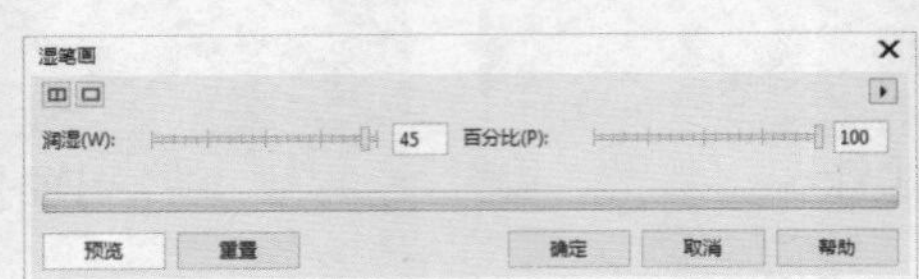

涡流效果

使用“涡流”命令，可以为图像添加流动的旋涡图案，使图像映射成一系列盘绕的涡旋。选择一个位图对象，执行“位图>扭曲>涡流”命令，打开“涡流”对话框，调整“间距”、“擦拭长度”和“扭曲”参数，设置涡旋的间距和扭曲程度，设置完成后单击“确定”按钮完成操作，如下图所示。

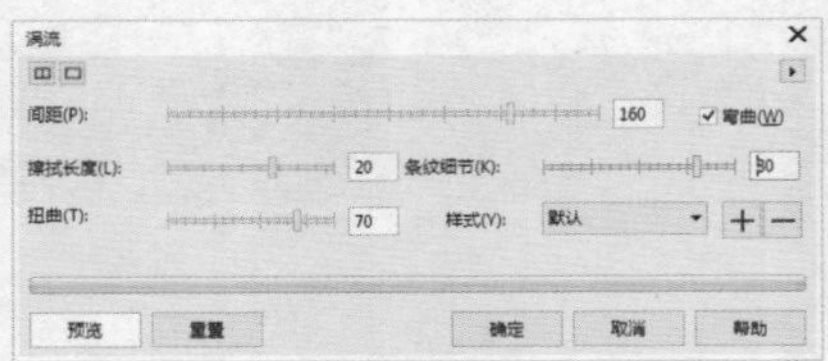

风吹效果

“风吹效果”命令可以为图像制作出物体被风吹动后形成的拉丝效果。选择位图图像，执行“位图>扭曲>风吹效果”命令，打开“风吹效果”对话框，“浓度”和“不透明”选项用来设置风的强度以及风吹效果的不透明程度，“角度”选项用来设置风吹效果的方向，设置完成后单击“确定”按钮完成操作，如下图所示。

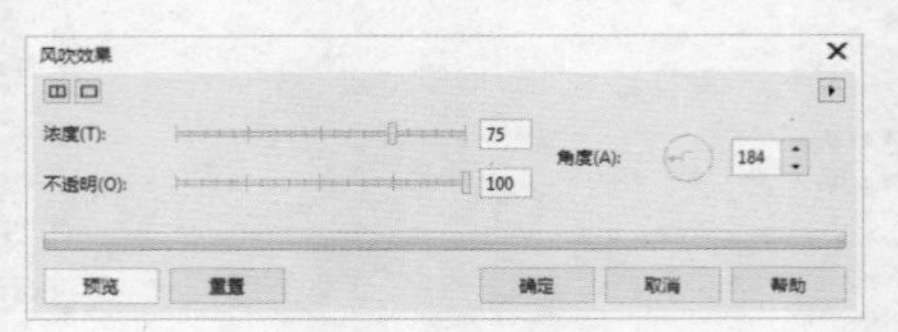

UNIT 75 杂点效果

杂点效果可以为图像添加或减少图像中的像素点。执行“位图>杂点”命令，在子菜单中查看杂点效果的相关选项，如下图所示。

添加杂点(A)...
最大值(M)...
中值(E)...
最小(I)...
去除龟纹(R)...
去除杂点(N)...

添加杂点效果

使用“添加杂点”命令，可以为图像添加颗粒状的杂点，常用于模拟做旧效果。

1 选择位图对象，执行“位图>杂点>添加杂点”命令，打开“添加杂点”对话框。选择“高斯式”单选按钮，然后调整“层次”和“密度”值，设置杂点的数量。设置完成后单击“预览”按钮预览图像，如下图所示。

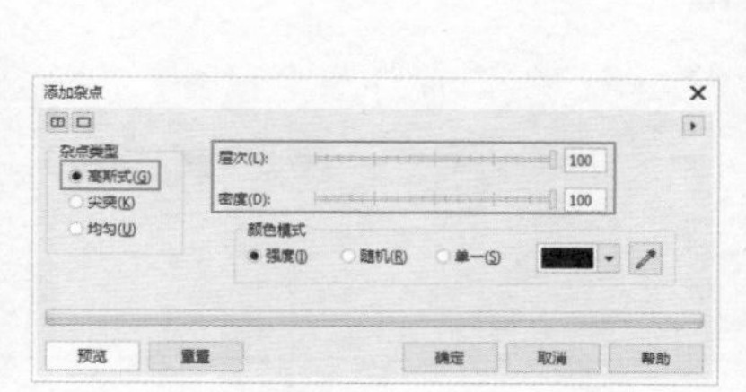

2 选择“尖突”单选按钮，然后调整“层次”和“密度”值，设置完成后单击“预览”按钮进行图像的预览，如下图所示。

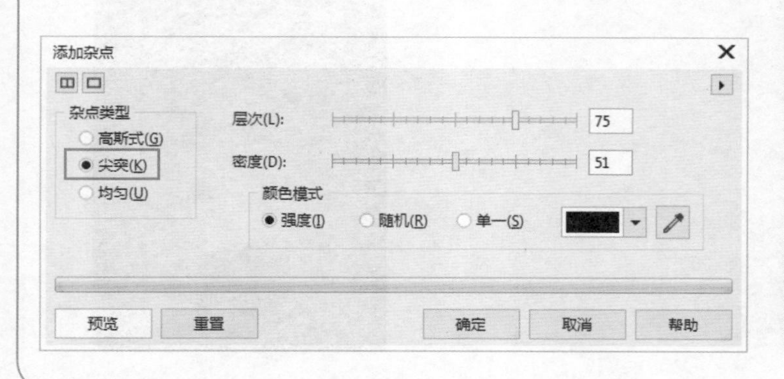

3 勾选“平均”，然后调整“层次”和“密度”，设置完成后单击“预览”按钮进行预览。如下图所示。

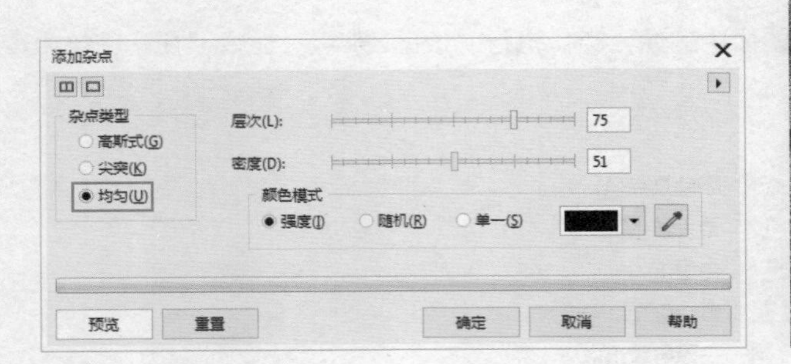

最大值效果

“最大值”命令是根据位图最大值暗色附近的像素颜色修改其颜色值，以匹配周围像素的平均值。选择位图对象，执行“位图>杂点>最大值”命令，打开“最大值”对话框，通过设置“百分比”和“半径”选项，调整图像像素颗粒的大小，设置完成后单击确定完成操作，如下图所示。

中值效果

中值效果是通过平均图像中像素的颜色值来消除杂点和细节。选择位图对象，执行“位图>杂点>中值”命令，打开“中值”对话框，调整“半径”选项，来设置图像中的杂点像素的大小，设置完成后单击“确定”按钮完成操作，如下图所示。

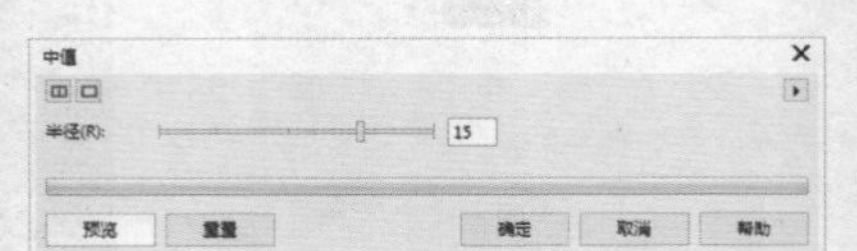

最小效果

“最小”命令可以通过将像素变暗去除图像中的杂点和细节。选择位图对象，执行“位图>杂点>最小”命令，打开“最小”对话框，调整“百分比”和“半径”选项，设置其像素颗粒的大小。设置完成后单击“确定”按钮完成操作，如下图所示。

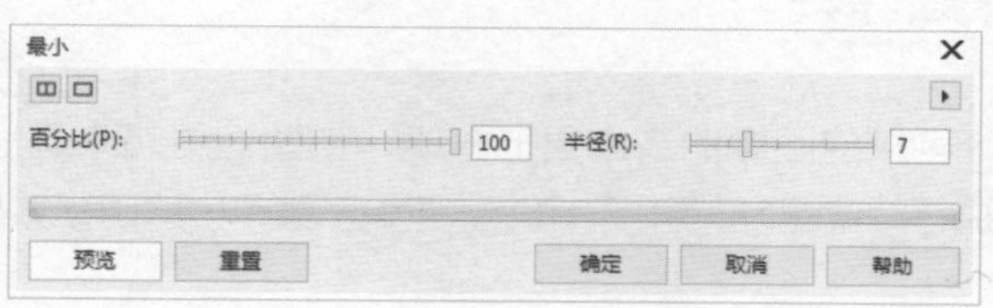

去除龟纹效果

“去除龟纹”效果可以去除在扫描的半色调图像中出现的龟纹图案，去除龟纹的同时会去掉更多的图案，同时也会产生更多的模糊效果。选择位图对象，执行“位图>杂点>去除龟纹”命令，打开“去除龟纹”对话框，设置“数量”选项，调整去除杂点的数量；设置“缩减分辨率”选项，调整输出分辨率数值，设置完成后单击“确定”按钮完成操作，如下图所示。

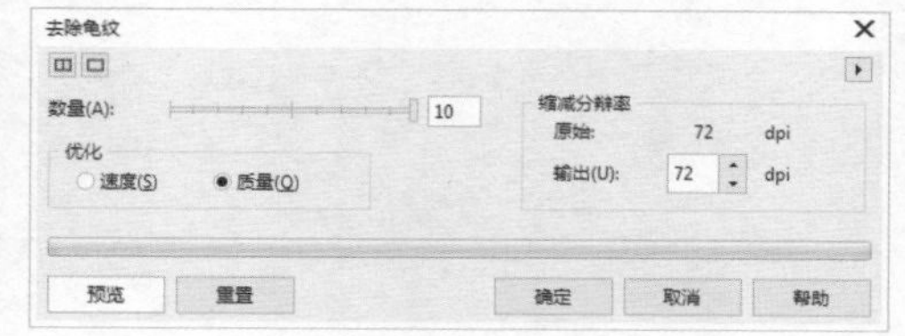

去除杂点效果

“去除杂点”命令的运用可以去除扫描图像或者抓取的视频图像中的杂点，从而使图像变的更为柔和。选择位图图像，执行“位图>杂点>去除杂点”命令，打开“去除杂点”对话框。默认情况下会自动去除杂点。取消勾选“自动”复选框，可以手动调整“阙值”选项，该选项用来设置图像杂点的平滑程度。设置完成后单击“确定”按钮完成操作，如下图所示。

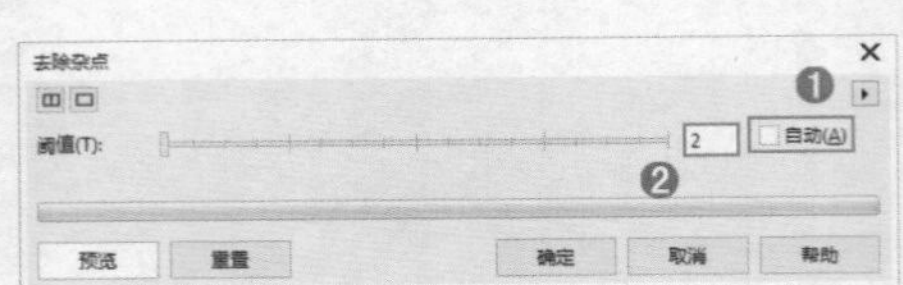

UNIT 76 鲜明化效果

使用“鲜明化”命令可以使图像的边缘更加鲜明，使图像看起来更加清晰，并带来更多的细节。首先选中位图，然后执行“位图>鲜明化”命令，查看子菜单中鲜明化效果的选项，如下图所示。

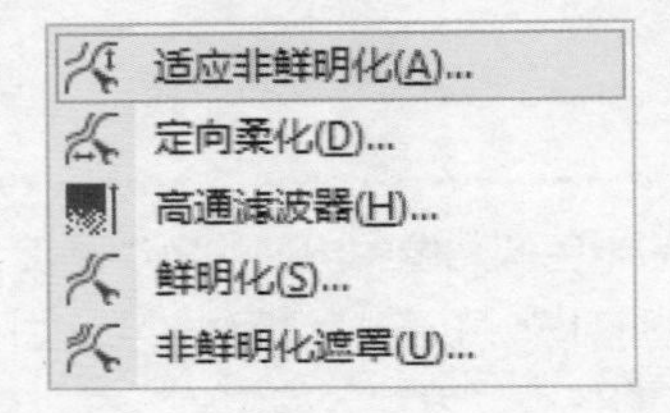

适应非鲜明化效果

“适应非鲜明化”命令可以通过对相邻像素的分析，使图像边缘的细节更加突出。选择位图对象，执行“位图>鲜明化>适应非鲜明化”命令，打开“适应非鲜明化”对话框，调整“百分比”选项，设置边缘细节的程度，该选项对于高分辨率的图像，效果并不明显。设置完成后单击“确定”按钮完成操作，如下图所示。

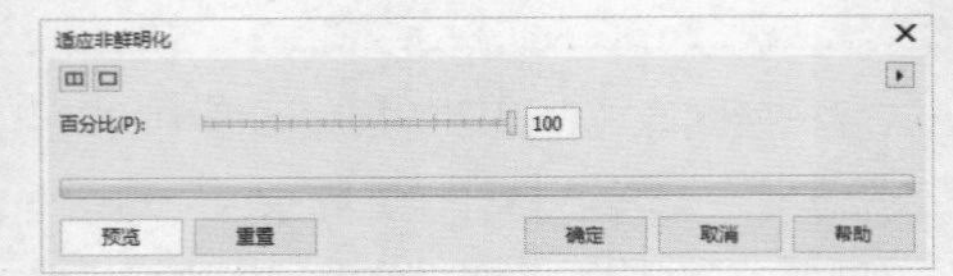

定向柔化效果

“定向柔化”命令是通过分析图像中边缘部分的像素来确定柔化效果的方向。选择一个位图对象，执行“位图>鲜明化>定向柔化”命令，打开“定向柔化”对话框，调整“百分比”选项，设置边缘细节的程度，这种效果可以使图像边缘变得鲜明。设置完成后单击“确定”按钮完成操作，如下图所示。

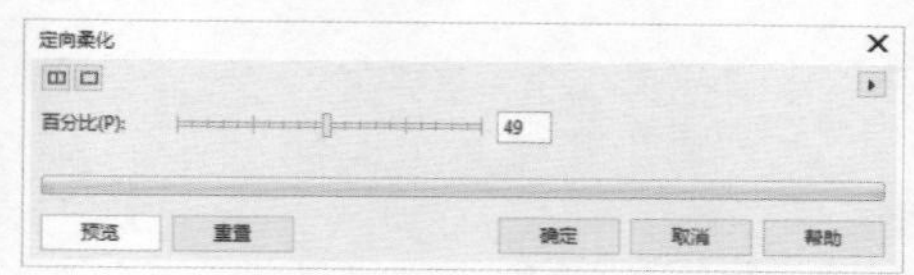

高通滤波器效果

“高通滤波器”命令的应用是通过去除明暗反差小的区域，并突出图像中的高光区域来消除图像的细节。选择位图对象，执行“位图>鲜明化>高通滤波器”命令，打开“高通滤波器”对话框，调整“百分比”和“半径”选项，设置高通效果的强度和颜色渗出的距离，设置完成后单击“确定”按钮完成操作，如下图所示。

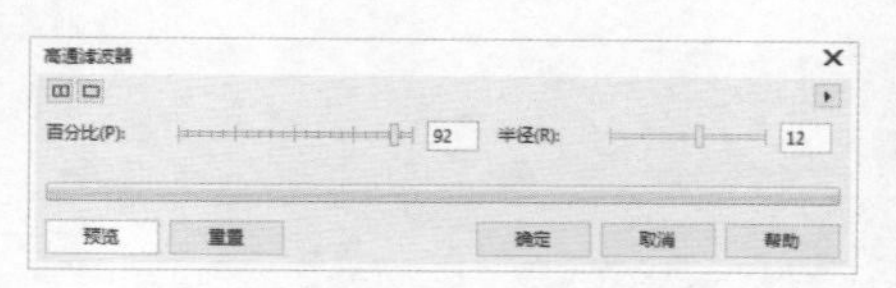

鲜明化效果

“鲜明化”命令的使用是通过提高相邻像素之间的对比度来突出图像的边缘，使图像轮廓更加鲜明。选择位图对象，执行“位图>鲜明化> 鲜明化”命令，打开“鲜明化”对话框。调整“边缘层次”和“阈值”选项，设置跟踪图像边缘的强度及边缘检测后剩余图像的多少。设置完成后单击“确定”按钮完成操作，如下图所示。

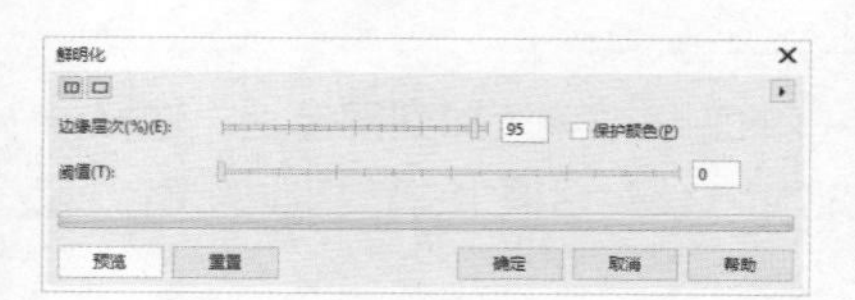

TIP 在“鲜明化”对话框中勾选“保护颜色”复选框，可以将“鲜明化”效果应用于画面像素的亮度值，而保持画面像素的颜色值不发生过度的变化，如右图所示。

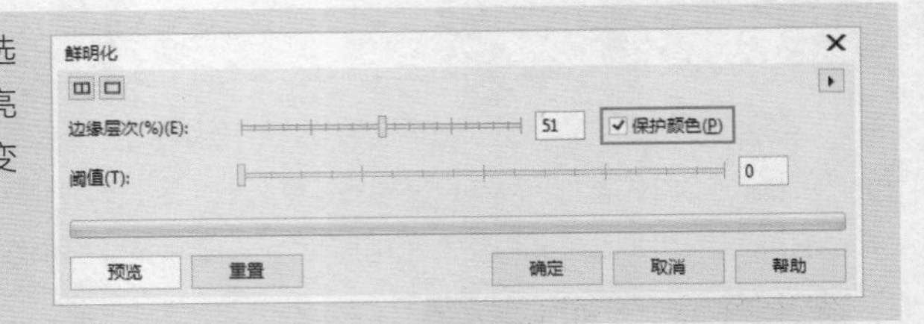

非鲜明化遮罩效果

“非鲜明化遮罩”效果的应用可以使图像的边缘以及某些模糊的区域变得更加鲜明。选择位图对象，执行“位图>鲜明化>非鲜明化遮罩”命令，打开“非鲜明化遮罩”对话框，设置“百分比”、“半径”和“阙值”参数，调整图像遮罩的大小及边缘检测后剩余图像的多少。设置完成后单击“确定”按钮完成操作。

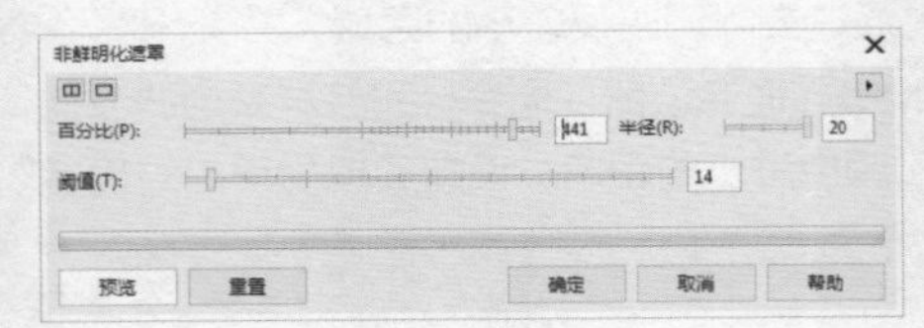

UNIT 77 底纹效果

“底纹”命令可以通过模拟各种事物表面，如“鹅卵石”，“褶皱”，“塑料”以及“浮雕”等效果添加底纹到图像上。首先选中位图，然后执行“位图>底纹”命令，在子菜单中查看底纹效果的相关选项，如下图所示。

鹅卵石效果

“鹅卵石”命令是将鹅卵石拼接的底纹效果添加到图像上。选择一个位图对象，执行“位图>底纹>鹅卵石”命令，打开“鹅卵石”对话框，在该对话框中进行相应的设置，设置完成后单击“确定”按钮完成操作，如下图所示。

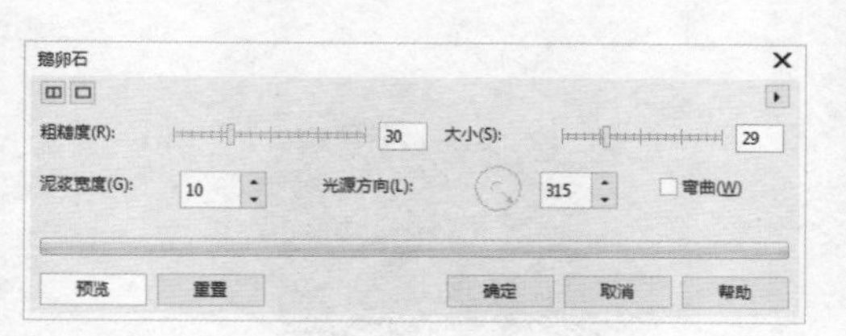

- 粗糙度：用来设置底纹效果的粗糙程度，数值越大效果就越粗糙，下图为设置不同粗糙度的对比效果。

- 泥浆宽度：设置底纹接缝位置的宽度，数值越大其宽度就越宽，下图为设置不同泥浆宽度的对比效果。

- 大小：设置每块鹅卵石的大小，下左中图为设置不同大小参数的对比效果。
- 光源方向：设置光照的方向。
- 弯曲：设置拼接位置为曲线，如下右图所示。

折皱效果

“折皱”命令能够将带有褶皱感的底纹效果添加到图像上。选择一个位图对象，执行“位图>底纹>折皱”命令，打开“折皱”对话框。通过设置“年龄”选项设置折皱的多少，然后在“随机化”数值框内输入相应的数值，控制折皱的数量，然后设置合适的颜色，单击“确定”按钮完成操作，如下图所示。

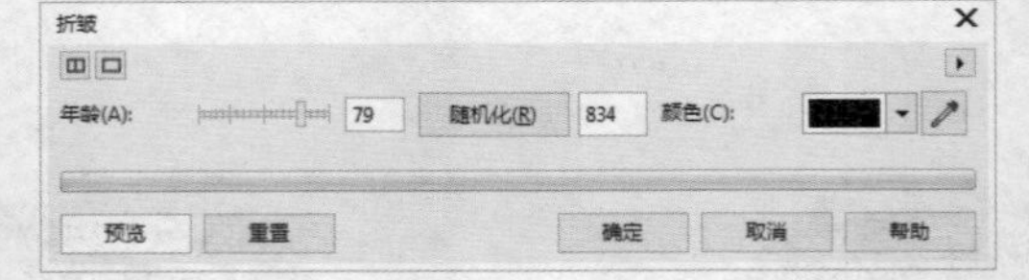

蚀刻效果

“蚀刻”命令可以使图像产生一种被蚀刻了的金属板效果。选择一个位图对象，执行“位图>底纹>蚀刻”命令，打开“蚀刻”对话框。然后进行参数设置，设置完成单击“确定”按钮完成操作，如下图所示。

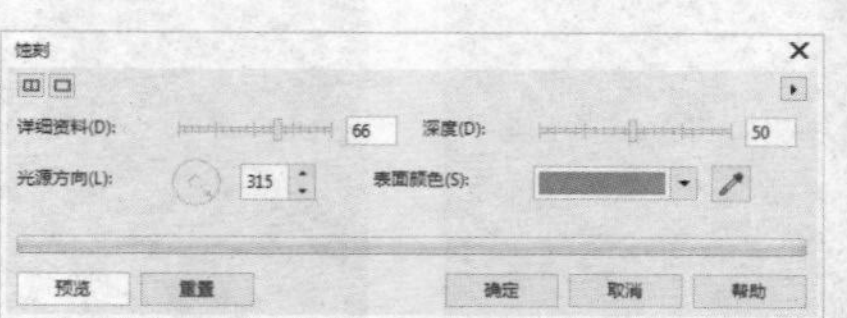

- 详细资料：设置蚀刻的精细程度，数值越大细节越丰富，下图为设置不同参数的对比效果。

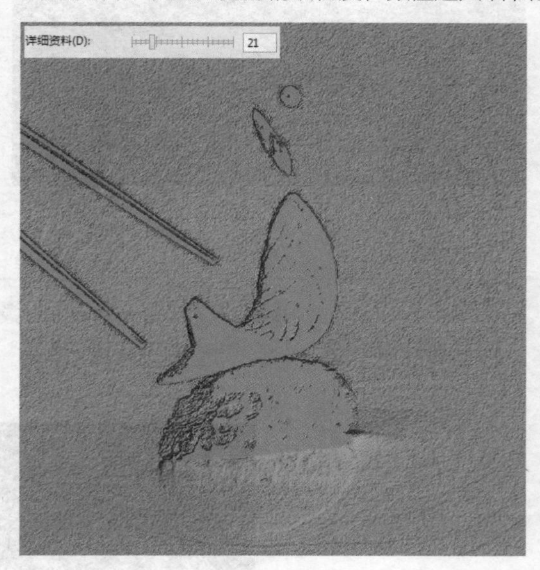

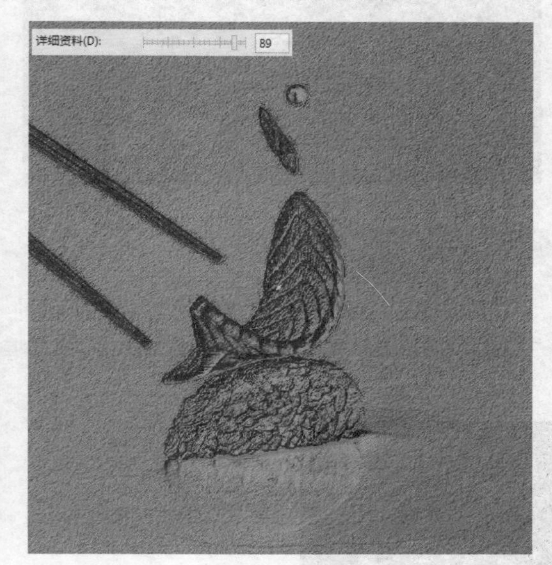

- 光源方向：设置光源照射过来的方向。
- 深度：设置蚀刻的深度，数值越大深度越深，下图为设置不同参数的对比效果。

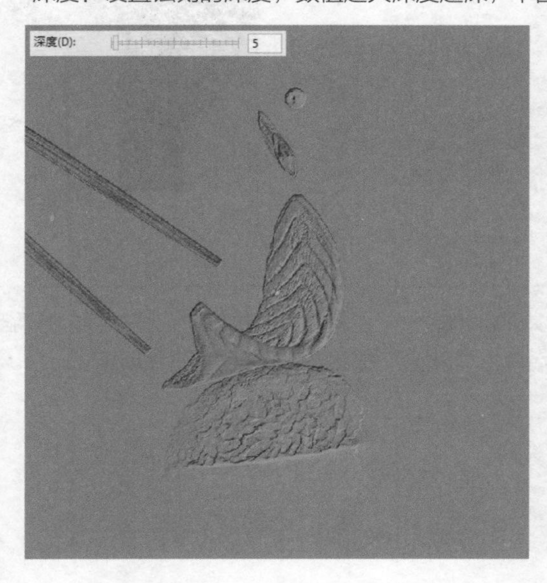

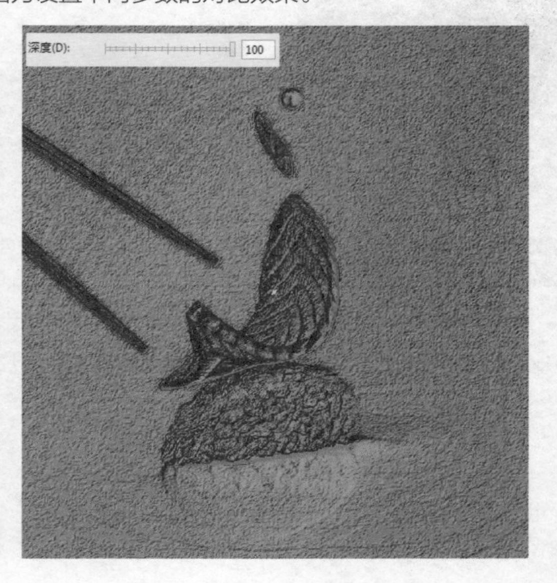

- 表面颜色：设置蚀刻的颜色，下图为设置不同颜色的对比效果。

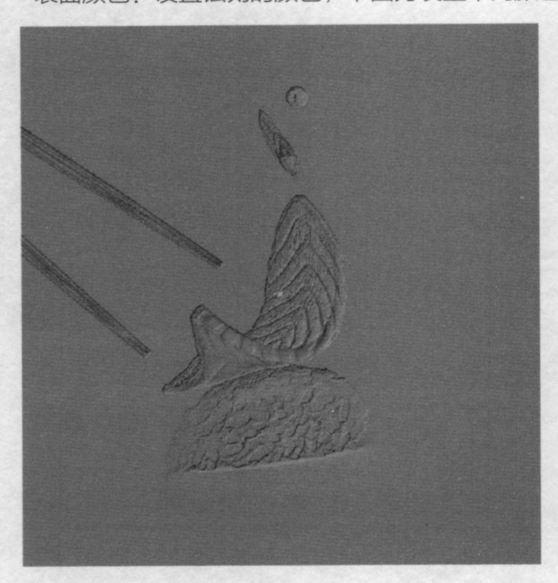

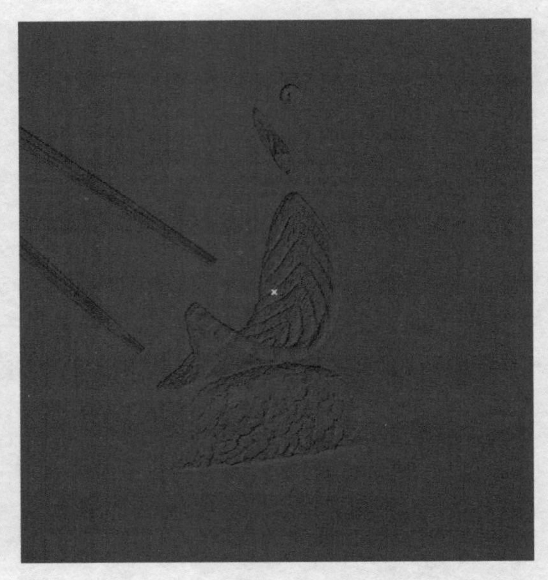

塑料效果

“塑料”命令可以将塑料的底纹效果添加到图像上，使图像上的内容产生塑料质感。选择一个位图对象，执行“位图>底纹>塑料”命令，打开“塑料”对话框，分别调整“突出显示”、“深度”和“平滑度”选项，设置塑料效果的强弱，如下图所示。

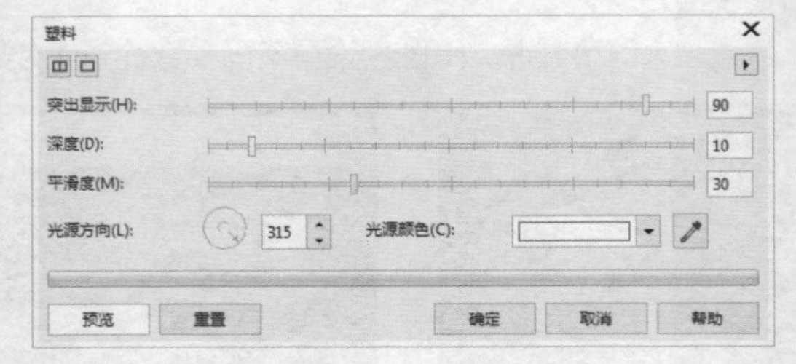

浮雕效果

“浮雕”命令可以使图像产生一种类似浮雕的艺术效果。选择一个位图对象，执行“位图>底纹>浮雕”命令，打开“浮雕”对话框，接着设置合适的参数，然后单击“确定”按钮结束操作，如下图所示。

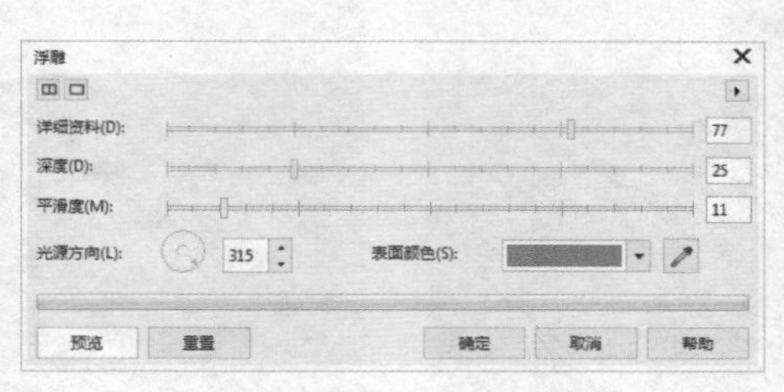

- 详细资料：用来设置浮雕的精细程度，数值越大图形效果越精细，下图为不同参数的对比效果。

- 深度：设置雕刻效果的深度，下图为设置不同参数的对比效果。

- 平滑度：设置浮雕效果光滑程度，下图为设置不同参数的对比效果。

- 光源方向：设置光源照射过来的方向。
- 表面颜色：设置浮雕表面的颜色，单击填充色下拉按钮，在面板中选择合适的颜色，使用工具拾取颜色。下图为设置不同颜色的对比效果。

石头效果

“石头”命令是将石头的底纹添加到图像上，使图像产生一种石头表面的粗糙感。选择位图图像，执行“位图>底纹>石头”命令，在打开的“石头”对话框中设置相应的参数，设置完成后单击“确定”按钮完成操作，如下图所示。

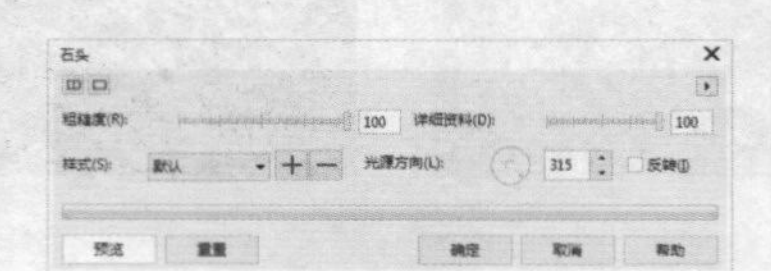

- 粗糙度：用来设置纹理的颗粒大小，数值越大纹理颗粒越大，下图为设置不同参数的对比效果。

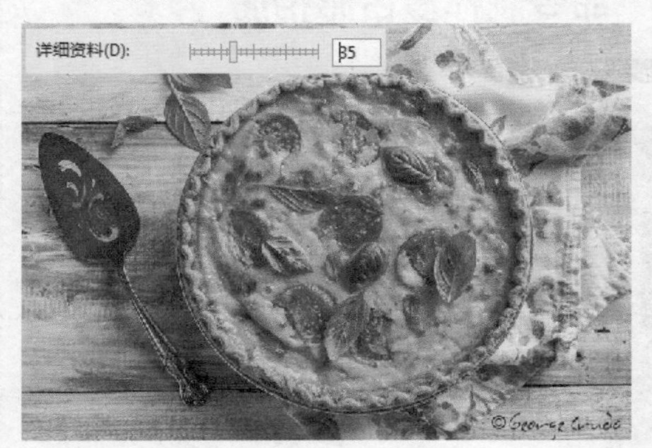

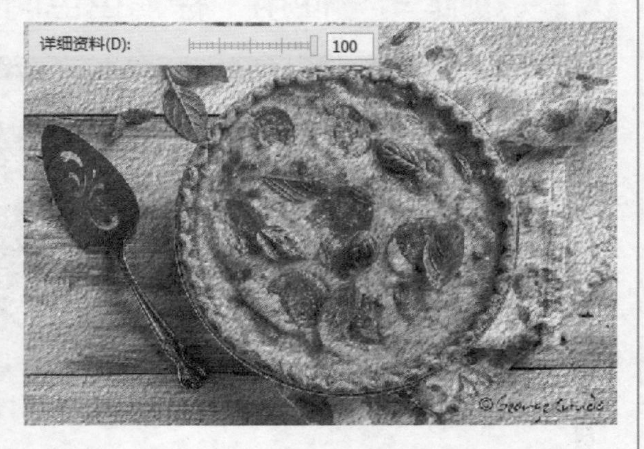

- 详细资料：设置纹理颗粒的突起效果，数值越高突起越高，下图为设置不同参数的对比效果。

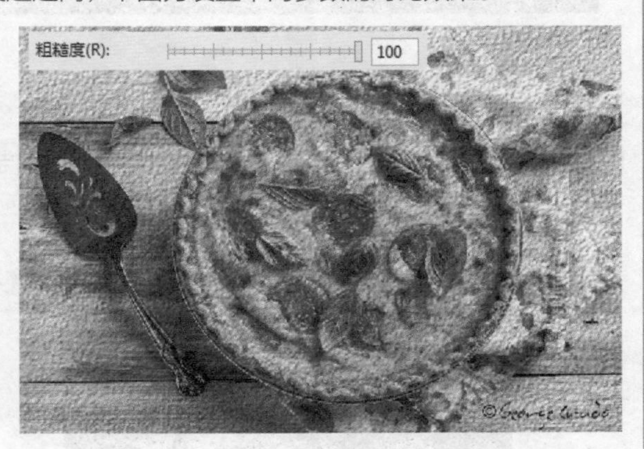

- 样式：用来设置纹理的样式，一共有“沥青”、“混凝土”、“侵蚀”、“沙石”、“灰泥”和“默认”六个选项。当选择“上次使用的”选项后，可以为位图添加上一次使用过的效果，如下图所示。

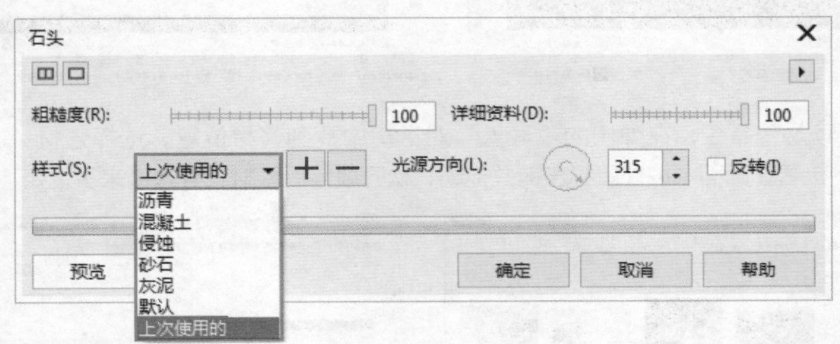

- 光源方向：用来设置光源照射的方向。

设计师实战 使用“棕褐色色调”命令制作复古感相册

实例描述

通过对本章相关知识的学习，我们可以对位图素材进行多种特殊效果的制作，例如本案例使用了“棕褐色色调”命令，对版面中的照片进行颜色处理，使画面整体呈现出复古感。

完成文件

Chapter 9 \ 使用“棕褐色色调”制作复古感相册 .cdr

视频文件

Chapter 9 \ 使用“棕褐色色调”制作复古感相册

1 新建一个A4大小的空白文档。使用矩形工具绘制一个和画布一样大小的矩形，设置填充颜色为棕灰色。继续绘制一个矩形，并填充为淡灰色，如下图所示。

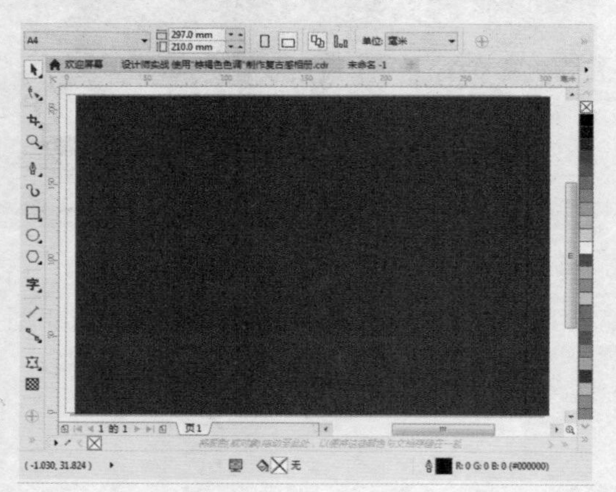

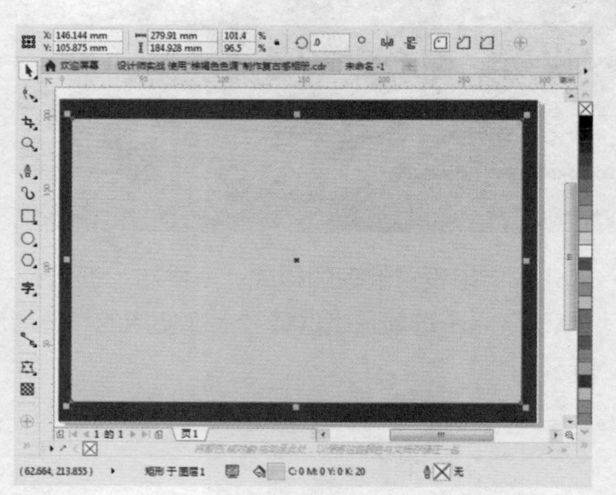

2 执行“文件>导入”命令，在弹出的“导入”对话框中找到素材位置，选择素材“5.jpg”，单击“导入”按钮。接着在画面中按住鼠标左键并拖动，松开鼠标后素材就导入进来了，如下图所示。

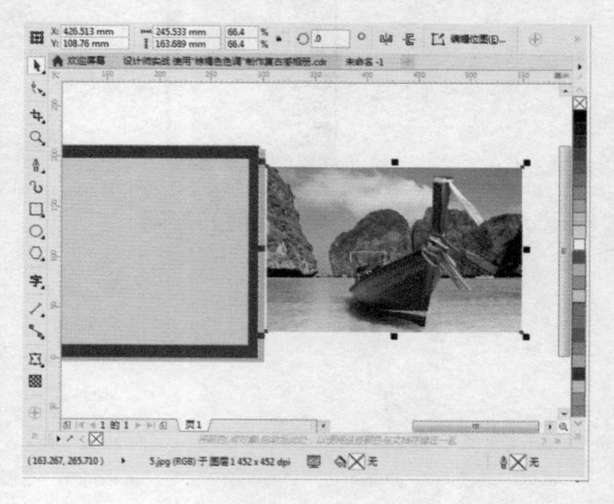

3 选中导入进来的图片，单击裁剪工具，当光标变为形状时，在图像上按住鼠标左键并拖动裁剪控制框。框选部分为保留区域，在裁剪控制框内双击鼠标确认裁剪。然后将裁剪后的图片放置到合适的位置，如下图所示。

4 同样的方式继续导入其他图片，并裁剪合适的大小，依次摆放到合适的位置。接着使用矩形工具在版面左下角绘制一个矩形，并填充为棕色。使用文本工具在棕色矩形上键入文字，设置文字颜色为白色，如下图所示。

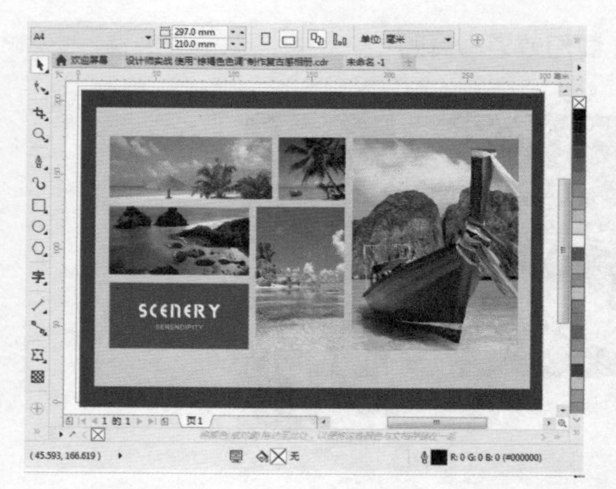

5 选择一个位图，执行“位图>相机>棕褐色色调”命令，在弹出的对话框中调节“老化量”值为25，单击“确定”按钮。选中的位图颜色发生了相应的变化。接着依次为位图添加“棕褐色色调”效果。本案例制作完成，效果如下图所示。

行业解密 复古的设计风格

复古风格是与现代风格完全不同的设计风格，复古风格的特点是传递一种怀旧、古老的视觉感受，从而营造一种古老而遥远，宁静而深邃的感觉。下图为复古风格的海报设计作品。

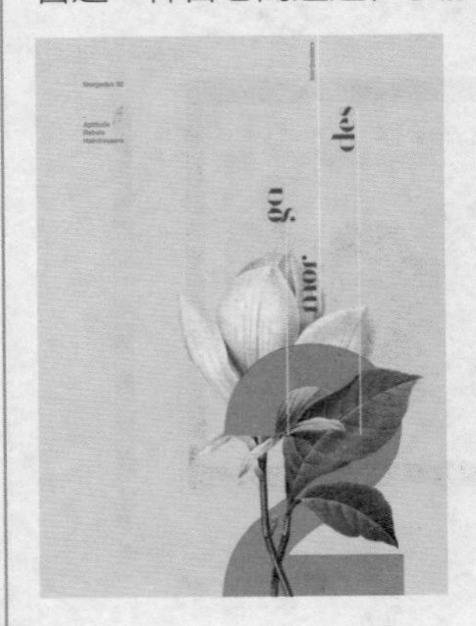

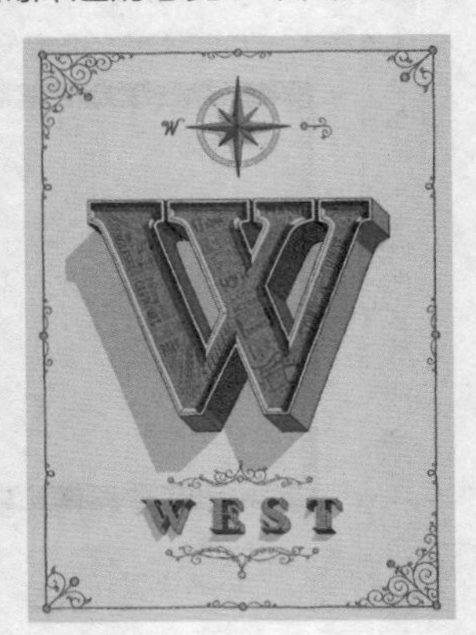

DO IT Yourself 设计师作业

1. 梦幻效果写真照

限定时间：5分钟

Step By Step（步骤提示）

1. 导入人物素材。
2. 选择位图，为其添加单色蜡笔效果。
3. 导入前景相框素材，放置在合适位置。

光盘路径

Chapter 9\梦幻效果写真照.cdr

2. 照片变油画

限定时间：10分钟

Step By Step（步骤提示）

1. 导入位图素材。
2. 使用“图像调整实验室”功能提亮图片的亮度。
3. 为图像添加调色刀效果。
4. 最后导入背景素材，并将制作好的图像放置在背景中。

光盘路径

Chapter 9\照片变油画.cdr

当一个作品完成后，就要进行输出到网络或者打印成实物，所以文档的打印与输出可以说是平面设计的最后一个环节。在本章中主要讲解如何进行打印、输出，以及相应的参数设置。除此之外，本章还介绍了几种方便快捷的辅助工具的使用方法。

10 chapter 打印输出与辅助工具

本章技术要点

Q 如何进行打印?

A 执行“文件>打印”命令（快捷键Ctrl+P），打开“打印”对话框。在这里也可以进行打印机、打印范围以及副本数的设置，设置完毕后单击“打印”按钮开始打印。

Q 如何发布为 PDF？

A 执行“文件>发布为PDF”命令，在弹出的“发布至PDF”对话框中可以对文档保存位置、名称、进行设置，设置完成后单击“保存”按钮完成发布操作。

UNIT 78 打印设置

海报、画册、书籍、传单等平面设计作品往往都需要进行批量的印刷或者打印成实体进行展示，在CorelDRAW中就需要进行一定的参数设置，以保证打印输出的效果是正确的。下图为优秀的平面设计作品。

收集用于输出

“收集用于输出”命令可以将链接的位图素材、字体素材等信息提取为独立文件，方便用户将这些资源移动到其他设备上继续使用。

1 执行“文件>收集用于输出”命令，打开“收集用于输出”对话框。选择“自动收集所有与文档相关的文档”单选按钮，然后单击“下一步”。接着选择是否包含PDF格式文件，并选择CDR文档的文件版本。设置完成后单击“下一步”按钮，如下图所示。

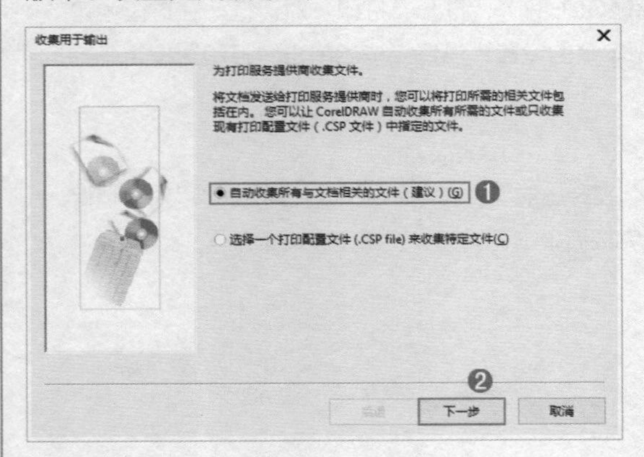

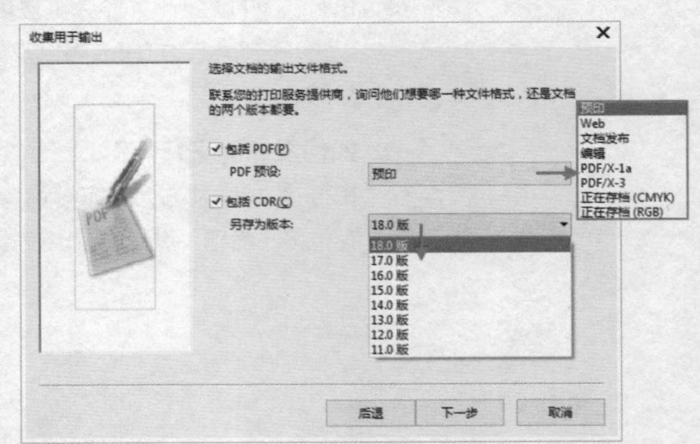

2 接着在当前对话框中可以选择是否包含颜色预设文档，设置完成后单击“下一步”按钮。在随即弹出的对话框中单击“浏览”按钮选择出的位置，勾选“放入压缩文档夹中”复选框即可以压缩文档的形式进行保存更加便于传输，继续单击“下一步”开始资源的收集，如下图所示。

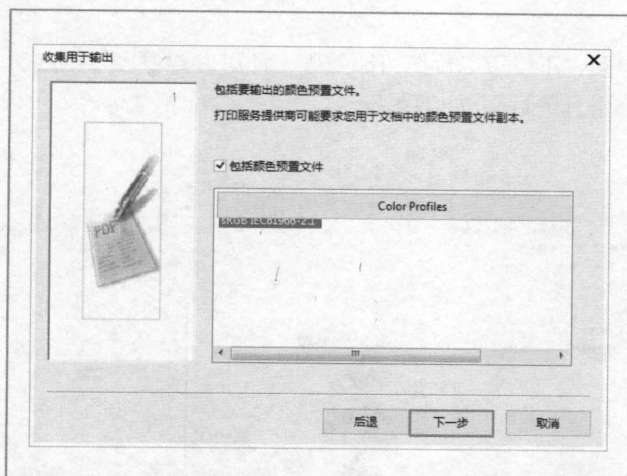

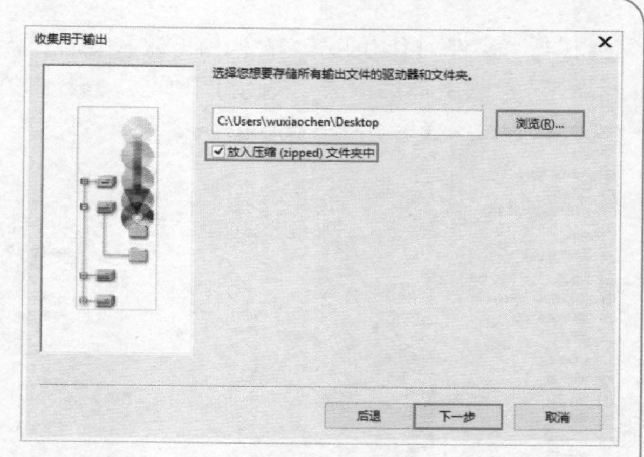

3 稍后完成收集，单击“完成”按钮即可关闭对话框。接着打开设置的输出位置即可看到收集的资源。如下图所示。

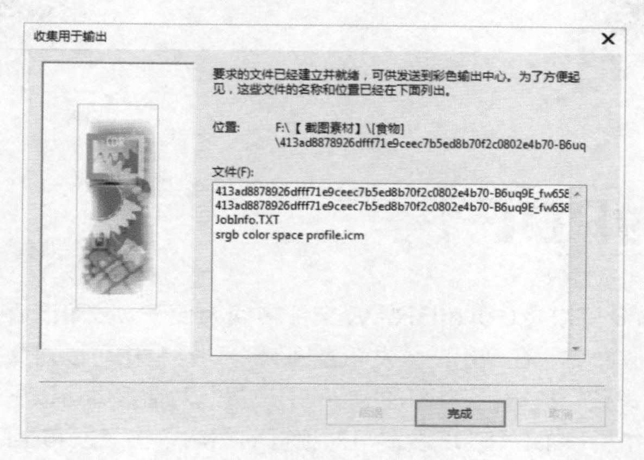

打印

在“打印”对话框中可以对打印的常规、颜色和版面布局等选项进行设置。一般情况下在打印输出前都需要进行打印预览，以便确认打印输出的总体效果。

1 执行“文件>打印”命令（快捷键Ctrl+P），打开“打印”对话框。在这里也可以进行打印机、打印范围以及副本数的设置，设置完毕后单击“打印”按钮开始打印，如下图所示。

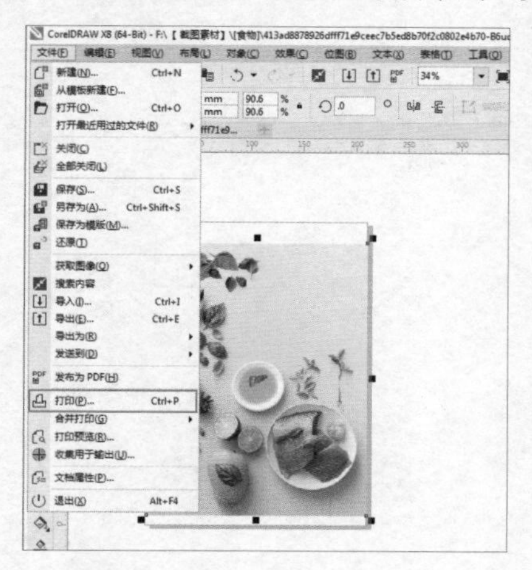

2 执行“文件>打印预览”命令，在“打印预览”界面中不仅可以预览打印效果，还可以对输出效果进行调整。预览完毕后单击“关闭打印预览”按钮关闭打印预览，如下图所示。

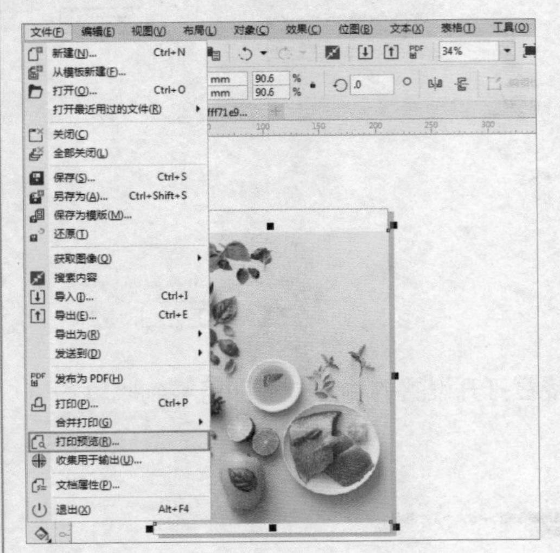

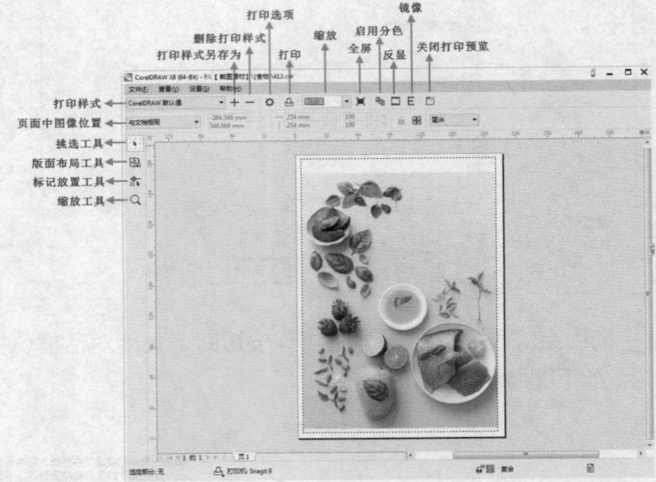

UNIT 79 发布为PDF

“发布为PDF”命令可以将CorelDRAW文件转换为便于预览和印刷的PDF格式文档。执行“文件>发布为PDF”命令，在弹出的“发布至PDF”对话框中可以对文档保存位置、名称、进行设置，还可以单击“设置”按钮，在打开的“PDF设置”对话框中可以进行更多参数的设置。设置完成后单击“确定”按钮关闭“PDF设置”对话框。然后单击“发布至PDF”对话框中的“保存”按钮完成发布操作，如下图所示。

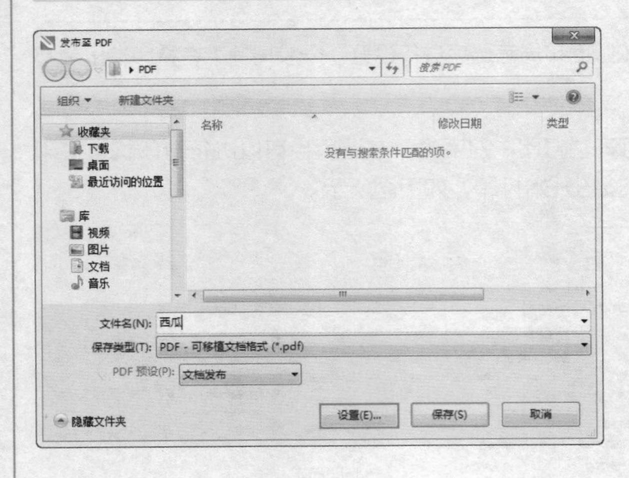

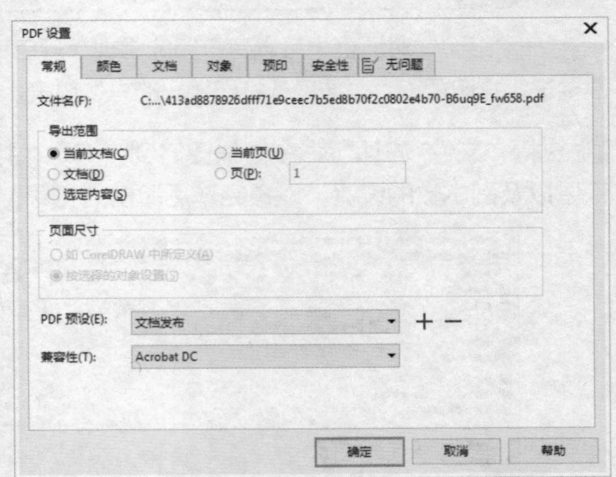

UNIT 80 辅助工具

辅助工具指的是辅助进行某项任务、某项操作或某件事时所需要使用的工具，使操作过程更加简单轻松。CorelDRAW包含多种常用的辅助工具，例如标尺、辅助线、网格等，但辅助工具都是虚拟对象，在打印或输出时并不会显现出来。如下图所示为优秀的设计作品。

标尺与辅助线

标尺位于页面的顶部和左侧边缘，使用标尺能够帮助用户精确地绘制、缩放和对齐对象。

1 执行“视图>标尺”命令，可以切换标尺的显示与隐藏状态，如下图所示。

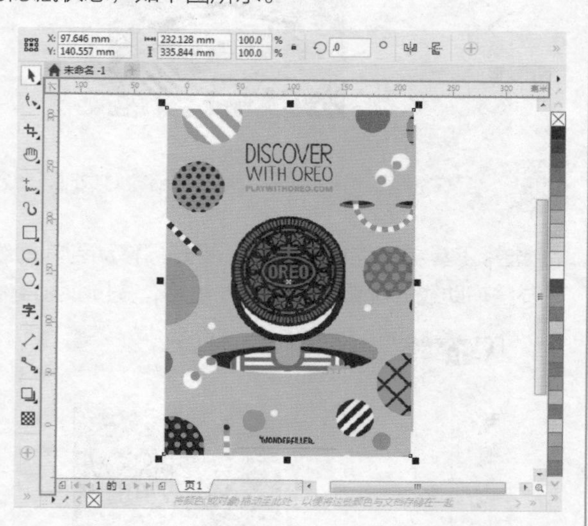

2 默认情况下，标尺的原点位于页面的左上角处。如果想要更改标尺原点的位置可以直接在画面中标尺原点处按住鼠标左键并移动也可以更改标尺原点位置。如需复原点位置，只需要在标尺左上角的交点处双击即可，如下图所示。

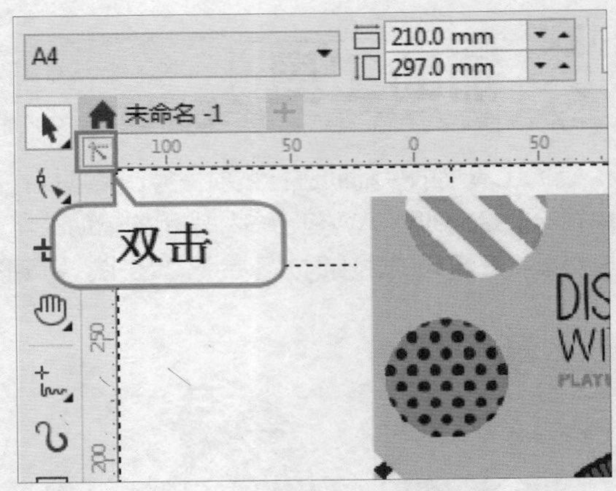

3 除此之外，通过标尺还可以创建辅助线。首先调出标尺，然后将光标定位到标尺上，按住鼠标左键并向画面中拖动，松开鼠标之后就会出现辅助线。从水平标尺拖曳出的辅助线为水平辅助线，从垂直标尺拖曳出的辅助线为垂直辅助线，如下图所示。

TIP 当文档中包含辅助线时，移动或缩放对象时，对象边缘会自动捕捉到附近的辅助线上。

4 选择工具箱中的选择工具，将光标移动到辅助线上单击即可选中辅助线，然后按住鼠标左键拖曳即可调整辅助线的位置。选中辅助线后，按Delete键即可删除辅助线，如下图所示。

5 CorelDRAW中的辅助线是可以旋转角度的。选中其中一条辅助线，当辅助线变为红色时再次单击，线的两侧会出现旋转控制点，按住鼠标左键可以将其进行旋转，如下图所示。

TIP 执行“视图>辅助线”命令，可以切换辅助线的显示与隐藏。
执行“视图>贴齐辅助线”命令，绘制或者移动对象时会自动捕获到最近的辅助线上。

动态辅助线

“动态辅助线”命令是一种无需创建的实时辅助线，启用该功能可以帮助用户准确地移动、对齐和绘制对象。

执行“视图>动态辅助线”命令开启动态辅助线。启用“动态辅助线”后，移动对象时对象周围则会出现动态辅助线。下图为启用和未启用动态辅助线的对比效果。

启用　　　　未启用

网格

CorelDRAW中包含三种网格。执行“视图>网格”命令，在子菜单中包括“文档网格”、“像素网格”、“基线网格”三种网格，执行相应命令创建网格，如下图所示。

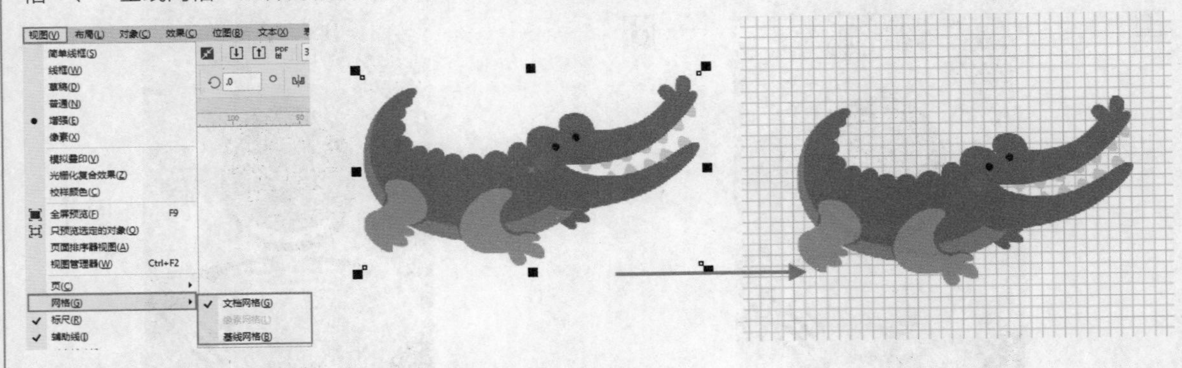

- 文档网格：是一组可在绘图窗口显示的交叉的线条。
- 像素网格：在像素模式下可用，显示导出后的效果。
- 基线网格：是一种类似于笔记本横格的网格对象。

自动贴齐对象

移动或绘制对象时在CorelDRAW中绘图或移动对象时，使用“贴齐”命令可以将对象与画面中的“像素”、“文档网格”、“基线网格”、“辅助线”、“对象”、“页面”贴齐。

在标准工具栏中单击“贴齐”下拉按钮，在下拉列表中包含“像素”、“文档网格”、“基线网格”、“辅助线”、“对象”、“页面”六个选项。勾选“辅助线”复选框，然后移动画面中的对象，当光标移动到辅助线附近时辅助线会突出显示，这就表示该贴齐点是指针要贴齐的目标，如下图所示。

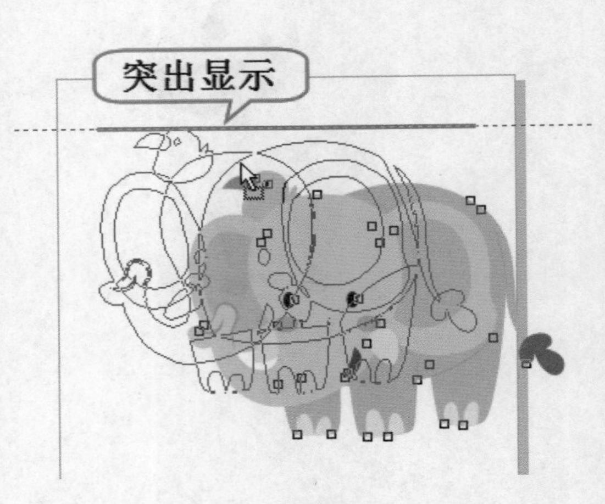

11 chapter 多彩标志设计

实例描述

本实例制作的是一个多彩的标志设计，使用文本工具输入文字后进行拆分，然后调整文字的形状和颜色，接着为文字上添加图形。这样一个多彩标志就制作完成了。

完成文件

Chapter 11\多彩标志设计.cdr

视频文件

Chapter 11\多彩标志设计.flv

1 执行“文件>新建”命令，打开“创建新文档”对话框。在对话框中设置“大小”为A4，“原色模式”为RGB，“渲染分辨率”为300，然后单击“确定”按钮，如右图所示。

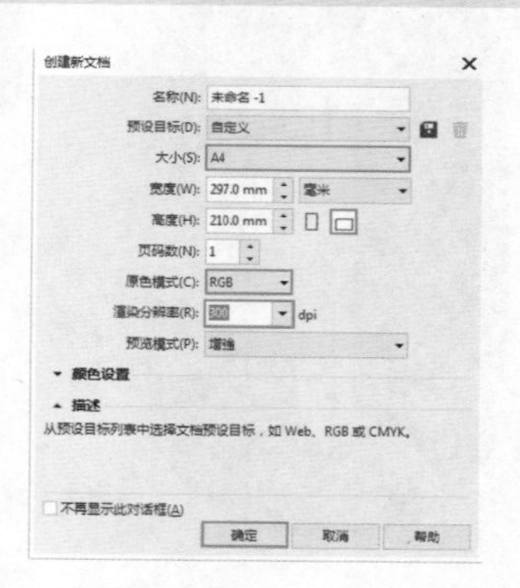

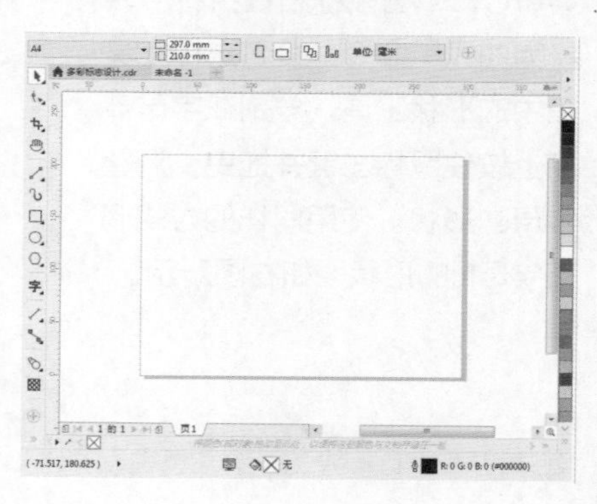

2 选择工具箱中的文本工具字，在属性栏中单击“字体列表”下拉按钮，在下拉列表中选择合适的字体，接着设置合适的“字体大小”，在画面中单击并输入文字。多次使用拆分美术字快捷键Ctrl+K，把每个文字拆分为独立对象，如右图所示。

3 使用选择工具选择字母O，然后将光标移动到底部控制点处，按住鼠标左键向上拖动，将其沿纵向缩放。接着使用同样的方式调整其它字母，如右图所示。

4 选中字母C，双击界面下方的◇■按钮打开“编辑填充”对话框，然后单击“均匀填充”按钮，设置填充色为蓝色，然后单击“确定”按钮完成填充操作。接着使用同样的方法为其它字母填充颜色，如下图所示。

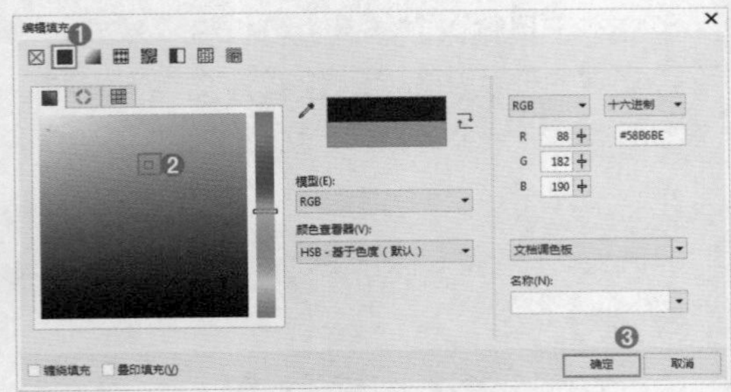

5 接下来调整字母形状。选中字母C，单击鼠标右键执行“转换为曲线”命令。接着选择工具箱中的形状工具，分别在字母节点上按住鼠标左键并拖曳，调整字母的形状。使用同样的方式调整字母N的形状。如右图所示。

6 使用钢笔工具绘制出一个三角形放在字母I上，并填充和字母I相同的颜色。同样的方式绘制出其他两个三角形，并将其移动到字母E和字母N上，如右图所示。

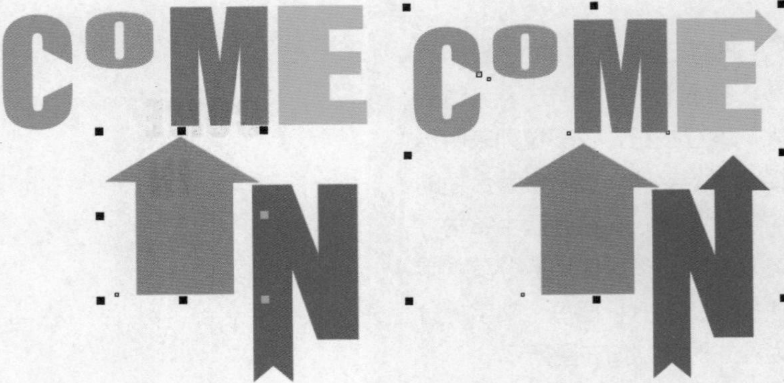

7 接下来绘制图形。选择钢笔工具，在字母N右侧绘制一个图形，然后设置它的“填充”为橘黄色，“轮廓色”为无，如右图所示。

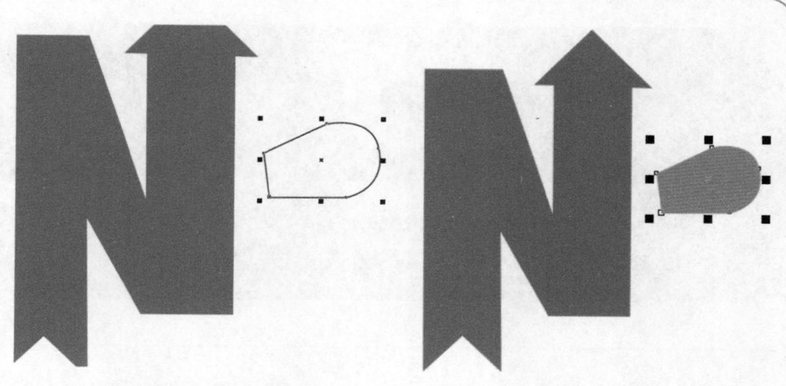

8 选择这个图形，使用快捷键Ctrl+C进行复制，使用快捷键Ctrl+V进行粘贴，然后将这个图形向下移动并适当旋转，接着将其填充为黄色。使用同样的方式制作另外两个图形，如右图所示。

9 使用文本工具在属性栏上设置合适的字体、字号。在主体文字下方的位置单击，输入文字。依次选中每个单词，更改为不同的颜色。如右图所示。

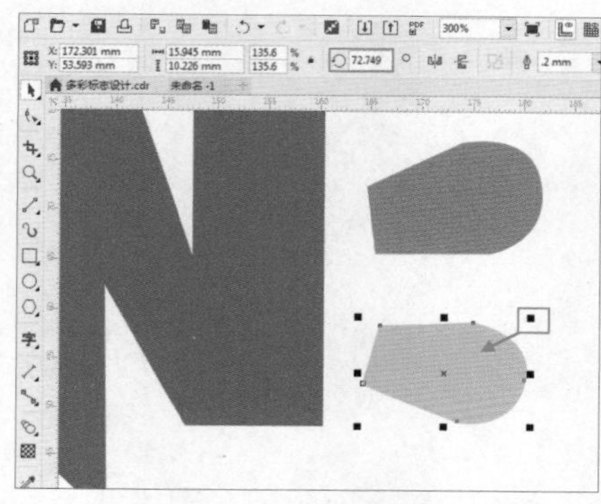

行业解密 文字设计

文字也是一种图形，将文字进行设计后能够增强视觉传达效果，提高作品的诉求力。优秀的文字设计能使人感到愉快，留下美好的印象，从而获得良好的心理反应，并对设计作品留下深刻的印象。下图为优秀的文字设计作品欣赏。

12 chapter 文化艺术企业视觉识别系统设计

实例描述

本案例制作的是一款企业的视觉识别系统，制作本案例首先要制作标准图案和企业标志。在本案例中主要使用到了矩形工具、文本工具、2点线工具等。

完成文件

Chapter 12 \ 文化艺术企业视觉识别系统设计 .cdr

视频文件

Chapter 12 \ 文化艺术企业视觉识别系统设计 .flv

1 首先要制作视觉识别系统中的标准图案。新建一个空白文档，然后使用矩形工具绘制一个矩形，然后将其填充为蓝色，轮廓色为“无”。选择工具箱中的刻刀工具，在蓝色矩形边缘单击鼠标左键建立起始点，然后将光标移到想要切割的对象边缘处，再次单击鼠标左键完成切割，如下图所示。

2 选择其中一个部分，在调色板中稍深一些的蓝色色块处单击鼠标左键，为分割后的图形填充颜色。使用同样方法继续对背景图形进行切割，并设置不同的填充颜色。此时企业的标准图案就制作完成了，如右图所示。

3 下面制作企业标志部分，选择工具栏中的文本工具，然后在属性栏中设置为合适的字体、大小，接着在画面中单击并输入文字，将文字改为白色。使用同样方法，更改字体以及字号，在下方输入一行稍小的文字，如右图所示。

4 下面制作一个带有纹理的标志。将文字标志复制一份，然后选择文字标志，单击鼠标右键执行“转化为曲线”命令，将其转换为曲线对象。接着将标准图案复制一份，然后选择标准图案，执行“对象>PowerClip>置于图文框内部”命令，接着将光标移动到文字上方，单击即可将标准图案置于标志文字中，如下图所示。

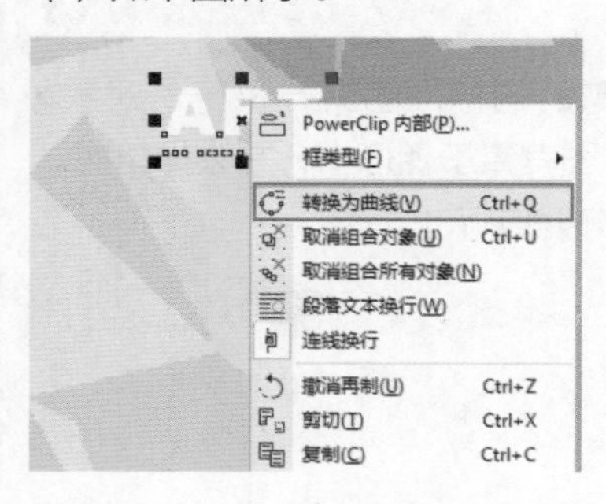

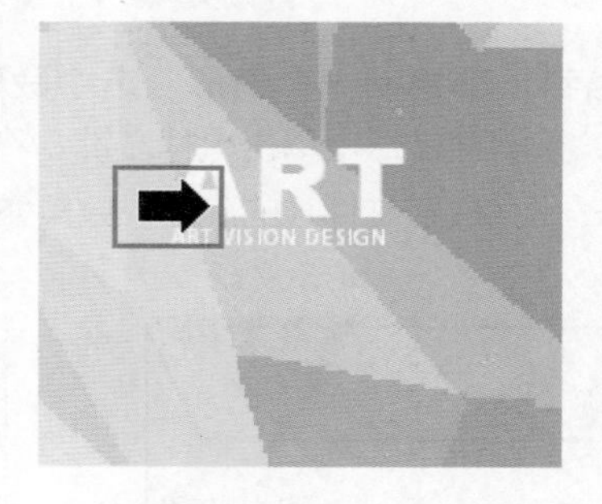

5 接下来制作整套VI的应用部分。首先制作文件袋的正面。将标准图案复制一份，然后复制白色的文字标志移动到图形的右上角，如下图所示。

6 接着制作文件袋的背面。使用矩形工具绘制一个与文件袋正面等大的矩形，将其填充为白色。将标准图案复制一份移动到文件袋的上方。然后选中复制出的标准图案，使用工具箱中的裁剪工具，在复制出的标准图案上绘制一个需要保留区域，按下Enter键完成操作，将多余的部分裁剪掉，只保留部分，如下图所示。

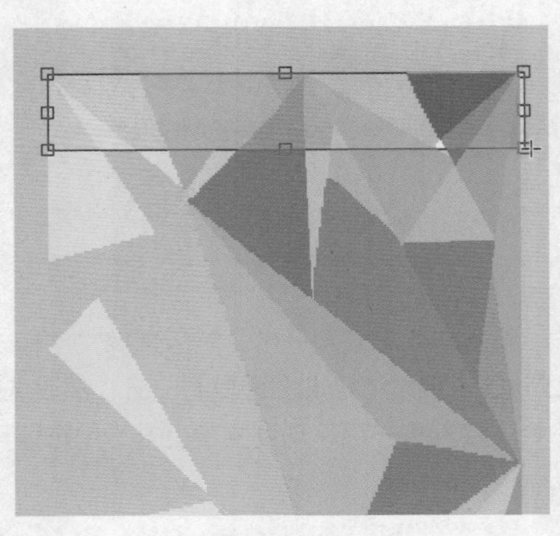

7 使用工具栏中的钢笔工具，在信封顶部绘制一个梯形。选中裁剪后的标准图案，执行“对象>PowerClip>置于图文框内部”命令，接着在梯形上单击鼠标左键，将图案置于梯形中，并去掉轮廓。然后将制作好的带有图案的标志复制一份摆放在文件袋的底部，效果如下图所示。

8 下面制作信纸。绘制一个矩形，然后复制一份标准图案放置在信纸上，然后使用裁剪工具在标准图案上按住鼠标左键拖曳绘制一个剪裁框，然后按下Enter键完成裁剪。将标准图案移动到矩形的顶部。接着将文字标志复制一份移动到标准图案的上方。使用同样的方法制作信纸下方的图形，如下图所示。

9 下面制作工作证。使用矩形工具绘制一个矩形，选择该矩形单击属性栏中的“圆角”按钮，设置“转角半径”为1mm。使用同样的方法在圆角矩形的上方绘制一个稍小的圆角矩形。接着将两个圆角矩形加选，然后单击属性栏中的“移除前面对象”按钮，此时得到一个镂空的图形。接着将该图形填充为白色，如下图所示。

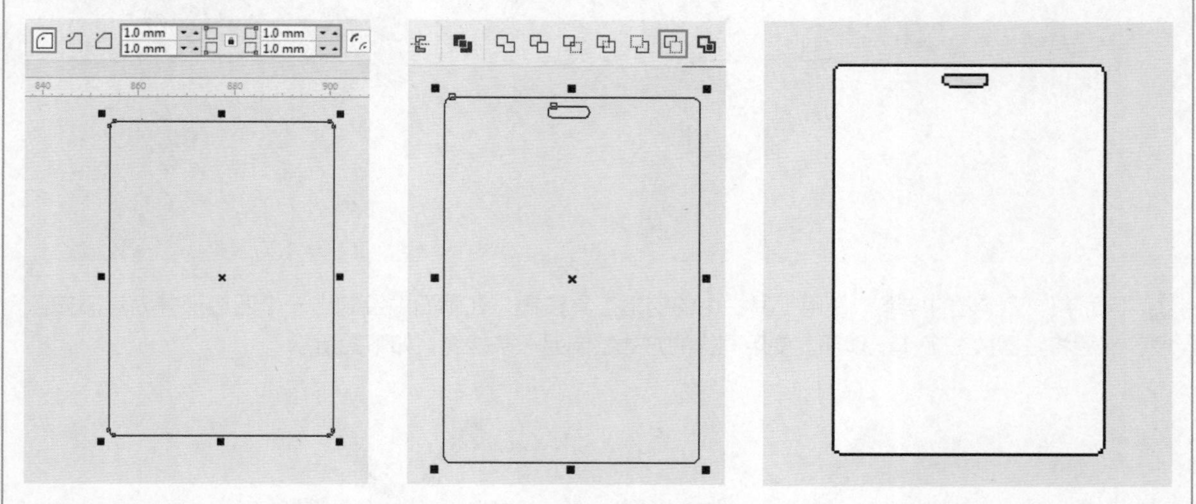

10 再次复制标准图案，使用“对象>PowerClip>置于图文框内部”命令，将制作好的标准图案置于工作证轮廓中。接着将文字标志复制一份放置工作证的上方，然后继续使用文本工具输入文字，如下图所示。

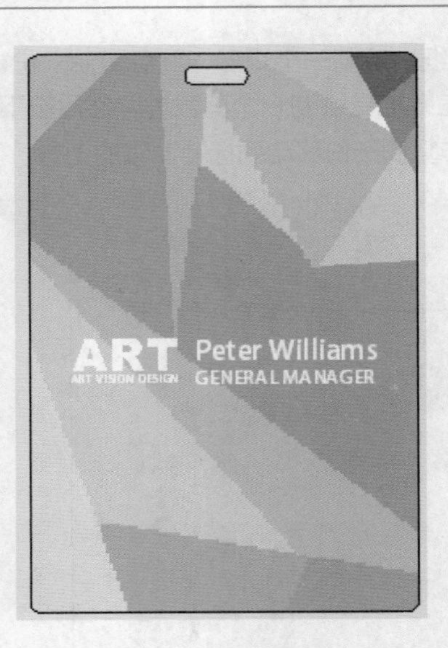

11 选择工具箱中的2点线工具，在画面中按住鼠标左键同时按住Shift键进行拖曳绘制出一条水平的直线。在“调色板”中白色色块处单击鼠标右键，将线段改为白色，使用同样方法制作出竖线，如下图所示。

12 下面制作工作证的挂绳。使用工具栏中的钢笔工具按钮，在画面中绘制出一个四边形并为其填充蓝色，然后将其摆放在工作证顶部。使用同样的方式绘制另一条挂绳，如下图所示。

13 接着制作工作证的另一面。首先将工作证的背面复制一份放置在相应位置。然后选中并单击鼠标右键，执行“提取内容”命令，接着将标准图案删除。然后选择空的图文框，单击鼠标右键执行“框类型>无”命令，如下图所示。

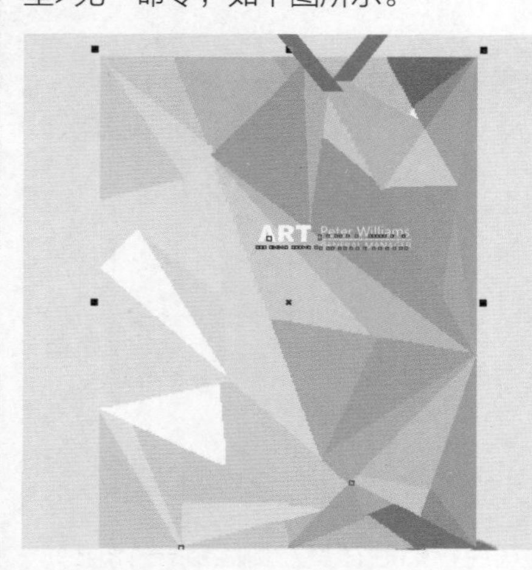

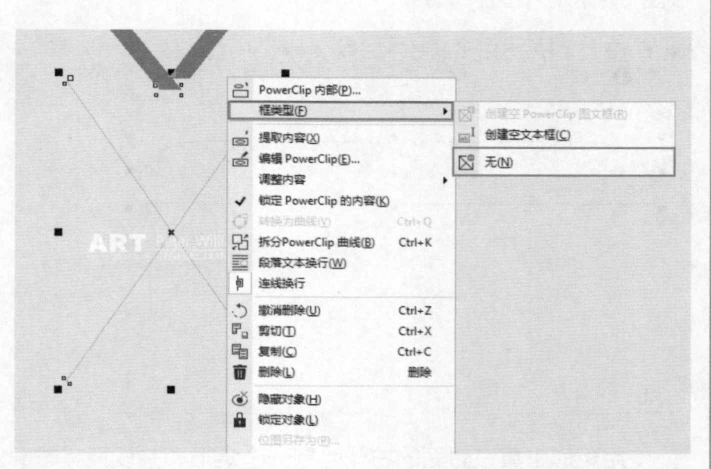

14 接着将该图形填充为白色，然后复制一份带有纹理的标志放置在工作证中央合适位置，然后输入文字并填充为青色，效果如下图所示。

15 下面制作信封正面。使用矩形工具绘制一个矩形填充为白色，设置轮廓色为“无”。接着在白色矩形上方绘制一个细长的矩形，如下图所示。

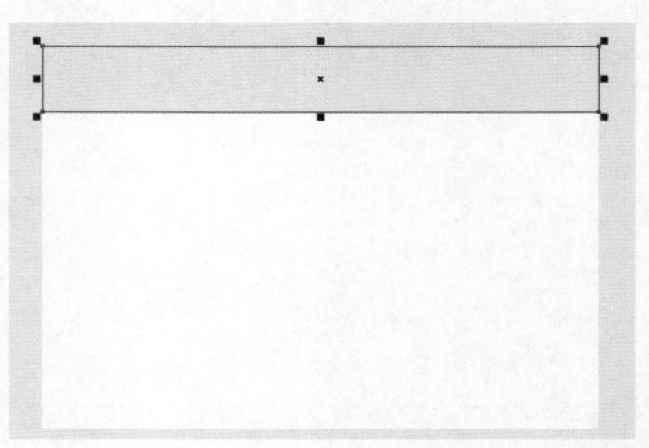

16 选择矩形，在属性栏中单击“圆角”按钮，并禁用“同时编辑所有角”功能，然后设置“转角半径”为16mm。接着复制一份标准图案，然后使用“对象>PowerClip>置于图文框内部”命令将其置于该图形中，如下图所示。

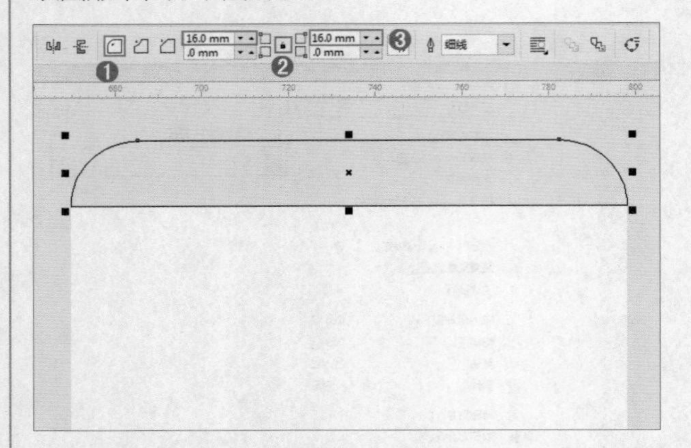

17 使用矩形工具在封面的右侧绘制一个矩形，并设置其轮廓色为灰色。然后在其左侧绘制一个矩形，并在属性栏中设置其线条样式为虚线，轮廓颜色为灰色，如下图所示。

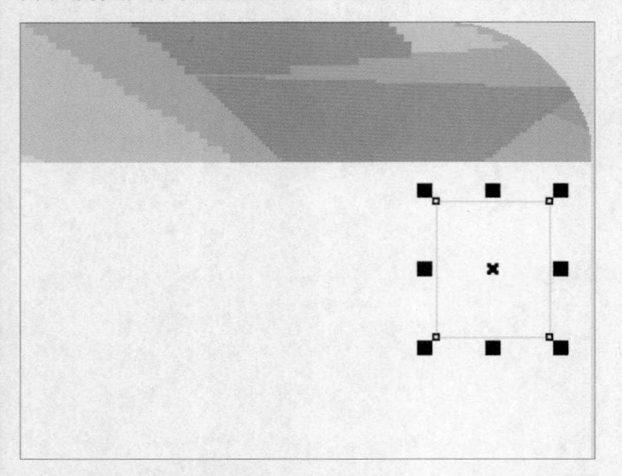

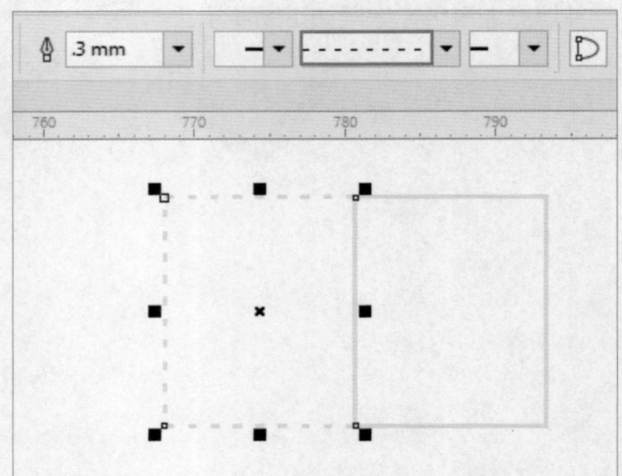

18 接着继续使用矩形工具绘制六个矩形放置在封面的左侧，作为邮政编码的书写区域。然后复制一份标志在封面的左下角，并在相应位置输入文字，如下图所示。

19 将封面的正面复制一份，删除不需要的内容。然后选择封口处的图形，单击属性栏中的“垂直镜像”按钮，接着将该图形向下移动，放置在合适位置。最后在最右侧添加一个标志，如下图所示。

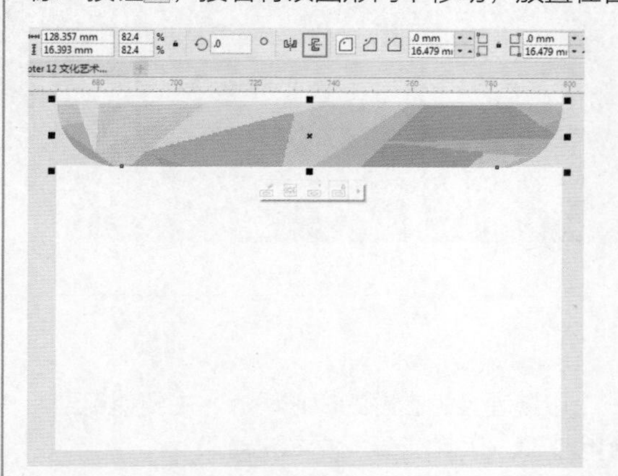

20 最后制作名片。绘制一个矩形，然后复制一份标准图案并使用“对象>PowerClip>置于图文框内部”命令，将其置于矩形内。接着将文字标志复制一份，放置在卡片中心位置。再次绘制一个矩形，设置填充色为白色，复制一份标志放置卡片的合适位置，然后输入文字并使用2点线工具绘制分割线，完成名片的制作，如下图所示。

21 最后使用同样的方式制作信纸，完成本案例的制作，效果如下图所示。

13 chapter 演唱会海报设计

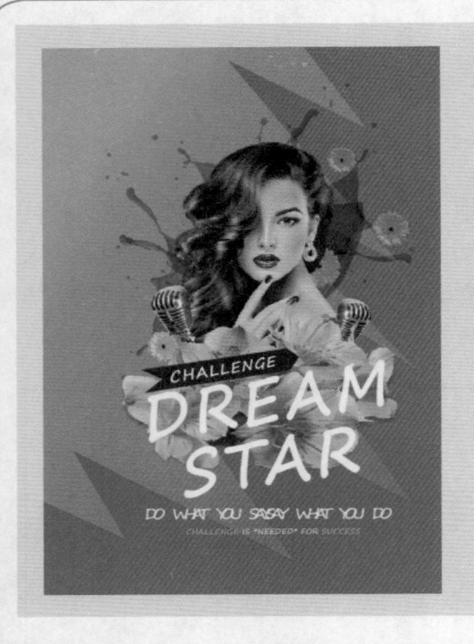

实例描述

本案例制作的是一个以演唱会为主题的海报设计，主要使用到了渐变工具、透明度工具、调和工具、文本工具。

完成文件

Chapter 13 \ 演唱会海报设计 .cdr

视频文件

Chapter 13 \ 演唱会海报设计 .flv

1 执行“文件>新建”命令，新建一个空白文档。双击工具箱中的矩形工具，即可快速得到一个与画布等大的矩形。选中该矩形，使用工具箱中的交互式填充工具，然后在属性栏上单击“渐变填充”按钮，设置渐变类型为“线性渐变填充”，然后调整渐变的颜色，为矩形填充青蓝色系的渐变，如下图所示。

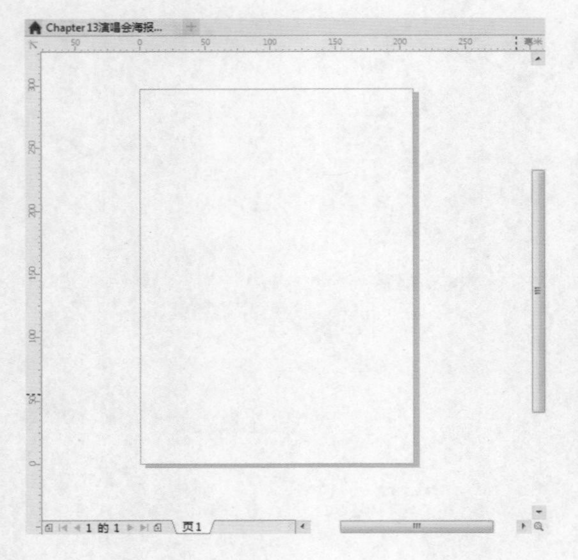

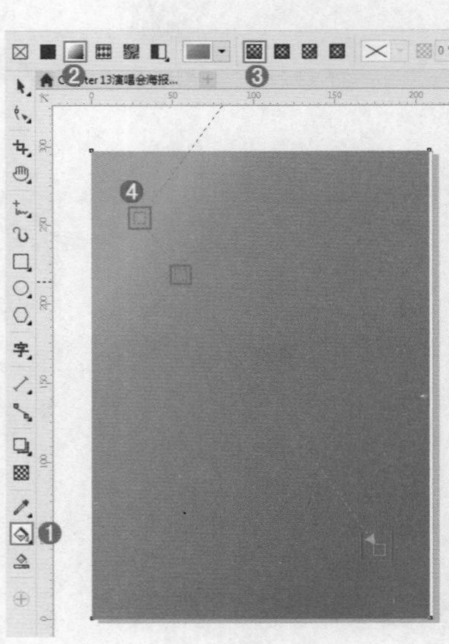

2 选择工具箱中的钢笔工具，然后在画面中绘制一个锯齿形状。选择该形状，使用交互式填充工具，在属性栏上单击“渐变填充”按钮，设置渐变类型为“线性渐变填充”，设置为粉紫色系的渐变，然后设置其轮廓色为“无”，如右图所示。

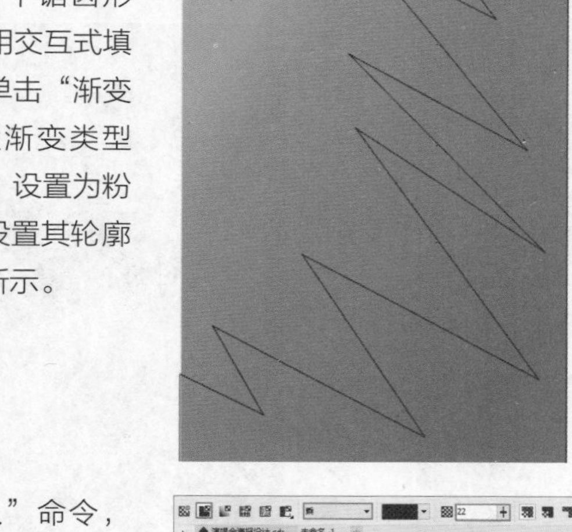

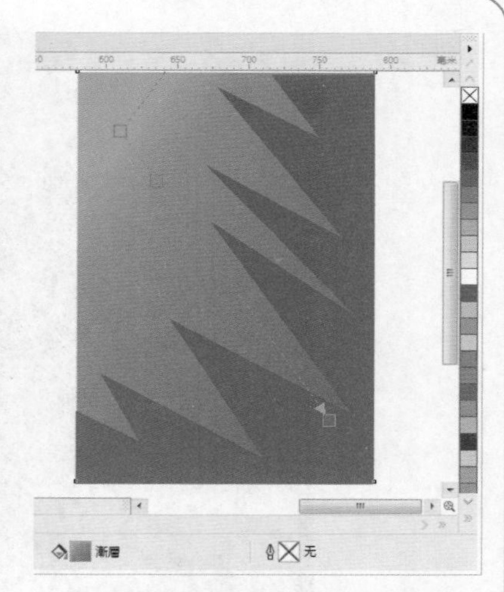

3 执行“文件>导入”命令，导入素材“1.png”。选择该图像，选择工具箱中的透明度工具，单击属性栏中的“均匀透明度”按钮，设置“合并模式”为“乘”，“透明度”为22。接着将该图形复制两份并进行旋转。然后设置其透明度的“合并模式”为“颜色加深”，如右图所示。

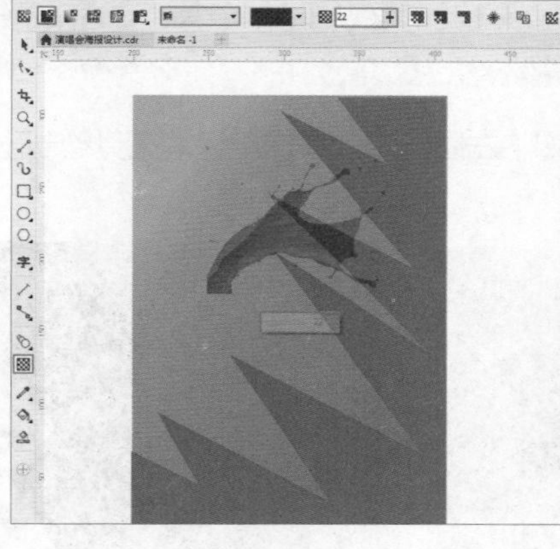

4 接下来为背景添加底纹效果。在画布以外使用2点线工具绘制两条直线。选择工具箱中的调和工具，将光标移动至一条直线上，然后按住鼠标左键拖曳到另一条直线上，释放鼠标即可创建出调和效果。接着在属性栏中设置“调和对象”为40，效果如右图所示。

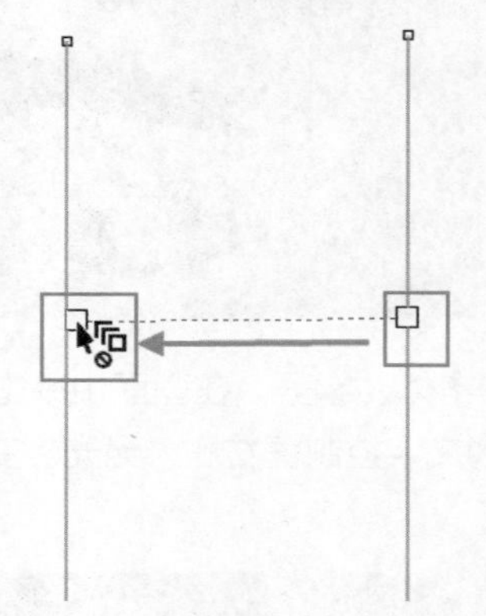

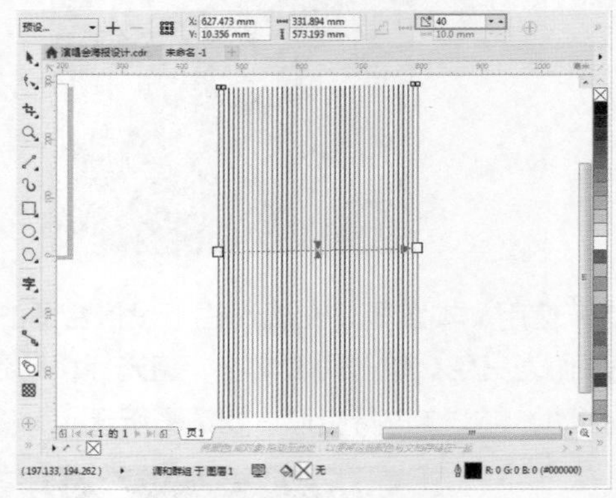

5 选中所有的直线将其轮廓色更改为白色，然后使用快捷键Ctrl+G，进行编组。接着将纹理进行旋转然后移动到画布中。选择白色条纹纹理，使用裁剪工具绘制一个与画面等大的区域，按下Enter键完成裁剪，将多出画布的纹理去掉。接着选择纹理，选择工具箱中的透明度工具，单击属性栏中的“渐变透明度”按钮，接着调整渐变控制杆，为白色条纹纹理添加带有渐变的透明度效果，如下图所示。

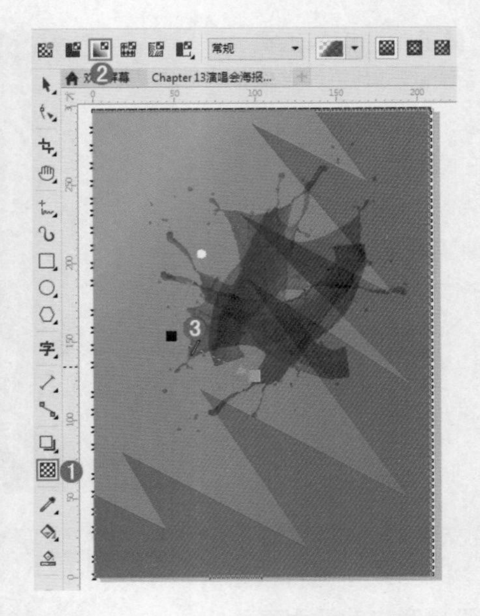

6 导入图片素材“3.png”，如下左图所示。在使用钢笔工具绘制出一个箭头形状，并填充深蓝色，如下右图所示。

7 使用文本工具，在属性栏上设置合适的字体、字号。在画面中单击并输入文字，并设置文字的填充颜色为白色。单击两次文字，将光标移动到文字控制框右侧，当光标变为斜切状态时，按住鼠标左键并拖动，将文字进行变形，如下图所示。

8 使用同样的方法制作标题文字，在调整文字时要保证与上方文字相平行。继续输入两行文字完成案例的制作，如下图所示。

行业解密 渐变色在设计作品中的应用

渐变色是指某个物体的颜色，柔和晕染开来的色彩，从明到暗，或由深转浅，或是从一个色彩过渡到另一个色彩，充满变幻无穷的神秘浪漫气息。使用渐变色进行填充，效果要相对应纯色效果更加灵活、丰富。下图为使用到渐变的设计作品。

14 chapter 鲜果牛奶创意广告

实例描述

本案制作的是一款创意广告，在本案例中主要使用到了渐变工具、文字工具、矩形工具、属性滴管工具等。

完成文件

Chapter 14 \ 鲜果牛奶创意广告 .cdr

视频文件

Chapter 14 \ 鲜果牛奶创意广告 .flv

1 新建一个横版A4大小的空白文档。使用矩形工具绘制一个矩形，选择该矩形，选择工具箱中的交互式填充工具，继续单击属性栏中的“渐变填充”按钮，设置渐变类型为“线性渐变填充”，通过渐变控制杆编辑一个多彩色系的渐变，如右图所示。

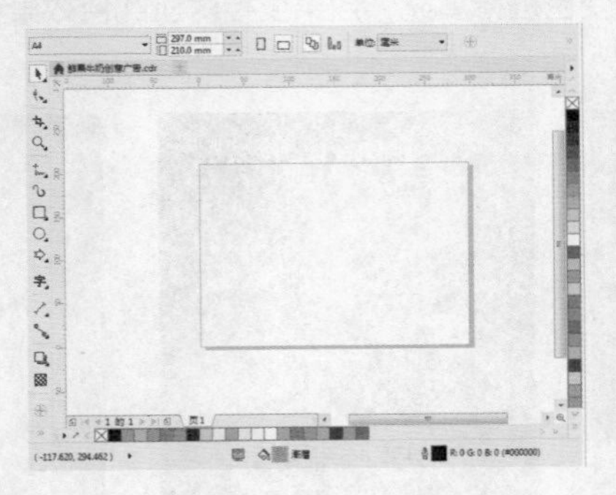

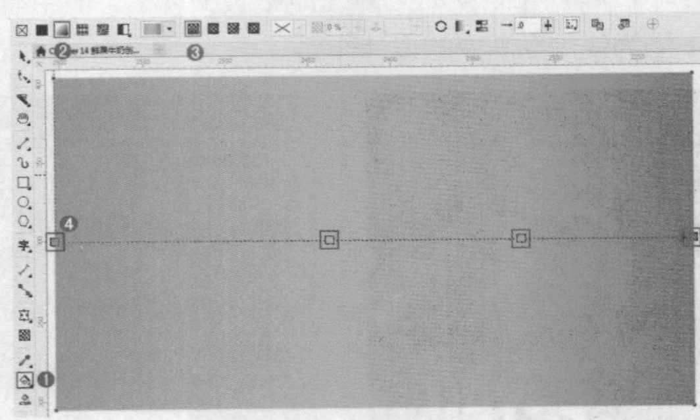

2 选择工具箱中的椭圆形工具，在图形的下方绘制一个椭圆形，然后将其填充为橙色，如下左图所示。接着选择椭圆形，执行“对象>PowerClip>至于图文框内部”命令，然后在渐变矩形上单击，如下右图所示。

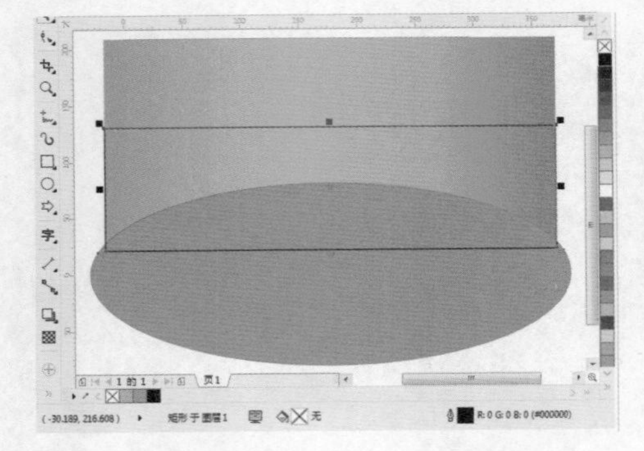

3 执行“文件>导入”命令，导入素材“1.png”。使用矩形工具绘制一个矩形，然后将其填充为橙色，如下图所示。

4 选择该矩形，单击属性栏中的“圆角”按钮，设置“转角半径”的6.7mm，圆角矩形制作完成。选择这个圆角矩形，使用快捷键Ctrl+C进行复制，使用快捷键Ctrl+V进行粘贴。然后将复制的圆角矩形适当缩放，设置填充为“无”，“轮廓色”为黄色，如下图所示。

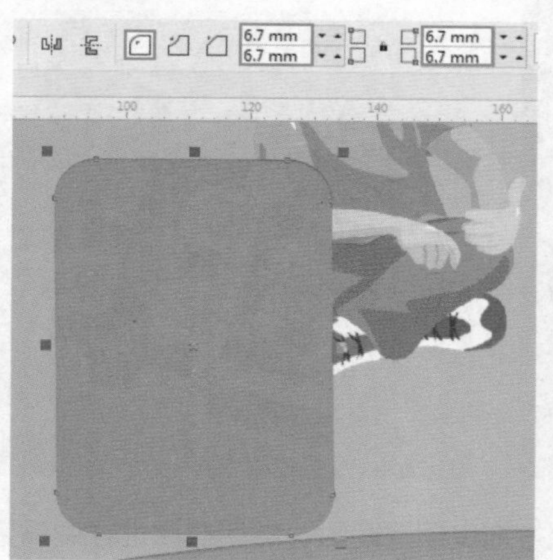

5 选择该图形，在属性栏中设置“轮廓宽度”为1mm，“线条样式”为虚线，如下左图所示。接着将两个圆角矩形加选，使用快捷键Ctrl+G将其进行编组。然后将其旋转合适的角度，如下中图所示。继续将圆角进行复制然后调整到合适位置，如下右图所示。

6 选择工具箱中的文本工具，在属性栏中设置合适的字体、字号，在相应位置输入文字。选中文字，单击鼠标右键执行“转换为曲线”命令，接着将文字旋转到合适的角度，如下图所示。

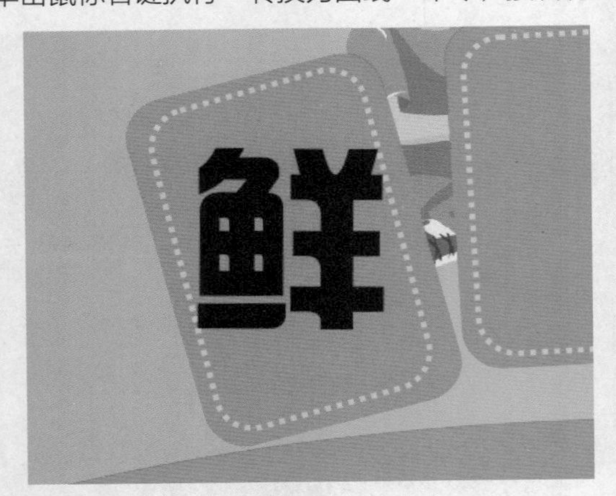

7 选择文字，使用交互式填充工具为文字填充绿色系渐变，如下左图所示。然后设置其轮廓色为白色，在属性栏中设置轮廓宽度为1mm，如下右图所示。

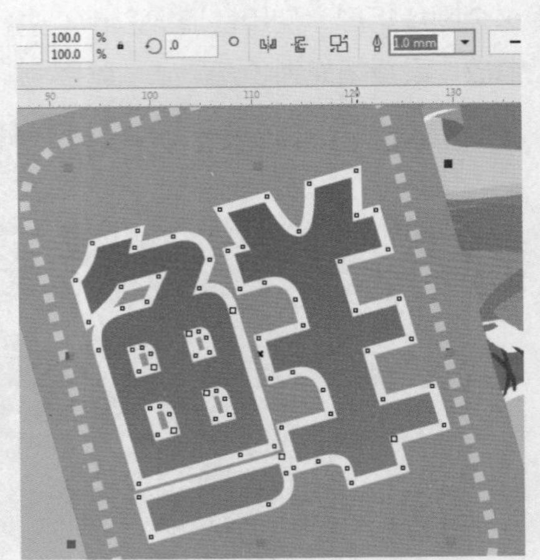

8 接着选中文字，选择工具箱中的阴影工具，在文字上方拖曳创建阴影。然后在属性栏中设置阴影的不透明度为22，“阴影羽化”为2，颜色为黑色，“合并模式”为“乘”。在另一个圆角矩形上方输入文字，然后选择工具箱中的属性滴管工具在“鲜”字上单击吸取文字的属性，如下图所示。

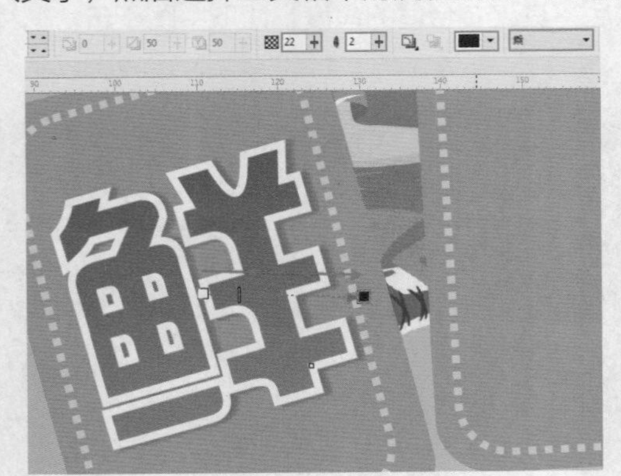

9 属性拾取完成后在“果”字上单击，为其赋予刚刚拾取的属性。使用同样的方式制作其它的文字，如下图所示。

10 执行“文件>导入”命令，导入图片素材“2.png”，如下左图所示。继续导入图片素材“3.png”，放在画面左上角位置，如下右图所示。

11 继续输入文字并适当进行旋转，然后继续使用属性滴管工具拾取主体文字上的属性，为刚刚输入的文字添加效果。本案例制作完成，如下图所示。

15 卡通风格UI设计

实例描述

本案例制作的是一个扁平化风格的界面设计，简约、清爽的配色非常具有时代感。制作过程中主要使用到了矩形工具、文本工具、透明度工具和高斯式模糊命令等功能。

完成文件

Chapter 15 \ 卡通风格 UI 设计 .cdr

视频文件

Chapter 15 \ 卡通风格 UI 设计 . flv

1 首先新建一个方形的空白文档。使用矩形工具，在画面中按住Ctrl键绘制一个正方形，然后将该矩形填充为青灰色，如下图所示。

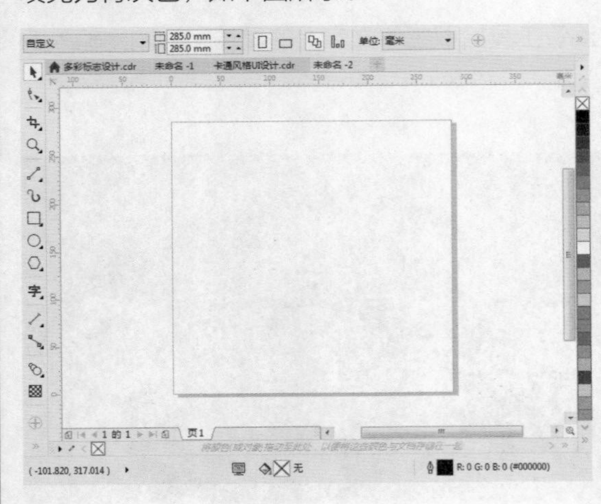

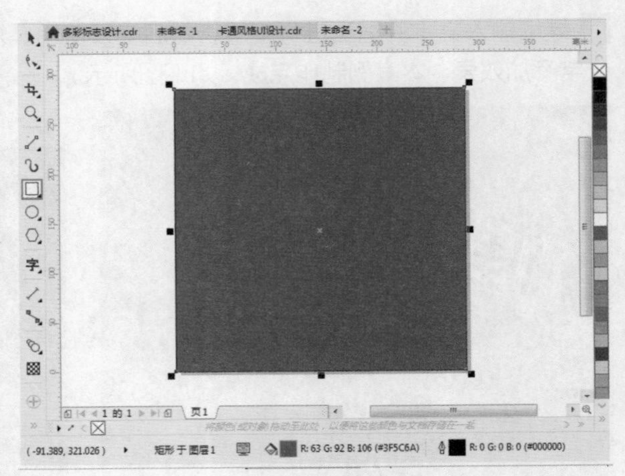

2 继续绘制一个矩形，在属性栏上单击“圆角”按钮，禁用“同时编辑所有角”功能，然后设置左上角的“转角半径”上15mm。最后将该图像填充为深蓝色，如下图所示。

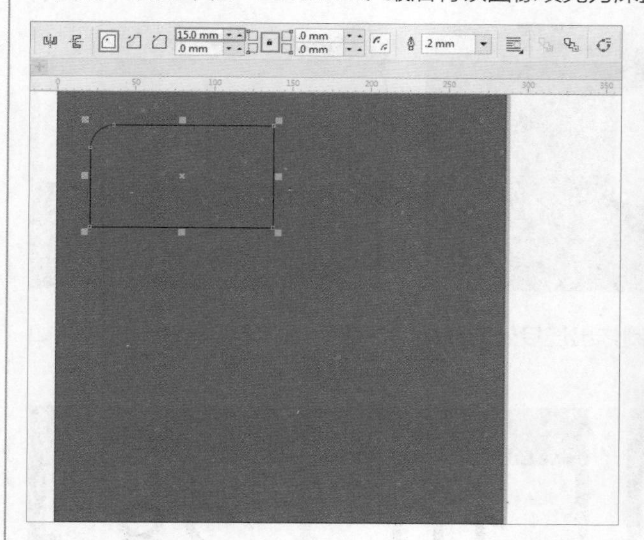

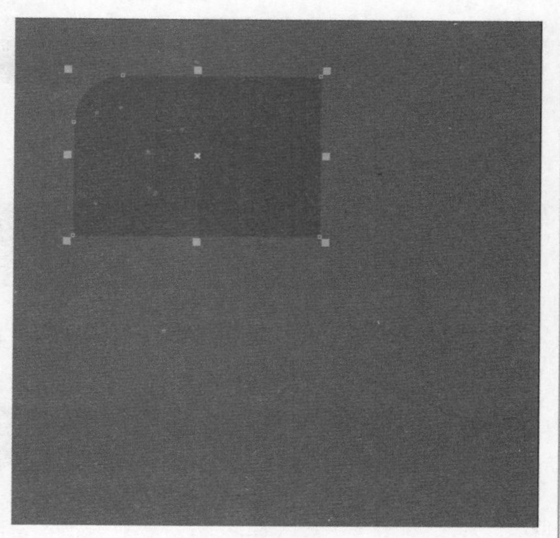

3 选择这个蓝色的形状，使用“复制”快捷键Ctrl+C进行复制，使用“粘贴”快捷键Ctrl+V进行粘贴。然后按住Shift进行缩放，然后将其填充为淡青色。继续使用同样的方法制作两个图像，放置在合适的位置，如下图所示。

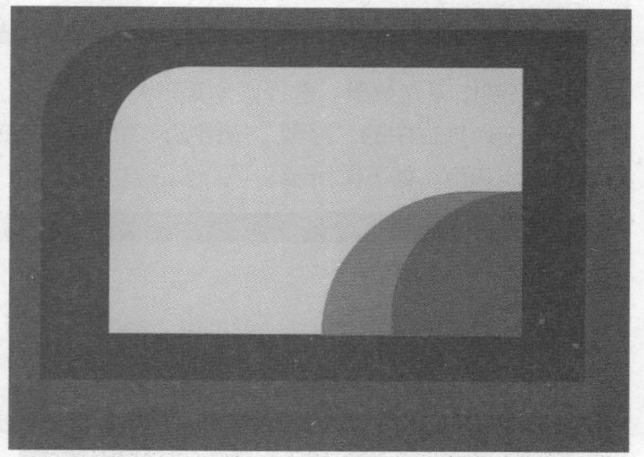

4 使用文本工具在属性栏中设置合适的字体、字号，然后在相应位置键入文字，如下图所示。

5 继续使用矩形工具绘制一个矩形并填充的为绿色。接着在其上方绘制一个白色的圆角矩形，然后将圆角矩形复制一份并移动到右侧，如下图所示。

6 继续使用矩形工具绘制矩形并填充为灰色，制作出连接处的效果。然后使用文本工具输入文字，如下图所示。

7 接下来制作高光效果。选择圆角矩形将其复制一份，然后在其下方绘制一个矩形。接着将两个图形加选，单击属性栏中的“修剪”按钮，然后将下方的矩形选中并按下Delete键删除。然后将得到的图形填充为浅灰色，如下图所示。

8 选择该图形，选择工具箱中的透明度工具，继续单击属性栏中的“均匀透明度”按钮，设置“透明度”为35。接着将半透明图形复制一份，移动到另外一个白色圆角矩形上，如下图所示。

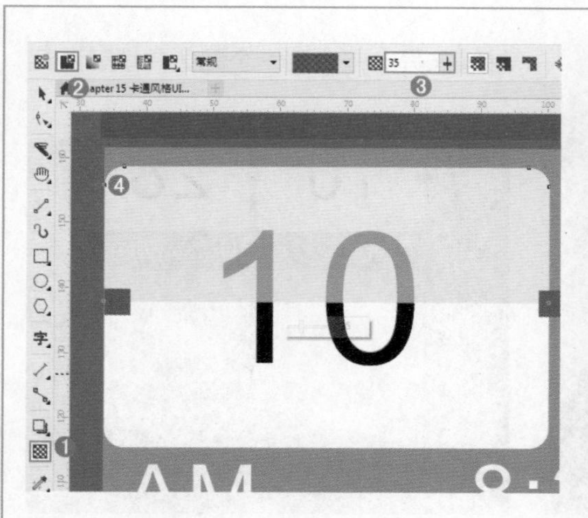

9 继续使用矩形工具绘制一上一下两个矩形，并更改下方矩形左下角的转角半径，然后填充相应颜色。接着使用文本工具在其上方输入文字，如下图所示。

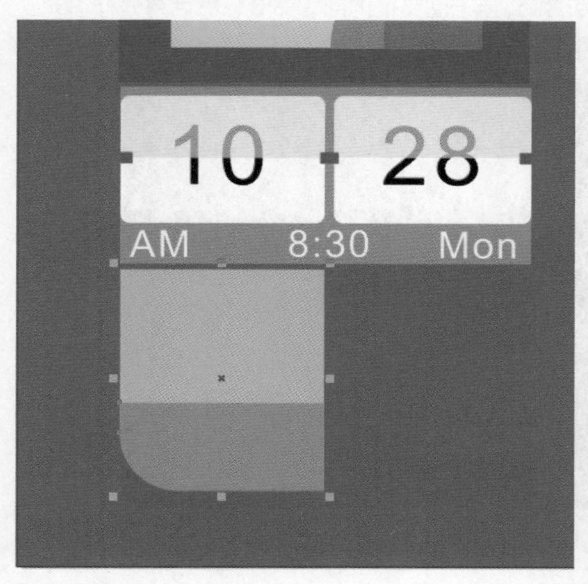

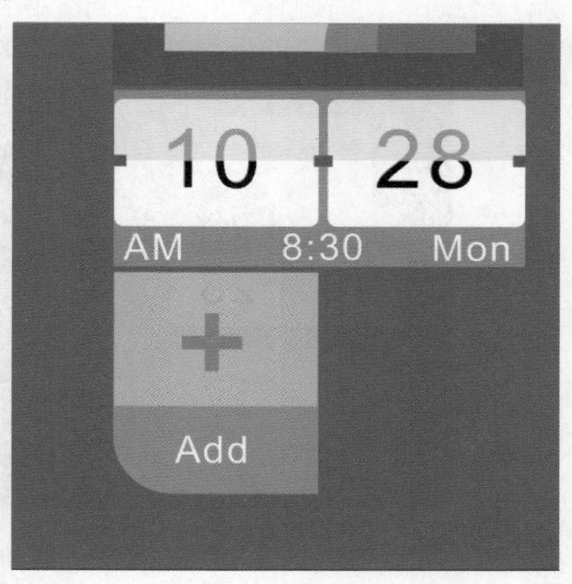

10 继续使用矩形工具绘制两个矩形，并分别为其填充颜色。接下来绘制一个图标。选择工具箱中椭圆形工具按住Ctrl键绘制一个正圆，继续在相应位置绘制两个正圆，如下图所示。

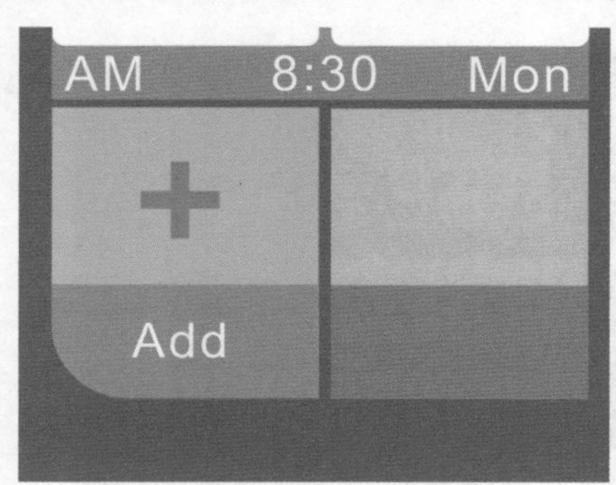

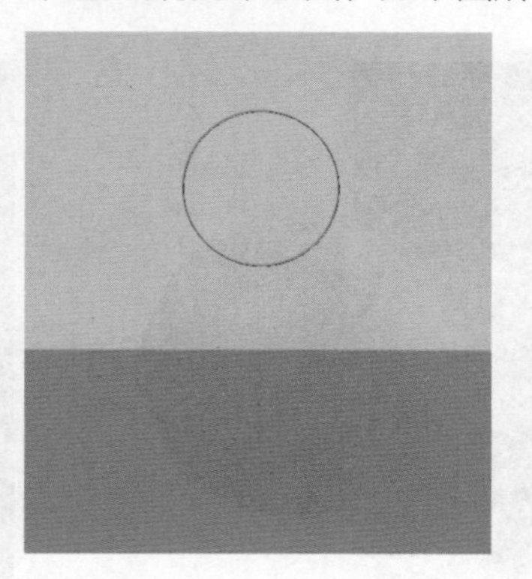
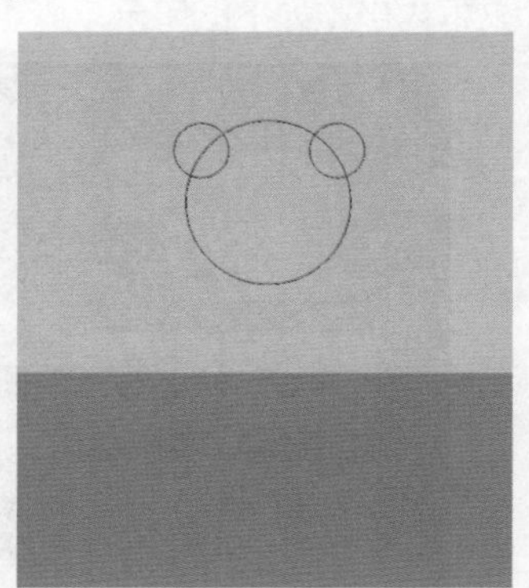

11 将这三个正圆加选，设置填充为红色，轮廓色为“无”。继续在其上方绘制一个图形并填充淡红色。图标制作完成后在其下方输入文字，如下图所示。

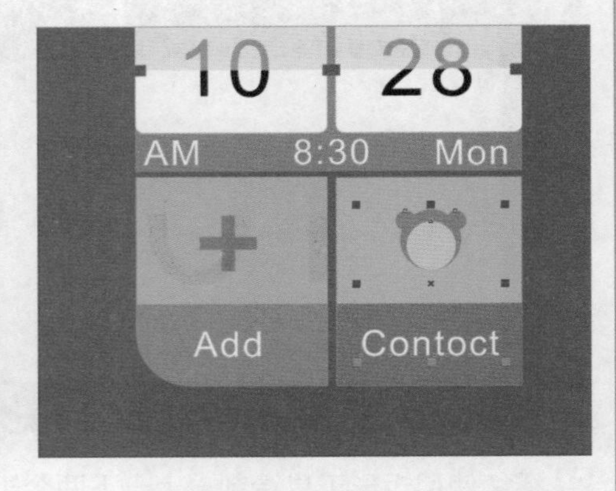

12 继续绘制一个右上角为圆角的矩形图形，放置在右侧合适位置。接着执行“文件>导入”命令，导入素材“1.png”，接着选择素材，执行“对象>PowerClip>至于图文框内部”命令，然后将光标移动到右上角的图形内单击，即可为该图形添加图案，如下图所示。

13 执行“文件>导入”命令，导入月球素材“2.png”。选择月球，使用阴影工具，然后在月球上按住鼠标左键并拖曳创建阴影效果，接着将节点颜色设置为黄色，月球发光效果就制作完成了。选择月球，执行“对象>PowerClip>至于图文框内部”命令，然后在右上角的图形上单击，即可将月球至于图文框内部，如下图所示。

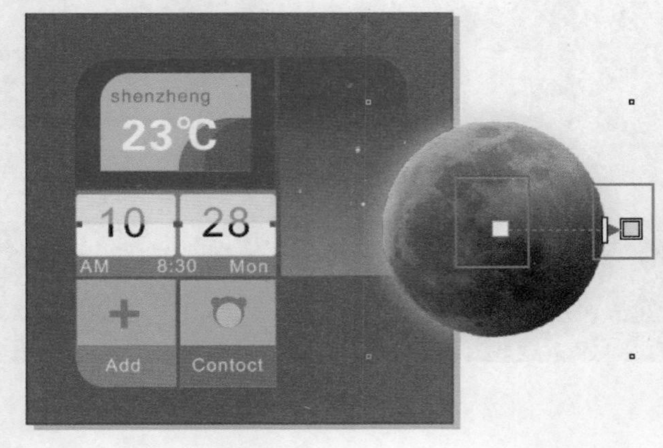

14 接下来制作光效。首先使用矩形工具，在右侧的矩形上绘制一个小矩形并填充为亮黄色。选择该矩形，执行“位图>转换为位图”命令，在打开的“转换为位图”对话框中单击“确定”按钮完成操作，如下图所示。

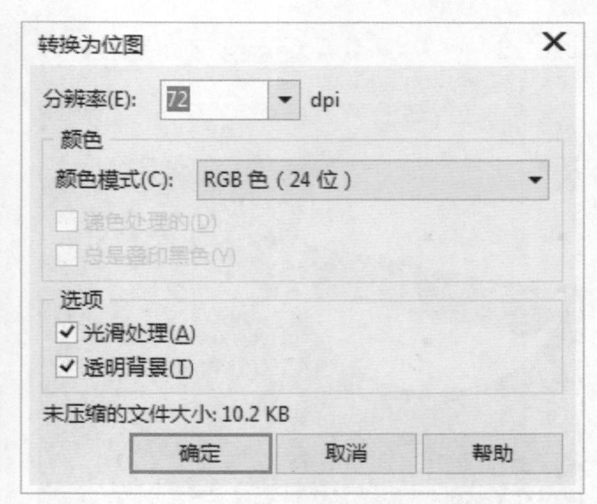

15 选择黄色矩形，执行“位图>模糊>高斯模糊”命令，在弹出的“高斯式模糊”对话框中设置“半径”值为13像素，单击“确定”按钮。使用同样的方式制作另外一个光点，如下图所示。

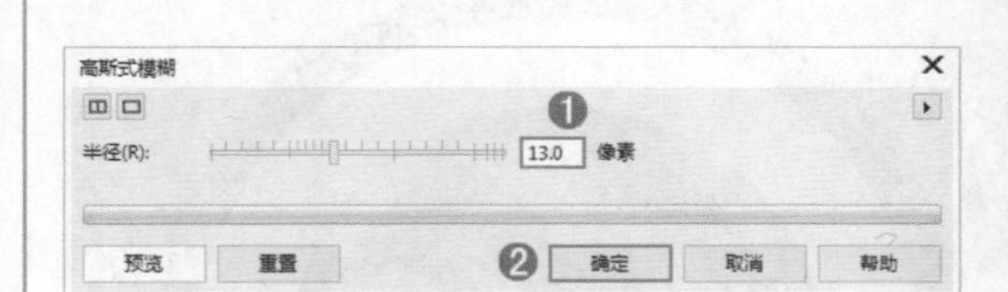

16 打开素材“2.cdr”，将两个小猫剪影图形复制到本文档内，放置在月球的上方。然后继续在界面下方绘制图形并填充相应颜色，如下图所示。

17 下面在右下角的图形上方绘制一个正圆并填充为白色。然后继续使用矩形工具绘制矩形并调整合适的“转角半径”，然后将其填充为青色并将其进行旋转。继续绘制一个正圆，设置填充色为无，轮廓色为墨绿色，轮廓宽度为2.0mm，如下图所示。

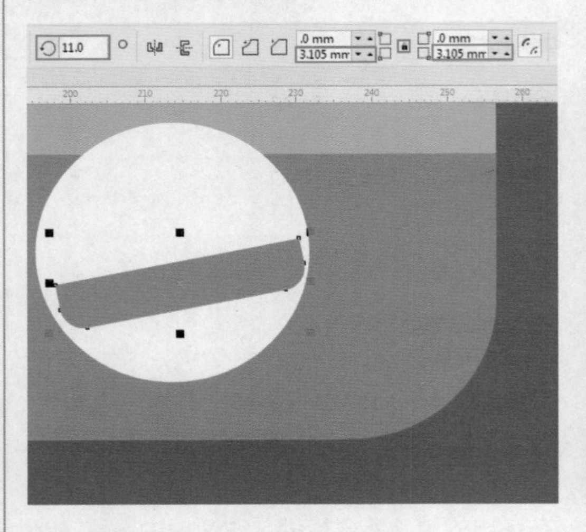

18 在其上方绘制一个稍小的正圆，然后选择工具箱中的交换式填充工具，在属性栏上单击“渐变填充”按钮，设置“填充类型”为“线性渐变填充”。通过调整渐变控制杆上的节点，为其填充一个灰色系的渐变。将该正圆复制一份，然后将其按住Ctrl键将其缩放后旋转，如下图所示。

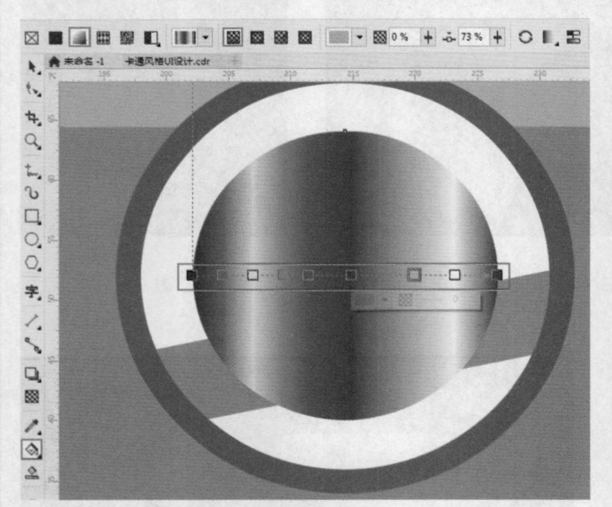

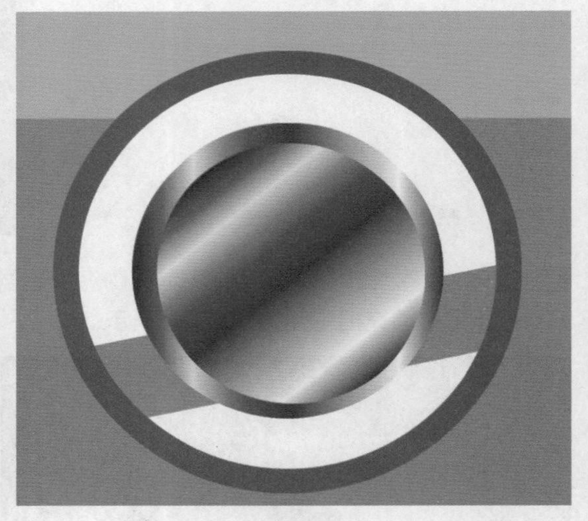

19 继续使用椭圆形工具在灰色渐变矩形上绘制一个黑色的圆形，并在黑色圆形上方绘制一个稍小一点的白色圆形。接着在圆形上方使用钢笔工具绘制一个三角，在三角形的左侧绘制一个矩形，并填充颜色为蓝色，如下图所示。

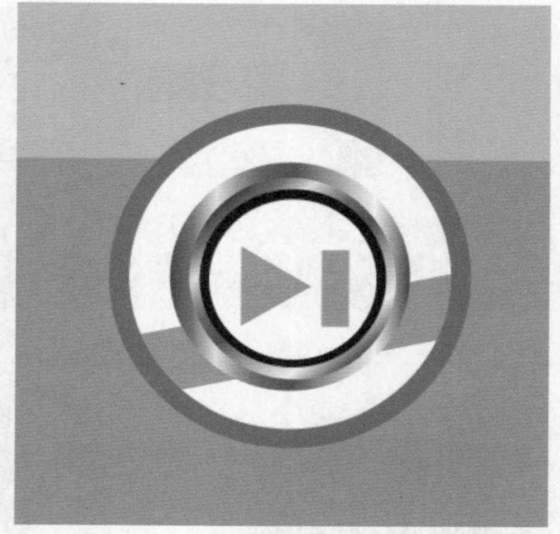

20 最后使用文本工具在属性栏中设置合适的字体、字号，在按钮上方相应位置输入文字。同样的方式在按钮的左右两次输入符号“<”和“>”，最终效果如下图所示。

行业解密 UI设计

UI的全称是User Interface，是用户界面的简称。UI设计是指对软件的人机交互、操作逻辑、界面美观的整体设计。下图为UI设计欣赏。

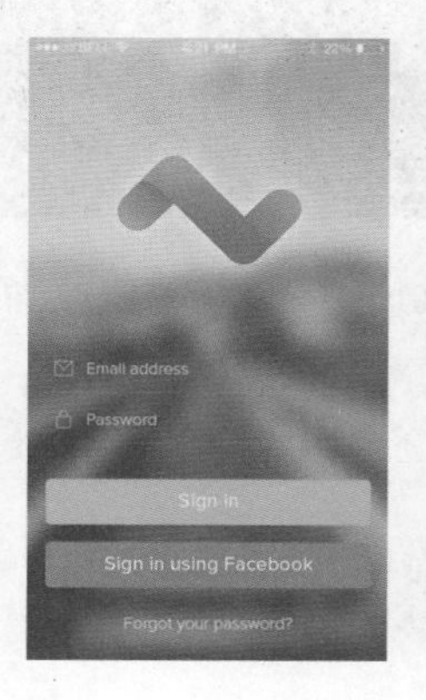

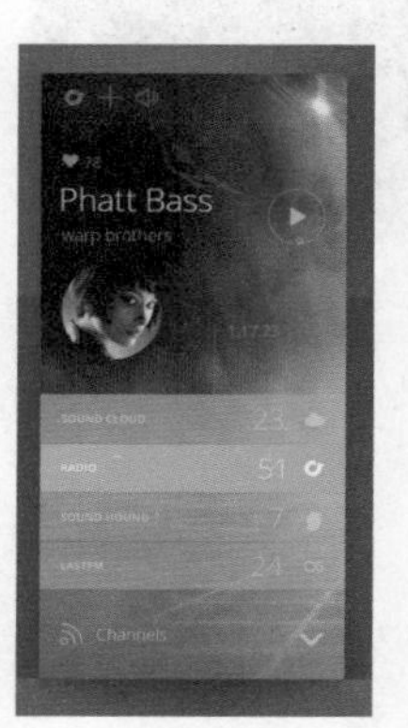

16 chapter 影视杂志内页版式设计

实例描述

本案例制作的是一款以影视杂志为主体的版式设计，紫色调的配色方案给人一种神秘、优雅的感觉。在本案例中主要使用到了文本工具、钢笔工具、透明度工具、两点线工具等。

完成文件

Chapter 16 \ 影视杂志内页版式设计 .cdr

视频文件

Chapter 16 \ 影视杂志内页版式设计 .flv

1 新建一个A3大小的横版空白文档。执行“文件>导入”命令，导入图片素材“1.jpg”，放置在画面左侧。接着导入图片素材“2.jpg”，放在画面右侧。然后将这两个图片调整大小后分别放在合适的位置，如下图所示。

2 选择工具箱中的钢笔工具，在画面的右上角绘制一个不规则图形，然后为该图形填充为亮灰色，如下图所示。

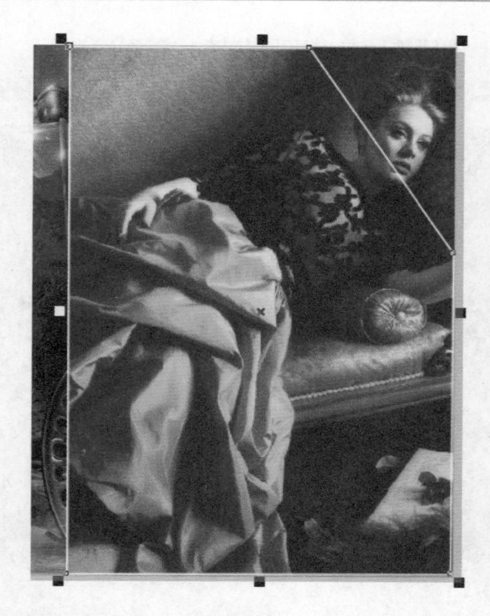

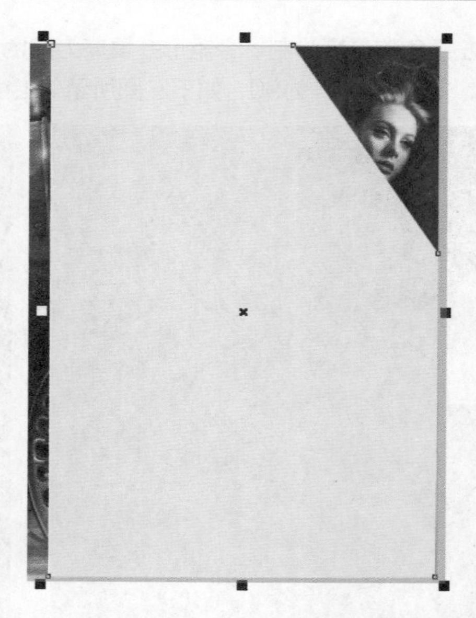

3 继续使用钢笔工具，在画面中部绘制一个较大的图形，并填充为紫色。选择紫色图形，选择工具箱中的透明度工具▩，在属性栏中设置透明度类型为“均匀透明度”，设置“透明度”为50。调整完成后继续在左下角绘制一个三角形并填充为紫色，如下图所示。

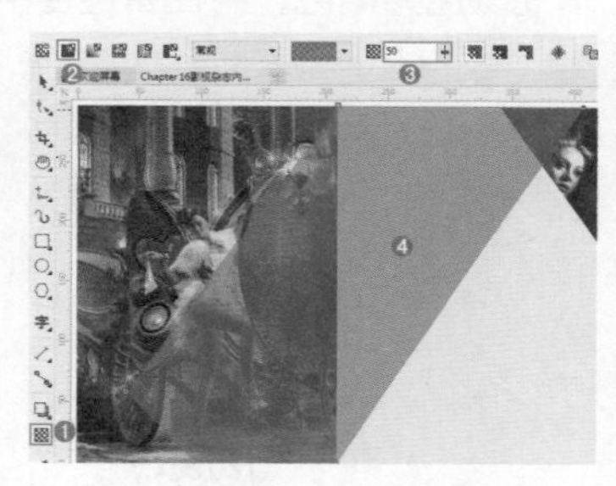

4 选择工具箱中的文本工具，在属性栏中设置字体、字号，在左侧版面中按住鼠标左键拖曳绘制一个文本框，然后在文本框中输入文字，如下左图所示。继续以同样的方式输入其它的段落文字，如下右图所示。

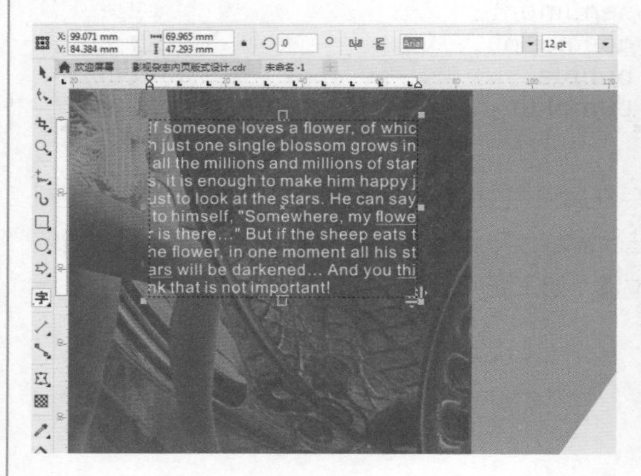

5 在页面左下角的位置绘制一个矩形并填充为白色。然后使用文本工具在其上方输入字母T，然后在属性栏上设置“旋转角度”为90，如下左图所示。继续使用文本工具输入下方的文字，如下右图所示。

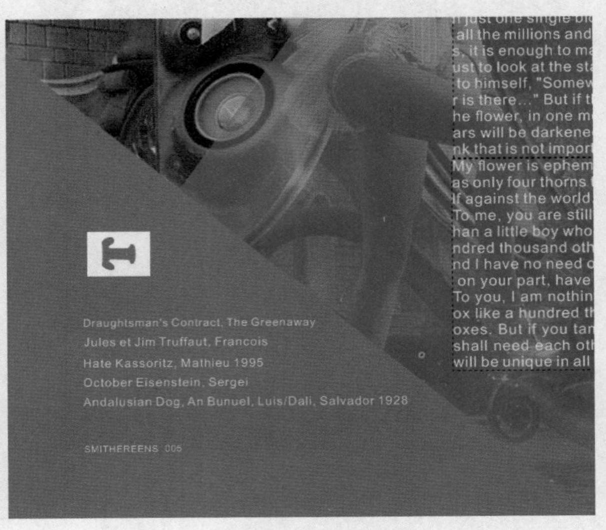

6 继续使用文本工具，在属性栏上设置字体、字号。在画面中单击并输入多行文字，更改字体颜色为黑色。同样的方法输入右侧的文字，填充颜色为橘色，并在属性栏中更改“文本对齐”为“右对齐”，如下图所示。

7 使用2点线工具绘制在文字之间绘制一段直线，然后在属性栏中设置“线条样式”为虚线。虚线绘制完成后，使用快捷键Ctrl+C进行复制，使用Ctrl+V进行粘贴，然后将虚线移动到下方单词之间合适位置，并调整线条的长度，继续复制虚线并移动到合适位置，如下图所示。

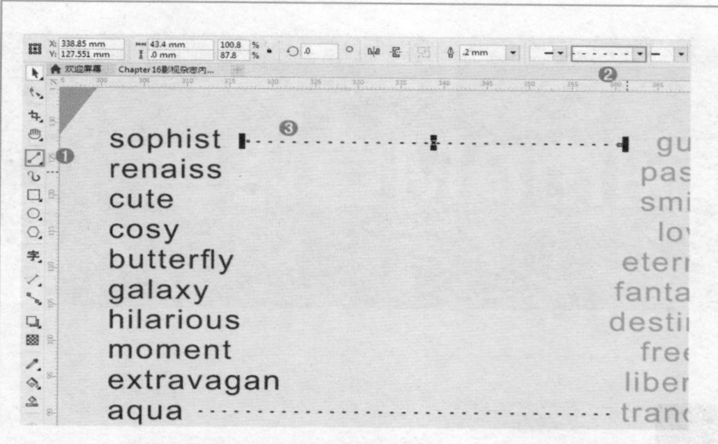

8 使用文本工具继续输入其它文字，杂志内页的版式就制作完成了。为了便于展示，可以在Photoshop中制作版面的立体效果。最终效果如下图所示。

行业解密 创意杂志版式设计欣赏

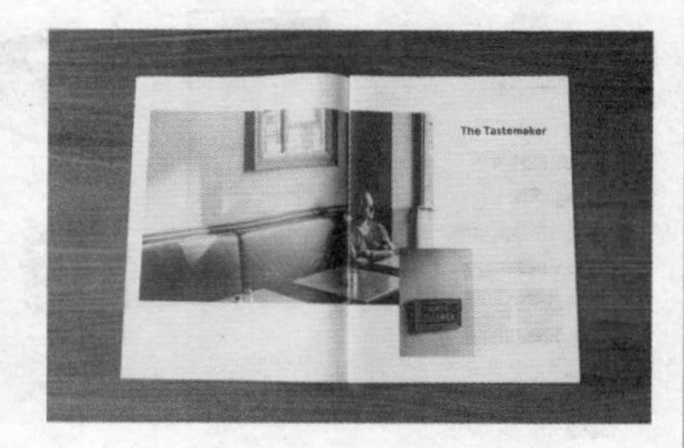

17 chapter 超市DM宣传单

实例描述

本案制作的是一款超市优惠活动的宣传单，由于琐碎的信息较多，所以采用了骨骼型的布局方式，这样能够让信息有条理的进行传递。本案例制作过程中使用到了文本工具、“导入”命令、2 点线工具、立体化工具等。

完成文件

Chapter 17 \ 超市 DM 宣传单 .cdr

视频文件

Chapter 17 \ 超市 DM 宣传单 .flv

1 新建一个A4大小的空白文档。执行“文件>导入”命令，在弹出的“导入”对话框中找到素材位置，选择素材“1.jpg”，单击“导入”按钮。接着在画面中按住鼠标左键并拖动，松开鼠标后素材就导入进来了，如下图所示。

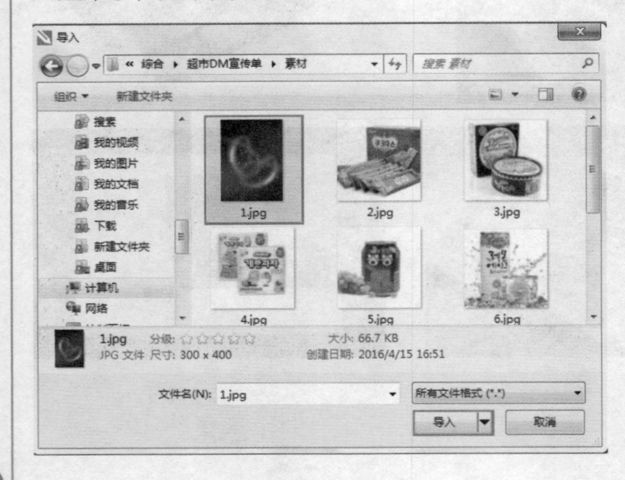

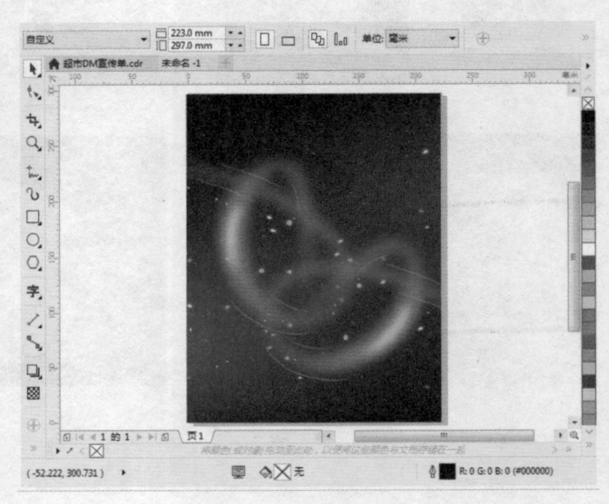

2 使用钢笔工具绘制出气球形状，选择该形状，在“调色板”中左键单击黄色色块，右键单击“无”按钮，设置填充颜色为黄色，轮廓色为无，如下图所示。

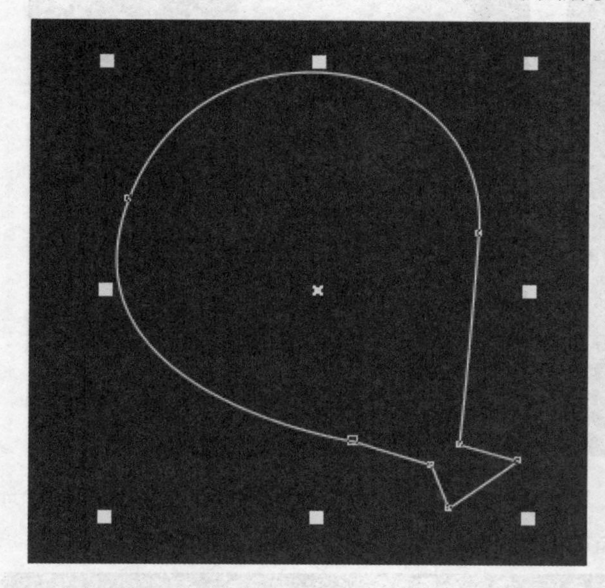

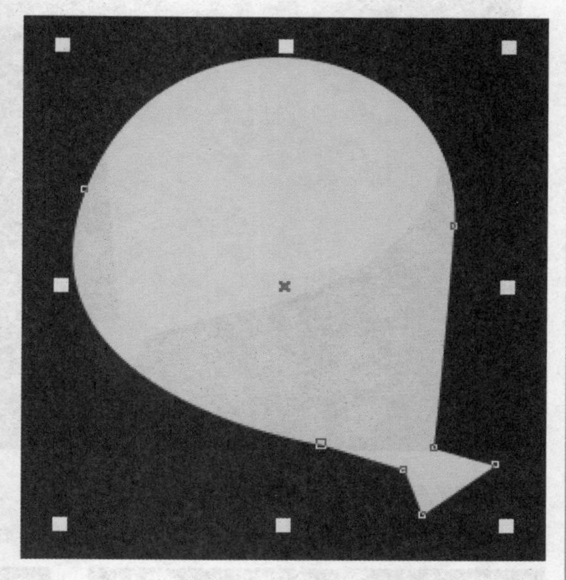

3 下面制作气球上的高光。选择工具箱中的椭圆形工具○，在气球上方绘制一个椭圆形，然后将其填充为白色，“轮廓色”为“无”。选择白色的椭圆形，选择工具箱中的透明度工具▩，设置透明度类型为“渐变透明度”▣，继续单击“线性渐变透明度”按钮▣，然后通过调整控制杆的角度调整透明效果，如下图所示。

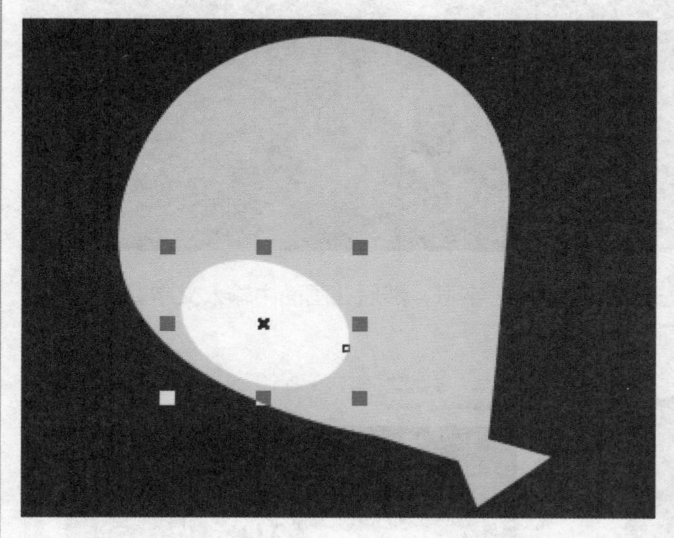

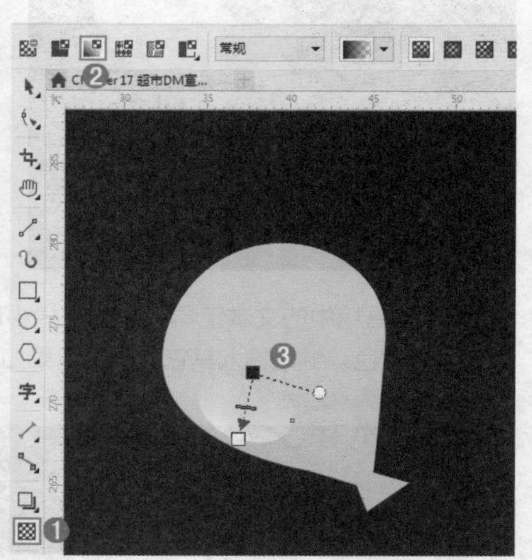

4 使用同样的方式制作另一处高光。继续选择工具箱中的手绘工具绘制一条路径，并设置合适的轮廓颜色。气球制作完成，如下图所示。

5 将黄色气球复制一份移动到右侧合适的位置，然后将气球进行旋转，接着将气球的填充颜色调整为洋红色。使用同样的方法复制多份气球并摆放在合适位置，如下图所示。

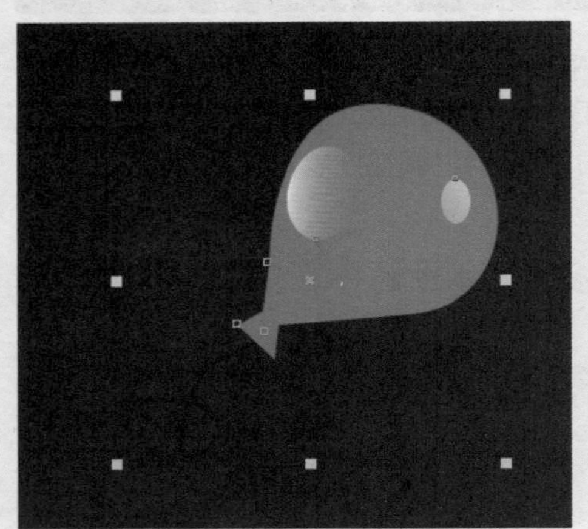
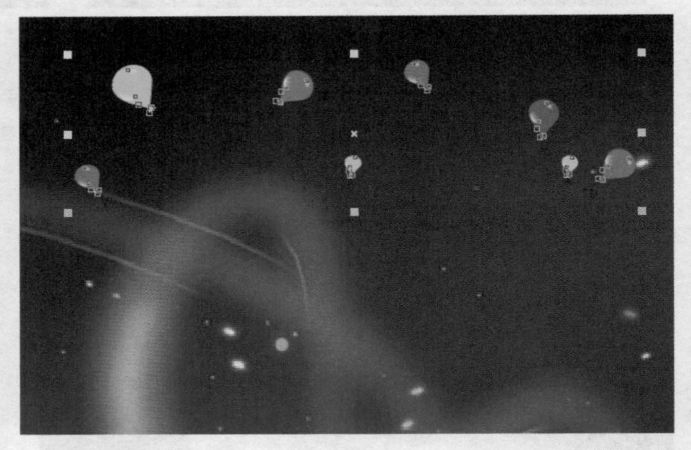

6 选择工具箱中的文本工具，在属性栏中设置合适的字体、字号，然后在画面中输入文字，然后设置填充为橘黄色。继续输入其它文字，效果如下图所示。

7 将文字加选后单击鼠标右键，在弹出的快捷菜单中执行“组合对象”命令进行编组。选中文字，然后选择工具箱中的立体化工具，在文字上按住鼠标左键并往右下方拖动，制作出立体化效果。接着单击属性栏中的“立体化颜色”按钮，在下拉面板中单击“使用递减的颜色”按钮，继续设置颜色为“从”紫色，“到”黑色，如下图所示。

8 使用椭圆形工具绘制出一个正圆形并填充为白色。选中正圆，选择工具箱中的透明度工具，单击属性栏中的“渐变透明度”按钮，继续单击“线性渐变透明度”按钮，然后调整控制杆位置，调整透明度效果。将这个圆形复制多份，移动到合适位置并适当缩放，如下图所示。

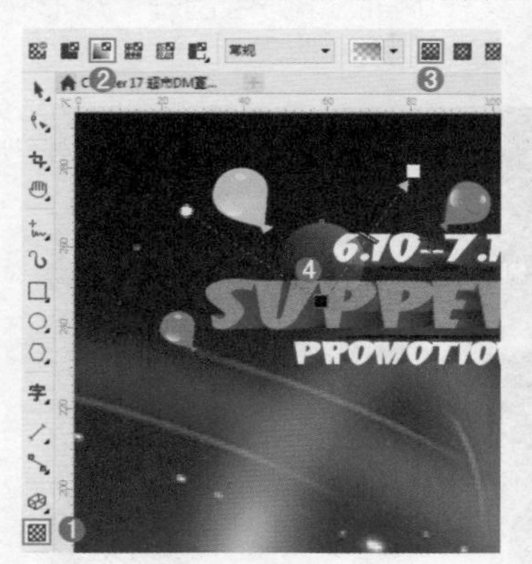

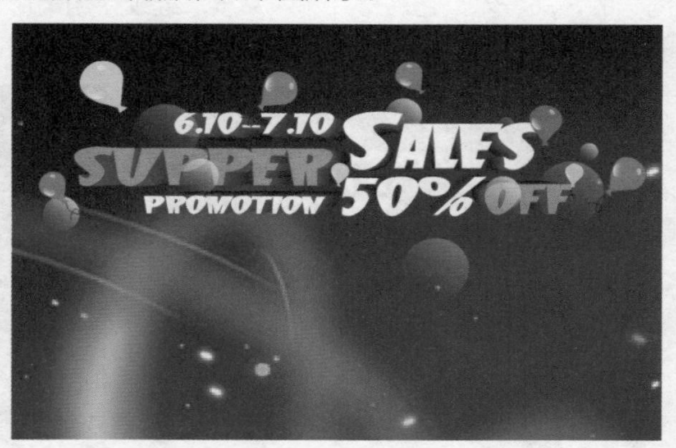

9 使用矩形工具绘制一个矩形并填充为白色。选中工具箱中的2点线工具，在画面中按住Shift键绘制一条直线，然后在属性栏中设置“轮廓宽度”为1mm，“线条样式”为虚线。继续使用同样的方法绘制虚线并摆放到合适位置，如下图所示。

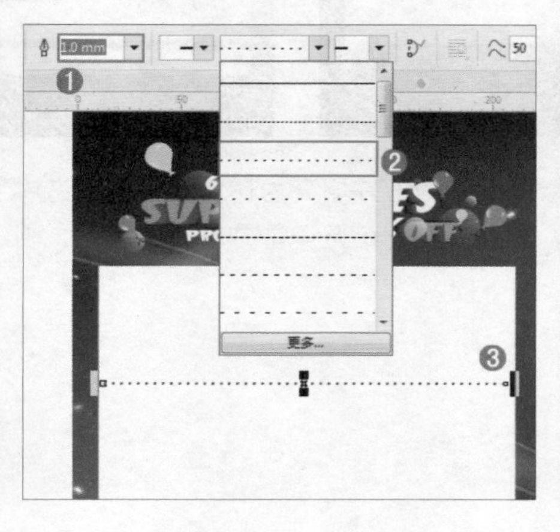

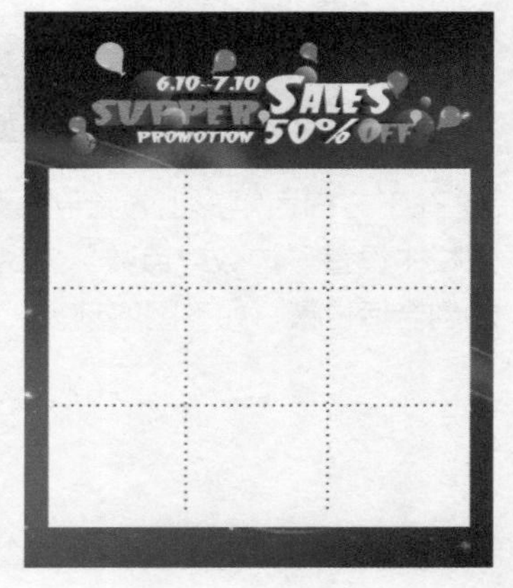

10 执行“文件>导入”命令，将素材图片“2.jpg”导入并摆放到表格的第一个格。接着使用文本工具，在属性栏上设置合适的字体、字号，在相应位置上输入文字，如下图所示。

11 按照同样的方法导入其它素材并输入文字。继续使用矩形工具在版面的下方绘制一个矩形并填充为白色，如下图所示。

12 在下方白色矩形上方绘制一个稍小的矩形并填充为粉紫色。接着选中工具箱中的星形工具☆，在属性栏中设置“边数或点数”为5，然后绘制一个五角星并填充为白色。将这两个图形加选，复制两份移动到合适位置，如下图所示。

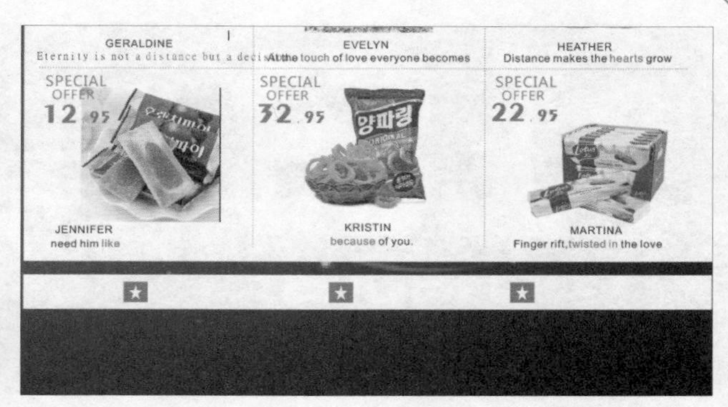

13 继续在相应位置输入文字，宣传单平面图制作完成。然后执行“文件>导入”命令，导入背景素材“11.jpg”，将宣传单的全部内容框选，复制出三份，旋转并依次摆放，制作出展示效果，如下图所示。

?行业解密 优秀DM设计欣赏

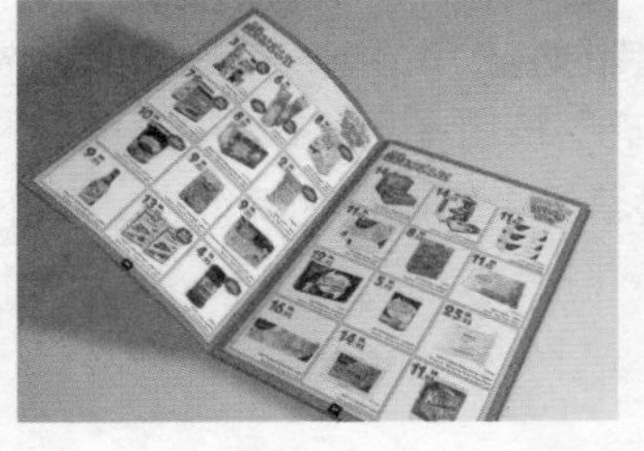

18 chapter 绿色食品包装袋设计

实例描述

本实例制作的是一个食品包装袋，该包装主要表达的是自然、健康的主题。制作本案例首先制作出包装的平面图，然后制作包装的立体效果。

完成文件

Chapter 18 \ 绿色食品包装袋设计 .cdr

视频文件

Chapter 18 \ 绿色食品包装袋设计 .flv

1 新建一个空白文档。执行“文件>导入”命令，“导入”素材“1.jpg”，摆放在画面上半部分。同样的方法继续导入素材图“2.png”，摆放在画面的下方，导入素材“3.cdr”，摆放在画面中央，如下图所示。

2 接下来绘制产品的标志。选择工具箱中的椭圆形工具，然后在包装的左上角绘制一个椭圆形。选择这个椭圆形，选择交互式填充工具，继续单击属性栏中的“渐变填充”按钮，设置渐变类型为“线性渐变填充”，然后通过渐变控制杆设置一个蓝色系的渐变。接着设置轮廓色为深蓝色，如下图所示。

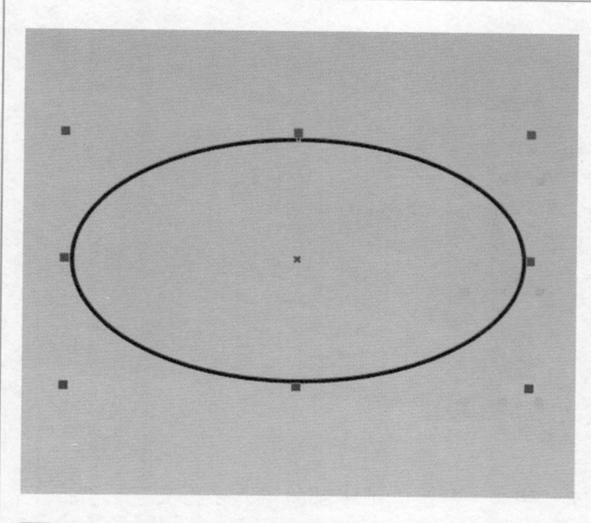

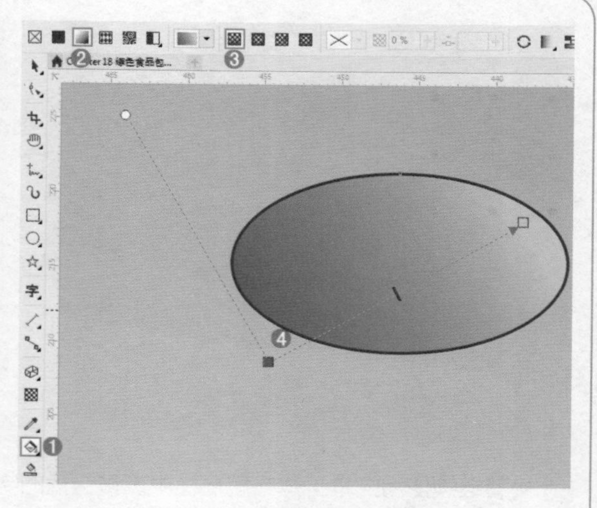

3 在椭圆形的右上角使用钢笔工具绘制月牙形状，然后将其填充为白色。选择工具箱中的文本工具，在属性栏中设置合适的字体、字号，在椭圆形上方输入文字，然后设置文字颜色为白色，轮廓色为深蓝色，如下图所示。

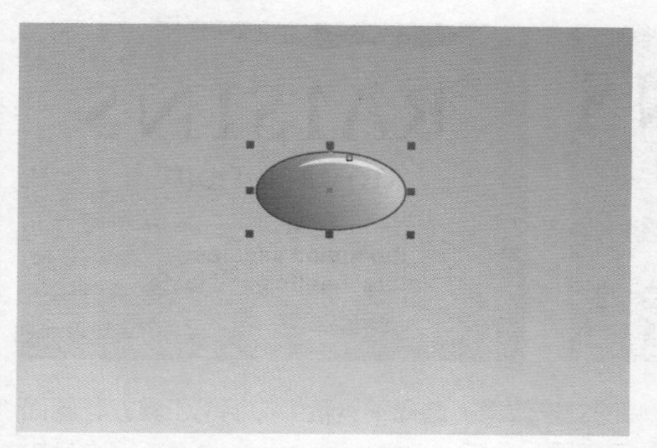

4 继续使用文本工具在标志的下方输入几行文字并设置填充颜色为白色。下面为文字添加投影效果。首先选择第一行文字，选择工具箱中的阴影工具，然后在文字上按住鼠标左键向右侧微微拖动，创建出阴影。接着在属性栏中设置“阴影的不透明度”为22，“阴影羽化”为1，“阴影颜色”为深蓝色，“混合模式”为“乘”。继续为其它白色文字添加阴影效果，使文字效果更醒目，如下图所示。

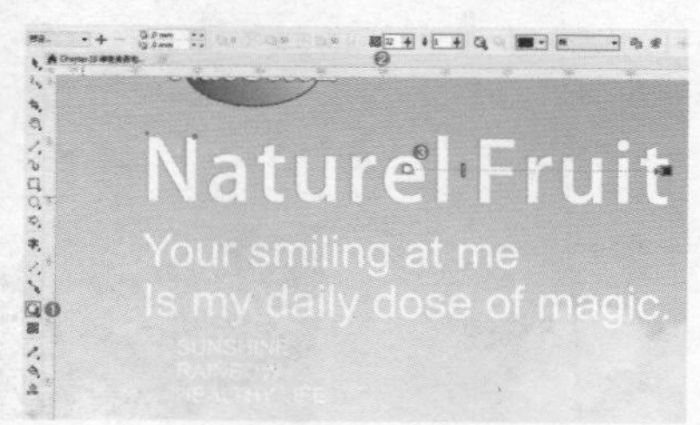

Naturel Fruit
Your smiling at me
Is my daily dose of magic.
SUNSHINE
RAINBOW
HEALTHY LIFE

5 选择工具箱中的箭头形状工具，然后单击“完美形状”按钮，在下拉列表中选择第一个箭头形状，然后在文字左侧绘制一个箭头并填充青色。接着复制箭头并移动到合适位置，如下图所示。

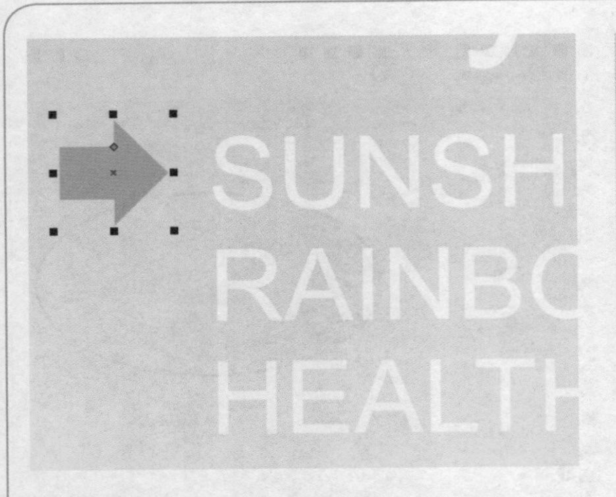

6 接着继续使用文本工具在属性栏中设置合适的字体、字号，在画面下半部分输入多行文字。选择工具箱中的2点线工具，在文字之间按住Shift键绘制两条水平的直线，并更改轮廓色为棕色。接着选择工具箱中的星形工具，在属性栏中设置“点数或边数”为5，按住Ctrl键在两条直线的中间位置绘制一个五角星。然后将这个五角星填充为棕色，如下图所示。

7 食品包装袋的平面图形制作完成，接下来制作包装的立体效果。选择工具箱中的钢笔工具，在画面中合适位置绘制一个包装袋的轮廓。选中整个绘制的平面图，执行“对象>PowerClip>至于图文框内部”命令，然后在包装轮廓图中单击，平面图就会被置于轮廓图中。接着设置其轮廓线为“无”，如下图所示。

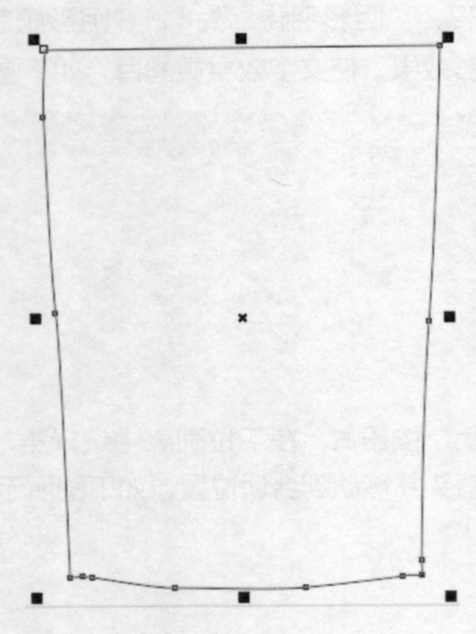

8 接下来制作包装的立体效果。选择工具箱中的矩形工具□，在包装上方绘制一个矩形，然后使用交互式填充工具为其填充灰色系的渐变。选择该矩形，选择工具箱中的透明度工具▩，单击属性栏中的“渐变透明度”按钮▩，设置渐变类型为“椭圆形渐变”▩，接着通过调整渐变控制杆的位置调整渐变效果，如下图所示。

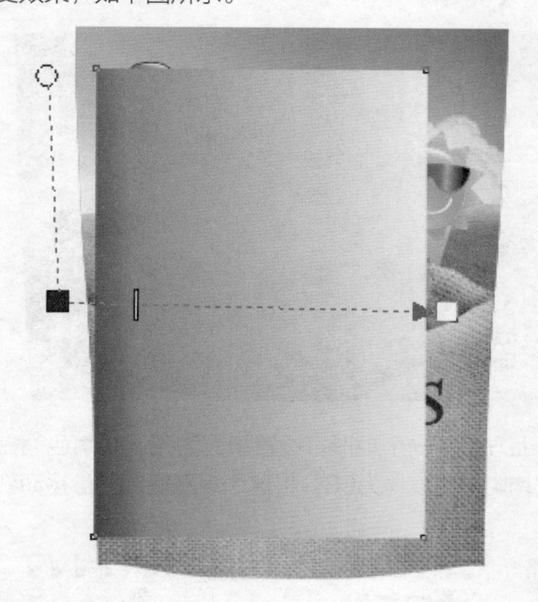

9 选择半透明的图形，将其进行复制后单击属性栏中的“水平镜像”按钮▩，并将其移动到右侧合适位置。接着将两个半透明的图形加选，使用快捷键Ctrl+G进行编组。然后继续使用钢笔工具绘制一个包装轮廓的图形。选择半透明的图形，执行“对象>PowerClip>至于图文框内部”命令，在刚刚绘制的包装轮廓图形上方单击鼠标左键，使之置入到图文框内。此时包装的暗部效果就制作完成了，包装袋产生了一定的凸起感，如下图所示。

10 继续使用钢笔工具在包装的顶部绘制一个四边形并填充为白色。然后使用透明度工具调整该图形的渐变透明度，如下图所示。

11 接着制作封口的压痕效果。使用矩形工具在包装的上方绘制一个矩形，设置填充为无，轮廓色为白色。选择该矩形，选择工具箱中的透明度工具设置其“均匀透明度”为68。将这个矩形复制一份移动到下方，压痕效果制作完成，如下图所示。

12 接着使用同样的方式制作包装顶部的阴影效果，如下图所示。

13 接下来做食品袋的立体展示效果。再次导入素材“1.jpg”，在该素材上单击鼠标右键执行“顺序>到页面背面”命令，接着复制一份商标放置在图片的右上角。框选包装，单击鼠标右键在弹出的菜单中执行“组合对象”命令，把构成包装袋的所有部分组合在一起。接着将其移动到素材“1.jpg”的上方，如下图所示。

14 继续复制两份包装袋立体效果，适当进行缩放后摆放到合适的位置。下面需要制作包装袋底部的阴影效果，使用钢笔工具在包装下方绘制一个如下右图所示的的图形，并填充颜色为深棕色，如下图所示。

15 选择这个深色的图形，接着使用阴影工具为该图形添加阴影。选择该图形多次执行“编辑>顺序>向后一层”命令，将该图形移动到包装的后方，该包装的阴影就制作完成了，如下图所示。

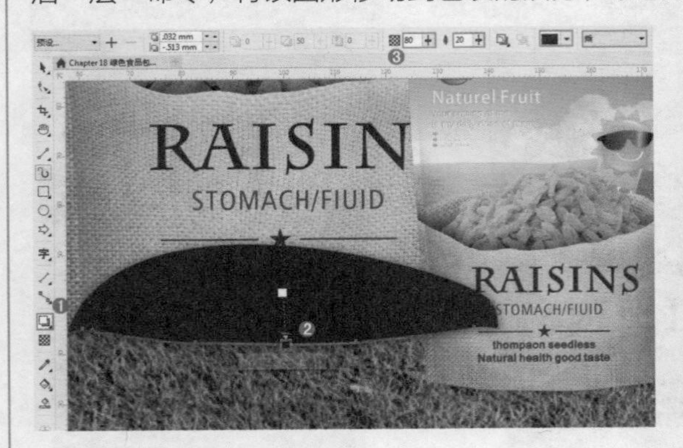

16 使用同样的方法制作另外两个包装的投影，本案例制作完成，如下图所示。

行业解密 塑料包装设计欣赏

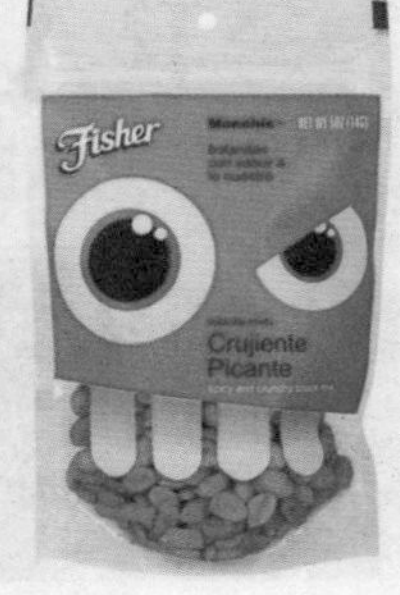